饲草生产

刘铁梅　张英俊　主编

科学出版社
北　京

内 容 简 介

全书共四篇十二章。绪论阐述了饲草在农牧业生产中的地位、世界和我国饲草生产的概况及其发展趋势；第一篇概述了牧草的起源与分类、世界和我国的草地资源类型，同时就饲草的生长发育特点、生境要求、豆科饲草与禾本科饲草营养生长和生殖生长等方面进行了较为详细的介绍；第二篇首先阐述了轮作倒茬的优越性和土壤耕作的主要措施，其次就牧草播种技术、建植当年及下一年的田间管理养护技术、草地培育改良技术、草地放牧利用技术等方面进行了较为详细的阐述，特别针对饲草的收获和加工进行了全面的分析；第三、四篇对典型的禾本科、豆科、根茎类、瓜类等饲料作物，以及主要豆科牧草、禾本科牧草、其他牧草的经济价值、特征特性、栽培技术和饲草加工进行了专门的介绍。

本书采用翔实的资料文字与丰富的图表相结合，可读性强，为饲草生产实践提供理论指导。本书主要面向高等农业院校农学和畜牧学专业的本科生及农业教育、科技和管理人员。

图书在版编目(CIP)数据

饲草生产/刘铁梅，张英俊主编. —北京：科学出版社，2012
ISBN 978-7-03-036113-4

Ⅰ.①饲… Ⅱ.①刘…②张… Ⅲ.①牧草-栽培技术-高等学校-教材②牧草-饲料加工-高等学校-教材 Ⅳ.①S54

中国版本图书馆 CIP 数据核字(2012)第 286077 号

责任编辑：丛 楠 张静秋 / 责任校对：刘小梅
责任印制：张 伟 / 封面设计：北京科地亚盟图文设计有限公司

科 学 出 版 社 出版
北京东黄城根北街 16 号
邮政编码：100717
http://www.sciencep.com
北京凌奇印刷有限责任公司 印刷
科学出版社发行 各地新华书店经销
*
2012 年 12 月第 一 版 开本：787×1092 1/16
2024 年 1 月第九次印刷 印张：23
字数：581 000

定价：79.00 元

编审人员

主　　编　刘铁梅（华中农业大学）
　　　　　张英俊（中国农业大学）

副 主 编　刘永志（内蒙古自治区农牧业科学院）
　　　　　贾玉山（内蒙古农业大学）
　　　　　玉　柱（中国农业大学）
　　　　　徐才国（华中农业大学）
　　　　　邹　薇（云南农业大学）
　　　　　孙　彦（中国农业大学）

编写人员（按姓氏拼音排序）

白小明（甘肃农业大学）
毕玉芬（云南农业大学）
毕云霞（山东东瀛草原站）
陈宝书（甘肃农业大学）
董宽虎（山西农业大学）
杜文华（甘肃农业大学）
付艳苹（华中农业大学）
黄琳凯（四川农业大学）
贾玉山（内蒙古农业大学）
江海东（南京农业大学）
李绍琴（华中农业大学）
李艳琴（河北农业大学）
刘大林（扬州大学）
刘立军（华中农业大学）
刘铁梅（华中农业大学）
刘永志（内蒙古自治区农牧业科学院）
孙飞达（四川农业大学）
孙海莲（内蒙古自治区农牧科学院）
孙　彦（中国农业大学）
王铁梅（北京林业大学）
王　燕（华中农业大学）
徐才国（华中农业大学）
玉　柱（中国农业大学）
张英俊（中国农业大学）
周乐欣（贵州大学）
邹　薇（云南农业大学）

主　　审　云锦凤（内蒙古农业大学）

前　　言

饲草是家畜的食粮，是发展畜牧业的物质基础。大力发展饲草生产，可调整种植业结构、提高土地利用率和土壤肥力、降低养殖成本、提高饲草的利用率和转化率，是推动“效益型”畜牧业发展的动力。发达国家十分重视饲草生产，其重要性与农作物等同，不仅种植面积大，而且进行了深入系统的研究。我国饲草种植也有悠久的历史，但一直未得到很好的发展。近年来，饲草的作用越来越为人们所重视，它因生长迅速、周期短、见效快、经济效益和生态效益显著而深受群众欢迎，在发展农、牧区生态经济中占有重要地位。

饲草生产是以饲草生物生态学特性、饲用价值、生长发育规律、栽培建植、加工利用为主要研究内容，以饲草高产、稳产、优质、高效为主要目标的一门紧密联系生产实际的综合性应用学科，有很强的实践性。饲草生产作为自然科学的一门分支，与气象学、植物学、植物分类学、植物生态学、植物生理学、遗传学、土壤学、肥料学、植物保护学、家畜饲养学等学科均有密切关系。

20世纪80年代初，饲草生产就引起了编者的浓厚兴趣和密切关注，在进行研究工作和收集相关材料的同时，编写一部综合性的饲草生产书籍一直是编者的一个心愿，也是草业工作者和爱好者的呼声。鉴于此，编者在总结前人大量研究成果和自身研究工作的基础上，集中大家的智慧编写了本书。在本书的编写过程中，各位编者都非常敬业，认真地查阅和引用了国内外大量参考文献，并详细列出了文献来源，保质保量地完成了各项任务。此外，尹峰、李亚云、周岑岑、李明、罗新平、高正杰、唐成贵、蒋路、潘永龙、陈炯炯等同志给予了帮助，在此深表谢意。在本书的出版过程中，得到了科学出版社编辑的大力支持和帮助。在此，编者对所有支持和参与本书出版的相关单位和同事表示最衷心的感谢。

尽管编者花费了大量的时间和精力，但因水平有限，书中内容还有许多不足之处，敬请读者指正。希望本书的出版能起到抛砖引玉的作用，为促进我国饲草生产加工研究更上一个新台阶贡献微薄之力。

编　者

2012年1月

目　　录

前言
绪论 ………………………………… 1
第一节　饲草在农牧业生产中的地位 ………………………………… 1
一、重要的饲用资源………………… 1
二、改良土壤，提高土壤肥力……… 2
三、减少土壤的水蚀和风蚀………… 2
四、农牧结合的纽带………………… 2
五、发展工副业、开发生物能源…… 3
第二节　世界各大洲及部分国家牧草地发展概况………………………… 3
一、亚洲……………………………… 4
二、北美洲…………………………… 4
三、拉丁美洲………………………… 5
四、大洋洲…………………………… 5
五、非洲……………………………… 6
六、欧洲……………………………… 6
第三节　我国饲草生产概况及其发展趋势…………………………………… 6
一、我国饲草生产概况……………… 6
二、我国饲草发展前景……………… 8
习题 ………………………………… 13

第一篇　饲草生物学基础

第一章　国内外草地资源概况 …… 17
第一节　牧草的起源与适应性 ……… 17
一、起源 …………………………… 17
二、适应性 ………………………… 18
第二节　草地植物的生物学分类方法 ………………………………… 19
一、按饲草分布区域分类 ………… 19
二、按饲草的株丛类型分类 ……… 20
三、按分类系统划分 ……………… 20
第三节　世界草地资源概述 ……… 20
一、温带草地 ……………………… 21
二、热带草地 ……………………… 21
三、寒带和高山草地 ……………… 22
四、荒漠草地 ……………………… 22
第四节　我国的草地资源概述 ……… 22
一、中国草地资源在世界上的地位 ………………………………… 22
二、中国草地资源的特点 ………… 23
三、中国草地类型的分布规律 …… 24
习题 ………………………………… 26
第二章　饲草的生理生态学基础 ………………………………… 27
第一节　饲草各器官的形态结构与生理功能 ………………………………… 27
一、根 ……………………………… 27
二、茎 ……………………………… 28
三、叶 ……………………………… 30
四、花 ……………………………… 31
五、果实 …………………………… 32
六、种子 …………………………… 33
第二节　饲草生长发育的生理基础 … 33
一、生长发育的概念 ……………… 33
二、光合作用 ……………………… 34
三、呼吸作用 ……………………… 35
四、饲草生长发育的特点 ………… 36
五、饲草生长发育过程中营养物质的变化 ……………………………… 39
第三节　饲草生长的环境条件 ……… 39
一、温度与饲草生长发育 ………… 39
二、光照与饲草的生长发育 ……… 41

三、水分与饲草的生长发育 ……… 44
四、空气与饲草的生长发育 ……… 45
五、高山环境 …………………… 46
六、矿质营养元素 ……………… 48
七、土壤与饲草的生长发育 ……… 50
八、影响饲草生长的其他因素 …… 55
第四节 豆科饲草的生长发育 ……… 55
一、豆科饲草种子的萌发 ………… 55
二、豆科饲草的营养生长 ………… 56
三、豆科饲草的生殖生长 ………… 58
第五节 禾本科饲草的生长发育 …… 61
一、禾本科饲草种子的萌发 ……… 61
二、禾本科饲草的营养生长 ……… 61
三、禾本科饲草的生殖生长 ……… 63
习题 …………………………………… 65

第二篇 饲草农艺学

第三章 人工草地的建植 ………… 69
第一节 耕作制度 ………………… 69
一、轮作倒茬的意义 …………… 69
二、轮作技术 …………………… 71
三、饲草的连作 ………………… 74
第二节 土地准备 ………………… 74
一、制订总体规划 ……………… 74
二、场地清理与平整土地 ……… 74
三、道路与排、灌、集、蓄水系统建设 ……………………… 74
四、土壤耕作的任务 …………… 75
五、土壤耕作措施 ……………… 75
六、土壤改良 …………………… 79
七、少耕法和免耕法 …………… 82
第三节 合理施肥与灌溉 ………… 84
一、肥料的种类 ………………… 84
二、合理施肥原则 ……………… 88
三、施肥方法 …………………… 89
四、合理灌溉 …………………… 92
第四节 播种 ……………………… 93
一、饲草种类选择的依据 ……… 93
二、饲草种子的定义和品质要求 … 95
三、种子处理 …………………… 97
四、饲草的播种………………… 102
第五节 牧草混播………………… 105
一、牧草混播技术……………… 106
二、田间管理…………………… 109
习题…………………………………… 110
第四章 草地的管理、利用与评价 ……………………………… 111
第一节 新建人工牧草地管护……… 111
一、围栏建设与保护……………… 111
二、苗期管护……………………… 111
三、杂草防除……………………… 112
四、越冬管护……………………… 114
五、返青期管护…………………… 115
第二节 天然草地改良……………… 115
一、草地退化的特征与指标……… 116
二、草地封育……………………… 116
三、延迟放牧……………………… 116
四、草地补播……………………… 116
第三节 草地利用…………………… 117
一、刈割利用……………………… 117
二、放牧利用……………………… 119
第四节 中国天然草地资源等级评价 ……………………………… 124
一、中国天然草地资源等级评价标准……………………………… 124
二、中国天然草地资源等级评价结果……………………………… 124
第五节 饲草品质评价的内容和方法 ……………………………… 125
一、饲草中的营养物质及其功能 ……………………………… 125

二、影响饲草饲用品质的因素…… 127
三、饲草品质评价方法…………… 129
习题……………………………… 134
第五章 饲草的收获与加工 ……… 135
第一节 牧草收获工艺…………… 135
一、散草收获工艺……………… 135
二、压缩收获工艺……………… 136
三、青饲收获工艺……………… 136
第二节 青干草的调制…………… 137
一、青干草的营养价值………… 137
二、干草制作技术……………… 137
三、饲草含水量的掌握………… 138
四、青干草的贮藏……………… 139
五、青干草的品质鉴定………… 140
第三节 饲草的饲用发酵………… 141
一、饲用发酵的意义…………… 141
二、饲用发酵的种类…………… 142
三、饲草发酵的机制…………… 142
四、饲草发酵中添加剂的使用…… 143
五、饲草发酵工艺……………… 145
六、发酵饲草的检测与利用……… 153
第四节 其他草产品……………… 156
一、草粉和草颗粒……………… 156
二、草饼、草块和饲料砖……… 157
三、叶蛋白饲料………………… 157
四、菌糠饲料…………………… 158
五、全混合日粮………………… 159
习题……………………………… 159

第三篇 饲料作物

第六章 禾本科饲料作物 ………… 163
第一节 玉米……………………… 163
一、经济价值…………………… 163
二、植物学特征………………… 164
三、生物学特性………………… 164
四、栽培技术…………………… 166
五、饲草加工…………………… 169
第二节 燕麦……………………… 170
一、经济价值…………………… 170
二、植物学特征………………… 171
三、生物学特性………………… 171
四、栽培技术…………………… 173
五、饲草加工…………………… 174
第三节 大麦……………………… 174
一、经济价值…………………… 174
二、植物学特征………………… 175
三、生物学特性………………… 176
四、栽培技术…………………… 177
五、饲草加工…………………… 178
第四节 黑麦……………………… 179
一、经济价值…………………… 179
二、植物学特征………………… 179
三、生物学特性………………… 179
四、栽培技术…………………… 180
五、饲草加工…………………… 180
第五节 高粱属…………………… 180
一、高粱………………………… 180
二、苏丹草……………………… 184
第六节 狗尾草属………………… 188
一、粟…………………………… 188
二、狗尾草……………………… 193
习题……………………………… 194
第七章 豆科饲料作物 …………… 196
第一节 秣食豆…………………… 196
一、经济价值…………………… 196
二、植物学特征………………… 196
三、生物学特性………………… 197
四、栽培技术…………………… 198
五、饲草加工…………………… 199
第二节 豌豆……………………… 199
一、经济价值…………………… 200
二、植物学特征………………… 200

三、生物学特征……201
四、栽培技术……201
五、饲草加工……203
第三节 蚕豆……203
一、经济价值……204
二、植物学特征……204
三、生物学特性……205
四、栽培技术……206
五、饲草加工……207
习题……207
第八章 根茎类饲料作物……208
第一节 饲用甜菜……208
一、经济价值……208
二、植物学特征……209
三、生物学特性……209
四、栽培技术……211
第二节 胡萝卜……213
一、经济价值……213
二、植物学特征……214
三、生物学特性……214
四、栽培技术……215
第三节 芜菁……217
一、经济价值……217
二、植物学特征……218
三、生物学特性……218
四、栽培技术……219
第四节 向日葵属……221
一、向日葵……221
二、菊芋……223
第五节 马铃薯……225
一、经济价值……225
二、植物学特征……226
三、生物学特性……226
四、栽培技术……228
习题……231

第四篇 牧 草

第九章 主要豆科牧草……235
第一节 苜蓿属……235
一、紫花苜蓿……235
二、黄花苜蓿……241
第二节 草木樨属……242
一、白花草木樨……243
二、黄花草木樨……248
第三节 黄芪属……249
一、沙打旺……249
二、紫云英……253
第四节 红豆草属……256
一、普通红豆草……257
二、外高加索红豆草……261
第五节 三叶草属……263
一、红三叶……263
二、白三叶……267
第六节 野豌豆属……270
一、箭筈豌豆……270
二、毛苕子……273
第七节 紫穗槐……277
一、经济价值……277
二、植物学特征……277
三、生物学特性……278
四、栽培技术……278
习题……279
第十章 主要禾本科牧草……280
第一节 赖草属……280
一、羊草……280
二、赖草……284
第二节 冰草属……285
一、冰草……285
二、沙生冰草……288
第三节 雀麦属……290
一、无芒雀麦……290

二、扁穗雀麦…………………… 293
第四节　披碱草属…………………… 295
一、披碱草…………………… 295
二、老芒麦…………………… 299
第五节　狗牙根…………………… 301
一、经济价值…………………… 301
二、植物学特征…………………… 302
三、生物学特性…………………… 302
四、栽培技术…………………… 303
五、饲草加工…………………… 303
第六节　黑麦草属…………………… 303
一、多年生黑麦草…………………… 304
二、多花黑麦草…………………… 306
第七节　狼尾草属…………………… 308
一、象草…………………… 308
二、狼尾草…………………… 311
三、王草…………………… 312
四、御谷…………………… 313
第八节　鸭茅…………………… 315
一、经济价值…………………… 315
二、植物学特征…………………… 316
三、生物学特性…………………… 316
四、栽培技术…………………… 317
五、饲草加工…………………… 317
第九节　羊茅属…………………… 318
一、苇状羊茅…………………… 318
二、紫羊茅…………………… 319
三、羊茅…………………… 321
第十节　草地早熟禾…………………… 322
一、经济价值…………………… 323
二、植物学特征…………………… 323
三、生物学特性…………………… 323
四、栽培技术…………………… 324
五、饲草加工…………………… 325
第十一节　墨西哥类玉米…………………… 325
一、经济价值…………………… 325
二、植物学特征…………………… 325
三、生物学特性…………………… 326
四、栽培技术…………………… 326
五、饲草加工…………………… 327
第十二节　牛鞭草属…………………… 327
一、扁穗牛鞭草…………………… 327
二、高牛鞭草…………………… 329
习题…………………… 331
第十一章　其他牧草 …………………… 332
一、串叶松香草…………………… 332
二、菊苣…………………… 334
三、聚合草…………………… 337
四、鲁梅克斯 K-1 杂交酸模 …… 340
五、籽粒苋…………………… 343
六、苦荬菜…………………… 346
习题…………………… 348

主要参考文献…………………… 350
附录　牧草拉汉名称对照表 ……… 353

光盘目录

第二章　饲草的生理生态学基础（补充内容）…… 1

一、花序…… 1

二、果实…… 2

三、空气与饲草的生长发育…… 4

第三章　人工草地的建植（补充内容）…… 10

一、肥料的种类…… 10

二、北方旱作区的土壤耕作…… 11

三、垦殖地的土壤耕作…… 15

四、南方农作区的土壤耕作…… 20

第四章　草地的管理、利用与评价（补充内容）…… 25

第一节　天然草原等级评定技术规范…… 25

一、评价目的…… 25

二、评价指标…… 25

三、评价标准与系统…… 25

第二节　草地生产经济分析…… 28

一、牧草生产经济原理…… 28

二、牧草生产经济要素分析…… 29

三、影响经济效益的因素…… 30

四、整个农牧场经济效益分析及其关键性盈利潜力分析…… 31

第五章　饲草的收获与加工（补充内容）…… 33

第一节　秸秆饲料的氨化…… 33

一、氨化原理…… 33

二、氨化方法…… 33

三、氨化秸秆的品质检测…… 34

四、氨化时注意事项…… 34

五、氨化秸秆的利用…… 35

第二节　饲草的饲用发酵…… 35

一、饲用发酵的优点…… 35

二、发酵饲草的应用前景…… 37

第三节　块根、块茎、叶菜类和水生饲料的贮藏…… 38

一、块根、块茎类饲料…… 38

二、叶菜类饲料…… 39

三、水生饲料…… 39

第四节　木本饲料的加工利用…… 40

一、我国的木本饲料资源现状…… 40

二、灌木饲料的加工利用…… 40

三、针叶的加工利用…… 41

第五节　籽实饲料的贮藏与加工…… 42

一、常规贮藏…… 42

二、加工技术…… 43

第六节　非蛋白氮饲料的利用…… 43

一、反刍动物对非蛋白氮饲料的利用原理…… 44

二、非蛋白氮饲料的饲喂…… 44

第十二章　牧草种子生产（补充内容）…… 45

第一节　牧草种子产量…… 45

一、牧草种子产量…… 45

二、牧草潜在和实际种子产量的差距…… 45

第二节　牧草种子生产的地域性…… 46

一、牧草种子生产对气候条件的要求…… 46

二、牧草种子生产对土地的要求…… 48

三、国际牧草种子生产地域的变化…… 49

四、我国牧草种子生产的地域性选择…… 49

第三节 牧草种子生产的田间管理 … 50
一、播种 …… 50
二、施肥 …… 52
三、灌溉 …… 52
四、杂草防治 …… 52
五、人工辅助授粉 …… 52
六、植物生长调节剂的运用 …… 53
七、牧草种子收获后的田间管理 … 53
习题 …… 54
第十三章 饲草生产计划的制订（补充内容） …… 55
第一节 饲草需要计划的制订 …… 55
一、编制畜群周转计划 …… 55
二、确定饲草需要量 …… 55
第二节 饲草供应计划的制订 …… 57
第三节 饲草种植计划的制订 …… 59
一、因时制宜选择饲草种类，组织复种轮作 …… 59
二、因地制宜配置饲草 …… 60
三、因畜选择适宜饲草 …… 60
四、作物合理布局 …… 60
第四节 饲草平衡供应计划的制订 … 63
一、供需计划的平衡 …… 63
二、制订饲料平衡计划时应注意的几个问题 …… 64
第五节 青饲轮供制 …… 66
一、青饲轮供制的类型 …… 66
二、青饲轮供的组织技术 …… 67
习题 …… 69
附件 我国的草地类型 …… 70

绪　论

饲草是发展畜牧业生产的重要植物资源，是饲料作物和牧草的统称。

饲料作物一般指的是人们有意识栽培作为家畜饲用的各种作物，如玉米、高粱、大豆、马铃薯、南瓜、燕麦、豌豆、饲用瓜类、饲料甜菜和胡萝卜等。饲料作物种类繁多，按其来源、营养特性和含量，大致可分为以下几种。①精饲料：富含能量，体积小，消化能在10 878.4kJ/kg以上的饲料。常见的有大米、玉米、小麦、米糠、麸皮等。精饲料能够满足畜禽对能量的需要，但蛋白质含量低，一般不超过10%，而且含钙少，维生素不全面，一般缺少维生素A、维生素D、维生素K。精饲料单纯作日粮，常引起畜禽生长发育不良，甚至引起疾病。②粗饲料：体积大，含粗纤维18%以上，是营养价值较低的饲料。粗饲料是反刍动物的主要饲料来源。常见的粗饲料有干草，收获籽实后的农作物茎叶、秸秆与秕壳等。粗饲料数量多，分布广，营养价值低。③青绿饲料：凡植物在开花之前的茎叶部分，可供家畜放牧采食或青割舍饲的饲料。青绿饲料属植物性饲料，主要包括野生青草、蔬菜类饲料、作物茎叶、幼嫩枝叶及水生植物等。青绿饲料的特点是含有丰富的营养物质，幼嫩多汁，适口性好，消化率高。但青绿饲料含水量高，一般为70%～95%，不易贮存，易霉烂变质。④蛋白质饲料：是指干物质中蛋白质含量丰富（超过20%）的一些饲料，如豆科种子，含蛋白质在22%以上，油饼类蛋白质含量在40%以上。蛋白质饲料用于生长、泌乳、产蛋的畜禽，极为理想。

狭义的牧草是指可供家畜采食的各种栽培和野生的一年生和多年生草类，广义的牧草除包括各种栽培和野生的草类外，还包括可供家畜采食的藤本、半灌木和灌木（陈宝书，2001）。因此，牧草包括的范围广，种类多，其中禾本科和豆科牧草最多，也最重要。此外，还有藜科、菊科及其他科的各种植物。

第一节　饲草在农牧业生产中的地位

饲草是家畜的食粮，是发展畜牧业的物质基础。我国草地资源丰富，总面积近4亿hm^2，占世界草地面积的13%，居世界第2位。草地占我国国土总面积的41.7%，是耕地面积的3.2倍，森林面积的2.5倍，其中牧区3.13亿hm^2，可利用面积2.20亿hm^2。新中国成立60年以来，草地建设取得了很大的成就。但是，草地建设的速度仍赶不上草地畜牧业发展的需要，目前还没有摆脱“靠天养畜”的落后局面。

一、重要的饲用资源

从整个畜牧业来看，饲草占畜牧业饲料中的最大部分。在以畜牧业为主的草原区，牧草几乎是家畜唯一的饲料；在农区或城郊区，各种饲料作物和牧草成为畜禽主要的饲料资源。在世界草地畜牧业发达的国家中，澳大利亚和新西兰有90%以上畜牧业产值是由牧草转化而来；美国的精料用量较高，但其畜牧业的产值中，由牧草转化而来的仍占73%；法国和德国草原面积小，畜牧业产值中，由牧草转化而来的占60%。

饲草（除粗饲料外）营养物质丰富，一般禾本科饲草的干物质中粗蛋白质含量为10%～15%，无氮浸出物为40%～50%，粗纤维为30%左右，富含精氨酸、谷氨酸、赖氨酸、果聚糖、果糖、葡萄糖、蔗糖、胡萝卜素等。豆科饲草含粗蛋白质较高，平均含量为15%～20%，且生物学价值高，可弥补谷类饲料中蛋白质的不足，无氮浸出物为40%～50%，粗纤维为25%左右，钙、磷、胡萝卜素和各种维生素如维生素 B_1、维生素 B_2、维生素 C、维生素 E 和维生素 K 等均较丰富。饲草（除粗饲料外）中各种营养成分的含量及消化率都大大高于秸秆而接近精饲料，青绿多汁，气味芬芳，适口性好，可促进家畜的生长发育。

二、改良土壤，提高土壤肥力

饲草（特别是多年生的豆科及禾本科饲草）发达的根系及微生物的生命活动，可改善土壤理化性质、促进团粒结构的形成和提高土壤有机质的含量。据测定，种植5年紫花苜蓿的土地，其每亩[①]根量达1300kg，每亩豆科牧草固氮量为草木樨9.3kg，紫花苜蓿14.3kg，毛苕子6.0kg（内蒙古农牧学院，1990）。羽扇豆可促进难溶性磷的利用。此外，饲草中的不少种类还是我国重要的绿肥作物，研究及大量生产实践证明，施用绿肥可增产15%～20%。所以，许多国家推行草地农业，实行了合理的农业生产结构和草田轮作，提高了土壤肥力，获得了很高的农业生态经济效益。今后随着畜牧业的发展，饲料作物面积的扩大，利用鲜草养畜，畜粪、根茬肥田，将会有较大发展，成为培养土壤肥力的主要利用方式。

三、减少土壤的水蚀和风蚀

饲草是相对廉价、耐久的地面覆盖物，以其高度的地面覆盖和固定沙尘的性能，保护宝贵的、不可再生的土壤资源，不受或少受水和风的侵蚀。饲草特别是豆科饲草，一般根系发达，能牢固固定土壤，其地上部分又簇生成丛，夏季枝叶茂密，可成为一种有效拦截地表径流和泥沙的“生物坝”，阻挡雨水对土壤的物理冲刷。生长两年的牧草地，拦蓄地表径流的能力为43%。据中国科学院水利部西北水土保持研究所测定，20°的坡地种苜蓿时，其径流量比耕地少88.4%，冲刷量少97.4%。降水量多的地方，牧草的保土能力为作物的300～800倍，保水能力为作物的1000倍（内蒙古农牧学院，1990；王贤，2006）。据美国在干旱的北方大平原试验，采用与风向垂直方向种植多年生的牧草作为屏障（也叫草障），间距为9m和18m的高冰草草障，每一草障种2～3行高冰草，平均草高1.2m，有效地降低了风速。与无草障的旷野风速相比，分别使风速降低17%～70%和19%～84%，从而减少了土壤的风蚀（杨青川等，2002）。

四、农牧结合的纽带

从世界和我国情况来看，畜产品主要来自农区。由于土层厚、降水量多、劳动力充足、交通方便等有利因素，发展农区畜牧业的潜力是很大的，可以充分利用农作物的秸秆、糠麸等副产品作为饲草、饲料。但是光靠蛋白质含量仅2.6%的小麦秸秆、2.5%～4.0%的稻草和3.3%的谷草等营养价值较低的副产品作饲草，是无法满足家畜高效生产需要的。在加速发展粮食作物和经济作物的同时，应该通过建立专用饲料地，种植高产饲料作物，把低产田退耕种草还牧，实行粮草轮作，以及间种（作）、混种（作）、套种（作）和复种等多种形

① 1亩≈666.67m²。

式，引草入田，促进农牧结合。这样，既提高土壤肥力，使粮食、经济作物等得以持续增产，又加速了农区畜牧业的发展。我国三北地区（东北、西北、华北）小麦套种、复种草木樨，苜蓿，野豌豆和毛苕子等，已逐渐成为一种重要的种植方式。现在，不论是北方，还是南方，我国农区和城市郊区的畜牧业都有很大的发展。

五、发展工副业、开发生物能源

许多饲草是很好的蜜源植物，如紫云英、草木樨、紫花苜蓿、苕子、三叶草、串叶松香草、菊苣等，流蜜期长，蜜质优良，是我国重要的蜜源植物。扩大这些作物的种植面积，能促进养蜂业的发展，提高经济收入。经验表明，2～3 亩的草木樨可饲养一箱蜂，产蜜 15～30kg，高的可达 45～50kg。紫穗槐等枝条生长快，质量好，是农村编织业的好原料，一般亩产干枝条 1000～1500kg，适宜于编织多种用具。柽麻、草木樨等的茎秆可以剥麻、造纸，田菁秸秆富含纤维，每亩可剥粗麻 50kg 左右，种子可用于提取胚乳胶，每 100kg 种子可提取胚乳胶 10～30kg，可用于石油工业上的压裂剂，也可用于食品加工上制造酱油（毕云霞，2003）。

时逢世界能源物质紧缺的关键时期，开发生物能源成为新的研究热点。目前，研究表明可作为能源草发展的资源约 164 种，涉及 33 个科。其中禾本科最多，共 59 种，多为富含糖类的多年生能源草，如柳枝稷、杂交狼尾草、草芦、甜高粱、象草等。大戟科的续随子、木薯，菊科的黄鼠草则表现出很好的生物柴油生产潜力。此外，藜科盐角草的耐盐碱能力非常强，在含盐量 0.5%～6.5%的盐沼中能正常生长，可在沿海滩涂大面积种植生产生物柴油。

总而言之，栽培饲草对于农、牧业的生产有着极重要的意义，是实现农、牧业现代化，合理调整农业生产结构的必由之路，它还将引起农作制度的重大改革。

第二节 世界各大洲及部分国家牧草地发展概况

全球草地面积约占陆地面积的一半，但大部分集中在 16 个国家（表 0-1）。按其市场水平来分，可以分为发达的农牧并举的国家，如美国、加拿大、英国、法国、俄罗斯、南非；先进的畜牧业为主的国家，如新西兰、澳大利亚；放牧畜牧业比较发达的国家，如中国、秘鲁、阿根廷、墨西哥；放牧畜牧业比较落后的国家，如蒙古、沙特阿拉伯。荷兰是一个特例，它以放牧畜牧业为主，但依靠科学管理，取得了超过发达国家的生产水平。另外，各洲的状况有很大差别（任继周，2004）。

表 0-1 世界部分国家草地面积与耕地面积之比及草地面积排序

国 家	草地面积/万 hm^2	耕地面积/万 hm^2	草地∶耕地	草地面积排序
澳大利亚	40 490	5 030.4	8.05∶1	1
中国	40 000	1 2677	3.16∶1	2
美国	23 400	17 520.9	1.34∶1	3
巴西	19 700	5 886.5	3.35∶1	4
沙特阿拉伯	17 000	360	47.22∶1	5
阿根廷	14 370	3 445	4.17∶1	6
蒙古	12 930	119.9	107.84∶1	7
俄罗斯	9 114.3	12 386	0.74∶1	8

续表

国　家	草地面积/万 hm^2	耕地面积/万 hm^2	草地：耕地	草地面积排序
南非	8 392.8	1 475.3	5.69：1	9
墨西哥	8 000	2 480	3.23：1	10
加拿大	2 900	4 574	0.63：1	11
秘鲁	2 710	370	7.32：1	12
新西兰	1 386.3	150	9.24：1	13
英国	1 125.1	565.2	1.99：1	14
法国	1 004.6	1 844.7	0.54：1	15
荷兰	99.3	90.5	1.10：1	16

资料来源：除中国外，数据均引自联合国粮食及农业组织（FAO）2001 年公布的数据

一、亚洲

亚洲的草地包括北极冻土带草地、温带草地、沙漠草地、半干旱灌丛草地与丛林、季雨林及沼泽地（任继周，2004）。它们分布在地理背景差异很大的发达国家和发展中国家，这些国家的经济和文化状况差异也很大。草地面积最大的是中国，中国永久性草地大约占陆地面积的 31%。蒙古大约有 120 万 km^2 的永久性草地。在亚洲的草地中，西部国家的草地问题尤为突出且处境严酷。

亚洲西部是一个气候干旱、地形崎岖、土壤贫瘠的地区，几个世纪以来，土地一直是放牧利用。该地区也称西亚，包括叙利亚、也门、伊朗、伊拉克、阿曼、科威特、土耳其、约旦、沙特阿拉伯和以色列等。这些国家存在过牧严重、牲畜过多等一系列问题。该地区的国家有很大一部分人口是游牧民。例如，在伊朗，总人口的 6.1%（其中包括农村人口的 15%）为牧民。总之，西亚草地的生产力正在下降，有些国家如伊朗的草地严重耗竭，大多数良好的多年生树种已消失；伊拉克和叙利亚干旱草原已经失去大量的原生植被，原生植物群落已消失；也门的草地严重退化；约旦被侵蚀和干旱的牧地已经变得像人行道一样坚硬。这些现象主要是过度放牧造成的（任继周，2004）。

二、北美洲

北美洲草地状况和其他地方处于同一水平或稍好一些。北美洲的草地一般处于干旱或半干旱气候之下，最为显著的是美国西部地区，那里的年降雨量为 50mm 或更少。该大陆草地生产力东部比西部大许多倍。

北美洲的家畜包括牛、绵羊、山羊、马和驯鹿，但牛最多。美国牛的数目达 1 亿头（包括奶牛），加拿大有 1300 万头牛（任继周，2004）。虽然现代草地几乎没有原始状态的，但它们对于野生生物仍然是极重要的。估计在美国发现的 84%的哺乳动物和 74%的鸟都与草地生态系统有关。

一般来说，北美洲草地状况反映了牧人早期滥用草地后，随着草原放牧和公有土地管理方法的改进而呈缓慢恢复的过程。在 19 世纪末，草地主把他们的牧群增加到远超过土地的长期承载能力，使草地严重退化和破坏，从而导致了一系列的恶性循环，同时也使人们认识到了草原保护的重要意义。如今，在生态管理和调控下，草地状况有所好转。美国约有 86%的草地或是在走向顶极状况，或是稳定的，或是显示无法辨别的趋势。加拿大的草地也遵循这种势头。尽管北美的草地恢复得很好，但仍有相当一部分草地在退化，如美国有

14%的草地在退化。

三、拉丁美洲

拉丁美洲的草地占其陆地面积的1/3，约7亿hm^2。拉丁美洲有70%的草地为天然草原、林地或无树草原，那里生长的树受到干旱、水灾和贫瘠土壤的限制，草原牲畜承载能力较低。例如，巴西中部的塞拉多和拉诺斯、巴拉圭、阿根廷的查科、秘鲁、智利的马托拉尔及墨西哥中北部的干旱区。这些草原需要15～25hm^2才可养活一头牲畜。因放牧过度，造成大面积土壤侵蚀。

拉丁美洲草原约有20%地处安第斯山脉的高海拔地区，这里的很多草地过度放牧了牛、羊、无峰驼和羊驼，生态环境脆弱。若减少放牧压力，一些草原的质量是可以恢复的。

与美国、澳大利亚和西欧的草地相比，拉丁美洲的草原管理不善，最常见的管理方法是焚烧，且只有很少比例的草原引进高质量的草种。应进行轮流放牧，采用限制放牧的办法来改善草原状况。

四、大洋洲

大洋洲（尤其是澳大利亚和新西兰）土地面积的75%是草地，大部分是干旱和半干旱土地，永久性草地面积为4.6亿hm^2（任继周，2004）。澳大利亚草地的使用和美国相似，大部分草地曾被充分放牧或过度放牧，但近年来管理、经营和恢复都较好。其牧地约3/4天然干旱，它们对旱季尤其敏感。

澳大利亚是世界上天然草地面积最大的国家，达4.58亿hm^2，占国土面积一半以上。但国内地区间的降水量差异较大，其北部热带牧场，草地管理粗放，以天然草地放牧为主，发展低成本草地畜牧业。在中雨、多雨地区建立了高产优质人工草地，且人工草地面积已达3000万hm^2，主要种植黑麦草、三叶草等。人工草地全部使用围栏，集约化程度高，牧场规模虽不大，但单位面积的生产率很高。在澳大利亚，家庭牧场是主要经营形式。澳大利亚在发展畜牧业过程中，始终把饲草生产和饲养管理放在首位，因此，畜牧业成就举世公认。

新西兰原是一片茂密的热带常绿森林，为发展草地牧业，将森林砍伐改种牧草。目前，新西兰已有66%的国土成为人工草地，全国有“一块绿毯”之称。黑麦草和白三叶草是该国主要栽培牧草。该国气候适宜，牧草四季常青，畜牧业蓬勃发展，畜牧业产值在农业总产值中占到90%以上，畜产品出口也占到出口总额的90%以上。新西兰草地经营的现代化水平及草原放牧畜牧业生产水平均居世界首位。其主要特点：①大力发展禾本科和豆科混播草地，利用天敌进行草地病虫害的防治，减少农药和化肥的使用，提高无公害奶、肉的生产力。②充分利用草地的枯落物，研究维持草地生态系统平衡的方法。对放牧后的天然或人工草地，在天气较热时进行灌溉，促进放牧后的枯落物及粪便的腐烂分解，增加土壤有机质，提高牧草的再生能力。③在草地的放牧利用上以草定畜，有计划地发展畜牧业。④草地分为放牧地、割草地和放牧割草兼用地。并根据不同的牲畜来培育不同的草地，如奶牛、奶羊多以含水量较高的禾本科和豆科牧草为主，肉牛、肉羊则以含水量较低的混合牧草为主，这样生产的肉类组织结构比较紧密、质量上乘。⑤根据不同的牲畜需要发展配合饲料，降低牧草枯黄期对畜牧业的影响。⑥在放牧管理上，建立了科学完备的划区轮牧制度，实现100%的围栏化，围栏内有较好的家畜夜宿条件，并设有完备的自动饮水系统。⑦应用生物工程技术培育和改良牧草新品种，延长牧草营养生长期和绿草期。⑧目前分子生物学、计算机管理、组织培养、胚胎移植等新方法和技术已在70%的牧场进行推广应用。

五、非洲

畜牧业是非洲农业的一个重要部分，草地是将来继续增加的资源之一。随着非洲人口的增加，畜牧数量的压力将会增强，而且还会产生家畜和野生动物争夺食物的现象。在非洲，有些国家已经建立狩猎和畜牧型的大草地，以更好地利用广泛多样的牧草饲料和草料。非洲的草地是燃料的主要来源，几乎任何可燃的东西都被砍伐作为燃料，使灌木丛和饲料树几乎消失，这减少了旱季家畜和野生动物可得的草料量，加剧了土壤侵蚀和草地退化。

六、欧洲

欧洲草地通常被用作永久性牧场。虽然大陆只有18%是永久性草地（包括疏林和其他牧地，欧洲用于放牧的草地占土地总面积的33%），但这些土地生产力很高。欧洲许多国家的畜牧业产值占农业总产值的比重都较高，如英国和德国都为60%～70%，丹麦、瑞典则占到90%，在这些国家，草地畜牧业对整个农业经济作出了巨大贡献。欧洲的草地管理十分精细，几乎近似作物耕地。这些改善的牧草地比世界其他天然草地的生产力高许多倍。家畜生产力很高，许多国家出口畜产品。

第三节　我国饲草生产概况及其发展趋势

长期以来，牧草作为一种间接产品，一直是作为畜牧业的附属，没有发挥其应有的功能，只是到了近代，受工业革命的惠及，开始在西方发达国家出现了加工的草产品，并进入市场销售，与传统的牧草种业和新兴的环境绿化相耦合，于是具有相对独立功能的草产业开始从传统的农业中剥离出来。我国为了加速畜牧业的发展，在20世纪80年代第一次提出了新的产业——草业，即把发展饲草与发展农业、畜牧业和其他的产业摆在同一个位置上相提并论。草业是一种知识密集型产业，包括生产、加工、销售、消费等方面。

一、我国饲草生产概况

（一）我国饲草正处于由低能生产向高能生产的过渡阶段

发达国家发展饲料生产经历了3个阶段：一是低能饲料生产阶段，其特征是口粮与饲料粮生产不分，畜牧业生产将口粮的剩余部分用作能量饲料，其饲用价值较低。二是高能饲料生产阶段，饲料粮生产从口粮生产中分离出来，专门种植饲用价值较高的谷类作物作为能量饲料。三是蛋白质饲料生产阶段，增加饲用营养价值较高的谷物能量饲料生产的同时，大力种植蛋白质饲料作物，如豆科牧草，以弥补谷物类饲料中蛋白质的不足，并提高饲料的转化率。从整体上看，我国饲料生产仍处在第一阶段，即口粮与饲料粮不分的阶段，种植业生产仍处在传统的“粮、经”二元种植结构时期，而在少数商品粮集中产区，饲料生产则处于由第一阶段向第二阶段即高能饲料生产的过渡阶段，这些地区“粮、经、饲”三元种植结构初步形成。但是蛋白质饲料加速生产的趋势尚未在我国种植业生产结构调整中孕育出来，畜牧业生产中蛋白质严重缺乏的局面依然未得到较好的改观。

（二）青干草的加工制作技术进一步提高

干草是指天然或人工种植的牧草或饲料作物进行适时收割，经过自然或人工干燥，使之失水达到稳定且能较长期保存的状态所得的产品。优质的干草应保持青绿的颜色，含水在18%以下，含有丰富的畜禽生长所必需的各种营养素。青干草可以用豆科、禾本科饲料作物或禾谷类作物制备，是世界上大多数国家畜牧业生产中的重要部分。饲料作物通过干燥、贮藏，这样便可以把饲料从旺季保存到淡季，作为冬春季节畜禽的饲料。

干草具有较高饲用价值。根据饲养标准，4～5kg苜蓿干草相当于1kg棉籽饼或4～8kg玉米。以质量上乘的优质豆科、禾本科牧草为原料，经过科学的调制工艺，调制出营养物质丰富的优质干草，能够为畜禽的生长提供大部分的蛋白质营养需求。例如，常规制作的全株苜蓿干草，蛋白质含量能达到20%，各种矿物质、维生素含量也非常丰富。而经过特殊工艺过程加工的苜蓿干草，其蛋白质含量能达到25%以上，而且纤维含量在20%以下，维生素、矿物质含量丰富，可以作为鸡、猪等单胃动物的蛋白质、维生素补充料使用，也可代替部分精饲料，且畜禽的生产性能不降低。

传统的牧草干燥，以自然干燥的晾、晒为主。随着技术的不断提高，现代规模化牧草加工企业都采用机械人工干燥的方法，要求有配套的收割、收集、运输、烘干、粉碎、深加工设施，因此牧草的调制和深加工产业的发展还带动了机械、运输、加工等相关产业的发展。

世界上畜牧业发达的国家，对干草的生产较为重视。在美国全部收割的牧草中有80%制成干草，干草年总产量1.5亿t左右，年产值110亿美元，2007年以来，已成为美国仅次于玉米、大豆、小麦的第四大农业产业。

我国干草加工制作历史悠久，但由于受社会历史条件的种种限制，且长期受个体经济和依附自然“逐水草而居”的靠天养畜思想的束缚，干草调制技术落后，不仅冬春季节青干草储量少，而且青干草养分损失很大，品质较差。因牧草在田间干燥时间过长，晾晒后不能及时打捆运输和堆垛，受雨淋、叶片脱落和“漂白”作用，致使粗蛋白质含量由13%～15%，降低到5%～7%，胡萝卜素损失90%左右。另外，由于打捆时含水量超过18%，又没有添加防霉剂，垛草的作业质量差，致使良好的牧草发霉、变质，甚至烂掉。新中国成立以后，特别是改革开放以来，我国畜牧业得到了迅猛发展，干草制作也得到了发展。东北、内蒙古、新疆、河北、山东等成立了饲料生产基地和草产品生产企业，干草加工制作技术不断提高。此外，我国在引进大型干草加工机械的同时，还自行研制了适合我国国情的割草机、搂草机、打捆机、切割压扁机、捡拾压捆机和高温烘干机组等，加快了我国干草机械化进程，丰富了草产品种类。但是，我国大部分干草产品生产规模小，质量较差，数量无法满足国内要求，质量上无法与国际市场上同类干草产品相比。

（三）牧草青贮技术研究进展

青贮技术是利用乳酸菌发酵调制贮存饲料的一种技术。青贮饲料具有养分损失少、营养价值高、适口性好、消化率高、可长期保存等优点。

据考证，青贮饲料生产已经有3000多年的历史。从19世纪后半叶开始试验研究并应用于畜牧业生产。我国在20世纪50年代开始应用，80年代中后期得到了普及推广。随着畜牧业的迅速发展和农业结构的调整，青贮技术对保障畜牧业健康、稳定、高效发展具有重要意义。青贮技术历来在畜牧业发达国家饲草供给体系中占有重要的位置。尤其近年来通过采用萎蔫、半干和青贮添加剂或通过更先进的加工机械和贮藏设备，改进青贮技术，改善加工工艺，从而使青贮调制真正成为了饲草加工贮存的主要方法。

国内外对青贮技术的研究经历了一个从高水分青贮到低水分青贮再到添加剂青贮、混合青贮的发展阶段。添加剂青贮和混合青贮研究是目前国际上有关青贮技术研究的热点。添加剂技术研究的重点由传统的发酵品质研究转变为对发酵过程调控、有氧稳定性和产品安全性进行改善。混合青贮研究的重点围绕改善原料的青贮特性、营养特性及安全性等研究展开。

自20世纪80年代以来，国外在青贮技术上有很大的革新，在过去青贮技术中的所谓“禁区”领域也有了重大突破。例如，围绕二次发酵，半干青贮，玉米青贮专用添加剂，收割时期，营养损失规律，青贮窖塔及填装、挖取机械等问题进行了深入研究。现在青贮技术已发展到利用青贮添加剂调控青贮质量的阶段，近年来苜蓿青贮添加剂，除传统的各种酸类添加剂外，还不断研制开发出新的乳酸菌制剂和纤维素酶制剂等生物添加剂（李向林等2005），显著提高了苜蓿青贮效果和品质。青贮方式也由原来的大型密闭式青贮窖、青贮塔、青贮堆和青贮袋，向作业效率高、发酵速度快、青贮效果好、易于运输、低成本的拉伸膜裹包青贮方向发展，青贮过程和取用也日趋机械化和自动化。

目前，我国在青贮添加剂领域的研究才刚刚起步，近十年来自行筛选或从国外引进了一些菌株进行研究，并大力加强对其的研究和使用，这已成为当前一个十分紧迫的任务。青贮添加剂的应用使饲料短缺问题能以有效、经济、环保的方式解决，因而，青贮添加剂将会有广阔的发展前景。

（四）粗饲料的加工技术研究取得新进展

我国粗饲料种类繁多，资源丰富。常见的粗饲料有干草，农作物的茎叶、秸秆、秕壳、藤蔓、秧和干物质中粗纤维含量为18%以上的糟、渣、树叶及水生植物等高纤维物料。据有关资料分析，我国仅农作物秸秆产量每年达4000亿t以上，可用作饲草的约1300亿t（毕云霞，2003）。目前，我国作物秸秆大部分是铡短粉碎后饲喂家畜，只有很少一部分经过青贮、氨化、微贮等加工调制。秸秆粗饲料是反刍动物的主要饲料来源，充分利用这些资源，对解决我国饲草饲料的不足，保证畜牧业持续、快速、协调发展具有重要的意义。

对粗饲料进行加工调制，是提高粗饲料营养价值，促进畜牧业发展的重要措施之一。因此，各国都加强了对粗饲料加工调制技术的研究，其方法很多，有物理处理（切碎、粉碎、泡软、煮熟、膨化、热喷或辐射等）、化学处理（氨化、碱化或酸化等）和微生物处理（发酵、酶解等）技术。物理处理方法除热喷、膨化技术外，没有解决秸秆消化率低和可利用营养物少的问题，实用性不大。化学处理法与膨化或热喷技术一样也没有从根本上解决粗纤维转化利用率低的问题，故推广受到限制。而微生物处理法目前虽然成本较高，但提高了粗纤维转化利用率，极大地改善了秸秆的营养价值，不仅反刍动物能利用，而且还能取代部分精饲料饲喂猪禽，且有污染少，效益高等优点。

二、我国饲草发展前景

（一）扩大种植面积有广阔的空间

我国土地资源丰富，发展饲草可挖掘的土地潜力巨大。党的十六大提出要全面建设小康社会和目前正实施的农业结构调整及西部大开发战略，都为进一步扩大饲草种植面积提供了良好的机遇和广阔的空间。

根据国土资源部近年来组织的对全国待开发土地资源调查汇总，全国待开发的土地约7700万hm^2，其中可开发为饲草用地的约有2700万hm^2，可用以建立人工草地和牧区饲草基地。在全国待开发的土地中，中西部地区占70%以上，约5400万hm^2。在西部大开发中，将坡度大于15°的土地开发为园地、林地、牧草地，坡度大于25°的土地退耕还林、还草。此外，全国还有数千万公顷的疏林草地和林间草地，都可种植饲草。我国现有各类天然草地近4亿hm^2，对现有天然草地采用灌溉、排水、施肥、补种等措施加以改良，可形成上亿公顷的饲草生产基地，也是扩大饲草种植面积的措施之一（毕云霞，2003）。

在实施“粮、经、饲”三元种植结构模式时，将原来用于生产牧草与饲料粮的土地分离出来，专门用于生产饲草。目前，全国玉米种植面积有2000万hm^2左右，每年生产量的60%～80%用于饲料粮，若从现有面积中剥离出50%（1000万hm^2），专门用于种植饲用玉米（高赖氨酸、高油玉米和青贮玉米等），既可扩大饲料作物种植面积，缓解牲畜饲料不足，又可提高种植玉米的经济效益。目前，我国有0.6亿hm^2的中低产田，可采用世界通行的草粮轮作方法，既能扩大饲草的种植面积，又能改善土壤肥力，提高粮食产量和品质。我国农区包括冬闲田地、夏秋闲田、幼果园隙地以及“四边地”等，约0.267亿hm^2土地资源尚未得到充分利用。特别是我国南方地区，具有0.108亿hm^2“三季不足，两季有余”和“两季不足，一季有余”的冬闲稻田，冬闲时间长达4～5个月，而有的地区长达5～6个月。这些冬闲田地，其水、热、光、气等自然资源足以生产一季优质牧草。通过养畜、养禽、养鱼和菌草技术转化，可取得显著的成效（毕云霞，2003）。

国际经验证明，当人工草地占天然草地10%时，草地总生产力可提高1倍。目前，我国人工草地仅占天然草地的2%，如能实现人工草地3333.3万hm^2的目标，并建立围栏草地6666.7万hm^2，全国草地生产力可提高9～19倍，每亩的草场畜产品产量可达到310个畜产品单位，相当于目前美国的水平。

（二）国内草产品市场潜力巨大

经国务院批准的《中国食物与营养发展纲要（2001～2010年）》制定出了2010年我国食物与营养发展的总体目标。其中，要求人均每年摄入肉类28kg，蛋类15kg，奶类16kg，水产品16kg。生产总量的安全保障目标为，肉类7600万t，蛋类2700万t，奶类2600万t，水产品5000万t（毕云霞，2003）。实现上述目标要求，畜牧业必须要有较大发展，畜牧业结构必须要有一个较大调整，要重点发展肉牛、奶牛和肉羊等食草动物。畜牧业的发展和结构的调整需大量的饲料饲草，特别是优质饲草作保证。因此，饲草的国内市场容量存在着巨大的发展潜力。

人类膳食结构中蛋白质的摄取主要依靠动物的肉、乳、蛋。在日常食用的肉类中，牛羊肉的蛋白质含量高而脂肪含量低，而猪肉则正相反。牛羊肉还含有丰富的氨基酸，即不论从蛋白质的质还是量方面衡量，牛羊肉均优于猪肉。发达国家的肉食主要来源于食草动物，但我国居民受传统的养殖和消费习惯的影响，肉类消费一直以猪、禽为主（表0-2）。这与目前国际上比较合理的“三三制”肉食品结构比例（猪、禽、牛肉消费各占1/3）相差甚远。若按照2009年我国肉类总产量7821.4万t计算，要达到这一比例，牛肉的产量应在2640万t左右，而目前我国牛肉的年产量是642.5万t，缺口很大。再从乳品和消费情况来看，目前世界年人均奶类的占有量达到了101.07kg，其中欧美等发达国家人均占有250.00～

300.00kg，发展中国家也达到了 51.00kg。我国 2009 年的数据表明，人均牛奶的占有量接近 27kg，仅略超过发展中国家人均水平的 1/2。可见，要在现有的情况下追赶世界平均水平，所要增加的奶牛数量是相当大的。

表 0-2　2009 年畜产品产量

（人口单位：万；畜产品单位：万 t）

国　家	人口	奶类总产品	牛肉	羊肉	猪肉	禽肉	肉类总产量
世界	684 050.7	69 655.4	6 514.6	1 304.8	10 606.9	9 130.8	28 155.9
中国	133 830.0	3 611.6	642.5	386.7	4 987.9	1 643.8	7 821.4
印度	117 093.3	11 211.4	231.3	71.9	48.1	72.7	440.1
美国	30 905.1	8 585.9	1 189.1	10.3	1 044.2	1 895.3	4 161.6
巴西	19 494.7	2 771.6	902.4	10.9	10.9	292.4	1 038.5
俄罗斯	14 175.0	3 232.6	174.1	18.3	217.0	236.0	657.0
日本	12 745.1	791.0	51.7	0.0	131.0	139.5	323.2
德国	8 170.2	2 869.1	119.3	2.1	527.7	131.6	790.4
法国	6 487.7	2 421.8	146.7	9.0	200.4	172.0	553.7
英国	6 221.9	1 323.7	85.0	30.3	72.0	165.2	353.4
加拿大	3 410.9	821.3	128.8	1.6	194.1	121.2	447.7
澳大利亚	2 232.9	938.8	214.8	67.5	32.4	89.7	405.3
新西兰	436.8	1 521.7	63.7	48.0	4.7	13.7	133.3

资料来源：联合国 FAO 数据库，人口为 2010 年年中统计数字

在中国广阔的草地和牧场上，2009 年饲养食畜 83 107.9 万头，占世界食草畜饲养量的 19.23％（包括猪在内）。中国养牛头数分别占世界和亚洲的 6.67％和 23.44％，比巴西、印度和美国少；养绵羊和山羊头数分别占世界的 12.00％和 17.56％，占亚洲的 39.92％和 32.43％，居草地大国首位；养马匹数占世界和亚洲的 11.44％和 53.14％，仅次于美国（表 0-3）。然而，由于天然草场退化严重，年度间、季节间产草量变化大，草地畜牧业生产很不稳定，一年一度的“夏活、秋肥、冬瘦、春乏（亡）”和“丰年大发展，平年保本，灾年大量死亡”的现象仍时有发生。因此，大力发展饲草生产是畜牧业可持续发展的重要保障。

表 0-3　2009 年牲畜饲养量　　（单位：万头或万只）

国　家	牛	马	山羊	绵羊	猪
世界	138 224.2	5 902.0	86 796.9	107 127.5	94 121.3
巴西	20 450.0	550.0	920.0	1 680.0	3 700.0
印度	17 245.1	75.1*	12 600.9	6 571.7	1 384.0
美国	9 452.1	950.0*	306.9	574.7	6 714.8
中国	9 213.2	675.3	15 245.8	12 855.8	45 117.8
澳大利亚	2 790.7	25.7	300.0*	7 274.0	230.2
俄罗斯	2 103.9	135.4	216.8	1 960.3	1 616.2
法国	1 859.1	41.8	126.8	771.6	1 481.0
加拿大	1 318.0	38.5*	3.0*	80.9	1 240.0
德国	1 294.5	54.2*	22.0	237.1	2 688.7
新西兰	996.2	6.6	8.3	3 238.4	32.3
英国	990.1	38.4*	0.5	3 070.2	100.1
日本	442.3	1.8*	1.5	1.4	989.9
韩国	289.4*	2.8*	26.7*	0.3*	915.4*

资料来源：联合国 FAO 数据库

* 2008 年数据

（三）国外市场前景看好

从世界范围看，目前已开发的草产品有草粉、草颗粒、草块、草饼和草捆等。近十年来，全球草粉年进出口额已超过10亿美元。主要出口国有美国、加拿大，每年出口草产品200万t。目前，日本、韩国及东南亚各国和我国的台湾、香港等亚洲地区已形成世界最大的草产品进口市场，其中80%以上的草产品是从美国、加拿大、澳大利亚进口。据《经济信息咨询》介绍，亚洲地区每年仅苜蓿产品需要量达300万t，金额超过5亿美元。另外，北美洲、欧盟对草产品的需求量也较大，北美洲对苜蓿的需求量为200万t，欧盟也在100万t以上（毕云霞，2003）。

日、韩及东南亚等国家和地区从美国、加拿大进口草产品，路途遥远，运费昂贵，综合成本很高。我国生产草产品有得天独厚的条件，一是我国土地资源丰富，劳动力价格相对低廉，生产成本低。二是我国农业生产污染源相对较少，可以生产出相对清洁的绿色植物产品。三是我国地处亚洲东部地区，与日本、韩国和东南亚一些国家和地区相邻，运输便利。因此，在国际上特别是亚洲国家和地区，看好我国绿色饲草的生产前景，特别是对苜蓿产品寄予很高的期望。因此，我国要在积极发展绿色饲草的同时，加大资金和技术投入，加强对草产品深加工技术的研究，生产草粉、草块、草颗粒，甚至提取叶蛋白质，提高草产品质量，凭借我国的地理优势和经济优势，草产品市场发展前景广阔。

（四）采取有效措施，加快饲草发展

1. 实施种植业三元结构工程，促进饲草发展　目前，我国农业和农村经济发展已进入了一个新的阶段，实施“粮、经、饲”三元种植结构的时机已成熟。《国务院关于促进畜牧业持续发展的意见》（国发［2007］4号）提出构建饲草生产体系，在牧区和半农半牧区推广草地改良、人工种草和草田轮作方式，在农区推行粮-经-草三元结构，加快建立现代草产品生产加工示范基地。把饲草从种植业中独立出来，由单纯的收获籽粒调整为收获营养体，可以充分发挥光、热、水、气资源潜力。

粮食、经济作物、饲草三元结构的生产布局，可促使粮食、经济作物和畜牧业三者之间废弃物的循环利用。粮食、经济作物的废弃物——秸秆通过氨化可作为畜牧业的饲料，既减少了废弃物，又解决了畜牧业所需的一部分绿色饲料问题。反过来，畜牧业中产生的大量粪肥又成为种植粮食与经济作物的肥料。这种天然的生物肥料改善了传统化肥对土壤环境的污染，提高了土壤有机质含量，地力得到有效补偿。同时，极大地改善了农产品品质，促进粮食和经济作物向绿色食品方向发展。

2. 依靠高新技术，加大对饲草研发的支撑力度　我国饲草生产起步较晚，技术落后，管理粗放，种植分散，收获加工机械化程度低，产品质量差，商品率低，缺乏市场竞争力，严重制约着我国饲草生产的发展，只有加大对饲草生产的研究和开发力度，积极采用新技术新成果，依靠高新技术支撑，才能在激烈的市场竞争中求生存、求发展。

良种是饲草提高产量，改进品质的内因，培育推广优良品种是饲草发展最经济、最有效的措施。我国虽然饲草种类多，资源丰富，在新品种的选育上取得了一定成绩。但与世界发达国家的育种工作相比，差距还很大，一是培育的优良品种少；二是种子量少，繁殖推广面积不大，速度较慢，远远不能满足国内生产发展的需要。当前应在现有研究的基础上，统一组织饲草育种方面的专家，进行攻关，运用现代生物工程技术，加强对饲草种质的创新研究

和优质高产抗逆性强的新品种的选育研究，尽快选育出一批产量高、品质优、抗逆性强、适应范围广的新品种，并建立健全良种繁殖推广体系和繁殖基地，加快良种繁殖推广速度，为饲草的快速发展，提供数量充足、质量优良的新品种。

饲草和农作物栽培一样，需要品种选用、土壤耕作、精细播种、科学施肥、合理浇水、适时防病治虫、及时收割等一套综合技术。要提高产量，增加效益，使饲草种植向高产、优质、高效、低耗方向发展，必须进一步加强对饲草栽培技术的研究和推广。要提高单位面积产量和质量，防止产品污染，降低生产成本，加强对饲草生长发育规律、产量形成与环境控制技术的研究，合理安排种植结构，做到布局合理化、种植区域化、管理规范化，逐步建立起高产、优质、低耗的综合栽培技术体系，要利用现代化的电子信息技术，建立饲草栽培专家系统和自动化管理系统。采用精密播种，适时适量施肥、浇水、喷药，准确收割等精准农业技术，提高饲草产量，降低生产成本，实现高产、优质、高效。

草畜矛盾始终是制约畜牧业可持续发展的瓶颈，为有效解决饲草淡旺季这一矛盾，生产上必须加强对饲草的收割、加工调制与贮藏技术的研究，并以此推动草产品市场的建立和发展，逐步建立和完善饲草收获、加工调制技术体系和市场机制。这一技术体系不但要代表当今饲草收获、加工调制技术的最高水平，而且要将饲草栽培、动物营养以及机械工程的有关理论与实践有机地结合在一起，形成农业生产中的一门新兴产业——饲草产业。当前研究的重点，主要有：①饲草栽培标准化程序，建立各地饲草的栽培技术规程；②尽快建立饲草产品加工调制质量标准化体系和安全监督体系；③确定饲草高效利用技术规范。

饲草生产机械化是农业机械化的组成部分。目前，我国饲草生产机械化水平很低，除个别地方在饲草种植、收割、翻晒、集成草条、自动捡拾打捆等方面实行机械作业外，绝大多数还是人工操作。发达国家在饲草生产过程中机械化、自动化程度很高，现代生产工艺：榨汁→汁、渣分类加工→产品为叶蛋白质、草颗粒等。与发达国家一样，我国饲草大规模商品化生产也需要现代化的机械工业体系来支撑。根据饲草生产特点，加强饲草的播种、管理、收割，秸秆压扁、翻晒、打捆、搬运、机械烘干，以及草块、草粉、草颗粒和青贮饲料的机械研究，积极开展国际合作和交流，引进国外优良饲草品种、先进生产技术、种植收割技术、加工机械设备和管理经验，再消化吸收，促进我国饲草向规模化、集约化、商品化方向发展，使我国的牧草与饲料作物生产达到世界发达国家水平。

3. 建立健全生产管理和社会化服务体系，实现产、加、销一体化 饲草产业是一个新兴的产业，专业化、社会化、现代化程度较高。目前由于我国饲草种植分散，规模小，加之信息不灵，无法形成足以影响市场供求的商品量。如果不及时准确掌握国内外市场供求状况，便很难抵御市场风险和准确预测市场未来的变化，时有产、加、销脱节的现象发生，给生产者造成不应有的损失。建立健全生产管理体系，走生产、加工、销售一体化之路，把饲草的生产、经营、科技统一组织规范起来，扩大生产规模，增加商品数量，推出拳头产品，参与市场竞争，推动饲草健康有序发展，实现规模化、产业化生产格局。

我国实行以家庭作为独立的生产经营单位，每个农牧民不可能掌握和具备必要的技术和装备，因此在生产中了解信息，获取技术指导，采购生产资料，加工销售产品等都要直接参与已越来越不可能。从生产到销售的产前、产中、产后的全过程，需要在分散经营的基础上，有一定的组织和人员为其进行社会化服务。健全和完善社会化服务体系要从我国国情出发，按照服务组织网络化、服务内容系列化、服务管理制度化、服务形式实体化的要求，坚持社区性服务与专业性服务相结合，事业性服务与实体性服务相结合，专业机构与民间组织相结合的原则。

4. 运用法律与产业政策优化外部发展环境　当前饲草产业发展缓慢的原因在于没有完善的产业政策与规划，没有完备的法律保护，外部发展环境欠佳。饲草在多数人意识中并不是一个重要的产业，未引起足够的重视。由于饲草产业发展严重滞后，已明显制约了畜牧业健康发展。为此，我国陆续出台了相关的政策和法律法规。

《国务院关于促进畜牧业持续健康发展的意见》（国发［2007］4号）提出构建饲草生产体系，在牧区和半农半牧区推广草地改良，人工种草和草田轮作方式，在农区推行粮-经-草三元结构，加快建立现代草产品生产加工示范基地，推动草产品加工业发展，增加优质饲草基地建设的资金投入。

《国务院关于促进奶业持续健康发展的意见》（国发［2007］31号）提出加强饲草料基地建设，扩大青贮饲料生产，大力推广科学饲养技术，提高奶牛单产水平和原料奶质量。国家对养殖小区（场）的饲草料基地建设给予适当补助。

《中华人民共和国宪法》第一章第九条规定矿藏、水流、森林、山岭、草原、荒地、滩涂等自然资源，都属于国家所有，即全民所有。国家保障自然资源的合理利用，保护珍贵的动物和植物，禁止任何组织和个人用任何手段侵占或者破坏自然资源。

《中华人民共和国草原法》第四章规定县级以上各级人民政府是草原建设投入的主体，并按照谁建设、谁使用、谁受益的原则，鼓励单位和个人投资建设草原。规定草原改良、人工种草和草种生产等县级以上各级人民政府的职责。

《草畜平衡管理办法》规定国家对草原实行草畜平衡制度。即为保持草原生态系统良性循环，在一定时间内，草原使用者或承包经营者通过草原和其他途径获取的可利用饲草饲料总量与其饲养的牲畜所需的饲草饲料量保持动态平衡。

《中华人民共和国防沙治沙法》提出草原地区应加强草原管理和建设，禁止开垦草原，并提出了建设人工草场、控制载畜量、调整牲畜结构、改良牲畜品种、推行舍饲圈养和草地轮牧等措施。

随着一系列配套政策和法律法规相继出台，全国草原监理体系基本框架的构成，监理队伍的充实壮大，有效遏制了草原过牧现象，减少了乱采滥挖等破坏草原的违法行为。目前各省推行的草原承包制，大大调动了广大牧民自觉保护草原的积极性。天然草原植被恢复和退耕还草等项目在草产业发展和草原生态建设方面取得了显著效果。用法律制止、约束破坏草原的违法行为，用政策调动建设草原的积极性，两者在草业发展中均占据着不可替代的地位，需要齐抓共管。

习题

1. 名词解释

   饲草　牧草　饲料作物　精饲料　粗饲料　蛋白质饲料　青绿饲料　干草
2. 论述我国饲草生产概况。
3. 论述世界各大洲及部分国家牧草地发展概况。
4. 发达国家发展饲料生产一般经历哪三个阶段？
5. 论述我国饲草发展前景。
6. 简述饲料生产学要求掌握的内容。

第一篇　饲草生物学基础

第一章　国内外草地资源概况

第一节　牧草的起源与适应性

一、起源

栽培牧草属于广义上的作物范畴，也是从野生植物中经过长期引种驯化选育出来的。地球上约有39万种植物，可利用的植物有2500～3000种甚至更多。目前栽培的作物仅为2300余种，其中食用作物900余种，经济作物1000余种，栽培牧草（含绿肥）400余种（陈宝书，2001）。

（一）作物起源概述

最早研究作物起源的是瑞士植物学家德·康多尔（de Candolle），他于1883年出版了《栽培植物的起源》，对477种作物的起源进行了研究，并断定一个物种丰富的地区未必是该物种的起源中心。1926年，苏联植物学家瓦维洛夫出版了《栽培植物的起源中心》，并于1935年在其新著的《育种的植物地理学基础》中对过去的理论作了进一步的完善，明确地把世界重要的栽培植物划分为8个独立的起源中心和3个副中心，这是关于作物起源学说的经典理论，已得到科学界公认。后来，许多科学家在此基础上陆续又进行了补充和完善。1975年由瑞典的泽文和苏联的茹科夫斯基共著的《栽培植物及其变异中心检索》中把作物的起源中心扩大为12个，即中国-日本中心、东南亚洲中心、澳大利亚中心、印度中心、中亚细亚中心，西亚细亚中心、地中海中心、非洲中心、欧洲-西伯利亚中心、南美洲中心、中美洲-墨西哥中心和北美洲中心。

（二）牧草起源简况

最早栽培牧草用于饲喂家畜，后又从这些牧草中分出豆科牧草用于农田肥地，故在近代牧草栽培中，豆科牧草较禾本科牧草有了更大发展。例如，最早栽培紫花苜蓿仅作为军马的草料，后来又扩大用于农田肥地、水土保持和环境美化。实际上，真正作为畜牧业生产的牧草栽培也不过数百年历史，禾本科牧草的栽培历史更为短暂，因而牧草的野生种质资源有着巨大的储备，尚须牧草研究者和生产者开发。美国学者Harlan（1985）对欧洲、非洲和美洲地区利用的栽培牧草进行了较广泛的收集和整理，并就它们的起源发表了自己的见解，他认为栽培牧草在欧洲、非洲和美洲地区有如下四个起源中心。

1. 欧洲（不包括地中海气候带）中心　起源于该中心的牧草有一年生黑麦草和多年生黑麦草、白三叶和红三叶、紫花苜蓿、草木樨、鸡脚草、高羊茅、猫尾草、黑麦、燕麦、羽扇豆、百脉根、红豆草、无芒雀麦、鸭茅、冰草、狗牙根、苕子等。虽然这些牧草部分或大部分并不是真正的欧洲当地种，但由于早在新石器时代（距今8000年前）就已散布在欧洲，故有充分的时间可以驯化，使其能够适应温带夏雨的气候环境。

2. 地中海盆地和近东（冬霜地带）中心 该地区冬季温暖多雨，夏季气候干燥，石灰和钙质土壤分布广泛，是地三叶、埃及三叶、波斯三叶、绛三叶、蜗牛苜蓿、南苜蓿、羽扇豆和野豌豆等一年生豆科牧草及紫花苜蓿、草木樨、红豆草、白三叶、冰草、无芒雀麦、狗牙根、鸡脚草等多年生牧草的起源中心。

3. 非洲萨王纳（热带干草原）中心 这是大黍、象草、珍珠粟、俯仰马唐、盖氏虎尾草、狗牙根、狗尾草、纤毛蒺藜草、臂形草等热带禾本科牧草的起源中心。另外，像罗顿豆、扁豆、威蒂大豆、肯尼亚三叶草、有爪豇豆等豆科牧草极耐铝和其他金属，在污染区有很大利用潜力。

4. 热带美洲中心 该地区豆科牧草占绝对优势，柱花草属、矩瓣豆属、大翼豆属、山蚂蝗属、毛蔓豆属、合欢草属、合萌属、银合欢属、落花生属和菜豆属等属的种类资源非常丰富，因而是热带豆科牧草的起源中心。此外，巴哈雀麦、毛花雀麦和扁穗雀麦等禾本科牧草也有分布。

遗憾的是，在这个牧草起源中心分类中没有考虑中国这样一个最大的作物起源中心，甚至连整个亚洲和大洋洲地区都没有考虑。近50年来，我国在牧草种质资源的发掘和整理上做了大量工作，1984年农业部畜牧总局委托中国农业科学院草原研究所整理修订出版了《全国牧草、饲料作物品种资源名录》，从3199份永久编号材料中整理出26科、159属、425种、1983个品种的牧草饲料作物。许多种类在改良退化草地、治理盐碱荒漠、发展干旱半干旱区人工草地畜牧业中起到了巨大作用。如北方的羊草、无芒雀麦、蒙古冰草、沙生冰草、老芒麦、披碱草、垂穗披碱草、碱茅、野大麦、扁蓿豆、黄花苜蓿、羊柴、蒙古岩黄芪、木岩黄芪、柠条、中间锦鸡儿、二色胡枝子、驼绒藜、华北驼绒藜、木地肤等均已成为重要的栽培牧草，南方的圆果雀稗、扁穗牛鞭草、鹅观草、狼尾草、链荚豆、葛藤、紫云英、金花菜、野豌豆、绢毛胡枝子、多花木蓝等均已作为牧草或绿肥而知名。上述牧草均原产于我国，即使引进的紫花苜蓿在我国也有2000多年的栽培历史，早已成为我国各地栽培的当家草种。

二、适应性

栽培牧草的适应性是在长期自然和人工选择下为适应相应环境条件而形成的一种特有性状。无论驯化野生种，还是引进其他地方的优良种，由于引种地环境条件与其原生活环境条件在气候、土壤、生物三类因子方面存在差异，所以在引种地环境条件的长期作用下，尤其在人为有意识、有目标地选择下，使其在形态结构及生理、生化和生态特性方面发生改变，形成众多的变异有机体（即称品系），那些最能适应的变异有机体被保留下来，不能适应的变异有机体自行消亡或被人为淘汰。那些被保留下来的变异有机体的适应性又在经常变化的环境条件中不断得到发展和完善，并在外部形态和内部结构及生理生态习性上反映出来，这样就形成一个新的类型和品种，这个品种就具有了在引种地栽培的适应性。

对于一个牧草种，其栽培种与野生种在适应性和外部性状方面存在如下差异。

1. 株体及各器官变大 整个株型变高变粗，尤其在叶子大小和数量、分枝数量和枝条长度上更显著，这对于提高牧草产量和质量非常重要。一般在花器上也有变化，主要在生殖枝数目、穗长、穗粒数、结实率和籽粒大小等产籽性能上有所提高。

2. 可利用部分营养成分的含量变大 主要体现在牧草茎叶中蛋白质含量及其氨基酸组分含量均有所提高，维生素、胡萝卜素及钙、磷含量也有所提高。

3. 生育期和成熟期变得整齐集中　野生种发育缓慢，成熟期极不一致，而栽培种经人为有意识地选择，已使成熟期变得相对集中以便于采收生产。

4. 种子休眠性减弱或休眠期缩短　野生种的种子休眠性一般很强，种子寿命达数十年，甚至上百年、上千年，以便于其繁衍。而栽培种因生产的需要，要求种子发芽快而整齐，因此在驯化选育过程中，人为地缩短了休眠期或破除了休眠性。

5. 防护功能减退　野生种的机械保护组织特别发达，一般株体具有纤毛或乳汁，种子具有长芒或表面为皱褶，这些性状有利于繁衍后代和适应苛刻的生存条件。而栽培种因生存条件的改善，这些性状因长期不用而逐渐自行废退。

6. 自行传播繁衍的功能退化　野生种为便于传播扩散，各自有其固有的传播方式，野生麦类成熟时穗轴断裂，分裂成一个个带芒的小穗而随风传播；野生豆类成熟时荚果爆裂，弹出的种子随风飘移。所有这些共同的特点就是落粒性强，种子小，易飘动。反过来看，这些特点不利于草籽采收和生产。为此，在驯化选育时有意识除去这些不良性状，使自行传播繁衍的功能逐渐退化。

7. 对环境条件的适应范围变窄　野生种为繁衍其种的延续，经长期的自然选择有比较宽的适应区域。但栽培种自引入引种地后，经长期的自然和人为选择仅具有当地环境特性的适应性，因而在综合抗逆性上远不如野生种。

以上事例表明，栽培牧草在一定生态环境条件下，由于自然选择和人为引种、扩种、选择等活动的作用及品种本身的适应性，形成了具有相似特征特性的牧草类别和品种类型，此称为品种生态型。品种生态型的分化是与不同地理条件的温度、日照、土壤、水分等生态因子及人为的耕作制度、栽培方法、饲用习惯等因子相适应的。不同品种类型的牧草所适应的环境条件也不同，了解并掌握这种适应特性才能创造条件，充分发挥品种类型的生产潜力，获取高额产量。

第二节　草地植物的生物学分类方法

一、按饲草分布区域分类

根据世界区域气候特点和地理分布特点，将饲草分为冷地型、暖地型及过渡带型三类。

1. 冷地型饲草　这类饲草分布在北半球和南半球极圈至回归线之间的地带，其气候特点表现出明显的季节性，夏季炎热多雨，冬季寒冷低湿，春秋多风干燥，复杂的气候变化孕育了丰富的饲草种质资源。目前生产上利用的饲草大多数属于此类，如豆科的苜蓿属、黄芪属、岩黄芪属、红豆草属、三叶草属、草木樨属、野豌豆属、锦鸡儿属、胡枝子属，禾本科的黑麦草属、雀麦属、赖草属、披碱草属、冰草属、偃麦草属、鹅观草属、鸭茅属、早熟禾属、羊茅属等属中的饲草种。

2. 暖地型饲草　这类饲草分布在赤道两侧北回归线和南回归线之间的地带，这里冬夏昼夜时间相差不大，全年气温变化不明显，降水多而均匀，蕴藏了大量的饲草资源。如禾本科饲草中的画眉草属、虎尾草属、狼尾草属、雀稗属、蜀黍属、野黍属、高粱属、马唐属、地毯草属，豆科的斑豆属、扁豆属、大豆属、蝴蝶花豆属、菜豆属、落花生属、柱花草属、山蚂蝗属、合欢草属、银合欢属等属中的饲草种。有些饲草已跨过热带，成为温带广泛应用的饲草种，如苏丹草、玉米、高粱、大豆、豇豆等。

3. 过渡带型饲草 该类饲草对温度的适应范围比较广，包括冷地型饲草中耐热性强的种类，暖地型饲草中耐寒性强的种类。如多年生黑麦草、苇状羊茅、苜蓿、白三叶及结缕草、野牛草、苏丹草、红三叶等。

二、按饲草的株丛类型分类

根据饲草的利用方式，可分为上繁型、下繁型和莲座叶丛型饲草三个类型。

1. 上繁型饲草 上繁型饲草株高一般在1m以上。株体多以生殖枝和长营养枝为主，叶在茎上分布也比较均匀。刈割后留茬的产量不超过总产量的5%～10%，常用于刈割饲草地，如羊草、黑麦草、红三叶、苜蓿等。

2. 下繁型饲草 下繁型饲草株高一般为40～50cm。株丛多以短营养枝为主，叶较集中分布于株体的中下部，因此，刈割后留茬的产量占总产量的20%～60%，而且这些残茬的营养价值也高。这类饲草适宜于放牧利用，如羊茅、针茅、白三叶、小糠草等。

3. 莲座叶丛型饲草 莲座叶丛型饲草的叶集中生长在稍高于地面的短茎上的各节，形成根出叶簇，全部叶片放射状向四周展开呈莲座状，上部的叶片较下部的叶片小，并且叶柄较短。由于植株低矮，产量很低，在饲草地中多为伴生种，在长期放牧过重而退化的饲草地上生长最为普遍，如蒲公英属、车前属等。

三、按分类系统划分

这一分类方法是依据瑞典植物学家林奈确立的双名法植物分类系统而进行的一种划分，栽培饲草可划分为如下三类。

1. 豆科饲草 豆科饲草是栽培饲草中最重要的一类饲草，由于其特有的固氮性能和改土效果，使得其早在远古时期就用于农业生产中。尽管豆科饲草种类不及禾本科饲草多，但因其富含氮素和钙质而在农牧业生产中占据重要地位。目前生产上应用最多的豆科饲草有紫花苜蓿、杂种苜蓿、白花草木樨、沙打旺、红豆草、白三叶、红三叶、毛苕子、普通苕子、小冠花、紫云英、山黧豆及柠条、羊柴、胡枝子、紫穗槐等。

2. 禾本科饲草 禾本科饲草栽培历史较短，但种类繁多，占栽培饲草70%以上，是建立放牧刈草兼用人工草地和改良天然草地的主要饲草。目前利用较多的禾本科饲草有无芒雀麦、披碱草、老芒麦、冰草、羊草、多年生黑麦草、苇状羊茅、鸭茅、碱茅、小糠草、象草、御谷、苏丹草及玉米、高粱、黍、粟、谷、燕麦等，作为草坪绿化利用的饲草还有草地早熟禾、紫羊茅、硬羊茅、匍匐剪股颖、多年生黑麦草、苇状羊茅等。

3. 其他科饲草 指不属于豆科和禾本科的饲草，无论种类数量上，还是栽培面积上，都不如豆科饲草和禾本科饲草。但某些种在农牧业生产上仍很重要，如菊科的苦荬菜和串叶松香草，苋科的籽粒苋，紫草科的聚合草，蓼科的酸模，藜科的饲用甜菜、驼绒藜和木地肤，伞形科的胡萝卜，十字花科的芜菁等。

第三节 世界草地资源概述

草地（草原）是以草本植物为主，或兼有灌丛和稀疏乔木，可以为家畜和野生动物提供食物和生产场所，并可为人类提供优良环境、其他生物产品等的多功能土地，即生物资源和草业生产基地。

世界上草地从北向南依次为冻原草地、针叶林草地、阔叶林草地、温带草地、地中海灌从草地、热带灌丛草地、热带季雨林草地。本节重点讲解以传统草本和灌木为主的草地类型（任继周，2004）。

一、温带草地

在北半球温带，天然草原几乎是连续分布在欧亚大陆和北美大陆，连接介于森林地带与荒漠地带之间的辽阔平原、高原和台地上，构成一个完整的欧亚-北美环球草原带。在南半球温带地区，南美洲的南部和非洲，草地也占有一定面积。

温带草地是温带主要的天然植被类型之一，分布于南北纬 20°～55°，在各大洲以不同的名称绵延数千里，其中最主要的有欧亚大陆的斯太普（Steppe）、北美洲的普列利（Prairie）、南美洲的潘帕斯（Pampas）和非洲的维尔德（Veld）。

欧亚草原，统称为斯太普，是世界上面积最大的天然草原。自欧洲多瑙河下游起，呈连续带状往东延伸，经东欧平原、西西伯利亚平原、哈萨克丘陵、蒙古高原，直达中国东北松辽平原，东西绵延 110 个经度，构成世界上最宽广的欧亚草原区。根据区系地理成分和生态环境的差异，欧洲部分也称普斯塔（Puszta）。草原植被主要以旱生禾本科植物为主，主要是针茅属、狐茅属、冰草属、雀麦属、披碱草属、赖草属和菊科、藜科中的种，此外还有相当数量的灌木和半灌木。

北美草原，统称普列利，分布于北纬 30°～60°和西经 89°～107°，是世界上面积最大的禾草草地，它从加拿大南部起，纵贯美国中西部，直到墨西哥中部与萨王纳相接，东起伊利诺伊西部和俄克拉荷马州落叶林西缘，西至落基山脉。土壤深厚而肥沃，是世界上草原经营现代化、生产效率最高的草地农业生态系统之一。普列利主要的植被成分为针茅属、冰草属、须芒草属等。

南美草原，统称潘帕斯，分布于南纬 29°～39°，主要分布在亚马孙河以南，从大西洋海岸到安第斯山脉的广大地区。潘帕斯的优势植物为早熟禾、针茅、孔颖草、三芒草属、臭草属、须芒草属、雀稗等。大型丛生禾草，如针茅属及臭草属占有较大比重。特征种潘帕斯草，高 3m，叶片长达 1.8m，巨大的白穗长达 60cm，呈大丛生长。丛生小乔木呈小岛状分布于大草原，为其特征景观。潘帕斯土层深厚，牧草丰美，为传统的印第安牧牛人养牛基地。

维尔德或称南非草原。Veld 源自荷兰语，意指各种类型的南非开阔地带。Veld 主要分布在南非高原的东部与南部地区，大致从林波波河以南到南部的海岸地带，这里自然地理上的特色主要是高原的高度较大，从而形成了较为温和与夏季多雨的温带草原气候，因而是最早有人类活动的古陆。

二、热带草地

热带草地大致分布在南北回归线之间，气候特点是全年高温，无霜，年平均气温在 22℃以上，日照 10～14h。在赤道两侧，即南北纬 0°～10°，由于有恒定的高温、低压、上升的气流和丰富的降水，植被类型为赤道雨林（热带雨林）。赤道雨林两侧尽管为全年高温，但冬季温度仍较低，最冷月的平均温度也可降低至 18℃。夏季低压，具有大量的降水，为湿季；冬季高压，降水量显著减少，为干季。根据降水、气流和湿度，热带可以分为不同的生态气候带，其中包括萨王纳（Savannah）草地，热带次生草地和卡帕拉（Chaparral）草地，每一类草地都表现为特定的草地生态系统。

萨王纳汉译为热带稀树草原，大致均匀散布高大乔木、灌木和小树的同类热带草地。萨王纳广泛分布于拉丁美洲、中部非洲（特别是东非）、澳大利亚北部、印度、东南亚和中国海南省的热带和部分亚热带地区。年降水量500～1500mm，每年有明显的旱季和雨季的交替。植物以阳生、高温、旱生多年生草本植物占优势，而稀疏地散布有耐旱、矮生的乔木植物。

热带次生草地是指热带森林被消除以后所形成的次生草地。其中一部分已经变为永久性农田或人工草地。部分草地因坡度太大或石块过多、土层过薄，不宜建立农田和半人工草地。在游耕、游牧的农业体系下，防止了树林的滋生，保存了草地景观。这类草地牧草成分复杂，禾草大多植株高大，易粗老，不易充分利用。

卡帕拉是指栎属占优势的北美夏旱常绿硬叶灌丛，这一类型的灌丛草地典型地分布在墨西哥和美国西南部。卡帕拉年降水量为200～700mm，每年有一个明显的旱季。常绿硬叶灌木含有较多芳香油，在该地区由旱季雷电引起的火灾非常频繁。

三、寒带和高山草地

寒带和高山是地球上生境最严酷的地区之一。寒带的地带性植被称为冻原，与寒带气候相似的高山带除了有高山冻原之外，还有其他一些类型的植被。冻原位于北方森林带与极地之间，寒带和高山带的年平均温度低于0℃，最热月的平均温度不超过10℃，生长季为2～4个月，降水量较少。

冻原（tundra）是由耐寒的北极高山成分和北温带成分为主的藓类、地衣、小灌木和多年生草本构成的低矮植被，藓类和地衣较发达为其群落组成的显著特点。高山草地在世界各大洲的高大山系都有分布，我国的青藏高原为世界上最大的高山草地，欧洲阿尔卑斯山（Alps）的高山草地，由于人们早期的研究成果和其独特的高山草地畜牧业而著称于世。高山带共同的生态条件特点是寒冷、昼夜温差大、强风、辐射强烈、空气稀薄、O_2与CO_2含量少，首次降雪时间和冬季有无雪被对于植物的生长与植被类型的存在和分布有着十分重要的意义。

四、荒漠草地

荒漠由超旱生植物构成群落，作为一种自然地理景观，它的特点是降水稀少，蒸发强烈，极端干旱，强烈的大陆性气候，土壤粗瘠或盐碱化，多风沙，植被稀疏甚或无植被，但是荒漠最本质的特点是干旱——物理干旱或生理干旱。荒漠在地球上主要分布于南、北纬20°～40°的地区，以及沿岸有冷洋经过的大陆西岸，其主要原因是这里的空气以下沉运动占优势，降水量特别少。例如，在非洲大陆的西南部有纳米布荒漠，再从非洲北部的撒哈拉大沙漠起，经阿拉伯荒漠、伊朗-吐兰荒漠、哈萨克-准噶尔荒漠、塔里木荒漠、柴达木荒漠、阿拉善-额济纳荒漠，一直到蒙古荒漠；在印度分布有塔尔荒漠；巴基斯坦分布有信德荒漠；澳大利亚西部大部分为荒漠；在新大陆的北美洲，荒漠分布于美国西部和墨西哥西部；在南美洲，荒漠分布于秘鲁和智利北部的安第斯山以西的滨海地区。

第四节　我国的草地资源概述

一、中国草地资源在世界上的地位

根据2010年我国各地区草原建设情况统计年鉴数据，全国32个省、直辖市、自治区

（台湾、香港特别行政区和澳门特别行政区暂缺）共有草地面积 3.928 亿 hm^2，仅次于澳大利亚，居世界第二位，占世界草地面积的 21%，占全国土地面积的 41%。中国草原是欧亚草原区的重要组成部分，主要分布于我国东北西部、内蒙古、西北荒漠地区山地和青藏高原的中部和北部。南北跨纬度 17°(北纬 35°～52°)，东西跨经度 44°(东经 83°～127°)。

二、中国草地资源的特点

（一）草地面积大、分布广

1）中国有天然草地 3.9 亿多 hm^2，遍布全国各省、市、自治区，占国土面积的 41.41%，可利用草地面积占总草地面积的 84.26%。

2）我国天然草地较集中分布于北方干旱区和青藏高原。西藏、内蒙古、新疆、青海、四川、甘肃、云南 7 省（自治区）的草地面积合计达 3.1 亿 hm^2，占全国草地面积的 79%，而其他各省只有 0.8 亿多 hm^2 草地。

3）中国的人工草地面积小，据 1990 年统计，全国只有 608 万 hm^2，仅为全国天然草地面积的 1.5%。除上海市外，全国其他省、市、区均有人工草地，但面积大小相差非常悬殊。当前中国的人工草地主要分布于华北、西北地区的内蒙古、甘肃、新疆等省（自治区），其中以内蒙古的人工草地面积最大，占全国人工草地面积的 39.66%。

（二）草地类型众多、地带性强

中国是一个拥有近 4 亿 hm^2 草地资源的大国，各地气候、地形不同，天然草地类型丰富多样，并且分布具有一定的规律性。根据中国草地分类法，将中国草地划分为 18 个草地类、144 个草地组、824 个草地型。本书光碟列出了我国的 18 个草地类主要特征和分布情况（中华人民共和国农业部畜牧兽医司等，1996）。

1. 全国草地类型主次分明　全国 18 类草地，依面积大小排序：高寒草甸类占全国草地面积的 16.22%，温性荒漠类占 11.47%，高寒草原类占 10.59%，温性草原类占 10.46%，低地草甸类占 6.42%，温性荒漠草原类占 4.82%，热性灌草丛类占 4.44%，山地草甸类占 4.26%，温性草原化荒漠类占 3.70%，热带草丛类占 3.62%，暖性灌草丛类占 2.98%，温性草原化荒漠类占 2.72%，高寒草原类占 2.44%，高寒荒漠类草原占 1.92%，高寒草甸草原类占 1.75%，暖性草丛类占 1.69%，沼泽类占 0.73%，干热稀树灌草丛类占 0.22%。未划分草地类型的零星草地占 9.31%。青藏高原上的高寒草甸类面积居各类草地之首，温性荒漠类次之，高寒草原类居第三，温性草原类占第四位，这四大类草地之和占全国草地的 48.74%，其余 14 类草地各自占全国草地的 0.22%～9.31%。

2. 全国草地类型地带性显著　中国天然草地在纬向、经向地带性和青藏高原地带性多重因素的影响下，形成了水平分布的总格局：东半部即太平洋季风气候区以森林为主，在森林屡遭破坏的地方，从南到北依次有热性草丛—热性灌草丛—暖性草丛类和暖性灌草丛类—山地草甸草地的地带性更替。局部地区有隐域性低地草甸和沼泽类草地发生。

我国西北部属大陆性气候区，草地分布主要受水分条件制约的经向地带性影响，自东向西，呈现温性草甸草原、温性草原、温性荒漠草原、温性草原化荒漠、温性荒漠类草地逐渐更替的地带性分布规律。新疆北部由于多少受西来湿润气流的影响，水分状况具有由西向东递减的特征性，但总体仍是干旱荒漠气候。青藏高原草地受东南季风和南部孟加拉湾暖湿气流影响，从东南向西北呈现高寒草甸、高寒草甸草原、高寒草原、高寒荒漠草原、高寒荒漠类草地的地带性分布。

（三）中国草地饲用植物资源丰富

根据全国调查资料统计，我国天然草地拥有饲用植物6704种，分属于246科，1545属（中华人民共和国农业部畜牧兽医司等，1996）。

在我国天然草地上饲用植物价值大的首推禾本科的饲用植物。它有210属、1028种，分别占我国禾本科的属、种总数的96.8%和88.6%。不但种数繁多，而且在草群中的参与度还很高。在我国天然草地317种优势植物中，禾本科牧草就有148种，占优势种的46.7%。其中饲用牧草占世界同属植物种类30%以上的有：结缕草、大油芒、鹅观草、芨芨草、野青茅、大麦、甘蔗等属。在草地上分布广的有：芒、荩草、金茅、披碱草、赖草、早熟禾、羊茅、雀麦草等属的一些种。其中许多种类不仅分布广、数量多，而且品质优良。

豆科牧草在我国草地中有125属、1163种。它们的数量多、营养价值高，是草地上蛋白饲料的主要来源。但多数种类在草群中的参与度很低，故而其饲用价值相对较小。它是国内外引种驯化或育种的主要种质资源。如苜蓿属、胡卢巴属、野豌豆属等牧草。

菊科牧草在我国草地中有136属、532种。在种的数量上居豆科和禾本科之后的第三位。它们中多数种在草群中属于伴生地位，仅有少数种为优势种。如冷蒿、裂叶蒿、铁杆蒿、漠蒿、线叶菊等在天然草地中占重要地位。

（四）中国草地野生植物资源潜力雄厚

我国是世界上草地植物资源最多的国家之一。我国草地野生饲用植物6700多种，种子植物6000多种，现在人工栽培的牧草328种，仅占野生种子饲用植物总数的5%。这说明各类型草地中有着大量适口性好、营养物质丰富、适应性强的优良野生牧草，有驯化培育成人工草地栽植牧草的潜在可能。

各草地类型都有一些植物对家畜有毒或有害。据《中国有毒植物》一书报道，我国有毒植物约有1300种，其中有中毒记载的101科、943属，还附录了335种记载有毒但无实际中毒资料的植物。有毒种最多的科是毛茛科、杜鹃花科、大戟科、茄科、百合科和豆科。常易引起中毒的一些有毒植物为：狼毒、乌头、小花棘豆、醉马草、劲直黄芪、藜芦、百部、天南星、大戟、羊踯躅、鸦胆子、曼陀罗等。很多有毒植物也是重要的药用植物。

天然草地丰富的野生植物资源具有多种功能和用途，过去主要做饲料，只放牧家畜。随着科学技术的发展，已知草地植物既给人类提供生活的必要物质，又构成人类生存的环境和维持相应的生态平衡。除饲用和药用外，它们还是纤维类、淀粉及糖类、油脂类、鞣料类、芳香类、土农药、花卉、食品添加剂等有开发前途的原料植物。当前已用的种类少，利用率低，同国外相比差距大，深加工和综合利用程度差距大。所以我国草地植物资源开发潜力巨大。

三、中国草地类型的分布规律

在地球表面，热量随纬度而变化，降水随距海洋远近及大气环流的影响而变化。水、热条件相结合，导致了气候按一定规律的地理性变化，使草地类型也随之发生地带性更替。一方面表现为沿纬度方向的南北变化，称之为纬向地带性；另一方面，沿经度方向即从沿海向内陆发生规律性变化，称之为经向地带性。两者结合，形成水平分布地带性。在山地，尤其是高山地区，草地类型还会随海拔高度增加而发生有规律性的变化，形成垂直分布地带性。除此之外，在地带性草地分布区域内受地表或地下水影响，改变了气候地带内局部地区的水分状况，还会出现隐域性草地，形成非地带性草地的分布（中华人民共和国农业部畜牧兽医司等，1996）。

（一）中国草地水平分布的规律性

1）中国东部森林区，生长着各类森林，森林遭受自然或人为因素破坏后，在热带、亚热带形成次生的热性灌草丛或热性草丛，在暖温带形成暖性灌草丛或暖性草丛类草地，在中温带和寒温带形成山地草甸。平原区草地分布呈纬向地带性规律。

2）中国西北部，草地分布与水分状况的地带性变化相一致，基本沿东北-西南走向的数条年均等雨线，自东北向西南呈倾斜的经向地带性分布。

①年均等雨线 350～500mm（南段 350～450mm）为温性草甸草原类草地。②年均等雨线 250～350mm（南段 350～450mm）为温性草甸草原类草地。③年均等雨线 200～250mm（南段 200～350mm）为温性荒漠草原类草地。④年均等雨线 180～200mm（南段 150～200mm）为草原化荒漠类草地。⑤年均等雨线＜100～150mm 以西进入辽阔的温性典型荒漠类草地地带。

中国荒漠地带，大致从北疆准噶尔盆地木垒至青海一线为界，其西为中亚荒漠，其东包括南疆、东疆、甘肃、青海柴达木盆地、内蒙古西部为亚洲中部荒漠。两者在气候与植物区系成分上均有明显差别。亚洲中部荒漠气候更加干旱，草群更为稀疏。

3）青藏高原草地的水平分布规律，体现了特殊的高原地带性分布特点。整个高原面以高寒和强大陆性气候为主，水分状况由东南向西北递减，草地类型的分布则相应呈现高寒草甸、高寒草原、高寒荒漠递变的趋势。

（二）草地垂直分布的规律性

1. 草地垂直带与草地纬度带的相似性　在北半球任何一个地方的山地，如果达到一定高度，且垂直带谱完整，则从山麓到山顶草地垂直分布的垂直带谱与山地所在地到北极的草地水平地带分布相近似，但并不完全相同。产生这种相似状况的主导因素是随山地高度的增加和随纬度的增加，其热量变化（由高到低）的一致性。

2. 任何山地的草地垂直带的基带与其所在的水平带草地类型相同或相近　如内蒙古中部的大青山草地山地垂直分布的基带与其所在的水平地带性类型相同，都是温性草原类草地。又如亚热带地区山地垂直带谱中基带与水平地带的类型相似，常常为常绿阔叶林破坏后形成的次生热性灌草丛类草地。

3. 同一水平地带的山地草地垂直带谱随山体的特征不同而有区别　新疆天山北坡山体比准噶尔西部山地高大而干旱，其垂直带谱组成更丰富；相同类型草地分布的宽度也比准噶尔西部山地宽。

4. 距海洋远近不同的草地，其湿润度和相适应的植物种不同　距海洋越近越湿润，距海洋越远越干燥，相同海拔高度的草地类型，也由湿润草地向干旱草地过渡。如从东北到内蒙古西部，其山地草地垂直带的基带由草甸到草原再到荒漠更替出现。同样，海拔较高的青藏高原，从东南向西北，草地类型由高寒草甸、高寒草原更替到高寒荒漠。而距海洋远近相同且相似的山地，草地的垂直带谱也相似，其中牧草也有许多相似之处。如四川凉山的布拖、乐山、眉山、雅安的宝兴、阿坝的理县等山地，距海洋远近和山体基本相似，这些山地的鸭茅多分布于海拔1500～2800m，羊茅大体分布于2800～3000m。

5. 在同一纬度热量带内，山地垂直带在经度方向上也有差异 总规律是由东向西，垂直带谱随干旱程度加重而使旱生性、高寒性草地类型比重加大。东北山地草地以草甸草原为主，内蒙古阴山山地以草原、荒漠草原为主。而在新疆天山北坡以北，由于大气环流影响，存在由西向东越来越干旱的特殊性，阿尔泰山则以山地荒漠草原、山地草原、山地草甸和高寒草甸相结合，草甸草原极为次要。

6. 处于垂直带上不同海拔高度的草地，其产量和营养物质含量也呈现有规律的变化 以亚热带西部山地为例：基带热性草丛每公顷产干草2463kg；向上，暖性灌草丛每公顷产干草1767kg；再向上，山地草甸每公顷产干草1468kg；最后，高寒草甸每公顷产干草882kg。牧草的粗蛋白质含量随海拔升高而增加，粗纤维素的含量则随海拔升高而下降。根据云南省草地资源调查资料，粗蛋白质含量，在低海拔地区热性灌草丛平均为7.12%，向上，山地草甸为7.57%；而粗纤维素分别为32.99%和28.60%。

（三）非地带性草地的分布规律

所谓非地带性草地是指地带性草地分布区域内出现的隐域性草地，它不是适应地带性气候的产物，也不随地带性气候呈相应的地带分布，是在适应地带性气候条件下，由于地质构造、地形、土壤基质等多种因素的作用，形成不同于地带内的水、热和土壤矿物营养状况而发生、分布的草地，并具有相当的连片面积，镶嵌于地带内的非地带性类型。但它们的分布也有一定规律，简言之，不同隐域性草地的分布主要随土壤水、盐变化而有相应的分布，同时在植物区系成分上，常常反映出所在地带的烙印。在干旱地区，由于土壤水分变化的巨大作用，隐域性草地分布更为普遍。属于隐域性草地的主要有两类，即低地草甸类草地和沼泽类草地。

习题

1. 试述牧草栽培种与野生种在适应性和外部性状方面的差异。
2. 试述美国学者Harlan对目前欧洲、非洲和美洲地区利用的栽培牧草提出的四个起源中心。
3. 根据我国区域气候特点和地理分布特点，将饲草分为哪三种类型？
4. 简述饲草的株丛类型。
5. 简述以传统草本和灌木为主的世界草地类型（包括英文名称）。
6. 简述世界温带草地有哪四种类型（包括英文名称）。
7. 简述世界热带草地有哪些类型（包括英文名称）。
8. 简述中国草地资源的特点。
9. 论述中国草地类型与分布规律。

第二章　饲草的生理生态学基础

第一节　饲草各器官的形态结构与生理功能

一株完整的植物通常具有根、茎、叶、花、果实和种子六大部分。植株的各个部分称为器官，各个器官都具有一定的形态结构和生理功能。如根纵横延伸，适于从土壤中吸收水分和养分；茎支撑植株，向其他器官输送养分和水分；叶平展，以充分接受阳光进行光合作用，制造有机物；花色不同，其鲜艳程度也各异，以吸引昆虫传粉、授粉等。其中，根、茎和叶以吸收和合成自身生长发育所需的营养物质为主，被称为营养器官。它们是植物产生花、果实和种子的基础。花、果实和种子主要与繁衍后代有关，称为繁殖器官（董宽虎等，2003）。

一、根

1. 根的形态结构　根构成植物的地下部分。一株植物地下部分所有根的总体称为根系。根可分为主根和侧根。主根由胚根发育而成，主根上分出侧根。由主根分出的侧根称为一级侧根，由一级侧根分出的侧根称为二级侧根，由二级侧根分出的侧根称为三级侧根，以此类推（图 2-1）。

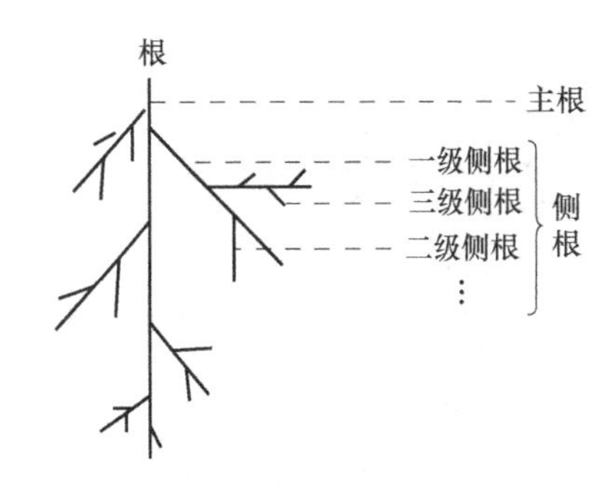

图 2-1　根系示意图

根系根据其主根发达与否，可分为直根系（圆锥根系）和须根系（图 2-2 和图 2-3）。根系中有一条较粗壮的主根，在主根上着生各级侧根的根系称直根系。大豆、南瓜、紫花苜蓿、三叶草、紫云英等双子叶植物的根系为直根系。根系中主根不发达（不明显），主要由不定根（须根）组成的根系称须根系。玉米、苏丹草、黑麦草、羊茅等单子叶植物的根系为须根系。从基部茎节以外的部位发生的根称不定根。

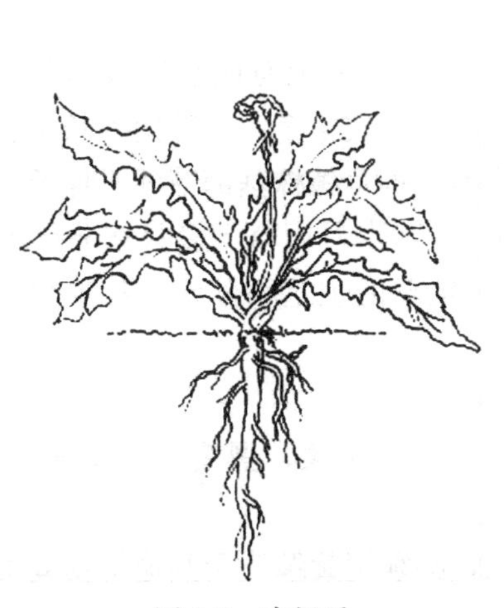
图 2-2　直根系

图 2-3　须根系

某些植物的根，因行使特殊的生理功能，在形态上发生很大的变异。如萝卜、胡萝卜、芜菁、甜菜等的肉质直根，甘薯、木薯、菊芋等的块根，适应贮藏大量的营养物质，称为贮藏根。贮藏根中含有丰富的营养物质，是饲草的重要收获和利用对象。

2. 根的主要生理功能　成语“根深叶茂”确切地反映了植物根系对地上部分生长的重要性。第一，根系深扎土壤起着固定和支撑植株的作用。根系将植株固定在某一个点上生长，并支撑植株使其不倒伏，有利于地上部分生长。根系生长不良、地上部分倒伏，不仅影响饲草的产量和品质，而且对收割作业也有不良影响。第二，根系从土壤吸收大量水分和养分。植物生长发育所需的水分和无机养分基本上是由根系吸收的。根系的吸收作用受到影响，地上部分的生长发育就必然受到限制。第三，根系具有贮藏养分的作用。地上部的光合产物等输送到根部，部分用于根系生长，部分则贮藏在根中。根系中的贮藏养分，在饲草刈割或放牧后对茎叶的再生具有重要作用。第四，根系还能合成氨基酸、细胞分裂素和植物生长素等，输送到地上部，满足地上部分生长发育的需要。

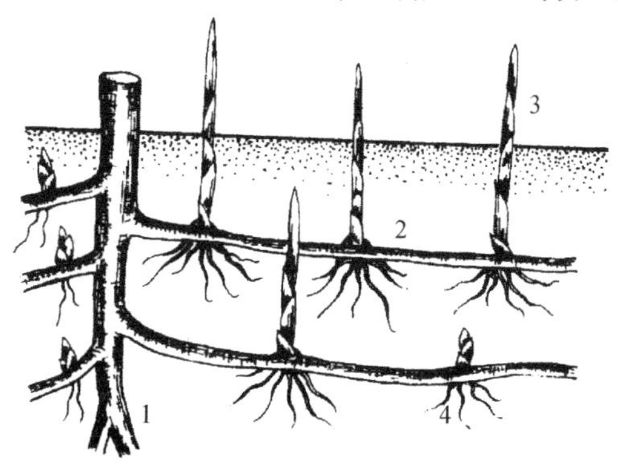

图 2-4　根蘖型（董宽虎等，2003）

1. 主根；2. 水平根；3. 蘖芽；4. 不定根

有一类植物主根较短，一般为5～30cm，由主根生出水平根，在水平根上形成更新芽，更新芽生长发育后伸出地面形成新的枝条，这种类型的根称为根蘖型，小冠花、苦荬菜、山野豌豆、刺儿菜均属根蘖型草类（图2-4）。

有一些植物无明显向下生长的主根，具有短的根茎或强壮的分枝侧根，其根系在形态上类似禾本科植物的根系，但根系比较粗壮，如车前、高原毛茛、毛茛、酸模等。

在土壤水分、空气、无机养分供应充足，温度适宜，地上部分光合产物较多地输送到根部时，根系生长旺盛，根系的活力和生理功能较强。反之，根系便不能充分发挥生理作用。在植物的一生中，营养生长时期（以营养器官生长为主的时期）根系活力较强；进入生殖生长时期（以繁殖器官生长为主的时期）后，如豆类饲草现蕾开花、禾谷类饲草拔节抽穗后，根系便逐渐衰老，活力降低，生理功能相应减弱。

二、茎

1. 茎的形态结构　茎就是植物地上部的枝条、主干。茎上有明显的节和节间，节上生叶。茎的顶端有顶芽，节上有腋芽。顶芽不断向上生长形成主茎，腋芽向外长出新的枝条形成分枝。豆科饲草通常在主茎多节上发生分枝。禾本科饲草植株基部节间不伸长，形成一个腋芽密集的节群，栽培学把这个节群称为“分蘖节”，禾本科饲草大多只在分蘖节上才发生分枝（称为分蘖）。豆科饲草的主轴和分枝、禾本科饲草的主茎和分蘖、叶菜类饲草的薹都是茎。

2. 茎的类型　饲草中常见以下几种类型的茎。

（1）直立茎　茎直立向上生长，如玉米、大豆、苦荬菜、黑麦草、胡萝卜等（图2-5A）。

（2）缠绕茎　茎细长柔弱，自身不能直立生长，必须螺旋缠绕于其他植物或支架上才能直立起来，如葛藤、野大豆等（图2-5B）。

（3）攀缘茎　茎依靠卷须等特殊的变态器官攀缘于其他物体上才能直立生长，如南瓜、苕子等（图 2-5C）。

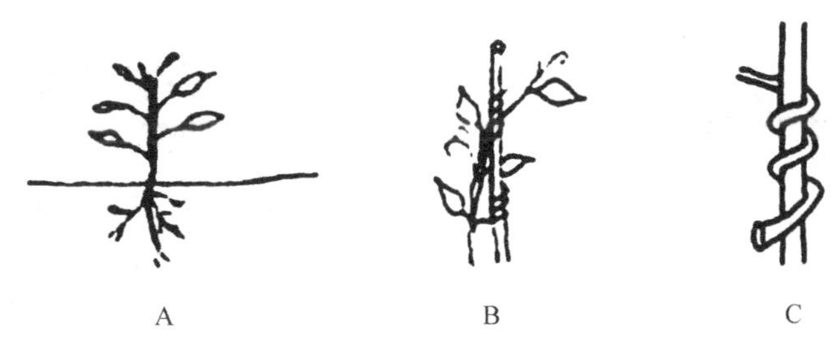

图 2-5　茎的形态

A. 直立茎；B. 缠绕茎；C. 攀缘茎

（4）匍匐茎　茎匍匐于地面生长，并在与地面接触的节上生出不定根，如甘薯、白三叶、狗牙根等（图 2-6）。

图 2-6　匍匐茎

（5）根状茎　茎蔓生于土壤中，节上有小而退化的鳞片叶，腋芽能向上长出新的植株，并产生不定根。根状茎贮藏有丰富的营养物质，可存活一年至多年，繁殖能力很强。如草地早熟禾、无芒雀麦等的根状茎（图 2-7）。

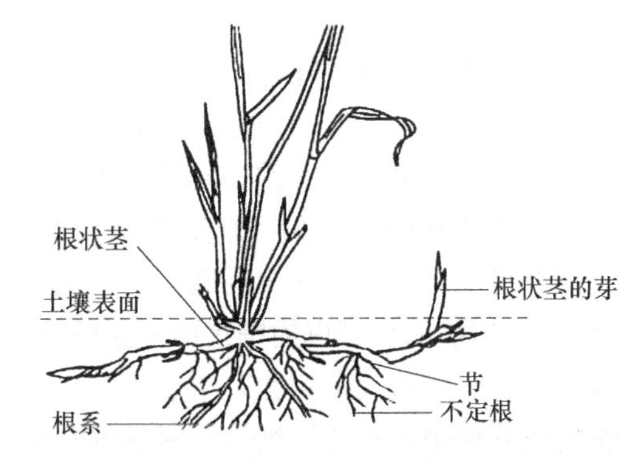

图 2-7　根状茎

（6）鳞茎或块茎　鳞茎或块茎是一种特殊的营养更新及繁殖器官，也是贮藏器官。这些植物多在土壤 5～20cm 形成鳞茎或块茎，它们是茎的变态(图 2-8和图 2-9)。植株依靠营养物质在早春萌发，并能忍受干旱和低温。鳞茎或块茎型草类主要分布于干旱地区。该类植物多不为家畜所喜食，有毒有害植物较多。个别的如葱属、块茎糙苏等则是家畜的良好抓膘植物。

3. 茎的主要生理功能　茎连接着根和地上部各器官，具有支持叶片、花、果实等器官的作用。由于茎的支持，叶片在空间范围内合理的分布和扩展，更有利于吸收阳光，提高光能利用率。

茎中的维管束是连接植物各器官之间的输导组织，它将根系吸收的水分、无机养分等输送到地上各器官并将光合产物等运送到根系和贮藏组织。

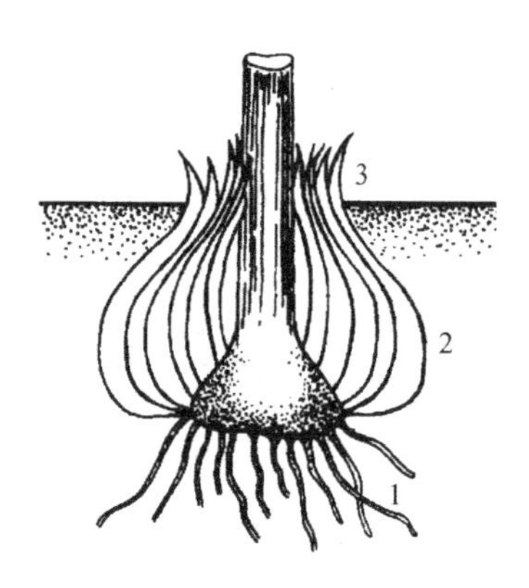

图 2-8　鳞茎型（董宽虎等，2003）
1. 根；2. 鳞茎；3. 幼叶

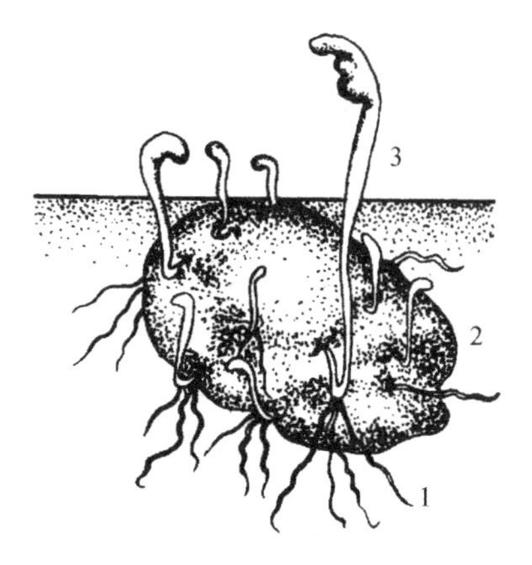

图 2-9　块茎型（董宽虎等，2003）
1. 幼根；2. 块茎；3. 芽

茎也是贮藏有机物、水分等的重要器官。茎中贮藏的养分和水分在植株生长发育需要时可调用。茎是饲草利用的主要对象之一，茎中贮藏养分的多少对青饲料的品质、适口性和消化率均有很大的影响。

此外，茎秆表层组织中含有叶绿素，能进行部分光合作用。茎还可用于无性繁殖。饲草生产中，除用种子播种外，用茎扦插也是常见的栽培方法。如甘薯生产普遍利用茎扦插，狗牙根等人工草地可用其匍匐茎切段撒播建立。

三、叶

叶是植物进行光合作用的主要场所，饲草生长发育所需的有机物和能量主要来自叶的光合作用。

1. 叶的形态结构　双子叶植物的成熟叶在形态上具有叶片、叶柄和托叶三个部分。三部分俱全的叶称完全叶，如三叶草、百脉根等的叶。缺少任何一部分或两部分的叶称不完全叶。禾本科植物的叶由叶片、叶鞘、叶舌、叶耳、叶枕五部分组成。凡具有叶片和叶鞘两部分的为完全叶；叶片退化，只具叶鞘的为不完全叶。叶片上有许多清晰可见的脉纹称为叶脉。叶片中央纵向最大的一条叶脉称为中脉。中脉的分枝称侧脉。

叶片从其构造上可分为表皮、叶肉和叶脉三部分。表皮上有气孔，它是植物与外界进行气体交换和水分蒸腾的主要通道。不同植物叶脉的构造有所不同。禾本科饲草中，玉米、高粱等 C_4 植物的维管束周围仅由一层薄壁细胞组成维管束鞘，内含大量叶绿体，并与含有叶绿体的叶肉细胞紧密相邻，组成了花环形结构，光合作用效率较高；大麦、黑麦草等 C_3 植物的维管束鞘则有两层细胞，紧靠维管束的内层细胞细胞壁较厚，几乎不含叶绿体，外层细胞细胞壁薄，含少量叶绿体，无 C_4 植物的“花环”结构。这一差异是造成 C_3 植物光合效率低于 C_4 植物的重要原因（图 2-10）。

叶柄是叶片与茎相连的柄状部分，主要起输导和支持作用。托叶则是在叶柄基部紧靠茎的地方成对着生的附属物。

2. 叶片的类型

（1）单叶　一个叶柄上只着生一个叶片称为单叶，如甘薯、南瓜、油菜等的叶片。禾本科的植物为单叶，叶片大多狭长扁平（玉米、高粱的叶片宽长略弯披，叶缘呈波浪状），连接叶片的是叶鞘而非叶柄，叶鞘狭长围抱着节间，具有支持和保护茎秆的作用。

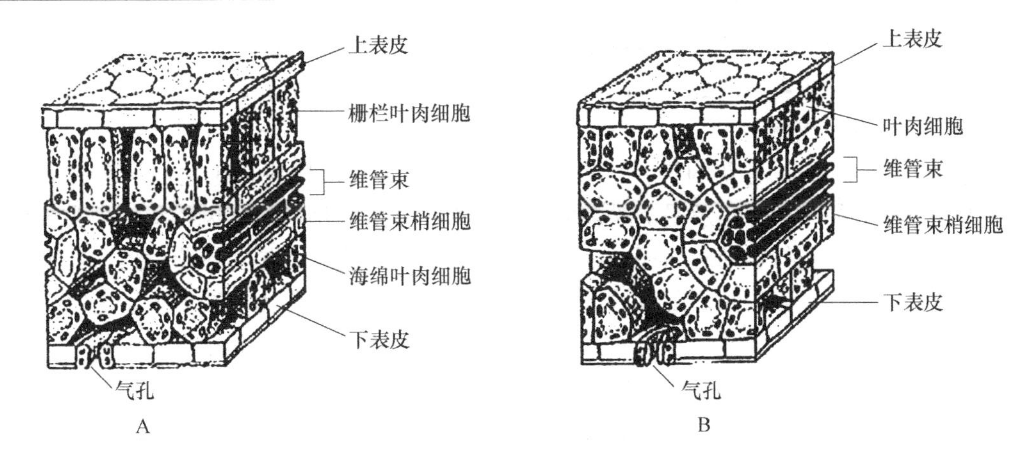

图 2-10　C_3 和 C_4 植物叶片结构示意图

A. C_3 植物叶片结构；B. C_4 植物叶片结构

（2）复叶　一个叶柄上着生两个以上完全独立小叶的叶片称为复叶，如大豆、苜蓿、苕子等的叶片。复叶与茎连接的叶柄称总叶柄，各小叶的叶柄称小叶柄。复叶根据小叶着生的方式，又可分为羽状复叶、掌状复叶和三出复叶。

3. 叶的主要生理功能　叶的主要功能是光合作用。叶组织中叶绿体利用光能，将吸收的 CO_2 和 H_2O 合成葡萄糖等有机物，将光能转变为化学能贮藏起来，同时释放 O_2。叶片的光合作用是植物生长发育所需有机物和能量的主要来源。

叶的另一个重要功能是蒸腾作用。根系吸收的水分绝大部分以水汽的形式从叶面扩散到体外。叶的蒸腾作用能促进体内水分、矿质盐类的传导，平衡叶片的温度，在植物生活中有着积极的意义。但过度蒸腾对植物的生长发育不利。

此外，叶片还有利用光合产物合成氨基酸等其他有机物的功能。

四、花

营养生长到一定阶段，植物到达成花的生理状态后，便在植株的一定部位形成花芽、开花、结果、产生种子，即进入生殖生长阶段。

（一）花的形态结构

被子植物的完全花通常由花梗、花托、花萼、花冠、雄蕊、雌蕊等部分组成。

花梗是花连接茎枝的部分，是各种营养物质由茎输送至花的通道，并起支持花的作用。果实形成时，花梗成为果柄。

花托是花梗顶端略为膨大的部分。花萼、花冠、雄蕊和雌蕊由外至内依次着生在花托上。

花萼是花的最外一轮变态叶，由若干萼片组成。萼片常呈绿色，结构与叶相似。

花冠位于花萼的内轮，由若干花瓣组成。花瓣的离合因不同植物而异。油菜、胡萝卜等的花，花瓣之间完全分离，称为离瓣花；南瓜、甘薯、马铃薯等的花，花瓣之间部分或全部合生，称为合瓣花。许多植物的花冠带有鲜艳的颜色，并散发出特殊的香味，以吸引昆虫传粉，这类花为虫媒花；有些植物，如禾本科植物的花，花冠退化，适应风力传粉，这类花为风媒花。

雄蕊着生在花冠的内侧，是花的重要组成部分之一。一朵花中的雄蕊数目常随植物种类的不同而不同，但同一植物的雄蕊数目是基本稳定的。每个雄蕊由花药和花丝两部分组成。花药是花丝顶端膨大成囊状的部分，内部有花粉囊，可产生大量的花粉粒。花丝细长，基部着生在花托或贴生在花冠上。

雌蕊位于花的中央，是花的另一个重要组成部分。雌蕊由柱头、花柱、子房三部分组成。柱头位于雌蕊的上部，是承受花粉粒的地方，常扩展成各种形状。风媒花的柱头多呈羽毛状，以增加其接受花粉粒的表面积。花柱位于柱头和子房之间，是花粉萌发后，花粉管进入子房的通道。子房是雌蕊基部膨大的部分，其外为子房壁，其内为一至多个子房室。胚珠着生在子房壁内。受精后，整个子房发育成果实，子房壁成为果皮，胚珠发育为种子。

根据花中雌、雄蕊的有无，花又可分为两性花、单性花和无性花（中性花）三类。兼具雄蕊和雌蕊的花为两性花，如大豆、燕麦、油菜、苜蓿、三叶草、黑麦草等的花为两性花。仅有雄蕊或雌蕊的花为单性花；只有雌蕊的花，称为雌花；只有雄蕊的花，称为雄花。如南瓜的花为单性花，雌花与雄花同株异位。花中既无雌蕊、又无雄蕊的花称无性花，如向日葵花序边缘的舌状花。

（二）花序

花序（inflorescence）是指花在花序轴上的排列方式，花序生于枝顶端的叫顶生；生于叶腋的叫腋生。一朵花单独生于枝顶端或叶腋时叫单生花。整个花序的轴叫花序轴（rachis）。如果花序轴自地表附近及地下茎伸出，不分枝，不具叶，叫花葶（scape）。如果花序轴上有多数花，除顶花以外，其余各花都是由侧生变态叶的叶腋生出，这种变态叶较小而简单，叫苞片（bract），有些苞片集生在花序基部，叫总苞（involucre）。花序分为无限花序和有限花序两大类。另外，有些植物在同一花序上既有有限花序又有无限花序的花序就叫混合花序（mixed inflorescence），这类花序的主花序轴形成无限花序，侧生花序轴形成有限花序，如丁香。花序的内容见本书所带光碟。

（三）花的主要生理功能

花是适应生殖生长的变态短枝。从植物生长发育的阶段性来看，花是植物从营养生长阶段转到生殖生长阶段过程中出现的一个繁殖器官，其作用是完成植物的授粉与受精作用，形成合子。花也可产生各种植物激素，促进植物的生殖生长。花是繁殖器官，生命活动特别旺盛，受精一旦完成，雌蕊的子房内就会产生大量的吲哚乙酸（indole-3-acetic acid，IAA），IAA 促进子房细胞的生长与分裂，形成一个旺盛的生命活动中心，形成生长“库”。“库”的拉力作用使植物的大部分营养物质流向子房，促进子房的生长发育，使其发育成熟，繁殖后代。同时，当受精完成后，花冠与花萼会产生乙烯，促使花瓣衰落，子房成熟。

在农业生产上，花或花序分化的好坏，直接关系到产品的质量。饲草在花芽分化前，需要满足一定的光照（光周期、光质、光强）、温度、水分和营养等条件。我们可以按照各种饲草的不同要求，在花芽或花序分化前，或分化中的某一阶段，采取相应的措施。

五、果实

（一）果实的主要类型

果实由子房（部分植物还有花托等成分参与）发育而来，结构比较简单，外为果皮，内生种子。果皮由外果皮、中果皮和内果皮三层构成。果实种类内容见本书所带光碟。

饲草中常见以下几种果实。①颖果：禾本科植物的果实都为颖果，如玉米、黑麦等的果实。②荚果：大豆、苜蓿、三叶草等豆科植物的果实为荚果。③角果：油菜、萝卜等十字花科植物的果实为角果。④蒴果：如蓖麻、木芙蓉、秋水仙、牵牛、罂粟、车前草。⑤瘦果：如向日葵、蒲公英、荞麦。⑥瓠果：是瓜类特有的果实，南瓜、葫芦等的果实为瓠果。

（二）果实的主要生理功能

果实的主要功能在于保护和传播种子。种子成熟前在果实的保护下生长发育，成熟后果实又为种子的传播创造条件，如大豆等的荚果成熟后会自动开裂，将种子弹出。一些果实成熟时种子尚未成熟，果实也为种子发育成熟提供营养。

六、种子

1. 种子的形态结构　植物学意义上的种子由胚珠经受精作用发育而来，虽然在形状、大小和颜色等各方面存在明显差异，但其结构基本一致，均由种皮、胚乳（有些植物的种子胚乳在成熟前消失）和胚构成，胚由胚芽、胚轴、子叶、胚根构成。如图 2-11 和图 2-12 所示。

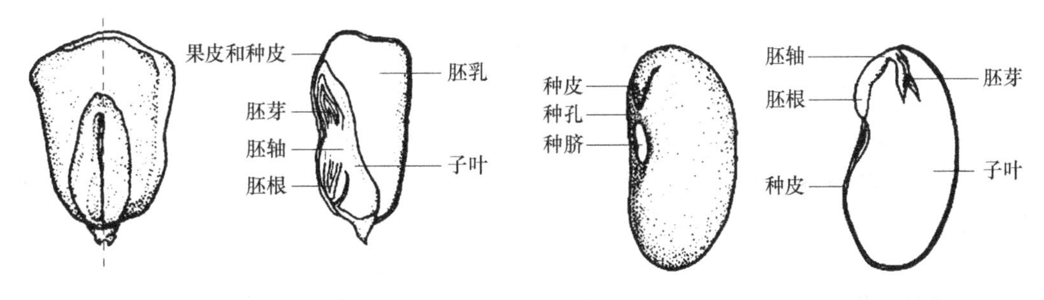

图 2-11　玉米种子的外形和结构　　图 2-12　菜豆种子的外形和结构

（1）种皮　种皮是种子外面的保护层。成熟的种子在种皮上可见种脐（种脐是种子从果实上脱落后留下的痕迹）和种孔。禾本科植物的种皮与果皮不易分开。

（2）胚乳　胚乳是种子内贮藏营养物质的组织。种子萌发时，其营养物质被胚消化、吸收和利用。有些植物的胚乳在种子发育过程中已被胚吸收、利用，所以这类种子在成熟后无胚乳。

（3）胚　胚是构成种子最重要的部分。种子萌发后，胚根和胚芽分别形成根和茎叶，因而胚是植物新个体的原始体。禾本科等植物的种子中只有一片子叶，着生于胚轴的一侧，称为单子叶植物；豆科、十字花科、菊科等植物的种子中有两片子叶，称为双子叶植物。

2. 种子的主要生理功能　种子的主要生理功能是：①繁殖后代；②提供种子萌动及幼小植物体生长所需的营养物质。

第二节　饲草生长发育的生理基础

一、生长发育的概念

从种子萌发到新的种子产生，要经历一系列形态结构和生理上的复杂变化，这个过程称为植物的生长发育。植物学上，生长和发育是两个不同的概念。

生长，从细胞水平上来说，是指细胞数目的增加和细胞体积的扩大，外观上表现为植株的长大、体积和质量的增加。生长是一个不可逆的过程。可逆的体积增加，如风干种子在水中的吸胀，不能称为生长。一般情况下，植物的生长与构成植物体的有机物的增加是分不开的，但在一些特殊情况下，如种子萌发生长时，由于幼叶尚未展开不能制造有机物，而呼吸作用需要消耗大量有机物，也会短时间出现植物体积及质量增加而有机物含量减少的现象。

发育是指细胞的分化、组织器官功能的特化，如茎、叶、穗、花等的分化。发育是可逆的，如组织培养，可将植物的离体部分（细胞、组织或器官）在适宜的培养基上培养，重新生长出植株来。

饲草的生长发育是植物不断积累有机物的过程。有机物的积累主要与光合作用的有机物生产及呼吸作用的有机物消耗有关。

二、光合作用

光合作用就是绿色植物利用太阳光能把 CO_2 和 H_2O 等简单的无机物合成复杂的有机物，释放 O_2 同时贮存能量的过程。可用下列反应式来表示

$$6CO_2 + 6H_2O \xrightarrow[\text{叶绿体}]{\text{光}} C_6H_{12}O_6 + 6O_2 - 2817\text{kJ}$$

上面反应式说明，光合作用必须在光照条件下进行。光是光合作用的能源，叶绿体是光合作用的场所，可见光是被叶绿体的色素吸收，通过光合作用转变为化学能贮藏于光合作用产物中的。H_2O 和 CO_2 是光合作用的原料，水由根系从土壤中吸收，通过输导组织运输到叶肉细胞，进入叶绿体，通过光合作用，合成糖类、脂肪和蛋白质等有机物，O_2 则通过气孔排放到大气中。

影响光合作用的因素主要有以下几方面。

1. 叶绿素含量 在一定范围内，叶绿素含量的增加可增加光合强度。一般幼叶叶绿素含量最低，光合强度低；功能叶叶片叶绿素含量高、光合强度高；衰老叶片的叶绿素含量和光合强度都较低。缺水、弱光、低氮等影响叶绿素合成，温度过高、过低导致叶绿素分解破坏，进而影响到植物的光合作用。

2. 光照强度 光的有无及强弱都直接影响着光合作用的进程及光合能力。在黑暗条件下生长的植物幼苗不形成叶绿素而呈黄白色，这种现象称黄化，这种植物称黄化植物，有些植物长期不见光而死亡。

在一定范围内，光照强度越大，光合能力越强，但当光照强度增大到一定数值以后，如果再增加光照强度，光合能力也不再增加，这种现象称为光饱和现象。开始达到光饱和现象时的光照强度称为光的饱和点。另外，一种植物在某种光照强度下，光合作用所吸收的 CO_2 的量等于呼吸作用所释放出来的 CO_2 量，这时的光照强度称为光补偿点。在光的补偿点时，光合作用同化的 CO_2 和呼吸作用释放出的 CO_2 相抵消。任何植物只有在光照强度高于其补偿点时，才能正常地生长发育。不同植物光的饱和点和补偿点不一样。

生产上应采取措施提高饲草的光饱和点，降低光的补偿点，减少有机物消耗，以达到增产的目的。

3. CO_2 浓度 植物光合作用要求空气中 CO_2 的浓度为0.15%～0.30%，而空气中 CO_2 的浓度仅为0.03%左右，供求之间经常存在着矛盾。因此，适当增加空气中 CO_2 的浓

度对光合作用是有益的。生产上，常采取合理密植，改善群体内部的通透性，增施有机肥料或适当施用碳酸盐肥料来增加土壤和空气中的 CO_2 浓度，以提高光合作用效能。

4. 温度　适当的温度是叶绿素形成和光合作用中一系列酶促反应正常进行的重要条件。温度过高或过低都影响饲草的光合效能。大部分饲草在 10～35℃条件下可正常地进行光合作用，最适温度 25～30℃；35℃以上，由于叶绿体及细胞质结构的破坏、酶的钝化而降低光合作用；40～45℃时光合作用完全停止。

5. 矿质元素　矿质元素直接或间接地影响光合作用。氮、镁、铁、锰是叶绿素生物合成的必需的矿质元素；钾、磷等参与糖类的代谢，缺乏时影响糖类的转化和运输，间接地影响光合作用。其中氮素营养极为重要，因为氮素是叶绿素和蛋白质的组成成分，充足的氮素可保证新叶绿素的合成，提高光合能力。在一定范围内，营养元素越多，光合速率就越大。

三、呼吸作用

（一）呼吸作用的过程

呼吸作用是一切生活的器官、组织和细胞都有的生命现象，是一个复杂的有控制的生物氧化释放能量的过程。植物的呼吸作用以 ATP 的形式提供了植物生命活动所需要的大部分能量，使植物得以正常地进行矿质营养的吸收和运输、有机物的合成与运输、细胞的分裂与生长、植株的生长和发育。同时呼吸作用有机物分解过程所产生的一系列中间产物，为进一步合成植物体内各种重要的化合物提供原料。呼吸作用包括有氧呼吸和无氧呼吸两个重要类型。

有氧呼吸是指生活细胞在 O_2 参与下，把某些有机物彻底氧化分解，放出 CO_2，生成水，同时释放能量的过程，有氧呼吸总方程式可表示如下

$$C_6H_{12}O_6 + 6O_2 \longrightarrow 6CO_2 + 6H_2O + 2820\text{kJ}$$

实际上呼吸过程非常复杂。葡萄糖的彻底氧化分解要通过许多阶段，在活细胞内，在正常温度和有水的环境下是逐步进行的，能量也是逐步释放的。

无氧呼吸是指在无氧条件下、生活细胞把某些有机物分解为不彻底的氧化产物（绿色植物多是乙醇），同时释放少量能量的过程。这个过程在高等植物习惯上称无氧呼吸。反应式如下

$$C_6H_{12}O_6 \longrightarrow 2C_2H_5OH + 2CO_2\uparrow + 101.6\text{kJ}$$

从发展的观点来看，有氧呼吸是由无氧呼吸进化来的。现今高等植物的呼吸类型主要是有氧呼吸，但仍保留有无氧呼吸的能力。如水淹缺氧的条件下，高等植物也可进行短时期的无氧呼吸，以适应不利环境。又如在正常不缺氧的环境中，高等植物的某些细胞也进行一些无氧呼吸，尤其是某些沼泽植物，具有较强的无氧呼吸系统。

（二）影响呼吸作用的因素

1. 内部因素　不同植物具有不同的呼吸速率。呼吸速率是用植物的单位鲜重或干重在一定时间内所放出的 CO_2 的体积或吸收的 O_2 的体积来表示的。一般来说，低等植物、生长繁殖快的植物呼吸速率较高。同一植物在不同的发育时期呼吸强度也不同。在植物生活周期中，可以看到两个呼吸高峰，一个在种子萌发期间，另一个在开花期间。

2. 外界条件

1）温度。适宜的温度是植物体内呼吸过程中酶促反应正常进行的必要条件。植物呼吸

作用的最适温度为25～35℃，在一定范围内，温度越高，呼吸作用越强；最高温度为35～45℃；接近0℃时，植物的呼吸作用很弱。一定的呼吸水平是植物必需的，但呼吸速率过高，呼吸消耗多，对植物的生长及产量的形成是不利的。如当温度过高而光线不足时，呼吸作用大于光合作用，这样植物就难以维持生活。因此，在昼夜温差大的地区，由于白天温度高，光合强度大，光合效能较高，而夜间的低温使呼吸作用减弱，消耗较少，因此，光合产物积累多，产量较高。

2）O_2。O_2是植物正常进行呼吸、生物氧化不可缺少的，对能量的产生和根的生长有重要影响。周围环境中O_2浓度的高低，直接影响着呼吸速率及呼吸性质。大气中O_2的浓度为21%左右，植物以有氧呼吸为主；当O_2浓度降到10%以下时，无氧呼吸占据主导地位。一般情况下，植物地上部分没有缺氧现象；但地下部分根系常因土壤板结、积水等造成缺氧，迫使根系进行无氧呼吸而中毒死亡。所以，深耕改土，中耕排水，改善土壤通透性，对提高饲草产量常有明显效果。

3）水分。环境湿度的大小及植物体内含水量的多少直接影响植物呼吸速率的大小。成熟风干的种子，淀粉种子含水量为10%～14%甚至更低，油料作物含水量为8%～9%甚至更低时呼吸作用微弱，可安全贮藏。当种子含水量稍有增加，呼吸速率增大。种子吸水膨胀时，呼吸速率则是干燥种子的千倍以上。

（三）呼吸作用在饲草生产上的应用

1. 呼吸作用与饲草栽培　饲草栽培上的很多措施，如饲草种子的浸种催芽、温水淋种、不时翻种、饲草的中耕松土、黏土掺砂、沼泽低洼地的开沟排水等，目的都是改善通气条件，使呼吸作用顺利进行。

2. 呼吸作用与饲料的加工调制　青干草的晒制及青草粉的加工，都要求饲草刈割后，在尽可能短的时间内迅速脱水，减少其有氧呼吸对养分的消耗。同时青干草、青草粉的贮藏也需要干燥、低温、通风的条件，避免高温、高湿条件下的强烈的有氧呼吸消耗，以及青干草和青草粉的发热霉变。

在青贮及秸秆饲料的生物调制过程中，一切措施均是为了创造厌氧条件，减少有氧呼吸消耗，促使厌氧微生物活动。主要是乳酸菌的厌氧发酵，产生乳酸，调节饲料的pH，达到长期保存饲草料，并改善适口性、提高消化率、进一步提高饲料饲用价值及长期安全贮藏的目的。

3. 呼吸作用与饲草料贮藏　饲草的块根、种子、块茎、果实等的贮藏安全与否，在于其呼吸作用的强弱。贮藏期间呼吸速率大，会引起贮藏物质的大量消耗及呼吸产热，导致发热霉变。因此，要采取以低温控制为主的低温、干燥、通风等安全贮藏措施。块根、块茎、果蔬类应注意适温和通风换气。近年来，也采用真空充气、化学保管、脱氧保管、充氮保管等方法来进行安全贮藏。

四、饲草生长发育的特点

植物能从一个受精卵开始，通过有规律的生长，最后发育成完整植株。在这过程中通过协性和相关性的控制能够塑造最理想的体型以保证植体各部分的平衡发展，从而获得最大的经济产量。

1. 生长发育的顺序性和周期性　通常情况下，植物的器官形成、生长发育按一定的顺序进行，种子萌发首先长出根，然后在地上形成幼苗、叶、茎，生长到一定阶段时，开花、结果，产生新的种子。从种子萌发到新的种子成熟称为一个生长周期。植物年复一年的生长、繁衍即生长周期的不断循环。

2. 生长与发育的重叠性和阶段性　植物的生长发育是重叠在一起进行的。植物生长过程中，植株体内细胞数目增多、体积扩大的同时，细胞在进行分化，不同的器官同时在形成；茎叶旺盛生长的同时，生长点已经开始孕育花蕾。但是，植物的生长发育呈现明显的阶段性。一般情况下，植物在抽出花序前，根、茎、叶的生长较旺，抽出花序后，则以生殖器官的生长为主。

生产上将营养器官生长为主的时期，即抽穗或开花前的生长阶段，称为营养生长期；将生殖器官生长为主的时期，即抽穗或开花后的生长阶段，称为生殖生长期。

3. 生长发育曲线呈"S"形　单株植物、群体、甚至个别器官和细胞，它们在生长速度上都表现为初期生长慢，然后逐渐加快，到中期达到高潮，随后又逐渐变慢，以致停止生长。植物生长的这种规律性，叫做生长大周期（grand period of growth）。一般植物不同阶段，生命活动能力的强弱与植物细胞分裂活跃程度及光合能力的大小都有直接关系。

植物的生长，在植株的开始时期（如幼苗期）比较缓慢，生长到一定时期（如禾本科植物开始拔节）后急剧上升，到了生长发育的后期（如禾本科植物抽穗后）生长又逐渐减慢。以时间为横坐标，植物的生长量为纵坐标，则生长曲线呈"S"形。如果以植物（或器官）体积对时间作图，可得到植物的生长曲线。生长曲线表示植物在生长周期中的生长变化趋势，典型的有限生长曲线呈"S"形（图 2-13A），可用 logistic 方程描述该曲线。如果用干重、高度、表面积、细胞数或蛋白质含量等参数对时间作图，也可得到类似的生长曲线。如果对该曲线方程进行求导，则可得出各时刻的生长速率（dQ/dt）如图 2-13B，从图中可以看出，在植株生长的早期，生长速率变化缓慢，从营养生长到生殖生长过渡后，生长速率显著增大，致生育后期（如禾本科作物抽穗期）生长速率达到最大，随后开始下降，成熟时生长速率趋近于 0。

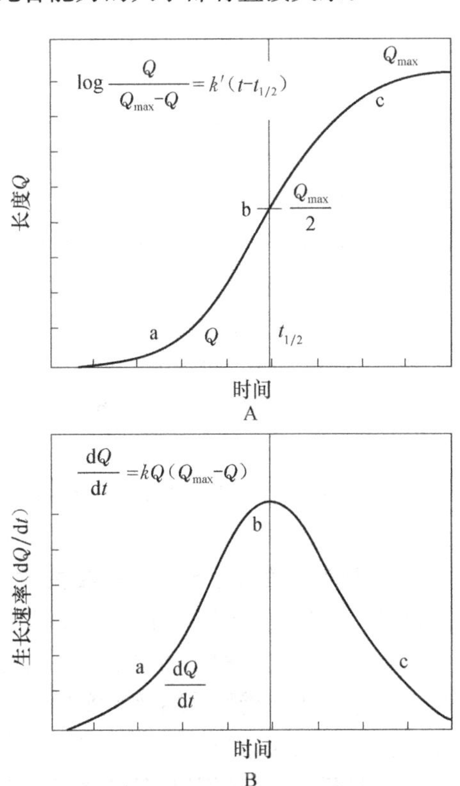

图 2-13　典型的生长曲线

A. S形生长曲线；B. 由 A 图的生长曲线斜率推导的绝对生长速率曲线；a. 指数期；b. 线性期；c. 衰减期

饲草生长的这种规律性，对农业生产有着重要的实际意义。促进或抑制饲草生长的措施，都应在生长最大速度到来之前采用，才能见效。因此，根据生长大周期的幅度和进程，可以利用两种饲草生长速度快慢差异，进行间种、套作，提高复种指数，从而提高单位面积产量。

4. 极性生长　极性生长（polar growth）是植物体形态学的上下两端，形成具有不同形态结构的器官的特性。植物的极性生长在发育的早期就已经出现。如在种胚形成过程中，朝向珠孔的一端形成根的原始体，而在相对的另一端形成茎的生长点和第一批叶子的原始体。已经查明，许多极性现象都与生长素和有机物向基部运输相联系。但是在自然情况下极性一经形成，不会轻易改变。因此，在茎的下端切口上长出不定根，在应用植物的某种器官切成多段扦插繁殖时，应当避免倒插，以便生长的新根能够顺利扎入土中，新梢能够迅速进行光合作用，促使插条提早成活。

5. 顶端优势 顶端优势（apical dominance）即主轴顶端分生组织生长较快，顶芽抑制其下侧芽发育的现象。顶端优势的原因是很复杂的。一方面由顶芽形成的生长素，在植物体内是由上端往下端运输，使侧芽附近的生长素浓度加大，而侧芽对生长素很敏感，便抑制侧芽生长。另一方面生长素含量高的顶芽，成为营养物质运输“库”，顶部在一定程度上夺取侧芽的营养，造成侧芽营养不足而不发育，于是形成顶端优势现象。植株的长高是依靠顶端10cm以上的部分形成新梢而进行的。禾本科植株的茎除了顶端生长外，还具有节间分生组织，能使节间伸长，越靠近顶端的节，由于组织幼嫩，它伸长的速度就越快。地下部分根的生长也具有明显顶端生长优势。根生长部分主要集中在尖端长度1cm的根尖上。许多草本植物表现最明显，如具有强大主根，形成圆锥形的直根系。

顶端优势并不是不变的。如果摘掉或损伤顶芽，则促进其下方侧芽的生长发育，甚至休眠芽也开始萌动，形成生长势强的枝条。地下部也有相同情况，去掉主根根尖，常能促进侧根发育，增加侧根数目。所以在生产上果树整枝、饲草多次刈割以及蔬菜移栽，都是为了消除顶端优势，塑造发达的枝叶、根系系统，促进生长以获得高产。

6. 地上部分与地下部分的相关性 在大多数情况下，总叶面积较大的植株，一般都有发达的根系。地上部分的生长和生理活动，需要根系供给水分、矿质营养及根中合成的氨基酸、磷脂、核苷酸、核酸、核蛋白、细胞分裂素（cytokinin，CTK）、赤霉素（gibberellic acid，GA）、脱落酸（abscisic acid，ABA）等。地下部分依赖地上部分供给光合产物、维生素和IAA等物质。即所谓“根深叶茂、叶多根好”，“树大根深、本固枝荣”，它们正确地概括了地上与地下部分的生长的相关性。

地上部分和地下部分的相对生长速度，通常用全株的枝、叶和根的干物质总量的比值来表示，叫冠根比（地上部分/地下部分）。在正确的水肥管理下，冠根比的数值维持在稳定的幅度。冠根比的大小，在其生活过程中由于外部因素影响而发生一定变化。

7. 营养器官和生殖器官的相关性 植物营养器官和生殖器官之间既相互依赖，又相互制约。植物要得到良好的生殖器官（花和果实），就必须有旺盛的营养器官为基础，因为生殖器官所需要的物质和能量，是由营养器官供应的，健壮的营养生长为生殖生长（成花诱导、花芽分化、授粉受精及籽实生长）奠定基础。生殖器官的存在，形成了植株的众多代谢库，促进物质代谢和转运，有利于光合及营养生长（根、枝叶）。两者也是相互制约的，生殖器官和营养器官都需要有机营养和无机营养。当一方生长过盛，必然影响到另一方生长。

当植株进入生殖生长占优势的时期，营养体的养分便集中供应生殖器官。一次开花植物，当开花结实后，其枝叶养分耗尽而枯死。多次开花植物，开花结实期枝叶的生长受到抑制，当花果发育期结束，其枝叶恢复生长。在水肥供应不足的情况下，枝叶生长不良，而使开花结实量减少，出现早衰现象。相反，水分和氮肥供应过多时，引起徒长现象，延迟开花结实，即使开花，结实也很少，或者根本不开花结实。故生产上根据栽培目的的不同，采用不同措施，如整枝、摘心、摘除花序等以调节营养生长和生殖生长的关系，获得较高的经济产量。

五、饲草生长发育过程中营养物质的变化

1. 饲草生长过程中干物质积累的变化规律　植物的营养物质，是由光合作用制造有机物总生产量和呼吸的消耗量及其枯死脱落的损失量收支来决定的。随着植物生长发育的时间延长，干物质积累逐渐增加。早春植物发育很弱，地上部分的积累不多。抽穗或者现蕾时干物质积累显著增大，正是饲草快速增长的时候，开花中期至末期（少数在结实期），饲草干物质的量最大。生长末期，由于叶子部分枯死和种子脱落而使地上部分干物质的产量下降。

如果饲草种类多样化，其中具有生育期长短不等的植物，则使开花期延长，这样可能干物质积累会出现两次高峰，从而保证饲草在较长时间内保持较高的生物量。

2. 营养物质在植物生长过程中的变化规律　饲草的营养物质随生长阶段而有不同。生长初期，含水分较多，以氮代谢为主，大量吸收同化物质，营养器官迅速生长扩大，干物质含量逐渐增多。到了中期碳代谢增强，碳、氮代谢都很旺盛，在保证营养体继续扩大的同时糖类有较多积累，而干物质的成分也随着饲草的生长而发生变动。到了后期氮代谢衰退，碳代谢上升为主导地位，糖类大量合成，并运往生殖器官和贮藏器官。

饲草的营养物质是随生长进程而不断变化的。蛋白质和脂肪在饲草生长初期含量最高，随着饲草的生长时期的延长其含量逐渐下降。可溶性糖类的含量则随饲草生长而逐渐增加，至开花期大量消耗，以后有所减少。粗纤维在植物幼嫩时含量较低，随饲草的生长而逐渐增加。因此，单以饲草营养物质来看，其营养价值以早期阶段为好，为富含蛋白质的饲料，随着植物的生长、成熟、枯老而逐渐变成营养贫乏的饲料。

饲草的化学成分与营养价值有密切的联系。饲草含磷脂的量与粗蛋白质、总灰分及脂肪含量都有正相关的关系；磷脂与纤维素则有负相关的关系。因此，饲草含磷脂的高低，可作为饲草品质优劣的标准。

维生素的含量也随着饲草的生长阶段而发生变化。胡萝卜素和维生素C，在植物幼苗期含量高，随着植物生长发育而趋于成熟，其含量逐渐降低。饲草的胡萝卜素含量与氮素的含量有正相关的关系，含氮多者（蛋白质高），胡萝卜素含量也多。豆科饲草的胡萝卜素含量较禾本科含量为高，正符合这一关系。

饲草的成分还随生长速度而发生变化。一般饲草生长快时，为营养价值高的时期，随生长速度的缓慢，生长停止，养分也逐渐减少。

第三节　饲草生长的环境条件

在植物与环境的相互关系中，一方面环境能影响和改变植物的形态结构和生理、生化特性；另一方面，植物对环境也具有适应性，植物以自身的变异来适应外界环境的变化。饲草在自然界中受环境中光照、温度、土壤、水分、大气以及生物因子的作用和影响。长期生长在某一环境中的饲草，由于自然选择和变异，表现出一定的适应性和抗性。因此，研究饲草与环境的关系，特别是研究某一生境下主要因子的作用，对于指导饲草的生产以及引种、选种、育种工作都有重要意义（杨青川等，2002）。

一、温度与饲草生长发育

温度对于饲草的重要性，在于影响其生理活动和生化反应。温度的改变也能引起环境中

其他因子，如湿度、土壤肥力等。环境因子的变化，又能影响饲草的生长发育，从而影响饲草的产量和品质，特别是极端的高温和低温对饲草的影响更大。同时，不同饲草最佳的生长和发育温度是不同的，这种差异与演化过程中所处的环境条件有关。

温度不仅随季节的变化而呈现出节律性的变化，昼夜间地上部和地下部的温度也有较大的差异。在正常的植物生长发育温度范围内，一般昼夜温差较大，有利于植物的生长发育和品质提高。地下部植物器官的生长发育最适温度低于地上部植物器官。

1. 三基点温度 植物的生长是以一系列的生理生化活动作为基础，而这些生理生化活动受到温度的影响。如水分和矿质元素的吸收和运输、蒸腾作用、光合作用、呼吸作用、有机物的合成与运输等。因此，植物的正常生长要在一定的温度范围内（一般 0～45℃）才能进行，在此温度范围内，随着温度升高，生长加快。

每种植物的生长都有温度三基点，即生长的最低温度、最适温度和最高温度。生长的最适温度是指植物生长最快时的温度。温度三基点与植物的原产地有关（表 2-1），原产热带及亚热带的植物，其温度三基点较高，而原产温带的植物，其温度三基点较低。一般来说，夏季生长的饲草最适温度为 25～35℃，最高温度为 35～40℃，最低温度为 10℃左右；冬春季生长的饲草最适温度为 15～25℃，最高温度为 25～30℃，最低温度为 0℃。

表 2-1 几种饲草生长的温度三基点 （单位：℃）

饲草	最低温度	最适温度	最高温度
水稻	10～12	20～30	40～44
大、小麦	0～5	25～31	31～37
向日葵	5～10	31～37	37～44
玉米	5～10	27～33	44～50
大豆	10～12	27～33	33～40
南瓜	10～15	37～44	44～50

资料来源：李合生，2006

应该指出的是，植物生长的最适温度并不是植物生长最健壮时的温度。因为植物生长最快时，物质较多用于生长，体内物质消耗太多，反而没有在较低温度下生长得那么结实、健壮，因此，在生产实践上为了培育健壮植株，往往需要在比生长最适温度稍低的温度，即协调最适温度下进行。

2. 生长发育阶段所需的积温 积温（accumulated temperature）是指饲草整个生育期或某一发育阶段内高于一定温度以上的日均温度总和。在温度≥3℃时，苜蓿根颈可以吸水萌动。以刈草为目的的两年以上的苜蓿，有 800～1000℃积温即可满足第一茬草对温度的需要；2000℃的积温即可满足第二茬草对温度的需要。而一般大田作物从出苗到种子成熟，则需要 2800℃左右的积温。以收籽实为目的的两年以上紫花苜蓿，有 2500～2800℃积温即可满足生殖生长需要。

3. 耐寒性（越冬性） 冻害是植物体冷却降温至冰点以下，使细胞间隙结冰所引起的伤害。牧草遇到零上低温，生命活动受到损伤或死亡的现象，称为冷害。霜害（又称白霜）是指在温暖季节里，土壤表面或植物表面的温度下降到植物组织冰点以下的低温而使体内组织冻结产生的短时间低温冻害。植物的耐寒性随种类不同而异，对低温的适应方式也不同，一年生植物以成熟干燥的种子越冬，免受低温的伤害。潜芽植物得到地下块茎、鳞茎的保护，以避免低温的危害。多年生草本植物在低温来临时，地上部分枯死，而地面的或地下的越冬芽经过低温的锻炼，增加植物的抵抗能力。

饲草的越冬抗寒性与组织贮藏的物质有关。越冬植物体内淀粉较少，可溶性糖类较多，糖类不仅可以降低冰点，减少结冰的可能性，还能保护原生质胶体不致遇冻凝结，降低自由水含量，可以防止冻害。饲草的耐寒力，因不同种类、不同的发育期而各异。多年生饲草在气温逐渐降低、冬季来临之前，生长缓慢，呼吸作用减慢，有机质积累增加，自由水含量较低，从而使细胞溶液浓度增加，原生质胶体的稳定性使其不易凝聚，降低细胞内结冰的可能。同时，在低温中原生质特性发生了一定的变化，原生质与细胞壁分离，细胞内的水分不易交换，减少脱水现象的发生，增强植物耐寒力。当月平均气温稳定通过2℃时，苜蓿的生长点开始活动，中等抗寒性品种，一年生植株，在返青时期如遇到－10～－8℃低温，即可造成冻害。

4. 耐热性（越夏性） 极端的高温能使植物的生长发育受阻，高温主要是破坏了植物的光合作用和呼吸作用的平衡，使呼吸作用超过光合作用，饲草长期饥饿而死亡。饲草对高温的抵抗能力为耐热性，暖季型饲草耐热性好于冷季型饲草。如苜蓿的耐热性主要表现为越夏性能，各地试验表明，在夏季最高温度超过30℃以上的地区，苜蓿越夏时都有死亡现象，温度越高，死亡越严重。

另外，年平均温度，最冷、最热月平均温度，极端温度（最低、最高温度）是影响植物分布的最重要条件。

5. 春化现象 春化现象是指一年生、二年生种子植物在苗期需要经受一段低温时期，才能开花结实的现象。冬季的低温对有些植物在翌年春、夏季开花的影响早已受到重视，比较典型的例子是冬小麦必须在秋季播种，出苗后越冬，来年夏季抽穗开花。如果将冬小麦在春季播种就只长茎叶，不能开花。需要春化的植物，包括冬性一年生植物、大多数二年生植物和有些多年生植物。春蕙兰属于最后一种。需要春化的植物有的表现出对低温的绝对需要，没有适当的低温就不能形成花原基。有的只是对春化在数量上的反应，延长春化时期可缩短植物到达开花的天数，这些植物不经过低温也能开花，只是需要的时间要长，形成的花数要少。春化过程是一种诱导现象，春化时除需要低温外还需要水分、足够的O_2和必需的养料等综合因素。

需要春化的植物，有些可在种子吸涨后开始萌发时被春化，以萌发时胚迅速进行细胞分裂时为最有效。有些植物经受寒冷时，它们在感受低温的部位方面有相当差异，有些是茎尖分生组织，有些是营养体，如叶片、根等。把这些营养体分离，进行春化，它们再生的植物就有了春化的行为。

二、光照与饲草的生长发育

日照对饲草生态的影响较温度更大，光照与温度在一定程度上对饲草的生长发育阶段具有互补作用，适温下的日照越长，干物质产量或种子产量越高。同时光照还能影响周围温度或其他环境因素的改变，间接地对饲草也发生作用。因此，光谱成分、光照强度和日照长度对饲草起着生态作用。

1. 光谱成分 不同波长的太阳光谱成分对植物的作用不同，其中波长为380～760nm的光（即红、橙、黄、绿、青、蓝、紫）是太阳辐射光谱中具有生理活性的波段，称为光合有效辐射。而在此范围内的光对植物生长发育的作用也不尽相同。植物同化作用吸收最多的是红光，其次为黄光，蓝紫光的同化效率仅为红光的14%。红光不仅有利于植物糖类的合成，还能加速长日植物的发育；相反蓝紫光则加速短日植物发育，并促进蛋白质和有机酸的合成；而短波的蓝紫光和紫外线能抑制茎节间伸长，促进多发侧枝和芽的分化，且有助于花色素和维生素的合成。因此，高山及高海拔地区因紫外线较多，所以高山花卉色彩更浓艳，果色更艳丽，品质更佳。不同波长范围的光对植物的作用见表 2-2。

表 2-2　不同波长辐射对植物的影响

波长范围/nm	影　响	波长范围/nm	影　响
>1000	对植物无效	510～400	为强烈的叶绿素吸收带
1000～720	引起植物的伸长效应，有光周期反应	400～310	具有矮化植物与增厚叶子的作用
720～610	为植物中叶绿素所吸收，有光周期反应	310～280	对植物具有损毁作用
610～510	植物无特别意义的反应	<280	辐射对植物具有致死作用

2. 光照强度　在一定的光照强度范围内，光合速率随光照强度的增加而增大。但当光照强度超出某一范围后，光合速率便不随光照强度的增加而增大，只维持在一定的水平上，这种现象称为光饱和现象（图 2-14 和图 2-15）。达到光饱和现象时的光照强度称为光饱和点。超过光饱和点的强光照对光合作用不仅无利，反而有害，尤其在炎热的夏天，光合作用会受到抑制，光合速率下降。如果光照时间过长，甚至会出现光氧化现象，光合色素和光合膜结构遭受破坏。

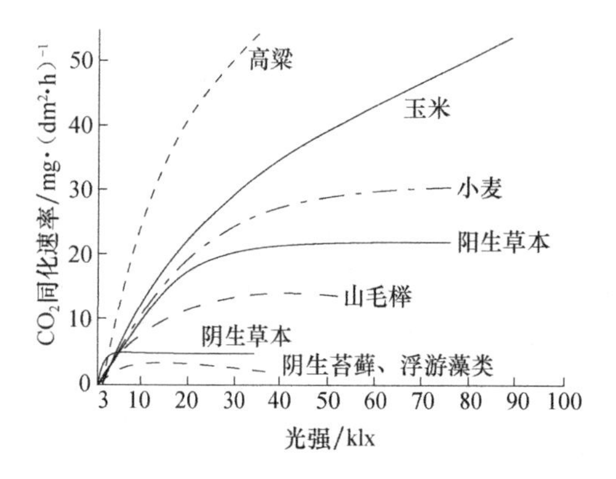

图 2-14　适宜温度和正常 CO_2 供应下的各种植物光合速率（董宽虎等，2003）

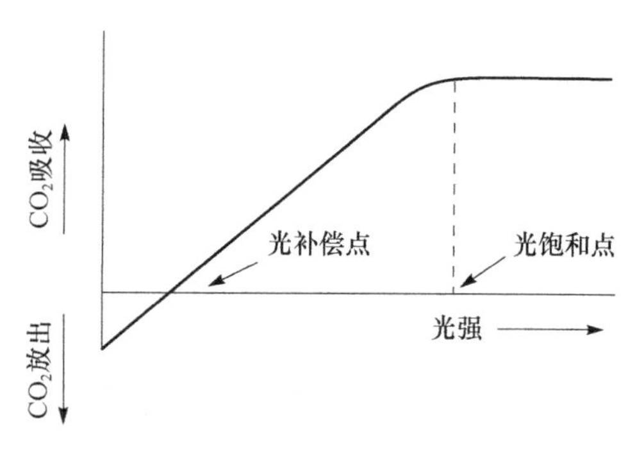

图 2-15　光照强度与光合速率的关系（董宽虎等，2003）

饲草长期为了适应不同环境的日照强度，从而形成了不同的生态类型：阳生植物、阴生植物、耐阴植物。阳生植物是在强光环境中才能生长健壮，在荫蔽和弱光条件下生长发育不良的植物，如常见的饲料作物，光饱和点为全日照的 100%，光补偿点为 3%～5%。草原和沙漠上的植物是阳生植物。阴生植物是在较弱光照条件下比在强光下生长良好的植物，如苔藓类阴生植物的光饱和点仅为全日照的 10%～50%，光补偿点在全日照的 1%以下。耐阴植物介于上述两类之间，在全日照下生长最好，但也能忍耐适度的荫蔽，或是在生育期间需要较轻度遮阴。

对光照强度的需要还因植物的光合特性而异。C_4 植物（光合作用的最初产物为四碳化合物，如高粱、玉米、稗草等）的光饱和点大于 C_3 植物（光合作用的最初产物为三碳化合物，如水稻、小麦、油菜、黑麦草、鸡脚草、红三叶等），C_4 植物的光合作用较 C_3 植物强

(图 2-16)。

3. 日照长度 日照长度对饲草的生长、开花、休眠及地下贮藏器官的形成都有明显影响。两年生饲草白花草木樨，在进入第二年生长以前，由于短日照的影响，能形成肉质的贮藏根，但如果给予连续的长日照处理，则不能形成肥大的肉质根。短日照还能促进酢浆草地下块茎的形成。当苜蓿处于连续光照下，会大量开花。苜蓿在 16h 的光照处理下，15d 后植株可提前开花，而在 12h 的光照下，则少量开花。苜蓿在生殖阶段光照强度低，光照不充足，对结籽量有很大影响。

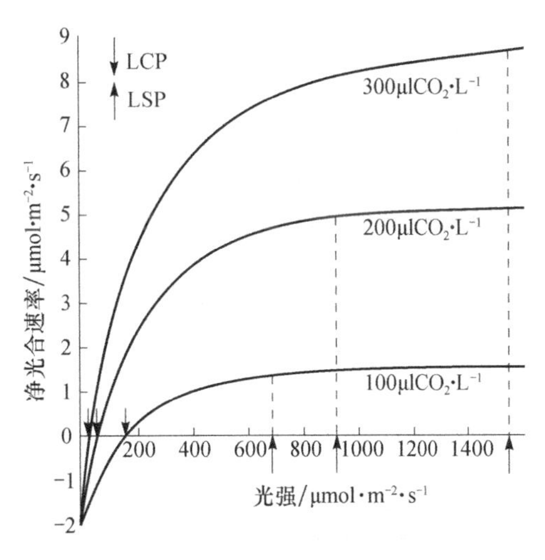

图 2-16 常温下不同 CO_2 浓度、不同光照强度对某种植物光合作用速率的影响

LCP. 光补偿点；LSP. 光饱和点

植物长期适应于光照时间节律性变化，对白天和黑夜的相对长度具有相应的生理响应。这种响应称为植物的光周期现象（photoperiodism）。根据植物开花过程对日照长度反应的不同，可以将植物分为 4 类：长日植物、短日植物、中日植物、中间型植物。

（1）*长日植物* 指当日照长度超过它的临界日长时才能开花的植物，或者说暗期必须短于某一小时数才能形成花芽的植物。如紫花苜蓿、三叶草、燕麦、豌豆、牛蒡、紫菀、凤仙花、冬小麦、大麦、菠菜、油菜、甜菜、甘蓝等属于长日植物。一般在 12～16h 范围内，昼长越长，长日植物开花越快，且在连续光照下也能开花，如小麦（冬）临界日长 12h，菠菜、燕麦 9h 等。长日植物多在仲夏开花。实际上影响长日植物开花的是每天暗期的长度，所以也可称为“短夜植物”。在自然条件下，它们一般在日长逐渐由短变长的季节中开花结实。

（2）*短日植物* 当日照长度短于其临界日长时才能开花的植物。在一定范围内暗期越长开花越早，一般至少需要 12～14h 的黑暗才能开花，但在长日照下则只能营养生长而不开花。在一定范围内，暗期越长，开花越早，如苍耳、菊芋、牵牛、草地早熟禾、高羊茅、无芒雀麦、鸭茅等，作物中有水稻、大豆、玉米、烟草、棉等。在自然条件下，通常在早春或深秋开花。

（3）*中日植物* 当昼夜长短的比例接近于相等时才能开花的植物，甘蔗的某些品种只在接近于 12h 的日照条件下才能开花。

（4）*中间型植物* 开花受日照长短的影响较小的植物，只要其他条件合适，在不同的日照长度下都能开花，如蒲公英、番茄、黄瓜等。

植物光周期反应的不同类型是长期适应环境的结果。由于地球上同一纬度在不同的季节、不同纬度在同一季节之间的光周期不同，因此形成了植物光周期反应类型的规律性分布。

我国地处北半球，春季的短日时期气温较低，植物一般处于苗期，与开花暂时无关。秋季则气温较高，适于植物生长，所以这时的日照就显著地影响植物的开花。夏季的自然长日照时期，气温较高，是植物生长发育的适宜时期。一年之中，影响植物开花结实的基本上是这两个季节。在低纬度地区，终年气温较高，但无长日条件，所以只有短日植物，一般都是在早春出芽，在夏季和秋季任何时候均开花。有些植物可以多季，如水稻。在中纬度地区，既有长日条件，又有短日条件，且秋季气温较高，所以长、短日植物均有分布。长日植物在春末夏初开花，而短日植物在秋季开花。在高纬度地区（如我国东北），虽然有长日和短日条件，但气温的季节性变化比较明显。秋季短日照时，气温低，植物又不能生长。所以一些要求日照较长的植物不能生存。

三、水分与饲草的生长发育

水分对饲草生存极为重要，水分不仅是构成饲草的主要成分，而且参与饲草的生理、生化、代谢和光合作用，并溶解矿物质和 O_2、CO_2，参加体内各种循环，同时水分还影响其他环境因子，对饲草产生间接作用。植物缺水时，细胞分裂和细胞伸长都受到影响，只是细胞伸长对缺水更为敏感。

饲草生长发育需要消耗大量水分。植物每生产单位质量干物质所需要消耗的水量称为需水量或需水系数。不同的植物需水量不同（表 2-3），同一饲草不同生长发育阶段的需水量也有差异（表 2-4）。

表 2-3　部分饲草的需水系数

饲草	需水系数	饲草	需水系数
玉米	368	南瓜	834
高粱	322	墨西哥玉米	383
谷子	310	苏丹草	312
大麦	534	紫花苜蓿	831
燕麦	597	红三叶	789
豌豆	788	毛苕子	690

资料来源：董宽虎等，2003

表 2-4　苜蓿不同生育阶段耗水量

生育阶段	天数/d	耗水量/($m^3 \cdot hm^{-2}$)	各生育阶段耗水比/%
播种—出苗	9	1.35	5.1
出苗—分枝	16	1.80	6.9
分枝—现蕾	33	9.61	36.9
现蕾—开花	14	4.88	18.9
开花—结荚	28	8.38	32.2
全生育期	100	26.02	100.0

资料来源：杨青川等，2002

土壤临界含水量是指牧草吸水速度与蒸腾速率相等时土壤的含水量。饲草在长期的演化过程中，生长在不同的水分条件下，由于长期适应，形成了不同的生态类型，如湿生植物（生长在过度潮湿环境中的植物）、中生植物（需要在水分供应充足环境中才能正常生长的植物）、旱生植物（适宜在干旱生境下生长，可耐受较长期或较严重干旱的植物）、短命植物（短生命周期的植物）。大多数谷类作物、饲用作物、草甸植物都为中生植物，如猫尾草、三叶草、鸡脚草、紫花苜蓿、草地早熟禾、鹅观草等。

水分临界期是指牧草生长发育过程中对水分最敏感的时期，在这一时期如果缺水会造成大幅度减产。如小麦、玉米等禾谷类作物从分蘖末期至抽穗期为第一个水分临界期，此期缺水会严重影响穗下节间的伸长及花粉母细胞正常分裂发育成花粉。

饲草生产中，如果水分供应不足，植物细胞失去紧张度，叶片和茎的幼嫩部分便会下垂，即植株表现出萎蔫现象。根据植物的缺水程度，萎蔫又可分为暂时萎蔫和永久萎蔫两种。水分供应暂时跟不上茎叶的蒸腾失水，如南瓜、甘薯等在气温高，空气湿度小，蒸腾作用强的情况下，根系吸收的水分满足不了蒸腾的需要或短时间缺水来不及灌溉，中午便出现萎蔫，但在气温下降后的傍晚和晚上茎叶又能恢复原状，这种萎蔫称为暂时萎蔫。若水分长期不足，萎蔫不可逆转，植株趋于死亡的萎蔫，称为永久萎蔫。缺水导致植物萎蔫，无论暂时萎蔫，还是永久萎蔫，均对植物的生长发育有害。

饲草中，多数为旱生植物，在其生长发育过程中若水分供应过多，会造成土壤渍水，根系缺氧，不仅严重影响生长发育，还往往导致根系窒息死亡，植株凋亡。

四、空气与饲草的生长发育

空气的组成成分中，与饲草生产有关的主要是 CO_2、O_2 和 N_2。此外，大气污染、风速和大气压也会对饲草产生影响（董宽虎等，2003）。

（一）CO_2 对植物生长发育的作用

CO_2 是光合作用的原料，对植物光合产物的生产影响很大。空气中的 CO_2 含量一般占其体积的 0.033%，对植物的光合作用来说是比较低的，时常成为限制光合速率的因素。因此，光合作用受光照强度和 CO_2 浓度的共同影响（图 2-16）。在一定的光照强度下，当光合作用吸收的 CO_2 量与呼吸作用放出的 CO_2 量达到动态平衡，这时的 CO_2 浓度称为 CO_2 补偿点。此时植物光合作用生产的干物质量正好与呼吸作用分解的干物质量相等，没有净光合产物积累。植物的 CO_2 补偿点与光照强度有密切关系。光照减弱时，光合作用减弱比呼吸作用减弱显著，CO_2 补偿点提高。光照增强时，光合作用旺盛，CO_2 补偿点随之降低。

不同种类的植物，其 CO_2 补偿点不一样。一般，C_4 植物的 CO_2 补偿点低于 C_3 植物（图 2-17）。C_4 植物（如玉米、高粱等）CO_2 补偿点约为 5μl/L，而 C_3 植物（如黑麦草、三叶草、苜蓿等）CO_2 补偿点约为 50μl/L。

高产栽培的饲草，播种密度大、植株繁茂，光合作用需要吸收更多的 CO_2，特别在中午前后，CO_2 往往成为增产的限制因子之一。饲草生产上，常以增施有机肥来促进土壤好气性微生物活动，促使土壤释放出更多 CO_2 来部分满足饲料作物和牧草光合作用的需要。

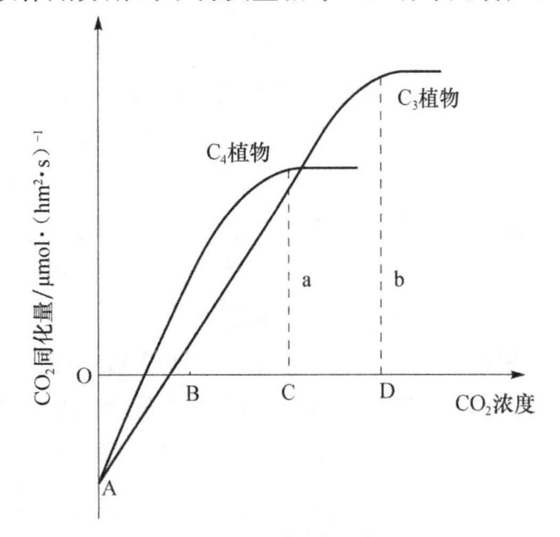

图 2-17　常温下不同 CO_2 浓度对 C_4 与 C_3 植物同化速率的影响

A. 暗呼吸速率；B. 光补偿点；C. C_4 植物光饱和点；D. C_3 植物光饱和点；a. C_4 植物最大 CO_2 同化量；b. C_3 植物最大 CO_2 同化量

（二）O_2 对植物生长发育的作用

O_2 是植物进行正常呼吸作用、氧化有机物、释放出能量供植物生长发育所不可缺少的。O_2 不足，呼吸速率和呼吸性质发生变化，严重影响生长发育。如每摩尔葡萄糖完全氧化，则可产生 28.70MJ 热量；但无氧呼吸，每摩尔葡萄糖氧化仅产生 2.09MJ 热量，不仅产生能量少，满足不了植物生长发育的需要，而且植物体内产生乙醇、乳酸等不完全氧化产物，积累多了会造成植物自身“中毒”，组织坏死，甚至导致植株死亡。

生产实践中，饲草地上部器官通常不会缺乏氧气，但地下的根系等常由于土壤孔隙小、土壤空气与地上空气交换慢等原因而处于氧气不足的环境中。尤其在土壤渍水时，根系往往因缺乏氧气而窒息死亡、腐烂。

（三）N_2 对植物生长发育的作用

空气中虽含有大量 N_2（占空气体积的 78%左右），但它却不能为绝大多数植物所直接利用。豆科植物因在根系或茎上共生有固氮菌，可将空气中的 N_2 转化为结合态的氮而吸收利用。

在施肥较少的地区，豆科植物的生物固氮对改善饲草氮素营养具有重要作用。固氮菌的固氮能力因不同植物而不同，紫花苜蓿每年每公顷可从空气中固定氮素 200kg 左右，而大豆只能固氮 50kg 左右。

五、高山环境

高山环境具有昼夜温差大、气压低和太阳辐射强等不利于植物生长的环境因子。由于海拔高、气温低，植物的生长季节十分短促，期间经常出现霜冻以及雪、冰雹和大风等天气。能够在如此极端的环境中生存的植物一定有其特殊的结构特征及生理、生态适应机制。下面以青藏高原饲草的形态结构特点为例（何涛等，2007）。

1. 饲草形态、解剖结构与高山环境

（1）根　高山植物大都为浅根系，根沿地表近水平分布，即使是长根向下到一定深度后也会弯曲成水平状，或其根端向上翘起到土壤表层。另外，在某些高山垫状植物中还存在不定根现象，这些不定根发生在较老茎枝的节上，其长度 2～3cm，直径 0.1～0.5mm，呈绒毛状，寿命短，多数只生长一个季节。与低海拔植物相比，高山植物根的结构比较简单，有形成输导组织和机械组织的趋势。根细胞内丰富的蛋白质构成了植物较强抗冻能力的物质基础，可能是高山植物适应寒冷的一种特殊结构。

（2）茎　高山上的强风常能降低植物的生长量。其间生长的植物普遍低矮、近地，有的呈垫状或绒毡状。垫状习性的形成，是极端环境条件长期作用的结果，其中低温、强风作为主导因素起着决定性作用。当然，紫外光能促进花青苷的形成，抑制生长素的活性，阻碍茎的延长。

在高山植物中，草本植物居多数。在这些草本植物中支持结构普遍发达，其中厚角组织是一类分布最广的机械组织，直接在表皮下或离开表皮有二至多层细胞，沿着轴的周围形成连续的环，在脊处常形成束或沿中柱维管束的内外两侧分布。发达的机械组织给低矮的高山植物增加了刚性和韧性，可以抵抗萎蔫、雪、冰雹和大风引起的各种机械损伤。在高山植物茎的髓部和皮层中也存在一些不规则的呈空洞状的通气组织。该结构可极大地降低空气在植物体内的扩散阻力，是 O_2 由地上部运输到地下部的主要通道。同时，通气组织中始终充满气体，增加了植物体的浮力，减小了植物体的密度，这对植物体又起到了良好的支撑作用。

（3）叶　叶片是植物进化过程中对环境变化较敏感且可塑性较大的器官，其结构特征最能体现环境因子的影响或植物对环境的适应。长期生长在高山地区的植物，叶片大都缩小且加厚，有的还特化成鳞片状、条状、柱状或针状。叶片小相应减少了光合作用面积，为了弥补这一不利影响，大多数高山植物的叶片多得惊人。据统计，在藓状雪灵芝（*Arenaria bryophylla*）的每平方厘米植株上，新叶数可达 248 片。此外，高山植物的叶片上还存在各种附属物，有毛状体、刺状物、角质层和蜡质层。表皮附属物能够反射阳光，减少叶片表面空气的流动，降低蒸腾作用，防止水分过度丧失，有利于维持植物的正常生理代谢。高山植物的气孔略向外突出，气孔面积减小，而密度与孔下室变大。气孔外突现象可使其开口增大，能够减小因外被附属物所引起的气孔阻力，从而提高叶片与外界环境的气体交换能力，增强叶片对 CO_2 的摄入，以提高光合作用速率，是植物对高山环境中低 CO_2 和 O_2 分压的适应。

（4）花　高山地区有利于植物生长的季节很短，开花则被限制在一个更短的时期内，但大多数高山植物仍能开花。与植株相比，高山植物的花相对较大，花的颜色都比较鲜艳，具有虫媒花的典型特征。与低海拔的同种植物相比，生长于高海拔地区的植物花寿命普遍延长。在高山植物中，柱头寿命的延长是植物提高传粉效率的一种有效对策，但同时花寿命的无限延长可能会增加植物对花的维持代价。

2. 超微结构与高山环境

（1）叶绿体　正常条件下，高等植物的叶绿体大多呈椭球形或梭形，沿细胞壁分布。然而，在部分高山植物中，随着海拔的升高，叶绿体由规则的椭球形变为球形或近似球形，同时，在分布上趋向于向细胞中央移动。与低海拔植物相比，高山植物的叶绿体基粒片层数普遍较少，往往不超过 20 层，并且随着海拔的升高，基粒垛叠程度呈下降趋势，这可能是高山植物对低温和强辐射环境的一种适应，基粒片层少可以避免捕获过多光能而对叶绿体造成潜在伤害。

长期生长在高山地区的植物，其叶绿体内淀粉粒往往较多，而且，在个别植物中，还存在淀粉粒巨大的现象。淀粉粒在叶绿体中的储存和消耗对于提高植物的抗冻能力具有积极的生理作用。有研究证明，植物在低温锻炼期间，叶绿体中积累的糖最高可达叶绿体干物质的 15%，使类囊体附近保持很高的糖浓度，以避免类囊体解离，维持正常的光合磷酸化。因此，淀粉粒在叶绿体中的积累可能是高山植物对低温环境的一种适应。

（2）线粒体　高山植物的呼吸速率较高，且随着海拔的升高有增加的趋势。线粒体个体变小，数量增多，增加了线粒体膜的相对表面积，扩大了内膜系统，从而提高了植物的呼吸速率。植物高呼吸速率可以维持其高的代谢活力，是保证光合作用和其他生理过程顺利进行的基础。

总体而言，植株矮小（有的呈垫状）、叶片小而厚、具有通气组织、栅栏组织多层、机械组织发达、虫媒花性状、线粒体数量多和叶绿体基粒片层少等是青藏高原地区高山植物普遍具有的形态和结构特征。这些特征体现了高山植物有别于中生植物的一面，在结构上既有旱生植物的某些特点，又有湿生或沼生植物的某些特征。高山植物形成上述结构的特异性是高山特殊的综合生态环境长期作用的结果。同时，也是高山植物对高山环境的高度适应。

六、矿质营养元素

（一）植物必需的营养元素

各种植物体内已发现70种以上的元素，但这些元素并不都是植物正常生长发育所必需的，元素的必需性也不取决于其在植物体内的含量。1939年，阿尔农（Arnon）和斯托特（Stout）提出了植物必需元素的3个标准：①缺乏该元素，植物生长发育受到限制而不能完成其生活史。②缺少该元素，植物会表现出专一的病症（缺素症），只有加入该元素方可预防或消除此病症，而加入其他元素则不能替代该元素的作用。③该元素的生理作用是直接的，而不是因土壤、培养液或介质的物理、化学或微生物条件所引起的间接效果。这3个标准可概括为：元素不可缺少性、不可替代性和直接功能性。

根据上述标准，通过溶液培养法等研究手段，现已确定有17种元素是植物的必需元素：碳（C）、氢（H）、氧（O）、氮（N）、磷（P）、钾（K）、钙（Ca）、镁（Mg）、硫（S）、铁（Fe）、锰（Mn）、硼（B）、锌（Zn）、铜（Cu）、钼（Mo）、氯（Cl）、镍（Ni）。在上述元素中，除来自于CO_2和H_2O中的C、H、O不是矿质元素外，其余14种元素均为植物所必需的矿质元素。

根据植物对必需元素需要量大小，通常把植物必需元素划分为两类，即大量元素和微量元素。大量元素是指植物需要量较大，其含量通常为植物体干重0.1%以上的元素，共有9种，即C、H、O这3种非矿质元素和N、P、K、Ca、Mg、S这6种矿质元素。微量元素是指植物需要量极微，其含量通常为植物体干重的0.01%以下的元素，这类元素在植物体内稍多即会发生毒害，它们是Fe、Mn、B、Zn、Cu、Mo、Cl、Ni这8种矿质元素。

由于植物的生长发育对必需元素氮、磷、钾的需要量大，土壤中通常会缺乏这3种元素，农业生产中经常需要补充。因此，氮、磷、钾被称为肥料三要素。

（二）一些必需元素的生理功能与缺素症

1. 氮　植物吸收的氮素主要是无机态氮，即铵态氮（NH_4^+）和硝态氮（NO_3^-），也可以吸收利用某些可溶性的有机态氮，如尿素等。氮在植物体内所占的分量不大，一般只占干物重的1%～3%，但对植物的生长发育起重要作用。氮是构成蛋白质的主要成分，核酸、磷脂、叶绿素等物质中都含有氮。此外，某些植物激素（如吲哚乙酸、细胞分裂素）、维生素（如维生素B_1，维生素B_2、维生素B_6、维生素PP等）中也含有氮。由此可见，氮是植物生命活动不可缺少的元素。植物生长发育过程中，若氮素供应充足，则植株生长健壮，叶大而鲜绿，光合作用旺盛；缺氮时，代谢和生长受到严重影响，植株矮小、出叶慢、叶色发黄、功能叶早衰。

2. 磷　植物根系主要以$H_2PO_4^-$的形式吸收磷，也可以HPO_4^{2-}的形式吸收磷。磷是细胞质和细胞核的组成成分。磷脂、核酸和核蛋白均含有磷，核苷酸的衍生物如ATP、ADP、辅酶A等物质中也含有磷。没有磷，植物的代谢就不能正常进行。由于土壤中可溶性磷的浓度通常很低，饲草生产中磷往往会成为高产的一种限制因素。植株缺磷时，蛋白质合成受阻，新的细胞质和细胞核形成较少，细胞分裂和生长受到影响，植株幼嫩部位生长缓慢，植株矮化，分枝或分蘖减少，叶色暗绿或灰绿色而无光泽，茎叶常因积累花青苷而带紫红色，根系发育差，易老化。由于磷易从较老组织运输到幼嫩组织中再利用，故症状从较老叶片开始向上扩展。缺磷植物的果实和种子少而小，成熟延迟，产量和品质降低。轻度缺磷外表形态不易表现。不同植物症状表现有所差异。

3. 钾　钾以 K^+ 的形式被植物吸收，在植物体内也以离子状态存在。钾不直接参与重要有机物的组成，但它主要集中在植物生理活动最旺盛的部分（如生长点、幼叶等），对代谢起重要的调节作用。植株缺钾时，蛋白质合成、光合作用、光合产物运输等均会受到影响。植株茎秆柔弱，易倒伏，抗旱、抗寒性降低，叶片失水，蛋白质、叶绿素破坏，叶色变黄而逐渐坏死。缺钾有时也会出现叶缘焦枯，生长缓慢的现象，由于叶中部生长仍较快，所以整个叶子会形成杯状弯曲，或发生皱缩。钾也是易移动、可被重复利用的元素，故缺素症首先出现在下部老叶。

4. 钼　钼以钼酸盐（MoO_4^{2-}）的形式被植物吸收利用。钼是硝酸还原酶的金属成分，参加硝酸根还原为铵离子的酶的活动；也是固氮酶中钼铁蛋白、黄嘌呤脱氢酶及脱落酸合成中的一个氧化酶的必需成分，对豆科植物的固氮作用具有重要影响。植物缺钼症有两种类型，一种是叶片脉间失绿，甚至变黄，易出现斑点，新叶出现症状较迟。另一种是叶片瘦长畸形、叶片变厚，甚至焦枯。一般缺钼叶片出现黄色或橙黄色大小不一的斑点，叶缘向上卷曲呈杯状。叶肉脱落残缺或发育不全。不同作物的症状有差别。缺钼与缺氮相似，但缺钼叶片易出现斑点，边缘发生焦枯，并向内卷曲，组织失水而萎蔫。一般症状先在老叶上出现。

5. 镁　植物以 Mg^{2+} 的形式吸收镁。镁在植物体内一部分形成有机物，一部分以离子状态存在。镁是叶绿素分子的一个组成元素，也是光合作用和呼吸作用中多种酶的活化剂，在光合作用等植物的重要代谢中起着非常重要的作用。镁是活动性元素，在植株中移动性很好，植物组织中 70%的镁是可移动的，并与无机阴离子和苹果酸盐、柠檬酸盐等有机阴离子相结合。所以一般缺镁症状首先出现在低位衰老叶片上，共同症状是下位叶叶肉为黄色、青铜色或红色，但叶脉仍呈绿色。进一步发展，整个叶片组织全部淡黄，然后变褐直至最终坏死。大多发生在生育中后期，尤其以种子形成后多见。症状常为脉间失绿，严重时叶缘死亡，叶片出现褐斑。双子叶植物褪绿形式有：叶片全面褪绿，主、侧脉及细脉均保留绿色，形成清晰网状花叶；沿主脉两侧呈斑块褪绿，叶缘不褪，叶片形成近似“肋骨”状黄斑；黄化从叶缘向中肋渐进，叶肉及细脉同时失绿，而主、侧脉褪绿较慢。严重时边缘变褐坏死，干枯脱落，呈爪状或掌状。单子叶植物多表现为黄绿相间的条纹花叶。各种作物表现的症状有差异。

必需元素中一些与饲草生产关系密切，缺少时会表现出明显的病症（表 2-5）。在植物体内 Fe、S、Cu、Mn、B、Ca 等元素不易运转，一旦缺乏，首先在幼嫩的叶片表现出缺素症，称为不可再利用元素；而 N、P、Zn、Mg、K 则相反，在植物体内容易运转，一旦缺乏，这些元素从老叶转移到新叶上，供新叶利用，所以缺素症表现在老叶上，称为可再利用元素。

表 2-5　植物缺乏矿质元素的病症检索表

病　症	缺乏元素
A. 老叶病症	
B. 病症常遍布整株，基部叶片干焦和死亡	
C. 植株浅绿，基部叶片黄色，干燥时呈褐色，茎短而细	氮
C. 植株深绿，常呈红或紫色，基部叶片黄色，干燥时暗绿，茎短而细	磷
B. 病症常局限于局部，基部叶片不干焦但杂色或缺绿，叶缘杯状卷起或卷皱	
C. 叶杂色或缺绿，有时呈红色，有坏死斑点，茎细	镁
C. 叶杂色或缺绿，在叶脉间或叶尖和叶缘有小的坏死斑点，茎细	钾
C. 坏死斑点大而普遍出现于叶脉间，最后出现于叶脉，叶厚，茎短	锌
A. 嫩叶病症	
B. 顶芽死亡，嫩叶变形和坏死	
C. 嫩叶初呈钩状，后从叶尖和叶缘向内死亡	钙
C. 嫩叶基部浅绿，从叶基起枯死，叶捻曲	硼
B. 顶芽仍活，缺绿或萎蔫，无坏死斑点	
C. 嫩叶萎蔫，无失绿，茎尖弱	铜
C. 嫩叶萎蔫，有失绿	
D. 坏死斑点小，叶脉仍绿	锰
D. 无坏死斑点	
E. 叶脉仍绿	铁
E. 叶脉失绿	硫

资料来源：董宽虎等，2003

七、土壤与饲草的生长发育

（一）土壤的作用及组成

土壤是地球陆地上能够生长植物的疏松表层。一切植物的生长发育都需要光、热、空气、水分和养料。这5种因素中，水分和养料主要由土壤供给，所以土壤对植物生长发育有重要的影响。

土壤是由固相、液相和气相组成的三相系统。土壤固相包括无机物（矿物质）和有机物（包括微生物）。按土壤干重计算，土壤固相占土壤质量的100%，其中无机物占95%，有机物占5%。按容积计算，土壤固相约占土壤体积的50%（其中矿物质38%，有机物12%），液相和气相各占15%～35%。土壤是极为复杂的多孔体，由固体土粒和粒间孔隙组成。土壤体积的50%为土壤孔隙，是容纳土壤水分和土壤空气的空间。在自然条件下，土壤水分和土壤空气的比例是经常变动的。土壤水分减少则土壤空气增多，土壤水分增加则土壤空气减少，两者处于15%～35%变动。土壤固相的性质决定着土壤孔隙比例的大小，土壤水分又决定着土壤空气占土壤孔隙的比例，三相互相联系、互相制约，构成一个有机的整体。

（二）土壤的类型

土壤固相的矿物质颗粒大小及组合比例称为土壤质地，是决定土壤物理特性的重要因素之一。土壤矿物质颗粒根据其大小分为：沙粒（单粒直径0.02～2mm），粉沙粒（0.002～0.02mm）和黏粒（＜0.002mm）。根据土壤中沙粒和黏粒的含量，土壤被分为沙土、壤土和黏土三大类（董宽虎等，2003）。

1. 沙土类　沙粒占50%～70%或以上的土壤为沙土。土壤疏松，黏结性小，大孔隙多，通气透水性好，保水保肥能力差，容易干旱。由于土壤蓄水少，土壤温度变化较大。早春升温快，有利于作物早发；但在晚秋，一遇寒潮，则温度下降很快，对作物生长不利。又因其保肥性差，养分易流失，所以施肥时应少量多次，同时应多施有机肥，以逐渐改良土壤。

2. 黏土类 黏土也叫胶泥土，此类土壤含黏粒30%以上。质地黏重，结构致密，湿时黏，干时硬，通气透水性差，蓄水保肥能力强。早春升温慢，且耕作费力，内部排水困难。在肥水管理上，应注意排水措施，采用深沟、高畦、窄垄等办法，而且要多施有机肥，并适宜多施苗肥。

3. 壤土类 壤土为介于沙土和黏土之间的一类土壤，沙粒占20%～40%，黏粒小于30%。这类土壤同时含有适量的沙粒、粉沙粒和黏粒，质地较均匀，物理特性良好，通气透水，在农业生产上是理想的耕地。

土壤中固相颗粒的数量、大小、形状、性质及其相互排列和相应的孔隙状况等的综合特性称为土壤结构，是土壤物理性质的另一重要指标。土壤结构影响土壤的三相比例，从而影响土壤水分、养分的供应能力，透气和热量状况以及土壤耕性。也就是说，土壤中水、肥、气、热的协调主要取决于土壤结构。不同土壤或同一土壤的不同土层、土壤结构并不相同。常见的有单粒、团粒、粒状、环状、片状和柱状等结构，其中以团粒结构（或称团聚体结构）对植物生长最为有利。

由于成土母质的不同和长期的气候因子的作用，土壤的化学性质不一样。土壤pH是评价土壤化学性质最常用的指标之一。中性至微酸性土壤适于多数植物生长，酸性和碱性土壤均不利于植物生长。

（三）土壤对植物生长发育的影响

1. 土壤质地和土壤结构对植物生长发育的影响 土壤质地（按土壤中不同粒径颗粒相对含量的组成而区分的粗细度）和土壤结构（土壤中不同颗粒的排列和组合形式）直接影响土壤水分和空气量、微生物的活动等，从而影响植物的生长发育。土壤质地对于土壤性质和肥力有极为重要的影响，而土壤质地主要是继承母质的性质，很难改变。但是，质地不是决定土壤肥力的唯一因素，因为质地不良的土壤可通过增加土壤腐殖质和改善结构得到补救。土壤结构中的孔隙与土壤肥力的关系很大，无论单粒组成的土壤，还是大小团聚体排列组成更大团聚体的土壤，都有孔隙形成。单粒之间或单粒与团聚体排列组合成的孔隙很小，称为毛管孔隙；由团聚体彼此排列组合的孔隙较大，称为非毛管孔隙或结构孔隙。结构性良好的土壤，具有适当数量和适当比例的毛管孔隙与结构孔隙，使耕作层中固、液、气三态物质处于比例适合的状态。在团聚体内部具有较多的毛管孔隙，成为水分和养分的贮藏和供应场所；团聚体之间的结构孔隙是水分和空气的通道。所以，结构良好、大小孔隙排列适当的土壤，大孔隙通气透水，中小孔隙保水输水，克服了土壤中水分与空气不能同时存在的矛盾，有利于好气性与嫌气性微生物的同时作用，为植物根系的生长发育和根系功能的发挥创造了有利条件。另外，结构良好的土壤，其团聚体之间的接触面积比单粒土的接触面积小，因土壤疏松，便于根系穿插，利于耕作，耕作质量好。结构不良的土壤，只有毛管孔隙而没有结构孔隙，水分渗入困难，下雨时地面常产生径流，造成土壤冲刷，养分流失；而雨后毛管蒸发大，易造成土壤板结，难以耕作。

2. 土壤水分对植物生长发育的影响 土壤水分主要来自降水（雨、雪）和灌溉，地下水位高时，地下水也可以上升补充土壤水分。土壤水分对植物生长发育的影响很大。

(1) *土壤水分可直接被根系吸收利用* 植物生长发育所需的水分绝大部分是由根系从土壤中吸收的。当土壤中水分不足时，植物生长发育受到干旱的威胁。而且，土壤孔隙中充满了空气，一些好气性微生物活动强烈（氧化作用），使土壤有机物含量迅速下降，造成养分不足。但土壤中水分过多时，特别是地下水位过高或降水量过多或者灌溉不当，造成积水时，土壤中则缺少空气，根系生命活动受阻。另外，由于土壤缺少空气，在土壤处于还原条件下，一些厌气性微生物分解有机物产生许多有害物质，如硫化氢（H_2S）、有机酸等，对植物根系生命活动产生毒害作用，导致根系发黑、腐烂，吸收功能下降，最终造成植物死亡。

(2) *土壤水分中溶有植物生长发育必需的营养元素* 土壤水分不同于地表水，是稀薄的溶液。土壤水中不仅溶有各种矿物质营养和部分有机物，而且还有胶体颗粒分散于其中。植物根系在吸收水分的同时，将营养物质吸收入植株体内，满足生长发育的需要。

(3) *土壤水分参与土壤中物质的转化过程* 矿物质的溶解、有机物的分解都需要有水的参与，而且在一定范围内，水分可以加速矿物质的移动，有利于植物吸收。

(4) *土壤水分可以调节土壤温度，影响根系的生命活动* 由于水分具有较大的热容量，在气温急剧变化时能对土温的变化起到缓冲作用，防止温度骤变对根系造成伤害。灌溉防霜冻就是应用了这个原理。同理，早春土壤水分过多时，土壤升温慢，不利于根系生长及吸收功能的发挥。

3. 土壤空气对植物生长发育的影响 土壤空气对植物根系的生长和活力、土壤中的微生物活动及各种养分物质的转化都有重要作用。土壤空气基本上来自大气，但它的组成并不完全和大气相同。由于土壤中微生物分解有机质产生大量 CO_2、植物根系呼吸及土壤中碳酸盐遇无机酸或有机酸时也产生 CO_2，土壤中的 CO_2 浓度远高于大气中 CO_2 浓度，一般为大气 CO_2 浓度的 5～10 倍。而土壤空气中的 O_2 则比大气中的 O_2 含量要低得多。此外，在土壤通气严重受阻时，土壤空气中还常会出现一些微生物活动所产生的还原性气体，如甲烷、硫化氢等。因此，土壤空气对种子的萌发、根系的生长和活力具有多方面的影响。

种子播入土壤后，需要适宜的温度、足够的水分和充足的 O_2 才能正常萌发。缺氧会严重影响种子内贮藏物质的转化和代谢强度，严重缺氧可造成种子窒息死亡。

大多数植物的根系需在通气良好的土壤中生长。土壤通气好，根系长，颜色浅，根毛多，根系的活力强；缺氧时，则根系的呼吸作用受阻，生长不良，根系短而粗，根毛大量减少，吸收养分和水分的功能降低。土壤通气不良，土壤中产生的还原性气体如 H_2S 等积累过多，对植物根系具有毒害作用。

土壤中的空气含量对土壤微生物的活动有显著影响。O_2 充足时，好气微生物活动强烈，有机质的分解速度快而彻底，氨化过程加快，也有利于硝化过程的进行，土壤中有效态氮丰富。缺 O_2 时，则利于嫌气微生物活动，反硝化作用造成氮素损失或产生亚硝态氮累积，不利于养分的吸收利用。土壤空气中 CO_2 含量增多，CO_3^{2-} 和 HCO_3^- 浓度增加，有利于土壤矿物质中 Ca、Mg、P、K 等养分的释放溶解。但过多的 CO_2 又往往导致 O_2 的供应不足，影响根系对矿质养分的吸收。

4. 土壤微生物对植物生长发育的影响 土壤微生物是土壤生物的一个组成部分，是指土壤中肉眼无法分辨的活有机体，只能在实验室中借助显微镜才能观察。一般以微米或纳米作为测量单位。土壤微生物对土壤的形成发育、物质循环和肥力演变等均有重大影响。

土壤微生物在土壤中的作用是多方面的，主要表现在：①作为土壤的活跃组成成分，土壤微生物的区系组成、生物量及其生命活动对土壤的形成和发育有密切关系。同时，土壤作为微生物的生态环境，也影响微生物在土壤中的消长和活性。②参与土壤有机物的矿化和腐殖质化过程，同时通过同化作用合成多糖类和其他复杂有机物，影响土壤的结构和耕性。土壤微生物的代谢产物还能促进土壤中难溶性物质的溶解。微生物参与土壤中各种物质的氧化还原反应，对营养元素的有效性也有一定作用。③参与土壤中营养元素的循环，包括碳素循环、氮素循环和矿物元素循环，促进植物营养元素的有效性。④某些微生物有固氮作用，可借助其体内的固氮酶将空气中的游离氮分子转化为固定态氮化物。⑤与植物根部营养关系密切。植物根际微生物以及与植物共生的微生物如根瘤菌、菌根和真菌等能为植物直接提供氮素、磷素和其他矿质元素的营养以及各种有机营养，如有机酸、氨基酸、维生素、生长刺激素等。⑥能为工农业生产和医药卫生事业提供有效菌种，培育高效菌系，如已在农业上应用的根瘤菌剂、固氮菌剂和抗生菌剂等。⑦某些抗生性微生物能防治土传病原菌对作物的危害。⑧降解土壤中残留的有机农药、城市污物和工厂废弃物等，降低残毒危害。⑨某些微生物可用于沼气发酵，提供生物能源、发酵液和残渣。

土壤中存在着种类繁多、数量庞大的微生物类群，这些微生物起着分解和合成有机物的作用，它们的活动直接影响着土壤的温度和养分，而且还分泌一些对作物生长有益或有害的物质，影响植物的生长发育。在饲草生产中，常通过各种耕作栽培措施调节微生物的活动，促进其对生产有利的一面，抑制其不利的一面，以调节土壤的温度及养分的转化和供应。

5. 土壤 pH 对植物生长发育的影响　各种植物都有其生长发育的适宜酸碱度范围。一般禾本科牧草喜中性偏酸性土壤，豆科牧草喜石灰性土壤。因此，土壤 pH 直接影响植物的生长发育。土壤 pH 对土壤中的微生物活动（影响养分有效性）、有机物的合成和分解、营养元素的转化与释放均有直接影响，从而间接影响植物的生长发育。土壤 pH 对矿质盐的溶解度有重要影响。N、P、K、Ca、Mg、Fe、Mn、B、Cu、Zn 等矿质元素的有效性因 pH 不同而不同。一般土壤呈中性或微酸性、微碱性时，养分有效性最高，对植物生长发育最有利。

根据饲草对土壤 pH 的要求不同，可以将饲草分为三大生态型。

1）酸性土植物。pH＜6.5 的酸性土壤中生长的植物，碱性土壤中不能生长，如茶、马尾松、竹、柑橘、芒、扭黄茅。

2）碱性土植物。pH＞7.5 的碱性土壤中生长良好，酸性土壤中生长不良，如甘草、黄花苜蓿。

3）中性土植物。pH 为 6.5～7.5 的土壤中生长良好，如大部分栽培牧草和农作物。

土壤的酸碱性极易受耕作、施肥等农业措施的影响。所以，采取适当的改良措施调节土壤酸碱性，是饲草生产的重要技术措施。在酸性土壤上施用石灰，碱性土壤上少量多次施用 N、P、K 肥等便是调节土壤 pH 和考虑了不同土壤 pH 条件下养分的有效利用率而采取的措施。如我国华北平原、西北黄土高原、新疆以及东北平原部分地区，将苜蓿作为当家草种植，这些地区土壤的酸碱度为中性到偏碱性。普遍研究认为：苜蓿等饲草在 pH 为 6.5～7.5 的土壤中生长最为理想；在土壤偏酸的地区，应施加石灰或过磷酸钙；在盐碱较重的地区，不能种植苜蓿。

6. 土壤盐碱和沙化对植物生长发育的影响　我国除土壤类型不同以及土壤 pH 不同以外，土壤的盐分含量和种类也因地区不同而有差异，盐碱土包括有氯化钠盐土、碳酸盐土、苏打盐土和硫酸盐土等。这对饲草的生长、发育和分布都有一定的影响。当土壤含盐量为 0.15%～0.20%甚至更多时，多数饲草生长就受到抑制，产量下降。如土壤盐分达到 0.3%以上或氯离子达到 0.4%～0.5%时，多数饲草就不能生长。盐渍化土壤一般分为三级：轻度盐渍化土壤的含盐量为 0.1%～0.3%，大部分饲草可以生长；中度盐渍化土壤含盐量为 0.3%～0.6%，耐盐性较强的饲草生长受到抑制；强度盐渍化土壤含盐量为 0.6%～1.0%，只有芦苇、柽柳等耐盐植物才能生长。土壤含盐量大于 1%时，为光板地。1990 年吴青年报道（陈宝书，2001），在东北草原的碱斑地上生长一种饲草——碱茅，在表层土壤含盐量高达 3%时仍能正常生长，这是迄今为止筛选出的最耐盐的饲草，现已在东北、西北等地推广应用。

（1）盐生植物　根据抗盐性的不同，植物可分成盐生植物和非盐生植物。盐生植物在生理上具有一系列的抗盐特征，根据它们对过量盐分的适应性不同可分为三类。

1）嗜盐植物。这类植物对盐土的适应性很强，能生长在重盐渍土，从土壤中吸收大量可溶性盐分并积聚在体内而不受害。这类植物的原生质对盐类的抗性特别强，能忍受 6%甚至更浓的 NaCl 溶液。它们的细胞液浓度很高，并依靠肉质的根、茎、叶积盐使渗透压升高，根的渗透压高达 40 个大气压以上，有些甚至可达到 70～100 个大气压，大大超过土壤溶液的渗透压，所以能从高盐浓度盐土中吸收水分，如碱蓬、滨藜、盐爪爪、珍珠柴等。

2）泌盐植物。这类植物也能从盐渍土中吸取过多的盐分，但根细胞对盐的通透性大，并不积存在体内，吸收的盐类通过茎、叶表面密布的盐腺细胞把吸收的盐分分泌排出体外，分泌排出的结晶盐在茎、叶表面又被风吹雨淋扩散，如矶松、柽柳、胡杨、红砂。

3）滤盐（不透盐）植物。这类植物虽然能生长在盐渍土中，但不吸收土壤中的盐类，这是由于植物体内含有大量的可溶性有机物，细胞的渗透压很高，根对盐类的透过性很小，使植物具有抗盐作用。生长在盐碱荒地中的獐茅、碱菀等都是典型的不透盐植物。

（2）沙生植物　沙生植物是指生长在沙地或沙漠中的植物，如梭梭、沙蒿、沙鞭、沙竹、沙生冰草、沙生针茅。

由于沙漠地区气候干燥，冷热变化剧烈，风大沙多，日照强烈，生长在这种环境中的植物，其叶片面积大大缩小，有的甚至完全退化。如仙人掌的叶子完全变成针刺状，红沙茎枝上的小叶退化成圆柱形，梭梭和红柳的叶子长成了鳞片状，盐爪爪和霸王的叶子长成肉质状，白柠条的叶子两面都长满了银白色的绒毛。这些千姿百态的叶子，对于适应沙漠严酷的环境十分有利。鳞片状叶子可以减少蒸腾耗水；肉质状的叶子可以贮存大量的水分；那些白色的绒毛可以保护叶子免受高温强光的威胁；而胡杨的叶子更为奇特，为了缩小叶子面积以减少蒸腾，胡杨在一棵树上就有 40 多种叶型，甚至同一枝条上就长了 5 种不同形状的叶子。

由于水分和营养物质缺乏，加上风大和强烈日照等，沙生植物的地上部分生长受到限制，多数植株较低矮，有些植物的枝条硬化成刺状，如木旋花、骆驼刺。有些植物的茎枝上长了一层光滑的白色蜡皮，如沙拐枣、梭梭、白刺，这种蜡皮可以反射强烈的阳光，以避免植物体温度升高所带来的蒸腾过旺。一般植物都用绿色的叶子进行光合作用，而很多沙生植物因为叶子退化，只好靠绿色的枝条来进行光合作用，如梭梭、花棒等。

生长在沙漠城的植物还具有耐沙暴沙埋的能力。红柳、沙蒿和花棒的枝干被沙埋后可以生出不定根以阻挡大量流沙。白刺受风蚀后，其根大量露出地面，在暴露的根系上能长出不定芽。当风沙将其枝条全埋起来以后，它向下能长出许多新的不定根，向上长出好多嫩的枝条，如此枝上发枝，枝上长枝，风沙越凶，生长越旺，天长日久，自然形成一个突起的像坟堆似的白刺包，它可以积沙几立方米或几百立方米甚至上千立方米。

在繁殖方面，沙生植物的种子或果实多属风媒植物，随流动的沙子一起移动，并保持在流沙的上层表面，而不被沙埋得太深。如沙蒿果实小而轻，柽柳、沙拐枣有毛状附属物，三芒草带毛。

7. 土壤肥力　土壤不断提供植物生长期间生长发育所需的热量、水分、养分、空气的综合能力称为土壤肥力。土壤肥力在很大程度上可以通过人们的农事操作进行调节和提高。

土壤肥力是土壤的基本特征，土壤肥力越高，植物生长越茂盛。农业技术措施的中心任务之一，就是提高土壤肥力，以达到植物生产的高产稳产。如在黏土上多施有机肥，使其疏松，提高土壤通透性，增加土壤空气中的 O_2，提高土温，最终提高土壤肥力。在盐碱地上通过不断泡田洗盐、种耐盐碱植物（如碱蓬）等，使土壤结构、盐分含量、pH 等逐渐向有利于作物生产的方向转化，使土壤肥力不断提高。

八、影响饲草生长的其他因素

生物因素也是环境因素的一部分，周围的生物因素（包括自身的种群密度等）直接影响着饲草的生长和发育。在天然草地条件下，主要是生物因子的作用，如干旱地区的饲草要经受昆虫、啮齿动物及放牧等方面的影响，在湿润地区有各种病害的侵扰。在放牧场和天然草地上混生植物间的相互竞争中，豆科饲草苜蓿对阳光以及水分的竞争力与禾草相比是占有优势的。但放牧条件下由于家畜的选择性进食往往会强烈抑制适口性好的饲草种群的发育和发展。因此，在天然草地上除了土壤与气候的影响外，外界生物因素的作用也更为明显。

饲草在单播条件下，种群内个体间的密度也是影响其生长发育的生物因素之一。密植会强烈抑制饲草个体的营养生长和生殖生长，特别是生殖生长，密度小时植株生长发育健壮，分枝（分蘖）多，结籽率高；密度大时，植株生长发育不良，结籽率也低。

地理因素也影响着饲草的生长发育，地理因素如纬度、海拔高度、地形、坡向等条件差异，可直接影响各种生境下的气候、土壤及生物因素，从而影响饲草的生长发育，表现出环境生态因素对饲草的综合作用。

第四节　豆科饲草的生长发育

一、豆科饲草种子的萌发

豆科饲草种子的种皮呈胶质状态，形成坚硬的种皮，这种种皮阻碍水分和空气的进入，使种子长期处于硬实状态，很难萌发。常见的豆科饲草种子的硬实率是：紫花苜蓿 10%、白花草木樨 39%、红三叶 14%、白三叶 35%、红豆草 10%、百脉根 42%、紫云英初收获时 80%～90%。如不经过处理，则硬实种子不能发芽，通常借助于外力或自然环境的变化破除硬实。一般经过一个冬季，气温下降之后，发芽率便有所提高。播前用石碾拌粗砂擦伤种皮可使其容易吸水，发芽快而整齐（陈明，2001）。

豆科饲草种子只有在适宜的水分、温度和空气等环境条件下才能萌发。一般要求土壤水分在 10%以上，豆科饲草种子才能萌发。暖季型饲草发芽的最低温度为 5～10℃，最高温度为 40℃，最适温度为 30～35℃；冷季型饲草发芽的最低温度为 0～5℃，最高温度为 35℃，最适温度为 15～25℃。土壤通气良好，有显著的下降水流，同时底土渗透性良好是豆科饲草种子萌发和生长发育良好的必需条件（陈明，2001）。

豆科饲草种子由种皮包裹着子叶和胚构成。子叶是幼胚叶，贮藏营养物质；胚由胚根、胚轴和胚芽组成。豆科饲草的幼苗，常见有两种类型，即子叶出土幼苗及子叶留土幼苗。

大部分豆科饲草属于子叶出土发芽的植物。豆科饲草苜蓿、草木樨等种子在萌发时，胚根首先伸入土中形成主根，接着下胚轴伸长，将子叶和胚芽推出地面。子叶出土的豆科饲草（以菜豆子叶出土为例）（图 2-18），出苗之后子叶立即展开，它除了作为植物营养贮藏的器官以外，也是幼苗最先进行光合作用的器官，豆科饲草早期的生长是由子叶供应其营养物质的。与此不同的是，少数豆科饲草种子，如豌豆，种子萌发时，下胚轴并不伸长，子叶留土，上胚轴或中胚轴和胚芽伸出地面（图 2-19）。

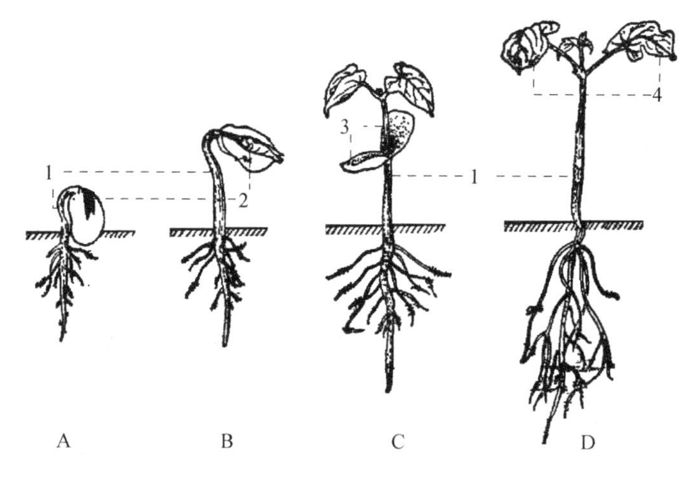

图 2-18　菜豆出土萌芽（董宽虎等，2003）
A～D. 萌芽的各期；1. 胚轴；2. 胚芽；3. 子叶；4. 第一营养叶

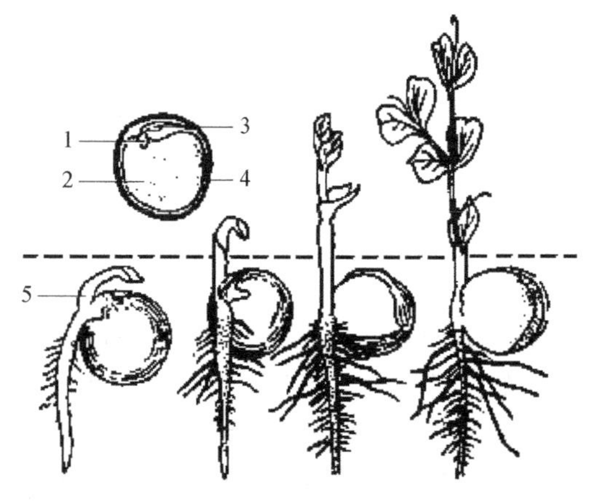

图 2-19　豌豆种子萌发过程，示子叶留土
1. 胚芽；2. 子叶；3. 胚根；4. 种皮；5. 胚芽鞘

二、豆科饲草的营养生长

豆科饲草子叶出土展开后胚芽的第一片真叶出现，此时初生根进一步伸长，发育为主根，侧根增多，并开始形成根瘤，直根系初步形成。紫花苜蓿和三叶草的第一片真叶为单叶，百脉根则为三出复叶，随后出现第二片真叶，与该种的典型叶一致，当第三、第四以及之后各真叶出现后形成莲座叶丛。当地上部形成莲座叶丛时，根系伸长长度较大，入土深度一般从 10～300cm 或更深，往往超过地上部几倍至数十倍，根瘤也增多，形成了豆科饲草完整的根系。以后地上部分产生新的枝条时，根系变化不大，当地上部株丛形成后，根系又有所增长，至入冬时根颈直径可达[illegible]cm（图[illegible]）。

大部分豆科饲草具有垂直粗壮的主根，主根上长出许多粗细不一的侧根。豆科饲草种子在三叶期后，由于下胚轴和初生根的收缩生长，使与子叶相连的第一节逐渐收缩于土壤中，下胚轴和初生根上部变粗变短，在土壤表层下 1～3cm 处形成豆科饲草根和地上部分交接处膨大的根颈。其上有许多更新芽，可发育为新生枝条，并以斜角方向向上生长，形成多枝的稀疏的株丛。这种饲草称为轴根型饲草，也称为根颈型饲草（图 2-21）。

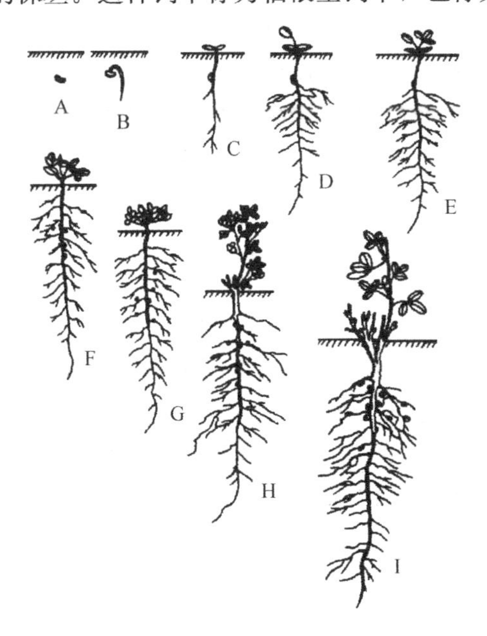

图 2-20　豆科饲草的发育特点（陈明，2001）
A. 种子吸水膨胀；B. 胚根伸长；C. 子叶出土；D. 第一真叶（单叶）的形成；E. 第二真叶（三出复叶）的形成；F. 莲座叶丛；G. 分枝期；H. 根颈株丛期；I. 根颈分裂

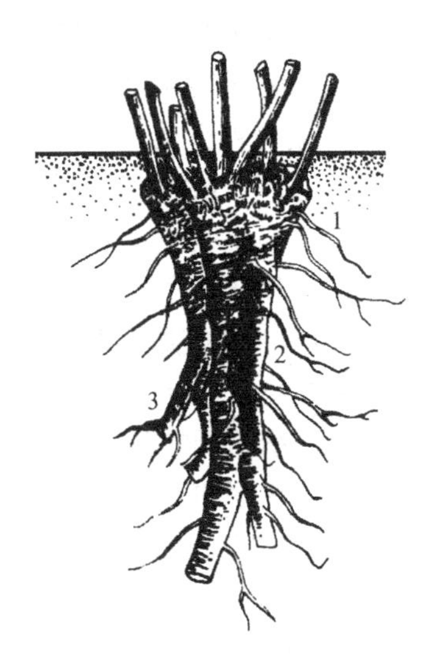

图 2-21　根颈型（南京农学院，1980）
1. 根颈；2. 直根；3. 侧根

轴根型饲草枝条上叶腋处具有潜在芽，能发育为侧枝，侧枝可继续分枝。刈割或放牧后根茎上的更新芽萌发使饲草返青。在通气良好、土层较厚的土壤上发育最好。适于刈割或放牧利用。优质饲草中轴根型饲草有紫花苜蓿、草木樨、红豆草、红三叶、柱花草等。

冬性豆科饲草往往以莲座叶丛越冬，次年从根颈上每个叶的叶腋处产生新枝条；春性豆科饲草莲座叶丛生长一段时间，每个叶的叶腋处开始长出腋芽，腋芽向上生长产生新的枝条。新枝条的每个节（叶着生处）上的叶腋处都有产生侧枝的能力，侧枝上的叶腋处也具有产生次级侧枝的能力。

一些豆科饲草由母株根颈或枝条的叶腋处向各个方向生出平匍于地面的匍匐茎。匍匐茎的节向下产生不定根，腋芽向上产生新生枝条、株丛或匍匐茎，继续产生新的匍匐茎。匍匐茎死亡后，节上产生的枝条或株丛可形成独立的新个体。这种饲草称为匍匐茎型饲草。匍匐茎在地面上纵横交错形成致密的草层。匍匐茎的繁殖能力强，带节的匍匐茎片段就可进行营养繁殖形成新个体。耐践踏性强，适于放牧利用。优质饲草中匍匐茎型饲草有白三叶等（图 2-22）。

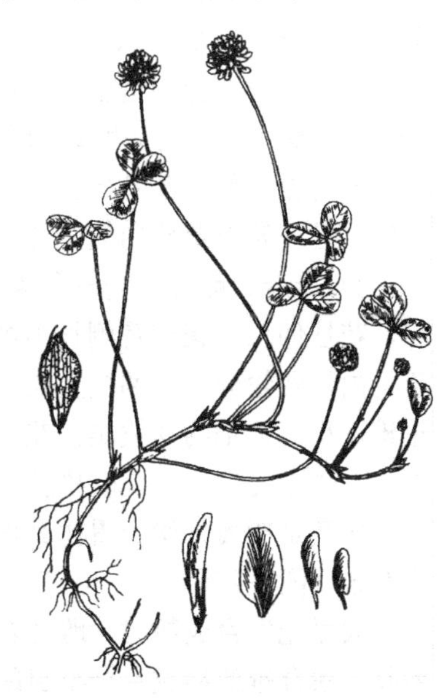

图 2-22　匍匐茎型（董宽虎等，2003）

三、豆科饲草的生殖生长

豆科饲草从营养生长到生殖生长在形态上的第一个变化是第一叶原基的叶腋处出现了类似腋芽原基的突起，与第一叶原基构成了“双峰结构”，此突起就是花序原基，花序原基发育为花序。然后在花序上进行小花的分化，进而进行花萼、雄蕊、花冠、雌蕊的发育。当雄蕊的花药或雌蕊的胚囊发育成熟时，开始开花，进行传粉、受精和种子发育。

1. 豆科饲草的花序分化过程　以大豆为例说明其花序分化过程（吕薇等，2009）。大豆的花序是总状花序，最初为生长锥肥大，这种芽形体肥厚，带有2片张开的先出叶，经较短时间的充实发育形成花序原基。花序原基形成以后，随着生长锥的伸长，开始分化形成序轴节，节上生长出片状的序节苞片。当花序轴上分化出2～3个序节苞叶时，第一苞叶的腋部出现扁球状突起，并很快超过苞叶，就是短缩的枝梗（图2-23A箭头示）。短枝梗进一步分化出复叶，并在复叶的叶腋处分化出2～3枚花芽（图2-23B）。每个总状花序上花的数量取决于顶端分生组织活跃的时间长度。大豆总状花序的花芽分化是一个连续的过程。因此，就全株而言，整个花序的分化是从花序的基部开始，由下到上进行分化的。一个花序上有不同时期的花，先分化的在底部，后分化的在上面。

大豆花芽分化可分为4个主要时期。

1）花原基分化期。在花序原基两侧的细胞分裂旺盛，从下向上出现小突起，进而在小突起的基部分化出两个小苞片突起（图2-23C），随着小苞片原基进一步增大，在其叶腋内又形成数个小突起，每个小突起即为一个花芽原基（图2-23B）。

2）花萼原基分化期。完全花苞片内的花芽生长锥顶端变得平坦，在小苞片突起上方，花原基基部先后出现萼片原基小突起，扫描电镜下可见到5个萼片原基。呈辐射状排列形成波浪式环状的花萼圈。分化存在着一定的先后顺序，在花的基部（远轴端）的萼片（图2-23D～F箭头示）先分化，且在分化的中后期一直较其他的萼片大。

3）花瓣原基、雌雄蕊原基分化期。当花萼圈伸长达花原基一半时，花原基中心突起（图2-23E），在花萼圈与花原基之间出现10个里外交错排列的雄蕊原基小突起，其中间渐渐隆起，形成一个体积较大的突起，即为组成雌蕊的心皮原基。雄蕊原基外侧出现5枚花瓣原基，心皮缝对应的近轴花瓣原基（旗瓣原基）分化不明显，较其他4枚花瓣（2枚翼瓣，2枚龙骨瓣）小。花芽发育初期龙骨瓣（图2-24A，B箭头示）原基比旗瓣、翼瓣原基大，其基部与相邻的雄蕊基部相连。此时已经可以观察到5枚花瓣成一轮，10枚雄蕊每5枚成一轮，且外轮雄蕊比内轮雄蕊大，一轮花瓣和两轮雄蕊交替排列。

4）雄蕊、雌蕊结构分化期（胚珠花粉形成期）。雌蕊的心皮逐渐闭合，内部形成子房腔，花柱伸长。花柱背侧长出绒毛突起。雄蕊原基开始分化出花药、花丝及药隔，10枚雄蕊，内外两轮分上下两层生长，外轮的5枚雄蕊在上层生长，内轮雄蕊在下层生长，且较外轮雄蕊小。远轴的9枚雄蕊花丝下的花托迅速生长，形成9枚联合的雄蕊，近轴1枚雄蕊离生，二体雄蕊形成。此时雄蕊、雌蕊结构分化初期较小的花瓣也迅速生长，把生殖器官包裹住，尤其是旗瓣开始长得比其他花瓣（翼瓣、龙骨瓣）大。2枚龙骨瓣顶端变薄，相邻的边缘融合（图2-24C～E）。

大豆花发育成熟时，雌蕊花柱背侧及子房外壁长出绒毛，柱头长出许多用来识别花粉的突起。联合雄蕊形成一个半封闭的筒状结构包围着雌蕊（图2-24F）。5枚花瓣的花被卷叠式呈覆瓦状排列，旗瓣边缘与相邻的翼瓣重叠，翼瓣与相邻的龙骨瓣重叠。

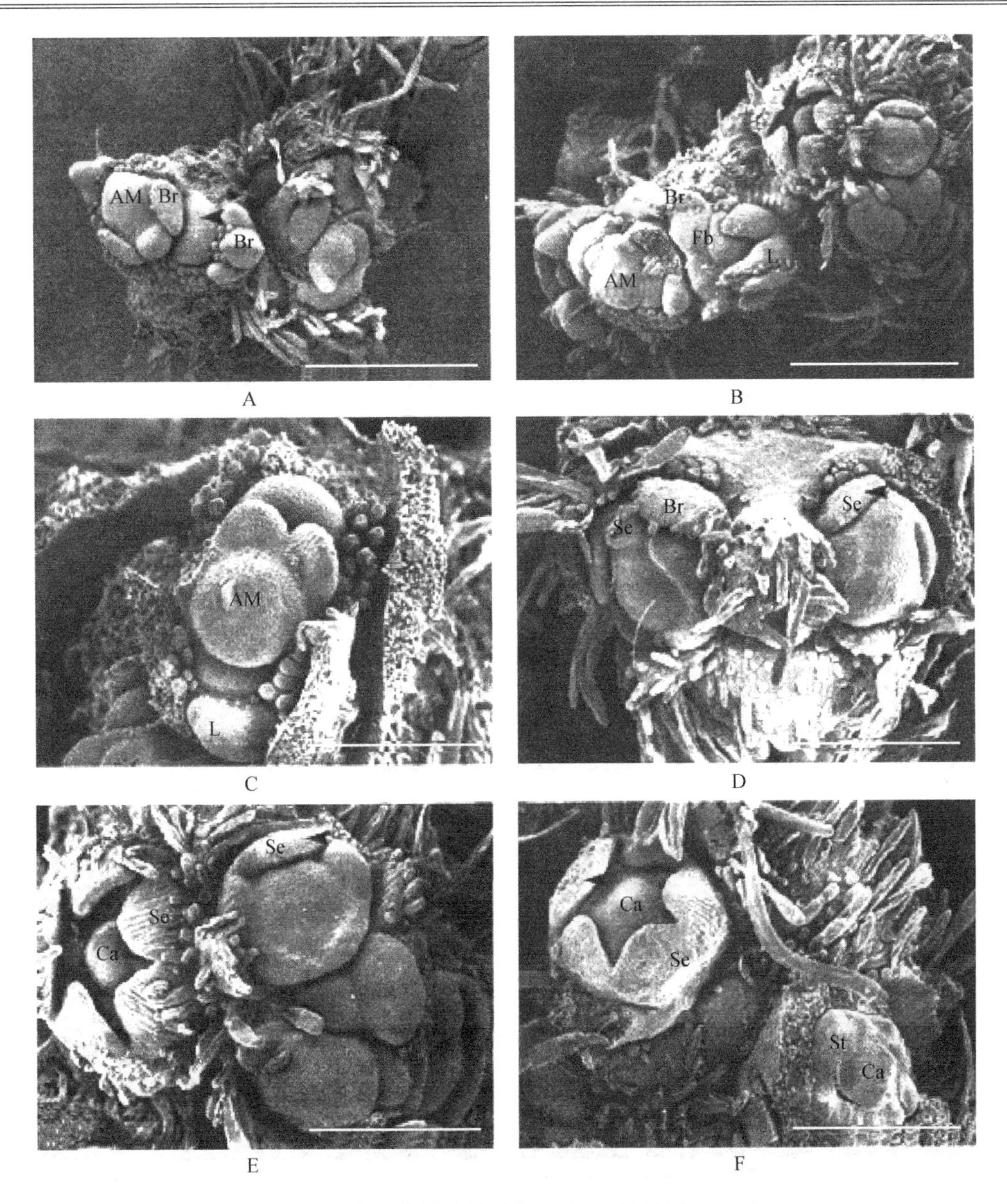

图 2-23　大豆花芽分化过程（Ⅰ）（吕薇等，2009）

A，B. 分化过程中的大豆花序（苞片被移除）；C. 开始分化的顶端分生组织；D，E. 开始分化花萼的小花；F. 开始分化花瓣、雄蕊、心皮的小花（萼片被摘除）；AM. 顶端分生组织；Br. 苞叶；L. 三出羽状复叶；Fb. 花芽原基；Se. 花萼原基；St. 雄蕊原基；Ca. 心皮原基；A，B 光棒长度为 500μm；C～F 光棒长度为 200μm

2. 豆科饲草种子成熟过程　　豆科饲草的营养生长和生殖生长之间存在着对光合产物的竞争，成为影响开花和种子产量的基本因素。当环境条件（光照、温度、降水）有利于营养生长时，产生的花少，种子产量也低；相反，当环境条件有利于生殖生长（花的发育）时，营养生长受到抑制，种子的生产潜力就会发挥出来。豆科饲草的生殖生长对日照长度有一定的需求，如短日植物有矮柱花草、大翼豆、绿叶山蚂蝗等，长日植物有紫花苜蓿、白三叶、白花草木樨等。

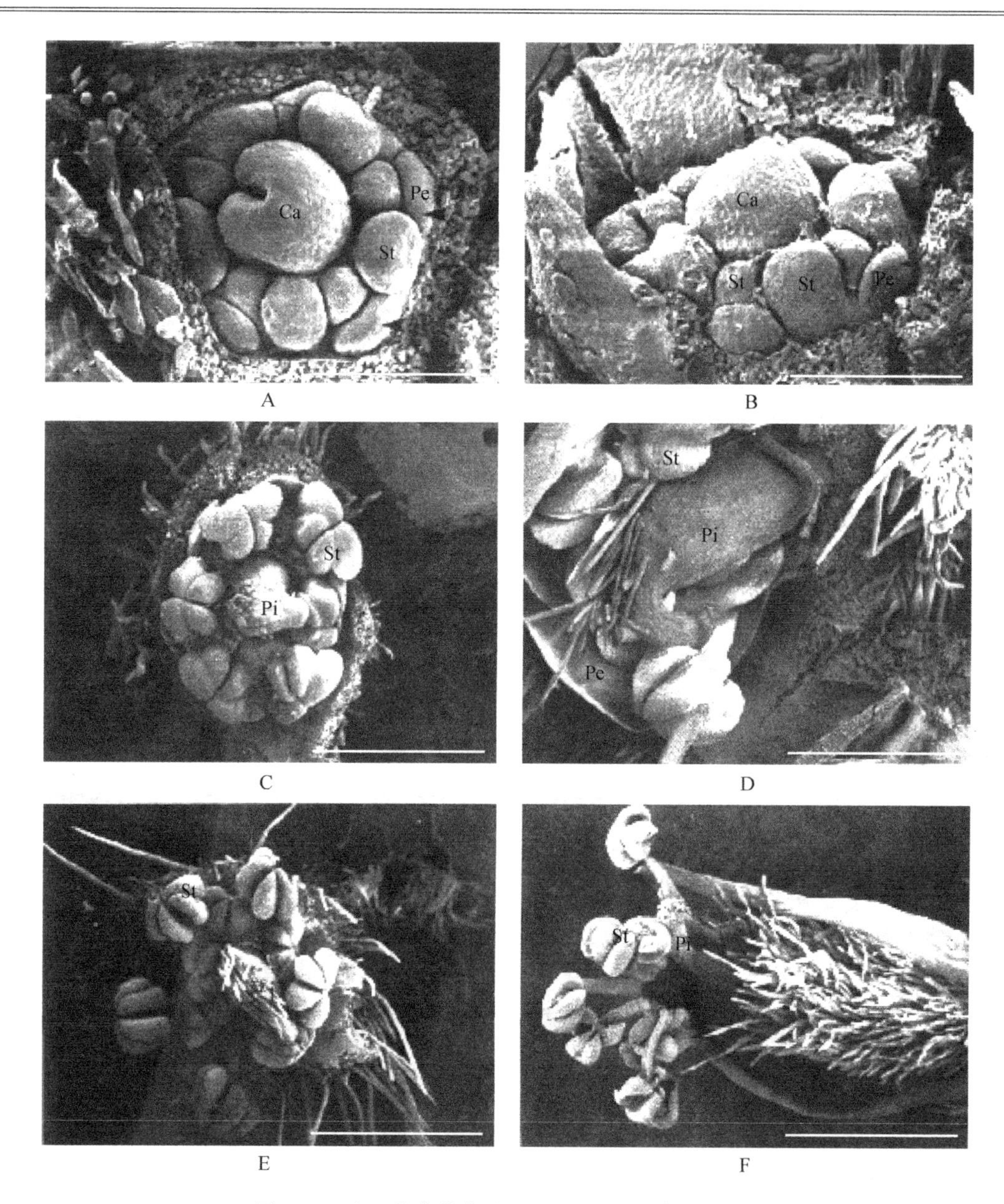

图 2-24　大豆花芽分化过程（Ⅱ）（吕薇等，2009）

A，B. 正在分化花瓣、雄蕊、心皮的花（苞片、萼片被移除）；C～E. 雌雄蕊结构建成期的雌蕊和雄蕊发育过程；F. 形态发育完成的雌雄蕊；Ca. 心皮；St. 雄蕊；Pe. 花瓣；Pi. 雌蕊；A，B 光棒长度为 100μm；C，D 光棒长度为 500μm；E，F 光棒长度为 1mm

豆科饲草种子成熟可划分为三个阶段。①绿熟期：植株、荚果及种子均呈鲜绿色，种子体积已达本品种（种）固有大小，含水量很高，内含物带甜味，容易用手指挤破。②黄熟期：植株中、下部叶子变黄，荚果变黄色，种皮呈黄绿色，后期呈固有色泽，种子体积缩小，后期不易用指甲挤破。③完熟期：大部分叶片脱落（有些种或品种为无限花序，植株叶片不落），荚果干缩，呈现固有色泽，种子很硬。

第五节　禾本科饲草的生长发育

一、禾本科饲草种子的萌发

禾本科饲草的种子，实际上是一个果实（颖果），它的果皮与种皮不易分开，由内、外稃所包裹。种子绝大部分为胚乳（endosperm）。成熟的种子胚乳是一种白色或淡黄色的坚硬物质，其中充满着淀粉（70%～90%）和蛋白质（10%～15%）。胚（embryo）居于种子的基部，是形成新植株的基础，体积很小，盾片将其与胚乳分开。胚由胚根、胚芽组成，胚芽包括胚茎和胚叶。胚芽鞘（coleoptile）居于胚叶之上，萌发时胚芽鞘首先突破土层，使胚茎免受损伤。当禾本科饲草种子萌发时，在水分、温度、空气与酶的作用下，胚乳中贮藏的淀粉转化为糖类，糖类通过盾片被胚吸收，因而胚开始萌动，体积扩大，种皮破裂。首先是胚根突破种皮穿出胚根鞘向下生长形成初生根，初生根的数量根据禾本科饲草的种类，一般 3～4 条，如老麦芒为 4～4.5 条，披碱草 4 条，垂穗披碱草 3.5～4 条。初生根不久便停止生长，开始发育次生根。在初生根突破种皮向下生长时，胚芽和胚芽鞘接着伸长向上伸长生长（图 2-25）。

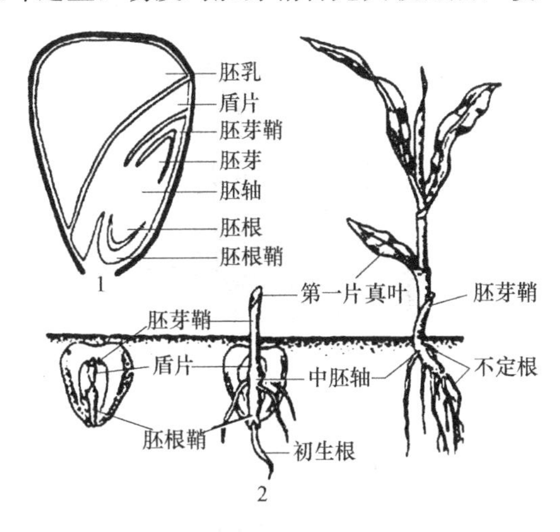

图 2-25　玉米的萌发

1. 种子；2. 种子萌发过程

禾本科饲草胚发育成幼苗，有两种类型，一类是中胚轴生长很快，胚芽鞘生长很慢，幼苗接近地面时，中胚轴及胚芽鞘停止生长，胚芽的第一片叶伸出地面；另一类中胚轴生长很慢，胚芽鞘则生长很快，胚芽的第一片叶随之生长。胚芽鞘接近地面时，鞘内叶片就破鞘而出。大多数禾草属于这种类型。胚芽鞘露出土面后，第一胚叶突破胚芽鞘形成第一营养叶，与此同时，幼茎的生长点周围依次产生新的叶原基，相继出现第二、三片叶的生长与发育。

二、禾本科饲草的营养生长

禾本科饲草的叶和枝来自于由胚芽形成的主枝基部叶鞘圈里的顶端生长点。种子萌发过程中或苗期从生长点按互生的顺序有规则地长出叶原基，随后这些叶原基逐渐伸长，形成叶鞘和叶片。当外围的一个叶鞘和叶片完全伸长之后，便停止生长，而内部的叶继续伸长，在生长点和完全伸长的叶之间，通常有 3～4 片正在伸长的幼叶，它们从外到内按顺序发育。

禾本科饲草母枝长出 3～4 片叶时，主枝上第一个接近地面的节称为分蘖节，由许多节间很短的节组成，分蘖节上形成一个幼嫩、白色透明、呈三角形的新芽，它被包裹于叶鞘内，由它产生第一个侧枝（或称分蘖）。由于芽位于叶鞘的基部，能抵御外界不良环境的影响，并可得到叶进行光合作用所制造的营养物质，因此，芽与母枝是不可分割的。由芽形成的枝条在叶鞘内出现 2～3 天后开始生根，母枝叶鞘被推向一边，或居于新枝的下面，它们的位置被新的侧枝所代替，有时很快枯萎而成为纤维状的鞘残体，残留于枝条基部。侧枝长出自己的新根以后，它可以从土壤中吸收水分和养分，而自己的叶也能进行光合作用，制造养分，因此，这时它已成为一个可独立生活的枝条，不过它与母枝的联系并未中断。在禾本科饲草第一个茎节上形成分蘖不久，第二个茎节上也依上述程序产生第二个分蘖，凡由主茎上形成的分蘖均称为第一级分蘖。当第一级侧枝生长出 2～3 个叶片时，同样也可以开始分蘖，并按上述同一程序形成自己的分蘖，这些由第一级侧枝形成的各个分蘖，称为第二级分蘖。以后各级枝条的形成也类似主茎上第一级分蘖形成那样，严格的遵守一定的程序，并依次逐渐形成株丛。

禾本科饲草分蘖的数量和位置随饲草的种类而异，并受光照、温度和营养条件的影响。多年生草类枝条的形成主要有以下几种类型。

1. 密丛型草类　密丛型草类的分蘖节位于地表面或地表附近。节间非常短，由分蘖节上生长出的枝条彼此紧贴，几乎垂直于地面生长，因而形成了紧密的株丛（图 2-26）。株丛的直径随年龄而增加，成年株丛中心在衰老的同时，往往发生死亡，只有株丛外围才保持有活力的枝条，因而往往形成“秃顶”的株丛。

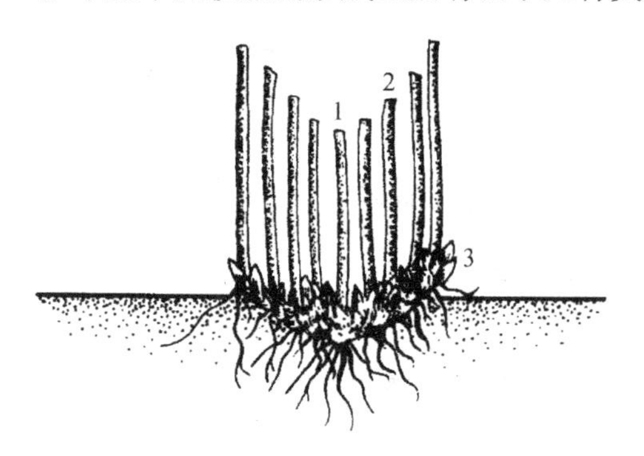

图 2-26　密丛型饲草（南京农学院，1980）
1. 主枝；2. 侧枝；3. 分蘖芽

这类株丛能在通气性不良或完全厌气的土壤上正常生长发育。这是由于其分蘖节在地表之上，枯死的有机质包围在分蘖节的附近，保持水分，既可供给枝条生长发育所需要的水分，又便于分蘖节处通气，还可防御低温的影响。这类草生长缓慢，产草量不高，但耐牧性极强，生长年限较长时可形成高大的株丛。属于此类植物的主要有芨芨草、马蔺、羊茅以及针茅属的各种针茅。

2. 疏丛型草类　疏丛型草类的分蘖节位于地表下 1～5cm 深处，枝条从分蘖节上以锐角的形式伸出地面，形成不甚紧密的株丛（图 2-27），如多年生黑麦草、苇状羊茅、象草、鸭茅等。这类草株丛与株丛之间缺少联系，因此，虽能形成草皮，但不结实，极易破碎。在放牧过重时，丛间下凹形成很多小土丘，对草地和家畜有害，所以放牧时不宜过重，水分过多时不宜放牧。

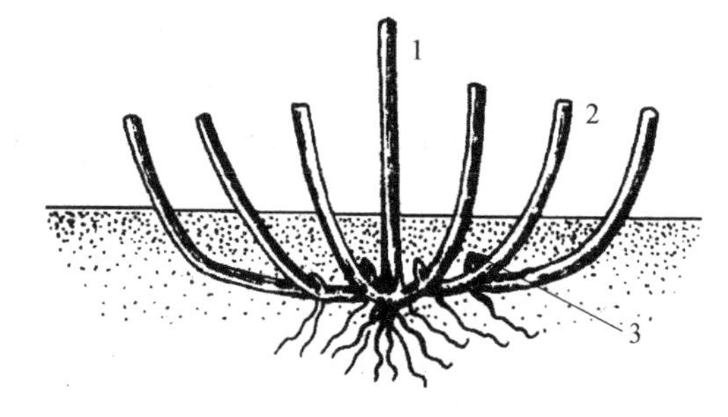

图 2-27　疏丛型饲草（南京农学院，1980）
1. 主枝；2. 侧枝；3. 分蘖芽

疏丛型草类的分蘖，一般从株体的边缘部分开始，老的株丛中央部分常积累有大量的枯死残余物，这些残余物不仅直接影响草丛的生长，同时也降低牧草的产量。在管理上应该用耙把草丛中央积累过多的残余物耙出，并施以有机肥料、草木灰或松土覆盖，火烧等，以刺激植物的生长。这类草对土壤通气性的要求较根茎型低，在通透性好的黏壤土，腐殖质的土壤上生长发育最好。

3. 匍匐茎型饲草　这类植物的分蘖节生长发育后形成匍匐于地面的匍匐枝，匍匐枝的节间较直立枝长，节上可生叶、芽和不定根，与整体分离后能长成新的株体独立生活，匍匍茎的繁殖能力强，在地面上纵横交错形成致密的草层。故适宜于进行营养繁殖（图 2-28）。此类草多分布于气候湿润地区，在利用方面由于茎匍匐地面生长，产草量低，不易刈割和调制干草，但耐践踏性强，适于放牧利用。优质饲草中匍匐茎型饲草有白三叶、狗牙根、马唐等。

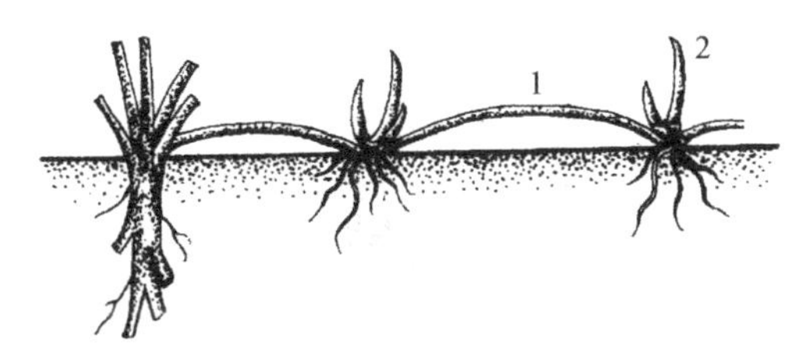

图 2-28　匍匐茎型（南京农学院，1980）
1. 匍匐茎；2. 不定芽

4. 根茎型饲草　此类禾本科饲草分蘖从地下分蘖节发生，位于地表以下 5～20cm 处，水平方向生长，为地下横走茎，称为根茎。根茎型饲草的根茎由若干节和节间组成，节上常见小而退化的鳞片状叶，叶腋处的腋芽向上长出垂直枝条，伸出地面后形成绿色的茎和叶，茎节向下长出不定根（图 2-29），如羊草、赖草、无芒雀麦、芦苇等。

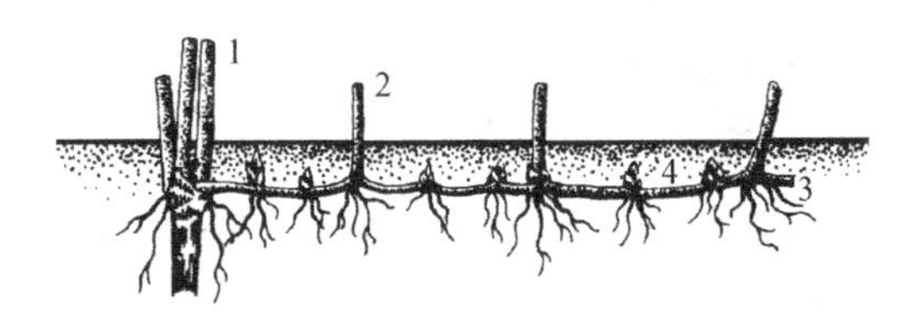

图 2-29　根茎型（南京农学院，1980）
1. 主枝；2. 侧枝；3. 地下根茎

根茎型草类适宜生长在通气性和透水性良好的疏松土壤上，并且具有很强的营养繁殖能力，往往能在一处形成连片的株丛，但不形成草皮。在根茎型草类的草地上放牧利用时，土壤结构易被破坏，很快被家畜踏实，牧草产量便会下降。因此，在进行放牧时，家畜数量应有一定限制，不能大量集中，不能连续而长久地在一处放牧，土壤潮湿时也不宜放牧。

5. 根茎疏丛型　根茎疏丛型草类的分蘖节位于地表以下，形成的株丛本身为疏丛型，株丛具有短根茎，短根茎生长发育后可产生许多新的株丛，株丛与株丛之间由短根茎相连，形成稠密的网状，因此，这类植物是根茎型和疏丛型的混合类型（图 2-30）。

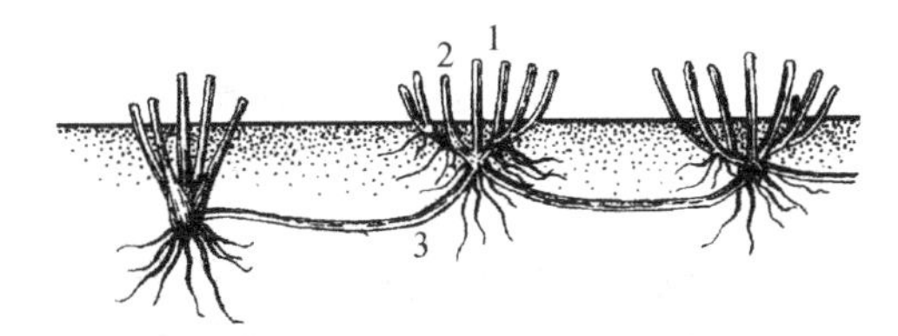

图 2-30　根茎疏丛型（南京农学院，1980）
1. 主枝；2. 侧枝；3. 地下根茎

由根茎疏丛型植物形成的草地，草皮最富弹性，坚韧，极耐践踏，土壤结构不易被破坏，也不易形成草丘，是最为理想的放牧草地。属于这类草的饲草有草地早熟禾、紫羊茅、大看麦娘、无脉苔草等。

三、禾本科饲草的生殖生长

禾本科饲草的生殖生长是与其阶段发育相联系的。在春化阶段完成之前，茎尖顶端的生长锥主要分化茎节、茎节间、茎叶鞘和叶片。在光周期阶段内，主要是茎顶端生长锥强烈分节和伸长阶段。光周期阶段结束后，植物便转向生殖生长，达到抽穗开花结实。

1. 禾本科饲草的穗分化过程　当禾本科饲草感受了环境因素的成花刺激之后，茎尖便转入了幼穗分化阶段。分化开始时，茎尖顶端的半球形显著伸长，扩大成圆锥体，渐渐在下部两侧相继出现苞叶原基；接着从下部开始，由下向上在苞叶原基的叶腋处分化小穗原基；随后在小穗原基基部分化出颖片，并自下而上进行小花的分化。小花的分化依次为外稃、内稃、雄蕊、雌蕊和浆片，当雄蕊的花药或雌蕊的胚囊发育成熟后，花器展开，使雄蕊或雌蕊暴露出来，称为开花。开花后的植株进入了传粉、受精和种子发育的过程。以大麦的幼穗分化过程为例（图 2-31）。

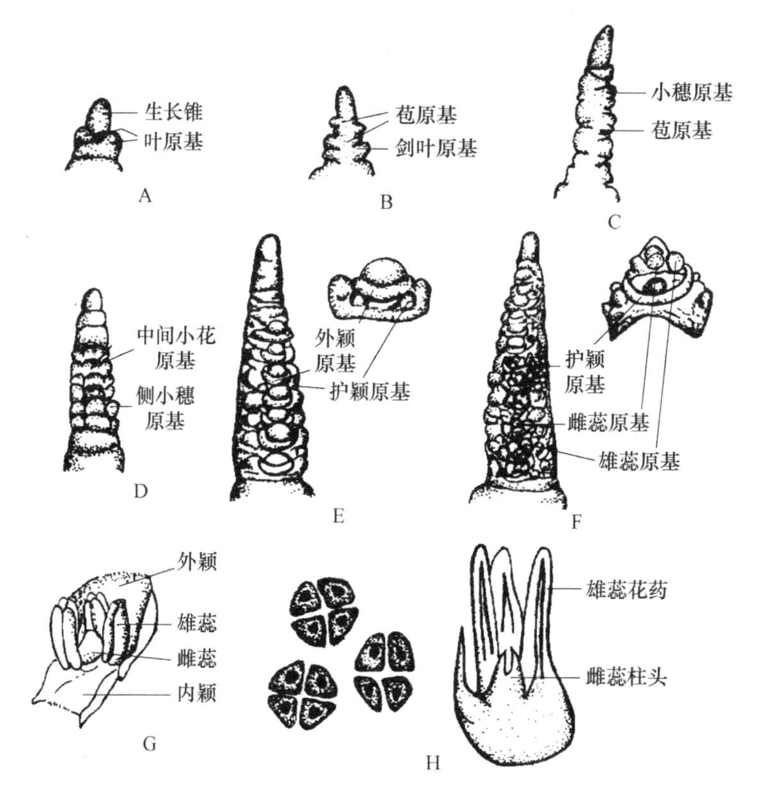

图 2-31　大麦幼穗分化过程（杨文钰等，2003）

A. 伸长期；B. 单棱期；C. 二棱期；D. 三联小穗分化期；E. 内外颖分化期；
F. 雌雄蕊分化期；G. 药隔形成期；H. 四分体形成期

大麦幼穗是由茎顶端的生长锥分化而来的。在幼穗分化之前，顶端生长锥呈半圆形。生长锥开始伸长，幼穗即开始分化，其整个分化过程分为 8 个时期。

(1) 伸长期　茎的生长锥伸长，长度大于宽度为伸长期。一般春性品种在播种后 10～15d，叶龄为 1.1～1.5 叶时；半冬性品种在播种后 16～18d，叶龄 2～2.2 叶时，生长锥即伸长，比小麦早 20～30d。

(2) 单棱期　生长锥基部由下而上出现环状突起为苞原基。两苞原基间为穗轴节片原基。

(3) 二棱期　幼穗中部已分化的苞原基不再增大，在每一苞原基上方出现小穗原基。当生长锥中下部出现小穗原基时，上部仍在继续形成苞原基，顶部则是光滑的锥体。此时正处于分蘖期。

(4) 三联小穗分化期　小穗原基进一步发育，逐渐分化出 3 个小峰状突起，呈三叉状，这是并列着生的 3 个小穗原基，稍后每个小穗原基的两侧分化出护颖原基。

(5) 内外颖分化期（小花分化期）　在小穗原基基部出现内外颖原基，护颖原基进一步分化。二棱大麦侧小穗的发育开始滞缓，并逐渐落后于中间小穗。

(6) 雌雄蕊分化期　在内外颖之间出现 3 枚雄蕊原基，中间出现略呈扁圆形的雌蕊原基，内颖原基明显可见。此时茎秆基部第 1 节间开始伸长。至雌雄蕊分化盛期，二棱大麦侧小穗几乎停止发育，并趋向退化。

(7) 药隔形成期　雄蕊原基由半球形长成长方柱形，并出现纵沟，形成 4 室，成为 4

个花粉囊，为药隔形成期。同时，雌蕊柱头也突起，芒开始伸长。此时大麦进入拔节期，二棱大麦侧小穗明显退化。

（8）四分体形成期　花粉囊形成后，孢原组织发育成花粉母细胞，经过减数分裂和有丝分裂，产生四分体，此时花药呈花绿色。同时，大孢子母细胞经减数分裂形成胚囊，雌蕊柱头伸长呈二叉状。接着四分体分散形成球状的初生花粉粒，经单核、二核花粉发育成为成熟的三核花粉，此时在形态上内外颖均转绿，花丝迅速生长，花药呈淡黄色，至此幼穗分化完成。

影响大麦幼穗分化发育的主要因素是温度、日照、养分和水分。在幼穗发育过程中，偏低的温度、较短的日照、充足的氮肥和适当的水分能延长幼穗分化期，增加每穗小穗数。在大麦幼穗发育的四分体形成期，对环境条件反应敏感，遇到低温、日照不足、干旱及磷肥不足，会造成花粉败育、小穗退化和结实率降低，使每穗粒数减少。

2. 禾本科饲草种子成熟过程　禾本科饲草种子成熟可划分为三个阶段。

（1）乳熟期　茎秆下部的叶子转变为黄色，茎秆中上部叶子仍保持绿色，节依然有弹性、多汁，茎基部的节开始皱缩，内外稃和籽粒都是绿色，内含物乳汁状，此时籽粒休眠已达最大限度，绝对含水量较高，胚已经发育完整。种子尚不具有发芽能力。

（2）蜡熟期　植株大部变黄，仅上部数节还保持绿色，茎秆还具有相当弹性，基部的节已皱缩，中部节开始皱缩，顶部节尚多汁液，并保持绿色，叶片大部枯黄，护颖和内外稃都开始退黄，籽粒呈固有的色泽，内含物呈蜡质，以指甲压之易破碎，养分积累趋向缓慢，到蜡熟后期，籽粒逐渐硬化，稃壳呈品种固有色泽，为机械收获的适期。

（3）完熟期　籽粒干燥强韧，体积缩小，内含物呈粉质或角质，指甲不易使其破碎，容易落粒，茎叶大部干枯，光合作用已趋停止。

习题

1. 名词解释：
   根蘖　匍匐茎　根状茎　密丛型牧草　根颈型牧草　根茎疏丛型牧草
2. 简述 C_3 和 C_4 植物的叶片结构。
3. 试述不同波长的太阳光谱对植物的影响。
4. 试述高山环境中饲草的形态结构特点。
5. 试述土壤水分、微生物对植物的影响。
6. 了解豆科饲草的花芽分化，禾本科饲草的穗分化过程。

第二篇　饲草农艺学

第三章　人工草地的建植

第一节　耕作制度

耕作制度是指一个地区或生产单位的作物或饲草种植制度及与之相适应的养地制度的综合技术体系。它是以种植制度为中心，养地制度为基础，以提高资源利用效率，增产增收，促进农业全面持续发展为目标（胡立勇等，2008）。

种植制度是指一个地区或生产单位的作物或饲草组成、空间配置、种植熟制、种植方式与种植顺序的综合技术体系。种植方式是指一种或几种作物或饲草采用何种方式在田间种植，包括单作、间作、混作及套作等（胡立勇等，2008）。

间作是指在同一块田块上同一生长期内，分行或分带相间种植两种或两种以上作物或饲草的种植方式。所谓分带是指间作作物或饲草成多行或占一定幅宽的相间种植，形成带状，构成带状间作，如四行棉花间作四行甘薯，两行玉米间作三行大豆等。间作因为成行或成带种植，可以实行分别管理，特别是带状间作，较便于机械化或半机械化作业，与分行间作相比能够提高劳动生产率（北京农业大学，1981）。

混作是指在同一块田地上，同期混合种植两种或两种以上作物或饲草的种植方式。混作与间作都是于同一生长期内由两种或两种以上的作物或饲草在田间构成复合群体，是集约利用空间的种植方式，也不增加复种面积。但混作在田间一般无规律分布，可同时撒播；在同行内混合，间隔播种；一种作物或饲草成行种植，另一种作物或饲草撒播于其行内或行间。混作的作物或饲草相距很近或在田间分布不规则，不便分别管理，并且要求混种的作物或饲草的生态适应性要比较一致（北京农业大学，1981）。

套作是指在前季作物或饲草生长后期的株、行或畦间种植或移栽后季作物或饲草的种植方式。例如，于小麦生长后期每隔3～4行小麦播种一行玉米。与单作相比，它不仅能阶段性地充分利用空间，更重要的是能延长后作物或饲草对生长季节的利用，提高复种指数，提高年总产量，它主要是一种集约利用时间的种植方式（北京农业大学，1981）。

以维持地力为目的，在同一块田地上将不同种类的饲草、作物，按一定顺序在一定年限内轮换种植的方式称为轮作。与此相反，在同一块田地上，将同一种作物或饲草年年连续种植的方式，称为连作（北京农业大学，1981）。本节重点讲述草地轮作。

一、轮作倒茬的意义

轮作制度中，豆科饲草可以固氮维持地力，禾本科饲草留下的残茬，可以增加土壤有机质，多年生饲草可以提供大量的优质青草、干草或青贮料，也可用于冷季放牧，促进畜牧业的发展，农业上又可得到大量的优质厩肥。因此，合理的轮作，可以促进农牧业全面发展。

中国农民历来就很重视轮作倒茬。北魏时期的古农书《齐民要术》中就有“谷田必须岁易”的总结，至今在各个地区流传的许多农谚，如“倒茬如上粪”，“轮作倒茬不用问，强如年年上底粪”，“茬口不换，丰年变歉”，“种几年苜蓿，收几年好麦”等，充分反映了在长期生产实践中，农民对轮作倒茬的深刻认识和体会。

（一）轮作可充分用地养地

连作容易引起土壤特定养分的缺乏，而轮作则通过特性不同的作物或饲草组合，使土壤养分保持相对平衡、协调利用的状态。

首先，不同饲草对土壤中营养元素的需求不同，利用不同深度土层中营养元素的能力不同，利用不同形态营养元素的能力也有差别。禾本科饲草对氮、磷、钾（特别是氮）的需求量大，根系分布较浅，主要吸收土壤表层的养分。豆科饲草从土壤中吸收较多的钙、磷、镁，对氮素的需求量较小，根系分布较深，能够吸收土壤深层的养分。根茎类饲草吸收钾的比率相对较高。土壤中全磷的含量占土壤重量的0.1%～0.2%，是一种可贵的潜在资源，但绝大多数呈难溶状态。不同饲草对土壤中难溶性磷的利用能力差别很大。例如，小麦、玉米、甜菜等只能利用易溶性的磷，而豆类、马铃薯、燕麦等却能依靠根系分泌的有机酸溶解难溶性的磷供自身利用（内蒙古农牧学院，1981）。

其次，合理轮作可利用饲草之间根系分泌物或残茬分解物的影响，互惠互利，避免有毒有害物质危害。据研究，苜蓿等的根系分泌物，能刺激好气性共生固氮菌的发育，有利于土壤氮素养料的增加；但胡麻等的根系分泌物则能抑制固氮菌作用，加剧土壤缺氮；燕麦和三叶草根际细菌分泌物能阻碍自身发育。

再次，土壤中含有适量的有机质和腐殖质，可以维持并提高地力，而各种饲草的落叶、残茬和根系是土壤有机质的重要来源。绿肥能给土壤补充大量易分解的活性有机质，增加土壤氮素；多年生饲草残留的根茎及落叶量极大，可以显著增加土壤有机质含量；一年生禾本科饲草土壤残留物较少，但有机碳含量较多；一年生豆科饲草残留物较多，氮、磷养分比较丰富。因此，在同一块田地上有计划地轮换种植不同的饲草，就可以更好地利用和平衡土壤中的养分及水分（内蒙古农牧学院，1981）。

（二）轮作能减轻杂草和病、虫、鼠危害

各种饲草的生态习性和种植方式不同，构成了它们特有的生态环境。危害饲草的许多病、虫、鼠及杂草，往往都与这些特有的生态环境联系在一起，形成了一个复杂的草地生态系统。连续种植时间越长，这些伴生或寄生的病、虫、鼠害及杂草就越严重，对产量影响极大。而轮作倒茬可以破坏病、虫、鼠害及杂草的生态环境，改变食物链，有效破坏某些病、虫、鼠害及杂草的正常生长和繁衍，从而达到防除的目的。利用化学药剂防治病、虫、鼠害在农业生产中起着极其重要的作用，在现代畜牧业生产中的作用更加引人注目。但生产实践表明，连续用药不仅耗资、耗力、增加成本、污染环境，而且由于病、虫、鼠抗药性的出现，防治效果越来越不理想。

土壤病害的病原菌存在于土壤中，从饲草地下部或地表侵入而引起病害。发病初期肉眼不易分辨，当地上部出现病症时，地下部的危害已经极其严重，错过了防治时间，而控制地上部病害发生初期的药剂，不能应用于防治土壤病害。因此，土壤病害是目前饲草病害中最严重且复杂的一种病害。土壤病害的病原菌多为真菌类，这些病原菌能在土壤中存活多年，如果栽培易感染病害的饲草就会促进土壤中病原菌的增殖。植物地上部发生病害的时候，在

自然界中生活的植物之所以不发生群体病害，是因为植物之间在一定距离上加以隔离防病的缘故。而对土壤病害来说，为抑制发病而实行的轮作，是把植物从时间上加以隔离防病，这一点具有特别重要的意义（大久保隆弘，1982）。因此，饲草至少要有数年以上的轮作实践。

（三）轮作可以均衡劳力分配、增加经济效益

单一饲草的播种、收获等作业，常常集中于某一季节。从经营管理方面来看，将生育期和生长发育特性不同的饲草组成轮作，能够均衡、合理地使用机具等设备和人力，可以消除劳动高峰，均衡劳动力，提高劳动生产率，增加产品种类、产量和质量，降低生产成本，增加经济效益。

轮作，不能只停留于单纯的饲草轮作，还要把它作为农业生产的基础。一方面，在市场经济中，轮作布局要随着市场需求而变化，切忌盲目进行轮作，造成经济损失。另一方面，轮作饲草的选择要适应当地的气候条件，适应当地居民的饮食生活习惯，才能实现轮作的最终目标。

二、轮作技术

轮作草地是在耕地上利用混播改良的禾本科饲草和豆科饲草，或者单播禾本科饲草，或者单播豆科饲草建成的草地。在其上将饲草与粮食作物、经济作物或园艺作物轮作，因而同一块耕地常分两个时期，即草地时期和作物时期。两个时期的长短是根据土壤肥力状况和有利于提高生产效率而因地制宜确定，不同国家和地区常有一定差异。轮作草地按其轮作时间的长短可分为多年轮作草地（如国外的中、短期轮作草地）、年度和季度轮作草地［相当于一些国家通常说的临时牧地（草地）和补充放牧地（草地）］。美国 3.03 亿 hm^2（合 45.45 亿亩）耕地中，轮作草地约占 27%，以北方中部和南部地区的轮作草地面积最大。西欧国家轮作草地面积占耕地面积的 15%～30%（周寿荣，2004）。

（一）多年轮作草地

多年轮作草地的草种和品种的选择及轮作系统的制定，需经试验研究才能找出最佳方案。可根据国内外已有的实例，再结合当地气候（特别是水、热条件）、土壤、养殖业的种类及其对饲料的需要，拟定试行方案，在小范围试种后，再大面积推广。例如，西欧一些国家通常用的轮作方案有牧草（2～3 年）→玉米→小麦，牧草（2～4 年）→小麦→甜菜，牧草（2～3 年）→甜菜→大麦→青贮玉米等形式。美国典型的轮作方案为紫花苜蓿（3 年）→小麦→大豆→小麦→燕麦。多年轮作草地的作用在于更充分地满足养殖业对饲草的需求，同时也是用地与养地相结合的一项措施（周寿荣，2004）。

1. 温带干旱和半干旱气候区可用：

1）谷子（1 年）→苜蓿（3 年）→瓜类、甜菜或谷子（3 年）。

2）苜蓿（4 年）→棉花、小麦或大豆（3 年）。

3）苜蓿（3～5 年）→玉米套作黄豆→冬小麦复种毛苕子→玉米套作黄豆。

2. 温带（或山地温带）温润地区可用：

1）黑麦草＋白三叶草（混作）（4 年）→小麦、玉米或油菜等（3 年）。

2）鸭茅＋红三叶（混作）（3 年）→青贮玉米、小麦、油菜或马铃薯（2～3 年）。

多年生豆科饲草是禾谷类作物和一些经济作物的优良前作，如小麦、玉米和棉花等。但

糖用甜菜、加工马铃薯和啤酒大麦不宜作为多年生豆科牧草的接茬作物，因为氮素含量偏高有可能影响他们的产量品质。多年生禾本科饲草由于生长年限长，通常为 3～5 年，土壤中积累残根数量大，须根密集，有机质含量高，土壤易形成团粒结构，是大多数作物的良好前作，如玉米、高粱、甜菜和马铃薯等。

（二）年度和季度轮作草地

此类草地多种植一年生饲草，草地利用时间短，常用于补充饲料（牧地）之不足，在国外一般称为临时牧地和补充牧地。由于它占用耕地时间短，在中国也容易被农民接受。目前中国南方一些省、地区秋播一年生黑麦草，仅在半年左右的时间内，亩产优质鲜草 1 万 kg 以上，受到群众欢迎，对养殖专业户生产发展起了很重要的作用。

1. 年度和季度轮作草地的饲草混播　一年生牧草可以单播，也可以混播，根据需要和种子条件决定。据四川农业大学的研究报道，混播的效果比单播好，禾本科和豆科一年生牧草混播可提高产量和品质，增强抗逆性。例如，紫云英与多花黑麦草混播，使紫云英病死率比单播下降 37.2%。毛野豌豆和多花黑麦草以 70%∶30%的比例混播为最好，产量比单播分别提高 74.87%和 57.15%。毛野豌豆与燕麦以 85%∶15%的比例混播为最好，干物质产量比单播分别提高 62.53%和 45.92%。毛野豌豆和大麦混播以 25%∶75%的比例混播为最好，干物质产量比单播分别提高 30.89%和 10.7%（周寿荣，2004）。

试验证明七种混播组合的最适比例如下：①85%的毛野豌豆∶15%的燕麦；②70%的毛野豌豆∶30%的多花黑麦草；③85%的毛野豌豆∶15%的大麦；④70%的红豆∶30%的苏丹草；⑤50%巴山豆∶50%的玉米；⑥85%的红豆∶15%的玉米；⑦25%巴山豆∶75%的苏丹草。上述这些比例是通过试验研究得出的，可供生产实践应用参考（周寿荣，2004）。

2. 年度和季度轮作草地的轮作系统　一年生饲草可与相互有利的作物或饲草建立轮作系统，以有效利用土壤肥力，达到增加生产的目的。

（1）一年一熟地区草粮轮作系统的实例（周寿荣，2004）

多花黑麦草（第一年）→大豆（第二年）→高粱或玉米（第三年）

春箭筈豌豆（第一年）→谷子（第二年）→大豆（第三年）

草木樨（第一年）→小麦（第二年）→大豆（第三年）

燕麦＋春箭筈豌豆（混作）（第一年）→高粱＋大豆（间作）（第二年）→青贮玉米（第三年）

玉米＋大豆（间作）（第一年）→谷子（第二年）

（2）一年一熟地区籽实饲料轮作生产实例（周寿荣，2004）

饲用大豆（第一年）→谷子（第二年）

饲用大豆（第一年）→饲用玉米（第二年）

饲用大豆（第一年）→高粱（第二年）

玉米＋饲用大豆（间作）（第一年）→高粱（第二年）

饲用玉米＋大豆（间作）（第一年）→大麦（第二年）

（3）一年二熟或多熟地区草粮轮作系统实例（周寿荣，2004）

紫云英（小春）→水稻（大春）

南苜蓿（小春）→水稻（大春）

长柔毛野豌豆（小春）→水稻（大春）

紫云英＋多花黑麦草（混作）（小春）→水稻（大春）
南苜蓿＋多花黑麦草（混作）（小春）→水稻（大春）
多花黑麦草（小春）→水稻（大春）
多花黑麦草（冬季）→水稻→水稻（大春）
紫云英（小春）→玉米（大春）
紫云英＋多花黑麦草（混作）（小春）→玉米（大春）
南苜蓿＋多花黑麦草（混作）（小春）→玉米（大春）
长柔毛野豌豆＋多花黑麦草（混作）（小春）→玉米（大春）
冬小麦（小春）→玉米＋巴山豆（或红豆）（间作）（大春）
冬小麦（小春）→玉米＋小鹅草（或籽粒苋）（间作）（大春）
冬小麦（小春）→籽粒苋＋巴山豆（混作）（大春）
冬小麦（小春）→籽粒苋＋红豆（混作）（大春）
紫云英＋多花黑麦草（混作）（小春）→苏丹草＋巴山豆（混作）（大春）
南苜蓿＋多花黑麦草（混作）（小春）→籽粒苋＋巴山豆（混作）（大春）
长柔毛野豌豆＋多花黑麦草（混作）（小春）→苏丹草＋籽粒苋（混作）（大春）
蚕豆苗＋紫云英（混作）（小春）→水稻（大春）

(4) 一年二熟地区籽实饲料轮作生产实例（周寿荣，2004）

玉米＋大豆（间作）→小麦＋蚕豆（或豌豆）（间作）
玉米＋红薯（间作）→小麦＋蚕豆（或豌豆）（间作）
饲用玉米＋大豆（间作）→油菜

（三）青饲轮作

在我国部分地区或畜牧场附近，有专门以种植饲料为主的饲料轮作。全年或整个轮作期以种植饲料为主。一般多在畜牧场附近实行，以生产鲜嫩多汁饲料和青饲料为主。这些饲料质量要求高，且体积大，含水量多，运输难（刘巽浩，1994）。

奶牛场附近的青饲轮作：

青刈大麦（或燕麦）＋豌豆或苕子（间作）→青刈玉米＋大豆（间作）—[①]秋甘蓝或胡萝卜（长江流域）

苜蓿＋油菜（间作）→苜蓿（2～3年）→饲用瓜类→青贮玉米→饲用甜菜（西北）

青刈玉米＋大豆（间作）→青刈大麦（燕麦）→青刈玉米→青刈秣食豆→甜菜或胡萝卜（东北）

养猪场附近的青饲轮作：

青刈大麦＋豌豆（间作）—南瓜＋猪苋菜（间作）→秋甘蓝或胡萝卜→青刈油菜＋紫云英（间作）—莴苣＋青刈甘薯蔓（间作）—饲用甘蓝→青刈蚕豆＋饲用甜菜（间作）—蕹菜（长江流域）

青刈大麦—西葫芦—白菜（华北）

青刈大豆（或燕麦）＋豌豆（间作）—青刈秣食豆→青刈玉米—胡萝卜或芜菁（东北）

马铃薯—蕹菜—秋甘蓝（长江流域）

① —代表年内复种。

春甘蓝—南瓜+玉米（间作）—胡萝卜→春甘蓝—甘薯（江苏）

三、饲草的连作

在一定的自然经济条件下，在轮作的周期中安排一定时期的连作是不可避免的。不同饲草种类对连作的反应不同，根据饲草耐连作的程度，可以分为4类（王立祥，2001）。

1. 忌连作的饲草 茄科（如马铃薯、番茄）、葫芦科（如西瓜）和菊科（如苦荬菜）等饲草及胡麻、谷子等，不能连作。它们在连作时生长受阻，植株矮小，发育不正常，反应十分敏感。其忌连作的原因是某些专有的毁灭性病虫害和根系分泌物的致害作用，严重影响产量，降低品质。这些作物不仅要切忌连作，还需要注意与某些同种饲草的轮作，如茄科饲草之间、葫芦科饲草之间是不宜轮换种植的。通常需要间隔5～6年甚至更长时间方可再种。

2. 不耐连作的饲草 以禾本科的陆稻，豆科的豌豆、大豆、蚕豆、菜豆，麻类的大麻、黄麻，菊科的向日葵，茄科的辣椒等为代表，其对连作的反应仅次于忌连作的饲草。一旦连作，其生长发育受到抑制，造成大幅度的减产。这类饲草连作障碍多为病害所致，宜间隔3～4年再种。

3. 耐短期连作的饲草 能够耐一定程度的连作，但长期连作会引起减产，如甘薯、紫云英、毛苕子、高粱、花生、苜蓿等。这些饲草一般能耐2～3年连作，连作时间太长就会引起减产。

4. 耐连作的饲草 大麦、黑麦、燕麦、水稻、玉米、甘蔗等饲草，在采用适当的农业技术措施后，较耐连作。由于它们在国民经济中的重要地位，所以在许多地区的种植面积越来越大，普遍实行一定程度的连作。

第二节 土地准备

土地是建植草地的重要物质基础之一。只有高质量的土地才能使植物吃得饱（养料供应充分）、喝得足（水分充分供应）、住得好（空气流通、温度适宜）、站得稳（根系伸展开、机械支撑牢固）。因此，土地准备的优劣关系到草地建植的成败。土地准备主要包括制订总体规划，场地清理与平整土地，道路与排、灌、集、蓄水系统建设，土壤耕作，土壤改良等环节。

一、制订总体规划

在综合考察自然与社会资源的前提下，制订出土地开发建设总体规划，包括土地平整、梯田建设方案，农田单位及条田规格，道路与排、灌、集、蓄水系统设计和土壤改良措施等。

二、场地清理与平整土地

清除土壤表层妨碍机械作业、影响牧草生长的岩石、树桩等。一般清理深度为35cm左右。规划设计中未予保留的乔、灌木等也应清除掉。按照规划设计要求，削高填洼，平整土地。低洼处填方时应考虑填土的沉陷问题，细土的沉降系数约为15%，填方时可采取镇压措施或填土超出设计高度。

三、道路与排、灌、集、蓄水系统建设

依据规划修筑道路，建造排、灌、集、蓄水渠系或埋设排、灌设施。南方多雨地区排水是重点；北方少雨地区重点在灌水，绿洲农区尤其如此；黄淮海地区及东北东部需排、灌两

重；农牧交错带地区关键在于集、蓄水。

四、土壤耕作的任务

土壤耕作就是根据饲草不同生长发育阶段对土壤环境的要求，采用机械或人工田间作业，改变土壤理化性质，建立适宜的耕作层，消灭杂草及病虫害，为饲草的播种、出苗、根系良好生长发育创造一个松、净、暖、平、肥的土壤环境。土壤耕作不仅在饲草收获后或播种前进行，而且在生长期间也需要进行多次。土壤耕作的任务可归纳为下列5点（内蒙古农牧学院，1981）。

1）改善耕层结构。改善耕层结构就是改变土壤固相、液相和气相之间的比例关系，通过土壤耕作措施（耕、耙、松土中耕）将紧实耕层切割破碎，使之疏松，形成具有适当松紧度的土壤，改善其物理性质，增加土壤总孔隙和非毛管孔隙，增加土壤透水性、通气性和容水量，提高土壤温度，促进微生物活动，进而提高土壤有效养分含量，创造适合于饲草种子萌发和植株生长发育的耕层状态。

2）清除田间杂草、根茬、掩埋带菌体及害虫，翻转土壤以促进土壤熟化。经过一个生产周期，耕层土壤理化性质发生较大变化。地面残留枯枝落叶、杂草和病菌害虫，耕层布满根系，土壤中有机质、可溶性养分由于被分解和吸收而减少。因此，根据土壤的特性、气候条件及饲草对土壤的要求，采取正确的土壤耕作方法可以清除田间杂草、根茬、掩埋带菌体及害虫，改变病菌孢子、虫卵、蛹及幼虫等的生活环境，使其失去中间寄主和传染媒介，保持田间清洁。此外，由于下层生土被翻转到地表，经过风吹日晒和冷热干湿的变化，促进生土熟化，可以增加土壤有机质含量，提高土壤肥力。

3）翻压绿肥、有机及无机肥料，促进其分解转化，减少无机肥料的挥发与流失，创造土、肥相融的耕层。

4）平整土地，防止土壤侵蚀，改良盐碱土，保蓄土壤水分或排除土壤积水。

5）根据饲草要求，采用起垄、作畦或开沟等方式，为饲草播种及种子发芽出苗创造上虚下实的播种床。

五、土壤耕作措施

根据各项耕作措施对土壤影响的大小及消耗动力的多少，将土壤耕作措施归纳为基本耕作和表土耕作两种。基本耕作是影响全部耕作层的耕作措施，对土壤的理化性质有较大的影响和作用。表土耕作是在基本耕作的基础上进行的，是基本耕作的辅助性措施，主要影响土壤表层。

（一）土壤基本耕作措施

土壤基本耕作措施能显著地改善土壤耕层的物理和化学性质，从较深部位优化耕层构造，其后效作用延续很长，对土壤的影响作用较强。但其要配合表土耕作措施，才能满足饲草播种和出苗对土壤条件的要求。根据机具性能，基本耕作措施分为犁耕、深松耕和旋耕3种。

1. 犁耕　犁耕又称耕地、犁地或翻耕，是指用犁铧将土层抬起，通过犁壁，将土垡扭曲并上下翻转，具有翻土、松土、碎土和混土作用。翻耕的主要工具是有壁犁。由于采用的犁壁形式不同，垡片的翻转有半翻垡、全翻垡和分层翻垡3种（王立祥，2001），如图3-1所示。

（1）全翻垡　采用螺旋型犁壁将垡片翻转180°，翻后垡片覆土严密，灭草作用强，特别适用于耕翻饲草地、荒地、绿肥地或感染杂草严重的地段。但消耗动力大，碎土作用小。

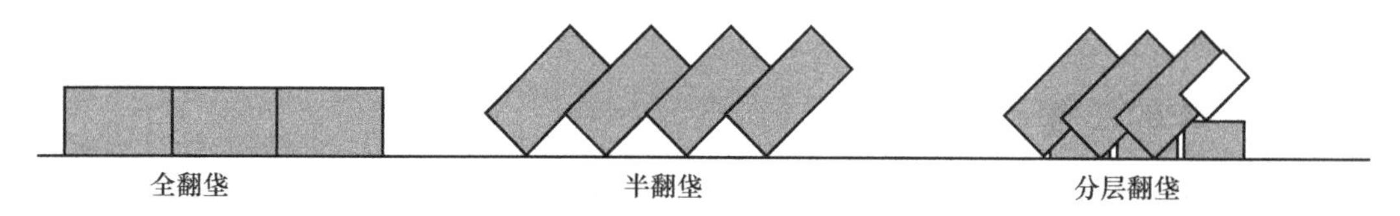

图 3-1　三种耕翻方法示意图

（2）半翻垡　多采用熟地型犁将垡片翻转 135°，翻后垡片彼此相叠覆盖成瓦状，垡片与地面呈 45°夹角。这种方式耕作阻力小，兼有较好的翻土和碎土作用，适用于一般耕地。目前我国机耕多采用这种方法。但该垡片覆盖不严，灭草性能不如全翻垡。

（3）分层翻垡　使用带有前小铧的复式犁，是前苏联 B. P. 威廉斯为草地耕作特别设计的，利于多年生牧草耕翻的翻耕工具。因为分层耕翻，具有垡片翻转覆盖严密，减轻犁耕阻力的功效；还有使表层土壤已经毁坏了的团粒结构，在翻转后处于覆盖严实的欠缺空气的厌氧条件下，重新恢复团粒结构的能力。这是威廉斯复式犁分层翻垡的主要目的所在，不过复式犁耕作时运转技术要求较高，我国较少使用。

耕地深度是耕作质量的主要指标之一。我国农民历来重视深耕，它的好处有：①深耕可以疏松下层土壤，使土壤含水部位下移，增加土壤容水量，即增加了土壤底墒；②增强土壤透气性，增加有效微生物数量，增强微生物活动能力，从而提高了土壤中的有效养分；③促进饲草根系发育，扩大根部营养面积；④有利于消灭杂草和病、虫、鼠害；⑤有利于土壤深层施肥，逐步熟化下层土壤（内蒙古农牧学院，1981）。

目前，我国国营农牧场用机引有壁犁耕翻深度多为 20～25cm，农民多为 16～20cm，用松土铲进行深松土，深度常达 30～35cm 甚至以上。在加深耕作层时应注意下列 4 点：①应遵循“熟土在上，生土在下，不乱土层”的原则，深耕时，要逐年加深，每年加深 2～3cm；②深耕的良好作用可延续 1～3 年，因此可将深耕与浅耕相互配合使用；③深耕应与土壤改良措施相结合，如增施有机肥料、蓄水灌溉、翻砂压淤或翻淤压砂等，以使肥、土相融，加厚活土层；④具体的耕翻深度要根据土壤特性、种植饲草种类及深耕后效等情况掌握。例如，土层深厚的土壤可深耕，土层浅的不宜深耕，黏重土壤宜深耕，轻质土壤宜浅耕。种植糜谷、绿豆等饲草的土壤宜浅耕，栽培豆科饲草的土壤宜深耕（内蒙古农牧学院，1981）。

耕翻作用大，但也存在不少缺点：①全层耕翻，动土量大，消耗动能多；②耕层一般偏松，下部常有较多空隙，有机质消耗剧烈，对饲草补给水分能力较差；③耕翻过程中水分损失较多，在干旱地区往往会影响饲草播种和幼苗生长；④耕翻后一般要辅以耙、耱和镇压等作业，作业次数和成本增加；⑤形成新的犁底层；⑥在风蚀严重地区会加剧土壤侵蚀（内蒙古农牧学院，1981）。

2. 深松耕　深松耕用无壁犁、凿形犁或深松铲进行，对土壤进行深位松土而不翻土，深度可达 30～50cm。深松耕的优点有：①深松耕只松土不翻垡，保持熟土在上，生土在下，不乱土层，土壤水分损失少，对种子发芽无不良影响，对生长发育有良好的效果；②可以不进行整地耕作，而进行间隔深松，形成虚实并存的耕层构造，节省动力；③深松耕可以打破翻耕形成的犁底层，利于降水渗入，增加耕层土壤的持水性能，具有提墒和调节旱涝的作用；④深松耕还具有作业时间灵活的优点，可在饲草播种期、生长期进行田间中耕，时间选择余地大，方法多样，机动灵活；⑤盐碱地深松耕，可以保持盐土层位置不动，减轻盐碱伤害。深松耕的缺点是耕后残茬仍留在地面，不能掩埋杂草和肥料，对防除病、虫、草害的作用较差。因此，深松耕需与灭茬、耙地或数年耕翻一次等作业相结合。深松耕适合于土层深厚的干旱半干旱地区，以及耕层土壤瘠薄、不宜耕翻的盐碱土、白浆土地区（王立祥，2001）。

3. 旋耕　旋耕用旋耕机耕作，具有基本耕作和表土耕作的双重功能。在耕作过程中，旋耕机犁刀在旋转过程中，将上层10～15cm土壤切碎、掺和，并向后抛掷，作用是松土、碎土和平土。旋耕的碎土力量很强，能使土壤高度松软、地面平整，深度可达10～15cm。但在临播前旋耕，不能超过播种深度，否则因土壤过松，影响饲草的播种质量和种子的发芽出苗。旋耕用作表土作业，对消灭杂草、破除表土板结效果良好，也可用来进行玉米等饲草的苗期中耕。从国内实践看，无论水田旱地，多年连续单纯旋耕，易导致耕层变浅、理化性质变劣，故旋耕应与翻耕轮换应用。

（二）表土耕作措施

表土耕作是基本耕作的辅助性措施。犁耕或深松耕后的土壤，耕层松散、孔隙度大，甚至还有大量土块。因此，必须进行表土耕作，包括灭茬、耙地、耱地、镇压等作业，以破碎土块，压缩过多的孔隙，平整地面，消灭杂草等。其作用深度一般限于表层10cm以内。表土耕作可以进一步提高耕作质量，为饲草播种创造良好的土壤环境（内蒙古农牧学院，1981）。

1. 浅耕灭茬　浅耕灭茬是饲草收获后、犁地前的一项作业。它的主要作用是消灭残茬和杂草，疏松表层土壤，减少蒸发和接纳降雨，减少耕地阻力，为土壤耕作创造良好条件。为了提高灭茬效果、减少灭茬时牵引力消耗，浅耕灭茬的时间越早越好，最好与饲草收获同时进行，至少应在收获后短期中突击完成，不宜拖延。浅耕灭茬的工具：畜耕时可用去壁犁进行，机耕时采用圆盘灭茬器或圆盘耙进行。灭茬深度应根据各地土壤气候条件和田间杂草的种类而定，在一般情况下，灭茬深度以5～10cm为宜。由于我国各地自然条件不同，种植制度复杂，并不是任何饲草收获后都需要进行浅耕灭茬。例如，北方地区，夏季饲草收获后休闲的地块，进行灭茬效果好，应用也较普遍，但当夏季饲草收获后立即复种时，或早秋饲草收获后需要立即播种，或晚秋饲草收获后气候已寒冷的情况下，一般均不进行灭茬。

2. 耙地　耙地是土表耕作的主要措施之一。具有平整地表、耙碎土块、混合土肥、疏松表土、耙出杂草根茎以及轻微镇压保墒的作用。在复种时，为了抢墒抢时播种，有时不进行翻耕，耙后即种。耙地工具主要是钉齿耙和圆盘耙，耕作深度为3～5cm。早春耙地能提高播种层地温，有利于饲草种子出苗；在多年生牧草地春季返青前或每次刈割后进行耙地，可以改善土壤水分、养分和空气状况，促使幼苗健壮生长；如果降雨后土壤板结，杂草丛生，耙地有助于幼苗出土，破除板结，消灭杂草；用于盐碱地雨后耙地，能防止返盐；在黏重的土壤上，采用重型圆盘耙耙地的主要任务是碎土和平土；在多草的荒地上，耕前采用重型圆盘耙耙地主要是防除杂草。耙地的方向有顺耙、横耙和对角耙等。沿播种行、犁沟顺耙的碎土作用小，横耙的碎土和平土作用大，对角耙碎土的作用介于两者之间，平土作用也大。所以裸地宜采用横耙与对角耙，有时往往几种方法结合进行。出苗前或出苗后，应横耙或对角耙，顺耙易伤苗。犁地后第一次耙地宜顺耙，以免翻转土垡。

3. 耱地　耱地常在犁地耙地之后进行，用以平整地面，耱实土壤，耱碎土块，轻度镇压土壤，为饲草播种提供良好的土壤条件。在质地较轻、杂草少的土地上，有时在犁地后，以耱地代替耙地。有时在镇压后的土壤上进行耱地，以利保墒。播种后的耱地，有覆土和轻微镇压作用。水田平整，耱地可保证播种和插秧深度一致，不出浮秧。耱地的工具是用柳条、荆条或树枝等枝条所编成的，也有用长条木板做成的，是抗旱保墒的重要农具之一。

耱地多用于半干旱干旱地区的旱地上，也常用于干旱地区的灌溉地上，多雨地区或潮湿时不宜采用。

4. 镇压　镇压是使表土紧实，或者在耕层的一定深度造成紧密的间隔层。同时，镇压还能平整地面，压碎大土块。镇压的工具主要有石磙，机引平滑镇压器，环形镇压器，V形镇压器和石制、铁制的局部镇压器等。镇压是适用于北方旱区的一项辅助性表土耕作措施，常在下列情况下采用镇压。

1）在气候干旱的地区或干旱季节，镇压可减少土壤中的大孔隙，减少气态水的扩散，有保墒效果。而且，压紧土层后，土壤毛管水或气态水都向紧密间隔层聚集，从而起到提墒作用。所以，在北方干旱地区，饲草播种前后，甚至在冬季都要进行镇压。

2）播种苜蓿、猫尾草和红三叶等小粒种子时，播前和播后常要进行镇压，以保证播种质量。在沙土等疏松的土壤上利用机械播种时，由于播种机两轮下沉，使播种深度过分加深，从而影响正常出苗，在此情况下，播前镇压有利于保证播种深度。播后镇压可以促使种子与土壤紧密接触，便于从土壤中吸收发芽所必需的水分。

3）耕后立即播种的土地，土壤疏松，种子发芽生根后易于发生"吊根"现象，使幼苗枯死。吊根是指幼苗根部接触不到土壤，吊在土壤的空隙中，吸收不到水分和养料。所以耕后立即播种的地块，播前应全面镇压，播后还要进行播种行的局部镇压。

在盐碱地或水分过多的黏重土壤上不宜镇压。

5. 中耕　中耕的主要作用是在饲草出苗至封垄期，由于降雨、灌溉或其他原因使表土板结或杂草丛生时，对饲草进行中耕，疏松表层土壤，铲除杂草，调节土温和墒情。春季苗期中耕能提高地温，促进根系生长。盛夏中耕，使松土层以下的土温不致过高。中耕工具有人工锄地的手锄、板锄等，还有畜力中耕机和机引中耕机。中耕铲是中耕机的主要工作部件，有鸭掌式铲（又叫人字铲）、翼形铲和弹簧锄铲等。其作业时，作用于土壤表层下5～10cm土层，完成松土、除草任务。

播种前的中耕叫赤地中耕。其主要有铲除田间杂草，并可代替浅耕的作用。要根据田间杂草和整地质量情况，正确选用锄铲。例如，宿根杂草较多的地块，应选用弹簧锄铲，而一年生杂草较多的地块，以鸭掌式锄铲较适宜。赤地中耕以5cm土层内的大部分杂草处在白芽阶段时进行，过早则降低灭草效果，其深度不宜超过播种深度。例如，整地质量差和缺少中耕机时，赤地中耕可用轻型双列圆盘耙，但要在耙片间加装深度限制圈，限制耙深3～5cm，以提高灭杂效果。

播种出苗后的中耕叫行间中耕。其主要目的是在饲草生长过程中消灭杂草，疏松土壤，保墒防旱。同时还能提高地温，防止土壤返盐，并可结合中耕培土作垄，以利田间灌溉和低洼易涝地的排水，促进植物根系发育，防止倒伏。要适时中耕，经常保持土层疏松，无杂草，特别是灌溉后或雨后更要及时中耕，以破除板结，保蓄水分。中耕作业要尽量与开沟灌溉（或排水）、培土、追肥相结合，注意不伤苗、不埋苗、不伤根，深度应达到规定的标准。

6. 开沟、培土、作畦与作垄　开沟和作畦是灌溉地区保证灌溉的必要措施。开沟沟灌前用开沟器（铧式开沟犁）进行，沟要开直，沟与沟的距离70～90cm，视土壤质地而定，砂性大的宜窄，黏性大的宜宽，以两沟渗水浸润宽度相接为准。中耕沟灌，在行间开沟，故两沟间宽度以饲草行距为准。作畦是进行畦灌时所筑的挡水埂，是平畦，其宽度一般为播种机的宽度（3.6m）或播种机宽度的1/2，即1.8m，用特制的筑埂器或用单体犁来回合垄而成。筑埂器连接在拖拉机与播种机之间，于播种的同时，筑成小畦，利于播后灌溉；如用单体犁，则应在播后即行合垄作畦，以免毁苗。

培土能增强饲草抗倒伏能力，有利于块根、块茎类饲草生长，一般与中耕开沟结合进行。在地下水位较高的多湿易涝地区，常作垄以提高地温，便于排水，防止涝害，作垄可用铧式开沟犁或用铁锹完成。

（三）农田土壤剖面结构与耕作措施

农田土壤在长期耕种中，土壤剖面有其自身的特点，一般可分为四层，每层的物理、化学和生物性质以及调节土壤肥力因素的作用不同，因此，所采取的耕作措施也应不同（西北农业大学，1986）。

1. 表土层（0～10cm）　这一层土壤，经常受气候和耕作栽培措施的影响，变化较大。根据其松紧程度和对饲草影响可细分为两层：①覆盖层（0～3cm），该层受气候条件影响最大，其结构状况直接影响渗入土壤的水分总量、地表径流、水分蒸发、土壤流失、土壤气体交换和饲草出苗等。覆盖层要保持土壤疏松，并具有一定粗糙度，以促进通气透水，防止蒸发，又要避免土粒过细形成板结、封闭表面和遭受侵蚀。②种床层（3～10cm），是播种时放置种子的层次。该层应适当紧实，毛管孔隙发达，使水分易沿毛管移动至该层，保证种子吸水发芽。

当地面没有残茬覆盖时，表土层的水、气、热因素变动频繁，表土耕作要维护表土结构，促进通气透水，保证播种质量、种子发芽出苗和幼苗生长、发育。

2. 稳定层（10～20cm 或 10～30cm）　该层也称根际层，为根系活动层，依耕层深度而变，如翻耕 0～20cm，根系活动就主要在 20cm 之内，如为 0～30cm，则根系可集中在 30cm 深度。该层受机具、人、畜及气温影响较小，土壤容重也较表土层小，其物理、化学、生物性质都比较稳定，是根系集中的地区，对饲草生长发育有决定作用。处理好这层土壤的保水保肥性能，对饲草抗旱，提高水的生产效率极为有利，尤其对干旱地区更加突出。

3. 犁底层　多年应用一个深度耕作的土壤，在耕层和心土层之间会出现容重较大、透性不良的犁底层。这是农具摩擦和黏粒沉积的结果。犁底层间隔了耕层与心土层之间的水、肥流通。对于薄层土、砂砾底易漏土壤来说，犁底层有保水、保肥、减少渗漏的作用。但对土壤深厚的农田，则不利于将水分深贮于心土层，并有造成耕层渍水的危险。这对盐碱土壤更为不利。因此，土壤耕作要重视防止犁底层的形成和消除已有的犁底层。

4. 心土层　犁底层以下的土壤一般称为心土层。该层土壤结构紧密，毛管孔隙占绝对优势，是保水、蓄水的重要层次。深层贮水，起水库的作用，借以达到春储夏用、夏储秋用、伏储春用，对干旱地区稳产高产有重要意义。

作好深层储水，必须消除犁底层，并且要防止耕层土壤水平蒸发，提高渗透性及配合其他生物、化学措施，稳定储水效果。

六、土壤改良

土壤改良是将改良物质掺入土壤中，以改善土壤理化性质的作业。当土壤存在明显的障碍因子，以致严重影响饲草的生长发育时，就需要对之进行改良。土壤改良包括质地改良、结构改良、酸土改良和盐碱土改良等。通常结合土地平整，道路与排、灌、集、蓄水系统建设，土壤耕作，施肥及灌、排水等作业进行（周禾等，2004）。

1. 质地改良　砂土保水保肥能力低，黏土通气透水性差，一般对粗砂土和重黏土应进行改良。改良的深度范围为土壤耕作层。改良的措施为砂土掺黏、黏土掺砂。砂土掺黏的比例范围较宽，而黏土掺砂要求砂的掺入量比需要改良的黏土量大，否则效果不好，甚至适得其反。掺混作业可与土壤耕作的翻耕、耙地或旋耕结合起来进行。

客土改良工程量大，一般应就地取材，因地制宜，也可逐年进行。例如，在进行土地平整、道路与排灌系统建设时，可有计划地搬运土壤，进行客土改良。在河流附近，可采用引水淤灌，把富于养分的黏土覆盖在砂土上，再通过耕、耙作业掺混。在我国南方的红土丘陵地区，酸性的黏质红壤与石灰质的紫砂土常相间分布，就近取紫砂土来改良红壤，可兼收到改良质地、调节土壤酸碱度和增加钙质养分等作用。在电厂和选铁厂附近，可利用其管道排出的粉煤灰和粗粉质的铁尾矿，改良附近的黏质土，降低红壤的酸性，提供硅、钙等养分。

2. 结构改良 具有团粒结构的土壤既通气透水，又保水、保肥，水、肥、气、热协调，并有利于根系在土体内穿插。缺乏团粒结构、结构不良的土壤，不利于植物的生长发育和稳产高产，应考虑予以改良。结构改良的措施包括施用有机肥等有机物料，施用土壤改良剂等。另外，种植多年生草和一、二年生豆科绿肥作物等本身也具有很好的土壤结构改良功能。

(1) *施用有机肥* 有机肥除能提供植物多种养分外，其分解产物多糖等及重新合成的腐殖质是土壤颗粒的良好团聚剂。常用的有机肥有粪肥、秸秆、泥炭和锯末等。有机肥改善土壤结构的作用取决于施用量、施用方式及土壤含水量。一般而言，施用量大比施用量小的效果好，施用量占土壤耕作层体积30%以内皆属正常；秸秆直接还田，配施少量化学氮肥以调节土壤的碳氮比，比沤制后施入田内的效果好；土壤干湿适度比过于干燥或过湿以至积水的情形效果好。大量施用有机肥，需分两次进行，第一次施用1/3～1/2，深翻入20～30cm土层，第二次施用1/2～2/3，浅翻入10～20cm土层。

(2) *施用土壤改良剂* 土壤改良剂是改善和稳定土壤结构的制剂。按其原料的来源，可分成人工合成高分子聚合物、自然有机制剂和无机制剂3类。

人工合成高分子聚合物于20世纪50年代初在美国问世，特点是功能强大、用量少，只需用土壤质量的千分之几或万分之几。较早作为商品的有乙酸乙烯酯和顺丁烯二酸酐共聚物（VAMA）、水解聚丙烯腈（HPAN）、聚乙烯醇（PVA）和聚丙烯酰胺（PAM）4种。其中聚丙烯酰胺价格便宜，改土性能较好，20世纪70年代在西欧诸国已大规模应用。

自然有机制剂由自然有机物料加工制成，如乙酸纤维、棉紫胶、芦苇胶、田菁胶、树脂胶、胡敏酸盐类及沥青制剂等。与合成改良剂相比，施用量较大，形成的团聚体的稳定性较差，且持续时间较短。

无机制剂包括硅酸钠、膨润土、沸石和氧化铁（铝）硅酸盐等，利用它们的某一项理化性质来改善土壤的结构性质。

土壤改良剂用量小，对掺混质量要求高，最好使用旋耕机，以便做到均匀掺混。

3. 酸土改良 我国南方地区多雨，降水量大大超过蒸发量，土壤及其母质的淋溶作用非常强烈，土壤溶液中的盐基离子被大量淋失，导致土壤大多呈酸性至强酸性。强酸性土壤不利于草的生长，需要进行改良。

改良酸性土壤，一般采用施石灰或石灰石粉的方法。石灰包括生石灰（CaO）和熟石灰［$Ca(OH)_2$］两种。石灰反应迅速，作用强烈，但后效较短。石灰石粉（$CaCO_3$）对土壤酸性的中和作用相对较为缓慢，但后效期长。石灰石粉的颗粒大小影响其反应速度，粉末越细，反应越快。在含镁量较低或缺镁的土壤中，可考虑施用白云石粉，它含有钙和镁，可以弥补镁量较低或缺镁的不足。煤灰渣也有提高土壤 pH 的作用。

适宜的石灰用量的确定是一件较为复杂的事情。既要计算活性酸，又要考虑潜性酸。不仅涉及土壤 pH，还与土壤的阳离子交换量及盐基饱和度等密切相关。常用的确定方法有两种，但都是通过测算土壤中的酸量来推算石灰需要量。第一种方法是通过测定土壤交换性酸量或水解性酸量进行推算，该法算式简单。但土壤交换性酸量和水解性酸量两者常常差异很大，与土壤实际酸量比较，前者偏低，而后者偏高，需要根据经验进行校正。第二种方法是根据土壤 pH、阳离子交换量及盐基饱和度计算出土壤活性酸量和潜性酸量进行推算，其中潜性酸量计算公式为

$$潜性酸量=土壤体积\times容重\times阳离子交换量\times(1-盐基饱和度)$$

例题　假设某红壤的 pH 为 5.0，20cm 耕层土壤为 2 250 000kg/hm^2，土壤含水量为 20%，阳离子交换量为 10cmol/kg，盐基饱和度为 60%，试计算 pH 提高到 7.0 时，中和 20cm 耕层土壤中的活性酸和潜性酸的石灰需要量。

1）需要中和的活性酸量为（以 H^+ 计）

$$2\ 250\ 000\times20\%\times(10^{-5}-10^{-7})=4.455\ (\mathrm{mol/hm^2})$$

以生石灰（CaO）中和，需要量为

$$4.455\times(56/2)=125\ (\mathrm{g/hm^2})$$

2）需要中和的潜性酸量为

$$2\ 250\ 000\times(10/100)\times(1-60\%)=90\ 000\ (\mathrm{mol/hm^2})$$

以生石灰（CaO）中和，需要量为

$$90\ 000\times(56/2)=2\ 520\ 000\ (\mathrm{g/hm^2})$$

从例题可见，中和活性酸的石灰用量极少，与中和潜性酸的石灰用量相比，几乎微不足道。用潜性酸计算石灰需要量是一个理论估算值，在实际应用时，还要考虑其他影响因素，如土壤质地、有机质含量等。土壤 pH 升至 7.0 的石灰石需要量，如图 3-2 所示。

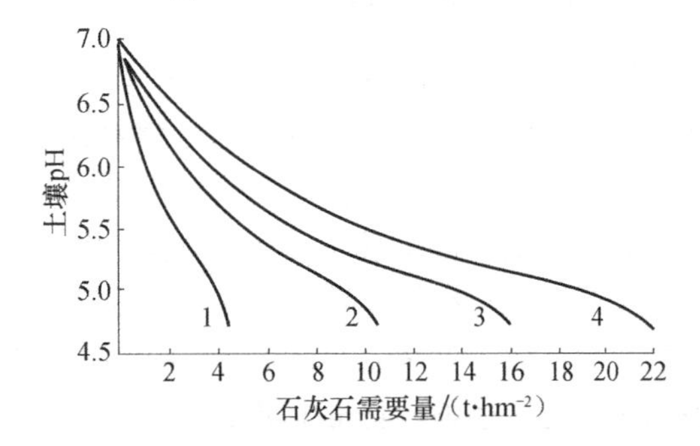

图 3-2　土壤 pH 与石灰石需要量的关系[①]

1. 沙土［有机质含量 2.5%，阳离子交换量 2.5cmol/kg］；
2. 沙壤土［有机质含量 3%，阳离子交换量 12cmol/kg］；
3. 壤土和粉壤土［有机质含量 4%，阳离子交换量 18cmol/kg］；
4. 粉黏壤土［有机质含量 5%，阳离子交换量 25cmol/kg］

4. 盐碱土改良　我国北方地区年降水量远远小于蒸发量，尤其在冬、春干旱季节的蒸降比一般为5～10，甚至在 20 以上。降水量集中分布在高温的 6～9 月，可占全年降雨量的 70%～80%。土壤具有明显的季节性积盐和脱盐频繁交替的特点，致使盐碱土广泛分布。盐碱土妨碍饲草的生长，需要进行改良。

改良盐碱土的方法有水洗排盐、通电、客土、深翻、施用有机肥等有机物料和施用石膏等。

① 阳离子交换量以一价阳离子计。

水洗排盐是最主要的盐碱土改良措施，包括单纯排盐，单纯洗盐及洗盐、排盐相结合三项技术。单纯排盐技术包括明沟排水、暗管（沟）排水、竖井排水、机械排水及沟洫台条田等。单纯洗盐技术包括灌水冲洗和围埝蓄淡等。洗盐、排盐相结合技术包括井灌井排、井渠结合和抽咸补淡等。水洗排盐措施也有局限性，即在地表缺乏流量较大的河流，地下水又不是很丰富的干旱、半干旱地区，难以施行。

电流改良盐碱土和促进盐渍性低洼地排水效果明显，特别在重黏质盐土通直流电后，由于电极反应和电渗流，促使胶体吸附的钠离子被代换并淋洗掉，土壤迅速脱盐。客土见效快、效果好，但成本较高。

深翻措施，在底土含盐量明显低于表土的情况下，可以起到较好的改土作用。

施用有机肥等有机物料可有效减轻盐碱对植物的危害。

施用石膏改碱颇为有效。除石膏外，硫磺、磷石膏和亚硫酸钙也较为常用。绿矾、风化煤和煤矸石的改碱效果也很好。过磷酸钙是酸性肥料，对降低 pH 有一定作用。硫酸铵和硫酸铁等肥料也有类似作用。各类土壤 pH 和硫元素需要量的关系见表 3-1。

表 3-1　各类土壤 pH 和硫元素需要量的关系

土壤起始 pH	沙土 $/(\mathrm{kg}\cdot 100\mathrm{m}^{-2})$	沙壤土 $/(\mathrm{kg}\cdot 100\mathrm{m}^{-2})$	壤土 $/(\mathrm{kg}\cdot 100\mathrm{m}^{-2})$	粉壤土 $/(\mathrm{kg}\cdot 100\mathrm{m}^{-2})$	黏壤土与黏土 $/(\mathrm{kg}\cdot 100\mathrm{m}^{-2})$
8.5	21.5	23.8	25.9	28.3	30.3
8.0	13.7	14.1	14.6	17.0	19.0
7.5	4.4	5.8	6.9	7.3	7.8

七、少耕法和免耕法

随着农业科学的发展和大量生产实践的经验，传统耕作法需要土地被连年耕翻，反复耙耱，播后多次中耕等连续不断的土壤耕作，易于引起风蚀和水蚀。同时，也浪费了大量人力、物力和能源。欧美各国从 20 世纪 50 年代初，开始进行减少土壤耕作的试验，逐步形成了一套新的土壤耕作系统——少耕法和免耕法。

少耕法是指在传统耕作基础上，尽量减少土壤耕作项目、作业次数和作业面的一类耕作方法。免耕法，就是免除独立进行的土壤耕作（包括基本耕作和表土耕作），在茬地上用免耕播种机直接播种，它是少耕法的进一步发展。少耕法和免耕法是近年来欧美在干旱地区和丘陵地带推广应用的一种耕作法，主要用于玉米、大豆和高粱等饲草。

（一）少耕法

与传统耕作方式相比，每免去一项作业或减少了某项作业的次数或作业面，实际上就是一定程度的少耕了。少耕法的类型有 7 种（陈宝书，2001）。

1. 耕播一次作业　采用特制的耕地播种机，只耕播种行，播种时耕、播、施用种肥和除草剂同时进行，一次完成，行带间不耕作。这种作业时土壤湿度须在适宜范围内，过高会影响作业质量，过低会降低播后出苗率。

2. 耕播两次作业　用无壁犁松土，或用圆盘耙耙地代替有壁犁的耕翻，并减少表土作业次数，耕后只在播种行上进行表土耕作，以备播种，行间不进行表土耕作。

以上两种为目前美国采用的少耕法。

3. 轮迹耕播法 这种少耕需要特制或改装的播种机。前台机械耕翻土地后，轮式拖拉机随即带动特制的前置式播种机播种，后面的胶轮镇压播种行，留下轮迹镇压沟以减轻风蚀，适合于多风地区。此法优点是机械进地作业次数、劳力与机械费用和土壤侵蚀程度都较传统耕作法低。

4. 沟播或改进的沟播 这种少耕方法是在干旱地区用特制的机具在田间先开沟起垄，再使用配套的播种机将种子播入沟底，浅土覆盖。这种少耕法减少了机械田间作业次数，减轻土壤侵蚀，但机具费用比较高。

5. 带状耕作播种 这种少耕法是采用合适的耕播机、改进的沟播机或旋转式带状耕播机等进行一体化播种，每条土壤耕作的宽度仅局限在播种行内，行间土壤不耕，残茬遗留在播种行之间。这种方法的费用低于传统方法，高于免耕法。

6. 飞机播种 牧草、水稻、玉米、高粱和其他小粒种子作物都可以用农用飞机进行规模化大面积播种，播后要进行必要的地面耕作。小粒种子作物和牧草已试验出了在飞播后可不再耕作的方法。

7. 留茬覆盖播种 典型的留茬覆盖种植制度，可充分利用作物残茬来减轻土壤侵蚀，但相应增加了机具进地作业的次数。这种少耕法主要适用于北美玉米和小麦带的干旱地区。

（二）免耕法

目前美国采用的免耕法是利用残茬覆盖地面，使用特制的免耕播种机，只进行播种耕作，播前播后均不进行其他耕作（胡立勇等，2008）。

1. 秸秆残渣覆盖 农作物秸秆经机械作业处理后留在地表作覆盖物是免耕法的核心，秸秆残渣的处理方法主要有 4 种。

（1）*粉碎秸秆处理* 粉碎前茬作物秸秆后抛撒，使秸秆均匀地覆盖在地面。

（2）*直立秸秆处理* 在风沙大的地区，收获后不对秸秆做处理，秸秆直立在地里，播种时将秸秆按播种机行走向撞压，使其倒伏在地表。

（3）*留根秸秆处理* 在使用作物秸秆的地区，作物收获时，留高度为 20～30cm 的根茬。

（4）*粉碎浅旋处理* 在风沙较大的地区，秸秆粉碎后，用旋耕机浅旋表土，使作物秸秆与旋耕层土壤混合。

2. 专用机具 用于免耕法中的特制机具，主要包括直播机具、农药和肥料喷洒机具和收获机具三类。免耕法中最关键的机具就是播种机。免耕播种机除了通常能与松土装置进行联合作业外，它还装有能按苗行切开植被覆盖层而对离苗行稍远的覆盖层不予扰动的装置。同时，免耕机还常常与深松铲及施肥或喷药的装置相结合成为联合耕种机械。目前国外的免耕机械种类很多，但几乎全部是联合作业机，一次性完成破茬、松土、开沟、播种、施肥、撒药、覆土、镇压作业（陈宝书，2001）。

3. 化学除草剂灭草 20 世纪 50 年代后，各种化学除草剂的使用被广泛普及，可替代机械中耕除草，为免耕法的迅速发展奠定了坚实的物质基础。除草剂要选择高效广谱性的种类及无污染、无毒和安全性能高的品种。同时，还要注意适当地把不同性能和残效期的除草剂相互配合使用，才能有效地灭杀杂草，控制多年生宿根性杂草（陈宝书，2001）。

（三）少耕、免耕的优缺点

根据国内外试验报道，免耕或少耕法与传统耕作方法相比，主要好处有：①节省人力、水、肥、机具、燃料，降低生产成本。②地面有饲草残茬覆盖，增加表土层中土壤有机质，减轻风沙地区的风蚀或坡地的水土流失。据国外报道，用免耕法在 9%坡度的粉沙壤土上种植玉米，每亩损失土壤约 135kg，而用传统的耕作法则损失 1350kg（内蒙古农牧学院，1990）。③由于少耕或不耕减少了农机具进地的次数，减轻了对土壤结构性的破坏。④有利于抢时播种，确保适时播种，扩大复种面积和提高复种指数。

但这种耕作法也有它的局限性和问题，表现在：①为了消灭杂草，需要施用多种除草剂。②病虫害是免耕法当前存在的一个严重问题，为遗留在残茬和土壤表层的病虫滋生提供了条件。③多年的少耕、免耕后耕作表层（0～10cm）富化而下层（10～20cm）贫化（王立祥，2001）。④影响有机肥、化肥与残茬的翻埋，土肥难于融合，肥料利用率低，氮素损失加重。⑤多年少耕、免耕后多数土壤有变紧实板结的趋势。由于这种耕作方法成本低，能及时播种，便于复种，所以一般仍愿意采用。

少耕、免耕不是简单地减少耕作环节与次数或免除耕作，而是多种先进技术综合运用的结果，是一项在经济上和生态上表现出优越性的技术（李问盈，2005）。在我国地块小、拖拉机功率小、施肥量大、作业行距小、免耕覆盖播种质量不易达到较高水平及我国农民历来所具有的精耕细作传统的现实情况下，必要的表土作业，季节间、年份间轮耕和间隔带状耕种可以有效地缓解土壤板结，减少病虫害，增加土壤有益生物。免耕法对我国北方干旱、风蚀或水土流失严重地区，具有参考价值。

第三节　合理施肥与灌溉

一、肥料的种类

肥料是高产的物质基础。为了实现农牧业现代化，必须在有机肥料的基础上，大力发展和增施化学肥料，并使其生产和施用向浓缩、复合、长效方向发展。同时，要尽量用快速、准确的诊断方法，根据不同土壤、不同饲草各个生长发育阶段的需要，合理施肥，以达到高产、稳产、优质、低成本的目的。

牧草地常用的肥料有有机肥料和无机肥料两种。有机肥料主要有厩肥、堆肥、人粪、人尿、腐殖酸类肥料和绿肥等。有机肥料的共性有：①有机肥料是一种完全肥料，不但有氮、磷、钾 3 种重要元素，而且还有钙、镁、硫及各种微量元素。由于其含有饲草所必需的营养元素，长期施用也不会造成植物营养不平衡的后果。②有机肥料富含有机质，在微生物的分解作用下能转化成腐殖质，一方面腐殖质可以被土壤微生物分解释放养分供饲草吸收利用；另一方面它能促使土壤水稳性团粒结构的形成，使土壤结构得到改善，土壤水、肥、气、热协调，有利于饲草生长。③肥效缓慢。有机肥料中的养分主要处于有机化合物的形态，植物不能直接吸收利用，必须经过微生物腐解作用后，把复杂的有机化合物转化成简单的能溶于水的无机化合物才能被植物吸收利用，所以其肥效缓慢，后效较长，一般用作基肥。如作追肥，则必须事先腐熟后才能施用，否则不能充分达到追肥的效果（周寿荣，2004）。适当施用有机肥料是保证饲草高产的重要措施之一。各种有机肥料的有效成分含量见表 3-2。

表 3-2 人畜粪尿有效成分含量及折合化肥的数量

肥料种类	占鲜重/%				每人或每畜全年排粪尿及其相当化肥量/kg			
	有机物	N	P_2O_5	K_2O	年排泄量	硫酸铵	过磷酸钙	硫酸钾
人粪	20	1.00	0.50	0.37	90	4.5	2.3	0.7
人尿	3	0.50	0.13	0.19	700	17.5	4.6	2.8
人粪尿	5～10	0.50～0.80	0.20～0.40	0.20～0.30	790	22.0	6.9	3.5
猪粪	15	0.56	0.40	0.44	1500	42	30	13.8
猪尿	2.5	0.30	0.12	0.95	1000	15	6	14.8
猪圈粪	25	0.45	0.19	0.60	—	—	—	—
马粪	21	0.55	0.30	0.24	3600	99	54	18
马尿	7	1.20	0.01	1.50	1800	108	0.8	62.5
马厩粪	25.4	0.58	0.28	0.53	—	—	—	—
牛粪	14.6	0.32	0.25	0.15	5400	66	67.5	17.3
牛尿	2.3	0.50	0.03	0.65	3600	90	5.4	48.8
牛栏粪	20.3	0.34	0.16	0.40	—	—	—	—
羊粪	24～27	0.65	0.50	0.25	540	17.6	13.5	6.8
羊尿	5	1.40	0.03	2.10	180	10.1	0.3	7.9
羊圈粪	31.8	0.83	0.23	0.67	—	—	—	—
鸡粪	25.5	1.60	1.54	0.65	30	2.5	2.3	0.5
鸭粪	26.2	1.10	1.40	0.62	60	3.3	4.2	0.8
鹅粪	23.4	0.55	0.50	0.95	90	2.5	2.3	1.8
兔粪	—	1.72	2.95	—	35	2.8	5.2	—

资料来源：内蒙古农牧学院，1990

无机肥料，又称化学肥料。其特点有：①营养成分单纯。一般只含一种或几种养分，不是完全肥料。施用时，为了满足饲草对各种养分的需求，所以应多种化肥配合施用。②肥料有效成分含量高，主要有氮、磷、钾等营养元素，施用少量化肥，肥效就很显著，故农民称化肥为“庄稼的细粮”。③肥效迅速。化肥多为水溶性或弱酸溶性，施用后能很快进入土壤溶液，供植物吸收利用。一般施用后 3～5d 即能见效，故肥效迅速，但易随水流失，所以后效较短。④不含有机化合物。化学肥料一般不含有机化合物，如果长期单独施用化学肥料会使土壤理化性质变坏。为了克服化学肥料的这一缺点，各种化学肥料应配合施用，特别是有机肥料与化学肥料配合施用，是防止这种不良作用的重要措施（周寿荣，2004）。

1. 氮肥 大部分氮肥易溶于水，甚至施用地表时也能被植物迅速地吸收。氮肥种类很多，主要有硫酸铵、硝酸铵、尿素、氨水等。主要氮肥的理化性质见表 3-3。

表 3-3 主要氮肥的理化性质

肥料类型	肥料名称	主要成分的化学分子式	含氮量(N)/%	酸碱性	溶解性	物理性质
铵态氮肥	氨水	NH_4OH	12～16	碱性	液态	挥发性强，腐蚀性强
	碳化氨水	$NH_4OH \cdot (NH_4)_2CO_3 \cdot NH_4HCO_3$	15～17	碱性较弱	液态	挥发性弱，有腐蚀性
	液体氨	NH_3	82	碱性	液态	沸点很低，蒸气压高
	碳酸氢铵	NH_4HCO_3	17	弱碱性	水溶性	易潮解，挥发
	硫酸铵	$(NH_4)_2SO_4$	20～21	弱酸性	水溶性	吸湿性弱
	氯化铵	NH_4Cl	24～25	弱酸性	水溶性	吸湿性弱

续表

肥料类型	肥料名称	主要成分的化学分子式	含氮量(N)/%	酸碱性	溶解性	物理性质
硝酸态氮肥	硝酸铵	NH_4NO_3	33～35	弱碱性	水溶性	吸湿性强，易结硬块
	硫硝酸铵	$(NH_4)_2SO_4+NH_4NO_3$	26	弱酸性	水溶性	有吸湿性，结块
	硝酸钠	$NaNO_3$	15～16	中性	水溶性	吸湿性强
	硝酸钙	$Ca(NO_3)_2$	13～15	中性	水溶性	吸湿性强
	硝酸铵钙	$NH_4NO_3+CaCO_3$	20	弱碱性	水溶性	吸湿性强，不结块
酰胺态氮肥	尿素	$CO(NH_2)_2$	44～46	中性	水溶性	稍有吸湿性
氰氨态氮肥	石灰氮	$CaCN_2$	20	碱性	不溶水	吸湿性弱，结块

资料来源：王德利等，2004

2. 磷肥　常用的磷肥有过磷酸钙、骨粉等。主要磷肥的理化性质见表 3-4。在碱性和中性土壤中，土壤磷以一系列的磷酸钙盐的形式存在。而在酸性土壤中，主要以磷酸铁和磷酸铝盐存在，这些难溶性盐使磷的有效性降低，植物难以吸收。因此，在这些土壤上建植人工草地，应根据一定情况施用磷肥。特别是豆科牧草磷肥是第一位的养分限制因子。

表 3-4　主要磷肥的理化性质

肥料类型	肥料名称	主要成分的化学分子式	含磷量(P_2O_5)/%	酸碱性	溶解性	物理性质
水溶性磷肥	过磷酸钙	$Ca(H_2PO_4)_2 \cdot H_2O$	12～18	酸性	水溶性	有吸湿性，腐蚀性
	重过磷酸钙	$Ca(H_2PO_4)_2 \cdot H_2O$	45	弱酸性	水溶性	吸湿性强，易结块
弱酸溶性磷肥	沉淀磷酸钙	$CaHPO_4 \cdot 2H_2O$	27～40	中性	弱酸溶性	—
	钙镁磷肥	α-$Ca_3(PO_4)_2$	14～20	弱碱性	弱酸溶性	吸湿性强
	钢渣磷肥	$Ca_4P_2O_9 \cdot CaSiO_3$	5.0～14	碱性	弱酸溶性	吸湿性强
	脱氟磷肥	$2Ca_3(PO_4)_2 \cdot Ca_4P_2O_9 \cdot H_2O$	15～20	碱性	弱酸溶性	—
	偏磷酸钙	$Ca(PO_3)_2$	60～70	中性	易水解	易潮解结块
酸溶性磷肥	磷矿粉	$Ca_5(PO_4)_3 \cdot F$ 及其同晶置换物	>14	中性	弱酸溶性	—
	骨粉	$Ca_3(PO_4)_2$	22～33	中性	弱酸溶性	—
	含磷风化物	$Ca_5(PO_4)_3 \cdot F$ 及其同晶置换物	0.4～3.0	中性	弱酸溶性	—

资料来源：王德利等，2004

3. 钾肥　土壤中钾含量较氮、磷丰富，因此，钾肥矛盾不是很突出。但随草地生产不断发展，氮、磷肥施用量不断增加，土壤中的钾元素已逐渐不能满足持续高产的需要。目前生产的钾肥不如氮肥和磷肥种类多，生产量也较少。主要有硫酸钾、氯化钾、钾镁肥、钾钙肥和窑灰钾肥等，其理化性质见表 3-5。

表 3-5　主要钾肥的理化性质

肥料名称	主要成分的化学分子式	养分含量(K_2O)/%	酸碱性	溶解性	物理性质
硫酸钾	K_2SO_4	48～52	中性	水溶性	—
氯化钾	KCl	50～60	中性	水溶性	—
窑灰钾肥	K_2SO_4，KCl，K_2CO_3	8～12	碱性	水溶性	吸湿性强
	K_2SiO_3，K_3AlO_3			弱酸溶性	
钾镁肥	$K_2SO_4 \cdot MgSO_4$，NaCl	33	中性	水溶性	结块
钾钙肥	$K_2O \cdot Al_2O_3$，$CaO \cdot SiO_2$	4～5	强碱性	水溶性	吸湿性强

资料来源：王德利等，2004

4. 复合肥　复合肥是指含两种以上主要营养元素的肥料，如磷酸铵既含磷又含氮；硝酸钾既含氮又含钾；混合液肥主要由尿素和磷酸二氢钾组成，含氮、磷、钾 3 种元素。主要复合肥的理化性质见表 3-6。复合肥是目前化肥发展的重要方向，其优点有：第一，所含成分均为植物所需，副成分或无效杂质含量少，对土壤影响小；第二，肥料成分含量高；第三，物理性质好，便于贮存使用。

表 3-6　主要复合肥的理化性质

肥料类型	肥料名称	主要成分的化学分子式	有效成分含量/%	酸碱性	溶解性	物理性质
氮磷二元复合肥	氨化过磷酸钙	$NH_4H_2PO_4+CaHPO_4+(NH_4)_2SO_4$	N,2～3 P_2O_5,14～18	中性	水溶性	—
	硝酸磷肥(冷冻法)	$NH_4H_2PO_4+CaHPO_4+NH_4NO_3$	N,20 P_2O_5,20	中性	水溶性	吸湿性强 易结块
	硫磷铵	$(NH_4)_2HPO_4+NH_4H_2PO_4+(NH_4)_2SO_4$	N,16 P_2O_5,20	中性	水溶性	—
	磷酸铵	$NH_4H_2PO_4+(NH_4)_2HPO_4$	N,12～18 P_2O_5,46～52	中性	水溶性	有吸湿性
	液体磷酸铵	$NH_4H_2PO_4+(NH_4)_2HPO_4$	N,6～8 P_2O_5,18～24	弱酸性	液态	—
	偏磷酸铵	NH_4PO_3	N,14　P_2O_5,73	中性	弱酸性	有吸湿性
磷钾二元复合肥	磷酸二氢钾	KH_2PO_4	P_2O_5,24　K_2O,27	酸性	水溶性	—
	磷钾复合肥	α-$Ca_3(PO_4)_2$ 含钾盐类	P_2O_5,11　K_2O,3	弱碱性	弱酸溶性	—
氮钾二元复合肥	硝酸钾	KNO_3	N,13　K_2O,46	中性	水溶性	稍吸湿性
	氮钾复合肥	$(NH_4)_2SO_4+K_2SO_4$	N,14　K_2O,16	中性	水溶性	—
氮磷钾三元复合肥	氮磷钾复合肥	—	N,10 P_2O_5,10 K_2O,10	中性	水溶性； 弱酸溶性	—

资料来源:王德利等,2004

5. 微量元素肥　微量元素肥的施用特点是用量少、成本低、使用方便、收效大。不可缺少的微量元素主要有硼、钼、锰、铜、锌、铁等。微量元素肥主要有：硫酸铜、硼酸、硫酸锰、硫酸锌、钼酸铵、硫酸亚铁等。主要微量元素肥及其性质见表 3-7。

表 3-7 主要微量元素肥及其性质

肥料类型	肥料名称	主要成分的化学分子式	有效成分及含量/%	溶解性
锰肥	硫酸锰	$MnSO_4 \cdot 7H_2O$	Mn，24～28	易溶
	氯化锰	$MnCl_2$	Mn，17	易溶
锌肥	硫酸锌	$ZnSO_4 \cdot H_2O$	Zn，35～40	易溶
	氯化锌	$ZnCl_2$	Zn，40～48	易溶
硼肥	硼酸	H_3BO_3	B，17	易溶
	硼砂	$Na_2B_4O_7 \cdot 10H_2O$	B，11	易溶
钼肥	钼酸铵	$(NH_4)_6Mo_7O_{24} \cdot 4H_2O$	Mo，54.3	易溶
	钼酸钠	$Na_2MoO_4 \cdot 2H_2O$	Mo，35.5	易溶
铜肥	硫酸铜	$CuSO_4 \cdot 5H_2O$	Cu，25	易溶
铁肥	硫酸亚铁	$FeSO_4 \cdot 7H_2O$	Fe，19	易溶

资料来源：王德利等，2004

微量元素肥施入土壤后固定而失效的比例大，为了提高微量元素肥的肥效，第一方面增加采用叶面施肥的方法，第二方面研制和试用有机螯合微量元素肥，主要的螯合剂有乙二胺四乙酸（EDTA）、羟基乙基乙烯二胺三乙酸三钠盐（HEDTA）、乙二胺二邻苯基乙酸（EDDHA）、二乙烯三胺五乙酸（DTPA）等；第三方面是研制和试用玻璃微量元素混合肥，减少与土壤的接触，提高肥效。

稀土肥是微量元素肥的种类之一。稀土（RE）是化学元素周期表中的镧系元素化学性质相似的钇、钪元素的统称。稀土肥具有生理活性，合理施用，可促进农作物生根、发芽、枝叶繁茂，使作物叶绿素增加，光合作用增强，并可促进对磷等元素的吸收和运转，从而提高产量和质量。稀土肥能够增加豆科牧草根瘤的数量，从而增强固氮菌的活力，因此，提高了土壤的肥力，既促进了牧草的生长，也改善了牧草的品质。

凡以植物的绿色部分耕翻入土中当作肥料的均称绿肥。作为肥料利用而栽培的作物，称为绿肥作物。绿肥作物不仅产草量高，肥效好，能增加土壤有机质，改良土壤，保持水土，防止土壤冲刷，而且易于栽培，成本低，还可兼作饲料和蜜源等。因此，种植绿肥作物可以协调用地与养地的矛盾，促进农、牧、副业的全面发展。可作为冬季绿肥作物的有紫云英、苕子、黄花苜蓿、草木樨、萝卜、蚕豆、箭筈豌豆、油菜、豌豆、兵豆、柠条；可作为夏季绿肥作物的有田菁、柽麻、绿豆、豇豆、马料豆、龙爪黎豆、三圆叶猪屎豆、蝶豆、铺地木兰、决明、葛藤；水生的绿肥作物有绿萍、水花生、水葫芦、水浮莲；多年生绿肥作物有紫花苜蓿、紫穗槐、沙打旺、苦豆子、羊角豆。野生绿肥种类繁多，属于豆科的有刺槐、白三叶草、胡枝子、苦参、达乌里黄芪及百脉根等，此外还有马桑（马桑科）、黄荆（马鞭草科）、鸭脚木（五加科）和盐肤（漆树科）等（北京农业大学，1979）。

二、合理施肥原则

合理施肥就是要及时适量地满足牧草生长发育对营养元素的需要，既不缺乏，又不过量。

（一）根据饲草的需肥量

不同种类的饲草所需的养分种类和数量不同。禾本科饲草尤其是根茎型、疏丛型饲草，如羊草、无芒雀麦、玉米、高粱和燕麦等，对土壤中硝酸盐反应敏感，应以施用氮肥为主，配合施用磷、钾肥。豆科饲草和绿肥等，它们能借助根瘤菌固定空气中的氮素，从土壤中吸收的氮仅占其需要量的三分之一左右，因此，需多施磷、钾肥提高产量和品质，只需在幼苗期根瘤尚未形成时施少量氮肥促进幼苗生长。薯类、甜菜等较其他饲草需要较多钾肥。施肥还要根据各种饲草的耐肥性来决定施肥量。玉米、高粱等需肥多，耐肥力强，因此，需多施氮肥。大麦和燕麦等茎秆细，肥料太多易引起倒伏，故氮肥施用量应减少。另外，在禾本科饲草分蘖至开花期和豆科牧草的分枝至孕蕾期，应适当追施氮肥。多年生饲草每次刈割后、越冬前后、返青前后都需较多养分。

饲草在生长发育过程中，对养分的要求有两个极其重要的时期，即饲草的营养临界期和营养最大效率期。在某一生育时期，饲草虽然对某种养分的需求在绝对量上较少，但需要程度极其迫切，如果缺乏这种养分，饲草生长生育就会受到明显影响，并且由此造成的损失，是难以纠正和弥补的，这一时期就称为饲草营养临界期。大多数饲草需磷的临界期在幼苗期。在饲草生育过程中，还有一个时期，需要养分的绝对数量最多，肥料的作用最大，增产效率最高，这就是饲草营养最大效率期。对玉米而言，氮素最大效率期在大喇叭口到抽雄穗初期。因此，要根据饲草对养分的不同需求，合理安排各种肥料的施用量和施肥时期，以满足不同发育阶段对养分的需要。

（二）根据土壤质地和水分状况

饲草所需的营养元素主要是通过土壤获得的。不同类型土壤，肥力差异极大。土壤结构好，质地好，有机质含量高，pH 适中，则供肥能力强。在这样的土壤上种植饲草，只要基肥充足，适时追肥，即可获得高产。肥沃的土壤，可以减少施肥量和追肥次数。黏质土壤或低洼地等水分较多的土壤，保肥性较好，肥效较慢，前期要多施速效肥，后期要防止贪青、徒长、倒伏。沙性土壤保肥、供肥能力较差，应多施有机肥料做基肥，以化肥作追肥，少量多次，避免减产。总之，土壤质地、土壤肥力和保肥性能是合理施肥的重要依据之一。如果条件许可，每年在饲草播种前，要进行土壤分析，以确定施肥数量和时期。

土壤水分直接影响饲草生长、微生物活动、腐殖质形成和养分积累，也决定着施肥效果。只有溶解于土壤中的养分才能被植物吸收，水分不足或过多，都会影响施肥效果。土壤水分过多，微生物活动差，腐殖质得以积累，但速效养分少，应适当施用速效肥；如果水分过少而土壤干旱，不仅有机质难以分解，速效养分少，化学肥料也因难以吸收而被浪费。因此，旱季施肥要结合灌水和降水，土壤水分少时，要深施化肥，湿润时要浅施。

（三）根据肥料种类和特性

肥料种类不同，特性各异，有的肥效慢，在土壤中不易流失，可作基肥，如复合肥、过磷酸钙、草木灰等；有的肥效较快，易被饲草吸收，可以作为追肥，如硫酸铵、碳酸氢铵等。各种肥料还可正确混合施用，以提高肥效，节省劳动力。合理施肥要考虑不同肥料的特性，注意其营养元素含量、肥效的迟速和酸碱度等，有机肥料则应注意腐熟的程度等，秋翻施肥，可用未完全腐熟的有机肥，播种前应施用已腐熟的有机肥。

三、施肥方法

施肥方法有基肥、种肥和追肥等，可根据饲草需要、肥料种类、土壤肥力，采用不同施肥方法。

（一）基肥

播种前，结合土壤耕翻或浅耕灭茬施用有机肥料或缓效化学肥料，以满足牧草整个生长期需要，这种肥料称为基肥，又叫底肥。基肥以有机肥料为主，化学肥料（如复合肥）为辅，腐熟有机肥料的施用量为15～45t/hm²，犁耕前将肥料均匀地撒施于地面，然后耕翻入土。有机肥料较少时，也可沟施，先在土壤表面开沟，把肥料施入沟内，之后播种覆土，也可窝施，使肥料较为集中，以提高肥效。用作基肥的化学肥料可以和有机肥料同时施入。基肥也可以分层施用，即结合深松耕，把有机肥料施入土壤深层，把优质肥料和速效肥料通过耙地等方式施于土壤表层。这样既能为饲草提供所需要的养分，又能促进土壤迅速熟化。生产中常把厩肥和绿肥混合施用。厩肥分解慢，肥效迟，绿肥分解快，肥效也快，两者混合施用可以互补，能在较长时间内为饲草提供充足养分。

（二）种肥

播种的同时施入有机肥料、化学肥料或细菌肥料等，以供给饲草种子发芽和幼苗生长所需要的能量，这种肥料叫种肥。种肥可施在播种沟内或穴内，覆盖在种子表面，或者浸种、拌种后再播种。用作种肥的有机肥料应充分腐熟，所用化学肥料应对种子无腐蚀作用和毒害作用。某些特定肥料还可采用种子包衣技术来施用。施用种肥时，种子与肥料直接接触或距离较近，因此要防止肥料对种子的腐蚀和毒害作用。酸碱性太强的化学肥料或施用后产生高温的未腐熟厩肥，均不宜作种肥。

（三）追肥

根据饲草对肥料的需求，在饲草生长发育期间追施的肥料称为追肥。速效化肥，辅以腐熟的人粪尿或粪肥常用作追肥。追肥有撒施、条施、穴施和根外追肥等。追肥需及时满足饲草各个生育时期对养分的需求，促进其生长发育，达到优质高产的目的。追肥的施用时间一般为禾本科饲草的分蘖期和拔节期，豆科饲草的分枝期和现蕾期，以及每次刈割后。为了提高豆科饲草的抗寒能力，应在冬季来临前追施磷肥，禾本科饲草追施氮肥，并配合一定量的磷、钾肥。

根外追肥是根据饲草叶片或茎秆有无吸收无机肥料的能力而提出的，宜在以下情况下应用：①饲草植株高大封垄，不易向土壤中直接施肥；②由于某些营养元素被土壤固定，饲草难以吸收到所需要的养分；③某些饲草已经出现缺素症，通过土壤施肥反应较慢。

根外追肥时，饲草主要通过叶片吸收营养物质。实验证明，下表皮（有气孔，角质层薄）比上表皮吸收元素的速度快。除了叶片，茎和休眠的树干也能吸收营养元素。根外追肥的浓度不宜过高，否则对饲草有一定伤害作用。一般施用氮、磷和钾肥时，每公顷10.5kg比较合适，施用微量元素时，每公顷需450～1050g。需用的盐可以配成1%～3%的水溶液进行喷施，也可以配成粉剂喷施，最好在夜晚或黄昏前施用，夜间露水能够帮助饲草对养分吸收。

（四）计划施肥量的估算

饲草计划施肥量的估算式为

$$计划施肥量（kg）=\frac{计划产量所需养分量（kg）-土壤供肥量（kg）}{肥料的养分含量（\%）\times 肥料利用率（\%）}$$

饲草计划产量所需养分量见表 3-8。土壤供肥量通过无肥区饲草产量试验获得，如一般中等肥力下，无肥区玉米产量为 100～150kg。有机肥料的养分含量可由表 3-8 获得。化学肥料的养分含量见本节中表 3-3～表 3-7。肥料利用率一般为氮肥 30%～60%，磷肥 10%～15%，钾肥 40%～70%。有机肥料的氮素利用率较低，腐熟较好的厩肥或绿肥的利用率约为 30%，质量较差的土壤或泥肥，其氮素利用率不足 10%。有机肥料中磷钾肥的利用率较氮素高。

例题　某农户种植玉米，计划种子产量指标为 6000kg/hm²。土壤供肥能力为 1800kg/hm²。现有化学肥料为碳酸氢铵，有机肥料主要为猪圈粪，则需用肥料量计算如下。

1）试验得知土壤供肥量为 1800kg/hm²。要获得 6000kg/hm² 的种子产量则必须通过施肥获得 4200kg/hm² 种子产量。

2）从表 3-8 得出，要获得 100kg 种子产量需 N 2.6kg，P_2O_5 约 0.9kg，K_2O 2.1kg。则 4200kg 种子产量共需 N 109.2kg，P_2O_5 37.8kg，K_2O 88.2kg，包括茎叶需要在内。

3）假设氮素需要量的 1/2 作基肥，则氮素作为基肥的施入量为 109.2kg÷2=54.6kg。按优质猪圈粪含氮 0.5%计，当季肥料中氮素利用率为 25%折算，则每公顷需施优质猪圈粪的数量为 54.6kg÷(0.5%×25%)=43680kg。

4）假设氮素需要量的 1/2 作追肥，则氮素作为追肥的施入量为 109.2kg÷2=54.6kg。按碳酸氢铵含氮量为 17%，肥料利用率为 25%折算，则每公顷需碳酸氢铵数量为 54.6kg÷(17%×25%)=1284.71kg。

同理，可估算出磷、钾肥计划施用量。

表 3-8　部分饲草生产 100kg 产品吸收氮、磷、钾养分的数量

收获饲草种类	含水量	N/kg	P_2O_5/kg	K_2O/kg
紫花苜蓿	干草	2.43	0.55	2.22
红三叶	干草	2.12	0.28	2.67
紫穗槐	14%	1.81	0.37	1.04
沙打旺	14%	1.65	0.54	0.67
白花草木樨	14%	1.93	0.43	1.50
黄花草木樨	14%	2.12	0.33	1.86
白三叶	14%	3.19	0.26	2.06
鸭茅	干草	2.47	0.35	2.57
无芒雀麦	干草	1.64	0.28	2.09
鸡脚草	干草	2.47	0.35	2.57
牛尾草	干草	1.65	0.38	2.15
猫尾草	干草	1.85	0.30	2.56
紫云英	14%	2.36	0.60	1.64
秣食豆	14%	2.11	0.40	1.08
山黧豆	14%	3.10	0.96	2.46
猪屎豆	14%	2.33	0.27	0.71
柽麻	14%	1.35	0.51	1.31

续表

收获饲草种类	含水量	N/kg	P_2O_5/kg	K_2O/kg
田菁	14%	2.79	0.46	1.45
金花菜	14%	2.78	0.70	2.05
箭筈豌豆	14%	1.82	0.28	1.67
毛苕子	14%	2.68	0.71	2.31
春小麦籽粒	—	3.0	1.0	2.5
大麦籽粒	—	2.7	0.9	2.2
玉米籽粒	—	2.6	0.86	2.1
谷子籽粒	—	2.5	1.25	1.8
高粱籽粒	—	2.6	1.3	3.0
大豆籽粒	—	7.2	1.8	4.0
豌豆籽粒	—	3.1	0.9	2.9
甜菜鲜块根	—	0.40	0.15	0.60
胡萝卜鲜块根	—	0.31	0.10	0.50

资料来源：内蒙古农牧学院，1990；周禾等，2004

四、合理灌溉

对于饲草来说，北方特别是华北、西北最大的威胁是干旱，因此灌溉对饲草生长有极其重要的作用。南方、东北东部、北方部分地区多雨时期，应注意排水防涝。

在干旱和半干旱地区建植人工草地，设置灌溉系统是非常必要的。即使在湿润地区，设置补充性灌溉系统，对弥补降水较少的季节饲草生长的水分需求，也具有十分重要的作用。这是因为饲草茎叶繁茂，蒸腾面积大，需水量大，生长发育过程中对水分的需求比作物还要迫切，饲草的蒸腾系数一般为500～800，而作物仅为200～400。这就意味着生产相同数量的经济产量，饲草的需水量要比作物高1倍以上。因此，建植高效益集约化人工草地或饲料基地，建立灌溉系统是基础（陈宝书，2001）。

合理灌溉的前提是充分利用水资源，以最少的水量获得最高的牧草产量。这就需要制定相应的灌溉系统、灌溉方法和灌溉定额。

灌溉系统有漫灌和喷灌两种基本方式。漫灌是一种古老方式，水渗漏损失大，但对深根性豆科牧草仍有一定作用，目前有被喷灌取代的趋势。喷灌是一种先进方式，需要较多的一次性投资，有固定式、移动式和自动式三种类型。固定式喷灌系统由埋藏在地下、遍布整个草地、依喷水半径确定出水口间距的许多喷头组成，适用于面积不大的长期草地，如庭院草坪；移动式喷灌系统是由一组或多组可移动的地面软管附带许多间距一定的喷头构成的网络状喷灌系统，一次可控制相当大面积，浇完这一片可再移动浇另一片，如此达到全部喷灌，适用于各种类型的草地，投资相对比较小，是目前建植人工草地的主要喷灌方式；自动式喷灌系统是由固定式和移动式结合构成的一种由电脑自动控制何时灌溉、每次喷灌的时间、每次的灌水量等技术性操作程序，这是现代最先进的喷灌系统，也是把理论上的合理灌溉落实到实践中的一种尝试（陈宝书，2001）。禾本科饲草的灌水量为土壤饱和持水量的75%，豆科饲草为50%～60%。水分过多会造成土壤通气不良，引起饲草烂根。

灌溉的适宜时间和次数因饲草种类、生育时期、气候、土壤及灌溉条件而有所不同。禾本科饲草从分蘖到开花和豆科饲草从现蕾到开花是饲草需水的关键时期，这是主要的灌溉时期。多年生饲草在返青前，可以浇一次返青水。每次刈割后为促进再生，也应及时灌溉，因为刈割后地表裸露，土壤水分蒸发量剧增。这在盐碱地上还有压盐碱的作用。对于玉米等谷类饲料作物，拔节前尽量不浇水，以利“蹲苗”，拔节期后才开始灌溉。此外，冬季封冻前灌一次水，有利于饲草安全越冬和第二年早春的返青。通常，施肥后结合灌水，对提高肥效有显著作用。从灌溉方法看，有些饲草适宜于一次灌足、不耐积水，如紫花苜蓿、红三叶等；有些饲草适宜于浅灌勤灌、耐积水，如白三叶、无芒雀麦等（陈宝书，2001）。

灌溉定额是指单位面积草地在生长期间各次灌水量的总和，每次灌水量是根据饲草该生长阶段需水量与土壤耕层供水量的差额得出的，或者根据该生长阶段耕层土壤水分蒸发量与降水量之差得出的。一般情况下，饲草地每年每公顷的灌溉定额约为 3750m^3，而每次灌水量 1200m^3，平均 2～4 次或更多，是刈割次数的 2 倍（陈宝书，2001）。

当土壤的含水量为田间最大持水量的 50%～80%时，饲草生长最为适宜。如果水分过多则应及时排水，否则由于土壤水分过多，通气不良，就会影响饲草根系的呼吸作用而烂根死亡。排水良好的土壤可促使饲草根系向下延伸，得到更多的养分。另外，排水不良也容易引发一些根部病害。特别是低洼易涝地区及南方雨水较多的季节，一定要开好排水沟，并要经常注意疏沟排水（陈明，2001）。

第四节　播种

饲草，尤其是多年生饲草，播种后出苗率低，苗期缺苗严重，幼苗生长不整齐，是影响产量极为重要的原因之一。因此，要根据不同饲草的发芽与出苗特点，播种地区土壤、气候条件，以及前作情况等，播前对播种材料严格进行选择，并采取相应处理，才能达到苗早、苗齐、苗全、苗壮的目的，为饲草高产打好基础。

一、饲草种类选择的依据

我国陆地面积 960 万 km^2，幅员辽阔，地跨 5 带，从南到北依次为热带、亚热带、暖温带、温带、寒温带，生态环境条件差异极大，即使在同一地区，不同海拔高度的生境条件也不一致，分布的饲草种类也不同。在一个特定地区，必须根据当地的气候、土壤条件、饲草利用方式、饲草的供饲畜种及饲草的生物学特性等，选择适宜的饲草种和品种（陈宝书，2001）。

（一）地区与气候

任何一种饲草对气候条件都有一定的适应范围，这是由其基因特性所决定的。

在众多气候因子中，温度是第一位的，它决定多年生牧草能否安全越冬，这是建植人工草地成败的关键因子。牧草能否安全越冬取决于两个因素：一个是冬季极端低温出现的强度及其持续时间的长短对根部休眠芽（根颈、分蘖节）的危害。直接起作用的温度是耕作层 5cm 土温，因而当冬季有积雪，尤其很厚时对减缓冻害是极有好处的，冬季加覆盖物或进行冬灌也可起到类似的作用。另一个是早春返青前异常低温出现的强度及其持续时间的长短对萌动返青芽的危害。当早春气温上升时，休眠芽开始萌动解眠，并处于非常活跃时期，此时对低温特别敏感，一旦再降温就会造成危害，许多饲草越冬差就是这个原因。所以，大面积建植人工草地时，应选用在当地已经栽培的或引种试验成功的优良草种（陈宝书，2001）。

降水量是第二位因子，它决定牧草的栽培方式和生产能力。起作用的不是年降水量的多少，而是生长季的降水量及其分布的均匀性。一般年降水量500mm以上的地区，可采用旱作（不需要灌溉）的方法建植人工草地；年降水量300～500mm的地区，尽管也可旱作，但产量不稳；年降水量300mm以下的地区，则必须有灌溉条件才能建植人工草地；年降水量800mm以上的地区，则要考虑排水防涝问题。由于牧草的耐旱性不同，选用牧草时应依据当地降水条件和栽培条件进行选择。在干旱地区，应选择抗旱、抗寒和根系发达的饲草。不过，抗旱性越强的牧草，往往草质越差，产量越低，因而选用草种时要正确处理好这个矛盾，使其在正常生长情况下获得既优质又高产的饲草料（陈宝书，2001）。

不同饲草对土壤均有一定要求，因此，需要选择适应当地土壤条件的饲草种和品种。有的适宜于沙性土，有的适宜于壤土；有的草种有一定耐盐碱能力，有的则不耐盐碱；有的草种耐贫瘠，有的喜沃土。在沙漠地区，应选择超旱生的防风固沙植物，如果用于改良盐碱地，可以选择'朝牧1号'稗子（国家审定并获科技进步奖的新品种）、紫花苜蓿、沙打旺、草木樨、籽粒苋、甜高粱等。如果用于培肥地力，首先应该选择草木樨，其次是苜蓿、沙打旺、田菁、紫云英、毛苕子等（陈宝书，2001）。参见第二章第三节。

（二）建植人工草地的目的和要求

牧草因其生物学特性和生产性能的不同，所产生的效能也有所不同，因而建植人工草地时应根据其建植目的和要求选用合适的草种。建植人工草地的目的主要有生产饲草料、养地肥田和环境保护三个方面。在每个方面，由于建植条件和需要的不同又有各自具体的要求（周禾等，2004）。

以生产饲草料为主要目的的人工草地，所选用的牧草要尽可能高产优质，如豆科牧草有紫花苜蓿、三叶草、沙打旺、草木樨、柠条、二色胡枝子、大翼豆、柱花草、山蚂蝗、银合欢等；禾本科牧草有无芒雀麦、苇状羊茅、老芒麦、披碱草、冰草、羊草、黑麦草、狗尾草、雀稗、象草、苏丹草等；饲料作物有玉米、高粱、大麦、燕麦、黑麦、谷子、串叶松香草、聚合草、苦荬菜、籽粒苋、甜菜、胡萝卜、南瓜等。

绿肥草地应选择具有固氮功能的一年生或二年生豆科草种，如紫云英、毛苕子、箭筈豌豆、豌豆、蚕豆、草木樨、田菁、柽麻、秣食豆、胡卢巴、山黧豆等。

果园草地应选择低矮或茎匍匐草种，且具一定耐阴性的多年生草种，如白三叶、鸡脚草、巴哈雀稗等。自我更新能力较强的一年生草种鸡脚草也可选用。具有固氮功能的豆科草种宜优先选用。

水土保持草地应选择根系发达或具有发达的根茎或匍匐茎的多年生草种，如多变小冠花、白三叶、沙打旺、柠条、紫穗槐、二色胡枝子、银合欢、大翼豆、无芒雀麦、苇状羊茅、小糠草、大米草、野牛草、狗牙根、结缕草、地毯草、巴哈雀稗等。

（三）草地利用方式

草地的利用方式主要有刈割利用和放牧利用。刈割草地应选择株丛较高、上繁、耐刈性强的多年生饲用草种，如豆科牧草种紫花苜蓿、沙打旺、红豆草、草木樨、柠条、二色胡枝子、柱花草和银合欢等；禾本科牧草种有无芒雀麦、苇状羊茅、老芒麦、披碱草、冰草、羊草、一年生黑麦草、狗尾草、雀稗、象草、苏丹草等；饲料作物有玉米、高粱、大麦、燕麦、黑麦、谷子、串叶松香草、聚合草、苦荬菜和苋菜等（周禾等，2004）。

放牧草地应选择株丛较为低矮、下繁或茎匍匐、耐牧性强的多年生饲草种，如豆科草种的三叶草、多变小冠花、百脉根、扁蓿豆、大翼豆和山蚂蝗等；禾本科草种有多年生黑麦草、草地早熟禾、无芒雀麦、紫羊茅、小糠草、冰草、羊草、鸡脚草、宽叶雀稗和巴哈雀稗等（周禾等，2004）。

（四）草地种植制度

季节复种、套作草地，仅利用一个生长季或生长季中的某一段时间，种一次仅利用一茬，因此应选择生长迅速的一、二年生饲用草种，如豆科草种有草木樨、紫云英、毛苕子、箭筈豌豆、田菁、柽麻、山黧豆、秣食豆和胡卢巴等；禾本科草种有一年生黑麦草、苏丹草、黑麦、燕麦和大麦等（周禾等，2004）。

短期轮作草地，利用2～4年，因此应选择二年生或短寿命多年生饲用草种，如豆科草种有草木樨、红三叶、红豆草和沙打旺等；禾本科草种有多年生黑麦草、苇状羊茅、老芒麦、披碱草、猫尾草和鸡脚草等。当缺乏适宜的短寿命多年生草种时，也可选用长寿命草种，如紫花苜蓿等（周禾等，2004）。

长久草地，利用年限6年以上，因此就选择长寿命多年生饲用草种，如豆科草种有紫花苜蓿、白三叶、多变小冠花、百脉根、扁蓿豆、二色胡枝子、柱花草、大翼豆、山蚂蝗和银合欢等；禾本科草种有无芒雀麦、多年生黑麦草、冰草、羊草、小糠草、紫羊茅、草地早熟禾、雀稗、狗尾草和象草等（周禾等，2004）。

如果调制冬春季青贮饲料，应种植饲用玉米、甜高粱和籽粒苋等。两份玉米秸秆（或甜高粱秸秆）加一份籽粒苋青贮，营养全面且不变质，饲喂牛、羊、猪、鹅效果最好。此外，还可种植高丹草、串叶松香草、苜蓿、沙打旺等，将其混合，调制青贮饲料。

（五）饲喂家畜种类

选择饲草种和品种时，要考虑饲喂家畜类型，根据家畜营养需要特点选择适宜饲草。如果饲喂牛、羊等反刍动物，因需求量较大，且这些家畜消化粗纤维能力强，可选择产量高、易于栽培、品质中等的饲草。如果要解决夏秋青绿饲料，最好首先种植御谷、墨西哥玉米、籽粒苋等，其次是高丹草、皇竹草、串叶松香草、菊苣等。要解决家畜所需要的干草，最好首先种植‘朝牧1号’稗子，其次是御谷、紫花苜蓿、沙打旺等。如果要饲喂猪，可以根据猪采食量大，要求饲料纤维素含量低、富含碳水化合物和蛋白质的特点，种植籽粒苋、饲料菜、苦荬菜、菊苣、鲁梅克斯K-1杂交酸模、串叶松香草、青贮玉米等。如果饲喂母猪、种公猪，应种植饲用胡萝卜、甜高粱等，但以籽粒苋、饲料菜、苦荬菜为首选。如果饲喂家禽，因禽类采食量较少，需求蛋白质高、纤维素少，应选择苦荬菜、菊苣、籽粒苋、根刀菜、饲用胡萝卜等。

二、饲草种子的定义和品质要求

农牧业生产中所指的种子，同植物学中的概念上并不完全相同，后者是指由胚珠发育而成的一种繁殖器官，而前者则泛指在生产实践上可供繁殖用的植物器官或植物体的某一部分，既包括植物学的种子（如豆科饲草），也包括植物学的果实（如禾本科草类的颖果及甜菜的聚合果），以及块根、块茎等。

种植饲草，首先要选择适宜当地气候和土壤条件的种或品种。为了保证出苗效果，播种前必须选择高质量播种材料，这是饲草能否种植成功和获得高产的前提条件。

（一）纯净度高

种子的纯净度又称清洁度，指种子中除去其他种子及混杂物（包括废种子、杂质等）后纯净种子的数量百分比。保证播种材料的纯净度，具有重要意义。如果品种中混有其他作物种子，容易产生机械和生物学混杂，使某一饲草种或品种逐渐丧失原来的优良特性，导致产量逐年下降，品质变坏。纯净度高的种子，对环境条件要求一致，配合适宜于该品种特性的农业技术措施，就能充分发挥良种的优良特性，从而获得高产优质的草产品。

废种子包括无种胚种子，有极大皱纹、幼根突出种皮的种子，腐烂、压碎和压扁的种子，以及破碎和受损伤，其残缺程度达 1/3 以上的种子（不论其种胚有无）。有生命杂质，包括有种胚的其他饲草种子、杂草种子、菌核、病菌、黑穗病粒、孢子团及其他线虫病粒，此外，活的幼虫、成虫、虫卵等也属于这一类。无生命杂质包括禾草的内外颖壳，脱离的不孕小花，豆科饲草脱落的种皮，以及土块、砂、石、茎叶、昆虫粪便、种子碎屑、死的昆虫、蛹壳等。

饲草种子中混有各种杂质，会使其品质降低。混有杂草，特别是检疫性杂草种子，会使田间杂草滋生，影响饲草生长；混有病核等物，会导致病害广为传播；混有泥块、砂石等混杂物，对种子通风通气不利，影响种子贮藏。一些杂质，如植物茎秆、杂草种子往往含水量较高，吸湿性较强，在种子贮藏或运输过程中，容易引起种子发热、霉变、生虫。有些混杂物，如麦角、毒麦等容易引起家畜中毒。因此，在准备饲草播种材料时，应测定其纯净度，并采取相应的清选除杂措施。

（二）种子成熟度高与粒级大

用来播种的饲草种子需成熟度一致，子粒大而充实，粒级高。种子成熟度和子粒饱满度有关，一般未成熟的种子，子粒小而轻，多为瘪粒或具有皱纹。种子粒级大小通常用千粒重这个指标衡量，千粒重是指 1000 粒自然干燥的种子的质量，单位用“g”表示。乳熟期收获的种子，其千粒重低，虽具有一定发芽率，但发芽率较低。

种子粒级大小，对饲草种子萌发及生长也有较大影响。小粒饲草种子，粒级大的发芽率高，幼苗生长高度较高，生长快，生活力较强，而粒级小的生长慢，生活力弱。种子粒级越小，种子内贮藏营养物质数量也越少，很难满足幼苗出土对能量的需求。就呼吸强度而言，小粒不饱满种子，其呼吸强度、气体交换能力及吸湿性等方面均比子粒饱满、大粒种子强得多。采用收获适时、粒大饱满、整齐一致的播种材料，对饲草生长发育和产量均有着重要意义。

（三）生活力强

生活力是指在适宜的环境条件下，种子能够萌发，长出健壮幼苗，并能发育成正常植株的能力。种子萌发性能通常是用发芽率和发芽势表示。发芽率是指已萌发的种子数占供试种子数的百分比，其高低表示供试种子中有生命能力种子的数量。发芽势则表示种子生活力强弱和萌发的整齐度。发芽势高表示种子生活力强，播种后出苗整齐一致。饲草种子以第 3～5d 的发芽率作为发芽势。根据饲草种类，分别规定计算发芽势的日期为 3～7d或更长。

有些种子，它们本身虽具有生活能力，然而由于具有休眠特性，在未经处理或条件未满足情况下不能迅速萌发，这些种子在测定发芽率或播种之前，应进行破除休眠处理。此外，种子萌发能力与种子本身状况（成熟度、粒级）、贮藏条件和寿命长短也有密切关系。

种子发芽率直接影响饲草田间的出苗率，萌发的整齐度，成熟的一致性，饲草的田间密度及产量。用发芽率低的种子作为播种材料，将会造成极大的经济损失和浪费。因此，在播种前应进行发芽试验，根据种子发芽率高低，计算出适宜播种量。如果发芽率太低，则应更换播种材料，以免影响播种质量。

评定种子的生活力对测算播种的有效性特别重要。生产中常用种用价值这样一个概念评定播种材料的有效性，它是指播种材料中能够发芽的种子所占的质量百分比，其计算公式为

播种材料的种用价值＝纯净度×发芽率×100％

例如，某饲草的纯净度为90％，发芽率为80％，则其种用价值为72％，即1kg播种材料中可利用的有效部分为720g，另280g为无效部分，这个指标对评定种子价格的高低有直接作用。

（四）健康而无病虫害

种子常常是植物病虫害传播的重要途径之一。带有病虫害的种子播种于田间后，易使植株感染病虫害，感病轻时降低饲草的产量与品质，严重时将带来毁灭性灾害，甚至需要花费很大人力、物力和财力才能消除。因此，作为种用材料的种子，播种前必须进行种子检验，并进行相应处理，以保证播种材料品质。对于严重感染病虫害的种子，特别是本地区原来没有检疫到的病虫害，为避免扩散造成危害，这类种子不宜作为播种材料，并应立即进行处置或毁除。

（五）含水量低

种子含水量的高低对播种材料的贮藏、运输和贸易有重要作用，同时也影响种子的萌发能力和寿命。高水分的种子，贮藏中容易发霉变质，不仅影响种子的生活力，严重时会丧失活性，而且会加重运输负担，有时也会成为贸易障碍。一般要求豆科饲草种子含水量为12％～14％，禾本科饲草种子的含水量为11％～12％（陈宝书，2001）。

三、种子处理

为了保证播种质量，播种前根据饲草种子的具体情况，可采用清选去杂、破除休眠、种子消毒、温水浸种、化学药剂拌种、根瘤菌接种、包衣拌种等种子处理措施，以提高种子发芽率，保证出苗率。

（一）清选去杂、去壳、去芒

选种的目的是清除杂质，将不饱满种子及杂草种子等剔除，以获得子粒饱满、纯净度高的种子。清选可由清选机或人工完成。必要时也可用泥水、盐水（10kg水加食盐1kg）或硫酸铵溶液清选。带荚壳的饲草种子发芽率低，如草木樨等；有芒或颖片的饲草种子流动性差，影响播种，如披碱草、鸭茅、鲁梅克斯K-1杂交酸模等。这些种子在播种前应进行去壳、去芒。去壳可用碾子或碾米机；去芒可用去芒机，也可将种子铺在晒场上，厚度5～7cm，用环形镇压器进行压切，然后清选。

（二）破除休眠

种子休眠是指在给予种子适宜的水、温、气、光等发芽条件后仍不能萌发的现象，这在饲草中非常普遍。许多豆科饲草种子，由于种皮具有一层排列紧密的长柱状石细胞，水分不易渗入，种子不能吸水膨胀萌发，这些种子被称为硬实种子。禾本科饲草由于种胚不成熟造成的种子休眠，尚待一段时间完成后熟后才能发芽，此类种子称为后熟种子。

不同豆科饲草种子均有不同程度硬实率，如紫花苜蓿为10%，白三叶为14%，红三叶为35%，红豆草为10%，草木樨为39%。因此播种前必须进行处理，处理的主要方法有5种（内蒙古农牧学院，1990）。

1）擦破种皮。用擦破种皮的物理机械方法，可以使种皮产生裂纹，水分可沿裂纹进入种子内部。当处理大量种子时，可利用除去谷子皮壳的碾米机，处理时以碾压至种皮起毛，但不致碾压破碎为原则。也可在种子中掺入一定数量石英砂，用搅拌器搅拌、振荡，使种皮表面粗糙起毛。需要注意的是，不同饲草因其种皮特性不同，所要求的高压强度和处理时间不同。某些饲草种子可以用化学药剂处理，如可用浓硫酸处理多变小冠花种子。

2）变温浸种。变温处理可加速种子萌发前的代谢过程，通过热、冷交替，促使种皮膨胀软化，改变其透性，促进其吸水、膨胀和萌发。变温浸种的方法是将硬实种子放入温水中浸泡，水温以不烫手为宜，浸泡一昼夜后捞出，白天置于阳光下曝晒，夜间移至凉处，并经常浇水使种子保持湿润状态，2～3d后，种皮开裂。当大部分种子吸水后略有膨胀时，即可趁墒播种。但此法宜于土壤较湿润地块。水温较高时，浸泡时间可适当缩短，苜蓿种子在50～60℃热水中浸泡半小时即可。根据1964年李敏等对蒙古岩黄芪的试验，用78℃热水浸种72h后，其发芽率由23%提高到82.5%。

3）高温处理。适当提高环境温度（以30～40℃为宜）有助于促进种子提前完成后熟。给种子加温的方法很多，如室内生火炉、烧火炕等土法，也可利用大型电热干燥箱等设备，更好地控制作用时间和温度。试验表明，随着温度升高，硬实率下降。

4）化学处理。利用无机酸、盐、碱等化学物能够腐蚀种皮和改善种皮通透性的作用，促进萌发，从而提高发芽率。1985年徐本美等用98%浓硫酸处理当年收获的二色胡枝子5min，可使种子发芽率由12%提高到87%。1988年王彦荣等用95%浓硫酸处理当年收获的多变小冠花，可使种子发芽率由37%提高到81%。

5）沙藏或秋冬播种。用稍湿的沙埋藏湿生禾本科饲草，可显著提高种子发芽率，一般需1～2个月。根据温度，沙藏又可分为冷藏（1～4℃）和热藏（12～14℃）两种，一般热藏效果较好。也可采用秋冬播种的方法，用这种方法时，硬实种子在第二年春季萌发，也就是说，播后种子在冬季自然冷冻作用下，种皮破裂，从而增加了种子透水性。

对于禾本科饲草后熟种子，通过加速后熟发育过程，缩短休眠期，达到促进萌发的作用。常用的方法有3种（陈宝书，2001）。

1）晒种处理。方法是先将种子堆成5～7cm的厚度，然后在晴天的阳光下曝晒4～6d，并每天翻动3～4次，阴天及夜间收回室内。这种方法是利用太阳的热能促进种子后熟，从而可使种子提早萌发。

2）热温处理。对萌发环境中的气温适度加温和变温都有助于促进种子提早完成后熟。加热的温度以30～40℃为宜，超过50℃则可能造成危害，尤其在高湿状态下的高温危害更大。据研究，当新收获的草芦种子的湿度由25%上升到56%时，其出苗率则由89%下降到 39%。加温的方法有很多，如室内生火炉、烧土炕等土法，若利用大型电热干燥箱等设备则可更好地控制作用温度和时间。变温处理是在一昼夜内先用低温后用高温促使种子萌发的方法，一般低温为 8～10℃，处理时间 16～17h；高温为 30～32℃，处理时间 7～8h。据苏斯洛夫对收获 30d 的无芒雀麦和猫尾草的研究，设置在 6h 30～32℃高温处理，18h 低温分别有 20℃和 8～10℃两个处理，然后与未经变温处理的对照进行比较，无芒雀麦的发芽率两个处理分别为 42%和 95%，而对照为 61%；猫尾草的两个处理分别为 40%和 96%，而对照为 59%。此外，对草地早熟禾、鸭茅等牧草所做的试验，也获得了类似的结果。

3）沙藏处理。用稍湿的沙埋藏草芦、水甜茅等湿生禾草可显著提高发芽率，埋藏的时间视种类不同以 1～2 月为宜。沙藏依温度不同又可分冷藏（1～4℃）和热藏（12～14℃）两种，一般热藏效果高于冷藏。据 OBecHoB 研究，收获 5 个月的草芦，用冷藏处理 15d、30d、60d 的发芽率分别为 66%、82%和 93%，而未经沙藏的对照仅为 38%。水甜茅经 15d 冷藏和热藏处理后，发芽率分别为 17%和 45%，而未经沙藏的对照仅为 9%。

（三）种子消毒

种子消毒是预防病虫害的一种有效措施。饲草的很多病虫害是由种子传播的，如禾本科饲草的毒霉病、各种黑粉病、黑穗病，豆科饲草的轮纹病、褐斑病、炭疽病，以及某些细菌性的叶斑病等。因此，播种前进行种子消毒很有必要。种子消毒的方法有 3 种。

1）盐水淘洗法。用 10%盐水或 25%过磷酸钙溶液淘洗种子，可有效去除苜蓿种子上的菌核和籽蜂、禾本科饲草的麦角病，或用 20%盐水，可有效淘除苜蓿种子中的麦角菌核。

2）药物浸种。石灰水、甲醛溶液等是常用的浸种药物。豆科饲草的叶斑病、禾本科饲草的根腐病、赤霉病、秆黑穗病、散黑穗病等，可用 1%石灰水浸种；苜蓿轮纹病可用甲醛的 50 倍液或抗菌素 401 的 1000 倍液浸种。

3）药物拌种。播种前将粉剂药物与种子混合拌匀，拌后立即播种。常用的拌种药物有菲醌、福美双、萎锈灵等。豆科饲草的轮纹病可用种子质量的 6.5%菲醌溶液拌种；三叶草花霉病可用 35%菲醌溶液按种子质量的 0.5%～0.8%拌种；用种子质量 0.3%～0.4%的福美双拌种，可防除各种散黑穗病；用 50%可湿性萎锈灵粉按种子质量的 0.7%拌种，可防除苏丹草坚黑穗病。

饲草种子在播种前，除了用上述药剂拌种，以减少和杜绝田间病虫害，改善饲草料品质和提高产量外，通常在生产实践中还可用化肥拌种，使幼苗生长健壮。拌种用化肥种类有氮、磷、钾和微量元素等，但在多数情况下，微量元素拌种效果最好。经常用于拌种的微量元素有硼、锰、锌、铜等。这些微量元素，都是饲草生长和发育不可缺少的营养元素，可根据各地土壤中微量元素的含量状况，酌情使用。

（四）根瘤菌接种

当豆科饲草生长在原产地及良好的土壤条件下，在它们的根上生有一种瘤状物，称为根瘤。只有土壤中存在某一豆科饲草所专有的细菌并达一定数量时，这种根瘤才能形成。这种能使豆科饲草根上形成根瘤的细菌，叫根瘤菌。第一次种豆科饲草的田地，一般缺少这种根瘤菌。同一地块上连续 3 年以上不种植豆科饲草，或 4～5 年不种植同一种豆科饲草，也缺少根瘤菌，都需要接种（陈宝书，2001）。

1. 根瘤菌接种原则 根瘤菌与豆科植物间的共生关系是非常专一的，即一定的根瘤菌菌种只能接种一定的豆科植物种，这种对应的共生关系称为互接种族，因而接种时应遵循这一原则。互接种族，即同一种族内的豆科植物可以互相利用其根瘤菌侵染对方形成根瘤，而不同种族的豆科植物间则互相接种无效。现已查明，根瘤菌类群可划分为以下 8 个互接种族。

（1）苜蓿族 可侵染苜蓿属、草木樨属、胡卢巴属的牧草。

（2）三叶草族 仅侵染三叶草属的若干种牧草。

（3）豌豆族 可侵染豌豆属、野豌豆属、山藁豆属、兵豆属的牧草。

（4）菜豆族 可侵染菜豆属的一部分种，如四季豆、红花菜豆、窄叶菜豆、绿豆等。

（5）羽扇豆族 可侵染羽扇豆属和鸟足豆属的牧草。

（6）大豆族 可侵染大豆属的各个种和品种。

（7）豇族 可侵染豇豆属、胡枝子属、猪屎豆属、葛藤属、链荚豆属、刺桐属、花生属、合欢属、木兰属等的牧草。

（8）其他族 包括上述任何族均不适合的一些小族，各自仅包含 1～2 种牧草，如百脉根族、槐族、田菁族、红豆草族、鹰嘴豆族、紫穗槐族等。

2. 根瘤菌接种方法 根瘤菌接种方法有以下几种。

1）用根瘤接种。①干瘤法。选择开花盛期的豆科饲草健壮植株，连根挖起、洗净，切掉茎叶后置于凉爽、阴暗避风处（避免阳光照射）阴干。播种前取下干根弄碎拌种。3～5 株干根粉可拌播 $0.13hm^2$ 地所需的种子；也可用干根重 1.5～3.0 倍的清水，浸泡干根粉，在 20～35℃条件下不断搅动促使其繁殖，经 10～15d 后可用来处理种子。②鲜瘤法。选取园土、河、塘泥干土 0.25kg，加一小盅草木灰、拌匀，盛入大碗盖好。蒸煮 30～60min，冷却。将选择的根瘤 30 个，捣碎，用少量冷开水或米汤拌成菌液，与蒸煮过的土壤拌匀。如果太黏可加适量细沙，置于 20～25℃温室中 3～5d，每天加水翻拌，即制成菌剂。每公顷所需的种子用 750g 菌剂拌种即可。

2）用根瘤菌剂拌种时，按规定用量制成菌液，充分拌匀，拌好后立即播种，不可久留。

3）如无根瘤菌时，将同种豆科饲草的根际土壤取出与种子混合播种，也能起到接种作用。

3. 根瘤接种注意事项

1）根瘤菌不能在阳光下直射，接种后的种子，如果曝晒数小时根瘤菌即被杀死。拌种应在阴暗、凉爽、不太干燥的地方进行，拌后立即播种覆土。

2）播前种子消毒所用药物对根瘤菌同样有毒害作用，大面积播种可将根瘤菌与麦麸、锯末混合先播于土壤中。

3）已接种根瘤菌的种子，不能与生石灰、农肥接触，这些对根瘤菌均有影响。

4）多数根瘤菌适宜于中性、微碱性环境。如果土壤酸度太大，要施一定数量石灰。

5）土壤干燥、板结黏重，土温过高，土壤过湿、排水不良对根瘤菌不利。土壤湿润疏松，通气良好，有一定肥力对根瘤菌繁殖有利，形成根瘤多，有利于获得高产。

（五）种子包衣

包衣拌种是指将根瘤菌、肥料、灭菌剂、灭虫剂等有效物，利用黏合剂和干燥剂涂黏在种子表面的丸衣化技术。该技术初创于20世纪40年代，经过数十年的改进和完善，现已成为许多国家作物和饲草栽培技术规程中的一项基本作业，并已在种子贸易中形成商品化。种子包衣后，质量增大，表面光滑，便于通过播种管均匀播种；包衣种子在土壤中包衣被溶解，有利于建立适宜于种子萌发、出苗的微生态环境，长成壮苗；豆科饲草在丸衣化过程中接种根瘤菌，能使根瘤菌在包衣环境中获得较好生长和繁殖条件，提高接种效果。总之，包衣化是提高饲草种子播种品质的重要技术，因而在飞播技术中得到了广泛的应用（陈宝书，2001）。

包衣过程是通过包衣机械实现的，类似于制药厂糖衣药粒的机械，国产包衣机为内喷式滚筒包衣机。制作包衣种子的材料包括黏合剂、干燥剂和有效剂三部分。黏合剂常用的材料有阿拉伯树胶、羧甲基纤维素钠、木薯粉、胶水等水溶性材料；干燥剂可选用碳酸钙、磷酸盐岩或白云石（碳酸镁）等细粉材料；有效剂包括根瘤菌剂、肥料、灭菌剂、灭虫剂四类。这些可单独包衣，也可混合包衣，有时是每类中的数个性质不同的材料进行混合包衣，但要注意它们之间的排斥性和相克性，如氮肥不能与根瘤菌剂混合包衣，某些能杀死根瘤菌的灭菌剂和灭虫剂也不能与根瘤菌剂混合包衣，同时要注意这些化学物质之间是否会发生化学反应而降低药效。

包衣方法是先用已配制好的黏合剂倒入根瘤菌剂中（禾本科饲草无需这一步）充分混合，然后利用包衣机将混合液喷在所需包衣的种子上，边喷边滚动搅拌，直至使种子表面均匀涂上混合液，此后立即喷入细粉状的干燥剂及肥料、灭菌剂和灭虫剂等材料，并迅速而平稳地混合，直到有初步包衣的种子均匀分散开为止。包衣能否成功关键在于混入黏合剂的比例及其混合时间，黏合剂过多易使种子结块，过少起不到包衣作用；混合时间过长会造成石灰堆积而导致碎裂和剥落，过短达不到均匀包衣。合格的包衣种子，表面应是干燥而坚固的，能抵抗适度的压力和碰撞，在贮存和搬运时不致使包衣脱落。包衣种子因有效剂材料不同，其有效性是有期限的，原则上要尽早播种，注意播种时应视包衣敷料的质量而需重新调整播种量。

除包衣这种需要机械完成的先进方法外，我国人民在生产实践中创造了许多简单易行而有效的拌种方法（陈宝书，2001）。

1. 盐水淘除　用1∶10盐水或1∶4过磷酸钙溶液可有效淘除苜蓿种子中的菌核和籽蜂，用1∶5盐水可有效淘除苜蓿种子中的麦角菌核。

2. 药物浸种　用1%石灰水溶液浸种可有效防治豆科牧草的叶斑病及禾本科牧草的根腐病、赤霉病、秆黑穗病、散黑穗病等，用50倍甲醛溶液可防治苜蓿的轮纹病，200倍甲醛溶液浸种1h可防治玉米的干瘤病。

3. 药粉拌种　菲醌是常用的灭菌粉剂，按种子质量的6.5%拌种可防治苜蓿等豆科牧草的轮纹病，按0.5%～0.8%拌种可防治三叶草的花霉病，按0.3%拌种可防治禾本科牧草的秆黑粉病。其他还有福美双、萎锈灵、胂37等，用种子质量的0.3%～0.4%福美双拌种可有效防治各种牧草的散黑穗病，用50%可湿性萎锈灵按种子质量的0.7%拌种，或者用20%胂37按种子质量的0.5%拌种可防治苏丹草和高粱的坚黑穗病。

4. 温水浸种　用50℃温水浸种10min可防治豆科牧草的叶斑病及红豆草的黑瘤病，用45℃温水浸种3h可防治禾本科牧草的散黑穗病。

5. 化肥拌种　尽管氮、磷、钾也可拌种，但常用硼、钼、锰、锌、铜等微量元素拌种，这些元素应根据土壤中微量元素含量情况及牧草种类和生长特点酌情使用，如豆科牧草接种栽培中可用钼拌种，这对提高根瘤菌固氮作用非常有效。

四、饲草的播种

（一）播种时期

播种时期的确定应综合考虑如下几方面因素：第一，适宜的水、热条件和土壤墒情有利于饲草种子的迅速萌发及定植，确保苗全苗壮；第二，病、虫、杂草危害较轻，或播种前用充足时间消除杂草，减少杂草侵袭与危害；第三，符合各种饲草的生物学特性。

1. 春播　春播适于春季气温条件较稳定，水分条件较好，风害小而田间杂草较少的地区。春性饲草及一年生饲草由于播种当年即可收获，一般实行春播。夏季气温较高，不利于饲草生长及幼苗越夏，而且秋季时间短，天气骤寒，不利于饲草越冬的地区，一般也采用春播。但春播时杂草危害较严重，要注意采取有效防除措施。

2. 夏播　在我国北方地区，如内蒙古、山西、甘肃、陕西等，春播饲草由于气温较低而不稳定，降水量少，蒸发量大，风沙大，且刮风天数多，不利于抓苗和保苗，春播往往容易失败。但是这些地区夏季或夏秋季气温较高而稳定，降水较多，形成水、热同期的有利条件，对多年生饲草萌发和生长极为有利。因此，在这些地区，播种前，合理进行土壤耕作，清除杂草，播种多年生优良饲草，特别是在旱作条件下播种，夏播和夏秋播具有较大优越性。

3. 秋播　主要适用于我国南方和北方冬季不太寒冷的地区，播种时间多在9～10月。这些地区春播时，杂草危害较重，夏播时由于气温太高，不利于幼苗生长。另外，对于冬性饲草而言，播种当年不能形成产量，只形成草簇或莲座状叶丛，而在夏播、夏秋播和秋播条件下，第二年可获得高产。越年生饲草进行种子生产则必须秋播。

（二）常规播种方法

播种是饲草生产中重要环节之一，只有认真做好这一工作，才能保证苗全、苗壮，获得优质高产饲草（陈宝书，2001）。

1. 牧草的播种方式

（1）条播　条播是饲草最常用的播种方式，条播有利于中耕除草和施肥，而且条播时深度均一，出苗整齐，利于和杂草竞争水、肥。可利用播种机播种，也可人工开沟播种。条播时行距因饲草种类和利用方式不同而不同，收草田15～20cm，收种田45～60cm。湿润肥沃的土壤行距较干旱贫瘠者窄。

（2）撒播　撒播适宜于降雨量充足地区。整地后用人工或撒播机把种子撒播于地表，然后轻耙、镇压。撒播常常因撒种不均匀和盖土厚度不一，造成出苗不整齐，难以中耕除草和管理，一般不宜采用。在一些山区和草原地区，大面积播种饲草、树木等，常采用飞机撒播。

（3）带肥播种　带肥播种是指与播种同时进行，把肥料条施在种子下4～6cm处的播种方式。此法使饲草根系直接扎入肥区，便于苗期迅速生长，既能提高幼苗成活率，又能防止杂草滋生。常用种肥为磷肥，尤其是豆科饲草。应根据土壤肥力状况，施入氮肥和钾肥及其他微肥。

（4）犁沟播种　此方法适于在干旱或半干旱地区进行。播种时，开宽沟，把种子条播进沟底湿润土层，通过机具、畜力或工人开宽5～10cm，深5～10cm的沟，躲过干土层，使种子落入湿土层便于萌发。同时便于接纳雨水，有利于保苗和促进幼苗生长。

2. 饲料作物的播种方式

（1）宽行条播　适宜于营养面积大、幼苗易受杂草为害的中耕饲料作物，如玉米、高粱、谷子。行距因饲料作物而异，一般为30～100cm，但多用50～60cm。

（2）窄行条播　适用于禾本科饲料作物，如燕麦、大麦等。行距7.5～15cm，常用12～15cm。

（3）宽幅播种　适宜于株型高大的饲料作物，如苏丹草、高丹草、串叶松香草等。播幅12～15cm，带与带之间距离为45cm。

（4）宽、窄行播种　适宜于株型高大的饲料作物，如苏丹草、高丹草、串叶松香草、玉米等。宽行行距为45～60cm，窄行行距为20～30cm。

（5）点播　点播（又叫穴播）是间隔一定距离，挖穴播种，适于在较陡的山坡荒地上播种，出苗容易，间苗方便。多用于玉米、苏丹草、高丹草、串叶松香草等株型高大饲料作物的播种。

（三）保护播种

在一年生饲草的保护下，播种多年生饲草的播种形式叫做保护播种。保护播种有三大好处，一是抑制杂草危害；二是利用一年生饲草生长快的特点，对多年生饲草幼苗起防风、防寒的保护作用；三是充分利用土地，当年有所收益。因为多年生饲草播种当年生长较缓慢，产草量极低，而一年生饲草播种当年就有收获。当然保护播种也有缺点，如果保护饲草选择不当，则在生长中、后期会与多年生饲草争光、争水、争肥。

1. 保护饲草的选择　保护饲草要求生长期短，以缩短与多年生饲草的共生期；成熟期早，以减少对多年生饲草的遮荫；初期发育慢，以减少对多年生饲草的竞争。例如，小麦、大麦、燕麦、大豆等。

2. 保护播种的播种技术　保护播种时，多年生饲草播种量不变，保护饲草的播种量减少25%～50%。保护饲草常采用提早10～15d播种的方法，采用行间条播的方式播种，多年生饲草行距为30～40cm，行间播种一行保护饲草，多年生饲草与保护饲草之间行距为15cm左右。为确保多年生饲草正常生长，保护饲草可提前收获；如果保护饲草生长过于茂盛，则可部分刈割。

（四）几种特殊播种法

1. 盐碱地种植　在盐碱地建植人工草地，关键是抓苗。因为牧草幼苗是其一生中最不耐盐碱的阶段，所以选择适宜的播种时期和种植方法，使幼苗躲过高盐碱时期和高盐碱土层是可以安全抓苗的。一般土壤中盐碱是随水分的蒸发而由下向上运行的，其特点是越往上越高，到地表最高。一年中雨季是最低时期，而春季是最高时期。因而在雨季，选择耐盐碱的牧草，采用开沟法（沟深至少10cm）播种在沟底，抓苗是有希望的（陈宝书，2001）。

2. 护坡种植　在坡度较大的地段上种草，除非有喷灌条件，否则一般应在雨季播种，应沿等高线开平台播种，类似于梯田形式，或是直接沿等高线埋籽种植。注意所选草种应为抗旱性强的牧草，如沙棘、沙打旺、小叶锦鸡儿、冰草、披碱草等（陈宝书，2001）。

3. 沙丘地种植 在流动沙丘或半流动沙丘上，用秸秆设置带网状沙障，在雨季采用穴播方式把种子播在网眼中，3 年成株之后通过冬季平茬刈割促进分枝生长，强化固沙性能。一般应选用沙生植物，如羊柴、花棒、柠条、沙蒿、琐琐、沙拐枣等（陈宝书，2001）。

4. 飞机播种 在飞机播种地段，先进行地面处理，用火烧或喷洒灭生性除莠剂的办法消除地面原有植被，再用圆盘耙切割疏松地面。然后选择播期，北方为 6 月中下旬至 7 月上旬，南方为 7 月至 8 月，最好播后有连绵小雨。不过，并非任何草种都能飞机播种成功，应选择自然覆土性好，易于扎根萌芽的草种，如沙打旺、羊柴等（陈宝书，2001）。

5. 地膜覆盖栽培 在种植喜温类饲料作物时，如玉米、高粱等，为提早播种，常在播前或播后用塑料薄膜覆盖播种行的方法促进种子萌发和幼苗生长。这种方法的栽培关键是及时放苗，优点是增温保墒，并能有效控制杂草危害（陈宝书，2001）。

（五）播种量

播种量主要根据饲草的生物学特性，种子大小，种子品质，土壤肥力，整地质量，播种方法，播种时期，以及当地气候条件等因素来决定。播种量决定于种用价值。计算公式为

$$\text{实际播种量}\ (\mathrm{kg/hm^2})=\frac{\text{理论播种量}\ (\mathrm{kg/hm^2})}{\text{种用价值}}$$

主要饲草的播种量见表 3-9。

表 3-9 主要饲草的播种量

饲草种类	播种量/(kg·亩$^{-1}$)	饲草种类	播种量/(kg·亩$^{-1}$)
紫花苜蓿	0.5～1.0	柱花草	0.1～0.2
金花菜	5.0～6.0（带荚）	羊草	4.0～5.0
沙打旺	0.25～0.5	老芒麦	1.5～2.0
紫云英	2.5～4.0	无芒雀麦	1.5～2.0
红三叶	0.6～1.0	披碱草	1.5～2.0
白三叶	0.25～0.5	苇状羊茅	1.5～2.0
红豆草	3.0～6.0	羊茅	2.0～3.0
草木樨	1.0～1.2	冰草	1.0～1.2
羊柴	2.0～3.0（去荚）	偃麦草	1.5～2.0
柠条	0.7～1.0	纤毛鹅观草	1.0～2.0
毛苕子	3.0～4.0	鸭茅	0.5～1.0
栽培山黧豆	10.0～12.0	黑麦草	1.0～1.5
多变小冠花	0.3～0.5	多花黑麦草	1.0～1.5
百脉根	0.4～0.8	猫尾草	0.5～0.75

续表

饲草种类	播种量/(kg·亩⁻¹)	饲草种类	播种量/(kg·亩⁻¹)
看麦娘	1.5～2.0	大麦	10.0～15.0
短芒大麦草	0.5～1.0	饲用大豆	4.0～5.0
布顿大麦草	0.75～1.0	豌豆	7.0～10.0
早熟禾	0.6～1.0	蚕豆	15.0～20.0
碱茅	0.5～0.7	甜菜	1.5～2.0
玉米	4.0～7.0	胡萝卜	0.5～1.0
高粱	2.0～3.0	苦荬菜	0.5～0.8
谷子	1.0～1.5	鸡眼草	0.5～1.0
燕麦	10.0～15.0	铁扫帚	0.4～0.5

资料来源：内蒙古农牧学院，1990

饲草混播时每种饲草的播种量应比单播少。两种饲草混播，各按其单播量的70%～80%计算。三种饲草混播时，两种同科饲草按其单播量的35%～40%计算，另一种不同科按其单播量的70%～80%计算。两种豆科饲草和两种禾本科饲草混播，播种量分别为其单播量的25%～30%。由于利用目的、利用年限不同，构成混播饲草的比例也有差别。利用年限短的刈草地，豆科饲草比例可增大；利用年限长的放牧地，则豆科饲草的比例要少。

（六）播种深度

播种深度是种植饲草成败的关键因素之一。播种深度包括开沟深度和覆土深度两层含义。开沟深度视当地土壤墒情，原则上在干土层之下；覆土深度因饲草的萌发能力和顶土能力而异。饲草种子细小，一般播深以2～3cm为宜。豆科饲草是双子叶植物，顶土能力较弱，宜浅播。禾本科饲草是单子叶植物，顶土能力较强，可稍深，深度可达3～5cm。大粒种子可深，小粒种子宜浅，如苦荬菜深度不超过3cm。土壤干燥可稍深，潮湿则宜浅。土壤疏松可稍深，黏重土壤则宜浅。耕翻后立即进行播种时，由于耕层疏松，很容易出现覆土过深的现象。因此，在播种前平整土地，使土层下沉，有利于控制覆土深度。

（七）播后镇压

播后镇压详见本章第二节土壤基本耕作措施。

第五节　牧草混播

牧草混播多采用的是豆科牧草与禾本科牧草的混播。牧草混播不仅充分利用土地、空间和光照，提高产量，改善牧草品质，减轻杂草的危害，还有利于牧草的调制加工和提高土壤肥力，减少肥、水投入。豆科牧草与禾本科牧草的养分可相互补充，使饲料的营养更加全面。另外，单独的豆科牧草饲喂家畜，可引起膨胀病，与禾本科牧草混播则可避免。豆科牧草与禾本科牧草混播还有利于青贮加工。

一、牧草混播技术

（一）混播牧草的组合

目前世界各国混播牧草的种类逐渐减少，朝简单的混播方向发展，世界著名的两个混播组合——“白三叶＋多年生黑麦草”、“紫花苜蓿＋无芒雀麦”，都仅由两个草种组成（周禾等，2004）。有些国家采用较少的种，而在同一种中包括早熟、中熟及晚熟的品种，以延长草地利用时间。通常利用2～3年的草地，混播成员以两三种为宜；利用4～6年的草地，以3～5种为宜；长期利用的草地，不超过五六种（陈宝书，2001）。

牧草混播的适当组合选择主要由气候、土壤条件、利用目的、利用年限等决定。

为了恢复土壤肥力，生产饲草，多采用大田轮作，混播牧草通常利用2～4年，多用上繁的疏丛型禾本科牧草和豆科牧草，如苇状羊茅和紫花苜蓿。

作为刈草利用的混播草地，其利用年限为4～8年，草种的选择应以中等寿命的上繁疏丛型禾草和主根型豆科牧草为主，多用老芒麦、鸭茅和紫花苜蓿等。为减轻杂草的入侵为害，并获得头两年较高的稳定产量，其中也应包括一定比例的一、二年生和少年生牧草及根茎型的上繁禾草（云南省草地协会，2001），禾本科中上繁疏丛型与根茎型禾草的比例关系约为2∶1（陈宝书，2001）。

刈草、放牧兼用草地，其利用年限也多是4～7年，但其利用方式与前者有异。为了满足刈草、放牧两方面的需要，在选择草种时，除了采用中期与早期利用的牧草外，还应包括长寿的放牧型牧草。因此，这种混播草地就有上繁豆科、下繁豆科、上繁疏丛禾草、上繁根茎型禾草及下繁禾草5个生物学类群（云南省草地协会，2001）。上繁豆科、下繁豆科的比例关系为（4～5）∶1（陈宝书，2001）。

放牧利用的草地，利用年限7年或更长，应包括上繁豆科、下繁豆科、上繁疏丛根茎型及下繁禾草，应以下繁豆科和下繁禾本科牧草占较大的比例（云南省草地协会，2001）。如多年生黑麦草和白三叶，紫花苜蓿、百脉根、无芒雀麦和草地早熟禾等。上繁豆科、下繁豆科所占比例约为1∶2。上繁疏丛根茎型及下繁禾草的比例为1∶（3～4）（陈宝书，2001）。

实践证明，亚热带、暖温带的暖热地区，用亚热带和温带牧草组成混播，如非洲狗尾草＋鸭茅＋白三叶，使夏季有亚热带牧草良好生长，冬春有温带牧草良好生长而获得高产。暖温带与中温带地区，也宜这样来选择草种（云南省草地协会，2001）。

（二）混播草种比例

1. 豆禾比例 为了确定组配比例，通常将混播组合成员划分为豆科和禾本科两类，首先研究确定豆科、禾本科两类草种之间的适宜比例，即豆禾比例。苏联学者B.P.威廉斯认为，在混播草地群落中，豆科、禾本科草种的株数应相等。河北农业大学的工作人员经过5年的试验，得出的结论是豆科、禾本科两类草种播种的种子粒数比例以1∶1较为合适，但也有研究结论不同的报道。通常豆禾比例的设计是以1∶1为基础，结合具体情形进行适当地调节（周禾等，2004）。

2. 草地利用年限与组配比例 豆科草种寿命一般较短。对于长期草地，如果豆科草种比例过高，在其衰退后草地产量将会下降。而且因地表裸露，又会导致杂草滋生。故长期草地，特别是放牧草地，豆科草的比例宜低，而短期草地豆科草比例则可适当多些。但此结论并非绝对，如著名的“三叶草＋多年生黑麦草”混播组合，为用于放牧的长期草地，三叶草的比例就很高。不同利用年限草地的适宜豆禾比例，以及禾本科草种内部两个类群的组配比例可参见表 3-10。

表 3-10　不同利用年限草地的混播组合成员的适宜组配比例　（单位：%）

利用年限	豆科牧草	禾本科牧草	禾本科草种内部组配比例	
			根茎型和根茎疏丛型	疏丛型
短期草地（2～3 年）	65～75	25～35	0	100
中期草地（4～7 年）	20～25	75～80	10～25	75～90
长期草地（8 年以上）	8～10	90～92	50～75	25～50

资料来源：周禾等，2004

3. 草地利用方式与组配比例　混播草地利用方式不同，各类草种组配比例也不相同。刈割草地应以上繁草为主，而放牧草地则应以下繁草为主。不同利用方式草地的上繁草和下繁草的适宜组配比例可参见表 3-11。

表 3-11　不同利用方式草地的上繁草和下繁草的适宜组配比例　（单位：%）

利用方式	刈割草地	放牧草地	牧刈兼用草地
上繁草	90～100	25～30	50～70
下繁草	0～10	70～75	30～50

资料来源：周禾等，2004

（三）混播牧草播种量

1. 按单播量计算　这是当前计算牧草混播播种量较常用的方法。一般而言，两种牧草混播时，每种牧草的播种量，各按其单播量的 80%计算；三种牧草混播时，则两种同科牧草各占其单播量的 35%～40%，另一种不同科的牧草的播种量仍为其单播量的 70%～80%；如果四种牧草混播则两种豆科和两种禾本科各用其单播的 35%～40%。按单播量计算，这种方法在混播牧草种子千粒重比较接近的条件下比较适用，但未考虑每一牧草应占的比例、牧草的生长习性及栽培利用特点。较好的办法是，预先确定每一种草在混种牧草中所占的比例，然后再按下式计算每一种牧草的播种量（陈宝书，2001）。

$$K=N\times H/X$$

式中，K 为混种时某一种牧草的播种量（kg/hm^2）；N 为该种牧草在混种牧草中所占的百分比；H 为该种牧草种用价值为 100%时的单播量（kg/hm^2）；X 为该种牧草种子的实际种用价值。

考虑到混播种后各种牧草在生长过程中彼此竞争的影响，竞争力弱的牧草实际播种量，可根据草地利用年限的长短增加 25%～50%甚至 100%。

2. 按株数计算　河北农业大学的工作人员经 5 年的研究表明及威廉斯认为，单位面积内豆科牧草植株与禾本科牧草植株株数应相等。牧草种子有大小、轻重的差异，如要求两种植株数目相等，应根据有效种子粒数计算，而不应以种子的质量为标准。红三叶种子较猫尾草种子重，故两者混种时按质量 3∶1 计算，才可能使两者苗数相近。根据各地试验按有效种子质量计算：每公顷用苜蓿种子 15kg、无芒草种子 37.5kg 混种，可使两者出苗率为 1∶1；苜蓿与鸡脚草混种比例达2∶1 时，才能使两者出苗率接近 1∶1（刘大林，2004）。

3. 按牧草所需营养面积计算 这种方法是按 $1cm^2$ 面积上播 1 粒种子，$1hm^2$ 土地需要播 1×10^8 粒种子，再依每粒牧草所需营养面积，按下列公式计算其播种量（陈宝书，2001）。

$$X=100\ 000\times P\times K/(M\times D)$$

式中，X 为混种牧草中某一种牧草的播种量（g/hm^2）；P 为种子的千粒重（g）；K 为某一种牧草在混种牧草中所占的比例（%）；M 为某一种牧草每粒种子所需的营养面积（cm^2）；D 为种子的种用价值。

依据每一草种所需营养面积计算播种量，是正确而精确的方法。但这种营养面积常因草种生物学和生态学特性不一致而异。因而，根据营养面积计算混播草地播种量时，必须有当地参混各种牧草每粒种子所需要的营养面积指标（如无芒雀麦为 $12cm^2$，草地孤茅 $8cm^2$，小糠草 $2cm^2$，看麦娘 $8cm^2$，猫尾草 $4cm^2$，鸡脚草 $8cm^2$，草地早熟禾 $2cm^2$，红三叶 $10cm^2$，白三叶 $6cm^2$，杂三叶 $8cm^2$ 等），由于这些指标目前很不齐全，某一种牧草在混合牧草所占比例有待制定，因此这一方法目前尚难以推广应用（陈宝书，2001）。

（四）播种期

混播牧草播种期的确定主要根据其生物学特性和栽培地区的水热条件、杂草为害及利用目的，一般是春性牧草春播，冬性牧草秋播。冬性牧草也可春播，但秋播更为有利，由于秋季土壤墒情好，杂草少，利于出苗和生长（周禾等，2004）。

1. 同期播种 同期播种因简便省工而普遍采用。需要注意的是豆科、禾本科草种混播，如采取夏、秋季同期播种，不宜过迟，过迟则可能会影响豆科草种在草群中所占的比例。

2. 分期播种 分期播种有利有弊。混播组合中含冬性和春性两类草种时，冬性草秋播，春性草第二年春播效果较好。保护播种时提前播种保护作物，可减少对被保护作物的抑制作用。后期播种时可能会对先期播种草种的幼苗造成损伤。播种后土壤常出现板结现象，后播草种的出苗可能受到不利影响。

由于多年生禾本科草种苗期生长较弱，易受豆科草种抑制，可以秋播禾本科草种而第二年春播豆科草种。欧美国家常采用此法建植豆科、禾本科混播草地。我国华北地区建植“无芒雀麦＋紫花苜蓿”混播草地，即采取秋播无芒雀麦，第二年春播紫花苜蓿的方法。

（五）播种方式

混播组合成员常采取同行条播、间行条播、交叉播种和混合撒播等方式播种（周禾等，2004）。

1. 同行条播 同行条播是将各混播组合成员同时播于同一行内的条播播种方式。此法是操作较为简便、省工、省时。但易受种子形态特征影响。要求混播各种的种子质量、大小及发芽条件相似。

2. 交叉播种 交叉播种是将部分混播组合成员同行条播之后，再沿与播行垂直方向条播其他成员的播种方式。此法有利于调控播种质量，种间竞争小于同行条播。缺点是需要进行两次播种，费用较高。同时田间管理较为困难。

3. 间行条播 间行条播是相邻行播种不同草种的条播播种方式。间行条播可避免同行条播的缺点，增加系统的复杂性，增强抗病虫害能力，减轻竞争，田间管理较方便。分期播种多通过间行条播的方式来实现。

4. 混合撒播 混合撒播是将各混播组合成员的种子分别或混合起来均匀撒播于种床的播种方式。此法操作简单，缺点是管理难度较大。

二、田间管理

与单播草地的管理目标不同，混播草地既要获得高产，又要维持混播群落结构的稳定。因此，在管理措施上存在一些特殊的要求（周禾等，2004）。

1. 施肥 施肥对混播草地的主要作用在于引起草地干物质产量和组分比例的变化。不同的肥料种类和水平对混播草地产生的影响不同（陈宝书，2001）。豆科草种因共生根瘤菌的固氮作用，对外源氮素的需求明显低于禾本科草种。为了维持禾本科草种在混播群落中的比例，通常需要施用一定量的氮肥。相反，为了维持豆科草种在混播群落中的比例，氮肥施用量不宜过多。施氮过多会导致禾本科草种生长过分繁茂，从而使豆科草种受到抑制，比例逐渐降低。施氮过多还会显著降低豆科草种共生根瘤菌的固氮能力，使豆科草种的优良特性不能充分发挥（周禾等，2004）。混播草地干物质总产量是随氮的施入量的增加而增加，但施肥效率却是下降的。

在我国混播草地中豆科草种比例超过30%时通常不施氮肥；低于30%时，根据具体情况适当补施一些氮肥，以保证禾本科草种良好生长，从而获得较高的产量。一般情况下，氮肥施用量以30～50kg/hm^{2}为宜（周禾等，2004）。

施用磷肥、钾肥，不仅能够提高混播草地产量，而且还能增加混播群落中豆科草种的比例。在不施氮肥的条件下，单施磷肥、钾肥或磷钾复合肥，混播群落中豆科草种的比例大幅度提高，甚至达85%以上（周禾等，2004）。

豆科草种对硼、钼和钴等微量元素非常敏感，土壤中缺乏时施用效果很显著，既可提高产量，又有利于维持豆科草种在混播群落中的比例（周禾等，2004）。

2. 灌溉 灌溉对提高混播牧草产量的重要作用是它能使土壤营养和水分状况呈现最佳状态（陈宝书，2001）。不同牧草对水的需求不同，对于耐旱饲草而言，干旱增加混播中牧草的竞争优势，使不耐旱饲草生长发育受阻。混播各饲草的根系生长不同，直根系分布较深，须根系分布较浅，吸收不同层次的地下水。灌溉对需水量大、怕旱、须根系的品种有利（周禾等，2004）。

灌溉可增加豆科和禾本科牧草的产量并提高其营养价值，但也可以降低部分禾本科牧草的营养价值并使禾本科和豆科牧草干物质的产量降低0.7%～1.3%。灌溉对禾本科牧草粗蛋白质的影响取决于植物氮素的营养条件。不施氮肥灌溉可降低蛋白质的含量，氮肥充足则可提高。在施相同量氮肥的情况下，灌溉可使牧草干物质的含量从不灌溉时的22.1%～26.3%降低到17.4%～18.2%。但在氮肥的影响下，无论是灌溉或不灌溉，其干物质的产量都会降低（陈宝书，2001）。

3. 清除杂草，防治虫害 混播草地杂草丛生的原因，不外是缺肥、放牧不足或过牧。在建立草地的初期要注意控制杂草。在新建的草地上进行适当的放牧，吃掉牧草的生长点而促使牧草分蘖分枝，向四周蔓延扩展而迅速覆盖地面。同时也通过放牧，利用栽培牧草再生能力强的特点来抑制杂草的生长。对那些放牧不足杂草丛生的草地进行重牧或重刈，然后施以肥料能帮助牧草重新在草地上占优势。施肥不足，栽培牧草长势变弱，耐瘠杂草乘虚而入，一个施肥水平良好、牧草生长旺盛的草地，杂草很难侵入（陈宝书，2001）。

混播草地的杂草防除难度较单播草地大。主要原因在于，通常混播草地上既有单子叶植物又有双子叶植物，除草剂的选择比单播草地复杂。目前混播草地尚无成熟的通用除草剂单剂或混剂配方。杂草较少、斑点分布时，可采用点式喷雾方法除草。杂草较多、均匀分布时，如果劳动力资源丰富，可以采取人工拔草的方法除草（周禾等，2004）。

常见的草地害虫有金龟子、地老虎、某些鳞翅目的幼虫。黏虫的为害是严重的。矮草草地感染害虫的机会比高草草地低。一旦遭受虫害，矮草草地的虫容易杀灭，用药也少。在初春和秋雨连绵的季节要注意虫害动态，虫龄越小，喷药效果越好。杀虫剂多有毒，喷药前要搬走草地附近的蜂箱和赶出畜群，以免家畜中毒或污染了奶、肉等畜产品（陈宝书，2001）。

4. 刈割和放牧　不同草种对刈割和放牧的反应是不同的，刈割和放牧不仅影响混播草地的产草量，而且还会对混播群落的构成比例产生影响（周禾等，2004）。放牧管理的主要内容是让家畜吃掉足够的牧草，而不使草地受到损害，并保持旺盛的长势。采用围栏放牧法能最大限度地利用牧草而又能使草地受到保护。放牧利用时其放牧强度应根据小区面积和牧草长势而定。应遵循的原则是不要让牧草高度超过 15cm 或低于 5cm。牧草过高，不但茎叶老化而降低适口性和营养价值，而且郁闭的高草有利于牧草疾病和虫害蔓延。家畜吃剩的草用割草机割掉，保持矮草。过牧使植株受到伤害，并影响再生（陈宝书，2001）。

刈牧影响混播草地的初级生产力。放牧不足会使草层中的凋落损失量增加，刈割强度增加时，牧草产量减少，但草地中有匍匐生长特性的牧草时，情况也有例外。过频过强的刈牧将导致温带牧草干物质产量的减少（陈宝书，2001）。

习题

1. 名词解释：
   耕作制度　种植制度　土壤耕作　种子纯净度　千粒重　生活力　发芽势　发芽率　种用价值　种子休眠　包衣种子　保护播种
2. 简述轮作倒茬的意义。
3. 举例写出多年轮作草地、年度和季度轮作草地的饲草种植安排。
4. 试述土壤耕作的任务、措施。
5. 试述饲草合理施肥的原则。
6. 如何进行计划施肥量的估算。
7. 试述饲草地的合理灌溉方法。
8. 试述饲草种子的品质要求。
9. 试述饲草地种类选择的依据。
10. 试述根瘤菌接种的原则、方法和注意事项。
11. 如何计算饲草的播种量。
12. 如何进行保护播种。
13. 试述牧草混播技术。

第四章　草地的管理、利用与评价

第一节　新建人工牧草地管护

牧草栽培与作物栽培不同之处在于，前者种一次可多年利用，而后者种一次仅能利用一年，而且牧草在日常管理中远较作物管理粗放。但是，用多年生牧草建植人工草地并非易事，在某种程度上，可以说其抓苗比作物抓苗还难，栽培管理还要精细。因此，建植人工草地关键是抓苗，也就是说建植当年的围栏保护、苗期管护、杂草防除、越冬管护和翌年返青期管护等环节必须要搞好（陈宝书，2001）。

一、围栏建设与保护

人工草地与农田不一样，由于所种牧草极易引诱畜禽啃食，尤其是幼苗和返青芽，所以在有散养畜禽的地方建植人工草地时，建设防护设施非常必要。所用材料依当地条件和投资情况可选用下列一种。

1. 刺丝围栏　这是用刺丝和水泥立桩构造而成的一种类似于围墙的围栏。此法建造快，可重复利用。但一次性投入大，且易被大家畜破坏，尽管如此，此法仍是目前建植人工草地主要应用的方式。

2. 电网围栏　这是在刺丝围栏的基础上，采用低压通电方式建成的一种网围栏，其围栏保护效果明显优于刺丝围栏，减少了大家畜对围栏的碰撞破坏。此法电源常用风力发电，以充分利用草原上的风力资源，这是一种先进的草原围栏建设方式。

二、苗期管护

1. 破除土表板结　这是播后至出苗前必须要进行的一项措施，此时土表板结易使萌发的种子无力突破穿出，致使幼芽在密闭的土层中耗竭枯死，子叶出土的豆科牧草及小粒的禾本科牧草尤为严重。形成土表板结的原因：一是播后下雨，特别是大雨之后更易使土表板结；二是播后未出苗前进行灌溉；三是在低洼的地段上，当表土层水分蒸发后也极易板结。出现板结后，应立即用短齿耙或用具有短齿的圆形镇压器破除，使用这种镇压器可刺破板结层且不翻动表土层，不会造成幼苗损伤，因而效果最好。有灌溉条件的地方，也可采用轻度灌溉破除板结，同时也有助于幼苗出土和生长。

2. 间苗与定苗　这是对高秆饲料作物（如玉米、高粱、谷子等）所采取的一项措施，目的是通过去弱留壮的“间苗”措施，达到控制田间密度、做到合理密植的“定苗”目的，以保证每棵植株都有足够的光合（地上）空间和营养（地下）空间，从而获得饲料作物的高产优质。否则，由于播种量远远大于合理密植所需苗数，使得田间密度过大，植株不分弱壮都在利用有限的水肥资源，同时彼此因遮阴和竞争而均影响生长，导致产量下降，品质变劣，尤其对籽实产量影响更大。为此，间苗和定苗是饲料作物栽培中增进品质、提高产量的有效措施，作业时应遵循如下原则。

1）在保证合理密植所规定的株数基础上，去弱留壮过程中应做到计划留苗，数量足够。

2）第一次间苗应在第1片真叶出现时进行，过晚则浪费土壤养分和水分。

3）定苗（即最后一次间苗）不得晚于6片叶子，进行间苗和定苗时，最好结合规定的密度和株距进行。

4）对缺苗地方，应及时移栽或补种，要注意在土壤水分条件较好时进行，否则应浇水。

间苗有人工和机械两种方法，有时两者结合进行。一般先用中耕机以与播种行垂直方向中耕一次，然后人工进行第二次间苗，此后即可定苗。采用精量播种法，如玉米覆膜栽培中的精量播种，则无需进行间苗，只进行一次定苗即可。

3. 中耕与培土 中耕是在苗期进行的一项作业，目的是疏松土壤，增高地温，减少蒸发，灭除杂草。一般应根据饲草种类、土壤情况及杂草发生情况掌握中耕时间和次数，第一次中耕应在定苗前进行，宜浅，一般为3～5cm；第二次中耕在定苗后进行，宜深，一般为6～7cm，目的是促使次生根深扎；第三次中耕在拔节前进行，也要深些；第四次中耕在拔节后进行，应浅些。中耕最好与施肥、灌溉结合进行，这样既可节省劳力，又可提高肥效和水分利用效率。对于盐碱地，中耕次数可多些；对于黏质土壤，雨后应及时中耕。

培土就是将行间的土培在植株根部的一项措施。这是对高秆饲料作物所采取的防倒伏措施，同时还有防旱、排涝、抑制分蘖和增加产量的效果。进行培土，应严格掌握土壤墒情，尤其对块根块茎类饲料作物更应注意，过干反使干土吸取根部水分，造成植株失水受害；过湿易使土壤结块，也不利于植株生长。第一次培土应在现蕾前结合中耕进行，第二次应在封垄前完成。马铃薯一般要多次培土，以促进匍匐枝和块茎生长。

4. 灌溉与排水 见第三章第三节内容。

三、杂草防除

由于饲草苗期生长慢，持续时间长，极易受杂草危害，抓苗效果如何在很大程度上取决于杂草防除的效果，因而杂草防除是建植人工草地成败的关键。除草是田间管理的基本措施，其作用是疏松土壤，破除土壤板结，抗旱保墒，消灭杂草，减少病虫危害，促进幼苗生长。中耕应在幼苗期进行，此时幼苗生长慢，杂草生长快，竞争激烈，抑制饲草生长，影响饲草产量和品质。有的杂草还有毒，家畜采食后引起中毒，甚至死亡。多年生人工草地应在早春进行耙地，对消灭杂草、改善土壤通气状况、保持土壤水分极其有利。刈割后也要根据田间杂草生长状况进行中耕除草。中耕深度，苗期宜浅，以后可稍深。消灭杂草，宁早勿晚，要尽可能在杂草开花结籽前拔除。

（一）农艺方法

指通过采取农田耕作和其他人工方法达到消灭杂草目的的农艺技术措施。

1. 预防措施 在建植人工草地过程中，杂草有很大概率在人们不注意的情况下混进来，因而加强预防意识应在建植、管理和生产的整个流程中给予关注。尤其是：

（1）*播种* 播种中的播种材料往往是最容易混入杂草种子的一个环节，尤其是本地未有的新种恶性杂草，如菟丝子、毒麦、野燕麦、速生草、豚草、老鸦蒜等，应在播前种子检验过程中排除出去，或在清选种子时剔出去。

（2）*施肥* 许多杂草种子随草料进入家畜消化道后仍保持发芽力，有时还能提高发芽率，因而施肥中必须施用充分腐熟的粪肥或堆肥，以杜绝杂草传播和蔓延，同时对提高土壤肥力也有好处。

（3）浸灌　有些杂草种子散落在灌溉渠中，会随水漂浮蔓延，因而在渠中设置收集网可清除水中杂草种子。

（4）其他　对地埂、渠道及非耕地上的杂草应及时铲除，而且必须在杂草开花结实前除去。

2. 种植技术　合理安排和运用种植制度是防治杂草最有效、最经济的技术措施。例如，合理的轮作，合理的保护播种，合理的混播组合，合理的密植，合理的窄行播种，适当的超量播种，所有这些措施不仅可有效防治杂草，而且可充分利用地力资源达到高产。

3. 耕作手段　采用合理的土壤耕作措施，不仅改善土壤耕层的理化性质，为饲草的生长发育创造良好的土壤条件，而且能直接根除杂草幼苗、植株和地下繁殖器官。例如，秋犁的深耕除草，早春的表土耕作诱发杂草再施以二次耕作除草，播前的浅耙除草，苗期的中耕除草等。

（二）化学方法

化学除草以其省工和高效的优点得到普遍的应用，但其对土壤的污染及对家畜的二次污染也不容忽视。在使用过程中，应根据各种除莠剂的使用说明掌握它们的施用对象、施用时期、施用方法、施用剂量及安全注意事项等。根据除莠剂使用时期和使用特点不同可分为如下两种。

1. 萌发前除莠剂　指仅能在饲草种子萌发出苗以前施用的除莠剂。该类除莠剂一般不具有选择性，对所有植物都有杀毒作用，药效持续时期长，因而只能在饲草播前或种子萌发出苗前施用。根据杂草吸收药剂的部位和施用方法不同可分为：

（1）土壤处理萌发前除莠剂　这是一类以杂草幼芽和根部吸收为主的除莠剂，适于将药剂喷洒在土壤表层进行土壤处理，一般在饲草播种前或播后出苗前施用。方法是将粉剂除莠剂与细潮土（或沙、肥料）拌混均匀后撒施或将颗粒剂直接撒施，或者是用塑料薄膜覆盖地面将药剂制成烟雾熏蒸土壤。这种方法对饲草比较安全，残效期也较长，可保持一定的土壤湿度，并有良好的耕作质量。属于此类的除莠剂有西玛津、阿特拉津（莠去净）、扑草净、拉索、氟乐灵、敌草隆、莎扑隆、除草醚、敌草胺等。

（2）茎叶处理萌发前除莠剂　这是一类以杂草绿色茎叶吸收为主的除莠剂，遇土壤易被降解而降低药效，适于将药剂以水汽雾状喷洒于杂草茎叶表面上进行茎叶处理。此法除草效果与雾点大小和药液浓度密切相关，同时与影响杂草生长的气温和光照也有关。根据药剂被杂草吸收后能否在体内移动又可分为以下几种。

1）传导型萌发前除莠剂。这类药剂被杂草茎叶吸收后可在体内移动传导，从而遍布包括根系在内的整个植株，达到一定剂量后即可全株死亡，不再复活，因而这类除莠剂适合于灭除多年生（宿根类）杂草，尤其是根茎性杂草。属于此类的除莠剂有草甘膦、丁草胺、西草净、盖草能等。

2）触杀型萌发前除莠剂。这类药剂被杂草茎叶吸收后不能移动，只能杀死被杂草接触到的部位，因而主要用于防除由种子繁殖的一年生杂草。属于此类的除莠剂有乙草胺、果尔、百草枯、恶草灵、都尔等。

2. 萌发后除莠剂　指用于饲草播种出苗后的除莠剂。该类除莠剂具有选择性，药效持续时间短，依据饲草在形态、生化、生理等方面与杂草的不同而有选择地杀死饲草之外的杂草。根据此类除莠剂所应用的饲草地不同可分为以下几种。

（1）豆科饲草地萌发后除莠剂　这是在豆科饲草地中应用的一种能杀死窄叶型杂草的除莠剂，包括禾本科、莎草科等科的杂草。此类除莠剂有茅草枯（乙酰甲胺磷）、灭草猛（S-丙基二丙基硫代氨基甲酰酯）、精禾草克（精喹禾灵）、精稳杀得｛R-2-[4-(5-三氟甲基-2-吡啶氧基）苯氧基］丙酸丁酯｝等。

（2）禾本科饲草地萌发后除莠剂　这是在禾本科饲草地中应用的一种能杀死阔叶型类杂草的除莠剂，包括豆科、菊科、蓼科、藜科等科的杂草。此类除莠剂有2，4-D类、二钾四氯钠盐、苯达松、巨星、阔叶散等。

使用前，一定要注意使用说明。如果是选择性除草剂，其用于杀伤单子叶植物，还是双子叶植物。为了确保除草效果，最好将几种除草剂组合进行综合除草。除草剂喷雾时，最好在晴朗无风的日子进行。若有露水或雨后施用，用药量应相应增加。喷后遇雨应进行第二次喷洒。为了有效地灭除杂草，应在杂草生长的幼苗期和盛花期施用。用药20～30d后才能饲喂家畜，以免引起家畜中毒。

（三）生物方法

杂草的生物防除就是利用寄主范围较专一的植食性动物（如昆虫、螨类、线虫、鱼类等）或植物病原微生物，或采用科学的耕作播种制度，把杂草种群控制在危害的阈值之下。

（1）播种时间　春播时危害牧草的杂草主要是宿根性杂草和春季萌发的其他杂草。春季播种，往往杂草危害比较严重，条件允许的话，可改在夏季或夏秋播种，此时杂草长势减弱，且在播种前通过耕翻耙压，把杂草全部翻压下去，充当绿肥，这样再播种牧草，杂草数量会大大减少。

（2）轮作或刈割　有些杂草危害有一定的范围，如菟丝子对紫花苜蓿危害比较严重，而对禾本科牧草危害较轻，可以通过轮作不同牧草来减轻杂草的危害。此外，在杂草种子未成熟时，连同牧草一起刈割掉，可以减轻杂草对下茬牧草的危害。

（3）生物除草剂　生物除草剂是指在人为控制下，用来杀灭杂草的大剂量生物活性制剂。它可以像化学除草剂一样有效地防除特定杂草。

利用微生物控制杂草也有成功范例，如我国研制的鲁保1号真菌制剂可有效地控制寄生杂草菟丝子的危害；我国研制的生防菌F798控制埃及列当效果显著（周禾等，2004）。

最近国外有两种接近商品化生产的生物除草剂。一种是决明链格孢分生孢子制成的可湿性粉制剂（商品名CASST），主要防治三种豆科杂草：钝叶决明、望江南和美丽猪屎豆。另一种生物除草剂Riomal主要用于防除圆叶锦葵，其生物制品为锦葵盘长孢状刺盘孢的孢子悬浮剂。罗得曼尼尾孢防除水葫芦已获得专利保护。

生物防治与化学防除相比具有不污染环境、不产生药害、经济效益高等优点。

四、越冬管护

牧草播种当年生长状况如何与其抵抗冬季寒冷的能力有密切关系，而且生长期间和越冬前后的合理管理，对提高牧草越冬率也具有非常重要的意义，这与以后年份牧草的有效利用直接相关。

1. 生长期间　播种当年苗全后，应尽量在有限的栽培条件下促进其成株生长发育，以便使其根部有足够的贮藏性营养物质以备越冬利用。据研究，多年生牧草冬季休眠靠贮藏性营养物质维持其生命活动，早春返青也要靠它，这些营养物质主要是糖类，其次是脂肪和蛋白质，它们的数量取决于前一年越冬前秋季积累贮藏性营养物质的多少，而这又取决于秋季光合时间的长短和光合能力的强弱。因此，为保证越冬前有足够的贮藏性营养物质，播种当年是否刈割或放牧利用则要看牧草生长状况而言。即使能够利用，则最后一次利用也应在当地初霜期来临前1个月左右结束，同时要求留茬至少10cm以上，或者每隔一段距离留1m宽的未刈割植株，目的是保证植株在越冬前有充足的光合时间和光合面积，以积累更多的贮藏性营养物质和便于积雪保温。只有做到这些，牧草才能够安全越冬，翌年返青才可能早些，以后年份的收成才有保障，这是许多学者通过研究根、根颈贮藏性营养物质积累动态规律得到的一致性结论。

2. 越冬前后 为保证牧草播种当年能够安全越冬，冬前追施草木灰有助于减轻冻害，这是因为草木灰呈黑色，具有很强的吸热力，且含有的大量钾可被牧草利用，每公顷施用750～1500kg为宜。此外，冬前每公顷施用7500～15 000kg马粪，也有助于牧草安全越冬。

结冻前少量灌水，可减缓土温变化幅度，但不应多灌，否则会增加冻害。结冻后进行冬灌有助于保温防寒，对越冬也有好处。此外，在仲冬期间通过燃烧、熏蒸、施用化学保温剂及加盖覆盖物等措施也均有利于防寒越冬。

越冬期间，通过设置雪障、筑雪埂、压雪等措施有助于更多地积存降雪，雪被可使土温不致剧烈变化，从而保护牧草不受冻害。

五、返青期管护

大多数多年生牧草的真正利用是从第二年开始的，播种当年的栽培和管理着重于抓苗、保苗和越冬，因生长慢当年几乎没有多少收益，尤其夏播牧草更为如此。所以，第二年返青期间的管护状况直接影响牧草的生长发育和以后年份的产量收成。

1. 返青前期 北方地区一般在3月上中旬返青，返青前应注意防止冰壳的形成及冻拔，原因是冰壳下的牧草返青芽由于缺氧而易窒息死亡，或因冰壳导热性强而使牧草返青芽受冻害，或者产生冻拔使分蘖节、根颈和根系受到机械损伤。因此，出现冰壳时应使用镇压器破坏冰壳，或在冰壳上撒施草木灰以加速冰壳融化，从而减轻冻害和冻拔的为害。

返青前夕，在牧草返青芽还未露出时，焚烧上年留下的枯枝残茬，既增加土壤钾肥含量，又可通过提高地温促进牧草提早返青，一般可使返青提前1～2周，从而使牧草生长期延长，产量增加。

2. 返青期间 牧草返青芽萌动露出后，生长速度加快，此时对水肥比较敏感，因而应通过灌溉和施肥满足牧草返青的需求，但要注意返青期间土壤墒情较好时则不必灌溉，以免通气不良影响返青期生长。返青期间禁牧对保护返青芽及其生长特别重要，应加强围栏管护。

第二节 天然草地改良

为协调植物生产和动物生产的关系，维持草地生态平衡，提高生态效益，必须对天然草地进行培育与改良。其目的在于调节和改善草地植物的生存环境，创造有利的生活条件，促进优良饲草的生长发育，通过农业科学技术，不断提高草地产量和质量（董宽虎等，2003）。

一、草地退化的特征与指标

草地退化包含“草”和“地”的两种逆行演替过程。同时，还包含草地放牧动物的特征退化。因此，草地生态学家通常以土壤、植被和动物的变化作为草地退化的表现特征（表4-1）。从植被特征看，草地退化后，植物群落组分发生明显变化，原来的建群种和优势种逐渐减少或衰退，而另一些原来次要的植物增加，最后由大量非原有的侵入种成为优势种；草群中优良牧草的生长发育减弱，可食牧草产量下降，不可食牧草比例增加。从土壤和地表特征看，退化草地的土壤肥力下降，土壤持水力较差，侵蚀量增加；地表裸露，沙化和盐碱化程度加重，出现鼠、虫、病害。从动物特征看，草地退化会导致家畜个体生长发育减慢，体况变差，生产力下降；群体存活率降低，死亡率上升，畜产品数量减少（侯向阳，2005）。

表 4-1　草地退化的表观特征

土　壤	植　被	动　物
肥力下降	生产力下降（排除降雨量的影响）	体况变差
持水量变小	覆盖率降低	产犊率下降，死亡率上升
通透性降低	可食牧草比例下降	产奶量减少（乳牛）
侵蚀量增加	毒杂草、灌木入侵	产肉率降低（肉牛）

资料来源：侯向阳，2005

二、草地封育

在一般情况下，草地生产力没有受到根本破坏时，采用草地封育的方法，可收到明显效果，达到培育退化草地和提高生产力的目的。

草地封育又叫封滩育草、划管草地。所谓草地封育，就是把草地暂时封闭一段时期，在此期间不进行放牧或割草，使饲草有一个休养生息的机会，积累足够的营养物质，逐渐恢复草地生产力，并使饲草有有性繁殖或无性繁殖的机会，促进草群自然更新。

草地封育时间，一般根据当地草地面积及草地退化程度逐年逐块轮流进行。例如，全年封育；夏秋季封育，冬季利用；每年春季和秋季封育，夏季利用。为防止家畜进入封育草地，应设置保护围栏，围栏应因地制宜，以简便易行、牢固耐用为原则。

此外，为全面地恢复草地生产力，最好在草地封育期内结合采用综合培育改良措施，如松耙、补播、施肥和灌溉等，以改善土壤通气和水肥状况。

三、延迟放牧

延迟放牧就是让家畜晚于正常开始放牧时期进入放牧地。在干旱地区，经常是饲草开花结实后才让家畜进入放牧地，使饲草有一个进行有性繁殖的机会，使草地得到天然复壮。有时，为了提供一块调制干草的草地，在饲草生长季节不放牧，饲草刈割后，利用再生草进行放牧。延迟放牧应与减少放牧家畜数量相结合。需要注意的是，只进行一段时间延迟放牧，而不是整个生长期不放牧。

四、草地补播

草地补播是在不破坏或少破坏原有植被的情况下，在草群中播种一些适应当地自然条件的有价值的优良饲草，以增加草层植物种类成分和草地覆盖度，达到提高草地生产力和改善饲草品质的目的。由于草地补播可显著提高产量和品质，引起了国内外重视，已成为各国更新草场、复壮草群的有效手段。

（一）地段选择

补播成功与否与补播地段选择有一定关系，选择补播地段应考虑当地降水量、地形、植被类型和草地退化程度。在没有灌溉条件的地段，补播地区至少应有300mm的年降水量。所选地段的地形应平坦，但考虑到土壤水分状况和土层厚度，一般可选择地势稍低的地方，如盆地、谷地、缓坡和河漫滩。此外，可选择撂荒地，以便加速植被恢复。

在有植被地段，补播前进行地面处理是保证补播成功的措施之一。地面处理的作用是破坏一定数量的原有植被，削弱原有植被对补播饲草的竞争力。地面处理时，可采用机械进行部分耕翻和松土，破坏一部分植被；也可以在补播前进行重牧或采用化学除草剂杀灭一部分植物，减少原有草群的竞争能力，有利于补播饲草生长。

（二）草种选择

因为补播是在不破坏草地原有植被的情况下进行的，补播的饲草，要具有与原有植被进行竞争的能力，才能生存下去。因此，要补播成功，除了为补播饲草创造一个良好的生长发育条件外，还应选择生长发育能力强的饲草品种，以便克服原有植物对它们的抑制作用。

选择补播饲草种类参见第二章第三节和第三章第四节饲草种类选择的依据等内容。

（三）补播技术

选择适宜补播时期是补播成功的关键。要根据草地原有植被发育状况和土壤水分条件确定补播时期。原则上应选择原有植被生长发育最弱的时期进行补播，这样可以减少原有植被对补播饲草幼苗的抑制作用。由于春秋季饲草生长较弱，所以一般在春秋季补播。但在我国北方，春季干旱缺雨，风沙大，春季补播有一定困难，从实际考虑，以初夏补播为宜，此时草地植物生长较缓慢，雨季即将来临，土壤水分充足，补播成功的可能性较大。

补播方法有撒播和条播两种方法。可用飞机、骑马、人工进行撒播。如果补播面积小，最简单的方法是人工撒播。在大面积沙漠地区，或土壤基质疏松的草地上，可采用飞机撒播。飞机播种速度快，面积大，作业范围大，适合于地势开阔的沙化、退化草地和黄土丘陵。利用飞机补播饲草是建立半人工草地的好方法。条播主要由机具完成。目前国内外使用的草地补播机种类很多。

播前种子处理参见第三章第四节。

由于种种原因，草地补播往往出苗率低，所以可适当加大播种量（50%左右）。补播后最好进行镇压，使种子与土壤紧密接触，便于种子吸水萌发。但对于水分较多的黏土和盐分含量大的土壤不宜镇压，以免引起返盐和土壤板结。补播草地应加强管理，保护幼苗，补播当年必须禁牧，第二年以后可以进行秋季刈草或冬季放牧。

第三节　草地利用

一、刈割利用

牧草一般具有良好的再生性，在水肥条件较好时，且在合理利用的前提下，一个生长季可利用多次，利用方式有刈割和放牧两种。

（一）饲草适时刈割的原则

确定饲草的收获时期，首先要确定饲草产品的质量标准，然后再根据饲草不同的生育期各种营养成分的含量和产量，以及是否有利于饲草的再生和安全越冬来确定饲草收获最适宜的时期。为了获得品质优良、产量高的饲草，就必须在不影响饲草生长发育的条件下，在饲草的营养物质含量最高时进行刈割，从而保证牲畜采食后产生的畜产品量也最高。

饲草在生长发育过程中，其营养物质不断变化。处于不同生育期的饲草，不仅产量不同，其营养物质含量也有很大差异。饲草在幼嫩时期生长旺盛，体内水分含量较多，叶量丰富，粗蛋白质、胡萝卜素等含量多；相反，随着饲草的生长和生物量的增加，上述营养物质的含量明显减少，而粗纤维的含量则逐渐增加，饲草品质下降。单位面积饲草的产量和各种营养物质的含量主要取决于饲草的刈割期。无论是禾本科、豆科或是混播饲草在始花期以后，每推迟 1d 刈割，饲草的消化率、采食量均降低，总营养价值也下降。

多年生禾本科饲草地上部分饲草在孕穗—抽穗期，叶多茎少，粗纤维含量较低，质地柔软，粗蛋白质、胡萝卜素含量高，而进入开花期后这些营养物质则显著减少，粗纤维含量增多。一般认为，禾本科饲草单位面积的干物质和可消化营养物质总收获量以抽穗—初花期最高，在孕穗—抽穗期刈割有利于禾本科饲草再生。豆科饲草不同生育期的营养成分变化比禾本科更为明显。例如，开花期比孕穗期刈割，粗蛋白质减少 1/3～1/2，胡萝卜素减少 1/2～5/6。豆科饲草进入开花期后，茎变得坚硬，木质化程度提高，而且胶质含量高，不易干燥，但叶片薄而易干，易造成严重落叶现象。豆科饲草叶片的营养物质，尤其蛋白质含量，比其茎秆高 1.0～2.5 倍。所以豆科饲草不应过晚刈割。多年生豆科饲草如苜蓿、沙打旺以现蕾至初花期为刈割适期，此时营养物质的总含量最高，对下茬生长无太大影响。毛苕子、野豌豆等在盛花—结荚初期刈割。

（二）饲草的刈割高度及频度

饲草刈割留茬高度（刈割高度）和频度，不仅影响饲草的产量，而且还会影响饲草再生速度和强度及饲草新芽的形成。一般来说，刈割后留茬高度越高，饲草的干物质收获量越低，单位面积草场收获的营养物质也越少。例如，刈割高度为 10cm 时，干物质中粗蛋白质含量比留茬高度为 4cm 时几乎减少 50%。但是，刈割高度过低也会降低翌年饲草产量，这是因为植株失去了贮存营养物质的茎基部及叶片，妨碍新枝条的再生。所以，在刈割饲草时首先要确定饲草适宜的刈割高度。适宜的刈割高度应根据饲草的生物特性和当地的土壤、气候条件来确定。一般上繁草刈割留茬高度应为 4～6cm，下繁草刈割留茬高度为 3～4cm，高大饲草、芦苇、大型苔草、高大杂草，留茬高度以 10～15cm 为宜。另外根据饲草的生育期不同留茬高度也不一致。如从分蘖节、根颈处再生形成的再生饲草，刈割留茬高度可低些；由叶腋再生枝形成的再生草，刈割留茬应比前者稍高。

为了充分、有效地利用草地资源，获得更多的优质饲草饲料，有些地区可以一年多次刈割饲草，但必须根据饲草的生产性能、土壤条件、气候条件和对饲草的管理水平来决定刈割频度。在一年两熟区，夏季雨热同期，一年可刈割 3～4 次，两次刈割间隔时间通常为 35～40d；在一年一熟区，因气候较寒冷，生长季短，一年可刈割 2～3 次。具备良好管理条件时饲草生长快，可多刈割，如多花黑麦草在一般管理条件下可刈割 3～4 次，但在温暖湿润、土壤肥沃、栽培管理精细的情况下可刈割 7～8 次。

另外在刈割次数的安排上还可采用分区刈割的办法。即根据家畜种类、头数、年龄等计算出日需草量，再根据产草量把饲草地划分成若干小区，轮流刈割，做到以畜定草，随割随喂。

不管刈割几次，每年的最后一次刈割必须在当地初霜来临 1 个月之前结束，而且留茬应高些，至少 10～15cm，以保证有足够的光合时间和光合面积以积累越冬用贮藏性营养物质，这是保障牧草安全越冬应遵循的原则。

二、放牧利用

放牧利用（含天然草地、人工栽培放牧草地和刈割草地）是草地牧草最简单、最经济的利用方式。在草地上放牧牲畜，可使家畜直接采食营养丰富、数量较多的新鲜牧草。放牧对幼畜生长，成年家畜繁殖，畜产品数量和质量提高有着重要意义。放牧利用节省了刈割、调制、青贮、运输等过程，节省人力和物力，同时能避免或减少牧草在调制、加工过程中营养物质损失。但草地放牧家畜时，对草地利用强度难以控制，如果草地被破坏，很难恢复生机。因此，草地放牧牲畜时，必须做到合理放牧，使放牧家畜种类、放牧草地、放牧时间有机地联系起来（董宽虎等，2003）。

（一）选择适宜的放牧时期

根据不同草地牧草生长发育规律，应选择适宜的放牧时期，以利于再生草生长，获得产量高、营养丰富的牧草。放牧不宜过早或过迟，放牧过早，会降低牧草产量和混播人工草地中优良牧草比例；放牧过晚，牧草品质、适口性、利用率和消化率等均会降低。一般天然草地的放牧时期，以多数牧草处于营养生长后期为宜。对于混播多年生人工放牧草地，当禾本科牧草处于拔节期、豆科牧草处于腋芽发生期时放牧为宜。

（二）放牧强度

适当放牧能维持牧草正常生长发育。重牧或轻牧都会影响牧草再生、植被中植物组成和草地土壤。因此，不同地区应根据草地类型、牧草生育时期、耐牧性、草地坡度以及放牧利用方式等综合因素，确定草地利用率。根据草山草坡和牧草生长发育特点，在正常放牧时期内，实行划区轮牧的利用率为 85%，自由放牧者为 65%～70%。草山草坡坡度不同，其利用率也各异，坡度越大，利用率越小。一般每 100m 内升高 60m 剩余牧草 50%，升高 30～60m 剩余牧草 40%，升高 10～30m 剩余牧草 30%。如果草山草坡牧草处于危机时期（如早春、晚秋、干旱等）则利用率为 40%～50%。

1. 放牧采食高度 放牧采食高度同牧草的适度利用有密切关系。放牧后牧草留茬高度越低，利用牧草越多，浪费越少，但牧草营养物质贮存量减少，再生能力减弱，抗寒能力降低，产草量下降。因此，必须根据各类牧草的生物学特性和当地土壤、气候条件确定适宜放牧留茬高度。一般放牧留茬高度以 2～5cm 为宜。但放牧不同于刈割，放牧后留茬高度很难掌握，一般采取轮换或混合畜群放牧，既能提高载畜量，又能调节放牧后牧草的留茬高度。

2. 放牧次数 放牧次数是指某一草地在一年中或牧草营养生长期内能放牧的次数。

放牧次数过多，虽然再生草幼嫩、营养价值高、适口性好，但牧草营养物质积累少，再生能力减弱，优质牧草比例下降，产量降低，草地易退化。因此，各地必须根据草地牧草的生长发育规律和自然条件，确定适宜放牧次数。

3. 放牧间隔时间　为第一次放牧结束到第二次放牧开始相隔的天数。放牧间隔时间应根据牧草再生速度而定。当再生速度快、生长繁茂时，间隔时间一般为20～30d；当再生速度慢、牧草长势差时，则放牧间隔时间应较长，一般为40～50d。

（三）放牧方式

1. 自由放牧　自由放牧也叫无系统放牧或无计划放牧，即对草地无计划利用，放牧畜群无一定组织管理，牧工可以随意驱赶畜群，在较大的草地范围内任意放牧。自由放牧有几种不同的放牧方式。

（1）连续放牧　在整个放牧季节内，有时甚至是全年，在同一放牧地上连续不断地放牧利用。这种放牧方式往往使放牧地遭受严重破坏。

（2）季节牧场（营地）放牧　将放牧地划分为若干个季节牧场，各季节牧场分别在一定时期内放牧，如冬春牧场在冬春季节放牧，当夏季来临时，家畜便转移到夏秋牧场。这样，家畜全年在几个季节牧场放牧，而在一个季节内，草地并无计划利用，仍然以自由放牧为基本利用方式，但较连续放牧有所改进。

（3）抓膘放牧　抓膘放牧主要在夏末秋初进行。放牧时每天转移牧场，挑选好的牧场及最好牧草放牧，使家畜短时间内达到育肥效果，以便屠宰或越冬。这种方式在放牧地面积较大时可采用，但一般牧场不宜采用。因为这会造成牧草严重浪费，而且破坏草地。此外，家畜移动频繁，易于造成疲劳，降低生产性能。

（4）就地宿营放牧　这种方式是自由放牧中较为进步的一种放牧方式。放牧地无严格次序，放牧到哪里就宿营到哪里。就本质而言，它是连续放牧的一种改进。因其经常更换宿营地，畜粪尿均匀散步于草地，对草地生长发育极其有利，并可减轻腐蹄病的感染，有利于畜体健康。同时，因为家畜走路少，热能消耗较低，可提高畜产品产量。

2. 划区轮牧　划区轮牧也叫计划放牧，是把草地首先分成若干季节放牧地，再把每一个季节放牧地分成若干轮牧区域，然后按照一定次序逐区放牧，轮流利用。划区轮牧与自由放牧相比，具有以下优点。

（1）减少牧草浪费，节约草地面积　划区轮牧将家畜限制在一个较小的放牧地上，使其采食均匀，减少家畜践踏造成的损失。一次放牧结束后，经过一定时期休牧，到第二个放牧周期开始时，放牧地上牧草草质鲜嫩、适口性好，可以再度放牧。因为划区轮牧可以较充分地利用牧草，能在较小面积上饲养更多家畜，因而可以提高草地载畜量。

（2）可改变植被成分，提高牧草产量和品质　自由放牧时，由于家畜连续采食，土壤被严重践踏而失去弹性，植被容易耗竭，产量极低，优良牧草受到严重破坏，因而使植被成分变坏。划区轮牧时，因草地植被能被均匀利用，防止了杂草滋生，优良牧草比例相对增多，从而使牧草产量和品质都有所改进。

（3）可增加畜产品数量和品质　由于划区轮牧把家畜控制在小范围放牧，家畜的采食、卧息时间增加，而游走时间和距离显著减少。同时，也可以避免家畜活动过多消耗热能，因此增加了饲料的生产效益。划区轮牧能使家畜在整个放牧季内较均匀地获得牧草，各类家畜均能健康地生长发育，因而有利于提高畜产品的数量和品质。

(4) 有利于加强放牧地的管理　因为放牧家畜短期内集中于较小的轮牧小区内，具有一定计划，有利于采取相应农业技术措施、如刈割放牧以后剩余杂草处理、撒布畜粪等。同时，由于将放牧地固定到各个畜群，有利于发挥每一个生产单位管理和改良草地的积极性，如采取清除毒草、灌溉、施肥、补播等措施。

(5) 可防止家畜寄生性蠕虫病的传播　家畜感染寄生性蠕虫病后，粪便中常含有虫卵，随粪便排出的虫卵经过约6d之后，即可孵化为可感染性幼虫。在自由放牧情况下，家畜在草地上放牧停留时间过长，极易在采食时食入那些可感染的幼虫。而划区轮牧每个小区放牧不超过6d，这就减少了家畜寄生性蠕虫病的传播机会。

（四）划区轮牧的实施

1. 季节放牧地的划分　划分季节牧场是实施划区轮牧的第一步。由于天然草地所处的自然条件（如地形地势、植被状况、水源分布等）不同，存在着不同的季节适宜性。有些草地并非全年任何时候都适宜放牧利用，而只局限于某个季节。在冬季，通常利用居民点附近的牧地，而暖季可利用较远的牧地。暖季家畜饮水次数多，需利用水源条件较好的牧地；冷季家畜饮水次数少，可利用水源条件差，甚至有积雪的缺水草地。因此，正确选择和划分季节放牧地，是合理利用草地、确保放牧家畜对饲料需要的基本条件。

实际上，季节放牧地的划分并不意味着把全部牧地都按四季划分。在某些情况下，可以分成4个以上或4个以下，也不限于某一放牧地只在某一季节利用。各季节放牧地应具备以下条件。

(1) 冬季放牧地　冬季气候寒冷，牧草枯黄，多风雪，放牧地应选择地势低凹、避风向阳的地段；牧草应枝叶保存良好，覆盖度大，植株高大不易被风吹走或被雪埋没；放牧地应距居民点、饲料基地较近，而且要有一定水源、棚圈设备和一定数量的贮备饲草。

(2) 春季放牧地　早春寒冷，而且天气变化无常，多大风。从家畜体况来看，经过一个漫长的冬季，家畜膘情很差，身体瘦弱，体力消耗很多，加上母畜春季产羔和哺乳，急需各种营养物质。而早春地上残存的枯草产量很低，品质也差。早春萌发的草类，由于生长低矮和数量很少，家畜不易采食。春季后期，气温转暖，牧草大量萌发和生长，家畜才能吃到青草。春季放牧地要求开阔向阳，风小，牧草萌发早、生长快，以利于家畜早日吃到青草，尽快恢复体况。

(3) 夏季放牧地　夏季牧草生长茂盛，产量高，质量较好。但天气炎热，蚊蝇较多，影响家畜安静采食。因此，夏季放牧地要求地势较高、凉爽通风、蚊蝇较少，水源充足且水质良好，植物生长旺盛，牧草种类较多而质地柔嫩。

(4) 秋季放牧地　秋季天气凉爽，并逐渐转向寒冷。牧草趋于停止生长，大部分牧草已结实，并开始干枯。秋季要进一步抓好秋膘，为家畜度过漫长的冬季枯草期创造良好的身体条件。秋季牧地，宜安排在地势较低、平坦开阔的川地和滩地上，牧草应多汁而较晚枯黄，放牧地水源条件中等，离居民点较远。

2. 划区轮牧　把草地分成季节放牧地后，再在一个季节放牧地内分成若干轮牧区域，然后按一定次序逐区放牧轮流利用。

(1) 轮牧周期和频率　在计划轮牧分区时，首先应考虑轮牧周期和利用频率。轮牧周期指牧草放牧之后，其再生草长到下次可以放牧利用所需要的时间，即两次放牧的时间间隔(d)。

轮牧周期＝每一小区放牧时间×小区数

轮牧周期决定于牧草的再生速度，再生速度又与温度、雨量、土壤肥力及牧草自身发育阶段有关。环境条件较好、牧草又处于幼嫩阶段时，再生速度快，反之则慢。通常情况下，第一次再生草生长速度较快，第二次、第三次、第四次则依次变慢，因此，同一轮牧小区中各轮牧周期的长短不尽一致。往往第一轮牧周期较短，以后逐次延长。一般认为，再生草达到10～15cm时可以再次放牧。

轮牧频率是指各小区在一个放牧季节内可轮流放牧的次数，即牧草再生达到一定高度的次数。轮牧频率决定于牧草的再生能力，但不能完全按照牧草的再生频率来确定划区轮牧的频率。在生产实践中，如果放牧频率过高，三四年后就会使牧草产量降低。为了避免这一缺点，对放牧频率应有一定限制。各类放牧草地适宜的放牧频率分别为，森林草原3～5次，干旱草原2～3次，人工草地4～5次。

（2）小区放牧的天数　为减少放牧家畜寄生性蠕虫病的传播机会，小区放牧一般不超过6d。在非生长季节或荒漠区，小区放牧可以少于6d。在第一个放牧周期内，因为开始放牧的时间有所差异，各个小区牧草产量不等，前1～3个区往往不能满足6d的放牧需求。因此，前面几个小区的放牧天数势必缩短，后面小区的放牧天数逐渐延长至6d。

（3）轮牧小区的数目　有了轮牧周期和小区放牧的天数，就可以确定所需放牧小区的数目，计算公式为

小区数＝轮牧周期÷小区放牧天数

如果小区轮牧周期为32d，小区平均放牧天数为4d，则轮牧小区数是8个。但到了生长季的后期，再生草的产量减少，不能满足一定天数的放牧，小区放牧的天数势必缩短，这样小区的数目就会增加。因此，按照上述轮牧周期计算的小区数目中，增加的小区叫做补充小区。补充小区的个数取决于草地再生草的产量，再生草产量高的放牧地补充小区数就较少，反之则较多。因此，小区的实际数目可按下式计算

小区数目＝轮牧周期÷小区放牧天数＋补充小区数

例题　有100头牛的乳牛群，平均体重为500kg，平均日产奶量10kg（含乳脂率为4%），在禾本科草地上放牧，该草地生产力为5325kg/hm²（鲜草），利用率为70%，放牧频率为3次，第一次产草量为40%，第二次为35%，第三次为25%。第一轮牧周期为30d，青草放牧期为120d。设计一个划区轮牧方案。

草地总生产力为5325kg/hm²，利用率为70%，则可食草产量为5325×70%＝3727.50kg/hm²。各次产草量分别占40%、35%和25%，所以各次可食草产量分别为1491.00kg/hm²、1304.63kg/hm²和931.88kg/hm²。

500kg体重、日产10kg标准乳的奶牛，经查饲养标准，日需青草47kg，则100头牛日需青草4700kg。第一放牧周期为30d，共需草量4700×30＝141 000kg，而此时放牧地可食草产量为1491kg/hm²，因此需草地面积为141 000÷1491＝94.57hm²。

如每小区放牧4d，则需小区个数为30÷4＝7.5个，以8个小区计，每小区面积为94.57÷8＝11.82hm²。

在94.57hm²草地上，第二次放牧能获得可食草量为1304.63×94.57＝123 378.86kg，可供100头乳牛放牧天数为123 378.86÷4700＝26.25d（按26d算）。

同样，第三次放牧能获得可食草量为931.88×94.57＝88 127.89kg，可供100头乳牛放牧天数为88 127.89÷4700＝18.75d（按19d算）。

94.57hm² 草地三个周期总计供全群放牧天数为 30＋26＋19＝75d，尚缺天数为 120－75＝45d，需饲草的量为 4700×45＝211 500kg。因此，必须增加补充小区。该类草地可刈割一次，再生草放牧利用，再生草产量以总产量的 50%计算，利用率为 70%，再生可食草产量为 5325×50%×70%＝1863.75kg/hm²，补充小区的面积为 211 500÷1863.75＝113.48hm²。按前述小区面积 11.82hm² 计，则补充小区数目为 113.48÷11.82＝9.6 个（按 10 个小区算）。

放牧 120d 的乳牛群只需草地面积 94.57＋113.48＝208.05hm²，共需小区数 8＋10＝18 个。其中三次放牧利用的 8 个小区面积为 94.57hm²，补充小区抽穗期刈割，再生草放牧的 10 个小区面积为 113.48hm²。

（4）*轮牧小区的形状、分界和布局*　　当确定了轮牧小区的大小和数目后，为保证轮牧的顺利进行，还要考虑轮牧小区的形状、分界和布局，以免造成轮牧的困难或紊乱。

轮牧小区的形状可依自然地形及放牧地的面积划分，最适宜的为长方形。一般小区的长为宽的 3 倍。分区的长度，成年牛不超过 1000m，犊牛不超过 600m。其宽度以保证家畜放牧时能保持“一”字形横队向前采食为宜，以免相互拥挤，影响采食。

为使划区轮牧顺利实施，各区之间应设围栏。可用刺丝围栏、网围栏、电围栏或生物围栏；也可以自然地形、地物为界限，如山脊、沟谷、河流等，目标清楚，又经济省力。

合理布局轮牧小区，才能发挥各小区应有的作用。布局不合理则会造成家畜转移不便，增加其行走距离，或增大小区分界投资。布局时应考虑两个原则：其一，以饮水点为中心进行安排，以免有些区离饮水点太远，增加畜群往返体能消耗；其二，各轮牧小区之间应有牧道，牧道的长度应缩减到最小限度，但牧道的宽度以避免家畜拥挤为准，否则易造成孕畜流产。

3. 牧地轮换　　牧地轮换是划区轮牧的重要环节之一。牧地轮换就是把各个轮牧小区每年的利用时间和利用方式，按一定规律顺序变动，周期轮换，以保持和提高草地生产能力。如果没有牧地轮换，必然使每个轮换小区每年在同一时间以同样方式反复利用，势必造成某些优良牧草的灭绝，而大量劣质草类滋生繁衍。为了避免这种情况发生，就要实行牧地轮换。

牧地轮换包括季节放牧场的轮换和轮牧小区的轮换。由于各地的自然条件和放牧地利用习惯不同，季节放牧地轮换有两种方式，一种为利用季节轮换，如四季放牧地与两季放牧地轮换；另一种为利用方式轮换，如夏季放牧地三年三区轮换等。轮牧小区轮换中要设置延迟放牧区和休闲区等，在休闲期间进行补播、施肥等草地培育措施。轮换顺序如表 4-2 所示。

表 4-2　轮牧小区轮换顺序

利用年限	小区利用程度									
	Ⅰ	Ⅱ	Ⅲ	Ⅳ	Ⅴ	Ⅵ	Ⅶ	Ⅷ	Ⅸ	Ⅹ
第 1 年	1	2	3	4	5	6	7	8	×	△
第 2 年	2	3	4	5	6	7	8	×	△	1
第 3 年	3	4	5	6	7	8	×	△	1	2
第 4 年	4	5	6	7	8	×	△	1	2	3
第 5 年	5	6	7	8	×	△	1	2	3	4
第 6 年	6	7	8	×	△	1	2	3	4	5
第 7 年	7	8	×	△	1	2	3	4	5	6
第 8 年	8	×	△	1	2	3	4	5	6	7
第 9 年	×	△	1	2	3	4	5	6	7	8
第 10 年	△	1	2	3	4	5	6	7	8	×

资料来源：董宽虎等，2003

注：表中数字 1，2，3…为放牧开始的利用顺序；×为延迟放牧区，△为休闲区

第四节　中国天然草地资源等级评价

一、中国天然草地资源等级评价标准

首先对草地牧草按种的质量特征——适口性、营养价值和利用性状进行综合评价，将草地饲用植物划分为优、良、中、低、劣5类，各类牧草的划分标准如下（苏大学，1991）。

优类牧草：各种家畜从草群中首先挑食；粗蛋白质含量>10%，粗纤维含量<30%；草质柔软，耐牧性好，冷季保存率高。

良类牧草：各种家畜喜食，但不挑食；粗蛋白质含量8%～10%，粗纤维含量30%～35%；耐牧性好，冷季保存率高。

中类牧草：各种家畜均采食，但采食程度不及优类和良类牧草，青绿期有异叶或枯黄后草质迅速变粗硬，家畜不愿采食；粗蛋白质含量<10%，粗纤维含量>30%；耐牧性良好。

低类牧草：大多数家畜不愿采食，仅耐粗饲的骆驼或山羊喜食，或草群中优良牧草已被采食完才采食；粗蛋白质含量<8%，粗纤维含量>35%；耐牧性较差，冷季保存率低。

劣类牧草：家畜不愿采食或很少采食，或在饥饿时才采食，或某季节有轻微毒害作用，家畜仅在一定季节少量采食；耐牧性差，营养物质含量与中低类牧草无明显差异。

然后以草地型为评价单元，根据型内5类牧草质量所占的比例，划分为Ⅰ、Ⅱ、Ⅲ、Ⅳ、Ⅴ等草地（孟林等，2010）。

Ⅰ等草地：优类牧草占60%以上；

Ⅱ等草地：良类以上牧草占60%以上；

Ⅲ等草地：中类以上牧草占60%以上；

Ⅳ等草地：低类以上牧草占60%以上；

Ⅴ等草地：劣类牧草占40%以上。

依据草地上草群产草量（年内最高产量时期测定值），划分为8个级，来表示草地草群地上部分的产草量多少，具体标准如下（孟林等，2010）。

1级草地：产草量>4000kg/hm^2（干重，下同）；

2级草地：产草量3000～4000kg/hm^2；

3级草地：产草量2000～3000kg/hm^2；

4级草地：产草量1500～2000kg/hm^2；

5级草地：产草量1000～1500kg/hm^2；

6级草地：产草量500～1000kg/hm^2；

7级草地：产草量250～500kg/hm^2；

8级草地：产草量<250kg/hm^2。

二、中国天然草地资源等级评价结果

按照上述统一的等级评价标准评定，经统计获得全国和西部各省区天然草地等级的评价结果。统计资料表明，全国Ⅲ等草地面积最大，占全国已划等级草地的39.62%；依次是Ⅱ等草地，占28.23%；Ⅳ等草地，占15.74%；Ⅰ等草地，占11.28%；Ⅴ等草地最少，仅占全国已划等级草地面积的5.13%。说明我国草地总体质量属中等偏上，主要是Ⅲ等、Ⅱ

等和Ⅳ等草地，优良的Ⅰ等草地和劣质的Ⅴ等草地均占较低比例。分析认为西部各省区草地等的组成上虽有差异，但总体情况和全国是一致的，各省区Ⅱ等、Ⅲ等、Ⅳ等草地面积之和可占当地草地面积的80%以上，显示了草地是以中等为主（孟林等，2010）。

按照统一的草地等级评价标准，经统计获得全国和西部各省区草地级的评价结果。全国8级草地面积所占比例最大，为22.31%。低产的8、7、6级草地面积之和占全国草地面积的61.65%；高产的1、2、3级草地仅占全国草地面积的17.46%；中产的4、5级草地占全国草地面积的20.89%。总体说明全国低产草地面积大，草地产草量中等偏下。西部各省区由于所处地理位置和气候条件不同，产草量存在很大差异，各省区草地级的评定结果多种多样，大致可归纳如下几类。低产草地面积大，中产草地次之，高产草地面积小为第一类。以新疆维吾尔自治区为例，低产的8、7、6级草地面积之和占全自治区草地面积的80.34%，中产的4、5级草地占13.17%，高产的1、2、3级草地仅占全自治区草地的6.49%。内蒙古自治区、西藏自治区、甘肃省、青海省、宁夏回族自治区均属此类。第二类是高产草地面积大，中产草地次之，低产草地面积小。以广西壮族自治区为例，高产的1、2、3级草地面积之和占全自治区草地面积的72.52%，中产的4、5级草地占19.42%，低产的6、7、8级草地仅占全自治区草地面积的8.06%。可归入此类的有四川省、贵州省、云南省。陕西省3、4、5、6级草地面积之和占全省草地面积的82.31%，是以中产草地面积为主，这可算作第三类（孟林等，2010）。

第五节　饲草品质评价的内容和方法

在牧业生产中，饲草品质评价是一件十分重要的工作，其目的是准确掌握各种饲草品质潜在的饲用价值和未来的发展前景。

植物的饲用品质取决于其对家畜的适口性和营养价值。植物饲用品质的优劣决定了其在牧业生产中的应用前景。在生产实践中只要用心观察就不难发现，自然界中各种植物之间饲用品质或饲用价值存在着明显的差异。例如，紫花苜蓿、红三叶、白三叶等饲草，无论生长季节放牧利用还是刈割后调制成干草，各种家畜都特别愿意采食。另一类饲草受季节限制或受采收时间等因素的影响，尽管这些植物体内也含有营养物质，但是家畜不喜或不采食。其原因是上述植物体内含有生物碱、有机酸、毒蛋白、植物皂素、配糖体、氢氰酸或挥发油等有毒成分。

饲草品质评价应当包括物理学评价、化学评价和生物学评价三方面的内容。通过上述综合评价方法得出的结论，比采用任何单一方法得出结论可以更全面、更准确地反映出某种饲草的饲用价值，在生产实践中具有更大的现实意义。

一、饲草中的营养物质及其功能

饲草中的营养物质包括：水分、蛋白质、脂肪、糖类、有机酸、矿物质和维生素。

（一）水分

水分是动植物赖以生存的物质基础。在植物的光合作用中，水既是运输无机盐合成有机物的载体，也是植物体的主要成分。同样，在动物体内，水参与动物所有的代谢活动，也是动物各器官的重要成分。

根据中国农业科学院草原研究所测定，主要栽培饲草羊草和无芒雀麦的抽穗至开花期，植物体内的含水量占60%～70%，紫花苜蓿的现蕾至开花期，植物体内含水量占69%～77%。

在动物体内，水在不同器官内的百分含量差异很大。其中，家畜血液含 90%～92%，肌肉含 72%～78%，骨骼含 45%，牙齿珐琅质含 5%（徐柱，2004）。

（二）蛋白质

在自然界所有的动植物体中，蛋白质都是不可缺少的。在植物体中，蛋白质大多以凝胶状存在于细胞原生质及其内含物叶绿体中。叶片中的蛋白质含量高于茎秆。在动物体中，蛋白质是骨骼、韧带、被毛、蹄壳、皮肤以及内部器官、血液和肌肉等许多结缔组织和保护组织的主要成分。

在动物饲养中，饲草中的蛋白质有两个主要功能：一是在反刍动物瘤胃内，饲草中的蛋白质被瘤胃内的微生物（细菌和原生动物）降解成各种氨基酸，为合成微生物蛋白质提供前体物，紧接着在家畜消化道内，微生物蛋白质被降解，最终为合成家畜所需要的各种蛋白质提供了必要的原料；二是非反刍家畜自身不能合成某些必需氨基酸，缺少这些必需氨基酸将影响家畜正常的生长发育和生产性能，饲草中的蛋白质可以为非反刍家畜提供平常日粮中缺少的某些必需氨基酸，使家畜能正常地合成各种蛋白质。

（三）脂肪

在植物体中，脂肪与糖类中的无氮浸出物功能相同，都是植物维持生命活动必需的贮藏食物，主要贮存于植物种子中。脂肪是由甘油和脂肪酸组成的三酰甘油酯，其中甘油的分子比较简单，而脂肪酸的种类和长短却不相同。脂肪酸分三大类：饱和脂肪酸、单不饱和脂肪酸、多不饱和脂肪酸。

在动物体中，脂肪与糖类的功能相同，都是家畜生命活动中必需的热量和能量来源之一。多余的脂肪通常转化为动物体脂贮存起来。饲草中的脂肪被动物采食消化后，释放出来的热能为糖类的 2.25 倍（徐柱，2004）。同时，在动物的生命活动中，脂肪还是脂溶性维生素 A、维生素 D、维生素 E、维生素 K 的载体。

（四）糖类

在国内的植物化学成分常规分析中，通常把粗纤维和无氮浸出物两项合并，统称为糖类。粗纤维是植物细胞壁的主要组成成分，包括纤维素、半纤维素、木质素及角质等成分。无氮浸出物是非常复杂的一组物质，包括淀粉、可溶性单糖、双糖，一部分果胶、木质素、有机酸、单宁、色素等。在饲用植物中，糖类的平均含量大约占干物质的 3/4（徐柱，2004）。

糖类中的粗纤维是植物细胞壁的结构成分，构成植物体的木质骨架。糖类中的无氮浸出物是植物维持生命活动的贮藏物，主要贮藏于植物的种子、根系、块根和块茎中。在动物饲养中，饲草中的糖类是家畜日粮的主要成分，是家畜维持生命活动必需的热量和能量的主要来源，多余时以体脂的形式贮存于动物体内。

国外定义的糖类是由复杂的多羟基脂族醛及其无水聚合物组成的，其中氢氧的比例与水相同。葡萄糖、果糖、蔗糖、果聚糖和果胶为可溶性化合物，是可完全消化的。难溶性的糖类，如淀粉、半纤维素和纤维素，即使可被利用，也可能很难被消化。将木质素、角质、维生素、其他一些有毒有害物质等定义为非糖类。

（五）有机酸

有机酸是指一些具有酸性的有机化合物。有机酸代表了牧草中相当大的一部分可溶性物质。重要的有机酸有：柠檬酸、异柠檬酸、苹果酸、奎尼酸和乌头酸。其他许多酸也可能少量存在。这些酸都是易发酵的；在青贮饲料和其他发酵饲料中，乳酸、乙酸和丁酸可能占优势。有机酸是可消化的，并与牧草的品质高有联系。

（六）矿物质

矿物质是植物在光合作用中合成有机物的重要原料。饲草中的矿物质主要有钾、钠、钙、镁、硅、硫、磷、铁及其他一些元素。

植物和动物对矿物质的需要量是不同的。某些元素，如磷，植物中的含量有限，低于动物需要的水平。因此，在未施磷肥的低磷土地上，不补饲磷，动物可能因缺磷而死亡。

植物需要或利用大量的钾、钙、磷、镁、硫和硅，以及微量元素铁、铜、钼、锌、氯和硼。动物不需要硼，目前已知有18种矿物质对家畜是必需的，其中需要量较大的常量元素有钠、氯、钙、磷、镁、钾和硫，需要量少的微量元素有铬、钴、铜、氟、碘、铁、锰、钼、锌、硒和硅。在动物体中，矿物元素占2%～5%。它们参与动物的各种代谢活动，是动物骨骼和牙齿的结构成分，也是肌肉、器官、血液、软组织蛋白质和脂肪的组成成分，可活化各种酶系统、调节控制动物体液渗透压和酸碱平衡等，在动物营养中起重要作用（徐柱，2004）。

由于动植物的需要不同，通常给草食动物补充食盐、钙和磷。混合料中常含有微量矿物质。植物的需要量得到满足的情况下，施肥可以考虑到植物和动物的需要。

（七）维生素

维生素是复杂的有机物，是动物正常生长发育、繁殖不可缺少的微量有机物。维生素分为脂溶性维生素和水溶性维生素两大类。脂溶性维生素在动物体内可以贮存，而水溶性维生素则不能在动物体内贮存。维生素A和胡萝卜素在动物肝脏和脂肪组织中的贮存量可以满足动物需要达半年以上。水溶性维生素则往往随水分一起排出体外。非反刍动物合成维生素的能力差，必须从日粮中供给（徐柱，2004）。

维生素A和D是反刍动物所需要的。其他维生素，包括B族维生素，可在瘤胃内或动物体内合成。胡萝卜素是青饲料中的一种黄色色素，为维生素A的一种来源。胡萝卜素能被光破坏，因而，褪色和老化干草的胡萝卜素含量就会降低。新鲜牧草和青贮饲料中的胡萝卜素含量最高。在反刍动物的食料中，维生素D不可能像维生素A那样受到限制。当牧草老熟和在日光下曝晒时，维生素D的含量会提高。

二、影响饲草饲用品质的因素

（一）收割前的因素

1. 收割时间　收割时，饲草所处的生长发育阶段是影响饲草品质和潜在饲用价值的重要因素。

禾本科、豆科和其他饲草一样，植物体内所含有的各种营养物质在整个生育期内一直处于有规律的动态变化之中。随着饲草收割时间的推迟，粗蛋白质和粗灰分含量呈下降趋势，粗纤维和无氮浸出物含量呈上升趋势，粗脂肪含量相对较稳定。

我国北方草原和南方草山草坡分别地处温带、亚热带和热带地区，气候条件和土壤条件差异很大，饲草种类不同，饲草适宜刈割和利用时期也可能不同。但是，若从饲草的饲用品质、再生力和利用率等多种因素综合考虑，那么禾本科和豆科等饲草最适宜的刈割和利用时期应当在分蘖（分枝）盛期。此时饲草的再生能力最强，饲用品质好，家畜对饲草的利用率最高。若为了从单位面积上获得最高的干物质产量和营养物质产量，又不影响饲草安全越冬，那么禾本科和豆科等饲草最适宜的刈割和利用时期应当在始花期至盛花期。

2. 生长环境 温度、光照和水分对饲草的营养价值是非常重要的，温度能影响所有非恒温生物的代谢活性。这意味着能量和已积累的代谢物更快地转化，以及新的细胞和物质更快地合成。而生长在寒冷气候中的牧草，能在茎和叶内形成糖类和蛋白质的储备，从而使叶和茎具有较高的营养价值。产量低和营养价值高，是北极地带牧草的特点。

光照有助于光合作用，促进糖和有机酸的合成。不管温度如何，光照已成为提高植物消化率的一种动力。水分的影响是较大的。如果水分受到限制，可使植物发育受阻不能成熟。但是，某些适应环境的多年生植物在干旱季节可以进入休眠状态，将储备养分输送到根部，留下营养价值低的地上部分。

饲草的营养成分和饲用价值受土壤中许多有效化学元素的影响。植物体中磷的百分含量因施肥而略有增加。分别使用从低磷（0.12%P）和高磷（0.26%P）土壤中收获的苜蓿干草饲喂家兔后，发现用低磷土壤中收获的干草饲喂的家兔，生长受阻，成熟时体重较轻，繁殖力弱，骨骼畸形且比较脆弱。过量施用单一元素肥料或不均施肥，可能会获得最高产量，但是，饲草的生物学价值比较低。用苜蓿饲喂豚鼠，发现平均日增重与苜蓿生长在不同肥力的土壤上有关。每公顷适量施用 182kg 磷肥和钾肥时，平均日增重上升；过量施肥（每公顷施用磷肥和钾肥 363kg）则平均日增重下降。青年奶牛采食均衡施用混合肥料的苜蓿-无芒雀麦，比采食施用单一氮肥的苜蓿-无芒雀麦要多一些。头茬苜蓿体外消化率因施钾肥而增加，二茬苜蓿无这种情况（徐柱，2004）。

3. 植株各部分 国内外研究结果都显示，植株各部分的营养成分含量和消化率有很大差异。无论禾本科饲草或豆科饲草，叶子比茎秆中的营养成分含量高。根据中国农业科学院草原研究所对三种紫花苜蓿和冰草植株各部分的化学分析，以粗蛋白质为例，公农一号紫花苜蓿、沙弯紫花苜蓿和呼伦贝尔紫花苜蓿的开花期，茎秆中粗蛋白质的质量分别占绝对干物质质量的 6.52%、8.15%和 9.41%，叶子和花序中粗蛋白质的质量分别占绝对干物质质量的 21.15%、24.93%和 24.23%，紫花苜蓿种子中粗蛋白质含量为 29%～38%。研究结果显示，紫花苜蓿叶子和花序比茎秆中的粗蛋白质含量高出 2 倍（徐柱，2004）。

从紫花苜蓿植株下部到上部，每隔 10cm 取叶子进行化学分析，其蛋白质、无氮浸出物含量逐渐增加，总消化养分、还原糖和总糖、磷和铁的变化很小，灰分、钙、镁、铝、锶和硼的含量有下降趋势。从紫花苜蓿植株下部到上部，总消化养分、淀粉、蛋白质、磷、钾、钙和镁的含量增加，纤维素含量下降（徐柱，2004）。

4. 植物病虫害 植物病虫害对饲草的危害主要表现在，使饲草的生长发育受阻，干草产量和种子产量下降，叶茎比下降，蛋白质和胡萝卜素含量下降，纤维素含量增加，饲草品质和饲用价值降低。至于受植物病虫害危害的饲草被家畜采食后，对家畜的健康、繁殖和生产性能有哪些负面影响，目前我们还知之甚少（徐柱，2004）。

(二) 收获后的因素

饲草刈割后主要用于调制干草或制作青贮饲料。无论采用哪种形式保存饲草，其营养物质含量只能下降，不可能比刈割前有所增加。因此，研究饲草刈割后如何贮存才能减少营养物质的损失和饲用品质的下降，就显得特别重要。

首先，对于未成熟的幼嫩饲草，因为含水量高，适宜放牧利用或作为青刈饲料，不宜调制干草长时间贮存。开花期和成熟期刈割的饲草，干物质质量和营养物质含量都很高，适宜调制干草贮存。减少饲草中营养物质损失的关键在于尽量缩短饲草刈割后的干燥时间、减少日晒、把饲草的含水量控制在10%左右。抽穗（现蕾）期和开花期刈割的饲草适宜调制青贮饲料。减少青贮饲料中营养物质损失的关键在于将饲草切短、压实和密封。减少青贮设施内的氧气含量，缩短植物活细胞的呼吸时间和好气性细菌（酵母菌和霉菌）的活动时间，尽快使青贮设施内的好气环境变成厌气环境，最终杀死一切细菌，这样青贮饲料可以保存很长时间而不变质（徐柱，2004）。

三、饲草品质评价方法

饲草品质评价通常有三种方法。

(一) 物理学评价

实际上就是借助于人的感官来评价，即依靠人的肉眼观察和嗅觉进行评价，不需要任何科学仪器和设备。物理学评价范围包括：植物的适口性和放牧地的品质等。

1. 植物的适口性　通常指某种植物为各种家畜喜食的程度。这是评价植物饲用品质中最常用的方法之一。实践中有许多因素可以影响植物的适口性。譬如，植物的化学成分、植物的种类和发育时期、植物解剖与形态特征、地理环境与气候条件、家畜的种类等。

一般而论，植物的适口性从植物出苗（返青）到结实，在整个生育期内随着物候期的变化而逐渐降低，植物体内的化学成分中，粗蛋白质含量下降，粗纤维含量增加，植物的消化率随之降低。对各种家畜而言，植物的适口性最佳时期是在禾本科植物的分蘖盛期和豆科植物的分枝期。此时植物幼嫩的茎叶基本上可以被家畜全部采食利用，而且，此时植物的再生力最强。禾本科植物的抽穗期和豆科植物的现蕾期，未被家畜采食的残草超过20%，结实期未被家畜采食的残草大约占50%（徐柱，2004）。

在天然草地上，豆科植物的适口性最好，往往被家畜优先采食，而且表现出贪食；禾本科植物次之。

评定牧草的适口性常用方法有：①肉眼观察家畜对植物的适口性，评价植物的饲用品质。该方法不仅简单易行，而且可以比较准确地判断植物的营养价值。例如，如果家畜对某种植物的喜食性保持较长时间，而且，家畜采食后生长发育正常，就可以初步认定这种植物饲用品质好，营养价值比较高。②访问有经验的放牧人员、专家等。对一种牧草要详细了解哪个季节哪种牲畜最爱吃哪些部位。③将供测牧草若干种放在实验动物面前，令动物自由选择。因家畜种类不同，喜食的植物种类也不同，对植物适口性的要求有较大差异（解新明，2009）。

在生产实践中，通常用五级标准来评定植物的适口性（徐柱，2004）。

5级（特别喜食的植物）：无论放牧或舍饲，首先被家畜采食的是鲜草或干草，而且能被家畜全部吃掉，常表现为贪食。这类植物草质柔嫩、叶量丰富、营养价值高。例如，苜蓿属、扁蓿豆属、三叶草属、百脉根属和野豌豆属植物等。

4 级（喜食的植物）：任何情况下家畜都愿意采食，从不表现出厌食，但不从草丛中挑选出来采食。这类植物叶量比较丰富，营养成分含量也比较高，能满足家畜生长发育需要。例如，冰草属、雀麦属、黑麦草属、披碱草属、鹅观草属和针茅属植物等。

3 级（乐食的植物）：家畜经常采食，但是，喜食程度不如前两类。放牧家畜采食一定量后（半饱状态），便在草丛中挑选特别喜食和喜食的植物。这类植物营养价值近中等。开花结实后植株茎秆迅速变得粗硬，粗纤维含量明显增加。例如，芨芨草属、沙鞭属和拂子茅属植物等。

2 级（采食的植物）：以上三类植物被吃掉后，家畜才开始采食的植物。这类植物的适口性有明显的季节性，草质粗糙或某个时期有浓郁的特殊气味，家畜平时拒绝采食或仅采食植株的某些部分。例如，蒿属（冷蒿除外）、风毛菊属、棘豆属的刺叶柄棘豆、鸢尾属的马蔺和苔草属植物等。

1 级（少食的植物）：因饲草极度缺乏，家畜饥饿而被迫无奈采食的植物。这类植物草质低劣、粗糙，某个时期对家畜有毒害作用，或含有大量盐分。例如，黄华属的披针叶黄华、盐豆木属的盐豆木、盐爪爪属的盐爪爪和碱蓬属的碱蓬等。

2. 放牧地的品质　放牧地的品质取决于放牧地上植物科属种类和各类植物在草群中所占的比例。

根据植物的化学成分和饲用价值，通常将饲用植物分为四类：豆科植物、禾本科植物、莎草科植物和杂类草。其中，豆科植物所含的各种营养物质最丰富，蛋白质含量高，饲用价值最高，为上等饲用植物；在天然草地上，多数豆科植物是各种家畜特别喜食的植物。禾本科植物所含的各种营养物质中，主要是粗蛋白质含量低于豆科植物，但是，禾本科植物是放牧家畜采食量最大的植物，多数禾本科植物是家畜喜食和乐食的植物，为中等饲用植物。莎草科植物和杂类草的适口性及所含的营养物质均不及前两类植物，一般情况下家畜不愿采食或很少采食，为下等饲用植物（徐柱，2004）。

评价放牧地的饲用品质，就是依据上述各类植物在放牧地上所占的比例做出判断的。我国北方草地和南方草山草坡的自然环境不同，植物群落中的建群种、优势种和主要伴生种不同，但是，评价放牧地品质的基本原则应当是相近的。

根据我国天然草地的植被和利用现状，我们用四个等级来评定放牧地品质：

（1）上等放牧地　在放牧地植物群落中，苜蓿属、黄芪属、棘豆属、胡枝子属、三叶草属和野豌豆属等豆科植物出现的频率比较高，或占有较大的比例，这是上等放牧地。

（2）中等放牧地　在放牧地植物群落中，豆科植物稀少，但是，羊草、针茅、冰草、早熟禾和黑麦草等禾本科植物占据优势，这是中等放牧地。

（3）下等放牧地　在放牧地植物群落中，豆科植物和禾本科植物已经绝迹，莎草科植物、一年生蒿属植物、藜科植物或其他杂类草占据优势。这种放牧地已经退化为下等放牧地。

（4）劣等放牧地　在放牧地植物群落中，原生植被已经遭到彻底破坏，取而代之的狼毒、苦豆子、牛心朴子、骆驼蓬、苦马豆等家畜不食或对家畜健康有毒害作用的植物占据优势。这种放牧地已经严重退化而失去饲用价值，为劣等放牧地（孟林等，2010）。

（二）化学评价

1. 化学成分分析　指通过化学分析的方法，测定植物和饲料中各种营养成分的含量，这是评价植物饲用品质最重要的科学依据。在未经动物试验之前，其评价结果应视为潜在的饲用价值。

目前国内外现有的大多数植物化学成分分析数据，都是通过传统的常规分析（近似组分分析 Weender 法）获得的。植物化学成分分析结果，已为广大科技人员和家畜饲养者制订各种家畜的饲养标准、科学养畜奠定了坚实的基础。今天，许多饲料分析室已经采用现代科学仪器，取代了传统的常规分析仪器，拓宽了分析的范围，提高了分析的速度和精确度，但是，常规分析（近似组分分析）的本质并未变（徐柱，2004）。

在饲草常规分析中，通常把植物样品的化学成分分为六个部分：水分、粗蛋白质、粗脂肪、粗纤维、无氮浸出物和粗灰分。在有关专业文献中，六个部分的化学成分含量通常用占风干物质质量或绝对干物质质量百分比来表示。六部分化学成分的内涵如下。

（1）*水分*　测定植物样品中的含水量，是为了得到准确、恒重的干物质质量。干物质质量是计算各类化学成分含量的基础。植物和饲料中的水分有两种：自由水和吸附水。自然条件下，植物和饲料样品经过晾晒或阴干，失去的水分为自由水，称量恒重的植物样品和饲料样品为风干物质质量。在恒温箱 105℃温度下，植物和饲料样品被烘干，失去的水分包括自由水和吸附水，称量恒重的植物和饲料样品为绝对干物质质量。

（2）*粗蛋白质*　指植物样品中所有的含氮化合物，其中，包括蛋白质氮和非蛋白质氮、有机氮和无机氮。在常规分析中，运用凯氏定氮法测定植物样品中氮的含量。粗蛋白质含量是根据植物样品中氮素含量乘以 6.25 而确定的，因为蛋白质中大约含有 16%的氮（100%÷16%=6.25）。这是假定植物样品中所有的氮都是来自于蛋白质，而实际情况并非如此，有一些氮来自于非蛋白质，所以分析结果称为粗蛋白质。

（3）*粗脂肪*　指植物样品中溶于乙醚的各种脂溶性脂肪成分，其中，包括脂肪和类脂物质。通常采用索氏脂肪提取器抽取植物样品中的粗脂肪。

（4）*粗纤维*　指植物样品在稀硫酸和稀氢氧化钠溶液中煮沸一定时间，再经乙醇处理，除去样品中的矿物质，剩余不溶解的残渣为粗纤维。其中，以纤维素为主，并有少量的半纤维素和木质素。在整个粗纤维分离过程中，硫酸水解掉样品中全部的淀粉、大部分半纤维素、部分蛋白质、碱性物质和生物碱；氢氧化钠水解掉样品中大部分蛋白质、脂肪，溶解未被硫酸水解的全部半纤维素和大量木质素；乙醇溶解掉样品中的树脂、单宁、色素及剩余的脂肪和蜡。

（5）*无氮浸出物*　指植物样品中一些易溶于水、容易被动物消化利用的单糖、双糖和多糖，如淀粉、半纤维素、某些纤维素和少量木质素。无氮浸出物的成分比较复杂，不容易分开，所以，在常规分析中一般不进行化学分析，而是采用扣除的方法计算无氮浸出物的含量，即植物样品质量（初重或风干重）减去水分、粗蛋白质、粗脂肪、粗纤维和粗灰分质量，剩余部分就是无氮浸出物的质量。可见，无氮浸出物含量的精确度和稳定性，与上述五种化学成分的分析误差有直接关系。

（6）*粗灰分*　指植物样品在马弗炉中以 600℃的高温灼烧，样品中的有机物燃烧后逸失，剩余的无机物残渣称为粗灰分。粗灰分其实就是植物样品中的矿物质或无机盐。

2. 草地营养类型评价系统　所谓营养类型，是根据天然草地在营养期和花果期碳物质、氮物质和粗灰分的组合形式，从营养学角度出发，对草地类型的重新组合（孟林等，2010）。

首先利用草地牧草或草群营养期或花果期的常规化学分析资料，根据下式计算营养物质总量。

营养物质总量＝粗蛋白质＋2.4×粗脂肪＋无氮浸出物

然后，将营养物质总量分为氮营养物质（粗蛋白质）和碳营养物质（粗脂肪、粗纤维、无氮浸出物），并分别计算出各类物质占营养物质总量的比例。碳营养物质和氮营养物质的含量比称为营养比，根据 K. Nehring 的公式，计算出草群的营养比。计算公式为

营养比（%）＝（营养物质总量－粗蛋白质含量）/粗蛋白质含量

根据草地牧草的营养比和粗灰分（A）含量的三个区段，将草地划分为 12 个类型。1996 年刘德福等在编写《中国草地资源》时，修改了碳：氮营养比，并制订了中国草地营养类型标准（表 4-3），对全国草地资源营养类型进行了评价（孟林等，2010）。其中，N 型草地宜发展奶品生产，CN 型草地宜发展肉品生产，NC 型草地宜发展细毛羊生产，NC-A 型草地宜发展西藏羊的毛肉生产，C 型草地宜发展肉牛生产，A-NC 型草地宜发展山羊绒和裘皮生产。

表 4-3　中国草地营养类型标准

碳：氮营养比	粗灰分含量					
	<10%		10%～20%		>20%	
	营养类型	符号	营养类型	符号	营养类型	符号
<3.75	氮型	N	氮-灰分型	N-A	灰分-氮型	A-N
3.76～7.25	氮碳型	NC	氮碳-灰分型	NC-A	灰分-氮碳型	A-NC
7.26～14.25	碳氮型	CN	碳氮-灰分型	CN-A	灰分-碳氮型	A-CN
>14.26	碳型	C	碳-灰分型	C-A	灰分-碳型	A-C

资料来源：孟林等，2010

（三）生物学评价

指通过动物消化试验或饲养试验，对植物样品中营养物质的转化做出实际测定。生物学评价结果往往受家畜品种、生产潜力和饲养环境等多种因素影响，但是，可以把它看作是在特定条件下，植物和饲料样品饲用价值的一种现实的体现，例如，增重、产乳和产毛等。下面介绍几种常用的生物学评价方法（徐柱，2004）。

1. 消化试验　指通过测定植物样品中各种营养成分在动物体内的消化率，求得可消化养分的含量。消化试验是评价植物品质及饲用价值最常用的方法之一。消化试验分体内消化试验和体外消化试验两种。体内消化试验又分为全收粪法和瘤胃瘘管尼龙套袋法两种方法。体外消化试验指人工模拟瘤胃消化法。

（1）全收粪法　动物试验期间，准确称量家畜食入的植物或饲料干物质和各种营养物质的质量，同时准确收集、称量家畜从粪便中排出的相应干物质和营养物质的质量。用此法求得的消化率称为表现消化率（apparent digestibility）。

表观消化率（%）＝100%×（食入的饲料养分量－粪中的养分量）/食入的饲料养分量

试验程序：①先通过化学分析测定出植物或饲料样品中各种营养成分的百分含量；②预试期（7～10d），给试验动物饲喂供试的植物或饲料样品，使动物以前采食的饲料残余物从消化道中全部排出；③试验期（7～10d），准确称量试验动物每天食入的植物或饲

料样品质量，全部收集、称量和分析动物粪便，测定食入的营养成分的质量和从粪便中排出的相应营养成分的质量之差，据此计算出每种营养成分的消化率或消化系数（徐柱，2004）。

（2）*瘤胃瘘管尼龙套袋法*　首先要有已做过瘤胃瘘管手术的反刍动物类试验动物（牛或羊），并使动物体外瘤胃部位有一个可以随时开闭的活口。将供试验的植物或饲料样品称重后装入特制的尼龙套袋内扎口，从试验动物瘘管口放入瘤胃内消化。根据试验设计要求，定时从瘤胃内取出装有植物或饲料样品的尼龙套袋，用清水冲洗干净已被动物消化的部分，烘干、称重、进行化学分析。最后计算出植物或饲料样品中干物质消化率及各种营养成分消化率。

由于植物或饲料样品仅在动物瘤胃内受到各种细菌和原生动物的降解，没有通过含有各种消化腺的皱胃和整个消化道接受各种消化酶的分解，所以此法测得的消化率通常称为初始消化率（initial rate of digestion）（徐柱，2004）。

（3）*体外消化实验法*　指利用反刍类动物（牛、羊、骆驼）的瘤胃液，在动物体外做人工模拟瘤胃消化试验。

主要程序：①从反刍动物瘤胃内容物中分离、提取瘤胃液；②将定量的瘤胃液加入供试的植物或饲料样品中，置于恒温的电热水浴锅内，模拟瘤胃工作环境，消化植物或饲料样品；③根据试验设计，定时从水浴锅内取出装有植物或饲料样品的玻璃容器，用离心机分离出未被消化的残余物；④对未被消化的残余物进行化学分析；⑤计算植物或饲料样品的消化率。

从本质上讲，体外消化试验与瘤胃瘘管尼龙套袋法是相似的，即植物或饲料样品只经过瘤胃微生物的分解，没有通过皱胃和整个消化道接受各种消化酶的分解，所以利用体外消化试验测得的消化率也被视为初始消化率。

（4）*消化试验评价的重点*　为了评价植物和饲料的饲用品质，通过消化试验把动物粪便中残存的各种营养成分全部分析一遍，不仅费时费力，而且也没有必要。在生产实践中，通常把测评的重点放在植物和饲料的干物质消化率、粗蛋白质消化率和粗纤维消化率三项指标上。

粗纤维是食草家畜日粮的主要成分，采食量最多，并且是家畜最主要的能量来源之一。把粗纤维消化率的高低作为衡量植物和饲料品质优劣的一项重要指标无可非议。但是传统的粗纤维测定方法存在着明显的缺点，就是它所测定的结果是一个复合物，不仅未把半纤维、纤维素和木质素各组分分开，而且，粗纤维的定量分析结果也不够准确。在粗纤维的含量中，包括部分半纤维素、纤维素和木质素，植物和饲料样品中还有部分半纤维素、纤维素和木质素已经被酸、碱溶液溶解，计量到无氮浸出物中。

范氏（Van Soest）提出的中性洗涤纤维（NDF）和酸性洗涤纤维（ADF）测定方法，克服了传统的粗纤维测定方法存在的缺点，不仅能把植物和饲料样品中的半纤维素、纤维素和木质素各组分分开，而且，能获得比较准确的定量分析结果，这对传统的粗纤维测定方法无疑是一个重大的改进。

其工作原理是：植物性饲料经中性洗涤剂（3%十二烷基硫酸钠）分解，大部分细胞内容物溶解于洗涤剂中，其中包括脂肪、糖类、淀粉和蛋白质，统称为中性洗涤剂溶解物（NDS），而不溶解的残渣为中性洗涤纤维，主要是细胞壁部分，如半纤维素、纤维素、木质素、硅酸盐和极少量的蛋白质。

酸性洗涤剂（2%十六烷三甲基溴化铵）可将中性洗涤纤维中各组分进一步分解。植物性饲料可溶于酸性洗涤剂的部分称为酸性洗涤剂溶解物（ADS），主要有中性洗涤剂溶解物和半纤维素，剩余的残渣为酸性洗涤纤维，其中有纤维素、木质素和硅酸盐。此外，由中性洗涤纤维与酸性洗涤纤维值之差，就可以得到饲料中半纤维素的含量。

酸性洗涤纤维经过72%硫酸的消化，纤维素被溶解，残渣为木质素和硅酸盐。从酸性洗涤纤维值减去经72%硫酸消化后的残渣，其结果为饲料中的纤维素含量。

2. 饲养试验 指把品种、性别、年龄和体重等方面相同或相近的试验动物分成处理组和对照组，处理组动物饲喂供试验的植物或饲料样品，对照组动物饲喂平时供给的基础日粮，经过预试期和试验期，运用对比法比较两组试验动物在生产性能方面的差异。

饲养试验是评定植物和饲料品质、饲用价值，探讨家畜对各种营养物质的需要，比较饲养方式优劣的最可靠的方法（徐柱，2004）。

为了保证试验结果的可靠性，试验过程中应注意以下几点。

1）明确试验目的。增重、产奶或产毛。

2）尽量消除人为因素可能引起的误差。处理组和对照组的试验动物，除饲喂不同的植物或饲料成分外，其他试验条件应当相同。

3）详细记录每天的饲料消耗，定期称重。

习题

1. 草地如何放牧利用?
2. 简述饲草适时刈割的原则、刈割的高度和频度。
3. 新建牧草地如何管护?
4. 如何进行草地培育?
5. 简述草地植物饲用价值的评价标准。
6. 简述中国草地等级评价的标准。
7. 简述放牧地的等级标准。
8. 如何进行放牧地的品质评价?
9. 简述评价植物适口性的五级标准。

第五章　饲草的收获与加工

第一节　牧草收获工艺

制订合理的牧草收获工艺是发展草地生产机械化的一个重要环节，对提高劳动生产率、保证牧草质量、降低成本、减少牧草损失有着重要意义。制订牧草收获工艺时要以经济效益、牧草种类、自然条件、牧草产量、运输距离、贮存要求、动力状况等为依据，因地制宜地确定。

秸秆从收集、加工直至饲喂，有着从简到繁，营养价值、效益和商品化趋势逐渐增加的多个工艺步骤，并涉及多种机械，如方捆捡拾打捆机，圆捆捡拾打捆机，滚筒式铡草机，圆盘式铡草机，单、双螺杆式饲料膨化机组，秸秆调质机，秸秆均质机等。现将国内外常用的牧草收获工艺及其技术要求介绍如下（徐柱，2004）。

一、散草收获工艺

散草收获工艺的特点是，所用的机具比较简单，价格低廉。但生产效率低，牧草损失大，收获所需运输和贮存的空间大，因此不便于长距离运输。传统的散草收获采用割、搂、集、垛、运分段作业。由于机器性能的改善，品种的增加，散草收获工艺不断完善。散草收获工艺示意图见图 5-1。

不同的收获工艺及具体收获方法的主要区别在于成条以后的机器系统。试验表明，用集草、垛草、运草等机器组成的 A-C 散草收获法，如使用高效的运输机器，其总的费用略高于小方捆收获法，低于捡拾集垛法，而劳动消耗略高，单位质量收获物的金属占有量比较低。在我国天然草场条件下，采用割、搂、集、垛、运的散草收获法，其中运输成本占70%左右。如用高效捡拾装运机械，总作业成本可低于压缩收获工艺。它与我国目前的生产条件比较适应，因此至今还应用较广。

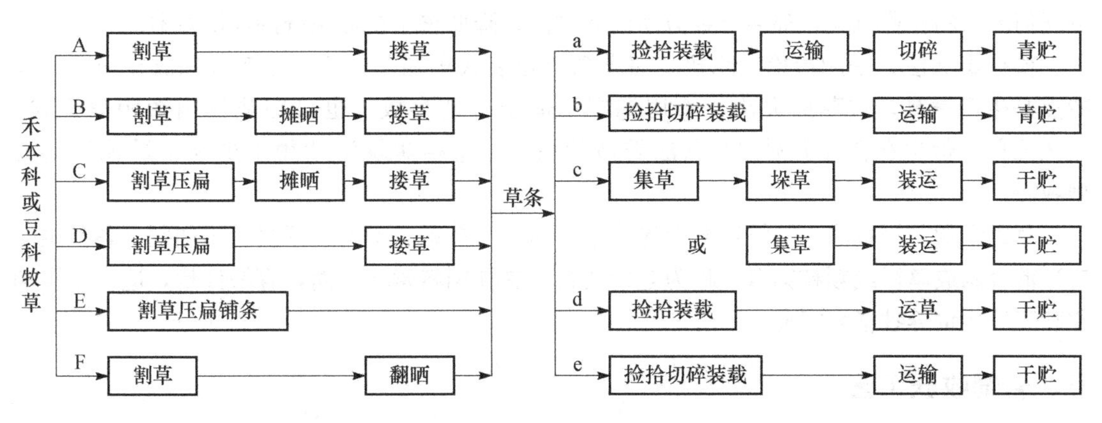

图 5-1　散草收获工艺示意图（徐柱，2004）

二、压缩收获工艺

压缩收获工艺包括小方捆、大圆捆、捡拾集垛、田间直接压块或制粒等各种收获法。据有关试验表明，小方捆收获法生产率和作业成本较低。此法在我国还处于开始阶段，有很大的发展余地。此法具有收获牧草损失最小，草的质量好，便于长距离运输、贮存及人工搬运等优点，因此广为采用，如美国目前有70%以上的干草采用这种收获法。压缩法收获工艺示意图见图5-2。

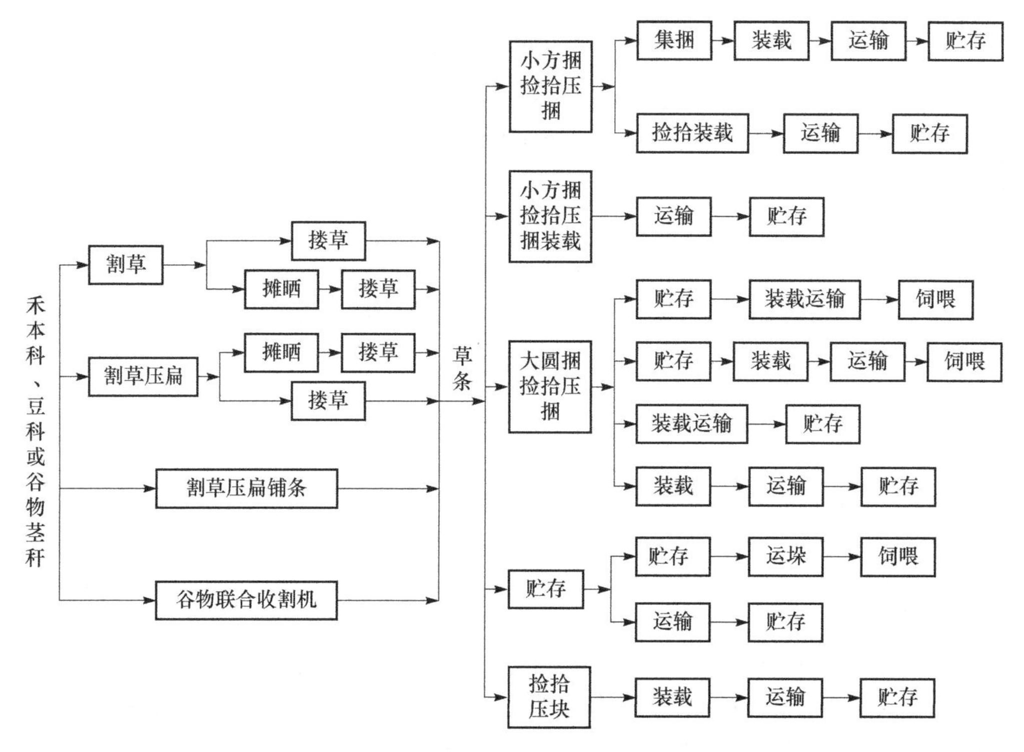

图5-2　压缩收获工艺示意图（徐柱，2004）

大圆捆收获法生产率比小方捆高，且捆绳费用比方捆节省90%。圆草捆具有可防止雨水渗透和风蚀损失、适宜露天贮存、饲喂方便等优点。但机具价格较高，要求成套性强，缺少任何环节的作业机具，都会导致劳动消耗过高，降低整个机器系统的经济效益。

捡拾集垛法，采用捡拾集垛机，将草条捡拾装入车厢，经适当压实成垛放在田间。其特点是生产率高，牧草损失小，不用捆绳，适于就地存放，也可在牧场内短距离运输，工艺简单。但也存在和大圆捆收获法类似的缺点。捡拾集垛法适用于少雨干燥地区的大型牧场。

草饼和颗粒饲料法，是将牧草粉碎成干草粉，与精料、动物性饲料、添加剂（各种维生素）混合制成草饼或颗粒饲料，称为全价饲料。这种饲料营养全面，容易计量，适合于自动化和工厂化饲养牲畜和家禽。

三、青饲收获工艺

青饲收获是一种用于舍饲的理想收获法，一般是现割现喂。在上述各种收获法中有的收获物可直接用于青贮。该工艺的优点是所用的机具种类少，饲料质量高。但要求有相应的贮存设施和机械，因此其成本较高。青饲收获工艺示意图见图 5-3。

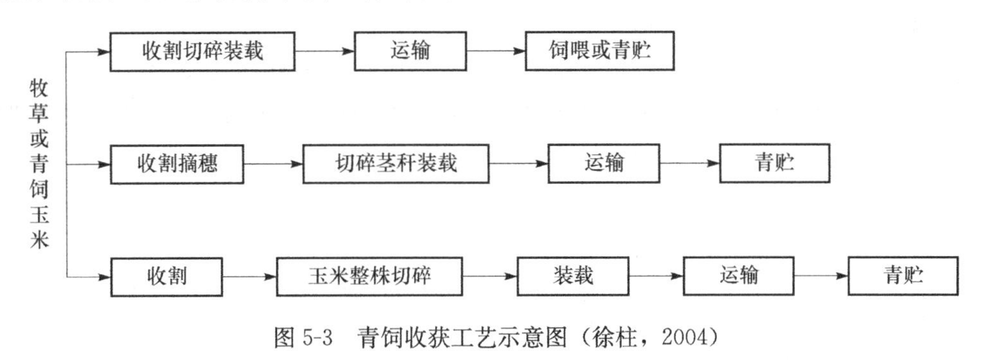

图 5-3 青饲收获工艺示意图（徐柱，2004）

第二节 青干草的调制

世界上畜牧业发达的国家都较重视干草生产。近 30 年来，美、法、德、澳大利亚等国家栽培草地的干草产量迅速提高。近年来，我国的干草生产也有较大的发展，许多牧区以放牧饲养为基础，建立了永久性或半永久性的割草场，备足了干草作为冬春季的补充饲料。在农区，除了合理采集和保存农作物秸秆以外，打草、贮草工作也已普遍开展。调制青干草，方法简便，成本低，便于长期大量贮藏，在牲畜饲养上有重要作用，是北方牧区农牧民易于接受的一种加工保存方法。随着农业现代化的发展，饲草的收割、搂草、打捆机械化逐渐普及，青干草的质量将不断提高。

一、青干草的营养价值

禾本科干草如羊草、披碱草、冰草、无芒雀麦、黑麦草、苏丹草等，粗蛋白质含量为 10%～21%，比禾本科秸秆高出 3 倍以上；粗纤维为 22%～33%，比秸秆低 1/2 左右；无氮浸出物含量为 40%～54%，与秸秆近似，并含有秸秆中缺乏的维生素和钙、磷等（南京农学院，1980）。禾本科青干草来源广，数量大，适口性好，易干燥，不落叶。但禾本科青干草粗纤维多，粗蛋白质比豆科青干草低，维生素含量也少，在饲用时，最好与豆科青干草搭配饲喂，或适当增加精料。

一般豆科饲草如苜蓿、沙打旺、草木樨、红豆草、三叶草、苕子、岩黄芪等，青干草粗蛋白质含量为 12%～18%，并含有丰富的钙、磷、胡萝卜素，及维生素 K、维生素 E、维生素 B 等多种维生素。在青干草中，维生素 D 是家畜所必需的一种维生素，这是青干草在晒制时产生的。同时青干草中还有动物所必需的各种氨基酸、矿物质和微量元素。牲畜食用豆科青干草，可以替代精料中蛋白质的不足，奶牛、育肥牛和猪饲料中加入豆科青干草或草粉可减少或全部不用精料。

用于收籽实为主的大麦、燕麦、黑麦、稗子、荞麦等饲草，如果在抽穗期刈割，可调制成非常好的青干草。

二、干草制作技术

饲草收割后要制成干草就需要进行干燥，干草的调制方法主要有三种，即自然干燥法、人工干燥法和物理化学干燥法。自然干燥法不需要特殊的设备，成本低，但易受自然气候条件的制约，而且劳动强度大，效率低，调制的干草质量差一些。人工干燥法则是利用一定的干燥设备来调制干草的方法，这种方法可以克服自然干燥法对天气状况的依赖，并减少微生物、生理生化过程、雨淋等因素对干草质量的影响，但人工干燥法的成本高。

物理化学干燥法就是利用物理手段和化学添加剂来加快饲草干燥。近年来，我国研发了茎秆压扁、茎叶分离、人工脱水干燥、防腐贮运、散草捆继续干燥等低成本物理干燥技术。茎秆压扁技术，可加快茎秆的干燥速度，使茎秆和叶片的干燥进程趋于同步，可有效地减少因叶片过干而造成的落叶损失。压扁干燥比自然干燥的牧草干物质损失减少2～3倍，糖类损失减少2～3倍，粗蛋白质损失减少3～5倍（玉柱等，2010）。化学添加剂的作用原理是破坏植物体表面的蜡质层结构，促进植物体内的水分蒸发，加快饲草干燥速度，减少豆科饲草叶片脱落，从而减少蛋白质、胡萝卜素和一些维生素的损失。目前国内外采用的化学添加剂主要有：碳酸钾、碳酸钾加长链脂肪酸的混合液、长链脂肪酸甲基酯的乳化液加碳酸钾、碳酸氢钠等。但化学干燥法成本有所增加，适宜在大型草场进行。

自然干燥法有以下几种形式。

1. 地面干燥方法 地面干燥方法是被广泛应用的晒制干草的方法。饲草刈割后，就地晾晒5～6h，应尽量摊晒均匀，并及时进行翻晒通风1～2次或多次，使饲草充分暴露在干燥的空气中，一般早晨割倒的饲草最好在11时左右翻晒，再次翻晒要选在13～14时效果好，其后的翻晒几乎无效。含水量为40%～50%（茎开始凋萎，叶子还柔软，不易脱落）时，用搂草机搂成松散的双行草垄，继续干燥6～7h，含水量为35%～40%（叶子开始脱落）时，用集草器集成小堆或用打捆机打成草捆。集成小堆的草视情况干燥1～2d，可晒成含水量为15%～18%的干草（玉柱等，2004）。

2. 草架干燥方法 栽培饲草，特别是植株高大、含水量高的豆科饲草，或在多雨地区收割饲草，不易地面干燥，应采用草架干燥。草架主要有独木架、三角架、铁丝架和棚架等。用草架干燥，可先在地面干燥0.5～1.0d，使含水量降至40%～50%（毕云霞，2003），然后，自下而上逐层堆放。草架干燥方法虽然要花费一定经费，建造草架劳动力也要多用一些，但能减少雨淋的损失，通风好，干燥快而简易，能获得较好的青干草，营养损失也少。

3. 发酵干燥方法 在晴天刈割饲草，用1.0～1.5d的时间使饲草在原地草趟上曝晒和经过翻转在草垄上干燥，使新鲜的饲草凋萎，当水分减少到50%时，再堆成3～6m高的草堆，每层都踩紧压实，使凋萎饲草在草堆中发酵6～8周，同时产生高热而达到干燥。在发酵过程中温度升高，同时干物质分解产生水分及二氧化碳等气体，氧化继续进行。草堆经48～60h需要挑开，使水分散发，高热以不超过60～70℃为宜。在山区和林区由于割草季节多雨，不能按照地面干燥法调制优良干草，则可采用发酵干燥法调制成棕色干草（玉柱等，2004）。

三、饲草含水量的掌握

除用仪器测定外，在生产实践中常用感官法测定饲草的含水量（玉柱等，2010）。

1. 含水量在50%以下的饲草

1）禾本科饲草。晾晒后，茎叶由鲜绿变成深绿色，叶片卷成筒状，茎保持新鲜，取一束草用力拧挤成绳状，不出水，此时含水量为40%～50%。

2）豆科饲草。叶片卷缩呈深绿色，叶柄易断，茎下部叶片易脱落，茎的表皮能用手指甲刮下，这时的含水量为50%左右。

2. 含水量为23%～25%的饲草 禾本科饲草用手揉搓时，不发生沙沙响声，拧成草绳，不易散开和折断，多次折曲草束时，在折曲处有水珠出现，手插入干草里有凉的感觉；豆科饲草用手摇草束，叶片发出沙沙声、脱落。这样的干草不能堆垛贮藏。

3. 含水量为19%～20%的干草 紧握草束时不能产生清脆声音，但粗茎的饲草有明显干裂响声。干草柔软，容易拧成结实而柔韧的草辫，能经受反复多次折曲而不断裂。在拧紧草辫时挤不出水来，但有潮湿的感觉。仅部分草束能散开，大部分不能散开。禾本科饲草表皮剥不掉，豆科饲草上部茎的表皮有时能剥掉。这样的干草堆垛贮藏是有危险的。

4. 含水量为17%～18%的饲草 禾本科饲草揉搓草束发出沙沙声，但没有干裂的嚓嚓声，叶卷曲，搓时能捻成20～30转，只有部分折断，而其余部分很完整，草束散开缓慢，而且不能完全散开，叶片有的卷曲，上部叶片和茎秆柔软；豆科饲草叶、嫩枝易折断，弯曲茎易断裂，不易用手指甲刮下表皮。这种干草可以堆垛贮藏。

5. 含水量为15%～16%的饲草 禾本科饲草用手揉搓成草束时发出沙沙声及干裂的嚓嚓声，反复折曲草束时茎秆易断，搓揉草束时能迅速、几乎完全地散开，散得越快，干草越干，叶子干燥而卷曲，茎秆上的表皮用指甲几乎不能剥下，茎节呈深棕色或褐色；豆科饲草叶片大部分脱落，茎秆易断，发出清脆的断裂声。这样的干草适于堆垛贮藏。

四、青干草的贮藏

适度干燥的青干草，应该及时进行合理的贮藏。能否安全合理地贮藏，是影响青干草质量的又一重要环节。已经干燥而未及时贮藏或贮藏方法不当，都会降低干草的饲用价值，甚至引起火灾等严重事故。

青干草贮藏过程中，由于贮藏方法、设备条件不同，营养物质的损失有明显的差异。例如，散干草露天堆藏，营养损失常达20%～40%，胡萝卜素损失高达50%以上（玉柱等，2010）。即使正确堆垛，由于受自然降水等外界条件的影响，经9个月的贮藏后，垛顶、垛周围及垛底的变质或霉烂的草层厚度常达0.4～0.9m。而草棚或草库保存，营养物质损失一般不超过3%～5%，胡萝卜素损失为20%～30%。高密度的草捆贮藏，营养物质损失一般在1%左右，胡萝卜素损失为10%～20%（陈默君等，1999）。

（一）露天堆藏

散干草堆垛的形式有长方形、圆形等，是我国传统的干草存放形式，适于需干草很多的大型养畜场，经济简便，但易遭雨淋、日晒、风吹等不良条件的影响，使青干草褪色，不仅损失养分，还可能霉烂变质。因此，堆垛时应尽量压紧，加大密度，缩小与外界环境的接触面，垛顶用塑料薄膜覆盖，以减少损失。应注意选择地势平坦高燥、排水良好、背风和取用方便的地方堆垛。目前露天堆藏的方式已基本消失。

（二）草棚堆藏

气候湿润或条件较好的牧场应建造简单的干草棚，既能防雨雪和潮湿，也能减少风吹、日晒、霜打和雨淋，可大大减少青干草的营养损失。例如，苜蓿干草分别在露天和草棚内贮藏，8个月后，干物质损失分别为25%和10%。草棚贮藏干草时，应使棚顶与干草保持一定的距离，以便通风散热。

（三）草捆贮藏

散干草体积大，贮运不方便，为了便于贮运，使损失减至最低限度并保持干草的优良品质，生产中常把青干草压缩成长方形或圆形的草捆，然后贮藏。目前，发达国家的干草生产基本上全部采用草捆技术，而且干草捆的生产已经成为美国、加拿大等国家的一项重要产业。在青干草含水量较高时，即可打捆堆垛，但是，垛中间应设置通风道，以利于继续风干。一般禾本科饲草含水量在25%以下，豆科饲草在20%以下即可打捆贮藏。这种压捆干草便于自由采食，并能提高采食量，减少饲喂的损失，也利于机械化操作。捆垛一般为长20m，宽5～6m，高18～20层的干草捆，每层布设25～30cm^3的通风道，其数目根据青干草含水量与草捆垛的大小而定（玉柱等，2004）。

青干草贮藏应注意的事项：①防止垛顶塌陷漏雨，干草堆垛后2～3周，易发生塌顶现象。因此，应经常检查，及时修整。②防止垛基受潮，草垛应选择地势高燥的场所，垛底应尽量避免与泥土接触，要用木头、树枝、石砾等垫起铺平，高出地面40～50cm，垛底四周挖一排水沟，深20～30cm，底宽20cm，沟口宽40cm（玉柱等，2004）。

五、青干草的品质鉴定

青干草的品质极大地影响家畜的采食量及其生产性能。一般认为青干草的品质应根据消化率及营养成分含量来评定，其中粗蛋白质、胡萝卜素、粗纤维及酸性洗涤纤维与中性洗涤纤维是青干草品质的重要指标。近年来，采用近红外光谱分析法（NIRS）检验干草品质，迅速、准确，但生产实践中，常以外观特征来评定青干草的饲用价值。感官鉴定内容有以下几点。

1. 刈割期的鉴定 刈割期对干草品质的影响很大，禾本科饲草以抽穗期、豆科饲草以初花期刈割较适宜。饲草刈割是否适时，可由青干草的颜色、气味、叶片、花蕾或幼穗的多少，及所含杂草的种类来验证。收割适时的青干草颜色较青绿，气味芳香，叶量丰富，茎秆质地较柔软，消化率较高；若在开花结实以后刈割或刈割后在烈日下久晒，都会导致饲草茎秆粗硬，叶量减少而枯黄，品质下降。

2. 颜色的鉴定 这是干草调制好坏的最明显标志。胡萝卜素是鲜草各类营养物质中最难保存的一种成分。干草的绿色程度越深，其营养物质损失就越少，所含的可溶性营养物质、胡萝卜素及维生素也越多。鲜绿色为优良干草；淡绿色或灰绿色表示良好干草；黄褐色表示收割过晚，晒制过程未受雨淋，但贮藏期间曾经过高温发酵，营养严重损失，然而尚未失去饲用价值，属次等干草；暗褐色表示干草的调制与贮藏不合理，不仅受到雨淋，且已发霉变质，不宜再作饲用。

3. 植物学组成鉴定 对天然草地干草的营养价值来说，植物学组成具有决定性意义。鉴定干草的植物学组成时，先在干草中选20处取草样，每处取草样200～300g，将其充分混合后从中取出1/4，然后分成5类：禾本科、豆科、可食性杂草、饲用价值低的杂草、有毒有害植物。并分别计算各类草所占比例。如果禾本科和豆科干草所占比例高于60%，则表示植物组成优良。如果杂草中有少量的地榆、防风、茴香等，使干草具有芳香的气味，可增强家畜的食欲。但有毒有害植物，如白头翁、飞燕草等的含量不应超过干草总质量的1%（玉柱等，2004）。

4. 含水量鉴定　干草含水量的高低，是决定干草能否长期贮存不变质的主要因素。按含水量高低，干草可分为4类：干燥的（含水量在15%以下）、中等干燥的（15%～17%）、潮的（17%～20%）、湿的（20%以上）。青干草的含水量一般为15%～18%（杨青川等，2002）。如果含水量在20%以上，贮藏时应注意通风（董宽虎等，2003）。

5. 叶量的鉴定　青干草中叶量的多少，是确定干草品质的重要指标，叶量越多，营养价值越高。鉴定时取干草一束，首先观察叶量的多少。一般禾本科干草叶片不易脱落，而优良豆科干草的叶质量应占干草总质量的30%～40%（杨青川等，2002）。

6. 气味鉴定　优良青干草一般都具有较浓郁的芳香味。这种香味能刺激家畜的食欲，增强适口性。如果有霉烂及焦灼的气味，则品质低劣。但再生草调制的青干草可能香味较少。

7. 病虫害的感染情况鉴定　凡是经病虫感染过的饲草调制成的干草，不仅营养价值低，而且有损家畜的健康。鉴定时抓一把干草，检查其穗上是否有黄色或黑色的斑纹或小穗上有烟状的黑色粉末，有时有腥味。如果干草有上述特征，一般不宜饲喂家畜，更不能喂种畜和幼畜，孕畜食后易造成流产。所以干草中应尽量不含有病虫侵染的植物。

第三节　饲草的饲用发酵

一、饲用发酵的意义

发酵饲草的发展历史悠久，世界各国均十分重视发酵饲草的研究和生产，中国对发酵饲草的研究和应用也非常重视。发酵饲草在畜牧业生产中发挥了十分重要的作用，并取得了显著的经济效益。发酵饲草就是利用微生物在饲草原料中的生长繁殖、代谢，积累有用的菌体、酶和中间代谢产物来生产、加工和调制的饲草，因此又将其称为微生物饲料。饲草进行饲用发酵其意义在于以下五个方面（玉柱等，2004）。

（1）*饲用发酵可扩大饲草料来源，节约粮食*　中国野生饲料资源十分丰富，农作物副产物数量巨大，仅农作物秸秆中国年产就近6×10^8t，相当于天然草地生产干草的几十倍。可用于调制发酵饲料原料的除秸秆外，还有各种藤蔓、树叶、野草、荚壳等，其品种多、数量大。但秸秆饲料质地粗硬，适口性差，营养价值低，利用效果不佳，而经过发酵处理后秸秆的饲用价值得到一定程度的提高。如利用EM菌（EM菌为一种混合菌，一般包括芽孢菌、酵母菌、乳酸菌等有益菌类，可用于食品添加、养殖病害防治、污水治理等）发酵处理后，每吨秸秆饲料相当于270kg籽实饲料的营养价值，其作用效果较明显。

（2）*饲用发酵能够改善饲草的适口性，提高营养价值*　粗饲料经过发酵后，质地变软而且具有酸香味，适口性好，易于消化吸收。例如，有刺的秸秆、粗硬的玉米秸、气味不正的马铃薯秧经发酵后，均改变了原来的性状，成为牲畜喜食的饲草。

（3）*自然发酵，节约燃料*　秸秆等粗饲料饲用发酵在自然状态下进行，无需加温处理，从而节省了大量的燃料。如加入EM菌发酵，在自然状态下即可使秸秆等发酵原料温度从5℃升至40℃，即完成发酵过程。

（4）*饲用发酵制作季节长，不与农业争劳力*　自然气温5～40℃，均可制作发酵饲料，不受季节限制，可以在农闲时制作，不与农业争时间、争劳力。另外，饲用发酵方法简便，制作成本低，农民、牧民容易掌握。

（5）*饲用发酵制作饲草料可减少公害，增加肥源*　近年来，随着农村条件的改善，一些农民已不再用秸秆作燃料，也不用秸秆盖房，而秸秆还田又受到耕作制度、经济上和技术上的限制。这样，秸秆越积越多，在有些地方竟成公害，焚烧秸秆不但浪费资源，而且污染大气。如果充分利用秸秆作发酵饲料，再经过畜禽转化为畜禽产品和有机肥料，秸秆资源就会得到更加充分合理的利用。

二、饲用发酵的种类

饲草的饲用发酵大体可归纳为四类。第一类为固态发酵饲草，即利用微生物的发酵作用来改变饲草原料的理化性状；或提高消化吸收率、延长贮存期；或变废为宝，将低质牧草、秸秆等粗饲料变为家畜喜食、利用率较高的饲草；或解毒脱毒，将有毒的饼粕转变为无毒、低毒的饲料。这一类发酵饲草包括青贮、微贮、粗饲料发酵、饼粕类发酵脱毒饲料以及固态发酵菌体蛋白饲料。第二类是利用在液态或固态基质中大量生长繁殖的菌体（如丝状真菌菌体、食用菌菌丝体及光合细菌、微型藻饲料等）来生产单细胞蛋白（SCP），如酵母饲料、细菌饲料以及菌体蛋白（MCP）。第三类是利用现代化的微生物工程，发酵积累微生物有用的中间代谢产物或特殊代谢产物，以此生产饲用氨基酸、酶制剂以及抗生素、维生素等。第四类是培养繁殖可以直接饲用的微生物，制备活菌制剂（又称微生态制剂、益生素等）（玉柱等，2004）。

三、饲草发酵的机制

饲草发酵是一个复杂的微生物活动和生物化学变化过程。发酵过程中，参与活动和作用的微生物很多，但以乳酸菌为主。发酵的成败，主要取决于乳酸发酵过程。饲草的整个发酵过程中，由封存到启用，各种微生物的演替变化是复杂的，一般可以将发酵分为三期。

1. 初期——好气性发酵阶段　饲草原料装入、压实和封存在发酵窖内后，由于在饲草原料间还有少许空气，饲草料中活着的细胞仍然在连续呼吸，原料中的各种酶如蛋白酶也仍然在活动而消耗氧气，促使有机物（如蛋白质等）氧化分解，饲草中带有的各种好气性细菌（乙酸菌、大肠杆菌、霉菌等）和兼性厌氧细菌（腐败菌、酵母菌、酪酸菌）也迅速繁殖耗氧，如消耗氧气和饲草中的糖类而产生热量和 CO_2、H_2 以及一些有机酸，如乙酸、琥珀酸和乳酸，使饲草很快变成了厌氧酸性环境，历时1～3d。当pH下降到5.5时，蛋白水解酶的活性停止；当有机酸积累到0.65%～1.30%、pH下降到5.0以下时，绝大多数的微生物的活动都被抑制（陈默君等，1999）。

2. 中期——乳酸发酵阶段　当发酵窖内充满 CO_2 和 N_2 时，这种厌氧酸性环境使乳酸菌迅速繁殖形成优势，并产生大量乳酸，进入乳酸发酵期。此时，饲草料的pH不断下降，其他细菌不能再生长活动；当pH下降到4.2以下时，乳酸菌的活动也渐渐慢下来，还有少量的酵母菌存活下来，这时的饲草发酵趋于成熟。一般情况下，这一时期在发酵窖密封后的4～10d（陈默君等，1999）。

3. 末期——发酵饲料保存阶段　当乳酸菌产生的乳酸积累量达1.5%～2.0%，pH3.8～4.2时，乳酸菌活动减弱并停止。青贮料处于厌氧和酸性环境中，饲草料得以长期保存下来。这一时期在密封后的2～3周（陈默君等，1999）。

保证饲草发酵顺利进行的条件有：①饲草料含有适量且易消化的糖类；②饲草料含有适宜的水分含量；③厌氧环境，即饲草料的密闭严实；④低温条件，一般20～30℃。

如果饲草发酵时，饲草料压不实，上面盖得不严，有渗气、渗水现象，窖内氧气量过多，植物呼吸时间过长，好气性微生物活动旺盛，会使窖温升高，有时会达 60℃，从而削弱了乳酸菌与其他细菌微生物的竞争能力，使饲草营养成分遭到破坏，降低了饲料品质，严重的会造成烂窖，导致发酵失败。

如果在饲草发酵封窖后 2～3 周，虽然处于厌氧环境，然而原料中糖分较少，乳酸菌活动受营养所限，产生的乳酸量不足，或者原料中水分太多，或者发酵时窖温偏高，都可能导致酪酸菌（厌氧性芽孢形成菌）发酵，使糖类和乳酸转化成酪酸，发酵饲草品质下降，饲草料不仅有腐臭味，而且引起大量养分的损失，严重的发酵会失败。酪酸菌本身能形成酸，但不耐酸，当 pH 降到 4.2 以下时，即停止繁殖和生长，甚至死亡。因此，饲草发酵的关键技术是尽量缩短第一阶段的时间，降低 pH，以减少呼吸作用和有害微生物的繁殖。

四、饲草发酵中添加剂的使用

饲草发酵中添加剂种类繁多，根据使用目的、效果可分为发酵促进剂、发酵抑制剂、好氧性腐败菌抑制剂、营养性添加剂以及吸收剂（表 5-1）。其目的分别是促进乳酸发酵、抑制不良发酵、控制好氧性变质和改善发酵饲草料的营养价值。

表 5-1　国内外饲草发酵添加剂名录

发酵促进剂			发酵抑制剂		好氧性腐败菌抑制剂	营养性添加剂	吸收剂
活菌制剂	化学酶制剂	糖类	酸	其他			
乳酸菌	纤维素酶	葡萄糖	无机酸	（多聚）甲醛	乳酸菌	尿素	大麦
黑曲霉	葡聚糖酶	蔗糖	甲酸	硝酸钠	丙酸	双缩脲	秸秆
绿色木霉	木聚糖酶	糖蜜	乙酸	二氧化硫	己酸	矿物质	稻草
枯草芽孢杆菌	果胶酶	谷类	乳酸	硫代硫酸钠	山梨酸	氨	聚合物
酵母菌		乳清	苯甲酸	氯化钠	氨		甜菜粕
纤维分解菌		甜菜渣	丙烯酸	二氧化碳			斑脱土
丙酸菌		橘渣	羟基乙酸	二硫化碳			
			硫酸	抗生素			

1. 发酵促进剂

（1）乳酸菌制剂　　添加乳酸菌制剂是人工扩大发酵原料中乳酸菌群体的方法。原料表面附着的乳酸菌数量少时，添加乳酸菌制剂可以保证初期发酵所需的乳酸菌数量，取得早期进入乳酸发酵的优势。近年来，随着乳酸菌制剂生产水平的提高，选择优良菌种或菌株，通过先进的保存技术将乳酸菌活性长期保持在较高水平。目前使用的菌种主要有植物乳杆菌、肠道球菌、戊糖片球菌及干酪乳杆菌。值得注意的是菌种应选择那些盛产乳酸而少产乙酸和乙醇的同质型乳酸菌。一般每 100kg 青贮原料中加入乳酸菌培养物 0.5L 或乳酸菌制剂 450g（玉柱等，2004）。因乳酸菌添加效果不仅与原料中可溶性糖含量有关，而且也受原料缓冲能力、干物质含量和细胞壁成分的影响，所以乳酸菌添加量也要考虑乳酸菌制剂种类及上述影响因素。

对于猫尾草、鸭茅和意大利黑麦草等禾本科牧草，乳酸菌制剂在各种水分条件下均有效，最适宜的水分范围为轻度到中等含水量；苜蓿等豆科牧草的适应范围则比较窄，一般在含水量中等以下的萎蔫原料中利用，不能在高水分原料中利用。

饲草发酵的专用乳酸菌添加剂应具备如下特点：①生长旺盛，在与其他微生物的竞争中占主导地位；②具有同型发酵途径，以便使六碳糖产生最多的乳酸；③具有耐酸性，尽快使

pH 降至 4.0 以下（玉柱等，2004）；④能使葡萄糖、果糖、蔗糖和果聚糖发酵，则戊糖发酵更好；⑤生长繁殖温度范围广；⑥在低水分条件下也能生长繁殖。

（2）酶制剂　添加的酶制剂主要是多种细胞壁分解酶，大部分商品酶制剂是包含多种酶活性的粗制剂，主要是分解原料细胞壁的纤维素和半纤维素，产生可被乳酸菌利用的可溶性糖类。目前，酶制剂与乳酸菌一起作为生物添加剂引起关注。酶制剂的研究开发也取得了很大进展，酶活性高的纤维素分解酶产品已经上市。

作为发酵饲草添加剂的纤维素分解酶应具备以下条件：①添加之后能使发酵饲草早期产生足够的糖分；②在 pH 为 4.0～6.5 时起作用；③在较宽温度范围内具有较高活性；④对低水分原料也起作用；⑤在任何生育期收割的原料中都能起作用；⑥能提高发酵饲草营养价值和消化性；⑦不存在蛋白质分解活性；⑧具有能与其他发酵饲草添加剂相媲美的价格水准，同时能长期保存（玉柱等，2004）。

（3）糖类和富含糖分的饲料　通过旺盛的乳酸发酵，产生 1.0%～1.5%的乳酸，pH 降至 4.2 以下后，就能制备优质发酵饲草。为了达到此目的，通常原料中的可溶性糖含量要求为 2%以上。当原料可溶性糖分不足时，添加糖和富含糖分的饲草料可明显改善发酵效果（玉柱等，2004）。

这类添加剂除糖蜜以外，还有葡萄糖、糖蜜饲料、谷类和米糠类等。糖蜜是制糖工业的副产品，其加入量为禾本科 4%，豆科 6%。一般葡萄糖、谷类和米糠类等的添加量分别为 1%～2%，5%～10%和 5%～10%。此外糖蜜饲料、谷类和米糠类也可以调节含水量，其所含的养分也是家畜营养源（玉柱等，2004）。

（4）秸秆发酵活干菌　粗饲料是指体积大、含粗纤维 18%以上、营养价值较低的饲料。粗饲料是反刍动物的主要饲料来源。常见的粗饲料有干草、收获籽实后的农作物茎叶、秸秆与秕壳等。粗饲料数量多，分布广，营养价值低。

粗饲料中最主要的成分是纤维素，它是 D-吡喃型葡萄糖的聚合体，常与半纤维素、果胶质和木质素等结合在一起。纤维素是天然有机高分子化合物，结构非常牢固，不溶于水，只能吸水膨胀，也不能为单胃动物（如猪）的消化液和酶所分解。秸秆中纤维素占 44%，半纤维素占 33%，可以被草食动物瘤胃微生物充分降解利用，但由于其中的木质素和纤维素之间形成牢固的酯键，阻碍了瘤胃微生物对纤维素的降解，导致秸秆的消化率很低。

近半个世纪以来，在利用微生物降解粗饲料中的纤维素和增加蛋白质方面的研究不断深入发展，取得了可喜的成绩。在自然界，纤维素的分解是由微生物（包括一些原生动物）和少数昆虫来完成的。霉菌、担子菌和细菌，是降解纤维素的主要微生物。目前用于饲料工业的纤维素分解菌和生产纤维素酶制剂的菌种主要是木霉、曲霉、根霉、青霉等，其中以绿色木霉使用最为广泛。木霉的纤维素酶制剂含有 C_1、C_n纤维二糖酶及淀粉酶。用木霉等纤维素微生物制成的曲种，均含有纤维素酶，用它来酶解粗饲料，能使其中部分纤维素水解成糖类，在一定程度上提高粗饲料的营养价值，并有利于乳酸菌的发酵。在国外，一些国家利用纤维杆菌深层通气培养生产纤维素酶，效果很好。纤维素的酶解作用，一般认为是天然纤维素在 C_1 酶的作用下转变成直链纤维素，直链纤维素又在 C_n酶的作用下转变成纤维二糖，纤维二糖在 β-葡萄糖苷酶的作用下转变成葡萄糖。

秸秆发酵活干菌是由能够分解多糖、半纤维素、纤维素和木质素的不同菌种按一定比例组成的混合菌剂，经过冷冻、干燥等手段制成。其作用有：①活干菌复活后在厌氧环境下可将秸秆中的多糖、半纤维素、纤维素和木质素降解形成单糖或低糖；②积累大量营养丰富的微生物菌体及其有用的代谢产物，如氨基酸、有机酸以及醇、醛、酯、维生素、抗生素、激素、微量元素等，例如，用固体发酵技术，以侧孢属真菌为菌种发酵稻草，该菌种能利用半纤维素、纤维素和木质素，在合适的非蛋白质氮源（如尿素）条件下，生产菌体单细胞蛋白；③微贮菌剂中的微生物在发酵过程中繁殖产生了大量的蛋白酶、脂肪酶、淀粉酶、糖化酶等，使发酵秸秆饲料生成多种氨基酸、B族维生素及其他的未知促生长因子，极大地提高了秸秆饲料的营养价值和适口性，促进动物对饲料的采食、消化与吸收，促进动物生长发育；④在微生物代谢产物中，有些对饲料还具有防腐作用（如乳酸、乙酸、乙醇）；有的能增强动物的抗病能力，其主要作用机制是维持家畜体内微生态环境平衡，对抗体内有害菌，刺激家畜产生干扰素，提高免疫球蛋白浓度和巨噬细胞活性，起到防治疾病、降低用药成本、改善畜产品品质的作用；有的刺激其生长发育（如维生素、抗生素、激素、微量元素）（玉柱等，2004）。

2. 发酵抑制剂

（1）无机酸　　由于无机酸对青贮设备、家畜和环境不利，目前使用不多。

（2）甲酸　　发酵饲草加甲酸是20世纪60年代末开始在国外广泛使用的一种方法。即通过添加甲酸快速降低pH，抑制原料呼吸作用和不良细菌的活动，使营养物质的分解限制在最低水平，从而保证饲料品质。添加甲酸降低了乳酸的生成量，同时更明显降低了丁酸和氨态氮的生成量，从而改善发酵品质。发酵饲草添加甲酸后具有乳酸和总酸含量少等特点，表明适当添加甲酸可抑制饲草发酵。另外，添加甲酸也能减少饲草发酵过程中的蛋白质分解，所以蛋白质利用率高。浓度为85%的甲酸，禾本科牧草添加量为湿重的0.3%，豆科牧草为0.5%，混播牧草为0.4%。通常苜蓿的缓冲能力较强，需要较多的甲酸添加量，有人建议苜蓿适宜添加水平为5～6L/t。甲酸添加量不足时，pH不能达到理想水平，从而不能抑制不良微生物的繁殖。由于干物质含量的原因，中等水分（65%～75%）原料的添加量要比高水分（75%以上）原料多，其添加量应增加0.2%左右。此外对早期刈割的牧草，因其蛋白质含量和缓冲能力较强，为了达到理想pH，有必要增加0.1%的添加量。在欧美各国也有与其他添加剂混用，如甲醛-甲酸、甲酸-丙酸-乳酸-抗氧化剂等。混合使用甲酸与甲醛比单独使用时对饲草发酵的抑制效果要好（玉柱等，2004）。

（3）甲醛　　甲醛具有抑制微生物生长繁殖的特性，还可阻止或减弱瘤胃微生物对食入蛋白质的分解。因为甲醛能与蛋白质结合形成复杂的络合物，很难被瘤胃微生物分解，却在真胃液的作用下分解，使大部分蛋白质为家畜吸收利用。因此甲醛可起到保护蛋白质完整地通过瘤胃的作用。一般可按青贮原料中蛋白质的含量来计算甲醛添加量，有的学者建议甲醛的安全和有效用量为30～50g/kg粗蛋白质（玉柱等，2004）。

3. 好氧性腐败菌抑制剂　　好氧性腐败菌抑制剂有乳酸菌制剂、丙酸、己酸、山梨酸和氨等。对牧草或玉米添加丙酸调制青贮饲料时，单位鲜重添加0.3%～0.5%时有效，而增加到1.0%时效果更明显。在美国玉米青贮中也广泛采用胺（玉柱等，2004）。

4. 营养性添加剂　　营养性添加剂主要用于改善发酵饲草料营养价值，而对饲草发酵一般不起作用。目前应用最广的是尿素，将尿素加入青贮饲料中，可降低发酵饲草物质的分解，提高发酵饲草料的营养物质；同时还兼有抑菌作用。在美国，玉米发酵饲料中添加0.5%的尿素，粗蛋白质提高8%～14%，所以在肉牛育肥中广泛使用（玉柱等，2004）。

五、饲草发酵工艺

典型的饲草发酵工艺包括：青贮发酵、秸秆微贮、秸秆酶解发酵以及秸秆EM菌发酵工艺。

（一）青贮发酵工艺

1. 饲草青贮设备 青贮设施是指装填青贮饲料的容器，主要有青贮窖、青贮壕、地面青贮堆、青贮塔及青贮塑料袋等。对这些设施的基本要求是：场址要选择在土质坚硬、地势高燥、地下水位较低、距畜舍较近而又远离水源和粪坑的地方。装填青贮饲料的建筑物，要坚固耐用，不透气，不漏水。尽量利用当地建筑材料，以节约建造成本。不同类型的青贮设施具体要求如下。

（1）青贮窖 青贮窖是我国广大农村应用最普遍的青贮设施。按照窖的形状，可分为圆形窖和长方形窖两种（图 5-4）。在地势低平、地下水位较高的地方，建造地下式窖易积水，可建造半地下、半地上式。圆形窖占地面积小，圆筒形的容积比同等尺寸的长方形窖要大，装填原料多。但圆形窖开窖喂用时，需将窖顶泥土全部揭开，窖口大不易管理；取料时需一层层取用，若用量少，冬季表层易结冻，夏季易霉变。长方形窖适于小规模饲养户采用，开窖从一端启用，先挖开1～1.5m 长，从上向下，一层层取用，这一段饲料喂完后，再开一段，便于管理（玉柱等，2004）。但长方形窖占地面积较大。不论圆形窖或长方形窖，都应用砖、石、水泥建造，窖壁用水泥挂面，以减少青贮饲料水分被窖壁吸收。窖底只用砖铺地面，不抹水泥，以便使多余水分渗漏。

图 5-4 青贮窖剖面图

圆形窖的直径 2～4m，深 3～5m，直径与窖深之比为 1∶1.5～1∶2 为宜，上下垂直，切不可上大下小，影响原料下沉。窖壁要光滑。圆形窖的容积计算公式为

容积＝半径×半径×深×3.14

长方形窖宽 1.5～3m，深 2.5～4m，长度大小应根据家畜头数和饲料多少来决定。长度超过 5m 时，每隔 4m 砌一横墙，以加固窖壁，防止砖、石倒塌。长方形窖的容积计算公式为

容积＝长×宽×深

如果暂时没有条件建造砖、石结构的永久窖，使用土窖青贮时，四周要铺垫塑料薄膜。第二年再次利用时，要清除上年残留的饲料及泥土，铲去窖壁旧土层，以防杂菌污染。

（2）青贮壕 青贮壕是指大型的壕沟式青贮设施，适用于大规模饲养场使用。此类建筑最好选择在地方宽敞、地势高燥或有斜坡的地方，开口在低处，以便夏季排出雨水。青贮壕一般宽 4～6m，便于链轨拖拉机压实。深 5～7m，地上至少2～3m，长 20～40m。必须用

砖、石、水泥建筑永久窖。青贮壕是三面砌墙，地势低的一端敞开，以便车辆运取饲料（图 5-5）（玉柱等，2004）。

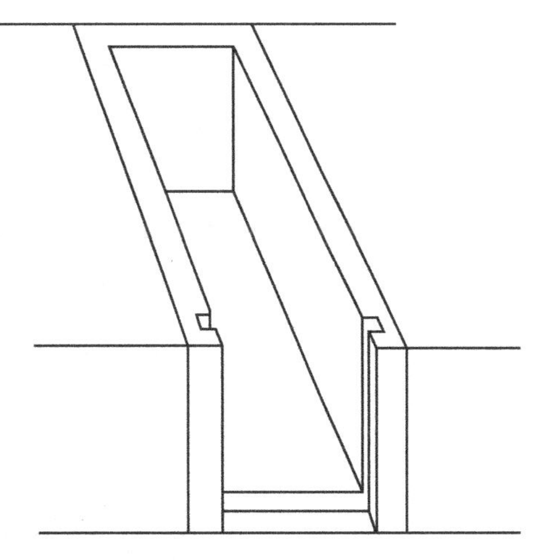

图 5-5　地下式青贮壕（出口处槽板）（董宽虎等，2003）

（3）地面青贮堆　大型和特大型饲养场，为便于机械化装填和取用饲料，采用地面青贮方法。在宽敞的水泥地面上，用砖、石、水泥砌成长方形三面墙壁，一端开口。宽 8～10m，高 7～12m，长 40～50m。可以同时多台机械作业，用链轨拖拉机压实。国外有的用硬质厚（2～3cm）塑料板作墙壁，可以组装拆卸，多次使用（玉柱等，2004）。

（4）青贮塔　青贮塔适用于机械化水平较高、饲养规模较大、经济条件较好的饲养场。要有专业技术设计和施工的砖、石、水泥结构的永久性建筑。塔直径 4.6m，高 13～15m，塔顶有防雨设备。塔身一侧每隔 2～3m 留一个 60cm×60cm 的窗口，装料时关闭，用完后开启。原料由机械吹入塔顶落下，塔内有专人踩实。饲料是由塔底层取料口取出（图 5-6）。青贮塔封闭严密，原料下沉紧密。发酵充分，青贮质量较高（玉柱等，2004）。

图 5-6　青贮塔

（5）青贮塑料袋　近年来随着塑料工业的发展，国外一些小型饲养场，采用质量较好的塑料薄膜袋，装填青贮饲料，袋口扎紧，堆放在畜舍内，使用很方便。袋宽 50cm，长 80～120cm，每袋装 40～50kg（图 5-7）。但因塑料袋贮量小，成本高，易受鼠害，故应用较少（玉柱等，2004）。

2. 青贮原料的选择和收贮时间　作为青贮饲料的原料，首先是无毒、无害、无异味，可以作饲料的青绿植物。其次，青贮原料必须含有一定的糖分和水分。不同生长阶段的饲草，其营养价值差异很大。豆科饲草在花蕾期所含饲料单位、蛋白质和胡萝卜素均最高，随

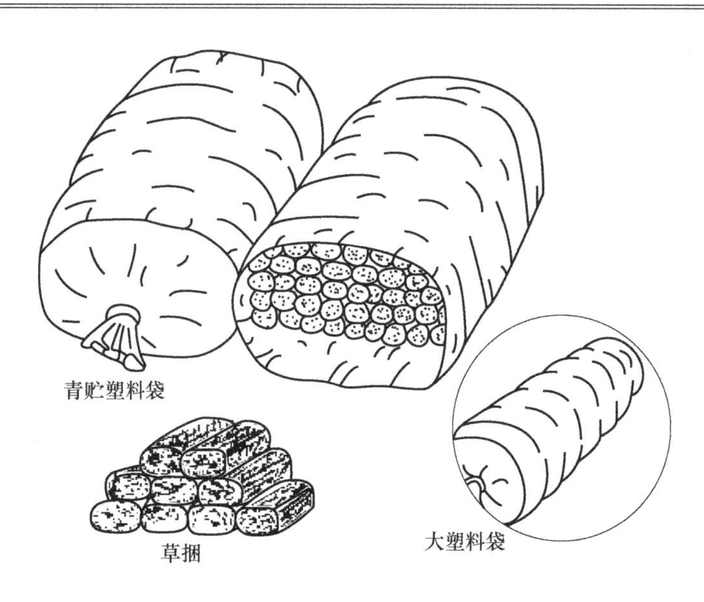

图 5-7 青贮塑料袋

着饲草老化，干物质产量、营养物质产量均急剧减少；禾本科饲草也有类似规律，禾本科饲草所含饲料单位、可消化蛋白质以抽穗期最高。因此，青贮作物适时刈割非常重要。带穗玉米青贮，其最佳收割期是乳熟后期至蜡熟前期。如果是利用农作物的青绿秸秆或茎叶调制青贮料时，应在不影响作物产量的情况下，尽量争取提前收割，以减少水分损失。另外，花生藤、红薯藤要在霜前收贮，牛皮菜要在抽穗初期收贮，以保持茎叶青绿为宜。

3. 青贮原料的切碎长度 青贮原料切短的目的，是便于装填紧实，取用方便，使家畜容易采食。此外，原料切短或粉碎后，青贮时易使植物细胞渗出汁液，湿润饲料表面，有利于乳酸菌的生长繁殖。切短程度应根据饲草茎秆柔软程度和畜禽需要来决定。对牛、羊来说，细茎植物，如禾本科饲草、豆科饲草、甘薯藤等，切碎长度应为 3～5cm。对粗茎植物或粗硬的细茎植物如玉米、向日葵、沙打旺、红豆草等饲草，切碎长度应为 2～3cm。叶菜类和幼嫩植物，也可不切碎青贮。对猪、禽来说，对各种青贮原料，均应切得越短越好，如细碎或打浆青贮则效果更佳。

4. 青贮原料的含糖量 根据青贮作物的含糖量与青贮最低含糖量要求间的关系，分为三类：①易于青贮的原料，如玉米、高粱、甘薯藤、南瓜、菊芋、向日葵、芜菁、甘蓝及禾本科牧草等。这类原料中含有适量或较多易溶性糖类，在青贮时不需添加其他含糖量高的物质。②不易青贮的原料：如紫花苜蓿、草木樨、红豆草、沙打旺、三叶草、大豆、豌豆、紫云英、马铃薯茎叶等。这类植物多为优质饲料，含糖量低于青贮最低含糖量要求，宜与第一类如玉米、甜高粱等混合青贮，或添加制糖副产物如鲜甜菜渣、糖蜜等。③不能单独青贮的原料：如南瓜蔓、西瓜蔓等。这类植物含糖量极低，而且营养成分含量不高，适口性差，单独青贮不易成功，必须添加含糖量高的原料，才能调制出中等质量的青贮饲料。

5. 青贮原料的水分含量 青贮原料中含有适量水分，是保证乳酸菌正常活动的重要条件。水分过少，青贮时难以踩实压紧，窖内留有较多空气，好气性菌大量繁殖，使青贮料发霉腐烂；水分过多，易压实结块，利于酪酸菌的活动，植物细胞汁液被挤压流失，使养分损失。乳酸菌繁殖活动最适宜的含水量为 65%～75%，豆科饲草含水量，则以 60%～70% 为最好。各种青贮原料含水量因质地不同而有差别。质地粗硬的原料，含水量可高达

78%～82%，收割早、幼嫩、多汁柔软的原料，含水量应低些，以60%为宜。禾本科饲草有些水分含量偏低（如披碱草、老芒草）而糖分含量稍高，而豆科饲草水分含量较高（如苜蓿、三叶草），两者进行混合青贮，优劣可以互补，营养又能平衡。所以在建立人工草地时，就应考虑种植混播饲草，便于收割和青贮。

青贮原料如果含水量不足，可以添加清水（如井水、河水、自来水）。加水量要根据原料的实际含水多少，计算应加水的数量。为便于在生产应用中操作，常用原料含水量及加水量计算结果列于表5-2。

表5-2　常用加水量计算表

原　料		每100kg原料加水量/kg	调整后的含水量/%
实际含水量/%	干物质/kg		
65	35	20	70.8
60	40	30	69.2
55	45	40	67.9
50	50	50	66.7
45	55	60	65.6

资料来源：玉柱等，2004

注：调整后的含水量要求达到65%～70%

调整后的青贮原料含水量（%）计算公式为

青贮原料含水量(%)=(原料中的实际含水量+加水量)/(原料质量+加水量)×100%

6. 饲草青贮的装填与管理

(1) 装填与压实　切短的原料应立即装填入窖，以防水分损失。如果是土窖，窖的四周应铺垫塑料薄膜，以免饲料接触泥土被污染和饲料中的水分被土壤吸收而发霉。砖、石、水泥结构的永久窖则不需铺塑料薄膜。窖底可用砖平铺而不要水泥挂面。原料入窖时应有专人将原料摊平。如遇有风天气，往往茎叶分离，应及时把茎叶充分混合。装填的原料，含水量要达到65%～70%，水分不足时，要及时添加清水，并与原料搅拌均匀。水分过多时，要添加一些干饲料（如秸秆粉、糠麸、草粉等），把含水量调整到标准水分（陈明，2001）。

在装填原料的同时，进行踩实或机械压实。中小型窖需要人工踩实，原料踩得越实，窖内残留空气越少，有利于乳酸菌的生长繁殖，抑制和杀死有害微生物，对提高青贮饲料质量有至关重要的作用。国外常用青贮塔青贮，在密封条件下，将原料中的空气用真空泵抽出，以造成厌氧环境。大型青贮壕或地面上的青贮堆，要用链轨拖拉机反复压实。无论机械或人工压实，都要特别注意四周及四个角落处机械压不到的地方，应由人工踩实。青贮原料装填过程应尽量缩短时间，小型窖应在1d内完成，中型窖2～3d，大型窖3～4d（陈明，2001）。

(2) 封窖与管理　原料高出窖40～50cm，长方形窖形成鱼脊背式，圆形窖成馒头状，踩实后覆盖塑料薄膜，要将青贮原料完全盖严实，然后再盖细土。盖土时要由地面向上部盖土，务使上层厚薄一致，并适当拍打踩实。覆土厚度30～40cm，表面拍打坚实光滑，以便雨水流出。窖四周要把多余泥土清理好，挖好排水沟，防止雨水流入窖内。封窖后1周内要经常检查，如有裂缝或塌陷，及时补好，防止通气或渗入雨水（陈明，2001）。

青贮饲料开窖前，要防止牲畜在窖上踩踏或窖周边被猪拱。开窖后要将取料口用木杆、草捆覆盖，防止牲畜进入或掉入泥土，保持青贮饲料干净。

（二）秸秆微贮工艺

1. 秸秆微贮设备　微贮窖的建造与青贮窖、氨化窖一样，也可利用原来的青贮窖和氨化窖进行微贮。目前生产中常用的微贮窖有两种，一是水泥窖，以水泥、沙、砖（或石）为原料，在地下砌成长方形或圆形窖，其优点是密封性好，经久耐用；二是土窖，选择地势高、干燥、向阳、土质坚硬、易排水、地下水位低、距离畜舍较近的地方，挖成长方形土窖，若窖内衬塑料布效果更好，其优点是成本较低，贮量大。建议以水泥窖最好。窖的大小应根据待处理秸秆的数量和家畜头数多少而定。微贮饲料的容重一般为麦秸 300～400kg/m^3、玉米秸 500～600kg/m^3（玉柱等，2004）。

秸秆微贮时应切碎，目前生产中推广应用较普遍、微贮效果较好的是秸秆揉碎机，价格较便宜。如果没有秸秆揉碎机，用铡草机也可，需将秸秆铡短，以利压实。

2. 微贮原料和菌种　微贮的原料应严格选择，最好选用比较新鲜的秸秆，不能混入霉烂变质秸秆和泥土等杂物，常用的有玉米秸秆等。对于一些淀粉及可溶性糖较低的秸秆，如麦秸等不适宜进行微贮。

目前微贮秸秆菌剂种类较多，如新疆农业科学院微生物所研制的“海星牌”秸秆发酵活干菌、内蒙古畜牧科学院研制的“兴牧宝”牌活干菌等。菌种的使用方法如下。首先配制浓度低于 1%的白糖水溶液，按每贮 1t 秸秆可先配制 200ml 白糖水溶液准备，然后将处理 1t 秸秆的菌种倒入 200ml 白糖水溶液中，经充分溶解后，在常温下放置 1～2h 后使用。把已经复活好的菌液加入到 0.7%～1%的食盐水溶液中搅匀备用（玉柱等，2004）。秸秆微贮用料配比见表 5-3。

表 5-3　秸秆微贮用料配比

秸秆种类	干秸秆量		菌种量/袋	盐用量/kg	秸秆含水量/%	玉米面用量/kg
	质量/kg	体积/m^3				
玉米秸秆	1000	9	1	10	60～70	5

资料来源：玉柱等，2004

3. 秸秆揉碎（或铡短）　一般用揉碎机将秸秆进行揉碎。若暂时没有揉碎机，可用铡草机，根据家畜的饲喂要求将其铡短，一般为 2～4cm（玉柱等，2004）。

4. 装窖、压实　窖底可先铺一层厚约 20cm 的干秸秆或干草，然后将揉碎的作物秸秆装入窖内，每层装入秸秆 30cm 后，将玉米面撒在该层的秸秆上，然后用喷雾器将菌液喷洒在秸秆上。

玉米面按干秸秆的 0.5%均匀地撒在每层的上面，每层用量＝干秸秆密度×窖内面积×每层压实的厚度×0.5%。菌液的喷洒：小窖用喷壶或瓢洒，大窖用小水泵喷洒，喷洒要均匀，层与层之间不得出现夹干层，每层喷洒量＝每千克秸秆用菌量×秸秆密度×窖内面积×每层压实的厚度（玉柱等，2004）。

秸秆微贮时的含水量要求是 60%～70%，如抓取试样，用两手扭拧，虽无水珠滴出，但松手后手上水分明显，为含水量适宜（玉柱等，2004）。

压实采用人工或机械两种方式，按层分装压实，不管用哪种方法，都要特别注意对窖边窖角的压实，用机械轧实不到的地方，要用人工踩实。

5. 封窖　当微贮原料装至离窖面 20～30cm 时，窖的四壁要铺好塑料布（封顶用），当装到高于窖面 40～50cm 后再充分压实，在最上层均匀撒上食盐，食盐用量 100～200g/m^2，然后将塑料布封严盖好，上面铺 20～30cm 厚的麦秸，覆土 15～20cm，密封（玉柱等，2004）。

（三）秸秆酶解发酵工艺

加曲发酵秸秆饲料即酶解秸秆饲料，又称酶化秸秆饲料，在中国民间广泛流传。“曲”是一种粗酶制剂。所谓酶解秸秆饲料，就是将微生物产生的酶如纤维素酶、淀粉酶、蛋白酶等加入到饲料原料中去，人为地控制温度、湿度、pH 等条件，使原料中的主要成分如淀粉、非淀粉多糖类化合物（纤维素、半纤维素、木质素）及蛋白质等大分子化合物，在酶的催化作用下降解转化成比较容易消化吸收的小分子化合物。在这一酶化过程中，酶自身并不被破坏，仍然在饲料中随饲料进入动物体内，借助体内的条件，和内源酶一起参与食物的消化，充分发挥酶的催化功能。酶解饲料所用的酶，一种是制曲的曲块中所含的酶类（同时包含真菌的菌丝孢子及一定数量的细菌、酵母菌等），另一种就是微生物液态发酵工业化生产的酶制剂。后一种酶制剂纯度较高，价格也较贵，目前在中国还较少用于饲料调制，但在饲料中添加酶制剂饲养畜禽已逐渐推广。加曲发酵饲料所用的曲块（固体曲，粗酶制剂）制作比较容易，成本低，应用较广泛（玉柱等，2004）。

1. 原料的预处理　秸秆等干粗饲料发酵前要粉碎。机械粉碎细度，既要有利于增加微生物与纤维素的接触面积，又要有利于培养微生物时控制空气、温度、湿度和酸碱度。一般来说，原料要细，但也不是越细越好。一般细度为 1mm 左右。如果原料粉碎得过细，原料中缺乏空气，便不利于控制温度、湿度，对微生物生长繁殖也是有害的。原料除了机械粉碎之外，必要时还可以采用蒸煮和化学处理等方法（化学处理如酸碱及氨化处理），提高底物对酶的敏感性，减少底物的抗性，使酶充分发挥作用。当然，原料是否需蒸煮或化学处理，要综合考虑。

2. 原料的配合与拌料　由于各种粗饲料化学组成不一样，其间附着的微生物种群也有很大的差别，如果将多种粗饲料按一定比例混合，不仅可以使营养成分互补，而且可以使微生物种群互补，这样有利于微生物的生长繁殖以及分解纤维素、合成菌体蛋白和有用的中间代谢产物。例如，豆科秸秆含蛋白质较多、含糖较少，而且有腥味，如果与含糖较多、含蛋白质较少的禾本科植物混合发酵，不但能使营养成分互补，促进微生物的生长繁殖，而且可以避免豆科植物单独发酵时产生的不良气味；用青干草粉与甘薯秧粉混合发酵，也比单独发酵好。

为了补充微生物的营养，提高发酵饲料的营养价值，可根据需要酌情在原料中添加少量麸皮等淀粉类或废糖蜜及尿素等。但制作发酵饲料时，一般不应将精料混入，而应在制成后拌入饲喂。

原料水分一定要适宜，拌和要均匀。原料粉、曲粉和水应拌和均匀，一般料水比为 1∶1（玉柱等，2004）。具体比例应视原料的含水量多少和吸水快慢而定。确定含水量是否合适的方法，是用手抓一把刚拌好水的发酵饲料，用力一握，以指缝见水珠而不滴落为宜。饲料的含水量过高，饲料的颗粒之间缺氧，真菌的增殖会受到抑制，而丁酸菌得以繁殖，使饲料腐烂发臭，或者至少也会造成饲料酸度过高，香味不足；如果水分过少，饲料软化程度不够，不利于发酵，而且也不容易拌和均匀。但是只要水分不是太少，饲料照样能发酵增温。制作发酵饲料培养时间不长，而且不等饲料干燥就开始饲喂，所以含水量稍低也可以。冬天要把水加热到 50℃，以便发酵升温（玉柱等，2004）。

3. 原料的发酵　将拌和好的原料装池或装入麻袋发酵，也可于地面堆积发酵；或者前期堆积、后期装缸发酵。

（1）*池内发酵*　将原料松散地装入池（或塑料袋等容器）内，待温度上升到 40～45℃

时，压实并用塑料布封严，继续发酵。如果用麻袋发酵，装料时可轻轻压紧，但也不能压实，料装好后盖上草袋或麻袋。在池内发酵时，为了使上下层同时增温，就要在离缸底 20cm 左右加一篦子，缸中插一小捆高粱秆或玉米秆以利于上下通气；也可在装料时，先在池中垂直放两根木棍通到篦子上，饲料装好后将棍抽出，让饲料中留下两个孔，以利于通气（玉柱等，2004）。

(2) 堆积发酵　在房内屋角选一堆积场地，冬天可在火炕一端。将拌和好的原料松散地堆成 0.3～0.6m 厚的方形堆，表面整齐光平，插入温度计，周围用木板或砖挡住，也可用围席。堆好后，上盖草席、麻袋，或撒一层细糠（或干草粉）封顶。堆积 24h 左右，温度上升至 40～45℃时，可以趁热饲喂，也可上下翻动一下，然后堆积起来压实，用塑料布封严，夏秋季 1～2d、冬季 2～3d 后饲喂更好，或者翻拌之后装入池内，然后压实封严，进行无氧发酵。粗饲料发酵过程的控制，主要是控制空气和温度（玉柱等，2004）。

4. 发酵饲料空气的控制　饲料酶解发酵的前期是使真菌大量繁殖，需要有氧气，称为有氧发酵阶段。如果将拌好的饲料放入缸中，只有上层 15cm 左右厚度的发酵料增温，下部由于缺乏空气真菌受到抑制而不增温。因此，用缸或池作发酵饲料，要"倒缸"、"倒池"，就是将饲料从这个缸、池翻倒入另一个缸、池中，使发酵料充分接触空气，或者在缸的下部安管子，料中央插秸秆或留孔通气。如果用堆积发酵或装入麻袋中发酵，因为通气均匀，不需翻拌。粗饲料在温度为 25～35℃时，一般 24～36h 料温增至 40～45℃，即可饲喂。如果不喂，就要压实和密封，进入第二阶段，无氧发酵。密封的目的，一是停止有氧发酵，减少热量消耗（减少原料的营养损失）；二是转入无氧发酵，抑制霉菌的生长、促进酵母菌、乳酸菌的活动，产生乙醇和乳酸，使饲料变香，营养增加，一般 2～3d 即可成熟。由于乳酸菌的无氧发酵产生大量乳酸，使饲料能长期保存，这就制成了长效发酵饲料。第二阶段如果密封不严，在进空气处霉菌又会开始增殖，饲料又会增温，不仅导致营养的损失，而且由于菌丝的生长，饲料结块成饼，大量孢子形成使饲料发霉而有霉味。这种霉饼是不能饲用的（玉柱等，2004）。

5. 发酵饲料温度的控制　一般微生物在温度为 25～35℃时繁殖最快。霉菌生长时，分解糖而产生热量，所以，发酵饲料的增温是霉菌快速增殖的标志。饲料在拌好后，8～24h 开始增温。增温的快慢与气温、料温、水温、加曲、加水量、放置状态和保温条件有关。在夏天，用温水拌料，加曲多，加水适宜或较少，放在地面上厚度不超过 33cm，在 8h 以内可以增温。在冬天，常需 1～2d 才能增温。但是采取一定的措施后，即使冬天将拌好的饲料放在室外，也可以在 24h 内增温。方法是用 60～80℃的热水烫料（或用 40℃温水在锅内拌料），拌匀后加入足量的曲，用草盖严，就能很快增温。第二次制作时，可以不用烫料，用上次已发热的饲料作曲，拌入新拌的饲料中，数量占新饲料 25%，也能促使饲料迅速增温。饲料增温可使饲料变软并有熟香味。但是增温能消耗热能，甚至使饲料失重。因此，不管是冬天还是夏天，饲料增温后应立即饲喂，剩余的饲料应加压密封（玉柱等，2004）。

（四）秸秆 EM 菌发酵工艺

EM 是有效微生物（effective microorganisms）的英文缩写。它是日本琉球大学比嘉照夫教授研制出来的新型复合微生物菌剂。这种菌剂是由光合细菌、放线菌、酵母菌、乳酸菌等 10 个属 80 多种微生物复合培养而成的。EM 是一种微生物制剂，不含任何化学有害物质，无毒性作用，不污染环境，所以用它来加工调制饲料所生产出的畜产品是安全健康食品。目前EM技术不但在日本已广泛推广，而且在泰国、马来西亚、巴西、美国等许多国家或地区正在试验和应用（玉柱等，2004）。

中国农业大学从1992年开始对EM菌进行试验研究。结果表明，EM在促进动植物生长、防病治病、提高农畜产品品质、改良土壤、改善环境等方面有着独特、综合的功能。从1995年10月起，中国农业大学神内中国农牧经营研究中心在全国建立了EM协作试验网，使这项技术在全国得到迅速发展（玉柱等，2004）。

（1）*秸秆粉碎*　秸秆用作牛、马、驴的粗饲料，可用揉碎机加工，尤其是玉米秸较粗硬，揉碎可提高秸秆利用率和发酵效果。若用作羊、兔、鹅的粗饲料，可用粉碎机将秸秆粉碎成粗粉，以便与精饲料混拌。稻草和麦秸比较柔软，可以用铡草机切碎，长度为1～2cm。

（2）*配制菌液*　EM菌液的规格有1kg、10kg、50kg、200kg四种。取EM菌原液2kg，加糖蜜或红糖2kg、水320kg，在常温条件下，充分混合均匀。

（3）*EM菌液与粗饲料混拌*　将制备好的菌液喷洒在1000kg加工好的粗饲料上，翻动搅拌均匀。

（4）*装窖、密封、厌氧发酵*　将混拌好的饲料，层层装入砖、石、水泥砌成的永久性窖内，人工踩实。原料要装至高出窖口30～40cm，覆盖塑料薄膜，再盖20～30cm细土，拍打严实，防止通风透气。秸秆EM菌发酵封窖后，夏季经5～10d，冬季经20～30d即可开窖喂用。

应用EM菌处理风干玉米秸，其效果如表5-4所示。可以看出，风干玉米秸经EM菌发酵后营养价值显著提高，粗蛋白质比乳熟期带棒青贮玉米高出0.15%，无氮浸出物也略有提高，说明处理效果显著。应用EM菌发酵秸秆时应注意，EM菌液经显微计数不得少于10^7个/ml；EM为强酸性液体，pH≤3.8；其颜色为黄褐色、半透明液体；具有较浓的甜酸味或酸味；密封、避光和常温条件下保质期6个月；饲喂EM添加剂时，一般不应和抗生素、激素同时使用，如需大量使用抗生素时，可暂停EM添加剂的使用；配制EM稀释液时应使用井水、泉水，或干净的河水，最好不用含消毒剂的自来水，若只有自来水，应曝晒1d后方可使用。

表5-4　EM菌处理风干玉米秸效果　（单位：%）

饲料名称	干物质	粗蛋白质	粗纤维	无氮浸出物
EM菌发酵干玉米秸	25.38	1.65	8.84	12.09
郛熟期带棒青贮玉米	25.00	1.50	8.70	11.90
两者差额	0.38	0.15	0.14	0.19

资料来源：玉柱等，2004

六、发酵饲草的检测与利用

（一）青贮饲料品质鉴定

青贮饲料品质的优劣与青贮原料的种类、刈割时期及调制技术有密切的关系。正确青贮，一般经30d的乳酸发酵，就可以开窖喂用。通过品质鉴定，可以检查青贮技术是否正确。品质鉴定可分为感官鉴定与实验室鉴定（陈明，2001）。

1. 感官鉴定　根据对青贮饲料的颜色、气味、口味、质地、结构等的观察与触摸，通过感官评定其品质的优劣。这种方法简便易行，不需要仪器设备，在生产实践中普遍被采用（表 5-5）。

表 5-5 感官鉴定标准

等级	颜色	气味	酸味	结构
优质	青绿或黄绿，接近原色，有光泽	有清香味，微酸，香水梨味	浓	湿润，紧密，茎叶保持原状，容易分离
中等	黄褐色或暗褐色	有强酸味，香味淡	中等	茎叶部分保持原状
低劣	褐色，暗绿色	有腐臭味，霉味	淡	腐烂，黏结成块状或发霉松散

资料来源：陈明，2001

2. 实验室鉴定 主要内容为 pH、各种有机酸含量、微生物种类和数量、营养物质含量及消化率等。

（1）pH（酸碱度） pH 是衡量青贮饲料品质优劣的重要指标之一。优质青贮饲料的 pH 要求在 4.2 以下，超过 4.2（半干青贮除外），说明青贮在发酵过程中，腐败菌、酪酸菌等活动较强烈。劣质青贮饲料的 pH 高达 5.6。测定 pH 时，实验室可用精密仪器，在生产现场也可以用石蕊试纸测定（陈明，2001）。

（2）有机酸含量 有机酸是评定青贮品质的重要指标。前苏联 И. С. 波波夫教授按酸量提出的评定标准如表 5-6。

表 5-6 青贮饲料品质等级标准

等级	乳酸/%	乙酸/%	酪酸/%	pH
优质	1.2～1.5	0.7～0.8	0.0	4.0～4.2
中等	0.5～0.6	0.4～0.5	0.0	4.6～4.8
劣质	0.1～0.2	0.1～0.15	0.2～0.3	5.5～6.0

资料来源：陈明，2001

注：表中数值为有机酸含量占青贮饲料鲜重的百分比

（二）青贮饲料饲喂方法

青贮饲草是扩大饲料来源的一种简单、可靠而经济的方法，是保证家畜常年均衡供应青绿多汁饲料的有效措施，尤其作为冬春季节家畜补饲，产奶母畜的青绿饲料更为重要。青饲料封窖后经过 30～40d 即可完成发酵过程，可开窖喂用（陈明，2001）。

没有喂过青贮饲料的牲畜开始时多数不爱吃，需经驯食，即空腹时先用少量青贮饲料与精料拌和后喂食，由少到多，一般肉牛 20～25kg/d，乳牛 25～30kg/d，羊 1～2kg/d。如发现拉稀现象则应减量或停喂，待恢复后继续喂用（陈明，2001）。

饲喂青贮饲料应注意的问题有：

1）开窖后严防“二次发酵”。一般每天取用厚度不少于 20cm，决不能挖坑；取后应立即用塑料薄膜压紧，减少空气接触青贮饲料，窖口要用草帘盖严实，防止灰土落入；气温高时更易引起“二次发酵”，即开启青贮窖后发生青贮饲料发热而迅速变质腐败现象，其实质是好气性变质。因此，质量中、下等的青贮饲料要在气温 20℃以下时喂完（陈明，2001）。

2）饲喂青饲贮料千万不能间断，以免窖内饲料霉烂变质。

3）严寒时要随取随喂，防止青贮饲料挂霜或冰冻。如冰冻要等开冻后喂用。

4）青贮饲料不宜单喂，一般应拌干草或精料饲喂。

5）重胎妊娠畜应慎用，防止过量饲喂。

6）严防窖内渗水和鼠害。

（三）发酵饲草的检测

1. 秸秆微贮料品质检测 在气温高的夏秋季节，一般封窖21d后可开窖，在气温低的季节需30d或更长的时间才能开窖（玉柱等，2004）。开窖后首先要进行质量检查，优质的微贮玉米秸，色泽金黄，有醇香和果香味，手感松散、柔软、湿润。若呈褐色、有发霉味或腐臭味等异味、手感发黏或结块或干燥粗硬，则不能用作饲料。

2. 发酵饲草品质检测 一般发酵粗饲料的品质鉴定，主要是感官鉴定，一般可从颜色、气味和质地三个方面考察。

（1）*颜色* 发酵饲料的颜色一般比发酵前深，如果变黑或发白，即有可能变质（但有些菌丝体发酵饲料，其本身菌丝是白色的，不在此例）。

（2）*气味* 一般发酵饲料气味酸、甜、微香有酒味，若有苦、辣、臭味则多为败坏。这是因为正常发酵过程中微生物分解纤维素、淀粉等产生糖，进而生成乳酸、乙醇、酯类等物质。但是因原料不同，气味也不一样。如红薯藤、玉米秸、高粱秸等，发酵的味道酸香；而豆秸、花生秧、苜蓿等发酵，往往有腥味，所以豆科植物不宜单独发酵。此外，发酵用的曲种不同，气味也不同。如酵母菌发酵饲料具有芳香味。

（3）*质地* 发酵好的粗饲料，因纤维素、果胶质等的水解，质地松散柔软，不扎手，有软、熟的感觉；如果结饼发霉则是污染了杂菌，发霉变质是有害霉菌生长所致。

（四）发酵饲草的利用

1. 秸秆微贮料的利用 微贮发酵一定要充分，实际利用时间要比规定的延长一段时间后再开窖，这样可大大减少二次发酵造成的损失。微贮发酵的最佳温度是30℃，一般发酵温度应控制为10～30℃，因此在制作微贮饲料时应选择适宜的季节（玉柱等，2004）。开窖取用时应从窖的一端开始，先去掉上边覆盖的部分土层、草层，然后揭开薄膜，从上至下垂直逐层取用，避免掏取。经微贮的饲料应现取现用，用多少取多少，连续取用，直到用完为止，中间不要间断。每次取完后，要用塑料薄膜将窖口封严，尽量避免与空气接触，以防二次发酵和变质，当天取用当天饲喂。

开始饲喂时，牛羊不习惯，喂量要由少到多，逐步驯食，7～10d后即可喜食。饲喂微贮饲料时，应与其他饲草和精料进行合理搭配，奶牛一般每天喂15kg左右，肉牛10～15kg，羊1～3kg，马、驴、骡5～10kg。每日喂盐量一定要包括微贮饲料秸秆中所加入的食盐量（1kg秸秆中含食盐4g)，以防造成畜禽食盐中毒（玉柱等，2004）。

2. 发酵饲料的利用 一般发酵饲料应随制随用，否则容易变质。多数情况下要求制成后3～5d内喂完；每天用多少取多少，剩余部分要立即封存（玉柱等，2004）。长贮瘤胃发酵饲料可以保存较长时间，但一旦开启也易污染杂菌，不宜久藏。变质发酵饲料，局部的应进行剔除，整堆的可转作堆肥用，不得饲喂，否则易造成畜禽中毒。

喂用发酵饲料时，喂量应逐步增加，以使家畜逐渐适应，同时应适当加喂食盐，以增强食欲、帮助消化。发酵饲料营养价值的大小，主要取决于发酵的原料。其喂量应根据家畜的种类和生长阶段科学地掌握。

第四节　其他草产品

一、草粉和草颗粒

将适时刈割的饲草经快速干燥后，粉碎而成的青绿粉末即为草粉。草粉作为提供维生素、蛋白质的饲料，在畜禽营养中具有不可替代的作用。草粉和草颗粒生产是将苜蓿、三叶草、黑麦草、松针叶、紫穗槐叶、刺槐叶等优质豆科和禾本科植物进行干燥，并保持青料中原有的营养成分。优质草粉粗蛋白质含量为15%～20%，叶粉含粗蛋白质8%～12%，另外，还有丰富的维生素和胡萝卜素等（毕云霞，2003）。因此，一些国家常以此作为营养全面的蛋白质-维生素饲料添加剂，用于饲喂畜禽，效果显著。如鸡饲用松针叶粉后，羽毛光亮，皮质油黄，蛋黄色泽加深；猪饲用后，皮肤光亮红润，猪肉品质得以改善。草粉加工业已逐渐成为一种产业，叫做青饲料脱水工业。就是把优质青草经人工快速干燥，然后粉碎成草粉或再加工成草颗粒。草粉和草颗粒加工常与混合脱水快速干燥或人工脱水干燥联合，主要是指将草捆或经过干燥后的干草用粉碎机粉碎制成草粉，或在粉碎后进一步用颗粒机压制成草颗粒。

草粉的质量标准，我国苜蓿粉的质量标准（GB 10389—89）是以粗蛋白质、粗纤维、粗灰分为质量控制指标，按其含量分为三级（表5-7）。

表5-7　我国苜蓿草粉质量标准　　（单位：%）

质量指标	等级		
	一级	二级	三级
粗蛋白质	≥18.0	≥16.0	≥14.0
粗纤维	<25.0	<27.5	<30.0
粗灰分	<12.5	<12.5	<12.5

资料来源：陈明，2001

注：各项质量指标含量均以87%干物质为基础计算。三项质量指标必须全部符合相应的等级规定。二级为中等质量标准，低于三级为等外品

美国饲料管理官方协会（AAFCO）按苜蓿草粉的粗蛋白质、粗纤维含量将苜蓿草粉的质量标准分为六个等级（表5-8）。

表5-8　美国苜蓿草粉的质量标准　　（单位：%）

等级	粗蛋白质含量	粗纤维含量
一	>22	<20
二	>20	<22
三	>18	<25
四	>17	<27
五	>15	<30
六	>13	<38

资料来源：陈明，2001

美国脱水苜蓿颗粒商品等级标准，根据粗蛋白质和胡萝卜素含量分为4个等级，即15%蛋白质，胡萝卜素无保证；17%蛋白质，胡萝卜素每100g含13.2mg；20%蛋白质，胡萝卜素每100g含19.8mg；22%蛋白质，胡萝卜素每100g含26.5mg（毕云霞，2003）。

二、草饼、草块和饲料砖

草饼和草块生产是将体积蓬松的干草及秸秆压缩成草饼和草块，以便运输和贮存，更好地保存粗饲料的自然形态，符合草食动物的生理特点。草块生产可用内蒙古农牧学院研制的9KU-650型干草压块机，将切成长3～5cm的草段加入约30%的水分，送入输送装置，由输送搅龙搅拌，送入喂入装置，连续、均匀地输入主机压块室内，经内摩擦力和压力作用将草段压成方形草棒，再由安装在机壳上的切刀切成适当长度的草块。草块规格为30mm×30mm×40mm，密度为0.6～1.0g/cm^3，每小时可加工豆科饲草1～1.5t或禾本科饲草0.5～1.0t（陈默君等，1999）。草饼生产主要采用柱塞式草饼机和缠绕式草饼机。柱塞式草饼机是通过机械或液压传动的柱塞将放在压缩室的原料挤成饼状或块状。缠绕式草饼机是借助4根回转运动的锥形螺杆将原料缠绕和挤压成圆形草棒，然后再切成一定厚度的草饼。其密度为400～700kg/m^3，直径为80mm，厚度为60～80mm。供缠绕的饲料原料的最佳含水量为35%～45%（毕云霞，2003）。缠绕式草饼机耗能少，适应性强，对豆科、禾本科饲料作物均可制饼，但产品需要干燥。

也可把用于牛羊补充蛋白质、矿物质等的饲料放入草粉中，加入适量的玉米粉，压制成砖块状，供牛羊舔食。可以在冬季、早春饲料不足时补充营养，促进家畜的生长发育，对母畜产仔、泌乳都有益处。

生产上应用的饲料砖种类很多，可以根据畜种灵活掌握。常用的有：①尿素盐砖，以尿素、矿物元素、精料、食盐、黏合剂（糖蜜渣）及维生素为主，混入草粉中压制而成；②盐砖，以食盐为主，将玉米粉、尿素、微量元素混入草粉中制成（陈默君等，1999）。

三、叶蛋白饲料

叶蛋白饲料是从新鲜牧草及青绿饲料的茎叶中提取的浓缩植物蛋白质饲料，粗蛋白质含量高达32%～58%，各类氨基酸含量接近动物蛋白质，富含胡萝卜素和维生素，可用以饲喂犊牛（代替全脂牛乳）和肉鸡等，效果明显。近年来，研究和开发较多，但由于加工工艺比较复杂，加工成本较高，因此在我国应用较少（毕云霞，2003）。

叶蛋白饲料的加工原料主要是蛋白质含量较高的豆科饲料作物，如紫花苜蓿等，加工的基本原理是：将鲜草经打浆处理，再经挤压，获得绿色的蛋白质提取原液并加工干燥，经粉碎后即制成叶蛋白产品。用紫花苜蓿制成的叶蛋白产品，蛋白质含量一般为51%～66%，脂肪在10%左右，是一种高品质的蛋白质饲料，每100克粗蛋白质中各种氨基酸含量均超过联合国粮农组织与世界卫生组织于1973年建议的标准，提取叶蛋白后的苜蓿草渣中留有6%～8%的粗蛋白质，经过烘干后还可以制成草颗粒或直接生产青贮饲料（毕云霞，2003）。

叶蛋白饲料的提取方法有工业型和农场型两种。工业型提取工艺包括原料供料、粉碎、榨取汁液、残渣贮存、蒸汽加热或加酸搅拌、蛋白质凝结分离、干燥浓缩及成型等。其产品为浓缩蛋白质或青饲料蛋白质饼块、草饼及草颗粒。农场型提取方法较简便，对挤压获得的蛋白质沉淀物可不经过浓缩而直接饲喂畜禽，草纤维残渣也无需成型和干燥，即可直接青贮或饲喂畜禽。

叶蛋白饲料加工技术的关键在于对绿色蛋白质原液进行理化处理，以获得尽可能多的蛋白质沉絮物。目前的处理工艺主要是氨水法，即在蛋白质原液中加入氨水，将原液pH调整为8.5左右，用此法提取的叶蛋白产品产量可占鲜草中干物质质量的18.1%，蛋白质提取率可达55%以上（毕云霞，2003）。另外，欧洲国家一般采用对蛋白质原液进行乳酸发酵，再经过加热后获得蛋白质沉絮物，该法对蛋白质的提取率较低，但蛋白质的消化率得到了提高。与该工艺配套的主要设备有：收割压扁机、带自卸的运输拖车、叶蛋白联合加工机组、其他辅助设备。其加工工艺如图5-8所示。

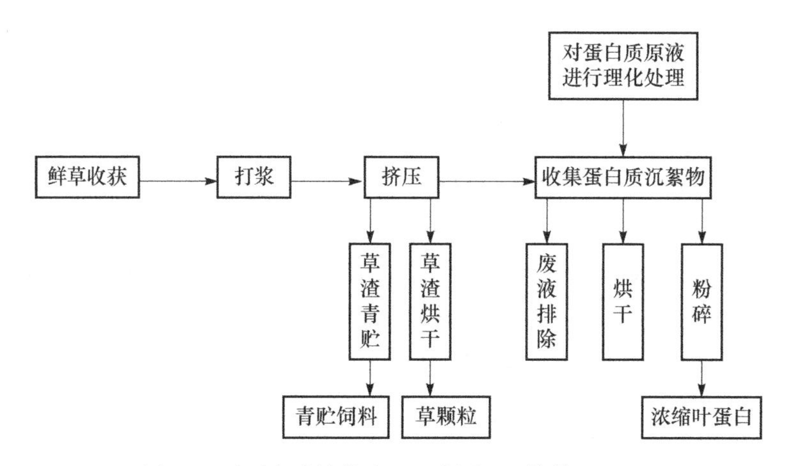

图5-8　叶蛋白浓缩物流程工艺图（玉柱等，2004）

四、菌糠饲料

菌糠饲料是指生产食用菌后的秸秆等物料培养原料。利用食用菌能分解纤维素和木质素的特点，既可提高秸秆的营养价值，又可获得食用菌。生产菌糠饲料，技术简单，成本低廉，原料来源广泛，不需特殊设备。菌糠饲料可以替代30%左右的精料，既节约了饲料用粮，又降低了饲养成本，是广大农村利用秸秆的一条较好途径（玉柱等，2004）。

1. 生产菌糠饲料的方法　以秸秆原料为主，搭配少量其他原料。各种原料的搭配可参考以下几个配方。

1）配方一。秸秆粉70%、麦麸10%、米糠15%、石灰4%和尿素1%。

2）配方二。秸秆粉75%、米糠20%、石灰4%和尿素1%。

3）配方三。秸秆粉85%、甘蔗渣5%、麦麸7%、石灰2%和尿素1%。

4）配方四。秸秆粉70%、甜菜渣15%、麦麸10%、石灰4%和尿素1%。

无论采用哪种配方，都要加水拌匀。加水后，应使混合料含水量达到50%～60%。拌匀后的混合料，需经高压或加热120℃灭菌，或拌入适量的消毒药品灭菌。然后接种食用菌菌种。盖上塑料薄膜，在5～29℃温度条件下，经1个月左右即可出菌。以后每隔l0d左右收菌1次，一般收菌4次后，将其底物晒干即可得菌糠饲料。

从上面几个配方中可以看到，每个配方中都加有石灰，一般在培养料中的石灰加入量为1%～7%。加入石灰的目的有两个：一是使培养料的pH为8.0～9.0，因为食用菌只有在这样的pH下才能较好地生长；二是防止青霉、毛霉和木霉等杂菌的污染。

2. 菌糠饲料的特征及饲用价值　收菌后的培养料，被白色菌丝体交结成腔饼状，疏松多孔，质地轻似蛋糕，pH为6.0左右，秸秆的原形已不能辨认，而且很易粉碎成细粉。菌糠饲料适口性较好，粗蛋白质含量比种菌前增加了1～3倍，纤维素、木质素的降解率分别为30%～50%和20%～30%，粗脂肪含量比种菌前增加1～5倍。

五、全混合日粮

全混合日粮（total mixed rations，TMR），是一种根据不同生长发育及生产阶段畜群的营养需求和饲养战略，按照营养专家计算提供的配方，将粗料、精料、矿物质、维生素和其他添加剂用特制的搅拌机进行科学的混合，供畜群自由采食，能够提供足够营养以满足畜体需要的日粮（张秀芬，1992）。

全混合日粮饲料搅拌车是全混合日粮搅拌的最佳选择。集取各种粗饲料、精饲料以及饲料添加剂，以合理的顺序投放在全混合日粮饲料搅拌车混料箱内，通过绞龙和刀片的作用对饲料切碎、揉搓、软化及搓细，经过充分的混合后，获得增加营养指标的全混合日粮（陆东林，2004）。

全混合日粮的技术关键即在进行日粮设计时，首先对畜群进行合理的分群，根据家畜的种类、生长发育阶段、营养需要、生产性能及饲料资源和气候等因素，制订合理的饲料配方。因原料的产地、收获季节及调制方法的不同，其干物质含量和营养成分都有较大差异，故全混合日粮原料应每周化验1次或每批化验1次。原料水分是决定全混合日粮饲喂成败的重要原因之一，当原料水分变化时，必将引起日粮干物质含量的变化。因而，还必须经常检测全混合日粮的水分含量。搅拌是制作全混合日粮的一个重要的环节，要注意以下几点。

1）称量准确，投料准确。每批原料投放应记录清楚，并进行审核，每批原料添加量不少于20kg。

2）把握搅拌时间。搅拌时间过长，会使全混合日粮太细，导致有效纤维不足；若搅拌时间太短，则原料混合不匀。所以要边加料边混合，一般在最后一批原料添加完后，再搅拌4～6min。日粮中粗料长度在15cm以下时，搅拌时间可以短一些。

3）控制搅拌细度。用颗粒振动筛测定。顶层筛上物质量应占样品质量的6%～10%，且筛上物不能为长粗草秆或玉米秆。一般立式混合机是先粗后精，按照干草、青贮糟渣类、精料顺序加入（上海光明荷斯坦牧业有限公司，2004）。

4）全混合日粮搅拌机机型的选择。全混合日粮搅拌机选择最好选择立式混合机（张宏文等，2008）。它有以下明显优势：其一，草捆和长草无需另外加工；其二，混合均匀度高，能保证足够的长纤维刺激瘤胃反刍和唾液分泌；其三，搅拌罐内无剩料，卧式剩料难清除，影响下次饲喂效果；其四，机器维修方便，只需每年更换刀片；其五，使用寿命较卧式长（立式15000次，卧式8000次）。

习题

1. 名词解释：
   饲草发酵　青贮　EM菌　微贮　青贮添加剂
2. 简述散草收获、压缩收获、青饲收获工艺的特点。
3. 如何把握饲草含水量？
4. 简述干草调制工艺流程。
5. 如何贮藏青干草？

6. 简述青干草的品质鉴定。
7. 简述饲用发酵的意义和优点。
8. 饲用发酵包括哪些种类？
9. 论述饲草发酵（青贮饲料、微贮发酵、粗饲料发酵）的机制。
10. 试分析秸秆氨化、青贮、微贮的优缺点。
11. 试述发酵饲草的品质检测。

第三篇　饲 料 作 物

第六章　禾本科饲料作物

第一节　玉米

学名：*Zea mays* L.

英文名：Maize，Indian Corn Maize

别名：苞谷、苞米、玉茭、棒子、珍珠米

玉米原产于墨西哥和秘鲁，1492 年哥伦布发现美洲大陆后，玉米由美洲传到欧洲和世界各地（魏湜等，2010）。目前，玉米已成为世界上分布最广的一种作物，单位面积产量居粮食作物之首。据联合国粮食及农业组织统计，2001 年世界稻谷平均单产为 3852kg/hm^2，小麦为 2686kg/hm^2，而玉米达到 4296kg/hm^2（郭庆法等，2004）。全世界种植玉米最多的是北美洲，其次是亚洲、拉丁美洲、欧洲、非洲和大洋洲。世界种植玉米较多的国家有美国、中国、巴西、墨西哥、印度、阿根廷、俄罗斯、罗马尼亚等。总产量以美国为最多，占世界总产量的 43%左右。

玉米 16 世纪传入我国，现已遍及全国，北起北纬 50°的黑龙江省黑河，南至北纬 18°的海南岛，东至台湾省和沿海各省，西至新疆维吾尔自治区及西藏高原，但主要集中在东北、华北和西南山区（陈宝书，2001）。

一、经济价值

玉米是主要的粮食作物之一，同时也是家畜、家禽的优良精饲料和优良的青饲和青贮原料。目前世界上凡是畜牧业发达的国家，大都十分重视玉米的生产。它在畜牧业生产上的地位远远超过在粮食生产上的地位，有“饲料之王”之称。

玉米营养丰富（表 6-1），籽粒淀粉含量高，含有胡萝卜素、核黄素、维生素 B 等。如 1kg 籽实中含有胡萝卜素 5mg，维生素 B_1 0.9mg，维生素 B_2 0.3mg 和其他多种维生素，所以玉米是家畜、家禽的良好精料（陈宝书，2001）。但是玉米籽实中钙、铁和维生素 B_1含量不足，缺乏维持畜体发育的某些氨基酸（如赖氨酸和色氨酸等），所以在饲喂时应掺和其他富含这些营养元素的豆科饲料，以发挥蛋白质间的互补作用。

表 6-1　玉米的营养成分　（单位:%）

营养成分	水分	粗蛋白质	粗脂肪	粗纤维	无氮浸出物	灰分
鲜青玉米秆	83.1	1.1	0.5	5.5	8.2	1.6
玉米青贮	79.1	1.0	0.5	7.9	9.6	2.1
玉米籽实	11.7	7.8	4.4	2.4	72.6	1.4

资料来源：陈宝书，2001

玉米的茎、叶是家畜优良的青饲料和青贮原料。据报道，玉米鲜草中粗蛋白质和粗纤维的消化率分别为 65%和 67%，粗脂肪和无氮浸出物的消化率分别高达 72%和 73%，青饲或青贮时用来饲养乳牛可以大大增加产奶量；用以饲养猪、肉牛可以增加肉产量。收籽粒后的

图 6-1　玉米（陈默君等，2002）

玉米秸秆青贮或晒干后，均可用做饲料。在有良好的苜蓿和三叶草干草作饲料的情况下，玉米秸秆可作为牛和绵羊育肥的粗饲料，用量可多达日粮的一半以上。玉米残茬可用于放牧牲畜。例如，美国利用玉米残茬地放牧雌性肉牛，一头雌性肉牛在 0.5hm² 的玉米残茬地里能放牧 80d，但为了保证母牛胎儿的营养需要，放牧 30d 后，每周补喂 2～3 次蛋白质饲料（如苜蓿干草等）。玉米穗轴是一种独特的纤维，粉碎后不仅为牛、马所喜食，而且是架子猪的良好饲料。玉米苞叶所占比例很小，但其消化性很好，干物质消化率在 60%以上。因此，玉米苞叶和玉米穗轴利用潜力很大。

二、植物学特征

玉米是禾本科玉蜀黍属一年生草本植物（图 6-1），是禾谷类作物中体积最大的一种作物。玉米为须根系植物，根系发达，根系占全株重量的 16%～25%。根系的 60%～70%分布在 0～30cm 的土层内，最深可达 150～200cm。玉米茎呈扁圆形，茎的高矮因品种、气候、土壤及栽培条件而异，一般高 1～4m，茎粗2～4cm。通常一株玉米的地上部有 8～20 节，在近地下部分有比较密集的 3～5 节。节间基部都有一腋芽，通常只有中部的腋芽能发育成雌穗。玉米的叶剑形，互生，叶由叶鞘、叶片、叶舌三部分组成。叶鞘着生于茎节上，常超过节间。叶片长宽差异很大，一般叶片长 70～100cm，宽 6～10cm。叶缘呈波浪状，边缘有绒毛或光滑。玉米雌雄同株异花，雄花序（又称雄穗）着生在植株顶部，为圆锥花序。雌花序（又称雌穗）着生在植株中部的一侧，为肉穗花序。雄花先开，借风力传播花粉，是典型异花授粉植物，天然杂交率在 95%以上。

玉米的果实为颖果，根据玉米稃壳的长短、籽粒的形状、淀粉的品质和分布的不同，将玉米分为硬粒型、马齿型、半马齿型、糯质型、爆裂型、粉质型、甜质型、有稃型和甜粉型。这 9 个类型我国都有种植，但在生产上应用较多的只有硬粒型、马齿型和半马齿型 3 种。玉米籽粒大小差异很大，大粒品种千粒重 400g 左右，小粒品种 50g 左右（陈宝书，2001）。

细胞染色体：$2n=20$。

三、生物学特性

1. 生境　玉米为喜温作物，全生育期要求较高的温度。世界玉米产区多数集中在 7 月份等温线为 21～27℃的地区，无霜期为 120～180d。中早熟品种需有效积温为 1800～2000℃，而晚熟品种则需 3200～3300℃（陈宝书，2001）。所以，夏玉米不能播种过晚，籽粒玉米要保证有 130d 生育期，青刈玉米也要有 100d 生育期（董宽虎等，2003）。

种子发芽所需最低温度，早熟种及硬粒种为 6～7℃，晚熟种与马齿种为 15℃。发芽最适温度为 25℃左右。玉米生育期内对温度的要求：出苗到拔节期不能低于 12℃，拔节至抽穗期间昼夜平均温度不能低于 17℃，抽穗开花到乳熟期以 24～26℃较为适宜，从乳熟以后到完熟期要求的温度逐渐下降，低于 16℃时则籽粒不能成熟。玉米苗期抗寒力较弱，遇－3～－2℃低温即受霜害，但以后尚能恢复生长。尚未抽穗的幼株更不耐低温，遇－2～－1℃低温时持续6h即受冻害，并很难恢复生长（陈宝书，2001）。玉米生育期内适温的控制（日均温稳定在10～12℃）主要通过对适宜播期的选择进行，如河南中部地区春玉米在4月中旬播种，夏玉米在6月20日前播种（董宽虎等，2003）。

玉米为短日照植物，在8～10h的短日照条件下开花最快，但不同品种对光照的反应差异很大，且与温度有密切关系。大多数品种要求8～10h的光照和20～25℃的温度（陈宝书，2001）。缩短日照可促进玉米的发育，因此北部高纬度地区的品种移到南方栽培时，生育期缩短，可提早成熟。反之，南方品种北移时，茎叶生长茂盛，一直到秋初短日照条件具备时，方能抽穗开花。玉米为C_4植物，具有较强的光合能力，光饱和点高，一般玉米光合强度为35～80mg/(dm^2·h)。

玉米单株体积大，需水多，但不同生育时期对水分的要求不同。出苗至拔节期间，植株矮小，生长缓慢，耗水量不大，这一阶段的生长中心是根系。由于植物根系具有“向水性”，为了促进根向纵深发展，应控制土壤水分在田间持水量的60%左右。拔节以后，进入旺盛生长阶段，这时茎和叶的生长量很大，雌穗和雄穗不断分化和形成，干物质积累增加，对水分的需求多，此期土壤含水量宜占田间持水量的70%～80%。抽穗开花期是玉米新陈代谢最旺盛、对水分要求最高的时期，对缺水最敏感，称为“水分临界期”。如水分不足，气温又高，空气干燥，抽出的雄穗在三两天内就会“晒花”，甚至有的雄穗不能抽出或抽出的时间延长，造成严重减产甚至颗粒无收。这个时期土壤水分宜保持在田间持水量的80%。灌浆成熟期是籽粒产量形成阶段，一方面需要水分作原料进行光合作用，另一方面光合产物需要以水分为溶媒才能顺利运输到籽粒，要保证籽粒高产，需保持土壤水分达田间持水量的70%～80%（陈宝书，2001）。

玉米是需肥较多的作物。玉米对氮的要求远比其他禾本科作物高。如果氮肥不足，则全株变黄，生长缓慢，茎秆细弱，产量降低。玉米对磷和钾的要求也较多，不足时影响花蕾的形成和开花结实。如果玉米产量以4500kg/hm^{2}计算，需吸收氮225kg，磷75kg、钾150kg（陈宝书，2001）。乳熟以前要求氮较多，乳熟以后要求磷、钾较多。因此，玉米除施足基肥外，生育期间还应分期追肥。肥料不足时，空秆增多。

玉米对土壤要求不严，各类土壤均可种植。质地较好的疏松土壤保肥保水力强，可促进玉米根系发育，有利于增产。对土壤酸碱性的适应范围为pH5.0～8.0，且以中性土壤为好；玉米不适于生长在过酸或过碱的土壤中（陈宝书，2001）。

2. 生长发育　玉米的生育期一般为80～140d，早熟种80～95d，晚熟种120～140d（陈宝书，2001）。玉米主要的生育时期有出苗、拔节、抽雄、开花、吐花丝和成熟。为了便于观察和记载，将玉米各生育时期和标准简述如下。

1）出苗。播种至种子发芽出土高约2cm时，称为出苗。

2）拔节。当雄穗分化至伸长期，靠近地面用手能摸到茎节，该伸长茎节总长度2～3cm左右时，称为拔节。

3）抽雄。当玉米雄穗尖端从顶叶抽出3～5cm时，称为抽雄。

4）开花。植株雄穗开始开花散粉时，称为开花。

5）吐丝。雌穗花丝开始露出苞叶2cm左右时，称为吐丝。

6）成熟。玉米苞叶变黄而松散、籽粒剥掉尖冠出现黑层（达到生理成熟的特征）、籽粒脱水变硬呈现显著的品种特点时，称为成熟。

此外，在生产上常用大喇叭口作为施肥灌水的重要标志。其特征是：棒三叶（果穗叶及其上下两叶）开始甩出而未展开；心叶丛生，上平中空，状如喇叭；雌穗进入小花分化期；最上部展出叶与未展出叶之间，在叶鞘部位能摸出发软而有弹性的雄穗，即大喇叭口。

一般试验田或大田，群体达到50%以上，作为全田进入各生育时期的标志。

3. 生产力 玉米是高产作物之一。在一般地力水平下，籽粒产量可达3000～4500kg/hm^2；在肥水条件较好的情况下，更能发挥其高产性能，特别是推广杂交种和地膜覆盖栽培后，表现尤为突出，籽粒产量可达7500kg/hm^{2}以上。黑龙江省推广的“东农246”、“龙单3号”和“龙单4号”，河南推广的“安豫8号”、“郑州958”等玉米即属此类优良的粮饲兼用玉米，一般籽粒产量为6000～8000kg/hm^2（董宽虎等，2003）。专作青贮密植栽培时，乳熟期至蜡熟期可产鲜草5万～6万kg/hm^2；青刈栽培可产鲜草2万～6万kg/hm^2（陈宝书，2001）。

四、栽培技术

玉米对前作要求不严，在麦类、豆类、叶菜类等作物之后均易种植。玉米是良好的中耕作物，消耗地力较轻，杂草较少，故为多种农作物（如麦类、豆类、根茎类、瓜类）和饲草的良好前作。玉米连作时会使土壤中某种养分不足，病虫害加剧，特别易引起玉米黑粉病和黑穗病蔓延，降低籽粒产量。为了充分利用土地和光热资源，一般采用间作、套作、混作和复种的方式，以获得高产优质青饲料和青贮原料。

1）间作。玉米为高秆禾本科作物，与植株较矮、蔓性的豆科作物间作，能有效地利用空间和地力，增加边际效应，防止下叶枯死，既提高产量，又增进品质。常见的组合是：玉米、大豆或秣食豆间种；玉米、草木樨间种；玉米、甜菜或南瓜间种。在东北、华北一带，玉米多为行距60～70cm的4∶4或6∶6垄作间种（南京农学院，1980）。玉米为点播或条播，豆类为条播，其他作物为点播。两者同时播种。

2）混作。玉米与秣食豆、苕子、扁豆等豆科作物混种可以提高产量，增进品质。玉米为主作物，混种秣食豆时能促进玉米发育，而秣食豆由于耐阴性较强，也能获得较高的产量。点播或条播，播种量为：玉米每公顷22.5～30.0kg，秣食豆每公顷30.0～37.5kg（陈宝书，2001）。

3）套作。玉米套作方式因地区及栽培目的不同而异。河北、河南及山东一带，多在冬小麦行间套作玉米，或在马铃薯行间套作玉米；东北则在马铃薯和大垄春小麦行间套作青刈玉米，都能获得较高的产量。麦类套作玉米，多在麦类作物拔节期，在行间加播一行玉米（隔行或隔数行）。小麦收获后随即对玉米进行田间管理，以促进玉米迅速恢复生长。在南方则常与甘薯、南瓜套作。

4）复种。在东北一年一熟区，小麦收获后还有60～80d的生育期，可复种一茬青刈玉米。小麦要提前在蜡熟中期收获，需边收、边运、边翻、边播，在7月上中旬播完。条播行距30～50cm为宜。播种量52.5～60.0kg/hm^2（陈宝书，2001）。

（一）露地栽培技术

1. 整地和施肥 选择土层深厚、土质疏松、肥力中等以上、保肥保水的地块种植玉米。我国北方春播玉米区，应在前一年和前作收获后及时耕翻，灌好底墒水，冬前耙压保墒；在新疆地区，秋翻后不耙不压，以便冬季积雪。南方夏、秋玉米区或复种青刈玉米，应于前作物收获后，及时施肥、整地和播种。耕翻深度约 18cm，黑钙土地区应在 22cm 以上（陈宝书，2001）。

播种前进行精细平整，清除田间碎石、杂草根茬，保持地面疏松平整。玉米的施肥应以基肥为主，追肥为辅；有机肥料为主，无机肥料为辅。施肥应与整地相结合。翻地前每公顷施优质堆肥、厩肥 15 000～22 500kg，即可满足增产要求，并能维持肥效 2～3 年（陈宝书，2001）。

青刈栽培的玉米，要特别注意施肥。在一般地力条件下按每公顷生产 6 万 kg 青刈玉米计算，换算成肥料要素量约需：堆肥 11 250kg，硫酸铵 330kg，过磷酸钙 225kg，硫酸钾 204kg（陈宝书，2001）。施用充足的粪肥，能显著提高青刈玉米产量和品质。

2. 播种　要根据目的不同选用饲用玉米品种。精料用的籽粒玉米，要选适应当地风土条件、成熟良好、产量高而稳定的优良品种。青刈、青贮用的玉米，要选植株高大、分枝多、茎叶繁茂、青料产量高和品质好的中、晚熟型玉米。

播种前对玉米种子进行人工或机械精选，晾晒 2～3d 后进行包衣剂包衣（陈宝书，2001）。

一般春玉米要在 10cm 土层温度稳定在 10～12℃时才可以播种。我国各地春玉米播种期差别很大，一般在 3 月底至 5 月上中旬（陈宝书，2001）。

青饲料和青贮用玉米的播种期还可根据青饲或青贮的需要时间，进行早、中、晚熟品种的分期播种。玉米用做青饲，最晚的播种期以在霜冻前植株生长达到一定高度和一定收获量为准，如能达到抽雄至开花期为更好，因为抽雄至开花期是玉米茎叶营养丰富、产量较高的时期。用做青贮则以在霜冻前玉米能长到乳熟末期为宜。

玉米的播种量，一般条播的大粒种每公顷 45～60kg，穴播的 22.5～37.5kg。如采用精量播种机播种，每公顷播量 15.0～22.5kg 即可。用做青贮玉米时播种量增加 20%～30%，青饲用玉米播量增加 50%。玉米的播种方式有垄作、平作和畦作三种。东北采用垄作，华北采用平作，南方多雨地区则采用筑畦播种以利排水。播种方法有条播和点播两种。行距一般 60～70cm，用做青饲的可缩小至 30cm。覆土深度要以土壤质地和墒情来确定，墒情好的为 6～8cm；土壤黏重、雨水较多的以 5～6cm 为宜；沙质较重而且干旱时，可以深播 10～12cm。在我国夏（秋）玉米区，为了提早玉米的播种期，普遍采用育苗移栽，这是提高复种指数、充分利用有效积温的措施，麦茬移栽一般比直播增产 20%以上（陈宝书，2001）。

3. 田间管理　玉米的田间管理包括定苗、中耕、除草、培土、灌溉、追肥、授粉以及防治病虫等一系列工作。籽实用玉米通常在 2～3 片真叶时间苗，拔除病苗、弱苗，在 4 片真叶时定苗。植株密度与外界因素及选用的品种有关，各地要经过试验来确定。大致的范围是：高秆晚熟种每公顷 42 000～48 000 株，中熟种为 45 000～52 500 株，矮秆的早熟种为 60 000～52 500 株，青饲料可达 120 000～150 000 株（陈宝书，2001）。

中耕除草是玉米田间管理的一项重要工作，可以疏松土壤，促使玉米根系发育，减少杂草对地力的消耗，特别对春播玉米，早中耕能提高地温，对幼苗的健壮生长有重要意义。中耕的时间分别为：现行、定苗、追肥、灌溉。中耕深度的经验是：头遍浅，二遍深，三遍五遍不伤根。在气生根长出前或长出时还应进行培土。

蹲苗是根据玉米生长发育规律，用人为的方法控上促下，解决地上部分与地下部生长矛盾的一项有效技术措施，主要以控制苗期灌水和多次中耕来实现。蹲苗的时间一般从出苗后开始至拔节前结束。春播玉米一般为1个月左右，夏播玉米一般为20d左右（陈宝书，2001）。在土壤底墒不足、又遇干旱、土壤持水量下降到40%以下的情况下，应停止蹲苗，进行小水和隔行灌溉，否则会影响幼苗生长。因此，蹲苗应贯彻"蹲黑（墒）不蹲黄（墒），蹲肥不蹲瘦，蹲湿不蹲干"的原则。青饲玉米利用期早，需要催苗，可不进行蹲苗。

蹲苗结束后，应追肥灌水。追肥应分期进行，要在拔节和抽穗前分期追两次肥料，一般在玉米拔节时追一次攻秆肥，夏玉米应重施攻秆肥。第二次在抽穗期前追施攻穗肥。以满足雄穗分化形成的需要，春播玉米应重施攻穗肥。需配合施用氮磷肥料。

灌水要结合追肥进行，在拔节期（蹲苗结束）即应灌水，使土壤水分保持在持水量的70%左右。结合攻穗肥浇抽穗水，使土壤中水分保持在持水量的70%～80%，以利授粉结实（陈宝书，2001）。如这时遇到干旱，必须勤浇多灌，防止"卡脖旱"是高产和防止空秆很重要的措施。在开花灌浆期灌水，可保证籽粒饱满，提高产量。

玉米开花期及时进行人工辅助授粉是促进籽粒饱满，减少秃顶，增粒增产的经济而有效的措施。一般在雄花已经盛开，大部分花丝露出以后，在无风的晴天上午8～11时进行为好。

另外，防止病虫、鸟兽为害是保证丰产的重要措施，要贯彻"防重于治，防治结合"的方针，采取有效措施，防于田外，治于初发阶段，保证丰产。

4. 收获　以收籽实为目的，当茎叶已经变黄、苞叶干枯松散、籽粒变硬发亮时，即为完熟期，可进行收获。玉米无落粒现象，故不宜收获过早，早收种子含水量大，不耐贮藏，容易霉变受损。如要收后种回茬麦，可以在蜡熟末期提前带穗刨秆腾地，每30～50株成捆丛簇，继续使籽粒后熟，提高产量，又可有利于后作小麦的整地播种。

由于玉米收获时籽粒含水量较高，一般在20%～35%，而且籽粒还有后熟作用，收获后仍含有大量可溶性糖，通过后熟而逐渐转化为淀粉贮藏在籽粒内，所以果穗收获后，不要立即脱粒，而应使果穗风干，促进其成熟和脱水，当籽粒含水量降至14%以下时，可增加籽粒中淀粉的积累，提高脱粒和贮藏的质量（陈宝书，2001）。

（二）地膜覆盖技术

1. 整地施基肥　整地栽培技术与露地栽培技术相同。结合春耕，每公顷施优质农家肥75t，硝铵300kg或尿素225kg加磷二铵300kg，开沟施在紧靠种子沟的空沟或压膜沟里（陈宝书，2001），避免种子与肥料直接接触，腐蚀损伤幼根，降低出苗率和整齐度。在窄行中间开沟施肥的，要沿施肥沟两侧开播种沟。化肥要与有机肥料混匀深施。

2. 种子准备　地膜覆盖玉米能提早成熟，选用品种应根据不同地区的温度条件、品种特性及产品用途而定。

3. 选膜　地膜规格较多，用途各异。栽培玉米以70～75cm幅宽的超薄膜为好。这种规格的薄膜覆盖面积较大，有利于增温保湿，且成本较低，每公顷用60kg即可。若选用宽幅145cm的超薄地膜，每公顷用量52.5～60.0kg（陈宝书，2001）。一般来说，经地膜覆盖栽培能使玉米成熟期提前且增产幅度大。

4. 覆膜播种　玉米种子能够在10～12℃条件下正常发芽，可作为确定播种期的依据。地膜覆盖后可使膜内5～10cm深处地温提高2～3℃，因此当5cm土层温度稳定在8～9℃时即可播种，土壤水分要求达到田间持水量的60%～70%。一般要比露地玉米提早7d左右播种，并以能避过出苗后的霜冻为宜。如平原地区在4月15日～20日播种，高寒地区在4月20日～5月5日播种，均可获得较高产量（陈宝书，2001）。

地膜玉米适时早播，具有三大好处：一是增加营养物质的积累。适当延长营养生长期，积累更多的营养物质，给果穗充分发育创造良好的条件，可使种子充实饱满，提早成熟。二是增强植株抗倒伏能力。覆盖地膜后适期早播地温比气温高，有利于幼苗根系生长，入土深，分布广，茎秆的机械组织发达。三是避免或减轻地下害虫为害。适时早播，在地下害虫发生前玉米已发芽出苗，可避免地老虎造成的缺苗现象，还可避免中后期因玉米螟为害茎秆和雌雄穗导致的减产。

盖膜有两种方式：①先播种后盖膜。在整好的地上，用小犁铧按种植玉米行距划好线后，开沟点播种子，播深5cm，每穴2～3粒，整平种子沟，然后紧靠种子沟两边各开一条10cm深的压膜沟，随后盖膜。②先盖膜后打孔播种。在整好的地上，用小犁铧按种植玉米带宽，先在两边开10cm的压膜沟，盖膜后按规定的株行距放线点播，每穴2～3粒。幼苗与播种孔错位的，要及时放苗出膜，盖严膜孔。不论采用上述哪种方法，盖膜时地膜要拉展，紧贴地面，抓紧两边压入沟内，覆土3～4cm，压实。为防止大风揭膜，一膜上每隔3～4m要压一条“土腰带”（陈宝书，2001）。

提早盖膜有利于土壤增温保墒，是夺取高产的重要措施。根据土壤解冻情况，盖膜时间可提前到3月底和4月初。在整地作床、喷施除草剂后即可盖膜。盖膜要掌握盖早不盖晚、盖湿不盖干的原则，如果土壤墒情较差，就应浇水补墒后再盖膜。盖膜以后，还可注意护膜净膜，防止人畜践踏弄破薄膜。如有破损，要及时用细土盖严。要经常保持膜面干净，避免泥土遇雨污染膜面（陈宝书，2001）。

5. 合理密植　选用宽145cm地膜，种4行玉米，采用宽窄行种植，中间两行行距50cm，两边行距35cm，膜间距50cm，株距28～30cm，每公顷保苗79 500～84 000株（陈宝书，2001）。

6. 田间管理　播种后7～10d，玉米出苗后要及时放苗，用土将膜口压严，缺苗少苗时可采用就近多留苗或催芽补种。出苗后20～30d开始分蘖，若以收获籽粒为目的必须随时检查，及时拔除蘖杈，以免影响主茎发育。在苗期结合中耕锄净膜间杂草，手工清除苗眼杂草，采取一水中耕，疏松土壤，提高地温，促进幼苗生长，培育壮苗。一般在玉米10～12片叶时灌第一次水，以后每隔20d左右灌一次水。全生育期灌水4～5次，灌头一次水每公顷施硝铵225～300kg或尿素150～225kg，二次水（大喇叭口期）每公顷施硝铵375～450kg或尿素270～330kg，三次水每公顷施硝铵300kg或尿素225kg。追肥时在离作物根部13cm左右，在株距间或垄的半坡上挖穴，施入肥料后，用土封好。拔节期每公顷用高美施1.50～2.25L兑水600～750kg叶面喷洒。大喇叭口期（抽雄初期）每公顷用玉米健壮素375～450ml兑水600～750kg叶面喷洒，壮秆防倒。抽穗灌浆期每公顷施磷酸二氢钾2.25kg或高美施1.5～2.25L兑水600～750kg叶面喷洒，增加粒重。在生长后期，每公顷用旱地龙1.5L兑水600～750kg叶面喷洒，增强抵抗干热风和抗旱能力。地老虎为害严重的地块，在苗期采用敌百虫灌根或青草毒饵诱杀。玉米红蜘蛛发生时，可选用20%的灭扫利或三氯杀螨醇1000～1500倍液进行叶面喷雾。可采用锌硫磷、菊酯类药剂在幼虫孵化高峰期防治玉米螟（陈宝书，2001）。

五、饲草加工

饲用玉米最适收获期应以获得产量多、营养价值高、适合青饲和青贮为原则。作为青饲，用作猪饲料时，可在株高 50～60cm 拔节以后陆续刈割饲喂，到抽雄前后割完；用作牛的青饲料时，宜在吐丝到蜡熟期分批刈割。一般每公顷可产青料 37.5～60t。玉米再生力差，只能 1 次低茬刈割（董宽虎等，2003）。

青贮玉米是重要的贮备饲料，带果穗青贮的宜在蜡熟期收获，此时，单位面积土地上的可消化养分产量最高。青贮玉米栽培面积较大，收获需要数天进行，可提前到乳熟末期开始刈割，至蜡熟末期收完。调制猪或犊牛的青贮饲料时，宜在乳熟期刈割。如将果穗作为食用，只青贮玉米茎叶时，为了获得数量多品质好的青贮原料，可于蜡熟后期收获果穗，以保证有较多的绿叶面积（董宽虎等，2003）。

第二节　燕麦

学名：*Avena sativa* L.

英文名：Common Oat，Oat

别名：铃铛麦、香麦

燕麦是一种优良的饲用麦类作物，分布于全世界五大洲 42 个国家，主要集中种植在北纬 40°以北的亚洲、欧洲、北美洲地区，因此这一地区被称作北半球燕麦带。全世界燕麦播种面积和总产量仅次于小麦、玉米、水稻、大麦和高粱，居第 6 位，是世界八大粮食作物之一，前苏联种植最多，其次是美国、加拿大、法国、德国、波兰、瑞典、挪威等国，亚洲各国种植较少。我国燕麦主要分布于东北、华北和西北的高寒牧区，其中以内蒙古、河北、甘肃、山西种植面积最大，新疆、青海、陕西次之，云南、贵州、西藏和四川山区也有少量种植。近年来，随着人工草地的建立，燕麦开始在牧区大量种植，发展迅速，已成为高寒牧区枯草季节的重要饲草来源。

一、经济价值

与其他谷物相比，燕麦含有不饱和脂肪酸（亚油酸等）、多种必需氨基酸、可溶性纤维（β-葡聚糖）、皂苷素以及多酚类抗氧化物质（如肉桂酸衍生物、对香豆酸、对羟基苯甲酸、邻羟基苯甲酸、香草醛、儿茶酚等），可以调节血脂和血糖、改变胃肠功能、提高免疫力和延缓衰老等。此外，燕麦含有的微量皂苷，可与植物纤维结合，吸收胆汁酸，十分有益于身体健康。

燕麦营养丰富（表 6-2），是中国高寒山区的主要粮饲兼用作物，其中裸燕麦的种植面积约占燕麦总面积的 92%，皮燕麦约占 8.0%。全世界生产的燕麦有 74%用来饲喂家畜（陈宝书，2001）。燕麦籽粒是各类家畜，特别是马、牛、羊的良好精料。燕麦稃壳和秸秆营养价值较其他麦类作物高，适于饲喂牛、马。

表 6-2　燕麦的营养成分　　（单位：%）

材料名称	水分	粗蛋白质	粗脂肪	粗纤维	无氮浸出物	粗灰分
燕麦籽实	[illegible]	[illegible]	[illegible]	14.8	[illegible]	3.0
青刈燕麦	80.4	2.9	0.9	5.4	8.9	1.5
燕麦秸秆	13.5	3.6	1.7	35.7	37.0	8.5

资料来源：贵州配合饲料资源营养成分及营养价值表

燕麦叶量丰富，柔嫩多汁，适口性好，消化率高，可以青刈鲜喂、青贮、调制干草或放牧利用。国外资料显示，利用燕麦地放牧，肉牛平均每日增重550g；利用燕麦—苕子混播地放牧，则平均日增重815g（陈宝书，2001）。

二、植物学特征

燕麦为禾本科燕麦属一年生草本植物（图6-2）。须根系，入土深度达1m左右。株高80～150cm。叶片宽而平展，长15～40cm，宽0.6～1.2cm；无叶耳；叶舌大，顶端具稀疏叶齿。圆锥花序，穗轴直立或下垂，每穗具4～6节，节部分枝，下部节与分枝较多，向上渐减少，小穗着生于分枝的顶端，每小穗含1～2朵花，小穗近于无毛或稀生短毛，不易断落。外颖具短芒或无芒，内外稃紧紧包被着籽粒，不易分离。颖果纺锤形，宽大，具簇毛，有纵沟。谷壳率占籽粒重量的20%～30%。燕麦千粒重为25～44g（陈宝书，2001）。

图6-2　燕麦（陈默君等，2002）

燕麦属全世界共有16种，其中栽种较普遍的有：有壳燕麦、裸粒燕麦、地中海燕麦和粗燕麦，其余多为野生种或田间杂草。比较常见的野生燕麦有普通燕麦和南方野燕麦。

细胞染色体：$2n=47$。

三、生物学特性

1. 生境　燕麦最适于生长在气候凉爽、雨水充沛的地区；对温度的要求较低，但生长季炎热而干燥对其生长发育不利。燕麦在温度2～5℃的条件下，经10～14d完成春化阶段，提早抽穗1～4d。燕麦抗寒力较其他麦类强，幼苗能耐－4～－2℃的低温，成株在－4～－3℃低温下仍能恢复生长，在－5℃时才受冻害。燕麦喜低温，拔节至抽穗要求15～17℃，抽穗开花要求20～24℃；燕麦不耐热，对高温特别敏感，当温度达38～40℃时，4～5h后气孔萎缩，不能自由开闭，而大麦需经20～26h，小麦经10～17h，气孔才会失去开闭机能（陈宝书，2001），开花和灌浆期遇有高温则影响结实。夏季温度不太高的地区，最适于种植燕麦。但是，燕麦若能在较高的温度条件下通过春化阶段，夏播也能抽穗开花。

燕麦为长日照作物，平均日照时间不少于12h（陈宝书，2001），延长光照，则生育期缩短。燕麦所需的日照时间长短因品种及气温而异，在高寒地区的北方品种所需时间较长，分布在地中海的燕麦所需时间较短；温度对生育期也有影响，高温时生育期缩短。

燕麦是需水较多的作物，不仅发芽时需要较多的水分，且在其生育过程中耗水量也比大麦、小麦及其他谷类作物多。试验表明，燕麦的蒸腾系数为747，小麦为424，大麦为403（陈宝书，2001）。总之，干旱缺雨、天气酷热，是限制燕麦生产和分布的重要因素，在干旱地区种植燕麦一定要注意灌溉保墒工作。

燕麦对土壤适应性强，耐瘠薄、耐适度盐碱，是治理盐碱地的“先锋植物”。中国与加拿大农业部连续10年开展了燕麦研究合作，培育出了可直接在pH9.5、含盐量3.6%的盐碱地上种植的新品种，单季籽实产量超过2250kg/hm^2，干草产量10t/hm^2，而且在东北地区能种植两季。在上海海边滩涂地上种植燕麦，鲜草产量达到70t/hm^2。在海拔4500多米的青藏高原也已试种成功，盐碱地连续种植燕麦3年之后，就可改造成正常耕地。如果利用全国盐碱地的1/10种植燕麦，每年将提供225亿kg以上的粮食和大量优质饲草。在干旱的沙化土地上，同样可以大面积种植燕麦。土质比较黏重潮湿而不适于种植小麦、大麦和其他谷类作物时，可以种植燕麦。燕麦对酸性土壤（pH5.0～6.5）的反应不如其他谷类作物敏感（陈宝书，2001）。

2. 生长发育　燕麦生育期因品种、栽培地区和播种期的不同而异。一般春播的生育期为75～125d，而秋播者可长达250d以上。华北地区和内蒙古自治区，燕麦为春播，生育期为90～115d；甘肃省大多在90～110d。春播燕麦早熟品种生育期为75～90d，其植株较矮，籽粒饱满，适于作精饲料栽培；晚熟品种的生育期为105～125d，其茎叶高大繁茂，主要用做青饲和调制干草；中熟品种的生育期为90～105d，株丛高度介于早熟和晚熟品种之间，属兼用型燕麦（陈宝书，2001）。

燕麦播种后6～15d出苗，燕麦种子发芽时需水分较多，约吸收本身重量的65%水分才可以萌发。因此，播种燕麦的土地，土壤湿度需较其他麦类作物高。燕麦发芽的最低温度为3～4℃，最高30℃，最适温度为15～25℃（陈宝书，2001）。

燕麦自3叶期开始从分蘖节（茎基部几个极短的节间和腋芽）产生分蘖，并长出次生根，为了提高有效分蘖数（后期可成穗）和形成强大的根系，需保证充足的水分和养料。一般燕麦的有效分蘖数为1.8～2.3个。在分蘖时期，燕麦茎顶端分生组织开始发育，5叶期开始拔节。燕麦从拔节抽穗至开花灌浆，营养生长和生殖生长均旺盛，需要大量水分、养分，要求15～17℃的温度和充足的日照（陈宝书，2001）。

燕麦主茎小穗数多于侧枝。穗轴上着生一次枝梗，呈半轮生状态，一般为四轮，愈往上穗枝梗愈少，在穗枝梗的每一节上着生一个小穗。就穗轮来说，基轮的小穗数最多，约为70%；第二轮约占20%，第三轮、第四轮各占5%左右。燕麦的主穗或分蘖穗上常常出现发育不全的小穗花，通常称为花稍，由花稍造成的不育率一般为10%～15%（陈宝书，2001）。

燕麦开花顺序是顶端小穗先开放，其后依次向下，枝穗梗的小穗也按此顺序开花。但每小穗中各花开放的顺序是基部花先开，然后顺序向上开放。通常一个小穗开花时间为2～3d，一个花序为7～8d，最长可达10～13d。在一天中，下午2～4时开花最盛，每花开放时间为60～90min，长的可达2h以上。开花适宜温度为20～24℃，最低16℃，最高24℃（陈宝书，2001）。开花期间需要适量湿度和无风的天气，湿度过高或阴雨有碍开花，降低湿度有促进开花的趋势。低温会延迟开花过程。干燥炎热而带有旱风的天气，会破坏受精过程而不结实。

燕麦是自花授粉植物，开花时雌雄蕊同时成熟，且花药紧靠柱头。一般在花颖开放时已经授粉。燕麦的天然杂交率一般不超过1%（陈宝书，2001）。燕麦在授粉后，籽实开始积累营养物质，进入灌浆结实期。结实与成熟的顺序同开花一样，也是自上而下，结实籽粒成熟很不一致。通常在穗下部籽粒进入蜡熟期即可收获。灌浆期如遇高温干旱，往往造成瘦小皱缩瘪籽，或籽实根本没有发育，影响产量。

3. 生产力　燕麦单产水平普遍较低，以河北坝上地区单产最高，为1500～3000kg/hm^2；

内蒙古自治区和山西省的平均产量为 1125kg/hm²；云南、贵州和四川 3 省大小凉山平均产量在 450～750kg/hm²。燕麦青饲料产量为 15 000～22 500kg/hm²。吉林省复种燕麦鲜草产量 7500kg/hm²，秸秆产量 5250～6000kg/hm²（陈宝书，2001）。

四、栽培技术

1. 轮作、整地和施肥　氮肥对燕麦的增产效果显著，前作以豆科植物最为理想，豌豆茬尤为突出。马铃薯、甘薯、玉米、甜菜、莞根都是燕麦的良好前作。在华中、华南地区，燕麦可以种植在玉米、高粱、晚稻、花生等作物之后。燕麦忌连作，我国西北高寒牧区和内蒙古种植青燕麦，由于常年连作，产量下降，应注意适当倒茬轮作。燕麦播种前要深耕施肥。春燕麦要求秋翻，冬燕麦则在前年作物收获后随即耕翻，耕翻深度以 18～22cm 为宜。耕前施基肥 22 500kg/hm²（陈宝书，2001），翻后及时耙地压地。大量施用有机肥对燕麦丰产的作用也非常明显，但必须结合施用草木灰，以防倒伏。

2. 播种　燕麦种子大小不整齐，选用籽粒大、饱满、发芽率高、发芽势强、播种品质好的籽粒作种子能显著提高产量。黑穗病流行地区，播前要实行温汤浸种。播种期因地区和栽培目的不同而异。我国春播燕麦一般在 4 月上旬至 5 月上旬，也有迟至 6 月间进行夏播，而长江流域各地春播可在 3 月上旬。秋播应在 10 月上中旬，过早过迟常易受冻害。具体播种时间可视自然条件和生产目的而定。如青刈燕麦长到抽穗刈割利用，自播种至抽穗需 65～75d，气温高，其生育期缩短，反之则延长（陈宝书，2001）。

吉林省麦后复种青刈燕麦，每公顷可收 7500kg。燕麦的播种量为 150～225kg/hm²，收籽粒播种量可略减。青刈燕麦刈割期早，生育期短，不易倒伏，为获得高产优质的青饲料，可适当密植，其播种量可增加 20%～30%。单播时一般行距为 15～30cm，混播的为 30～50cm，复种的可缩小到 15cm。燕麦覆土宜浅，一般为 3～4cm，干旱地区可稍深，播种后镇压有利于出苗（陈宝书，2001）。

在干旱条件下，燕麦与豌豆、山黧豆、苕子等混播可以提高干草和蛋白质的产量。燕麦与豌豆混播，不仅能提高干草和种子产量，并能减轻豌豆的倒伏程度。混播通常以燕麦为主要作物，占混播总量的 3/4，每公顷用燕麦 112.5kg、豌豆 75～112.5kg，或燕麦 127.5～150kg、苕子 45～60kg，可根据需要酌情增减（陈宝书，2001）。

3. 田间管理　燕麦在出苗前后若表土出现板结，可以轻耙一次，苗期如果杂草太多，可人工除草，或用 2,4-D 丁酯除草，每公顷用药量不超过 1.5kg。在分蘖或拔节期进行第二次除草时，结合灌溉、降雨施入追肥。第一次追肥在分蘖时进行，可促进有效分蘖的发育。第二次在拔节期进行，追施氮肥和钾肥。第三次追肥可根据具体情况在孕穗或抽穗时进行，以磷、钾肥为主，配合使用粪肥。在抽穗期间以 2%的过磷酸钙进行根外追肥，可促进籽粒饱满。燕麦在一生中浇水次数可根据各地具体情况来定。在干旱地区，全生育期一般需浇 2～4 次水，时间分别在分蘖、抽穗和灌浆期进行。同时为了充分发挥肥料的作用，灌水应与施追肥同时进行。燕麦从分蘖到拔节这一时期是幼穗分化的重要时期，在这个时期如果水分供应不充分，就会增加不孕穗数，降低种子产量。

4. 收获　籽粒用燕麦通常以在主茎穗的籽粒达到完熟、分蘖穗籽粒蜡熟时收获为宜。为提早腾地复种，或为获得绿色燕麦秸秆，可提早到穗中部的籽粒达蜡熟中期收获。

5. 刈割　燕麦是一种极好的青刈饲料，在冬季较为温暖的地方可秋播供冬春利用，在冬季严寒的地方，则以春播利用。如果与豆科作物混播，则更能获得量质兼优的青饲料。青刈燕麦，可根据饲养需要于拔节至开花期刈割。燕麦再生力较强，两次刈割能为畜禽均衡提供优质青绿饲料。第一次刈割要适当提早，留茬 5～10cm，刈割后 30d 即可第二次收获，延至抽穗刈割只能割一次，产量和品质均较低。青刈燕麦的产量因条件不同而异，一般为 22 500～30 000kg/hm^2。一次刈割与二次刈割总产量相近，就蛋白质产量而言，则以分期刈割为高，且可满足牲畜对青饲料的需要（陈宝书，2001）。

五、饲草加工

燕麦青贮时可从抽穗到蜡熟期收获。用带有成熟籽粒的燕麦全株青贮，可在完熟初期收获。收获前做好青贮准备，边收获、边青贮。只要切得碎，踩得紧，封得严，无论单贮还是混贮，都能制成品质优良的青贮料。

调制干草的燕麦，以与豆科牧草混播为好，可在开花前后刈割，就地调晒。春播和冬播的燕麦，均在 6 月中下旬或 7 月上旬雨季到来之前收获，此时晴天多，风大易干，可调制成颜色鲜绿、茎叶完整的优质干草，调成后要趁早晚吸潮发软时运回上垛，供冬春饲用。

第三节　大麦

学名：*Hordeum vulgare* L.

英文名：Barley

别名：草麦、元麦、青稞、米麦

大麦为带壳大麦和裸大麦的总称，习惯上所称的大麦是指带壳大麦。裸大麦一般称为青稞、元麦、米麦，是我国青海、西藏牧区的主要粮食作物。裸大麦籽粒中蛋白质含量变化范围一般是 10％～15％，但缺乏赖氨酸，含硫的蛋氨酸和胱氨酸含量相对高一些。

大麦是世界上最古老的作物之一，自北纬 65°的阿拉斯加寒冷地带，至地中海地区及埃及西北部年降雨量 200mm 的干旱地区均能种植，全世界大麦播种面积和总产量仅次于小麦、玉米、水稻，居第 4 位，是世界八大粮食作物之一，主要产于中国、原苏联、美国等国家。我国栽培大麦已有数千年历史，目前我国各省（区）均有栽培。因栽培地区不同有冬大麦与春大麦之分，冬大麦主要产区分布在长江流域各省和河南等地区，春大麦则分布在东北、内蒙古、青藏高原、山西、陕西、河北及甘肃等地区（陈宝书，2001）。

一、经济价值

大麦籽粒主要用作人类食品、动物饲料和啤酒酿造。大麦籽粒的粗蛋白质和可消化纤维含量均高于玉米，是牛、猪等家畜、家禽良好的精饲料。欧洲、北美的发达国家和澳大利亚，都把大麦作为牲畜的主要饲料。我国南方用大麦喂猪，在育肥期玉米饲料中掺入 30％左右的大麦，可有效改善猪肉品质，猪肉脂肪硬度大，熔点高，瘦肉多，肉质好。在早春青饲料缺乏期间，大麦可用作发芽饲料。麦芽饲料是畜禽重要的氨基酸和维生素来源，其赖氨酸含量为 1.06％，色氨酸 0.35％，蛋氨酸 0.3％，胡萝卜素 25.6mg/kg，硫胺素 0.3mg/kg，核黄素 0.2mg/kg，烟酸 2.5mg/kg（陈宝书，2001）。冬春季节给家畜喂大麦芽和青绿大麦，不仅能够大大节省精料、促进畜体健康发育，还能提高繁殖能力。除籽实外，谷糠也可以用做饲料。

开花前刈割的大麦茎叶繁茂，柔软多汁，适口性好，营养丰富。据测定，孕穗期鲜草中含水分 82.14%，粗蛋白质 4.45%，粗纤维 3.39%，并富含维生素，为各种家畜所喜食（陈宝书，2001）。大麦还可以做青贮饲料，在灌浆期收割切段青贮，是奶牛的好饲料。大麦籽粒和茎叶中的营养成分见表 6-3。

表 6-3　大麦的营养成分　（单位：%）

样品	水分	粗蛋白质	粗脂肪	粗纤维	无氮浸出物	粗灰分	钙	磷
籽实	10.91	12.26	1.84	6.95	65.21	2.83	0.05	0.41
秆、叶	9.66	8.51	2.53	30.13	40.41	8.76	—	—

资料来源：陈宝书，2001

大麦再生能力强，及时刈割还可收到再生草。因此，它是一种很好的青刈作物，可利用冬闲田、打谷场、田边隙地栽培大麦，以满足 4～6 月份所需的青饲料。大麦产草量高，如黑龙江中南部地区，春播大麦每公顷产鲜草 22 500～30 000kg，小麦或亚麻收获后复种大麦每公顷产鲜草 15 000～19 500kg，特别是大麦能提供早春和晚秋的青饲料，所以在青饲料轮作中占重要地位（陈宝书，2001）。

二、植物学特征

大麦为禾本科大麦属一年生草本植物（图 6-3）。须根系，入土达 1m，主要分布在 30～50cm 的土层中。茎秆粗壮，直立，由 5～8 节组成，株高 1～2m，节具有潜伏的腋芽，梢部损伤后残部能重新萌发。叶片为线形或披针形，宽厚，幼时具白粉。叶耳、叶舌较大。穗状花序，长 3～8cm，每节着生 3 枚完全发育的小穗，每小穗仅有 1 朵花；颖片线状或线状披针形；多数品种外稃具发达的芒，芒粗壮（陈宝书，2001）。一般皮大麦的果皮和内外稃紧密贴合，脱粒时不易分开。裸大麦的籽实可以与内外稃分离。

图 6-3　大麦（陈默君等，2002）

大麦属内包括近 30 个种，仅栽培大麦具有经济价值。栽培大麦根据小穗发育特性和结实性，可分为三个亚种，即多棱大麦、中间型大麦和二棱大麦。

1. 多棱大麦　每穗轴节片上三个小穗均能发育结实。按小穗排列位置和形状特征，又可分为六棱大麦和四棱大麦两个类型。

1）六棱大麦。穗轴节片短，着粒密，每穗轴片上三个小穗与穗轴所成的夹角大而相等，所以，从穗顶端俯视，可见穗上有六条穗棱，即穗横断面呈六角形，故称六棱大麦。

2）四棱大麦。穗轴节片长，着粒稀，小穗间的间隔大。每节片上居中的一个小穗紧贴穗轴，其余两个小穗与穗轴角度较大而向两侧伸展，故横断面呈四棱状，称为四棱大麦或稀六棱大麦。四棱大麦一般穗子较长，但籽粒大小不整齐，1/3 籽粒较大，2/3 籽粒较小。

2. 中间型大麦　每穗轴节上有结实小穗 1～3 个。不整齐，无利用价值。

3. 二棱大麦　每穗轴节上有三个小穗，仅中间一个小穗正常结实，整穗仅具两行结实小穗，故称二棱大麦。麦穗扁平，籽粒较大，整齐而饱满。

多棱大麦和二棱大麦根据籽实有稃或落粒、穗疏或穗密、穗和芒的粉浆颜色（黄色和黑色）、芒的有无及锯齿性（分为有芒、无芒、钩芒、光芒及刺芒等）等特征，又可分为若干变种。

六棱大麦中的裸大麦，蛋白质含量高达15%，宜食用，带壳的籽粒小而匀，是制酒曲的重要原料。四棱大麦中裸粒的多作粮食，带壳的籽粒大小不匀，壳厚，多作饲料。二棱大麦秆高，少落粒，适于机械收割；籽粒大，均匀，蛋白质含量少，适于酿造啤酒。

细胞染色体：$2n=14$。

三、生物学特性

1. 生境　大麦适应性强，产量高，品质好，生育期短。在一些生长季节短、气温冷凉或降水缺乏地区，玉米、水稻等其他禾谷类作物不能很好生长，大麦却常常作为该地区主要的饲料谷物种植，在适应性上只有小麦与它接近。

大麦对温度要求不严格。凡夏季平均气温在16℃左右的地区均可种植，因此在高纬度地区和高寒山区也能成熟。对温度要求因品种和生育期的不同而异。春大麦幼苗耐低温能力强，能忍耐－9～－6℃的低温，有些品种还能忍耐－12～－10℃的低温。但开花期遇－2.5～－1℃时就受害；灌浆期遇－4～－1.5℃时受害。冬大麦比春大麦的耐寒能力强，冬季气温在5～10℃的地区，适于种植冬大麦（陈宝书，2001）。

大麦为长日照作物，12～14h的持续长日照可使低矮的植株开花结实，而低于12h的持续短日照下，植株只进行营养生长而不能抽穗开花。大麦为喜光植物，充足的光照可使分蘖数增加，植株粗壮，叶片肥厚，产量高，品质好（董宽虎等，2003）。

大麦耐瘠省肥，抗旱性强。在青藏高原年降雨量仅140mm的地方，仍种植有早熟青稞，在年降雨量仅20mm的干旱地区也能生长。大麦耐湿性较弱，所以疏松排水良好的壤土、黏壤土、砂壤土是最适于栽培大麦的土壤，在沼泽地和湿地上大麦生长不良。

大麦生长初期需水较少，种子发芽时吸收的水分为种子重量的48%～68%（陈宝书，2001），自分蘖到抽穗期需水量最多，抽穗以后又逐渐减少。生长期间，如雨水过多、日照不足，则茎叶徒长，易于倒伏和致病；抽穗后雨水过多时影响受精与成熟，造成减产。

大麦对盐碱土有一定的抵抗力，在苏北盐碱地区土壤含盐量为0.1%～0.2%时能良好生长。大麦耐盐碱能力显著强于小麦，但大麦耐酸性能力较差，不宜在酸性土壤上种植，要求土壤pH不小于6。

2. 生育特性　春大麦的生育期一般为60～140d，华北地区为75～130d，东北地区为60～110d。西藏青稞生育期为100～140d。我国的冬大麦，通常全生育期在150～220d（肖文一等，1991）。

大麦种子在0～3℃的温度下开始发芽，最适温度为18～25℃，最高温度为30～35℃甚至以上。幼苗初生根5～8条。3～4叶期开始分蘖（陈宝书，2001），分蘖数因品种和环境条件的不同而异，冬大麦比春大麦分蘖能力强，早播比晚播分蘖力强。冬大麦有冬季和春季两个分蘖高峰，冬季形成的分蘖中有效分蘖率高。大麦完成光周期后开始拔节，主茎第三节间特别是第四节间伸长，使穗子从叶鞘中伸出。

大麦同一植株的开花顺序是，主茎先开，以后按分蘖先后开放。一个穗子中上部的花先开，然后向上向下开放，三个小穗中中间小穗上的花较两侧的先开，一天之内有两次开花盛期，即上午6～8时及下午3～5时。大麦的花粉和柱头同时成熟，自花授粉。受精后7d籽粒达到应有的大小，1个月左右种子成熟（陈宝书，2001）。

大麦具有早熟丰产和耐迟播的特点，适于多熟制和复种指数高的地区种植，在耕作制度和生态适应性等方面，都有其独特的作用，是其他作物难以替代的。在大面积生产上，大麦有调节播种期的作用。在增加复种指数［如棉（玉米）麦两熟和麦—稻—稻三熟制地区］，作物布局、茬口安排和品种搭配等方面，较其他作物有优越性。大麦的生育期比小麦短，一般较小麦早熟10～15d，较燕麦早熟3周左右（南京农学院，1980），能满足迟播、早熟、少减产的要求。

3. 生产力　大麦籽粒产量2250～3000kg/hm^2。春播大麦产鲜草22.5～30t/hm^2，夏播产鲜草15～19.5t/hm^2（陈宝书，2001）。

四、栽培技术

1. 轮作与复种　大麦生育期短、成熟快、产量较高，要求有良好的前作。深耕、深施肥的前作最为适宜，大豆、小麦、棉花、马铃薯和甘薯等最佳，玉米、高粱和谷子次之，如果土壤肥沃，管理水平高，也可以连作一年。大麦耗地力少、植株密集、杂草较少，是多种作物的良好前作。大麦之后种玉米、大豆、马铃薯等，都可获得较高的产量。

大麦在稻麦三熟制地区，收后可栽插双季早稻；在棉、麦套作地区，由于大麦生育期短，成熟早，大麦套作棉花对棉花生长无不良影响；在二年三熟制地区，大麦之后可比小麦之后提早10～15d复种夏玉米、夏大豆和夏高粱等，可获得更高的产量。在一年一熟制地区，大麦之后可复种青刈玉米、秣食豆、草木樨、紫花苜蓿、胡萝卜、甜菜等饲用作物。大麦之后复种的青刈饲料，如能播种及时、管理良好，其产量可达单种的2/3以上。

2. 整地　大麦根系较柔软，需精细整地。秋耕后，施足基肥，整平土地，早春耙耱保墒。南方在前作收后应立即播种，由于雨水多，整地时应作高畦，以利排水。

3. 播种　大麦高产的重要条件之一是选用优良品种。我国大麦品种多，各地方品种加之国外引入的品种，合计约有数百种。从美国引进“蒙克尔”大麦，为中熟四棱皮大麦，抗倒伏，适应性强，经多年试验，适宜在我国北方地区推广。

种子中常混有瘪壳、芒秆、沙石等杂质，更易混入野燕麦等杂草种子，播种前需风选、筛选或水选，皮大麦用泥水、盐水选种的溶液密度为1.08，裸大麦为1.11。为预防大麦黑穗病和条锈病，可用1%石灰水或5%皂矾水溶液浸种6h，捞出晒干后播种。

大麦播种期因地区不同而异，冬大麦区早播易徒长受冻，太迟温度低发芽不整齐，一般为9～12月，愈北愈早，愈南愈迟。春大麦抗寒性比小麦强，应比小麦早播，一般在3月中下旬土壤解冻后不久即播种。复种的青刈大麦，应尽量早播，早播植株抽穗多，青饲料产量高。

大麦播种量为150～225kg/hm^2，每公顷保苗范围为：早茬大麦300万～375万株，晚茬的为375万～450万株，棉麦套作的为225万株，春大麦为375万～450万株。撒播比条播多，春大麦比冬大麦多，青饲料比精料多。收籽实的大麦播种行距为20～30cm，收草者行距为15cm，覆土3～5cm（陈宝书，2001）。

大麦播种早，生长快，根系较柔弱，吸收能力不强，秆弱，施氮量过多又易倒伏。大麦对三要素（氮、磷、钾）需要的比例为5∶8∶8。从出苗到分蘖期间，要吸收全部氮、磷、钾元素的1/2，到抽穗期几乎达到全部养分的2/3以上（陈宝书，2001）。所以，应在施足基肥的前提下，在分蘖期和拔节孕穗期间结合灌水施追肥。

4. 田间管理 大麦为速生密播作物，不需间苗，也少有中耕除草措施，但为了提高产量，冬大麦可在越冬前、返青时和拔节前各进行一次中耕，籽实用春大麦，可在分蘖和拔节期各中耕一次。同时，根据土壤肥力和大麦生长情况，及时追肥灌水。我国栽培籽粒大麦主张“三看三定”，即看长势定肥水情况、看小穗小花数定产量、看籽粒饱满度定品质。如果生长缓慢、分蘖减少、茎叶黄淡，就是缺肥缺水，需要在分蘖期和拔节期及时追肥和灌水，以促小穗小花分化。孕穗至开花期间追肥和灌水，可促进籽粒饱满，提高产量和品质。青刈大麦增施氮肥和磷肥，不仅增加产量，而且能提高蛋白质含量和饲料品质。

大麦易感染黑穗病和遭受黏虫等为害。除用药剂拌种防除病害外，还要经常检查，早期发现，及时拔除病株。发生黏虫为害时，及时喷洒敌杀死、锌硫磷等进行防治。

5. 收获加工 大麦种子成熟后易掉穗落粒，应适时早收，蜡熟期收获较为适宜。作饲料时需打成捆或压成片，并按畜禽营养需要，制成不同标准的配合饲料。

6. 刈割 青刈大麦，在孕穗期刈割较为合适，这时产草量高，草质柔嫩，适口性强。春末青饲料不足时，还可提早至拔节期，留茬 4～5cm；第二次齐地面刈割。大麦还可与豆类作物如豌豆、箭舌豌豆、山黧豆等混作，既可提高产草量，还可提高饲料品质。青贮大麦乳熟初期刈割最好。

7. 放牧 大麦可青刈调制干草和青贮料，亦可放牧利用。青刈以拔节前后为宜，过早利用，产草量低，影响再生。大麦具潜伏腋芽，顶部被家畜啃食后残部能重新萌发，故第一次放牧后，应结合灌水，追施无机氮肥，用再生草进行第二次放牧。

五、饲草加工

生产供应冬春用的麦芽饲料时，要在温暖的室内或温室内进行。备好种子盘，搭好立架，分层发芽。种子盘可用底部带有漏水孔的木盘、磁盘等。种子盘以方形为好，盘深 6～8cm，底部铺垫纱布。将种子用温水浸泡一昼夜后，捞出放入盘中，摊成 3～5cm 厚，上面盖一层湿布。在室温不低于 10℃的条件下，经 3～4d 就可发芽。发芽后揭去上面的湿布，每天浇 1～2 次温水，经 10d 左右就可连芽带籽一起饲用。喂完一盘再发一盘，直到青饲料上市为止。

青刈大麦是猪、羊、禽的优质青饲料。喂猪时把嫩草切碎或粉碎后生喂，老草打浆或发酵后饲喂。喂牛、羊时，可以用整株嫩草。大麦秸秆切碎后可喂马、骡。用拔节前后的嫩草粉碎后拌入精料饲喂鸡。据国外报道，收籽粒的冬大麦，可于冬季或早春生长过旺时进行轻牧，到拔节时停止。拔节以前幼穗尚未分化或紧贴地面，轻牧对生长发育和产量无不良影响。我国也有麦类生长过旺时组织“放青”的经验。

美国、加拿大、日本等国家，盛行大麦全植株青贮和大麦湿谷青贮。大麦全植株青贮是在大麦进入成熟期籽粒变硬而茎叶上大部分为绿色时刈割，将切碎的茎叶和籽粒一起青贮。这种青贮料中带有 30%左右的大麦籽粒，茎叶鲜嫩多汁，营养丰富，饲喂效果好。大麦湿谷青贮是在大麦蜡熟中、末期收获，随即将脱下的籽粒装入不透气的袋中或固定青贮设备中，趁湿青贮。大麦湿谷青贮料味道好，营养丰富，又可长期贮存不变质，是优良的精饲料。此外，它还可提早 5～10d 收获，提早让出地种下茬作物，又可省去谷物干燥的消耗，值得提倡。

大麦青贮料是牛、马、猪、羊、兔和鱼的好饲料，直接喂或拌入糠麸喂均可。大麦全植株青贮料中混有籽粒用来喂奶牛时，日喂量 30～40kg 等同于 15kg 精饲料的价值。大麦湿谷青贮料可当精料用，占牛日粮组成的30%左右（陈宝书，2001）。

第四节　黑麦

学名：*Secale cereale* L.

英文名：Rye

别名：粗麦、洋麦

黑麦又称裸麦，是小麦族黑麦属中唯一的栽培种。黑麦原产于阿富汗、伊朗、土耳其一带。原为野生种，驯化后在北欧严寒地区代替了部分小麦，成为栽培作物。北欧、北非地区是黑麦的主要产区，如德国、波兰、俄罗斯、土耳其、埃及等国都有相当大的种植面积，有的地区甚至以此为主要粮食作物。黑麦具有较强的抗逆性，主要种植在高寒地区、瘠薄的沙性或酸性土壤上。我国于20世纪40年代引自苏联和德国，1979年从美国引入黑麦冬牧-70，已成为我国解决冬春青饲料不足的主要品种之一（陈宝书，2001）。黑麦主要在我国的内蒙古、新疆、青海、黑龙江、北京、天津、江苏及四川等地区栽培，主要用作青饲牧草。

一、经济价值

黑麦茎秆柔软，叶量丰富，适口性好，营养价值高（表6-4），是牛、羊、马的优质饲草。测定黑龙江省北大荒麦业种植的黑麦可得，蛋白质含量高达17.1%，赖氨酸含量0.4%，17种氨基酸含量总和达16.97%；微量元素的含量也很高，如铁、钙、磷的含量分别高于普通小麦的81.03%、132.3%、33.0%，特别是含有77.1mg/kg的硒和39mg/kg的碘，是普通小麦所没有的，还含有大量的高复合膳食纤维。

表6-4　黑麦冬牧-70的营养成分　（单位：%）

生育期	水分	粗蛋白质	粗脂肪	粗纤维	无氮浸出物	粗灰分	钙	磷
拔节期	3.86	15.08	4.43	16.97	59.38	4.14	0.67	0.49
孕穗始期	3.87	17.65	3.91	20.29	48.01	10.14	0.88	0.55
孕穗期	3.25	17.16	3.62	20.67	49.19	9.36	0.84	0.49
孕穗后期	5.34	15.97	3.93	23.41	47.00	9.69	0.81	0.38
抽穗始期	3.89	12.95	3.29	31.36	44.94	7.46	0.51	0.31

资料来源：陈默君等，2002

二、植物学特征

黑麦为一年生草本（图6-4），秆直立，株高0.7～1.5m；叶鞘无毛；叶舌近膜质，长约1mm；叶片扁平，长5～30cm，宽5～8mm；穗状花序顶生，紧密，长5～12cm，宽10mm；小穗长约15mm，含2～3小花，下部小花结实，顶生小花不育（陈默君等，2002）。

细胞染色体：$2n=14$（16）。

三、生物学特性

黑麦喜冷凉气候，有冬性和春性两种，在高寒地区只能种春黑麦，温暖地区两种都可以

图 6-4　黑麦（陈默君等，2002）

种植。黑麦抗寒性强，能忍受－25℃的低温，有雪被覆盖时能在－37℃低温下越冬；不耐高温和湿涝。对土壤要求不严格，但以沙壤土生长良好，不耐盐碱，耐贫瘠，但土壤养分充足时产量高、质量好、再生快（陈默君等，2002）。

黑麦在北京 9 月下旬播种，翌年 3 月上旬返青，4 月下旬即可利用，6 月下旬收种。据北京地区多年种植黑麦的资料统计，黑麦的全生育期要求积温 2100～2500℃，不同品种有差异。黑麦再生能力较强，在孕穗期刈割，再生草仍可抽穗结实。北京长阳农场实验结果显示，孕穗期刈割，再生草占总产草量的 50%；抽穗后刈割，再生草的产量仅占总产草量的 10%（陈默君等，2002）。

四、栽培技术

黑麦较耐连作，可以进行 2～3 茬的连作，其前作以大豆、玉米、瓜类及甘薯、马铃薯为宜，其后作可安排种植块茎块根、瓜类及各种高产青刈作物，青刈黑麦可与苕子、草木樨等饲草混作和套作。前茬作物收割后应先施足基肥，每公顷施 22～30t，再深耕细整。较温暖地区多为秋播，应及早播种，一般不晚于 9 月下旬，太晚则采取寄籽播种。西北、东北和内蒙古等高寒地区，一般在 5 月上中旬播种。

条播行距 15cm，每公顷播种量 150～180kg，覆土 2～3cm，播后镇压 1～2 次。黑麦为密播作物，可抑制杂草生长，一般不中耕。秋播黑麦，在寒冬到来之际，用碾子压青 2 次可促进分蘖，提高越冬力；徒长的黑麦可在越冬前 20～30d 轻刈或放牧 1 次。地冻后于 11 月下旬进行冬灌，12 月下旬再施以镇压，对幼苗越冬和翌年返青生长均有利，翌年 3 月中旬返青时进行施肥灌溉，4 月中旬拔节时再施肥灌溉后收籽，则蜡熟中期至末期应及时收获，晒干脱粒，一般每公顷可产籽实 3300～3750kg，最高可达 4500kg（陈宝书，2001）。

五、饲草加工

孕穗初期，株高 40～60cm 时即可刈割利用，留茬 5cm 左右，第 2 次刈割不必留茬，这样 2 次刈割分别占总产量的 60%和 40%，一般每公顷可产青饲料 30 000～37 500kg。

第五节　高粱属

一、高粱

学名：*Sorghum bicolor* (L.) Moench

英文名：Sorghum，Broomcorn

别名：蜀、番麦

高粱原产于热带的非洲中西部地区，栽培历史已有 4000 多年。世界各国均有种植，栽培面积仅次于小麦、玉米、水稻，为世界第四大作物。栽培最多的国家是印度、美国、尼日利亚和中国（陈宝书，2001）。高粱在我国东北、华北、西北地区种植较多，随着畜牧业的发展，高粱种植面积有继续扩大的趋势。

在20世纪60年代初，美国曾掀起过“甜高粱”热，作为能源和饲料作物的甜高粱，栽培面积很快扩大，随之日本也大面积种植，70年代引入我国后种植效果显著，目前已成为贫瘠地区的主要饲料作物（肖文一等，1991）。

（一）经济价值

高粱茎秆和籽粒都含有丰富的营养（表6-5）。籽粒中含有可溶性糖、氨基酸、脂肪等物质，粉碎后可作为各种畜、禽的优质精料。仔猪饲喂高粱籽粒断乳早，增重快，窝重高，生长健壮。马在使役期间，饲喂高粱可提高使役能力。奶牛饲喂后，可提高泌乳量，育肥牛增重快。高粱籽粒中，含有少量单宁（也叫鞣酸），有止泻作用，多喂可引起便秘。高粱籽实食用价值、饲用价值及适口性均次于玉米，且含可消化蛋白质及赖氨酸、色氨酸较少，所以饲喂时应与豆类或其他饲料配合（董宽虎等，2003）。

表6-5　高粱各部分的营养成分　（单位:%）

饲　料	粗蛋白质	粗脂肪	粗纤维	无氮浸出物	粗灰分	钙	磷
籽料	8.5	3.6	1.5	71.2	2.2	0.09	0.36
茎秆	3.2	0.5	33.0	48.5	4.6	0.18	微量
叶片	13.5	2.9	20.6	38.3	11.7	—	—
颖壳	2.2	0.5	26.4	44.7	17.4	—	—
风干糠	10.9	9.5	3.2	60.3	3.6	0.10	0.84
鲜糠	7.0	8.6	3.4	33.9	5.0	—	—

资料来源：董宽虎等，2003

高粱秸秆青贮，特别是甜高粱的青贮比玉米的青贮效果还好，牛、羊都喜食，是家畜冬春优质贮备饲料，但其秸秆坚硬，要切碎或压扁后再饲喂。高粱青贮时，加入苋菜、串叶松香草、甜菜茎叶等或加入适量糠麸效果更佳，适口性更好。

高粱可制淀粉、制糖、制酒、制醋，高粱秸秆还可做建筑材料、工艺品、编织席子等，综合利用价值较高。

在北方接近沙化的地方种植甜高粱，可以防风固沙，涵养水土，净化空气，成为季节森林，改善局部小气候，从而达到防沙治沙、扩大土地使用面积的作用。

图6-5　高粱（陈默君等，2002）

（二）植物学特征

高粱为禾本科高粱属一年生植物（图6-5）。株高因品种而异，矮秆型为1.0～1.5m，中间型为1.5～2.0m，高秆型为2.0～3.5m；直立、多单生，也有分蘖呈丛生状；根系发达，除须根外，还有支持根，帮助吸收水分和支持高大的茎；叶片披针形、中肋明显，颜色有白、黄、灰绿之分，脉色灰绿的为甜高粱，抗叶部病害；叶脉为白、黄色的高粱茎中汁液少，抗病力弱。高粱为圆锥花序，生于顶部，有散穗型和密穗型。颜色有红、白、黄、褐、黑等，颖果有红、白、黄等颜色（肖文一等，1991）。千粒重为25～34g（董宽虎等，2003）。

细胞染色体：$2n=20$。

（三）生物学特性

1. 生境　高粱具有抗旱、耐涝、耐盐碱、产量高、易栽培、光能利用率高、适应性广的优点，热带、温带和亚寒带均可种植，尤其是在一些气候条件不利、生产条件不好的地区，如干旱、半干旱地区，低洼易涝和盐碱地区，土壤瘠薄的山区和半山区都可种植。从世界范围看，凡10℃以上积温达到2500℃地区均可种植。除个别高寒地区外，我国各地均可栽培。

高粱原产于热带，生长发育要求较高的温度。发芽最低温度为8～10℃，最适温度为20～30℃；生长最适温度为25～30℃，－3～－2℃即受冻害。抗热性强，不耐寒，昼夜温差大有利于养分的积累（陈宝书，2001）。高粱喜强光和短日照，缩短光照时数可提早抽穗和成熟期，但茎叶产量降低。延长光照则成熟期延迟，茎叶产量提高。北种南移时，日长缩短，提前开花结实，而南种北移时，则延长生育期，有时种子不能成熟。适宜的降水量为400～800mm（陈默君等，2002）。

高粱对肥料很敏感，施肥明显提高产量，对氮、磷、钾的需求比例为1∶0.5∶1.2（陈默君等，2002）。氮肥不足叶片少，营养物质少叶片早衰；磷肥不足则结实少，易倒伏，含糖量下降。高粱之所以深受人们的重视，是由于它有独特的优点（肖文一等，1991）：

1）光能利用率高。高粱为C_4作物，它的CO_2补偿点为0，当空气中的CO_2浓度为1mg/kg时，便可积累光合产物，当CO_2浓度高达1000mg/kg时，光合作用仍在上升，光合速率可达51g/dm^2，被称为“高能作物”。

2）再生性好。高粱主茎受伤害后，茎基部腋芽可萌发成新枝。刈割后的高粱，可再生1～2茬青饲料，提高了高粱的利用价值。

3）抗旱性强。高粱喜水，但也耐旱，抗旱性远比玉米强。高粱有较紧密的表皮，气孔少，茎、叶表面有一层白色蜡粉，可减少水分的蒸腾和蒸发。

4）抗涝性强。高粱在低洼地种植时，遇雨水大，淹至植株上部，可维持20～30d不死，水退后，仍能恢复生机。高粱的根、茎、叶可忍受缺氧环境，茎、叶鞘中的薄壁细胞死亡后，形成空腔，与根系空腔相通，气体可以充分流通、交换，耐涝性增强。

5）耐盐碱。高粱种子内含有较多的单宁，有防腐烂和耐盐碱作用；高粱根的渗透压较高，盐碱度0.15%～0.2%均能正常生长。高粱适宜的土壤pH为6.5～8.0。

但是高粱含有毒物质。在新鲜的高粱茎叶中，含有有毒物质氢氰酸（HCN），该物质是一种配糖体，进入牲畜体内后，在酶的作用下，被水解为剧毒的氢氰酸，与细胞色素氧化酶辅基上的铁结合使氧化酶失去作用，造成体内缺氧，进而引起中枢神经系统障碍，导致呼吸困难，以致死亡。高粱植株中氢氰酸含量叶多，茎少；上部叶多，下部叶少；分枝多，主茎少；幼苗多，成株少；普通高粱多，甜高粱少；干燥晴天多，湿润阴雨少；新鲜的茎叶多，晒干或青贮后极少，甚至消失。所以，完全可以防止高粱的有毒物质，不会给饲用造成影响。

另外，高粱种子中含有较多的单宁，有苦涩味，不易消化。不同的种子单宁含量也不相同，种皮颜色越深的含量越多，陈旧种子少。

2. 生长发育 高粱栽培品种的生育期为100～150d，极早熟品种生育期小于100d，早熟品种生育期为100～115d，中熟品种生育期为116～130d，晚熟品种生育期为131～145d，极晚熟品种生育期大于146d。在高粱的整个生育期间，根据植株外部形态和内部器官发育的状况，可分为苗期、拔节期、孕穗期、抽穗开花期、成熟期等几个主要时期。其成熟过程可分为乳熟期、蜡熟期和完熟期三个阶段。乳熟期植株制造的光合产物迅速向籽粒运输，籽粒内含物由白色稀乳状慢慢变为稠乳状。蜡熟期籽粒含水量显著降低，干物质积累速率转慢，干重达到最大值时，胚乳由软变硬，呈蜡质状。

3. 生产力 高粱籽粒产量为3750～6000kg/hm^2，秸秆产量为7500～15 000kg/hm^2（董宽虎等，2003）。

（四）栽培技术

1. 整地施肥 高粱对土壤要求不严，喜土层深厚、肥沃的壤土；对前作无选择，但以小麦、豆类、花生为好。高粱是一种需肥较多的作物，吉林省农业科学院试验结果显示，每生产100kg高粱籽粒需吸收氮2.6kg，磷1.36kg，钾3.06kg，其比例为2∶1∶2.4。另据调查，深翻20～25cm，每公顷施30t厩肥作基肥，高粱平均单产3506kg；基肥增至52.5t时，单产为4221kg，比前者增产20.4%。综合各地经验，高粱籽粒产量6000～7500kg/hm^{2}时，需基肥45～60t/hm^2。高粱需氮肥最多，氮肥不足时叶片少、营养物质少、叶片早衰；磷肥不足则结实少、易倒伏、含糖量下降。翻地时施用种肥有利于幼苗生长；生长中期追肥1～2次，能显著提高产量（董宽虎等，2003）。

2. 播种 高粱的播种期主要受温度和水分影响，即“低温多湿看温度，干旱无雨抢墒情”，高粱发芽的最低温度为7～8℃，一般以土壤5cm处地温稳定在10～12℃时播种较适宜（陈宝书，2001）。高粱种子发芽的适宜土壤含水量因土壤类型不同而异：壤土为15%～17%，黏土为19%～20%。发芽要求的最低含水量：壤土为12%～13%，黏土为14%～15%，砂土为7%～8%（辽宁省农业科学院，1988）。北方农谚“谷雨粱，立夏谷”，是说4月份下旬播高粱。收籽粒者生长期长，必须适期早播；青饲或青贮高粱播期可稍迟，以充分利用夏季降水。东北地区4月下旬到5月上旬播种，华北和西北地区为4月中下旬播种。

高粱在播种前要选种，除去秕粒、残粒和小粒种子，晒种3～4d，幼苗可提前出苗，并且苗壮。由于高粱多有黑穗病发生，播前种子要用药剂拌种，可用氯丹和乐果拌种，兼治地下害虫，如蝼蛄、蛴螬、地老虎。播前用50%氯丹乳剂1kg或40%乐果剂1kg，加水40kg，可分别拌高粱种子500～600kg。拌后堆闷4h，晾干即可播种（陈宝书，2001）。将药、肥料混合制成丸衣种子，对出苗有可靠保证。

选好的种子可条播，也可点播，籽粒高粱行距为60～70cm，青贮高粱行距27～30cm，播种深度3～4cm，机械点种节省种子还免去间苗工序，但必须用精选的良种和丸衣（包衣）种子。一般株型紧凑、叶较窄短、抗倒伏、中矮秆的早熟品种，比较适宜密植；而叶片宽、叶片倾角大、不抗倒、高秆晚熟的品种，应该稀植。常规品种为75 000～90 000株/hm^2；高秆甜高粱、帚用高粱为65 000～75 000株/hm^2。青刈高粱可与苋菜、苦荬菜、秣食豆等实行2∶2或4∶4间作，混收混贮，能提高饲草产量和品质（陈宝书，2001）。

3. 田间管理 高粱出苗后，3～4叶期间苗，苗高10cm左右时定苗，定苗以籽粒高粱株距20～25cm，青刈高粱10～13cm为宜；苗期需进行2～3次中耕培土，分别于高粱3～4叶、苗高10cm左右及苗高20～30cm进行（董宽虎等，2003）。中耕可破除土表板结、促进根系发育，适当控制地上部的生长，达到苗全、苗齐、苗壮，为后期的生长发育奠定基础。粒用高粱的分蘖发育较晚，无生产价值，应予以摘除或深培土控制。但分蘖力强又能与主茎同时成穗的品种，如多穗高粱或饲用高粱可不除分蘖。值得注意的是，高粱对许多除草剂表现敏感，应用时应注意选择，适量使用阿特拉津效果较好。

高粱抗旱性虽强，但充足的水分是丰产的必要条件。通常，在土壤水分较多的情况下，苗期不灌水，以便"蹲苗"。但为了促进多穗高粱分蘖、饲用高粱迅速生长，定苗后结合追肥灌水1次。从拔节至抽穗开花期，高粱生长迅速，需水多，可据降水情况灌水2～3次，以保持土壤水分达到最大持水量的60%～70%。灌水方法可采用沟灌、畦灌或滴灌（陈宝书，2001）。高粱虽能耐涝，但当田里积水时，不利根系生长，应排水。特别是高粱生育后期，根系活力减弱，在秋雨过多、田间积水时，土壤通气不良，影响高粱成熟，应排水防涝，这一点对于粒用高粱尤为重要。

高粱易遭受黏虫、草地螟等为害，应及时喷洒辛硫磷、敌杀死、敌敌畏、敌百虫等防治。生育后期易遭受蚜虫为害，可喷洒氧化乐果防治。发现黑穗病株应及时拔除焚烧。

多数杂交高粱成熟时叶片仍保持绿色，我国山东、河南和河北等省在高粱生长期，对贪青晚熟的地块有打叶的习惯，打叶可作饲草，又有增强通风透光促进早熟的作用。但打叶时间不宜过早，打叶数量不宜过多，否则会影响高粱的产量和品质。山东省农业科学院试验结果显示，打叶片应在蜡熟中后期进行，并以留6片叶为宜（陈宝书，2001）。

4. 收获加工 高粱的收获适宜期因栽种目的的不同而异。青饲高粱应在株高60～70cm至抽穗期间，根据饲用需要刈割（陈宝书，2001）；晒制干草用的高粱，在抽穗期刈割，晚刈割则茎粗老、纤维素增多、品质和适口性下降；糖用高粱在茎含糖量最高的乳熟期刈割；粒用高粱在完熟期，即籽粒显出固有色泽、硬而无浆、穗位节变黄时收获，可割下全株，捆成小捆，在田间立晒，晒到穗头全干时脱粒；种用高粱在种壳发黄后收获；青贮用高粱在开花至蜡熟期刈割；青贮用的甜高粱以在籽粒产量最高、茎髓含糖最多的完熟期收获为宜（陈默君等，2002）。多穗高粱后熟期短，注意收获期遇雨而发生穗上发芽的现象。

（五）饲草加工

高粱的青绿茎叶，尤其是甜茎种，是猪、牛、马的好饲料，但由于高粱的新鲜茎叶中含有羟氰配糖体，在酶的作用下产生氢氰酸，从而对牲畜引起毒害作用，过量采食过于幼嫩的茎叶易造成家畜中毒。因此，高粱宜在抽穗时刈割利用或与其他青饲料混喂。

调制青贮料或晒制干草后毒性可消失。青刈高粱调制干草后，蛋白质含量高、适口性好，但因含水量高、茎秆粗硬，不宜风干，仍以调制青贮饲料为宜。调制青贮饲料，茎皮软化，适口性好，消化率高，是家畜的优良贮备饲料。高粱青贮料与玉米青贮料饲用价值相同，在玉米生长不佳的地区可栽种高粱供青贮用。据报道，泌乳奶牛日喂30～40kg甜高粱青贮料，产奶量可提高10%以上（董宽虎等，2003）。

二、苏丹草

学名：*Sorghum sudanense*（Piper）Stapf

英文名：Sudan grass

别名：野高粱

苏丹草全世界约30种，原产于非洲的苏丹高原，在非洲东北部、尼罗河上游、埃及境内都有野生种分布。苏丹草由非洲南部传入美国、巴西、阿根廷和印度，1914年原苏联引种试验，1915年传入澳大利亚。目前，欧洲、北美洲和亚洲大陆均有栽培。我国于20世纪30年代开始引进，现各地区均有分布，其中以内蒙古、甘肃、新疆、山东、河北、吉林、黑龙江、陕西、湖南、湖北、江西、四川、贵州等地区分布较多（陈宝书，2001）。

（一）经济价值

苏丹草株高茎细，再生性强，产量高，营养丰富（表6-6），不仅用作饲料，还可将籽粒磨米供食用。苏丹草的种子带有颖壳，比高粱的饲用价值略低，但粗蛋白质含量在12%以上，是有价值的精饲料（肖文一等，1991）。苏丹草含有丰富的胡萝卜素，其含量随生育期的推移而下降，如在1kg干物质中胡萝卜素的含量分蘖期为443.9mg、拔节期为262.6mg、开花期为288.5mg（陈宝书，2001）。

表6-6　苏丹草的营养成分　（单位：%）

种类		粗蛋白质	粗脂肪	粗纤维	无氮浸出物	粗灰分	钙	磷	可消化蛋白质	可消化总养分
鲜草	抽穗前	15.3	2.8	25.9	47.2	8.8	0.55	0.46	11.1	66.2
	抽穗开花	8.1	1.7	35.9	44.0	10.3	0.38	0.29	6.0	65.8
	结实	6.0	1.8	33.7	51.1	7.4	0.31	0.21	3.5	65.3
干草	开花前	12.5	1.7	29.1	46.1	10.6	0.45	0.29	7.0	55.0
	开花	9.4	1.7	34.4	46.9	7.6	—	—	5.3	58.1
	结实	7.6	1.8	33.4	49.6	7.6	0.30	0.21	5.3	56.1

资料来源：肖文一等，1991

苏丹草虽为高粱属植物，但茎叶中氢氰酸（HCN）的含量很少，不致引起家畜中毒，而且质地细软、营养丰富，为马、牛、羊、猪、兔、鱼的优良青绿多汁饲料。苏丹草是夏季可利用的优良青饲料。此时，一般牧草生长停滞，青饲料供应不足，造成奶牛、奶羊产奶量下降。而苏丹草正值快速生长期，鲜草产量高，饲喂乳畜可维持较高的产奶量。在牧区，苏丹草可用作退化草地的补播饲草，供放牧、青刈舍饲或调制干草使用；在农区，苏丹草是刈草地中的重要饲料作物，可供多次刈割青饲或青贮利用；苏丹草也是池塘养鱼的优质青饲料之一，有"养鱼青饲料之王"的美称。在华中、华东地区，每公顷产鲜草60～75t，多用于喂鱼，可产草鱼2000kg以上（陈宝书，2001）。

（二）植物学特征

苏丹草为禾本科高粱属一年生草本植物（图6-6），株高50～300cm，分为矮秆型、中间型和高秆型，我国栽培的多为高秆型苏丹草。苏丹草通常丛生，分蘖数十个至数百个，形成大株丛；具有发达的须根系，入土深度可达2.5m，水平分布幅度为70～80cm，大部分根集中在30～60cm的土层，近地面的1～2节常产生不定根，具吸收能力，可防倒伏。

苏丹草茎圆形，光滑，内充满白色松软的海绵状组织；节较膨大，早熟种具3～5节，晚熟种具8～12节，主茎和分枝的节数相同；苏丹草的叶片宽线形，先端下垂，中肋绿白

图 6-6　苏丹草
1. 株丛的一个分蘖枝；2. 花序分枝一段；
3. 孪生小穗；4. 穗轴顶端共生的 3 枚小穗（腹面）；5. 种子（颖果）
（南京农学院，1980）

色；叶鞘通常长于节间，紧包茎，使茎具有较大的强度而不易倒伏；叶舌白色，膜质；无叶耳。

苏丹草为圆锥花序，直立或下垂，形似扫帚高粱，长 30～80cm，穗轴和枝梗粗糙；主枝梗轮生，向上渐短，侧枝梗互生，末端着生小穗。小穗对生，其中结实小穗无柄，卵状披针形，长 4.5～5.6mm，黄灰色或黑紫色，外稃稍具弯曲的芒，易脱落；不结实小穗有柄，狭长卵形，长 5～7mm，无芒，只有雄蕊的单性花，不孕。颖果卵形，略扁平，紧密着生在护颖内，先端不裸露，灰白、黄褐、红褐或紫色。千粒重为 10～15g（肖文一等，1991）。

细胞染色体：$2n=20$。

（三）生物学特性

1. 生境　苏丹草为喜温饲料作物，最适在夏季炎热、雨量中等的地区生长，在亚热带能安全越冬，为冬作物，在温带霜后死亡，又为春作物。种子发芽的最低温度为 8～10℃，最适温度为 20～30℃，不耐霜冻。幼苗对低温敏感，低于 3～4℃易遭冻害，成株在温度为 12～13℃时几乎停止生长。在适宜的温度条件下，播种后 4～5d 出苗，7～8d 全苗。全生育期有效活动积温为 2200～3000℃（陈默君等，2002）。

苏丹草根系强大，入土很深，抗旱能力极强，在降雨量仅 250mm 的地区种植仍可获得较高产量。种子发芽时需要吸收种子自身重量 60%～80%的水分，田间相对持水量低于 60%时不发芽，苗期水分不足影响扎根和分蘖，分蘖至拔节期需水量逐渐增多，抽穗开花期需水达到高峰（肖文一等，1991）。抽穗开花期土壤水分不足或空气干燥，影响授粉，降低结实率，且草质粗糙，品质不佳。

苏丹草喜光，充足的光照增加分蘖，植株高大，叶色浓绿，产量高，品质好；不耐阴，光照不足不仅减少分蘖、植株低矮细弱、产量低，而且质地粗劣、口味不良。苏丹草对短光照的反应较为敏感，南种北移有徒长现象，种子一般不能充分成熟。

苏丹草对土壤要求不严，以排水良好的黑钙土和肥沃的栗钙土为佳，但不宜种植在沼泽土和流沙地上。苏丹草耐酸和抗碱性较强，故红、黄壤和轻度盐渍化土壤都能种植（肖文一等，1991）。

2. 生长发育　苏丹草在适宜条件下，播后 4～5d 开始发芽，35～42d 开始分蘖，生长速度加快，一昼夜生长 5～10cm，拔节期株高可达 40～50cm，拔节后 50～60d 开始抽穗，抽穗期可延续 [illegible] 周，抽穗后 5～6d 进入开花期，抽穗和开花交互进行，全生育期 100～120d（肖文一等，1991）。

苏丹草进入分蘖期后，在整个生育期间能不断产生分蘖，一般出苗后 1 个月可产生 5 个分蘖，抽穗初期为 8 个，开花期可达 13～15 个，当营养面积大、水肥充足时，其分蘖能力显著增加，高时可达100个以上（陈宝书，2001）。

苏丹草刈割后再生枝条发生于分蘖节、基部第一茎节以及未被损伤枝条的生长点，其中由分蘖节形成的枝条约占全部再生枝条的80%以上（陈宝书，2001）。因此，其再生性良好，这也是构成其多刈性和丰产性的重要原因。

苏丹草为异花授粉植物，出苗80～90d后开始开花，首先是圆锥花序顶端最上边2～3朵花完全开放，然后逐渐向下，最后开放的是穗轴基部枝梗下边的花。开花后的4～5d，雄性花也开放，其开花顺序与两性花相同，这时整个圆锥花序开花最多，有时可达300朵，每个圆锥花序开花期7～8d，个别可达10d以上，但由于苏丹草分蘖多，整个植株开花延续很长时间，有时直到霜降为止（陈宝书，2001）。

苏丹草凌晨3～5时开花最盛。苏丹草为风媒植物，盛花期可产生大量花粉，遇阴冷潮湿或天气干热小花多不开放，易形成瘪粒，种子成熟极不一致，种子落粒性很强，多数主枝种子成熟即可收获（陈宝书，2001）。

3. 生产力 在牧区旱地播种，鲜草产量为每亩1500～2000kg，而水浇地种植则为2500～3000kg。种子产量高，每亩为125～175kg，高的可达200kg（肖文一等，1991）。

（四）栽培技术

1. 轮作与整地 在饲料作物中，苏丹草占重要地位。苏丹草不宜连作，其良好前作是豆类、麦类和薯类，其次是叶菜类、根菜类和瓜类。在饲料轮作中，苏丹草多安排在青刈大豆、青刈麦类、草木樨或紫花苜蓿之后。

苏丹草消耗地力较强，根茬较大，耕翻和整地都较费工，所以被视为不良前作。但是苏丹草经过精细整地和充分施肥，土壤也较疏松肥沃，其高大密集的株丛可抑制杂草，仍为多种植物的良好前作。苏丹草具有强大的根系，充分整地、结合耕翻整地每亩施肥1500kg、厩肥作底肥、创造疏松耕土层，是提高产量的前提。

2. 播种 选取粒大饱满的种子，并在播前进行晒种，打破休眠，提高发芽率。在北方寒冷地区，为确保种子成熟，可采用催芽播种技术，即在播前一周用温水处理种子6～12h，后在20～30℃的地方积成堆，盖上塑料布，保持湿润，直到半数以上种子微露嫩芽时播种。

苏丹草的播种期因气候条件和栽培目的不同而异。北方春播苏丹草，一般5cm的土层温度稳定在10～12℃时播种，播种越早产量越高；秋翻深度不少于20cm，并及时耙压，以保蓄更多的秋冬降水。夏播苏丹草，前作物收获后随即耕翻和耙压，以便及时播种；前一年深翻，杂草较少的地也可耙茬播种。在干旱的草原地带和盐碱土地带，也可进行深松或不翻动土层的重耙灭茬，以防消耗土壤水分引起的碱化。南方2～3月春播，夏播可在前作物收获后随即播种，也可浸种催芽播种。苏丹草种子常混有秕粒、碎屑、泥土、草籽等杂质，播种前要通过筛选、水选、风选等措施，使纯净度达到95%以上时才能播种。播种前10～15d，将种子摊成薄层，晒4～5d可提高发芽率（肖文一等，1991）。条播行距为40～50cm，播种量为15～30kg/hm^2，播种深度4～5cm，及时镇压；留种田行距为60cm，播种量为7.5～15.0kg/hm^2（陈默君等，2002）。苏丹草还可与豆科饲草混播，以提高草的品质和产量。

3. 田间管理 苏丹草幼苗细弱，不耐杂草，出苗后要及时中耕除草，需进行3次，每隔10～15d除草1次。苏丹草在分蘖至孕穗期生长迅速，需肥较多，当生长缓慢、叶色淡黄时及时追肥灌水，每次每亩施硝酸铵或硫酸铵 7.5～10.0kg，过磷酸钙 10～15kg（陈默君等，2002)。每次刈割后，返青生长时应中耕施肥并结合灌水。

苏丹草茎叶繁茂，生长量大，需要供给充足的水分。土壤相对持水量低于 60％时不发芽；苗期水分不足影响扎根和分蘖；拔节至分蘖期需水量逐渐增多，生长逐渐加快；抽穗至开花期需水量最多，缺水或空气干燥影响授粉、降低结实率、且草质粗糙品质不佳。

苏丹草受黏虫、螟虫等为害，要注意及时发现、及时防治（肖文一等，1991）。

4. 刈割 苏丹草在温暖地区可获 2～3 次再生草，产鲜草 45～75t/hm^2，其再生能力与刈割高度有直接关系，一般留茬 7～8cm 为宜；第一茬草可调制干草、青饲、放牧或青贮，第二茬可在株高 50～60cm 时放牧，马、牛、羊、猪均喜食，第三茬在抽穗开花期或在第二茬 30～50d 后刈割；喂鱼宜在株高约为 1m 时刈割（陈明，2001)。肥水充足，管理良好，刈割间隔日数可缩短，增加刈割次数。

苏丹草苗期含少量氢氰酸，特别是干旱或寒冷条件下生长受到抑制，氢氰酸含量增加，应防止放牧牲畜中毒。当株高在 50～60cm 以上时放牧或刈割后稍加晾晒，可避免家畜中毒（陈宝书，2001)。

（五）饲草加工

苏丹草的干草品质和营养价值多取决于刈割期。孕穗抽穗期刈割调制干草营养价值较高，开花后茎秆变硬、质量下降。选持续晴朗天气刈割，割下就地晾晒，经 4～5d 可干好。晚期刈割的苏丹草，也可捆起来，码堆立晒，晒到生长点幼嫩部分干枯、变成暗褐色时运回贮藏（肖文一等，1991）。

苏丹草在孕穗至开花期刈割青贮，要边割、边运、边贮，在 2～3d 贮完。早期刈割的鲜草，要晒 1～2d，水分降到 50％～60％时再青贮。也可掺入草粉、叶粉、糠麸等干物混贮。与豆科牧草混播的苏丹草青贮，可获得品质优良的青贮料（陈明，2001)。

第六节 狗尾草属

一、粟

学名：*Setaria italica*（L.）Beauv.

英文名：Foxtail Millet

别名：谷子、小米

粟原产于中国，自古以来作为主要的粮、料作物广为栽培。在我国主要分布在淮河、汉水、秦岭以北，河西走廊以东，阴山山脉及黑龙江以南，东至渤海的广阔地区。印度、巴基斯坦、日本、朝鲜、缅甸、印度尼西亚、斯里兰卡、土耳其、伊拉克、俄罗斯、波兰、罗马尼亚、苏丹、摩洛哥、阿根廷等国家都有种植。

（一）经济价值

粟需肥水少，投入低，产出高，其籽粒营养价值高，易消化，是人类的特色营养保健食品，而且也是幼畜、幼禽的极好精料。籽粒中蛋白质含量为 9.2％～14.3％，脂肪含量为 3.0％～4.6％，富含赖氨酸、色氨酸和蛋氨酸等必需氨基酸，含量分别为 0.19％～0.23％、0.20％～0.22％和 0.20％～0.30％（陈宝书，2001)，营养价值高于大米、玉米和高粱（山西省农业科学院，1987)。

粟的秸秆质地细软，营养丰富（表 6-7)，消化率高，粗蛋白质含量较麦秸和稻草高出 1 倍，是饲喂大型家畜的优良粗饲料。由于其生长快速，播后 50～60d 即可刈割利用，抽穗期至开花期刈割产草量高，每公顷产量约为 2250kg，可调制成马、牛、羊均喜食的优质干草。

表 6-7　粟青刈及秸秆的营养成分　　(单位:%)

草样	水分	粗蛋白质	粗脂肪	粗纤维	无氮浸出物	粗灰分	钙	磷	可消化蛋白质	总可消化养分
鲜草	70.1	9.70	2.68	31.44	47.83	8.36	0.10	0.06	1.8	18.7
干草	12.4	9.36	3.08	28.88	51.03	7.65	0.29	0.16	4.9	50.0
秸秆	10.0	4.22	1.78	41.67	46.22	6.11	0.08	—	1.5	42.5

(二) 植物学特征

粟属于禾本科狗尾草属，一年生草本植物（图 6-7)。株高 1.0～1.5m，丛生，全草呈绿色或绿紫色；须根系，入土深度达 2m，次生根轮生，每轮有根 3～5 条，地面的 1～2 节产生气生根，茎圆形；叶条状披针形，上面粗糙，下面较光滑，无叶耳，叶鞘有茸毛，4～5 叶期产生分蘖。穗状圆锥花序，穗长 20～30cm，有棍棒形、纺锤形、圆筒形等，熟时下垂，食用谷子穗粗大而长，饲用谷子穗粗短，小穗不发达；穗着生 2～3 级枝梗；小穗对生，聚生于第三级枝梗上形成小穗群；每个小穗有两个颖片，两个颖片间有小花 2 朵；上位花为完全花，下位花为不完全花，不结实。籽粒圆形、细小，千粒重 1.7～4.5g（肖文一等，1991)。

细胞染色体：$2n=18$。

图 6-7　粟（陈默君等，2002)

(三) 生物学特性

1. 生境

(1) 温度　粟是喜温作物，生育期要求平均气温在 20℃左右，有效积温在 1600～3300℃，其中春粟为 1800～3100℃，夏粟为 1600～2500℃，某些早熟种低于 1600℃。东北、西北、华北各地气候温和，适宜粟生长发育（肖文一等，1991)。

粟发芽最低温度为 5℃，发芽需 10d 以上，最适温度为 24～25℃，5～7d 发芽。粟有一定的抗寒性，幼苗能忍受短时间－2～－1℃的低温，但成株不抗霜害，遇－2℃早霜受害，－4～－3℃全株死亡。苗期生长的适宜温度为 20～22℃，低于 20℃时生长较慢。拔节到抽穗期，适宜的温度为 25～30℃，低于 25℃或超过 30℃对生长不利。开花期要求温度稍低，18～21℃为宜，气温过高影响花粉的生活力和授粉，温度低于 10℃花粉不开裂、花器受障碍性冷害。灌浆期最适温度为 20～22℃，低于 10℃对灌浆不利。昼夜温差大有利于蛋白质的形成和干物质积累，可提高其产量和品质（肖文一等，1991)。

(2) 水分　粟抗旱性强，有“旱粟”之称，蒸腾系数为 142～271，低于小麦和玉米。适宜生长在海拔 2000m 以下，年降水量在 400～600mm 的地方都能种植。种子发芽要求水分不多，吸水量达种子重量的26%～27%就可发芽。耕层含水量在15%左右即能满足种子发芽对水分的要求。田间持水量为50%，温度为15～25℃时幼苗出土较快，小苗也壮。从出苗到拔节期间，地上部生长较慢，地下部分发育较快，所以此时特别耐旱，即使田间土壤持水量只有10%，幼苗仍不致旱死，一旦得到水分便迅速生长。苗期适当干旱有利“蹲苗”，促使良好扎根和基部茎节粗壮，对抗旱和防倒伏都有利。拔节以后耐旱性减弱，特别是孕穗期干旱影响穗粒数，降低产量。抽穗前10～20d直至抽穗期，为小花和雌雄蕊原基分化期，对水分要求最为迫切，是粟增加粒数的水分临界期，此时干旱称“卡脖旱”，导致大量减产。从孕穗到抽穗的20多天需水分最多，约占全生育期需水量的40%以上（肖文一等，1991）。

（3）光照　粟为喜光作物，耐阴性较差，充足的光照有利壮苗。在穗分化前缩短光照，虽能加快幼穗分化，但穗长、枝梗数和小穗数均减少，延长光照能延长分化时间、增加枝梗数和小穗数。在穗分化后期，对光照强弱反应敏感，光弱影响花粉分化，受精能力降低，空壳率增多；在灌浆成熟期，充足的光照能使籽粒饱满，减少秕粒。

粟为短日照作物，拔节前每天光照15h以上时，大多数品种停留在营养生长阶段，生育期延长；光照少于12h，营养生长缩短，抽穗提早（肖文一等，1991），春播品种比夏播品种对短日照反应敏感。光照和温度与粟的生育密切相关，这是青刈粟南北引种能否成功的重要依据，当低纬度地区的品种引向高纬度地区种植时，由于日照延长、气温降低，生育期延长；高纬度地区的品种向低纬度地区引种时，由于日照缩短，气温升高，生育期缩短。

（4）养分　试验显示，春粟每生产50kg籽粒，要从土壤中吸收氮2.35kg，磷0.80kg，钾2.85kg；夏粟每生产50kg籽粒，要从土壤中吸收氮1.25kg，磷0.60kg，钾1.20kg。苗期生长缓慢，吸收养分少，约占全生育期养分总量的3%左右；拔节后到抽穗前的20多天内，营养生长和生殖生长并进，对养分的吸收量显著增大，达到全生育期第一个养分吸收高峰，在近30d内，氮吸收量可达全生育期的1/2～2/3，磷吸收量可达1/2以上。因此，孕穗期是粟需养分最多的时期。在灌浆期，粟对养分吸收又明显增加，形成全生育期第二个养分吸收高峰，氮、磷、钾的吸收量约占全生育期的20%左右（肖文一等，1991）。

全生育期内，粟对氮元素的需求量最大。氮肥不足时，植株内核酸和叶绿素的形成受阻，植株低矮，叶小而薄，光合效率低，秕粒增多；氮肥充足时，叶色浓绿，光合作用增强。因此，青刈粟增施氮肥，能促进叶片良好发育，提高蛋白质含量。

磷元素能促进糖和蛋白质含量的增加，提高粟的抗旱能力，减少秕粒，增加千粒重，促进早熟。磷不足影响细胞分裂，根系发育不良，叶片出现紫红色条斑，延迟成熟，降低产量。

钾元素能促进养分合成、转化，帮助养分向籽粒输送，增加粒重和体内纤维素含量，使茎秆强韧，增强抗倒伏和抗病虫害能力。粟苗期需钾较少，拔节以后需钾增多，拔节期到孕穗期对钾的吸收达到最高峰，占全生育期的60%（肖文一等，1991），开花以后对钾的吸收减少，到成熟时体内钾的含量高于氮和磷。

（5）土壤　粟对土壤要求不严，一般土壤均能生长，最适宜的土壤是土层深厚，有机质丰富的壤土和砂壤土。粟籽粒小，出土力弱，所以在黏性较大的土壤种植粟，必须有良好的整地质量；砂性较大的土壤潮热，粟出苗快，抓苗好，但容易干旱，必须加强水肥管理，以免脱肥早衰。

粟耐盐碱性不如高粱，以中性壤土最为适宜。适宜的土壤pH为5.0～8.0。pH超过8.5、土壤含盐量为0.2%～0.3%时，未经改良不宜种植（肖文一等，1991）。

2. 生长发育　同一品种在不同地区，或同一品种不同播种期，生育期长短都有一定差异。生育期60～100d的为早熟种；100～120d的为中熟种；120d以上的为晚熟种（肖文一等，1991）。根据当地自然特点和栽培目的，选择适当的品种种植。东北北部无霜期较短，可选早熟或中熟型品种；华北地区无霜期较长，可选中晚熟或晚熟型品种；栽培供干草用，可选中熟或中晚熟型品种；填闲复种供青刈用，生育期较短，可选中早熟型品种。

粟分蘖节发达，节上有休眠芽，再生性较强，拔节至孕穗期，被啃食或刈割地上部残余部分仍能发出新芽继续生长；饲用型粟的再生性更强，在肥水充足和良好栽培条件下，可放牧或青刈2～3次（肖文一等，1991）。

从开始抽穗到谷穗全部抽出，需3～4d，抽穗期是营养生长盛期的顶点。从穗全部抽出到开花，株高不再增加，茎叶生长趋于停止，青刈粟此时刈割，产量达最高点，茎叶柔软，蛋白质含量也最高。

粟抽穗后的3～4d，开始开花，开花时鳞片膨胀，内外稃张开，柱头和雄蕊伸出颖外，雄蕊纵裂散出花粉。同一穗开花次序是中上部顶端小穗先开放，然后向上、向下扩展，同一花穗的花，需10～15d开完。开花期青物质产量达到最高峰，水分略有减少，干物质积累增加。花后茎叶中的贮藏物质开始向籽粒中转移和输送，此期茎叶中的干物质仍在增加，但蛋白质和糖的含量逐渐减少，至乳熟期茎叶已进入充分成熟阶段，水分降至80%左右，干物质含量在15%～20%；蜡熟期籽粒已由绿色转为黄绿色，胚乳由浓乳状变成湿粉状，籽粒上部能挤出少量乳状物，干物质增长由快减慢，籽粒含水量下降到35%左右；完熟期籽粒胚乳变硬，含水量下降到20%。如果气候干燥，籽粒含水量可以下降到15%以下，此时茎叶的养分含量下降到最低点，茎叶干枯失水，颜色变黄，大部营养物质输送到籽粒中（肖文一等，1991）。

3. 生产力　目前，一种抗旱节水的高产杂交谷子，在中国平均单产达6900kg/hm^2，最高产量突破12 150kg/hm^2。

（四）栽培技术

1. 轮作　粟最忌连作，早在《齐民要术》一书中就指出："谷田必须岁易"。粟连作有三害：一是大量消耗土壤中同一营养要素，造成营养失调；二是粟白发病、黑穗病和玉米螟等病虫害严重；三是狗尾草、稗草等逞凶，草荒减产严重。各种豆类、麦类、玉米、高粱、马铃薯等是良好的前作，在粟之后，则以种植密播中耕作物和麦类为最好（陈默君等，2002）。

2. 整地　为促使粟根系发达，要求具有良好的整地质量。退化草地和退耕牧地平播粟，必须彻底处理前茬，深耕土壤，耙平地面，一般耕地种植粟，可分为春整地和秋整地。春耕和秋耕都是越早越好，前作物收获后立即翻地，翻地深度应在20cm以上（肖文一等，1991），翻后及时耙地和压地。东北和华北垄作地区，秋翻后要随即起垄，以防春起垄损失水分。

退化草地和退耕牧地，往往草荒严重、土壤肥力较低，可推行伏耕，从而消灭杂草并提高土壤肥力。退化草地和退耕牧地种植粟，还要注意土壤碱化和沙化的程度，应逐渐加深耕层，以防一次翻土太深造成进一步沙化和碱化。

施肥以基肥为基础，猪粪、牛粪及各种堆、厩肥等都是谷田的好肥料，土质瘠薄，施肥基础较差的地，每亩至少要施基肥 3500～4000kg，一般在 2500kg 以上。基肥应在翻地前施入，秋翻地、秋施肥，对粟增产最为有利。以收获籽粒为目的的粟，亩产 100～150kg 时，需施质量较好的基肥 2500kg，而亩产 500kg 时，则基肥的用量应在 5000kg 以上（肖文一等，1991）。除施足基肥外，还应根据土壤肥力和长势及时追肥，追施速效氮肥和过磷酸钙等，增产效果极为显著。

3. 播种　选用适应当地环境的优良品种，并做好换种和播前处理，是粟增产的前提。优良品种和异地引种可提高粟的生活力和抗病力，增产可达 10%以上。播前用风选或水选进行选种，清除种子中的秕粒和杂质。饱满纯净的种子播种利于提早出苗和形成壮苗。播种前对种子进行消毒处理，可防止和减少病害，如用 50%萎莠灵或 50%地茂散粉等制剂，按种子重量的 0.7%拌种，可防治白发病和黑穗病（肖文一等，1991）。

适期早播是粟获得全苗和壮苗的重要手段。早期播种土壤墒情好、出苗快、幼苗健壮，但过早播种土壤温度低、不能及时发芽、容易感染病害。通常以 10cm 的土壤温度达到 8～10℃时播种为宜，东北地区 4 月中下旬播种，华北和西北地区 3 月下旬和 4 月上旬播种。夏谷和复种的青刈粟，也要抓紧整地施肥，在保证足够生育期的前提下越早播越好（肖文一等，1991）。

（1）合理密植和均匀播种　如按千粒重 2.5g 计算，每公斤种子就有 40 万粒，每亩保苗 3 万～5 万株，加上田间损失率，每亩有 0.10～0.15kg 种子就够用，实际生产上往往超过几倍，导致小苗过密，影响生长，一般每亩播种量控制在 0.5kg 内即可，土壤黏重，整地质量较差。春旱严重地区，播种量可增至 0.75～1.00kg（肖文一等，1991）。

（2）播种方法

1）平播。耕翻耙地后不起垄，用耧或播种机播种。西北和华北地区多采用耧播，开沟不翻土，保墒好，节省工。宽行为 40～50cm，窄行为 20～25cm。机播行距为 60～70cm 双条播，或行距 30cm 单条播。宽行条播均为平播后起垄，退化草地或退耕牧地种粟，可采用 30cm 单条播，不起垄（肖文一等，1991）。

2）垄播。耲种在东北地区普遍采用，是粟垄播的主要形式。在头年秋起垄或“顶浆打垄”的地耲种，也可在前一年深耕的大豆茬地原垄耲种。耲种土壤墒情好，能抓住苗，小苗也旺。

播后覆土 3～4cm 为宜，土壤潮湿的可浅一些。覆土后立即镇压 1～2 次或踩两遍格子，风沙地更要注意镇压，以防被风扒种（肖文一等，1991）。

4. 田间管理　出苗后发现缺苗要及时催芽补种，或从苗密处挖苗，浇水补栽。为了防止芽干死苗，促进小苗健壮，在出现第一枚真叶时镇压“蹲苗”。

大多数苗出现第一枚真叶时，要中耕除草，以后每隔 10d 左右中耕除草一次（肖文一等，1991），到苗高 15～20cm 时完成三次中耕除草作业，每次中耕除草后都要相应蹚地培土一次。间苗与中耕除草结合进行，即在第二次中耕除草时，去掉弱苗、病虫害苗，特别要注意清除谷莠子（绿狗尾草），以减少谷粒中的草籽，提高小米的品质。

粟易遭黏虫、草地螟、玉米螟等为害，要经常检查虫情，早期发现，及时防治。

5. 收获　获取籽粒用的粟必须适期收获，早收秕粒多，产量低，米质差，晚收穗头枯干，容易掉粒损失。通常以在茎叶开始变黄、籽粒已达完熟期收获为宜，为了提高谷草的饲用价值，以在完熟初期收获为好，割下捆成捆，在田间码堆立晒，晒干脱粒后，将茎压扁，以提高谷草的饲用价值。食饲兼用的粟，可在蜡熟期刈割，此时籽粒虽减产5%左右，但茎叶颜色鲜绿，营养价值较高，比黄色的干谷草品质显著提高。

供调制干草或舍饲的青刈粟，要在产量高、品质好的抽穗至开花期刈割。急用时也可提早到拔节中期刈割，经40d左右的再生长后，可再割一次，两次刈割的留茬5～6cm，一次刈割的应齐地割净。青贮粟在乳熟期刈割较为适宜（肖文一等，1991）。

（五）饲草加工

调制干草应选择持续晴朗天气刈割。割下就地摊成薄层晾晒，每天翻倒1～2次，经3～4d即可晒干。优良的干草，颜色鲜绿，茎叶完整，是牲畜越冬的优良饲草（肖文一等，1991）。

粟大面积种植青贮，是增加冬春饲料储备的好办法。青贮粟在开花至灌浆期刈割，边割、边贮，只要切得细、装得紧、封得严，均可调制成品质优良的青贮料。

籽粒是猪、鸡的良好精料，但必须经过碾磨成米或彻底粉碎再喂。用做粒料或粉料喂饲效果较好，也可煮成粥，用做病、弱畜或产畜的补养料。

谷草是马和牛的基本粗饲料，近年来也用来喂牛。喂马要“寸草，切三刀”，加料拌湿喂。喂牛切成4～5cm的断段，干喂或拌湿喂（肖文一等，1991）。

二、狗尾草

学名：*Setaria viridis*（L.）Beauv.

英文名：Green Bristlegrass

别名：谷秀子、秀、毛狗草

狗尾草分布于温带和亚热带地区，在我国各地均有分布，主要分布于黑龙江、吉林、辽宁、河北、山东、山西、内蒙古、陕西、宁夏、甘肃等地。

（一）经济价值

狗尾草茎叶柔软，营养较丰富（表6-8），马和牛乐食其鲜、干草，羊喜食草地上的枯落干草。狗尾草产量较高，一般产鲜草3750～4500kg/hm^2，每株鲜重可达40g左右，其叶占9.5%，叶鞘占19%，茎占59.5%，茎多叶少，秋季茎秆易粗硬，经济价值降低。狗尾草种子可供家禽饲用（陈默君等，2002）。

表6-8　狗尾草在不同阶段的营养成分　（单位：%）

生长阶段	水分	粗蛋白质	粗脂肪	粗纤维	无氮浸出物	粗灰分	钙	磷
营养期	10.25	18.19	3.43	19.04	40.11	8.98	0.41	0.31
拔节期	11.91	18.12	2.47	25.50	33.19	8.81	0.47	0.20
孕穗期	11.39	13.28	2.12	25.72	38.62	8.87	0.44	0.21
开花期	12.50	10.27	2.01	28.53	37.67	9.02	0.19	0.26
成熟期	11.53	4.87	1.47	29.50	43.57	9.06	0.37	0.22

资料来源：董宽虎等，2003

（二）植物学特征

狗尾草为一年生草本（图6-8）。秆直立或基部膝曲，高20～90cm，基部稍扁，带青绿色。

叶鞘较松弛无毛或被柔毛；叶片扁平，长5～30cm，宽2～15mm，先端渐尖，基部略呈圆形或渐狭。圆锥花序圆柱形，直立或上部弯曲，刚毛长4～12mm，绿色、黄色或紫色；小穗椭圆形，长2～2.5mm，2至数枚簇生于缩短的分枝上，每个小穗基部具1～6条刚毛状小枝，成熟后小穗与刚毛分离而脱落；第一颖长为小穗的1/3，第二颖与小穗等长或稍短；第一外稃与小穗等长。颖果椭圆形或长圆形，顶端锐，长约1mm（陈默君等，2002），千粒重0.9～1.0g（董宽虎等，2003）。

细胞染色体：$2n=18$。

（三）生物学特性

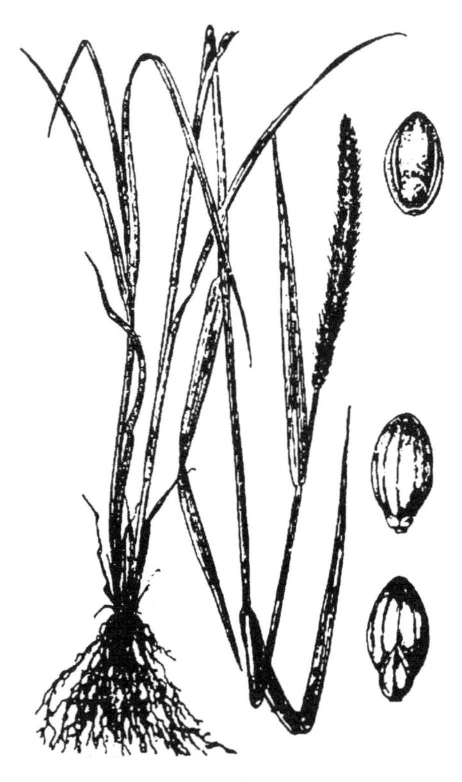

图6-8　狗尾草（陈默君等，2002）

狗尾草是一种适应性强、分布广的杂草，盐碱地、酸性土、钙质土都能生长。耐干旱、耐瘠薄，在路旁、耕地、沟边、湿地和山坡常见。狗尾草草质好，适口性强，俗称为“热草”，是草原上的优良饲草，常作为家畜抓秋膘饲草，也可以刈割作为冬贮干草图（图6-8）。

狗尾草种子产量大，发芽率高，落地后可以自生，尤其在雨季有迅速生长的特点。在北方各地农田撂荒后的第一年生长特别茂盛，是群落演替的先锋植物。当翻耕松土改良退化草场时，第一年也往往是优势植物，并经常和黄蒿混生成为优势种。随着多年生植物的增加，它的数量逐渐减少，为了提高当年的产量，应经常补播狗尾草，有时也可与羊草混播。

狗尾草在5月初发芽，早春生长缓慢，随气温上升生长迅速，8月开花结实，9月果熟，种子成熟后极易脱落。因此，要掌握刈割和采种时间（陈默君等，2002）。

（四）栽培要点

狗尾草在春、夏两季均可播种，但以夏季为宜。播种量为30～45kg/hm^2，出苗土壤温度以10～15℃为宜，条播、撒播均可。种子产量450kg/hm^{2}左右，成熟期不一致，应根据大多数种子成熟的情况及时采收（陈默君等，2002）。

习题

1. 简述地膜覆盖玉米的栽培技术。
2. 简述燕麦的栽培技术。
3. 大麦田间管理的要点有哪些？
4. 试述高粱籽粒饲喂的优缺点。

5. 高粱收获加工需要注意什么?
6. 概述苏丹草对环境的要求。
7. 获得粟的全苗和壮苗的手段有哪些?
8. 粟的饲草加工方式有哪些?
9. 简述黑麦的栽培技术要点。

第七章　豆科饲料作物

第一节　秣食豆

学名：*Glycine max*（L.）Merr.

英文名：Soybean

别名：料豆、饲用大豆、黑豆

饲用大豆是大豆的一种原始类型，原产于热带及温带稍暖地区。在中国主要分布于东北各地区，华北、西北也有栽培。饲用大豆包括东北的秣食豆、内蒙古的黑豆、陕北的小黑豆以及通常食用的黄豆（即大豆）等，现有很多地方品种和育成品种，栽培历史悠久。

一、经济价值

秣食豆种子富含粗蛋白质、脂肪和糖类，以及钙、磷、铁等矿物质和重要的维生素，特别是含有家畜所必需的氨基酸，属于“完全蛋白质”，是家畜的优良精料，适于饲喂幼畜、弱畜和高产畜（陈宝书，2001）。豆饼是营养价值很高的精饲料，特别适宜作为猪和家禽等单胃牲畜的配合饲料，豆饼蛋白质的可消化率一般较玉米、高粱、燕麦高26%～28%，易于被牲畜吸收利用。试验证明，以豆饼肥育子猪，生长快、瘦肉比例高，以豆饼饲养乳牛，可提高牛奶中的蛋白质含量，饲养鸡产蛋率提高（陈宝书，2001）。

秣食豆茎叶柔嫩，属半蔓生性，含纤维质较少。和大豆相比，含蛋白质稍多，含脂肪较少，氨基酸含量丰富，不论干草或青草适口性均好，是猪、奶牛、鹿、羊等家畜的优良饲料。用优质的秣食豆干草粉喂猪，1kg草粉的营养价值高于1kg麦麸。用青刈秣食豆调制的或（和）玉米混播做的青贮，蛋白质损失较少、营养完全、酸度适中、口味好、长期保存不腐烂变质，是各种家畜优良贮备饲料。据吉林省农业科学院分析，秣食豆的营养成分如表7-1所示。

表7-1　秣食豆的营养成分　　（单位：%）

样品	水分	粗蛋白质	粗脂肪	粗纤维	无氮浸出物	粗灰分
籽实	13.70	42.44	18.80	4.45	29.54	4.68
青刈	76.40	17.38	4.21	26.70	41.53	10.18
干草	13.50	15.91	2.70	33.23	39.38	8.78
麦茬复种干草	9.21	19.33	1.71	29.19	41.79	7.98

资料来源：陈默君等，2002

二、植物学特征

秣食豆为豆科大豆属一年生草本植物（图7-1）。圆锥根系，主根和侧根上生有很多根瘤。主茎明显，株高1.5～2m，直立或上部缠绕。茎秆较强韧，茎上有节，下部节间短，上部节间长。主茎下部能直立生长，其节上生有分枝，且分枝发达。叶片有子叶、单叶、复叶之分，复叶由托叶、叶柄和小叶三部分组成，小叶片卵圆形、披针形或心脏形等，大而质薄，具茸毛。总状花序，簇生在叶腋间或茎顶端，花冠为蝶形花，花很小，分白、紫二色，多为紫色，每个花序通常有花15朵左右，多者达30余朵，但花脱落严重。果实为荚果，豆荚长3～7cm，宽度0.5～1.5cm，内含种子1～4粒。无限结实习性，荚色为黑、深褐、灰褐、浅褐、草黄等色，豆荚表面被茸毛。籽粒长椭圆形或圆形，白色、黄褐色、深褐色或黑色，有时呈杂色，千粒重100～130g（陈宝书，2001）。

细胞染色体：$2n=40$。

图7-1 秣食豆（陈默君等，2002）

三、生物学特性

1. 生境 秣食豆是喜温作物。生育期间所需要的>10℃的活动积温为1600～3200℃，在正常情况下，自播种至出苗期间的活动积温为110～130℃。发芽的最低温度为6～7℃，适宜温度为20～22℃。播种过早、地温不够时，种子虽能吸水膨胀，但长时间不发芽，即使出苗，苗也生长不旺。在茂盛生长期间，日平均温度不能高于26℃或低于14℃，最适温度为18～22℃。秣食豆生育期间的抗寒能力因生育阶段不同而异，幼苗抗寒性较强，能忍受－3～－1℃的低温，到－5℃时，幼苗全部受害。当真叶出现后，抗寒能力减弱，遇0℃的低温即受害，遇－4～－3℃时，很快枯死。秣食豆开花期间抗寒能力最弱，温度短时间降至－0.5℃花朵开始受害，－2℃时植株死亡，成熟期植株死亡的临界温度是－3℃。夏播的青刈秣食豆能顺利生长，获得较高的产量。若播种太晚，温度降低到14℃以下时就停止生长；10～12℃时，籽粒就不易成熟，遇霜冻即枯死（陈宝书，2001）。

秣食豆是需水较多的作物，蒸腾系数为580～744。发芽时需吸收种子重量120%～130%的水分，播种的适宜土壤含水量为20%～24%。幼苗期地上部分生长缓慢，叶面积小，而根系生长迅速，所以苗期较耐干旱；如果水分过多，反而使根系发育不良，容易造成徒长和倒伏。大豆在开花结荚期对水分的反应特别敏感，此时大豆营养生长和生殖生长都在旺盛进行，需要充足的水分。如遇干旱，则植株矮小，造成落花落荚，产量锐减，在排水良好的低平地，能获得较高的产量（陈宝书，2001）。

秣食豆是短日照作物，日照缩短，开花结实提早；日照延长，则表现为贪青晚熟，却能获得较高青刈饲料。因此，在秣食豆引种工作中，要注意选择适合当地日长条件的品种，同时可利用秣食豆对日照反应特性，将低纬度地区短日照品种引种到长日照高纬度地区种植，作为青饲秣食豆栽培。饲用秣食豆耐阴性强，适于与高秆作物混播或间作。

秣食豆对土壤要求不严，一般土层深厚，土壤酸碱度为中性、排水良好的土壤均可种植。但酸性土壤以及过黏重的土壤不适于秣食豆生长。饲用秣食豆耐盐碱能力较强，pH<

8.5的土壤均能良好生长（陈宝书，2001）。

氮素是蛋白质的主要组成元素，在秣食豆栽培中，要强调氮素的增产作用。秣食豆虽为固氮植物，但结固氮瘤前必须施足氮肥。秣食豆根瘤主要分布在耕层20cm以内的根上，生长良好的根瘤每公顷可固氮45～60kg，许多研究证明，根瘤菌所固定的氮可供大豆一生需氮量的1/2～3/4（董宽虎等，2003）。

2. 生产力 在吉林省中部地区春播青刈秣食豆，在开花结荚期刈割一般产鲜草37.5t/hm² 左右，高产可达56.25t/hm²；利用麦茬地复种时，产鲜草7.5～11.25t/hm²，收籽实1500～2250kg/hm²。

四、栽培技术

1. 轮作 秣食豆是中耕作物，栽培过秣食豆的土壤结构疏松良好，杂草少，特别是由于根瘤菌能丰富土壤中的氮素，所以它是其他作物的良好前作。

秣食豆不宜连作，也不宜种在其他豆科作物之后，连作会由于过量吸收营养成分而使土壤中磷、钾不足，也会引起病虫害大量发生。一般认为麦类、马铃薯、玉米是饲用秣食豆的良好前作，而其后作，在饲料轮作中宜种消耗地力较强的苏丹草、千穗谷以及麦类等作物。各地证明，新开垦荒地或熟荒地也是饲用秣食豆的好茬口。

2. 整地和施基肥 在饲用秣食豆的栽培中，由于有春播、夏播和秋播，还有间作、混作、套作和单作等方式，因而整地方法也不同。但无论哪种栽培方式，前作进行深耕和精细整地是提高产量的重要环节，耕地深度应达到20～25cm（陈宝书，2001），给根系生长创造良好条件。春播秣食豆应进行年前秋耕，以免春耕跑墒而造成春旱。结合深耕增施有机肥料做基肥、混施磷肥，增产效果好。复种来不及施基肥时，对其前作重施基肥或对秣食豆进行追肥。

3. 播种 分期播种、分期利用是延长青刈秣食豆利用时间的有效办法，采取4月下旬、6月中下旬和7月中旬三期的播种方法可延长青饲料利用期50d以上。而且早收部分（7月中、下旬）还可以再复种一茬青饲料，如白菜，胡萝卜等，这对充分利用土地、提高单位面积产草量具有重要意义。

选用优良品种是增产措施的重要环节。各地在播前准备阶段，应根据本地区具体气候、土壤条件和耕作制度，选用优良品种种植，可根据其性状和生产目的进行选用，在播前还需要精选种子，应该选用粒大饱满、整齐一致、发芽率高的种子播种。根据其利用的方式和目的的不同，饲用秣食豆的播种方式和方法可采用如下几种。

（1）单播 用作采收籽实、早期刈割或青贮用的饲用秣食豆适于单播。春播时应在早春5cm土层的地温稳定在10℃以上时播种。行距50～70cm，覆土深度3～4cm。收籽实的播种量每公顷52.5～67.5kg，青刈和青贮用，每公顷67.5kg（陈宝书，2001）。

（2）间种 青刈饲用秣食豆与玉米间种时，对玉米生长有利，能显著提高产量。在饲料轮作中，饲用秣食豆与甜菜、胡萝卜、瓜类等作物间作，增产效果显著。这种间作能提高饲用秣食豆的产量。

（3）混种 饲用秣食豆与玉米混种或在复种中与燕麦、大麦混种，不但能提高青饲料的产量，而且能改进青饲料的品质。这种以饲料为主的混作，可适当搭配玉米、燕麦和大麦。饲用秣食豆的播种量为每公顷67.5kg，大麦或燕麦120kg左右，行距30～50cm，播后镇压一次（陈宝书，2001）。

（4）复种　我国北方地区小麦和油菜等作物收获后，尚有60～90d的生育期，复种一茬饲用秣食豆，每公顷产鲜草15.0～22.5万t。复种的饲用秣食豆茎细叶多，品质优良，可以供青饲或调制干草。行距30～50cm，播种量每公顷1125～1575kg（陈宝书，2001）。进行复种饲用秣食豆时，在前茬收获后，应立即灭茬，结合灌水进行耕翻，耕深18～20cm，并细致整地后再播种（陈宝书，2001）。为了争取早播，来不及耕翻时或旱地为避免跑墒而不进行耕翻时，也要进行锄地或耙地灭茬后再播种，避免硬茬播种。

4. 中耕、除草和培土　中耕、除草和培土是秣食豆田间管理中一项非常重要的工作。中耕除草可以疏松表土、提高地温和消灭杂草；雨后中耕可以消除地表板结，保蓄土壤水分；苗前苗后耙地，可以耙松表土、增温保墒、耙死草芽，并有利于秣食豆顶土出苗，起到疏苗作用。结合中耕进行培土，可以防止倒伏，便于灌水，并有排涝作用。中耕除草的次数和深度，应视生长状况、土壤水分和杂草多少而定，刚现行时即可进行第一次中耕，刚出三出叶时可进行第二次中耕，深度10～12cm（陈宝书，2001），麦茬等来不及翻耕进行硬茬播种的田地，更应重视一、二次的中耕工作，结合中耕工作进行开沟培土。

5. 追肥和灌溉　秣食豆苗期需肥不多，如果为施过基肥或种肥或前茬有大量的残肥的肥沃土壤，并且幼苗生长健壮，苗期不必施肥。如果幼苗表现为叶小色暗，生长过慢，为未施基肥或种肥的瘠薄地，在苗期应追施一定数量的速效肥，特别是追施磷、钾肥。收籽实的饲用秣食豆，在开花结荚期需要及时供给充足的肥料以满足开花后对养分的需要，这时也应注意氮、磷、钾肥的配合施用。

秣食豆苗期需水不多，有一定的耐旱能力，在底墒良好的情况下，一般不宜进行灌溉，以控制土壤水分，促进根系发育及幼苗粗壮。花芽分化期是饲用秣食豆植株生长发育的重要阶段，该阶段对水分要求日益增多，只有保持一定的土壤水分，才能促成分枝迅速生长和花芽分化，此时应保持土壤含水量在田间持水量的65%～70%为宜，如有干旱现象，应及时灌溉。开花至豆荚鼓粒前需水最多，这时需要充足的水分，应根据降水及墒情灌水1～2次。花荚后期水分太多，易贪青晚熟，如收获籽实，此时则不宜灌水，以控制土壤湿度（陈宝书，2001）。

五、饲草加工

秣食豆可调制干草和干草粉，也可与玉米秸混合青贮，开花结荚期是调制青干草的适收期。单用秣食豆青草喂猪，有时适口性较差，最好适当掺和其他青料，粉碎或打浆混喂比较好（陈默君等，2002）。

第二节　豌豆

学名：*Pisum sativum* L.（白花豌豆），*Pisum arvense* L.（紫花豌豆）

英文名：Pea，Garden Pea

别名：寒豆、麦豌豆、麦豆

豌豆原产于亚洲西部、地中海地区、埃塞俄比亚、小亚细亚西部和外高加索各地。伊朗和土库曼是豌豆的次生起源中心，地中海沿岸是大粒组豌豆的起源中心。豌豆是世界第二大类食用豆类。截至1990年，全世界约有65个国家种植豌豆，总面积达9267kg/hm^2，总产量达17 511kt，平均单产水平为1890kg/hm^2（陈宝书，2001）。

豌豆在中国的栽培历史约有2000多年，现已遍及全国，主要分布在四川、河南、湖北、江苏、云南、甘肃、陕西、山西、青海、西藏、新疆等地区。

一、经济价值

豌豆是重要的粮、料兼用作物，其营养价值见表 7-2。豌豆种子含蛋白质 22%～24%，嫩荚和鲜豆中含有较多的糖分（25%～30%）和多种维生素（A、B_1、B_2 等），发芽的种子含有维生素 E。在豌豆荚和豆苗的嫩叶中富含维生素 C 和能分解体内亚硝胺的酶，可分解亚硝胺，具有抗癌防癌的作用。豌豆与一般蔬菜有所不同，所含的止杈酸、赤霉素和植物凝素等物质，具有抗菌消炎，增强新陈代谢的功能。在荷兰豆和豆苗中含有较为丰富的膳食纤维，可以防止便秘，有清肠作用。

表 7-2　豌豆的营养成分　　（单位：%）

样　品	水分	粗蛋白质	粗脂肪	粗纤维	无氮浸出物	灰分	钙	磷
籽实	10.09	21.2	0.81	6.42	59	2.48	0.22	0.39
秸秆	10.88	11.48	3.74	31.35	32.33	10.04	—	—
秕壳	7.31	6.63	2.15	36.7	28.18	19.03	1.82	0.73

资料来源：陈默君等，2002

豌豆的新鲜茎叶含 6%～8%的蛋白质，质地柔软易于消化，为各种家畜所喜食，适于青饲、青贮、晒干草和制成干草粉等（陈宝书，2001）。

白花豌豆植株柔弱，成熟后种皮皱缩，糖分含量较高，宜作蔬菜罐头用；白花豌豆茎叶也是一种优质饲料，在长江流域及华南各地广泛种植。

二、植物学特征

豌豆为一年生攀缘草本（图 7-2），各部光滑无毛，被白霜，茎圆柱形，中空而脆，有分枝。矮生品种高 30～60cm，蔓生品种高达 2m 以上。双数羽状复叶，具小叶 2～6 片，叶轴顶端有羽状分枝的卷须；托叶呈叶状，通常大于小叶，下缘具疏齿；小叶卵形或椭圆形，长 2～5cm，宽 1～2.5cm，先端钝圆或尖，基部宽楔形或圆形，全缘，有时具疏齿。花单生或 2～3 朵生于腋出的总花梗上，白色或紫红色；花萼钟状；花冠蝶形。不同品种间荚果的形状差异很大，表现为直形、剑形、马刀形、弯弓形、棍棒形和念珠状等，长 2.5～12.5cm，宽 1.0～2.5cm，内含 3～10 粒种子（陈默君等，2002）。荚壳有软硬两种：软荚种类果扁平、柔软，人可食用，成熟时荚果不开裂；硬荚种则呈圆筒形，内果皮有一层“革质细胞层”（羊皮纸状的厚膜组织），成熟时，革质层干燥收缩而裂荚，易落粒。种子形状凹圆、压圆、方形、皱缩、不规则等，其颜色呈黄色、橘黄色、黄绿色、绿色和深绿色等；种子大小也不相同，千粒重变幅为 85～300g（陈宝书，2001）。

图 7-2　豌豆（陈默君等，2002）

细胞染色体：$2n=14$。

三、生物学特征

1. 生境 豌豆从热带到寒带都可以栽培，但最适于寒冷而潮湿的气候。豌豆种子发芽最低温度为1～2℃，最适温度为6～12℃。苗期较耐寒，一般能忍受－8～－4℃的低温，个别品种能耐－12℃的严寒，紫花豌豆的耐寒性较白花豌豆强。我国冬麦区，豌豆可作为越冬作物与晚秋作物播种。豌豆生育期内，以气温15℃为宜，生殖器官形成至开花期以16～20℃最适宜，结荚期以16～22℃为宜。如果在生育期间，气温在20℃以下、10℃以上的持续时间长，则分枝多、开花多、产量高。温度超过20℃时，分枝少、产量低。开花期遇26℃以上的高温干燥条件，落花落荚多、品质差、易得病。因此，在春末初夏温度较高的地方应提早播种，使结荚期避开高温夏季。豌豆从种子萌发到成熟需要≥5℃的有效积温为1400～2800℃（陈宝书，2001）。

豌豆是长日照作物，大多数品种在延长光照时可以提早开花。豌豆整个生育期都需要充足的阳光，尤其是花荚期，若光照不足花荚就会大量脱落。不同品种对日照长度的要求并不十分严格，如早春（2月下旬）在温室栽培的豌豆，到4月上旬就能开花结荚，西北一些地区夏播豌豆秋季也能开花结荚（陈宝书，2001）。例如，青海省乐都县川水地区（海拔1900m，无霜期150d），利用麦茬地复种早熟豌豆，7月22日播种，8月26日达盛花期，10月10日基本成熟，每公顷产量约2250kg。

豌豆是需水较多的作物，种子发芽时吸水量为种子重量的100%～110%，光滑圆粒品种需吸收种子本身重量的100%～120%的水分，皱粒品种为150%～155%。豌豆发芽的临界含水量为干种子重量的50%～52%，低于50%时，种子不能萌发。豌豆幼苗较耐干旱，这时地上部分生长缓慢，根系生长较快。如果土壤水分偏多，往往根系入土深度不够，分布较浅，其抗旱吸水能力降低。自现蕾到开花结荚期，枝叶繁茂，花序逐渐形成并开花，同时以很快的速度积累蛋白质和干物质，此时需要较多的水分和养分。豌豆开花时，最适宜的空气湿度为60%～90%，高温低湿最不利于花的发育，干旱常使大量花蕾脱落。豌豆的耐涝性较差，在排水不良的土地上，根早衰腐烂，地上部分也早枯死（陈宝书，2001）。

豌豆对土壤的要求不严格，各种土壤都可以栽培，最适宜的土壤为有机质多、排水良好、富含磷、钾及钙的土壤，过于黏重的土壤因通气不足，影响根瘤菌的活动，不适于豌豆生长。豌豆能耐酸性土壤，适宜的土壤pH为5.5～6.7，最低为4.5（陈宝书，2001）。土壤过酸则根瘤菌难以形成。

2. 生长发育 豌豆为自花授粉作物，花冠开启以前授粉，遇高温和干燥等不良条件时，也可异花授粉。每株豌豆花期约持续15～20d，每天上午9时左右开始开花，11时至下午3时为开花盛期，下午5时后所有花的旗瓣闭合，到次日再次展开。每朵花受精后2～3d即可见到小荚，33～45d后籽实成熟（肖文一等，1991）。

3. 生产力 豌豆籽粒单产为2200kg/hm^{2}以上，青海、甘肃等地区豌豆产量3000kg/hm^{2}以上（陈宝书，2001）。

四、栽培技术

1. 轮作 豌豆是忌连作的，连作时产量锐减，品质下降，病虫害加剧。豌豆的轮作年限为4～5年，采用3年或4年一轮，豌豆在轮作制中占有重要地位，是很好的养地作物。种过豌豆的土地，一般每公顷能增加75kg左右的氮素，高的可达148.88kg。豌豆生育期短，是多种作物的优良前茬。豌豆适应性广，耐寒性强，南方多利用冬闲地种植或与冬作物间作，为早春提供优质青饲料。河北、山西等省在谷子、玉米、高粱等作物播种前，抢种一茬春豌豆，40～50d即可刈割茎叶作饲料，既不影响正茬作物播种，又增收一季青刈豌豆（内蒙古农牧学院，1981）。

2. 间、混、套作　豌豆茎秆柔软，容易倒伏，生产实践中，常把豌豆与麦类作物（大麦、小麦、燕麦等）进行间、混、套作，以提高产量与品质。豌豆与麦类混种，在一定比例范围内，由于两者养分的要求不同，麦类需氮较多，豌豆需磷、钾较多，豌豆能靠根瘤菌固定空气中氮素培肥地力，利于麦类生长，所以混种对麦类的分蘖数、单穗粒数和千粒重并无不良影响，而豌豆有麦类作支架，攀缘生长，改善了通风透光条件，单株分枝数、结荚数、每荚粒数及千粒重都有所提高。同时豆麦混种，可增加饲料的蛋白质，改善饲料的品质。

间作、套作是优于混作的复种轮作方式，有利于充分利用地力，调解作物对光、温、水、肥的需要，比混作在管理、收获、脱粒等方面均方便，可提高单位面积产量和产值。

在新疆、甘肃、青海等地区，历来就有豌豆与春麦、油菜间作的习惯。为了克服前后作之间生育期的矛盾，豌豆与夏季作物实行套作更为普遍，主要有豌豆—玉米、豌豆—马铃薯、豌豆—向日葵等。中国东南沿海如江苏、上海、浙江等省（自辖市），以及河南、安徽等内陆省份的棉区，麦—棉套作曾是其主要栽培方式，现正在开拓立体农业的新模式，向着早—晚、高—矮、豆科—非豆科作物综合配置种植的新型套轮作方式过渡，豌豆成了新模式中很有发展前途的一种作物。在河南、湖南等省的棉区采用麦—豌—棉一年三套三收耕作方式，可使每公顷土地收获小麦3000～3375kg、豌豆1350～2100kg、皮棉900～1065kg，其经济效益、粮食产量均高于麦—棉套作，对小麦、棉花无明显不良影响（陈宝书，2001）。

近几年来，在山西、甘肃等省探索豌豆—玉米套作模式，初步结果表明，玉米不减产，而且每公顷多收干豌豆2200～3000kg。在某些一年一熟地区发展起来的豌豆—玉米套作方式中，有的在小块面积上还加进平菇成为豌豆—玉米—平菇一年三种三收的栽培模式，单位面积上获得了显著的经济效益（陈宝书，2001）。

3. 播种　为使豌豆种子完成后熟作用，提高种子内酶的活性、发芽率和发芽势，应在播种前晒种2～3d，或利用干燥器在30～35℃的条件下，进行温热处理。经温热处理的种子水分从20.4%降低到15%，发芽势从28.5%升高到96.0%，发芽率可从71.5%提高到97.0%（陈宝书，2001）。

豌豆可条播、点播和撒播，播种量因地区、种植方式和品种不同而异，一般每公顷播种量75～225kg。春播区播种量宜多，秋播地区宜少；矮生早熟品种播种量宜稍多，高茎晚熟品种宜稍少，条播和撒播量较多，点播时量较少。豌豆条播行距一般25～40cm；点播穴距一般15～30cm，每穴2～4粒种子。国外资料报道，行距20～30cm，株距10cm左右，对于干豌豆生产最为适宜。豌豆播种密度对产量有较大影响，对于大粒的软荚豌豆类型，最佳群体密度是60株/m^2左右，对于小白粒和小褐粒硬荚类型则为[illegible]株/m^2左右，对于青豌豆生产而言，最佳群体密度介于80～100株/m^2。因土壤湿度、土质不同，豌豆播种深度宜在3～7cm，最多不宜超过8cm，覆土深度5～7cm（陈宝书，2001）。

4. 施肥　豌豆籽粒蛋白质含量较高，生育期间需供应较多的氮素。每生产1000kg豌豆籽粒，需吸收氮约 3.1kg，磷约 0.9kg，钾约 2.9kg。所需氮、磷、钾比例大约为 1∶0.9∶0.94。豌豆施肥应以施用充足的有机肥为主，重视磷、钾肥。一般每公顷施有机杂肥 15t 左右、过磷酸钙 300kg，最好在播种前将有机肥和磷、钾肥料混合掺入土壤。磷、钾肥也可作种肥，效果最好的施用方法是条施于土壤 5cm 下方（陈宝书，2001）。处于营养生长期的豌豆，对磷有着较强的吸收能力，开花结荚期，根系对磷的吸收能力降低，此时采用根外追施磷肥，有较好的增产效果。增施钾肥也可在苗期田间撒施草木灰，既可增加养分又能抑制豌豆虫害，还可增加土壤温度，有利于根系生长发育。豌豆对微量元素如硼、镁、锌、硫、钙、铁、铜、铝、氯和锰都有需要。开花结荚期采用根外施硼、锰、钼、锌、镁等微量元素，往往有明显的增产效果（陈宝书，2001）。

豌豆通过土壤吸收的氮素通常较少，所需的大部分氮素是由根瘤菌共生固氮获得，据测定，靠生物固氮（每公顷豌豆的根瘤菌每个生长季节一般可固氮 75kg 左右）可基本满足生长中后期对氮的需求，不足部分靠根系从土壤中吸收。因此，为达到壮苗及诱发根瘤菌生长和繁殖的目的，苗期施用少量的速效氮肥是必要的，在贫瘠的地块上结合灌水施用速效氮增产效果明显，以每公顷 45kg 纯氮肥用量为宜。

5. 收获　根据豌豆营养物质（主要是蛋白质）积累动态，在开花到结荚始期，其蛋白质积累达到最高。到低层豆荚变黄始期，含氮化合物的合成实际上已经停止。因此，青刈豌豆应在结荚期左右进行收割。

麦类与豌豆混种，以收籽实为目的时，应在两者成熟时混收、混合脱粒。青刈时应在豌豆开花至结荚期，麦类在开花期收割。因为这时干物质和蛋白质产量均较高。

单播豌豆成熟籽粒的收获，应在绝大多数荚变黄但尚未开裂时连株收获。植株收获后，接近成熟的荚果会继续成熟。过多的荚果干枯收获时，由于裂荚，减产严重。联合收割机收获时，种子含水量在 21%～25%时最为适宜。豌豆脱粒后应及时干燥，籽粒水分含量降到 13%以下时才有利于安全贮藏，贮藏期间，要注意防止昆虫、微生物和鼠类的侵害，避免贮存期造成籽粒损失（陈宝书，2001）。在普通仓库条件下，豌豆种子可贮藏 5～6 年，发芽率约 80%左右；在较好的条件下保存，种子寿命可达 10 年（陈默君等，2002）。

五、饲草加工

豌豆多与其他禾本科饲草（如燕麦等）混播混收，在适宜收割期收割青贮或调制干草。

第三节　蚕豆

学名：*Vicia faba* L.

英文名：Broad Bean，Faba Bean

别名：胡豆、佛豆、罗汉豆、川豆、大豌豆

蚕豆原产于亚洲西部、中部和北非一带，是世界上最古老的一种豆类作物。相传在汉朝张骞出使西域时引入我国，约有 2100 多年的栽培历史。蚕豆在世界各大洲均有分布。我国是世界上蚕豆栽培面积最大、总产量最多的国家。据 FAO 统计，2001～2007 年全世界干蚕豆平均栽培面积为 267.36 万 hm^2，总产量 445.78 万 t，其中中国栽培面积为 114.31 万

hm^2，总产量209.26万t，中国蚕豆栽培面积和总产量在世界上所占比重分别为42.76%和46.94%（FAOSTAT，2009）。全国除东北三省和海南省外，其余省、自治区、直辖市均生产蚕豆，主产区为自云南省到江苏省的长江流域各省以及甘肃和青海等省，其中四川、云南、湖北和江苏省的生产面积和产量较多（陈宝书，2001）。蚕豆因其高效的生物固氮、土壤改良和环境友好特性，已成为中国现代农业种植结构调整、西部经济欠发达地区和丘陵山区农民脱贫致富的重要经济作物。

一、经济价值

蚕豆籽实富含蛋白质和淀粉等多种营养物质（表7-3），可作为粮食，也可磨粉制造豆腐、粉条、豆酱、酱油及各种糕点。其食品工业的副产品如粉渣、粉浆也是一种好饲料，未成熟的青蚕豆富含维生素A、B_1、B_2和C，是优良的新鲜蔬菜。蚕豆的籽实小粒种饲用蚕豆也是家畜很好的饲料，特别适宜于大型家畜如马、骡。国外将蚕豆广泛用做育肥猪和繁殖母猪的蛋白质补充饲料，肥育猪日粮中蚕豆粉用量达30%左右，以代替鱼粉或豆饼。怀孕母猪日粮中达10%时，对仔猪无消化不良等影响（陈宝书，2001）。

表7-3　蚕豆的营养成分　（单位：%）

饲料种类	水分	粗蛋白质	粗脂肪	粗纤维	无氮浸出物	粗灰分	钙	磷
干蚕豆	13.0	28.2	0.8	6.7	48.6	2.7	0.07	0.34
鲜蚕豆	77.1	9.0	0.7	0.3	11.7	1.2	0.02	0.22
蚕豆鲜叶	84.4	3.6	0.8	2.1	6.8	2.3	0.29	0.03
蚕豆壳	18.2	6.6	0.4	34.8	34.0	6.0	0.61	0.09

资料来源：陈默君等，2002

蚕豆的茎叶质地柔软，含有较多的蛋白质和脂肪，是猪和牛等家畜的优质青饲料，豆秸可以喂羊或粉碎后喂猪。在收获青豆以后把茎叶翻入土中，作为绿肥其肥效很高。此外，蚕豆花香，开花早，是良好的蜜源作物。

二、植物学特征

蚕豆属豆科蝶形花亚科蚕豆属越年生（秋播）或一年生（春播）草本植物。直根系，主根和侧根上丛生着许多粉红色的根瘤。茎直立，株高一般在70～120cm。茎四棱中空，光滑无毛，茎秆坚硬，不易倒伏。蚕豆幼茎有淡绿色、紫红色和紫色等，一般幼茎绿色的开白花、紫红色的开红花或淡红花，蚕豆成熟后茎变成黑褐色。蚕豆叶互生，有4～8片小叶组成偶数羽状复叶，小叶椭圆形或倒卵形，全缘无毛，肥厚多肉质；托叶小，三角形，贴于茎与叶柄交界的两侧，其上生有一似紫色小斑点的蜜腺。花呈短总状花序，着生于叶腋间的花梗上，花朵集生成花簇，每个花簇有2～6朵小花，能结荚的只有1～2朵。蝶形花，每朵小花由5个花瓣组成，旗瓣1枚，翼瓣2枚，龙骨瓣2枚；雌蕊1枚，雄蕊10枚，呈9合1离。荚果由一个心皮组成，荚扁平桶形，未成熟的豆荚为绿色，荚壳肥厚而多汁，荚内有丝绒状茸毛。荚内含种子2～7粒，每株可结荚10～30个。种子扁平，椭圆形，微有凹凸。籽粒色泽因品种不同而异，有青绿、灰白、肉红、褐色、紫色、绿色、乳白色等（图7-3）（陈宝书，2001）。

细胞染色体：$2n=12$。

三、生物学特性

图 7-3　蚕豆（陈默君等，2002）

1. 生境　蚕豆属亚热带和温带植物，在生长期间平均温度为 18～27℃为最好。蚕豆喜温暖湿润的气候，不耐暑热，能忍受 0～4℃的低温，−7～−5℃时，地上部分可冻死，但只要靠近子叶的茎节处以下没有受害，仍能从根际发生芽蘖。蚕豆发芽的最低温度为 3～4℃，最适温为 16～25℃，最高为 30～35℃。出苗适温为 9～12℃，温度在 14℃左右开始形成营养器官。开花期最适温度 16～20℃，平均温度在 10℃以下时花朵开放很少，13℃以上时开花增多，超过 27℃时授粉不良。结荚期最适温度 16～22℃，温度过低不能正常授粉，结荚少（陈宝书，2001）。

蚕豆是喜光的长日照植物，整个生育期间都需要充足的阳光，尤其是花荚期，如果植株密度过大，株间相互遮光严重，花荚会大量脱落。按对日照强度的要求，属中间型植物，最适光度为直射光的 90%（陈宝书，2001）。其光合生产率有两个高峰，一是在花序形成期，另一是在乳熟期。

蚕豆需水量较多，由于蚕豆种子大，种皮厚，种子内蛋白质含量高，膨胀性大，必须吸收相当于种子本身重量的 110%～120%水分才能发芽（陈宝书，2001）。整个生育期都要求土壤湿润，特别是开花期，水分供应充足才能获得丰产。但蚕豆也不适于在低洼积水地上栽培，否则易发生烂种、立枯病和锈病。

蚕豆喜中性稍带黏重而湿润的土壤，以黏土、粉沙土或重壤土为好，适宜的土壤 pH 为 6.0～7.0，能忍受 pH4.5～8.3 的土壤环境（陈宝书，2001）。在酸性土壤中施用石灰（钙）能有效地提高蚕豆的产量。在沙土或沙质壤土中，只要能保持湿润状态，增施有机肥料，蚕豆也能良好生长。此外，蚕豆对盐碱土的适应性很强，并有高效吸收磷肥的能力，即使栽种在含磷较少的土壤里，也可获得良好的收成。蚕豆对硼极为敏感，缺乏时根瘤少，植株发育不良。

2. 生长发育　蚕豆分枝习性强，子叶的幼茎延伸后形成主茎，在主茎基部子叶的两叶腋间一般发生两个分枝，为子叶节分枝。主茎上的分枝称为一级分枝，一级分枝上长出的分枝称为二级分枝，以此类推。主茎 1～2 节分枝较多，第 3 节以后分枝明显减小。种子萌发出苗时子叶不出土。蚕豆开花的顺序是自下而上，中午至傍晚开花，日落后大部分花朵闭合，一朵花持续开放时间为 1～2h。种子生活能力较强，能保存 7～8 年（陈宝书，2001）。

蚕豆按种子大小可分为大粒型、中粒型和小粒型 3 种，适应区域和利用价值各不同。

1）大粒种（*Vicia faba* var. major）植株高大，种子扁平，粒型多为阔薄型，种皮颜色多为乳白和绿色两种，千粒重 800g 以上。叶片大，开花成熟早，多作蔬菜用。

2）中粒种（*Vicia faba* var. equina）种子扁椭圆形，粒型多为中薄型和中厚型，种皮颜色以绿色和乳白色为主，千粒重 650～800g。成熟度适中，宜作蔬菜和粮食。

3）小粒种（*Vicia faba* var. minor）种子椭圆形，粒型多为窄厚型，种皮颜色有乳白和绿色两种，千粒重在650g以下。籽粒和茎叶产量均高，宜作饲料和绿肥（陈宝书，2001）。

3. 生产力　蚕豆不仅营养价值高，而且产量可观，籽实产量达3375～3750kg/hm²，鲜茎叶产量45 000～75 000kg/hm²。在甘肃河西地区蚕豆春播夏收，收获时留茬6cm，经2个月后可收再生草18 750kg/hm²（陈宝书，2001）。

四、栽培技术

1. 轮作　蚕豆忌连作。在南方各地的广大水稻种植区，蚕豆主要用于与冬季作物大麦、小麦、油菜、绿豆进行轮作。在西部的青海、宁夏、甘肃等高寒地区，为蚕豆与小麦或青稞等轮作。在北方，蚕豆是麦类作物和马铃薯的优良前作。蚕豆还可与油菜、豌豆、小麦、紫云英、苕子等间作。在生长季较长的地区，可以复种蚕豆作为家畜的青饲料。据原四川省农业科学研究所报道，水稻收获后种小粒蚕豆，生长48d可收青草11 835kg/hm²。在陕西汉中地区，一般水稻收获后播种，下霜前刈割1次，第二年春季又能重新生长，4月初收割1次，鲜草产量可达48 000kg/hm²（陈宝书，2001）。

2. 整地　蚕豆的根系发达，入土较深，在深厚、疏松而肥沃的土壤里生长发育才会良好。深耕是获得丰产的一项重要措施，因此，前作物收割后应立即浅耕灭茬并行深秋耕，深度在25cm左右，秋耕时最好结合施基肥，春播前进行浅耕即可。

3. 播种　播种前对种子进行处理能提高种子发芽势和发芽率，达到苗全苗壮，提高产量。种子处理的方法有：①晒种。播种前将种子晒于阳光下1～2d，以增加种子的吸水膨胀力，促进种子内的物质转化。②温热处理。把种子放于40℃以下的温箱中干燥处理一昼夜或放在火炕上一昼夜即可。③浸种催芽。将种子放入清水中浸泡2～3昼夜，取出放温室催芽2～3d，可提早出苗。此外，播种前可以进行根瘤菌接种，特别在新种植蚕豆的地区用根瘤菌拌种，增产效果明显。为了预防蚕豆象，可将装有晒干种子的竹筐浸入开水中35s，然后立即放入冷水中略加淘洗取出晒干备用，杀虫率达100%（陈宝书，2001）。

蚕豆的播种期视各地的气候条件分为春播和秋播。湖南、四川等水稻种植地区多在10月，南京地区在初霜前15～25d播种。青海、内蒙古等地区则在4月上中旬播种。作青饲料用时可以适当晚播。播种方法一般采用点播或用犁开沟后顺垄点播。穴播时行距35～45cm，株距30cm。大面积播种时，可用机械条播，行距50cm，株距10cm。收籽实可选用中粒种或大粒种，每公顷播种量为225～300kg；作饲料栽培时宜选用小粒种，每公顷播种量为225kg，密植是获得茎叶高产的重要方法，因此，作为青饲栽培时可适当增加播种量，播种深度4～6cm（陈宝书，2001）。

4. 施肥　蚕豆耐瘠性较强，其根部的根瘤菌能固定空气中的游离氮素，但为了获得高产仍需施足肥料，以堆肥、厩肥、磷肥及灰粪为主。蚕豆生长初期，根瘤菌尚未发育时，需要施氮肥；生长后期施氮过多会引起徒长，影响产量。磷肥能刺激根瘤菌的活动和根群的发育，促进根瘤菌的形成，增强其固氮作用，故蚕豆生长期间宜多施过磷酸钙。

根据蚕豆需肥要求决定追肥时期。孕蕾前进行第一次追肥，以氮、钾肥为主，配合少量磷肥，可增加花荚数，有利分枝的发生；开花期第二次追肥，多施磷肥、钾肥，以减少落花落荚，提高结实率，增加营养物质的积累；结荚期第三次追肥，主要是磷肥，使籽粒饱满。

蚕豆生长期间需要少量的微量元素，特别是钼和硼。浙江省绍兴地区农科所用0.1%的钼酸铵浸种，平均产量3787.5kg/hm²，比对照增产9.3%，叶面喷施0.05%的钼酸铵溶液也有明显的增产效果。硼对蚕豆的产量和品质有较大的影响，云南省绥江县农科所试验结果显示，用0.3%硼砂粉溶液于蚕豆开花初期喷施一次，增产12.5%～22.6%（陈宝书，2001）。

5. 灌溉　蚕豆需水多，尤以出苗到盛花期为最多，此时缺水花芽分化受阻，花期延迟，影响籽粒形成。全生育期中分别在现蕾期、始花期、结荚期和灌浆期各灌水一次。南方多雨地区栽种蚕豆时要注意排水防渍，据观察，蚕豆一般渍水3d黄叶，5d霉根，7d就失去活力，尤其是开花期遇涝，茎部发黑霉烂。故在多雨季节要及时清沟排水放渍（陈宝书，2001）。

6. 中耕除草　蚕豆在封垄前应进行中耕除草。当株高10～20cm时结合培土进行第二次中耕除草，为控制徒长、使养分集中于籽实、提早成熟和增加产量，可在开花的中、后期分别于不同情况进行打顶，对于结荚12个左右的，摘去8～10cm的心；下部结荚而上部尚未结荚的，从结荚的上部全打去。同时对植株过密的田块，每隔13m左右进行人工分行，以增加株间光照，改善通风透气条件，减少落花落荚，促进籽实饱满（陈宝书，2001）。

7. 收获利用　蚕豆荚果成熟时间不一致，所以适时收获才能丰产丰收。北方地区多在7、8月份收割，当植株中下部荚果变成黑褐色而呈干燥状态时即可收获。成熟的豆荚落粒性较强，要注意及时抢收，适当提前收获时，将植株齐地面割下，整株成捆堆放，使种子经过后熟作用，其种子发芽率并不降低。脱粒后的籽粒晒干到含水量在15%以下方可贮藏（陈宝书，2001）。

蚕豆籽实是优质的青饲料，它的秸秆粉碎后可作粗饲料。如以生产青饲料为目的时，应在盛花至荚果形成期刈割，此时茎叶繁茂，干物质产量高。江苏省农民于3月底到4月份青刈蚕豆苗喂猪以解决早春饲料不足的问题，浙江等地农民在蚕豆植株下部荚果可以采青时，用镰刀割下顶梢10～15cm作为喂猪的青饲料，这可改善植株体下部通风透光条件，以提高结荚率和籽实饱满度（陈宝书，2001）。

五、饲草加工

青饲利用的方法主要有两种：打浆及青贮。前者是用打浆机把鲜株打成菜泥，再混合少量精料喂猪；后者是青株收割后用铡草机切碎后与燕麦、玉米等一起混合青贮。

习题

1. 试述秣食豆生育期对水分的需求。
2. 秣食豆的播种方式有几种？
3. 简述野大豆播种的要点。
4. 豌豆在其生育期遇到高温和干旱会有什么影响？
5. 概述豌豆间、混、套作的优势。
6. 蚕豆对土壤条件的要求有哪些？
7. 试述蚕豆种子处理的方法。

第八章　根茎类饲料作物

第一节　饲用甜菜

学名：*Beta vulgaris* L. var. *lutea* DC.

英文名：Mangel，Mangold

别名：糖萝卜、饲料萝卜、糖菜

甜菜原产于欧洲南部，因适应性很强被引入世界各地广泛栽培，主要生产国有俄罗斯、美国、德国、波兰、法国、中国和英国。甜菜在我国15个省和自治区推广，20世纪80年代种植面积已达40万hm^2，占全国糖料播种面积的40%。主要产区有东北、内蒙古和新疆（陈宝书，2001）。

一、经济价值

甜菜有糖用、食用、饲用、叶用和观赏等类型。甜菜中糖用和饲用甜菜种植面积最大，经济价值较高，可作为畜禽优良的多汁和青绿饲料来利用。甜菜的茎叶和制糖后的粕渣都是良好的饲料资源。

据报道，1t糖用甜菜，除可生产125kg食糖和45kg糖蜜外，经过综合利用还可生产茎叶700kg，粕渣300kg，折合100kg饲料干物质，相当于100kg精料，可满足一头猪一年的饲用量。每1.5hm^2的糖用甜菜除榨糖外，还可生产相当于1hm^2饲料甜菜土地上收获的饲料价值总量。据中国农业科学院畜牧所对饲用甜菜块根的测定，含水分88.8%，粗蛋白质1.5%，粗脂肪0.1%，粗纤维1.4%，无氮浸出物7.1%，粗灰分1.1%，消化能0.50～1.67MJ/kg，代谢能（鸡）0.33～1.09MJ/kg。饲用甜菜块根的年产量为30～53t/hm^2，而糖用甜菜块根为23～38t/hm^2（陈宝书，2001）。

由于饲用甜菜水分含量高，无氮浸出物含量较低，单位面积土地上所生产块根中干物质可消化蛋白质和相对饲料单位及营养物质总量均低于糖用甜菜。每100kg块根中，糖用及饲用甜菜所含的饲料单位分别为25.7个和11.5个，可消化蛋白质含量为0.6kg和0.3kg。糖用甜菜因含糖率较高，饲喂乳牛后产奶量和乳脂率均高于饲用甜菜的效果。糖用甜菜适应性较强，因此在饲料生产中种植糖用甜菜效益要高于饲用甜菜。甜菜的根茎叶可切碎或打浆后生喂家畜，但一次不宜过多，甜菜茎叶中含有草酸，家畜采食过量会产生腹胀、腹泻等有害症状。最好能与其他饲草混合饲喂家畜，也可青贮后再利用。甜菜腐烂茎叶含有亚硝酸盐，切不可饲用，以防止畜禽中毒（陈宝书，2001）。

甜菜具有耐寒、耐旱、耐盐碱等特性，是一种适应性广、抗逆性较强的作物。由于甜菜经济价值高，栽培甜菜有利于农民收益的增加，对提高人民生活水平与积累更多的建设资金都起着一定的作用（中国农业科学院甜菜研究所，1984）。

二、植物学特征

图 8-1　饲用甜菜（陈默君等，2002）

甜菜是藜科甜菜属的二年生植物。下面主要介绍饲用甜菜和糖用甜菜。直根系，主根发达，在成熟期主根可入土深达 2.5m，侧根水平伸展半径达 1m。甜菜的块根是由根冠、根颈、根体和根尾 4 部分构成。块根有圆锥形、楔形、纺锤形和心形等。饲用甜菜的块根多为圆柱形、椭圆形和球形。糖用甜菜的根皮有白色和浅黄色，根肉白色。饲用甜菜根皮有白色、绿色、黄色、橙色、红色和玫瑰色等，根肉除白色外，还有黄色或红色。单叶，形状有盾形、心形、矩形、柳叶形、团扇形和犁铧形等；叶子是由根冠顶端的叶芽发育而形成，每株丛生叶子50～70 个。花为不完全花，缺少花瓣，花小，绿色，萼 5 片，雄蕊 3 枚，雌蕊由 2～3 个心皮组成。花单生或丛生在主薹或侧枝上，属异花授粉植物，由 1～5 个果实组成复合体，习惯上称为种球。种子肾形，胚弯曲，一个种球是一个果实的单粒种，便于机械化播种和间苗，生产上被广泛推广（图 8-1）。种球千粒重为 15～25g，贮藏 2～3 年发芽率为 80%以上（陈宝书，2001）。

细胞染色体：$2n=18$。

三、生物学特性

1. 生境

（1）*对温度的要求*　甜菜的营养生长期一般为 130～180d，需要有效积温为 1900～3500℃，最适积温为 3000℃，如果低于 2600℃就不易获得丰产。我国主要甜菜产区，在生育期内日平均温度≥15℃的积温为 2400～3100℃，适于甜菜生长（陈宝书，2001）。甜菜生育期所需要的积温的合适分配为幼苗块根分化形成期（5～6 月）约 600℃；叶丛快速生长、块根糖分增长期(7～8 月）约 1100℃；糖分积累期（9 月以后）约 1000℃（常缨等，2001）。

甜菜是较耐寒作物，低温下发芽出苗慢，持续时间长，在 3～5℃气温下，出苗期可持续 30d 以上，而在 15℃气温条件下只需 6～10d。甜菜种子发芽速度随气温升高而加快，气温愈高，相应出苗期所需的积温就愈低。生产上常在地表下 10cm，土层温度达到 5～6℃，气温日较差 6～7℃时，播种甜菜，10～15d 后出苗。甜菜苗期生长的适宜气温为 8～15℃，繁茂期为 18～20℃，块根形成期 15～18℃，块根成熟期为 10～15℃。气温日较差大、晴朗少雨的气候条件，有利于块根中的糖分积累。气温低于 5℃甜菜生长停滞，25～30℃的高温对生长不利，超过 35℃时影响正常生长（陈宝书，2001）。

（2）*对水分的要求*　由于甜菜根系发达，可吸收土壤深层水分，有较强的抗旱能力。甜菜块根在积水中根体和根尾将发生腐烂，因而耐涝性差（陈宝书，2001）。

7～8月甜菜处于叶丛形成和块根增长期，生长旺盛，干物质积累多，是甜菜一生中蒸腾水分最多的时期，特别是7月中旬至8月中旬，蒸腾量达到最大。此期甜菜对缺水反应敏感，是需水临界期，因此应加强期间对甜菜的水分管理（常缨等，2001）。

（3）对土壤的要求　甜菜对土壤条件的要求是地下水位1m以下、地势平坦、排水良好、耕层在20cm以上、富含腐殖质的沙壤土，在中性和微碱性土壤上生长良好。甜菜对土壤肥力反应敏感，施肥增产效果显著，在团粒结构良好、保水保肥力强、质地疏松、土质肥沃的土壤上种植甜菜效果最佳。在其他类型的土壤上只要增施有机肥，进行深耕，使土肥相融也可获得高产。甜菜在含盐量为0.3％～0.6％盐碱地上通过采用育苗移栽等防盐碱措施后能够种植。在透气性差、排水不良、有机质分解慢、地温低、板结和黏重的土壤上种植甜菜将影响其正常生长，需要通过施有机肥料，改善土壤条件，加强管理等综合治理措施后，逐步加以利用。地下水位高、沙石过多的砾石质土壤不宜种植甜菜。酸性土壤需施入石灰、制糖滤泥、草木灰等碱性肥料中和改良土壤中的游离酸后方可种植甜菜（陈宝书，2001）。

（4）对光照的要求　甜菜是长日照作物。甜菜生长是以光合产物为物质基础的。适于甜菜生长的日照时数是10～14h。甜菜生育期间，块根生长与光照强度成正相关。在甜菜生育的中、后期，日照时数多，昼夜温差大，则块根产量高、含糖量多。日照时数多明显的影响甜菜的生育，同时也影响甜菜的形态变化。一般光照充足，抑制其伸长生长，使细胞变小，细胞壁加厚，茎叶的机械组织发达，提高了抗病能力（常缨等，2001）。

2. 生长发育　甜菜在播种当年以营养生长为主，在田间生长出繁茂的叶丛，在地表以下形成肥大的块根作为营养物质的贮藏器官，以便为翌年的生殖生长积累充足的有机和无机养分。从出苗到根的初生皮层脱落和木栓化形成是甜菜的出苗期，持续时间大约30d。这个时期的特点为子叶开始枯黄，已形成了4～6片真叶，器官和组织逐渐形成并分化。由根的初生皮层脱落到地面上叶丛达到最繁盛，叶片数较多的时期为叶丛繁茂期，一般持续30d左右。这个时期甜菜叶丛生长速度和日均增长的质量达到最高峰，块根的伸长速度达到最快（陈宝书，2001）。

从7月中旬到8月下旬是块根及其糖分的增长期，持续40d左右。一进入这个时期，甜菜的生长中心就开始从地上部分转移到地下部分，叶丛生长逐渐减弱，光合产物开始大量地从叶片向地下输送，块根迅速膨大，根重和根中糖分同步增长。在这40d中块根的增长量达全生育期的50％以上，是丰产的关键时期（陈宝书，2001）。

从8月下旬直到收获前大约持续40d。进入这一时期甜菜营养体基本停止生长，绿叶显著减少，枯叶大量增加，块根的根体很少增长，根重几乎停止增加，光合产物几乎全部都以蔗糖形式被贮藏进块根中，根中含糖率显著提高。这个时期糖分的积累量接近整个生育期总量的50％，是获得甜菜高产糖量的关键时期（陈宝书，2001）。

第二年，甜菜主要进行生殖生长。在北方地区生殖阶段可分为4个时期。从栽植的母根长出叶片到开始抽薹前为止是叶丛期；从开始抽薹一直到开花前为抽薹期，薹就是花茎，或称花枝、花薹；从6月上旬抽薹末期开始就有少量植株现蕾，个别开花，直到全部种株开花，每株的花朵有2/3开放时为开花期。花着生在第一或第二分枝上，由下向上开放。从6月下旬有个别植株形成种子，到7月底乃至8月初持续约40d，这期间近1/3的种球已变为黄褐色，果皮坚硬，种皮粉红色，种子胚乳呈粉状（陈宝书，2001）。

四、栽培技术

1. 轮作与选地　甜菜不耐连作，重茬对土壤养分消耗大，使土壤养分失调，病虫害增多，导致减产。甜菜的轮作周期最少 3 年，一般为 4～6 年（陈宝书，2001）。麦类、麻类、油菜等是甜菜的最佳前茬，豆类、马铃薯是甜菜较好的前茬，玉米、高粱、棉花和烟草等中耕作物也可作为甜菜的前茬，甜菜的后茬应安排种植麦类为好，也可选择玉米和谷子。

甜菜根深叶茂，需水肥多，不耐涝，应选择土层厚、有机质含量丰富、排水良好、有灌溉条件的土地来种植。

2. 整地和播种　甜菜种子甚小，萌发时种球吸收水分较多，深翻后要及时耙耱保墒，播前要细致整地，达到地面平、细、松、软的技术标准，保证土墒适宜，按期下种，适当浅播，播深一致，使苗齐、苗全和苗壮。

选择优良品种，严格精选种子。播种用种的发芽率不得低于 75%，净度不得低于 97%，种球千粒重要在 20g 以上。甜菜种球的木质花萼粗糙，播前可用碾米机或石磙碾压，以便于下种。播种前还应用药剂拌种，预防病虫害，按每100kg甜菜种子，使用甲拌磷乳剂（3911）1～1.2kg，加清水 100kg 的溶液浸种 24h，阴干后即可，也可用占种子重量 0.8%～1.0%的敌克松和非醌粉进行干性拌种，防治效果都很好（陈宝书，2001）。

我国幅员辽阔，横跨各种气候带。甜菜的播种期可分为春、夏、秋三个时期，华北地区主要采用春播，一般在 4 月上旬至 5 月上旬，以土壤表层 5cm 范围内、日均温度 5℃左右为标准，在春小麦播种之后进行。我国中部甜菜种植区以夏播为主，以夏季作物收获时间而定，一般在 6 月下旬到 7 月中旬。长江流域及其以南地区多采用秋播（陈宝书，2001）。

甜菜地翻耕前按 30～70t/hm^2 的标准施足有机肥料，翻埋入土后，土肥在耕层中均匀混合融为一体是甜菜田间施肥的基础。播种时按磷酸二铵 75～100kg/hm^2 的标准配施种肥，与种子同时播入种沟，对抓早苗和壮苗有重要作用（陈宝书，2001）。

甜菜的播种方法有条播和点播两种，播种量为 20～30kg/hm^2，点播节省种子 50%左右，行距 45～60cm，株距 35～50cm（点播时），播种深度 2～4cm，播后要及时镇压（陈宝书，2001）。

3. 保苗措施　甜菜在苗期常遇到风、虫、盐、旱、病、冻等的危害，给抗灾保苗提出了较高的要求。

在苗期先要及时防治虫草害，以消除保苗阶段的最大威胁。并且应适时恰当地选择和使用各类农药，有效地控制病虫草害的发生。

对苗期有盐碱为害的土地，采用适时早播，及时破除土壤板结，进行中耕松土、铺沙、铺粪、压碱等田间作业，可避免和减轻盐碱为害，保全幼苗。在盐碱为害严重的土壤上，可采用育苗移栽法，增强抗盐碱能力。

北方地区春季大风频繁，降雨较少。幼苗常遇干旱和风沙之害，如有大风预报应及时给苗田灌薄水以防风蚀和干旱。实行开沟播种，起垄方向应与主风向垂直，可减轻风害和冻害。调整播期避开霜冻严重时期，适时早播，增强幼苗的抗冻力是预防冻害的主要方法。依据天气低温和寒流预报，及时在田间采取熏烟措施也可减轻冻害。

在灾情严重造成缺苗断行时，应采用催芽补种或间苗移栽的方法补齐田间幼苗。有些地块也可采用阳畦纸筒法育苗后移栽。甜菜幼苗生出 1 对真叶时，开始进行间苗，分 2～3 次作业，3～4 对真叶期定苗，株距条播 20～25cm。保苗数 7500～105 000 株/hm^2，饲用甜菜为 45 000～67 500 株/hm^2（陈宝书，2001）。

4. 施肥和灌水 甜菜是高耗肥型作物，需要的养分种类多，生育期内对营养持续吸收的时间较长。据报道，甜菜对氮、磷、钾的需要量比禾谷类作物分别高出 1.6 倍、2.5 倍和 3 倍。每生产 1t 块根需要吸收氮 4.5kg、磷 1.5kg 和钾 6kg（陈宝书，2001）。同时对钙、钠、铁、硫、镁、硼、钼、锌、铜等常量和微量元素都有不同程度的需求。土壤中各类元素的含量和供给能力高低不同，因此要经常向土壤中增补不足的种类和数量。及时进行施肥才能满足甜菜从幼苗生长到块根成熟后对各种养分的需要。

甜菜苗期所需要的氮、磷、钾占全生育期吸收量的比率分别为 20%、13.4% 和 15.5%。因而在苗期要结合间苗措施追施一定量的速效肥料以满足幼苗快速生长之需要。当甜菜进入叶丛繁茂期和块根糖分增长期时，该时期是地上营养器官和地下贮藏器官生长最旺盛、光合产物积累量最多的关键期，对氮、磷、钾等元素的吸收量达到高峰，分别占全生育期的 71.9%、49.5%和 53.3%，为满足需要，在生产上要结合定苗追施一定比例的氮、磷、钾等肥料，以速效氮肥为主，磷、钾肥为辅。在甜菜封垄前，要追施充足的磷、钾肥，并配合施入相当的氮肥，为块根的迅速生长、膨大和含糖量的提高准备物质条件，并可根据需要喷施微肥。到甜菜进入糖分积累期后，采用喷施增甘膦等方法促进块根中含糖率的升高。用浓度 0.03%的硼酸或硫酸锰及钼酸锌（硫酸锌）等微量元素溶液喷洒在甜菜的叶面上有较好的增产效果，可根据土壤缺乏状况选用（陈宝书，2001）。

水分对甜菜生育和优质高产也具有重要作用。甜菜在生育期内总耗水量由株间蒸发和叶面蒸腾两部分构成。株间蒸发就是土壤蒸发，主要由环境因素来支配，一般约占甜菜耗水总量的 30%～40%。可通过中耕松土等措施来调节株间水分蒸发量。据报道，甜菜苗期耗水占全生育期总量的 11.8%～19%；叶丛繁茂期和块根增长期为 51.9%～58.0%，糖分积累期相应的比率为 27.1%～36.2%。甜菜在幼苗期要求田间含水量为田间最大持水量的 60%左右，叶丛繁茂期和块根增长期需水多，其土壤最大持水量以 60%～70%为宜，而在糖分积累期土壤最大持水量以 50%为宜（陈宝书，2001）。

在甜菜幼苗期不浇水，适当蹲苗对促进根系生长有利。在春旱重、风沙大的地区，苗期可进行轻灌，灌后及时中耕、保墒、提温。甜菜进入叶丛繁茂期以后，叶片增多，叶面积增大，气温高，蒸腾量大，是需水的高峰期。一般在定苗后结合追肥灌头水，第二水可根据土壤含水量来确定，灌水次数与灌水量因各地气候条件不同有较大差异。在新疆甜菜高产地生育期内要灌水 5～7 次。从定苗水以后每隔 15～20d 灌水一次，总灌水量为 3000～4500m^3/hm^2。内蒙古、山西、宁夏、甘肃等地在甜菜生育期内，一般灌 4～5 次水，总灌水量为 2300～3800m^3/hm^2。苗期每次灌水 300～700m^3/hm^2。叶丛繁茂期后，每次灌水 600～800m^3/hm^2，每次灌水应尽量和追肥相结合。主要灌水方法是大田畦灌，在干旱地区应发展喷灌和滴灌等节水灌溉技术（陈宝书，2001）。

5. 中耕 甜菜田间中耕作业要和间苗除草措施紧密结合，第一次中耕要安排在间苗期进行，深度 3～4cm，主要目的是消灭杂草，疏松地表，提高地温和减少蒸发，促使幼苗茁壮生长。第二次中耕一般在定苗前后进行，深度可达 5～10cm，以加快幼苗后期的生长速度。每次灌水后都应及时安排中耕作业以解除土壤板结，减少土壤蒸发，到甜菜封垄一般要中耕 2～4 次，每次中耕也要注意和培土结合。甜菜生育中后期进行中耕和培土作业，可进一步改善块根的生长环境，促使其加快生长发育速度（陈宝书，2001）。

6. 收获利用 甜菜的收获期不宜过早或过迟。收获过早，由于甜菜块根未达到工艺成熟期，以致块根重量和含糖率不高，非糖物质相对增加，影响制糖结晶，减低出糖率。收获过晚，在北方，甜菜容易遭受霜冻或冻化损失，降低工艺品质，不耐贮藏（中国农业科学院甜菜研究所，1984）。甜菜生活第一年块根达到成熟的标志是多数叶片变黄，部分枯萎，生长过程趋于停止，根中水分减少，株丛疏松，叶片多斜立或匍匐，块根发脆，日增长停止，质量和含糖率达到最高值，具备了上述特征就表明甜菜块根达到生物学成熟的标准。北方地区通常在9月下旬至10月中旬收获甜菜。

甜菜收获时，应掌握“三先三后”原则：先收早苗，后收晚苗；先收岗地，后收洼地；先收远地，后收近地（常缨等，2001）。

饲用甜菜常根据饲料轮供计划分步骤提前开始收获。糖用甜菜在进入收获期后在机械或人工收获时，将大量的叶片收集起来，每1t左右集成一堆运回基地，部分可饲喂家畜，其余大部分可进行青贮。甜菜块根的收获方法为，在大面积种植区主要用拖拉机牵引摘掉犁壁的四铧或五铧犁在甜菜的行间深松土壤，切断尾根，犁起植株，犁铲入土20～22cm。无壁犁起收甜菜要人工配合，边犁边收边集堆。在种植面积较少的地方，甜菜块根普遍用畜力牵引的铲趟犁或翻地犁收获。一般是顺着甜菜行深松或深耕15～18cm，边耕（松）边人工拣拾和堆积块根。在起收过程中避免损伤块根。在田间要对收获的块根进行去头切削、积堆等工序。要及时把切削后的副产品收集起来，作为牲畜饲料。起收切削完的甜菜要在田间进行短期堆藏或较长期的沟藏。堆藏也称圆堆式保藏，主要方法是把田间块根按直径1.5～2m，堆高1～1.5m的规格堆积成圆锥体，每堆贮藏量为1～2t，堆好后在其上覆20～30cm厚的土层以保温。饲用甜菜的块根在结冻前要根据需要量运回饲养场进行窖藏或沟藏（陈宝书，2001）。糖用甜菜在生育期内一般不掰叶子，不然会严重影响块根增重和糖分积累。饲用甜菜在进入叶丛繁茂期后可有计划地分批分期掰下部分叶片，作为青绿饲料供家畜食用。

第二节 胡萝卜

学名：*Daucus carota* L. var. *sativa* Hoffm.

英文名：Carrot

别名：红萝卜、黄萝卜、丁冬萝卜

胡萝卜原产于中亚细亚一带。它在欧洲已有2000多年的栽培历史，之后从小亚细亚传入我国。由于它高产，病虫害少，易于栽培，管理较粗放，也耐贮藏和运输，全国各地均有栽培。

一、经济价值

胡萝卜是营养价值很高的蔬菜和多汁饲料作物。胡萝卜块根和茎叶的营养成分见表8-1，其中维生素B和胡萝卜素（1kg胡萝卜肉质块根含胡萝卜素40～250mg）的含量尤其丰富，用以喂乳牛和哺乳母猪能提高泌乳量，喂养幼畜和种畜能促进生长和发育，饲喂家禽能提高卵率及卵的孵化率。

表 8-1　胡萝卜的营养成分　（单位：%）

分析项目	水分	粗蛋白质	粗脂肪	粗纤维	无氮浸出物	粗灰分
食用胡萝卜	88.69	1.27	0.68	0.25	9.22	0.89
饲用胡萝卜	81.34	0.88	0.24	0.32	15.68	1.24
胡萝卜缨	81.94	3.87	0.09	3.34	7.59	3.17
青贮胡萝卜	84.32	1.17	0.53	2.65	6.07	4.67

资料来源：陈默君等，2002

胡萝卜的产量很高，一般产块根 45 000～60 000kg/hm²，鲜叶 24 000～30 000kg/hm²。胡萝卜味甜适口，各种家畜都喜食。饲喂的方法简便，煮熟、生食、青贮或晒干均可（陈宝书，2001）。

二、植物学特征

胡萝卜是伞形科胡萝卜属二年生草本植物。根系发达，播种后 45d 根就能深入70cm土层，90d 的根系入土深达180cm。主根肥大形成肉质块根，外形分为根头、根颈和根体 3 部分。肉质根圆锥形、圆柱形或纺锤形，有紫、红、橙黄、黄等颜色。胡萝卜的叶片为 3～4 回羽状复叶，色浓绿，具叶柄，表面密被茸毛，故蒸腾作用弱，较抗旱。早熟品种叶片较小，叶柄短而细，晚熟品种叶片较大，叶柄短而粗。胡萝卜抽薹后，株高 1m 左右。复伞形花序，一株上的小花数有时可达千朵。整株开花期约 1 个月，花小白色；5 瓣；虫媒花，易天然杂交。果实为瘦果。种子的种皮革质，透水性差，胚小，种子千粒重仅 1.0～1.5g（图 8-2）（陈宝书，2001）。

细胞染色体：$2n=18$。

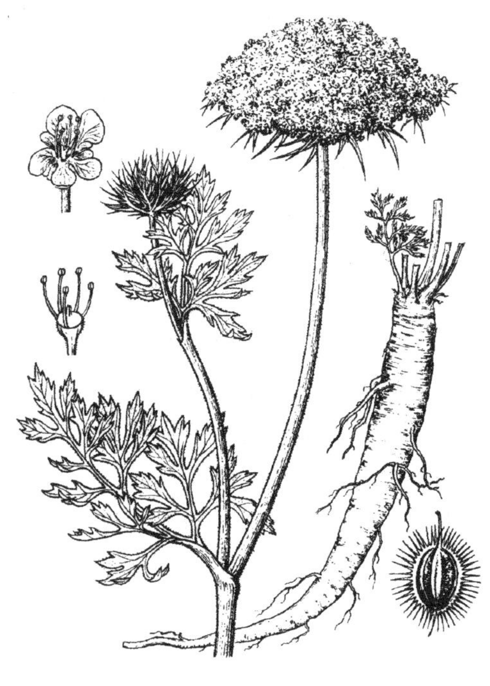

图 8-2　胡萝卜（陈默君等，2002）

三、生物学特性

1. 对外界条件的要求　胡萝卜为低温、长日照作物。由营养生长过渡到生殖生长，需经冬季低温（1～3℃）60～80d 的春化作用；在 2～6℃时需 40～100d。一般品种在光照阶段要求每天 12～14h 或以上日照。胡萝卜的幼苗达到一定苗龄时才能在低温条件下通过春化阶段。但南方少数品种或部分植株，也可以在种子萌动后和在较高温度条件下通过春化阶段，造成未成熟抽薹现象（陈宝书，2001）。

胡萝卜种子萌发的最低温度为 2～4℃，适宜温度为 18～25℃。种子发芽较慢，随着温度提高，可缩短发芽时间，8℃时需 25～41d 发芽，15℃时 8～17d，25℃时 6～11d（陈宝书，2001）。

幼苗耐热力和耐寒力均较强，植株能忍受－5～－3℃低温，在苗期 27℃以上的高温和干燥下，影响生长较小。叶部生长的最适温度为 23～25℃，块根为 13～18℃。25℃以上即降低产量，而且在高温下形成肉质根的颜色较淡，末端尖锐，品质差。相反，在较低温度下，形成的肉质根颜色深，末端圆钝，品质佳。但开花和种子灌浆期，却要求较高的温度，最适温度为25℃（陈宝书，2001）。

胡萝卜根系发达，叶片具抗旱性状，所以较耐旱。土壤的水分过多，导致茎叶徒长，肉质根细小，含水量多而味淡，但在播种、幼苗和肉质根生长期，必须保证土壤有足够的水分。土壤过于干燥，导致无法播种保全苗，而且肉质根瘦小、粗糙、常带苦味。土壤水分保持田间持水量的60%～80%，最适于胡萝卜生长（陈宝书，2001）。

土层深厚、富含有机质、排水良好的沙壤土最适宜胡萝卜的生长；土层薄、土质硬或黏重的土壤都不适于种胡萝卜。若栽培在黏重土壤上，肉质根的根形不佳，外皮粗糙，破裂者多，外观不良，如黏重土中含过多的腐殖质时，则根的色泽不好，多须根，易生瘤，分枝多，品质劣。若栽培于排水不良的土壤上，根多破裂，易腐烂。沙质土过于干燥，不利于发育，根发育亦不良。

胡萝卜对土壤溶液浓度较敏感，幼苗期土壤溶液浓度不应超过0.5%，成长植株不得超过1%。它在盐渍化土壤和强酸性土壤上生长不良，适宜在中性或弱酸性土壤中生长（陈宝书，2001）。

氮素是胡萝卜生长的必需营养元素，但土壤中含氮量过多，会促使叶簇过茂，肉质根相对发育缓慢而变小，产量降低，干物质含量减少，糖分降低，口味变劣。施用氮肥要配合磷、钾肥，特别是钾能促进形成层的分生作用，加速糖分积累，对增加块根产量和品质均有良好效果。

2. 生长和发育　胡萝卜从播种到种子成熟要经过两年。第一年为营养生长期，长成肉质块根，在南方露地越冬；北方则在贮藏中越冬，第二年春季定植而后抽薹、开花和结实，完成生殖生长阶段。

从播种至子叶展开，真叶露心，需10～15d，为发芽出苗期（陈宝书，2001）。胡萝卜的果皮和种皮透性差，种子小，所以不仅发芽慢，而且要求的条件也较严格。良好的发芽出苗条件才能保证苗齐、苗全。

由真叶露心到4～5叶，约经过25d，为幼苗期。这期间光合作用和根系吸收能力弱，生长缓慢，3～5d才生长出一片新叶，抗杂草能力差，对生长条件反应敏感。在23～25℃条件下生长较快，低温则生长较慢。所以，保证足够的营养面积、肥沃湿润和无杂草等土壤条件，以及适当的温度，幼苗才能茁壮生长（陈宝书，2001）。

4～5叶后进入叶生长盛期，亦称莲座期，是叶面积扩大、直根开始缓慢生长时期，所以又称肉质根生长前期。这个时期约需30d，对光照强度反应较敏感。光照不足，下部叶片要提早枯黄和脱落，从而影响肉质根的肥大。同时要注意地上部和地下部平衡生长，此时期同化产物仍以地上部为主，所以肥水供应上应掌握“促而不过旺”的原则（陈宝书，2001）。

其后，进入肉质根生长期，这时期经历的时间较长，约占整个营养生长期的一半。新叶继续生长，下部老叶不断死亡，故叶片能保持一定数目和面积。此时期应配合肥料和灌溉以保持最大叶面积，从而加强光合作用使形成的大量营养物质向肉质根运输贮藏。

四、栽培技术

1. 轮作　胡萝卜可与麦类等谷类作物或蔬菜轮作，前作最好施用大量厩肥，这样可以避免新鲜厩肥对胡萝卜肉质根的危害。胡萝卜苗期生长缓慢，易受杂草抑制，宜选择杂草发生可能性较少的土地来栽培。胡萝卜土壤传染的病虫害少，可连作 2～3 年（陈宝书，2001）。且连作后根形整齐，表面光滑，品质佳。但连作太长会使土壤养分贫乏。作为饲料作物，可以在农、牧场旁及其他肥沃的小块地种植，也可以与果树或其他幼龄林地间种。在饲料轮作中，青刈豆类、青刈玉米、各种瓜类和青刈麦类等，都是胡萝卜的良好前作。

2. 整地与施肥　胡萝卜要求疏松肥沃的土壤，深耕 20～25cm 并翻入腐熟细碎的厩肥，每公顷施肥 37.5t，耙碎，整平作畦。一般用平畦栽培，畦面必须平整，便于播种和灌水（陈宝书，2001）。

除耕翻施足有机肥外，要注意磷、钾、氮的配合。磷肥可使含糖量增加改善品质，促进肉质根的成熟；钾肥也可增加其含糖量和细致性，但不宜施用过多；氮肥在前期宜多，以促进植株的生长，后期不宜过多，以防地上部徒长影响肉质根的肥大，或使色泽不良，并降低其耐贮性。

3. 播种　胡萝卜种子有刺毛，不便于播种，且影响种子吸收水分，故在播前应将种子刺毛搓去，并以同量的沙或灰混合播种更好。胡萝卜种子含有挥发油，阻碍种子吸水，播前浸种有利于出苗。将去掉刺毛的种子浸在温水中，泡一夜后捞出，晾晒至种子表面水分消失，手握不成团时播种。每公顷播种 4.5～7.5kg（陈宝书，2001）。

单种多春播。胡萝卜出苗缓慢，太早播种容易受杂草危害，开裂根增多，甜味减少，故多在播完大田作物后播种。东北及高寒地区在 5 月下旬至 6 月中旬播种；西北和华北地区多在 7 月上旬至下旬之间播种，也可在麦收后进行复种胡萝卜，产量为 10.5～15.0t/hm^2。甘肃武威在 6 月中旬麦子浇最后一次水时，撒播于麦地中，麦收后加强中耕管理，每公顷可产 30.0～37.5t（陈宝书，2001）。

胡萝卜的播种方法有撒播和条播两种。条播行距 30cm，深度以 2～3cm 为宜，不宜深，因胡萝卜种子发芽力弱，深则出苗困难；撒播时，播前应充分灌水，播后一般不灌水，以免土壤板结，妨碍种子发芽出苗。如播后土壤干旱必须灌水时，在将近出苗时灌一次水，以助幼苗出土。播后用铁耙轻轻耙平，然后镇压（陈宝书，2001）。

4. 田间管理　播种后，幼苗期即可进行第一次行间松土，同时拔除行内杂草。胡萝卜全生育期内一般需间苗两次，第一次在苗高 4～6cm（幼苗 1～2 片真叶）进行，第二次在苗高 8～10cm（幼苗 4～5 片真叶）时进行，每公顷保苗 30 万～45 万株（陈宝书，2001）。

胡萝卜对化学除草剂除草醚有高度的抗性，因此使用除草醚对防治胡萝卜苗期的杂草有良好的效果。每亩用 25%的除草醚 0.7～1.0kg，兑水 60～100kg，于播后出苗前用喷雾器均匀喷洒于地表。也可以用除草剂 1 号（50%），每公顷用量 1.50～2.25kg，或 50%的除草净 100g，兑水 50～60kg（陈宝书，2001）。

胡萝卜喜水，多实行灌溉栽培。但要根据不同生长阶段对水分的不同需求进行灌溉。在发芽期需要供给充足的水分，保证发芽迅速，出苗整齐；夏播胡萝卜苗期正逢雨季，要注意排涝；在幼苗期不浇或少浇水，以促进肉质根向下生长；肉质根生长前期，可适当浇水，但不可过多，以免徒长，肉质根生长后期是收获部分生长最快的时期，宜足肥足水。

生育期一般追肥 2～3 次，第一次在定苗前后进行，以后每隔 20d 左右追第二次或第三次（陈宝书，2001）。但须注意，浇水时忽干忽湿，施肥时用新鲜肥或每次施肥量过大都易引起肉质根的破裂或发生叉根。

5. 收获及留种　胡萝卜耐寒性较强，早霜后午间仍能恢复生长，糖分在肉质根中继续积累。过早收获，不仅产量低，而且糖分积累也少；过晚则心柱扩大，甜味减退，甚至遭受冻害。一般春胡萝卜播后90～100d收获。秋胡萝卜收获期，寒冷地区在10月中下旬开始收获；上冻较晚的地区，则在立冬后收获（陈宝书，2001）。

选根形整齐，中等大小，整齐一致，具本品种形状的块根做母根，拧去叶，保留顶芽，贮藏过冬。窖的温度为1～4℃，相对湿度为85%～95%，每隔30～50d倒一次窖，及时剔除烂根（陈宝书，2001）。

6. 采种　翌春，选择无腐烂、无病虫害、顶芽生长茁壮的、经过冬季贮藏的母根作种株，于土壤表层地温达到8～10℃时定植。胡萝卜为异花授粉作物，不同品种之间容易杂交，不同品种采种地须隔离2km，行株距45cm×30cm，定植时宜使肉质根倾斜，以便接近温暖的表土层，提早生根。栽植深度以埋没全部肉质根为宜，覆土压紧，仅露叶柄，上覆马粪防寒（陈宝书，2001）。

抽薹后，花茎较高，须及时培土及设支柱，以防倒伏，主茎生长后，侧枝相继生长。开花参差不齐，种子成熟不一致，为了使养分集中，可留主茎和3～4个侧枝，摘除其他侧枝，以便获得品质良好的种子，成熟期稍趋一致。种子开始成熟后，可分次采收。为了提高种子产量，须进行灌溉和追肥。一般从定植至种子成熟需120～140d（陈宝书，2001）。

第三节　芜菁

学名：*Brassica rapa* L.

英文名：Turnip

别名：莞根、圆根、灰萝卜、不留克

芜菁是古老的栽培作物之一，在长期的栽培实践中，我国劳动人民培育了许多优良的地方品种，当时主要作为蔬菜用。新中国成立后在西藏、青海和四川阿坝地区广泛栽培。截止到2006年，江苏、湖北、江西、广西等省（自治区）都在进行推广，新疆、甘肃、内蒙古和河北坝上牧区也开始种植，是一种适于高寒地区栽培的块根类饲料作物（陈玉，黄丹枫，2006）。栽培的芜菁有两个类型：一个是块根扁圆形，多头（茎），叶片多；另一个是块根近圆形，单头，叶片较少。

一、经济价值

芜菁叶柔软，块根肉质美味，多汁，青嫩，适口性好，含有较高的营养成分，为马、牛、羊、猪所喜食见表8-2。尤其在冬春淡季，能保证供给家畜所需要的营养物质。除一般营养物质外，芜菁尚含丰富的维生素和矿物质。据分析，芜菁块根中每500g含维生素C 105～185mg，维生素B_1 0.4～1.2mg，维生素B_2 0.8mg，维生素PP 19.4mg，泛酸28mg。芜菁块根中含有一种能刺激甲状腺分泌的活性物质［(d)-5-苯基-2-硫代羧基丙酯］，这种物质起甲状腺素的功能。根叶汁液中还含有乙酸胆碱、组胺和腺苷，能起到降低家畜血压的作用（陈宝书，2001）。

芜菁是高产优质的饲料作物，一般产鲜块根叶37.5～67.5t/hm^2，在精细管理下可达75t/hm^{2}以上。青海玉树的栽培试验表明，水肥供应充足时，每公顷产块根60t，最高达100.5t。在海拔3200m的青海河卡地区，每公顷产块根115.5t（陈宝书，2001）。

表 8-2　芜菁的营养成分　　（单位:%）

类别		水分	粗蛋白质	粗纤维	粗脂肪	无氮浸出物	粗灰分	钙	磷
块根	新鲜	87.75	1.39	1.46	0.16	6.44	1.23	0.025	0.0020
	风干	12.65	11.39	11.93	1.30	52.61	10.12	0.205	0.0170
	全干	0.00	13.04	13.66	1.49	60.23	11.57	0.265	0.0195
叶	新鲜	85.70	2.16	1.71	0.39	6.85	1.76	0.015	0.0025
	风干	10.03	15.11	11.99	2.72	47.87	12.28	0.345	0.0180
	全干	0.00	16.79	13.33	3.02	53.21	13.65	0.396	0.0100

资料来源：陈宝书，2001

二、植物学特征

芜菁是十字花科芸薹属二年生草本植物。根部膨大形成扁圆形或略近圆形的肉质块根。直径 10～30cm，肉质根一半生长在地上，另一半生长在土内，肉质根下部呈圆锥状，根肉白色。花茎直立，高 80～120cm。主根明显，块根部长基生叶 10 片，具腋芽，常形成多头状，基生叶匙形，长 20～40cm，宽 7～15cm，大头羽状深裂或全裂，裂片边缘波状，叶面具茸毛或短刺毛，并有腺凸；第二年的茎生叶稍小，叶面常被白粉层，具半包茎的叶耳，茎下部叶与基生叶相似，上部长矩形，无裂片。茎直立圆形，高 40～100cm，自叶腋生出侧枝。总状花序顶生，花紫色或乳白色，花冠十字形。长角果圆柱状，稍扁，长 3～6cm，先端具喙，喙长 0.8～1.5cm，成熟后常裂开。种子于长角内呈念珠状排列，20～30 粒或以上，种子小，暗紫色或枣红色。千粒重 1.7～2.0g（图 8-3）（陈宝书，2001）。

图 8-3　芜菁（陈默君等，2002）
1. 块根及基生叶；2. 花枝；3. 基部的一片茎生叶；4. 剥掉花被的花；5. 花

细胞染色体：$2n=20$。

三、生物学特性

芜菁喜冷凉湿润的气候条件，抗寒性较强。地温在 3～5℃时种子便可萌发。幼苗能忍受 −5～−3℃低温。成株能忍受 −8～−7℃短时间的寒冷。开花期不抗寒，−3～−2℃低温即受冻害。其生长的第一年，最适宜温度为 15～18℃。在气温较低，空气湿润的条件下，块根和叶的生长较快，根中糖分增加，叶质变厚；如果温度过高，气候较为干燥时，则生长不良，产量降低，叶变小而质薄，块根变得干硬而苦辣，饲料品质大为下降（陈宝书，2001）。

芜菁属长日照植物，种植当年如果给予短日照条件，利于块根膨大，否则易抽薹开花，影响块根产量。

芜菁生长较快，块根肥大，叶片繁茂，不抗旱，耗水量较多。在整个生育过程中，要求土壤经常保持湿润状态，一旦幼苗生成，就具有较强的抗干旱的能力。芜菁对水分总的要求是前期较少，中期较多，到块根长成后、叶开始干枯时较少。如果生育后期多雨，空气过湿时，则块根变小，糖分减少，产量和品质均降低。

土层深厚、疏松、通气良好的肥沃土壤适宜芜菁生长，以沙壤土为最好，排水良好的黏土上也能成功地栽种，切忌土壤板结。芜菁较耐酸性土壤，最适宜的土壤 pH 为 6.0～6.5，黏重而沼泽化的酸性土壤则不宜种植（陈宝书，2001）。

芜菁为二年生植物，播种的第一年只长根叶，第二年抽薹、开花、结实。在温暖地区秋播时，冬季通过春化阶段，翌年在长日照条件下通过光照阶段，然后抽薹、开花、结实；寒冷地区春播，块根在冬季贮藏期间通过春化阶段，翌年栽植后抽薹、开花并结实。在青藏高原，一般 4 月播种，5 月出苗，6 月中旬块根膨大，9 月上旬收获块根，生育期为 135d 左右；种根窖藏越冬，第二年 5 月上旬栽种，6 月中旬开花，8 月下旬种子成熟，生育期为 120d 左右（陈宝书，2001）。

四、栽培技术

1. 轮作　芜菁不耐连作，在同一地块上宜每隔 2～3 年栽培 1 次（陈宝书，2001）。前茬以施用过大量有机肥料的作物为好，如瓜类、豆类、甘蓝、马铃薯、粟、黍等，也可以是麦茬。后作物以小麦、大麦、豌豆、蚕豆等较为适宜。

2. 播前整地和施肥　芜菁虽然对土壤的要求不严，但深耕细作仍很必要，因为其种子小，根系入土深，所以要整地细致，做到土地平整，土壤疏松，以利于根系发育和保墒。为了提高芜菁产量，有条件的地区，最好进行秋耕冬灌。因其肉质根入土较深，秋耕时应适当加深，以 20cm 为宜（陈宝书，2001）。若无冬灌条件，也应早春灌溉，然后及时浅耕和耙耱保墒，以利适时播种。华北多用平畦栽培，东北多垄作。

芜菁产量的高低与土壤肥力及施肥有很大的关系，特别是多施有机肥料，更能增产。芜菁对肥料的要求较多，在三要素中，以氮为主，钾次之，磷最少。肥力中等的土壤，每公顷施氮素 150kg，磷素 105～120kg，钾素 150kg 即可满足高产的要求。底肥以人粪尿、厩肥为最好，每公顷施 37 500kg 左右。同时配合施入适量草木灰，在酸性土壤上还应加施石灰。用磷、钾肥做种肥，也可显著提高产量（陈宝书，2001）。

3. 播种　播种前要进行种子消毒。可用 0.3%的甲醛浸种 5min，然后用清水洗净，阴干，即可播种（陈宝书，2001）。播种方式，采用大田直播（平播）或育苗移栽都可。播种时间因地区、品种不同而有差异，北方地区多春播，一般可与春谷类作物同时下种。掌握适时播种对芜菁产量影响很大，为了获得高产，要求适时早播。

芜菁的播种方法一般为条播，也可点播。株行距因品种及土壤肥力状况而不同，多数地区行距为 45cm，每公顷株数为 45 000～75 000 株。条播时，每公顷播种量需 3000～3750kg；点播时行距 35～40cm，每公顷 2250g 即可。覆土深度 1.5～2.5cm。土壤墒情好时可撒播（陈宝书，2001）。

高寒牧区种植芜菁时，因春季干旱多风，不利于出苗和幼苗生长，因而可采用育苗移栽的方法。育苗有露天育苗和温床育苗两种方法：露天育苗时，应选择背风向阳的地方做苗床，并须设置风障防寒，下种前要深耕、施足基肥，底层铺马粪。然后松土，作畦，畦宽 1.5m，长 5～10m。每公顷用 1500g 种子，覆土 2～3cm，稍加镇压即可。为了保持土壤湿度，最好加覆盖物和适时浇水。幼苗出现了 3～4 片真叶时带土移栽，移植后立即浅灌，以提高成活率（陈宝书，2001）。

芜菁不同的栽培方法，对其产量有很大影响。在河北地区育苗移栽，平均每公顷产73 926kg，直播每公顷平均产38 310kg。在青海省刚察地区育苗移栽，每公顷平均产158 835kg，直播122 940kg，产量比较高。但育苗移栽的缺点是消耗劳力较多（陈宝书，2001）。

4. 田间管理 芜菁种子播后4～5d即可出苗。大田直播的要及时进行间苗、定苗。一般在1片真叶期、3～4片真叶期间苗，4～5片真叶期定苗。间苗时，应先剔除发芽过早或过迟的，生长软弱不健全的，畸形的，而后再按品种特征进一步选别。芜菁苗期生长缓慢，应结合间苗进行中耕除草。为了防止块根外露，提高品质，生长期间还应进行2～3次中耕培土（陈宝书，2001）。

在芜菁生长期间，根据具体情况施用追肥效果甚好。追肥可施熟厩肥、人粪尿和化肥，前期以氮肥为主，37.5～75kg/hm^2，后期以磷、钾肥为主，可施入过磷酸钙150～225kg/hm^2。追肥施用时间，第一次在间苗或定苗时，第二次在封垄之前施入（陈宝书，2001）。

芜菁性喜湿润，水分充足，块根产量高、叶繁茂，但又不宜过湿。通常土壤含水量为田间最大持水量的60%～80%，发育最好。灌水原则是：苗期少浇或不浇，促使块根向下伸长和防止淹埋幼苗。干旱严重时可浇小水，以保持田间湿润。发育中期可适当浇水，但不宜过多，浇水过多会造成叶簇徒长，有碍营养物质积累；发育后期是生长最快的时期，宜足水足肥。灌溉后必须中耕培土，以防土壤板结（陈宝书，2001）。

芜菁生育期内还需要注意防治病虫害，其主要病害有白锈病、霜霉病等，可用波尔多液等进行防除。

5. 收获利用 芜菁叶肉肥厚，鲜嫩多汁，是畜禽的好饲料。当块根长成，外部出现黄叶时，可分期采收饲用。每次每株掰边叶2～4片，每10d左右掰叶一次，到收块根时掰完，留种植株不能采收叶子。块根收获时期应根据各地气候条件而定，收获过早影响块根产量，迟收招致霜冻，应注意必须在重霜前收获完成。在高寒牧区一般9月中、下旬收获，温暖地区在小雪前几天收获较为适宜，收获应在晴天进行（陈宝书，2001）。

芜菁的鲜叶稍带苦味，喂量过多时，家畜厌食，故喂量应由少到多逐渐增加，或掺和其他饲料喂。尤其不宜大量饲喂乳牛，如量过多，牛奶有苦味，但制成青贮料后苦味消失，直接饲喂或打浆后拌上精料喂猪均可。每头猪青贮叶或鲜叶的喂量为：小架子猪1～2kg，中架子猪2～3kg，大架子猪3kg以上。芜菁不能饲喂怀孕母畜，以防引起流产（陈宝书，2001）。

芜菁肉质根收获或从沟内取出后，洗净泥土，剔除病烂块，如果已经结冻，应在室内解冻后再喂食。

6. 保藏 南方冬季温暖，收获后切去叶片堆在室内即可安全保藏，随喂随取。块根贮藏期间要求最适温度为0～1℃，湿度为80%～90%（陈宝书，2001）。

我国北方地区气候寒冷，必须妥善保藏。北方芜菁的保藏可沟贮和地上堆贮。

（1）*沟贮法* 选择平整、干燥、地势较高的地方挖沟，沟宽1.5～2.0m，深2.0～3.5m，长度随芜菁数量而定。通常放一层芜菁一层土，直到离沟口50cm左右为止，以后随天气转寒逐渐加土，加土厚度以不使芜菁受冻为原则。内部温度最好保持在0～2℃，相对湿度保持在85%～90%（陈宝书，2001）。

（2）*地上堆贮法* 在冬季比较温暖的地区，可选择干燥避风的地方，把芜菁堆起来，上层盖上草帘或杂草即可。保存时，对不留种的肉质根须削去顶芽，以防发芽。有病虫及残伤的肉质根，应当剔除，防止腐烂和病虫害传播。

7. 留种 选择个体完整、大小适中、具有品种特征的肉质根作为留种母根，去叶，不要损伤顶芽及根系，保存越冬。第二年 3～4 月取出，按照 40cm×40cm 株行距栽种。植株抽薹开花时，应及时结合灌水施磷、钾肥，并进行中耕除草和培土，当植株 1/3 的角果变黄时即可收割。每公顷可产种子 2250kg 左右。为了加速繁殖，也可采取种根切块繁殖（陈宝书，2001）。

第四节 向日葵属

一、向日葵

学名：*Helianthus annuus* L.

英文名：Sunflower

别名：葵花、向阳花、朝阳花

原产北美，在美国西南部和墨西哥北部的干旱地区，野生向日葵分布很广。大约 400 年前由西方传入中国。中国南北各地都有种植，在东北地区和河北、内蒙古、山西、甘肃、新疆等省（自治区）均有大面积种植。世界上种植面积最大的地区为美洲，次为欧洲、亚洲，再次为非洲，大洋洲最少。

（一）经济价值

在同等条件下，向日葵较玉米产量高。如茎粗 4cm，株高 1.5～1.8m，葵盘直径可达 30cm，单株重为 3～4kg；如每公顷种植 30 000 株，其鲜重可达 90～120t/hm^2（陈默君等，2002）。

据分析全株含有较多粗灰分和无氮浸出物，粗纤维含量较低。叶中含有较丰富的蛋白质，晒干粉碎，用于喂猪，易被猪消化吸收。脱粒后的葵盘制粉也可喂猪，葵盘含钙多，最适宜饲喂仔猪、怀孕母猪和育成猪。葵盘含 3%的果胶，有黏性，与糠麸等饲料混合加热后成为糠粥，可增加适口性。其茎和脱粒后的葵盘晒干，可备冬季饲喂牛、羊。葵盘连同茎秆和叶子一起青贮，可作良好的青贮料。

向日葵种子是很好的油料来源和工业原料。种子榨油后的油渣，营养丰富，含有蛋白质 30%～36%，脂肪 8%～11%，糖分 19%～22%，可作为精料。其皮壳约占籽实重量的 30%，含脂肪 2%，粗蛋白质 4%，可作配合饲料（陈默君等，2002）。

向日葵的花期长，花蜜多，是很有价值的蜜源植物。

（二）植物学特征

向日葵为菊科向日葵属一年生草本植物。高 1～3m，根系强大，深可达 2.0～2.5m 或以上。茎圆柱形，多棱角，被粗硬毛，髓部发达，不分枝，有时上部分枝。叶互生，宽卵形，长 10～40cm，先端尖，基部心形或截形，边缘有锯齿，两面被短硬毛，具长柄。头状花序、盘状，单生于茎顶端，直径 10～40cm；总苞片多层、叶质，卵形或卵状披针形，先端尾状渐尖；花托托片半膜质；舌状花的舌片矩圆形，鲜黄色，不结实；管状花棕色或紫

图 8-4　向日葵（陈默君等，2002）

色，结实；冠毛膜片状，早落。瘦果矩圆状卵形或椭圆形，稍扁，有细肋，灰色或黑色（图 8-4）（陈默君等，2002）。

细胞染色体：$2n=34$。

（三）生物学特性

向日葵虽原产于热带，但对温度的适应性却十分广泛，既耐低温又耐高温，整个生育期需≥10℃，活动积温2600～3000℃。种子在4～6℃时发芽，幼苗可忍受－5～－4℃、甚至－8℃的春季骤寒，但生长后期遇霜冻，叶片会迅速枯萎。向日葵生长对水分要求很高，各生长时期所需水分不同，由出苗到花序形成消耗的水分占整个生育期需水量的20%～25%，开花至种子成熟过程占75%～80%。向日葵的根系庞大，可以吸收深层土壤中的水分，所以耐旱性较好。茎叶密生茸毛，具有耐高温与干旱的作用。耐盐性较强，据测定，在含盐量为0.3%～0.4%的盐渍土上，可正常生长；耐涝性与高粱相近。宜在黏质、壤质和沙质的黑钙土上栽种，不适于在沼泽化土壤和强石灰质土壤上种植（陈默君等，2002）。

向日葵为喜光作物，叶片、花盘每天都随太阳转动。它虽是短日照作物，但一般对日照长短都不敏感，良好的光照条件有利于生长和开花结实。

（四）栽培技术

1. 施肥与整地　向日葵需肥量大，从出苗到开花末期，需要全部营养物质的3/4。从花序形成到花期末，需氮最多；从出苗到开花，对磷素需求最多；从花盘形成到乳熟期，对钾素的需求最多。因此，应在生育初期追施磷肥，在花序形成之前追施氮肥，在花序形成甚至在开花期追施钾肥。施厩肥30.0～37.5t/hm² 作基肥，然后耕翻耙平（陈默君等，2002）。

2. 播种　向日葵有早熟种和晚熟种之别，前者生育期为100d左右，后者为130d以上。由于品种和各地区气候冷暖不同，其播种期也各不相同，河北早葵多于4月初播种，晚葵于6月下旬播种；东北、内蒙古地区多于5月上、中旬播种；甘肃、新疆、宁夏在5月播种。播种方法分开沟点播和条播，大面积可采用机播，播种量18.75～22.50kg/hm²，株行距45cm×45cm，覆土深度6～8cm，干旱地区播后镇压出苗快而整齐（陈默君等，2002）。

3. 定苗和中耕　苗高10cm左右时应及时间苗、定苗，留苗数可依品种、用途及土壤肥力而定，一般留苗3.75万～4.5万株/hm²，收籽用的宜稀植，青贮用宜密植，植株高大、叶片繁茂的品种宜稀植。当株高20cm左右时中耕除草一次，锄深5～6cm；株高30cm时再中耕一次，深度6～7cm（陈默君等，2002）。

4. 追肥和培土　株高25～30cm时追施化肥，株高40～50cm时培土15cm左右，培土时注意不要损伤植株。种子田，在花盘形成期应打杈，打杈时要避免损伤皮茎（陈默君等，2002）。

5. 排水和灌水　在干旱和半干旱地区，有条件者要进行灌水，可提高产量。在地下水位高或有积水的地方要及时排水。(陈默君等，2002)。

6. 授粉　向日葵为异花授粉作物，进行人工辅助授粉可提高结实率，从盛花期开始，每隔 1～2d 进行 2～3 次，每次授粉在早晨露水干后至中午 12 时效果最好。

7. 收割　青贮用，在盛花期刈割，含蛋白质高，粗纤维少，收获过晚，茎秆木质化，失去青贮价值。收籽用，舌状花和大部分叶片干枯，多数头状花序背面变成黄色，一般当田间全部头状花序的 60%～70%变成棕黄色时收割最好（陈默君等，2002)。

二、菊芋

学名：*Helianthus tuberosus* L.

英文名：Jerusalem Artichoke

别名：洋姜、鬼子姜、洋地梨儿

菊芋原产于北美洲。早在 20 世纪 30 年代前，菊芋在法国的种植面积就和马铃薯的种植面积几乎相等。后来，前苏联也将它列为重要的有价值的作物之一，被广泛种植利用。虽然菊芋在我国各地均有分布，农民也有种植用作蔬菜的习惯，但因对其栽培技术及饲用价值缺乏研究，未能引起人们的重视。因而，其种植面积受到很大限制。

（一）经济价值

菊芋的茎叶和块茎都是优良的饲料，其味甜，适口性好。新鲜的或青贮过的绿色茎叶，牛、马、骡、驴等均喜食，它的块茎脆嫩而富含营养，无论新鲜的或贮藏过的，畜禽均喜食。可生喂、熟喂，也可在茎叶收割后放牧。其开花期的营养成分见表 8-3。

表 8-3　开花期菊芋的营养成分　(单位:%)

样　品	水　分	粗蛋白质	粗脂肪	粗纤维	无氮浸出物	粗灰分	钙	磷
叶	7.80	15.55	3.29	13.78	42.41	17.08	3.21	0.139
块茎	8.02	7.96	0.37	4.06	4.91	4.91	0.17	0.200
茎秆	6.07	6.11	0.40	35.06	5.93	5.93	0.55	0.073

资料来源：陈默君等，2002

据前苏联报道，100kg 菊芋含 16.4 个淀粉当量，地下块茎中 14%～20%的无氮浸出物可转变成菊糖，进而转变成果糖。日本学者将菊芋的复合果糖干粉加到猪饲料中，结果试验组猪的腹泻发生率低，增长快，饲料转化率有改善。此外，菊芋复合果糖有利于猪肠道里某些微生物的生长增殖，因而试验组猪粪的不良气味减少。菊芋的块茎可用来制饲料酵母，20 000kg 块茎可生产 13 000kg 酵母蛋白质。一般每公顷产块茎 18 750～50 000kg，新鲜茎叶 15 000～30 000kg（陈宝书，2001)。

菊芋还可用于水土保持，解决淡季蔬菜及作为工业上和医药上重要的原料。

（二）植物学特征

菊芋是多年生草本植物，高 1～3m，具块茎，茎直立，上部多分枝，被短糙毛或刚毛。基生叶对生，上部叶互生，卵形、长圆状卵形或卵状椭圆形，长 10～15cm，宽 3～9cm，先端锐尖或渐尖，基部宽楔形，边缘有锯齿，上面粗糙，下面有毛，叶柄上部具狭翅。头状花序数个，生于枝端，直径 5～9cm；总苞片披针形，开展；舌状花淡黄色，管状花黄色。瘦

图 8-5 菊芋（陈默君等，2002）

果楔形，有毛，上端常有2～4个具毛的扁芒（图8-5）（陈宝书，2001）。

细胞染色体：$2n=102$。

（三）生物学特性

菊芋原产于温带稍冷的地区，故在其生长发育过程中，不要求高温。一般在我国北方较南方生长得好。块茎在6～7℃即可发芽，8～10℃发芽最好。春季幼苗可以忍受0℃以上低温的微冻，秋季植株地上部能忍受－5～－4℃暂时低温的侵袭。在冬季－30～－25℃低温中，菊芋块茎可以很好地保存在表面覆雪的土壤中。因此，种一次菊芋可连续利用多年（陈默君等，2002）。

影响菊芋块茎形成的主要因素是温度和光照。块茎形成的最适温度为18～22℃，过高过低对块茎的生长都不利（陈默君等，2002）。菊芋块茎的形成还要求黑暗条件，光对块茎的形成有强烈的抑制作用。块茎主要是在开花以后形成，此时具有块茎生长的适宜温度条件，同时，植株已基本停止营养性生长，大部分光合产物向地下部分运输，形成膨大的块茎。

菊芋适应性广，耐瘠薄，对土壤的要求不严格，凡是能生长其他作物的土地，它都能良好地生长，最适宜在轻质沙壤土种植，在废墟地、宅边、路旁、撂荒地等处也可生长。

菊芋为多年生块茎草本植物。地上部和根系入冬后枯死，但块茎仍保留在土壤中，待翌年春末、夏初，萌发条件适宜时发芽，形成新的植株。从栽种到植株枯死，全部生育期为6～7个月，较一般农作物长。菊芋主要依靠块茎进行营养繁殖。在块茎形成后，须经过一定时间的休眠期，一般为80d左右（陈默君等，2002）。然后，在适宜的生长条件下才能发芽生长。

在我国北方，菊芋只能开花不能结实，因为开花期较晚，开花后气温迅速降低，影响受精和种子的形成。在南方，4月间播种，8月开始现蕾开花，11月初地上部分全部枯死。在北方，现蕾和开花期要晚1个月左右（陈默君等，2002）。

菊芋出苗后30d左右，地下块茎处开始长出匍匐枝，60d左右时，其匍匐枝的先端开始膨大，形成小的块茎，块茎不断增大直至地上部分枯死。块茎一般重50～74g，大的重250～350g。一般每株生有15～30个块茎，多的有50～60个。块茎有的集中在根系的周围，有的较为分散，这与品种和土壤的疏松度有关（陈默君等，2002）。

（四）栽培技术

1. 播种前的准备 深翻地和施基肥。耕翻深度一般在00cm左右，如能深翻到60cm，产量还可提高；翻地过浅，不利于根系和块茎的生长，降低产量。耕翻最宜在前作物收获后进行，翌年春季播种前还须进行一次浅耕，耕后将地整平作畦，即可播种。耕地时配合施肥，施肥量依土壤的肥沃程度、前作物和肥料的种类而定，如施用厩肥，一般 45～75t/hm^2（陈默君等，2002）。

2. 播种　一般用种芋播种。播种前选重约 30g 左右的块茎作为种芋。播种时间：北方多于 4 月上、中旬土壤解冻后；南方常年均可播种。播种方法：采取正方形点播，株距与行距以 60cm×60cm 为宜，播种深度以 5～10cm 为好，可随土壤性质而定（陈默君等，2002）。

3. 田间管理　播种后 20～30d 即可萌发，长成幼苗。从幼苗期至收获期，要及时中耕除草，幼苗期及现蕾前可进行二次中耕（陈默君等，2002）。第二次中耕时，可同时在植株基部进行培土，以利块茎的生长发育。灌溉必须抓住三个关键时期，即幼苗期、现蕾期和盛花期。在幼苗期追施一次氮肥，可使植株多长枝叶，现蕾之前可追施一次钾肥，对块茎的增长有显著作用。

4. 收获和贮藏　收获时期主要决定于栽培目的和气候条件。以青绿枝叶作猪、羊饲料，宜在幼嫩期刈割，开花后茎秆粗硬，只能割取幼嫩部分饲用。在株高 80～100cm 时割取上部喂猪，残茬尚能继续生长。作青贮用，我国北方要在早霜前刈割，南方则在下部叶片开始枯死时刈割，留茬 10～15cm。调制干草，要在现蕾至始花期刈割，割下就地晒干，趁早晚吸湿发软时运回贮藏。以收获块茎为目的栽种，可推迟至第一次霜降时刈割茎叶，以免降低块茎产量。据报道，早春收获块茎比秋季收获块茎增产 12%，但在冬季严寒少雪和潮湿黏重的土壤上，须在秋季挖掘块茎，秋季收获的块茎可贮藏在浅堆或贮藏室内，温度以不超过 2℃为宜（陈默君等，2002）。

第五节　马铃薯

学名：*Solanum tuberosum* L.

英文名：Potato

别名：土豆、山药蛋、地蛋、洋芋、番薯、荷兰薯

马铃薯原产于南美洲的安第斯山区。大约在 1565 年马铃薯被西班牙引进栽种，后经西班牙传到意大利。1586 年英国人从加勒比海地区把马铃薯带回了英国，此后由于英国海上贸易船只来往于欧洲大陆，马铃薯随之传遍全欧。马铃薯在 17 世纪 20～50 年代，从当时的台湾传入福建沿海地区，后从福建传遍全国（陈宝书，2001）。马铃薯已成为我国人民喜爱的粮、菜和饲料兼用型作物，在我国广泛种植，在高寒山区种植面积最大。2012 年，马铃薯成为世界上分布最广的块茎作物，鲜重产量居世界第 4 位（在水稻、小麦和玉米之后）。

一、经济价值

马铃薯的单产高，增产潜力大，是其他粮食作物所不及的。更重要的是，它既能作为粮食，又能作为蔬菜，还能进行深度加工，是最有发展前景的高产经济作物之一，同时也是十大热门营养健康食品之一。因此，马铃薯生产在我国粮食生产和国民经济中具有十分重要的战略地位（徐洪海等，2011）。

马铃薯是宝贵的营养食品，营养成分齐全。马铃薯块茎中含有人体所不可缺少的 6 大营养物质：蛋白质、脂肪、糖类、粗纤维、矿物质和各种维生素。除脂肪含量低之外，淀粉、蛋白质、维生素 C、维生素 B_1、维生素 B_2 以及铁等微量元素的含量最为丰富，显著高于其他作物（表 8-4）（韩黎明，2010）。

表 8-4　马铃薯的营养成分　　（单位:%）

样　品	水　分	粗蛋白质	粗脂肪	粗纤维	无氮浸出物	粗灰分	钙	磷
茎叶（鲜）	87.90	2.27	0.60	2.53	4.43	1.82	0.23	0.02
茎叶（干）	11.03	20.00	4.93	18.57	32.50	13.41	1.72	0.46
块茎（鲜）	79.27	1.52	0.30	0.60	17.35	0.96	0.21	0.04
块茎（干）	9.71	6.60	1.29	2.72	75.02	4.66	—	—

资料来源：陈默君等，2002
注：一代表未测定

马铃薯块茎洗净后可直接作为多汁饲料饲喂肉牛、奶牛、猪、羊等家畜，切成块或蒸煮后可饲喂猪和各种家禽，利用效果更好。切成薯片晾干后，贮备起来或加工成薯粉与其他饲料成分配合后饲养单胃动物可替代能量饲料，作为精饲料来利用，将大大提高马铃薯块茎的饲用价值。

总之，若以5kg马铃薯折合1kg粮食，马铃薯的营养成分大大超过大米、面粉。由于马铃薯的营养丰富和养分平衡，益于健康，已被许多国家所重视，在欧美一些国家把马铃薯当做保健食品。法国人称马铃薯为“地下苹果”，俄罗斯称马铃薯为“第二面包”，认为马铃薯的营养价值与烹饪的多样化是任何一种农产品不可与之相比的。美国农业部高度评价马铃薯的营养价值，指出每餐只吃马铃薯和全脂奶粉，便可以得到人体所需的一切营养元素，并指出马铃薯将是世界粮食市场上的一种主要食品（韩黎明，2010）。

在给家畜饲喂新鲜马铃薯茎叶和块茎时应严格控制用量，每头（只）家畜一次不可供给过多。马铃薯茎叶和块茎中含有一种称龙葵素的生物碱，对家畜具有毒害作用，采食过多会引起家畜不适，严重者甚至会中毒死亡。当块茎发芽变绿或腐烂时，龙葵素的含量会急剧增加。据测定，每100g嫩芽中龙葵素含量高达500mg，每100g外皮中为30～64mg，每100g块茎中龙葵素为7.5～10mg。因此，发芽变绿或腐烂的马铃薯块茎不能用于饲喂牲畜（陈宝书，2001）。

二、植物学特征

马铃薯是多年生草本，高30～100cm。地上茎常直立，地下茎块状。叶为单数羽状复叶，小叶13～17，常大小相间，卵形或矩圆形，最大的长约6cm，最小的长不及1cm。伞房花序，顶生或侧生，花冠辐状，5浅裂，白色或蓝紫色。浆果球形，内有种子200～400粒。种子甚小，扁平，卵形，淡黄色或暗灰色。块茎是贮藏营养物质的器官，通常有圆形、扁圆形、椭圆形。外皮颜色有白皮、黄皮、红皮、紫皮等（图8-6）（陈默君等，2002）。

细胞染色体：$2n=48$。

图8-6　马铃薯（陈默君等，2002）

三、生物学特性

1. 对环境条件的要求

（1）温度　马铃薯适宜在冷凉气候条件下生长，既不耐高温又怕过分寒冷。薯块播种后，地表5cm以内的温度在7～8℃时开始萌芽。当土壤温度上升到10～20℃时出苗速度加快，苗期最适土壤温度为18℃，地上茎叶生长的适宜气温是21℃，如气温降到7℃时，茎叶就停止生长，−1℃就会受冻害。块茎形成期的最适土壤温度是16～18℃，当土温上升到25℃时，块茎生长缓慢；当土温达到30℃时，植株呼吸强度增大，有机物会被大量消耗，使茎叶缩小，植株生育受阻，块茎停止生长；若气温超过40℃，植株会严重受害被灼伤而死亡。马铃薯生育期内有效积温需要1400～2400℃，从播种到出苗需要200～300℃（陈宝书，2001）。

（2）水分　马铃薯虽较耐旱，但在生育期内仍需要适宜的水分条件。从块茎播种到出苗主要依靠母薯中贮存的水分，但土壤不可过分干燥，否则会对幼苗萌发和出土产生不良影响。马铃薯在苗期主茎和叶片虽然生长迅速，但总茎叶量仅占全生育期的20%～25%，干物质积累量占全生育期的3%～4%，对水分的需要量仅占全生育期15%左右。在马铃薯苗高达到15cm之前，要适当进行蹲苗锻炼，以促进根系生长。当苗高达到15cm以后应适时灌水，使土壤含水量达到田间最大持水量的60%～70%（陈宝书，2001）。

当进入块茎形成和增长期后，马铃薯地上部分茎叶生长和地下部分块茎形成都逐渐进入高峰期，是生长最旺盛、对水分需要量最大的时期。如果这个时期土壤缺水会造成块茎表皮细胞的木栓化，使薯皮老化。当水分再次满足时，块茎在其他部位恢复生长形成次生块茎，多畸形。马铃薯在进入块茎增长后期直到淀粉积累期要适当控制土壤湿度，如水分过多会使块茎感染各种病害，造成田间腐烂，给贮藏增加困难。这期间要求土壤湿度是田间最大持水量的50%～60%，对块茎的增长有利（陈宝书，2001）。

（3）光照　马铃薯是喜光作物，光照强度大，叶片光合强度高，块茎形成早，块茎产量和淀粉含量均高。

光周期对马铃薯植株发育和块茎形成及增长都有很大的影响。每天日照时数超过15h，茎叶生长繁茂，匍匐茎大量发生，但块茎延迟形成，产量下降；每天日照时数在10h以下时，块茎形成早，但茎叶生长不良，产量降低。一般日照时数为11～13h时，植株正常发育，块茎形成早，同化产物向块茎转运快，块茎产量高。早熟品种对日照反应不敏感，在春季和初夏的长日照条件下，对块茎的形成和膨大影响不大；晚熟品种则必须在12h以下的短日照条件下才能形成块茎（韩黎明，2010）。

（4）土壤和肥料　马铃薯对土壤条件要求不严格，但最适合在土层较厚、土壤通透性良好、疏松肥沃的土壤中生长。在通气性良好，保水、透水力适中，微酸或微碱性土壤上都适合种植马铃薯，但马铃薯不适合在地下水位过高、盐碱性过强的土壤上栽培。马铃薯是高产喜肥作物，对施肥反应敏感，增产效果显著。据内蒙古自治区农牧业科学院报道，每生产1t马铃薯块茎需施氮5.5kg、磷2.2kg、钾10.2kg。马铃薯对钾的需要量最高，氮次之，磷最少，对氮、磷、钾的需求比约为2.5∶1∶4.5（陈宝书，2001）。

2. 生长生育特点　马铃薯生育期是指块茎从打破休眠到芽眼萌发生长，最后到新块茎成熟的整个生育过程，也就是马铃薯从薯块到薯块的无性生长过程。马铃薯的整个生育期可分为休眠期、发芽期、幼苗期、发棵期、结薯期和成熟期6个时期。马铃薯植株各个时期的生长发育，就是在适宜条件下，靠根、茎、叶3部分的密切配合而完成的，并形成了其独特的生长特点（徐洪海等，2011）。

当马铃薯种薯播种后芽眼的幼芽开始萌发形成初生芽，随后在初生芽的基部生长出幼根。在幼芽出苗前就形成了相当数量的根系和一些胚叶，出苗后5～6d就会有4～6个叶片展开，根系开始从土壤中吸收水分和无机营养供幼苗生长，同时幼苗可继续从种薯中不断得到糖类及其他营养物质。种薯的营养供给作用可持续到出苗后的30d。当主茎上出现7～13个复叶时，生长点上开始孕育花蕾，侧枝开始形成（陈宝书，2001）。

马铃薯出苗后15～25d匍匐茎停止伸长，顶端开始膨大，进入地上部茎叶生长和地下部块茎形成同步进行的块茎形成期。该时期是决定结薯数量的关键，同一植株的块茎大都在这个时期形成。地下主茎中部偏下节位的块茎形成略早，生长最迅速，形成较大的块茎；而最上部和最下部节位的块茎生长慢，形成较小的块茎（陈宝书，2001）。

块茎增长期，马铃薯块茎的体积和重量快速增长。在适宜的条件下，该期内一穴马铃薯平均日增为20～50g，是块茎形成期的5～9倍，是决定马铃薯块茎产量和品质的关键时期。这一时期茎叶生长也较旺盛，日增加2～3cm的叶长，茎秆的分枝、总叶面积和茎叶鲜重等的增长速度均达到地上部分生长的最高峰（陈宝书，2001）。

当马铃薯开花结实即将完成时，茎叶生长渐趋缓慢或停止。植株下部叶片开始衰老变黄逐渐枯萎，便进入淀粉积累期。在该期内马铃薯地上茎叶贮存的养分仍继续向块茎中转移，块茎的体积基本不再增大，但重量继续增加。块茎内主要是淀粉在不断积累。表皮的细胞木栓组织日益加厚，薯皮愈加牢固，块茎内外气体交换更加困难。当茎叶完全枯萎时，块茎已充分成熟并转入休眠状态。

四、栽培技术

1. 轮作 马铃薯忌连作，也不能与茄科的其他作物进行轮作，否则易传染病害。马铃薯理想的前作有谷子、麦类、玉米等，其次是高粱和豆类作物，而胡麻、荞麦等茬口较差。马铃薯的后作可安排豆类、瓜类和绿肥作物，玉米、油菜和谷类作物。

马铃薯的主要轮作方式有以下几种（韩黎明，2010）。

3年制：马铃薯—麦类—豆类；

4年制：马铃薯—麦类—玉米—谷子；

5年制：马铃薯—棉花—麦类—玉米或谷子—棉花。

2. 间作和套作 马铃薯和粮、棉、油等作物进行间作和套作既可解决争地的矛盾，又可把马铃薯的种植向粮、棉、油等农区扩展。结合实际妥善安排马铃薯与小麦、玉米、棉花和瓜菜等作物实行间作、套作，可使一年一熟区获一年二熟、甚至多熟之功效，并可充分利用当地的光、热、水土等资源，提高复种指数。

3. 整地 土壤要深耕，深耕可使土壤疏松，改善土壤中的水、肥、气、热状况，有利于马铃薯幼苗出土和生长，根系入土分布，促进块茎增大，结薯增多；深耕还可灭除杂草、蓄水保墒。耕深20～25cm，有条件地区可翻到30～35cm。通常可按宽2～5m、长15～30m的规格作畦后种植马铃薯。起垄时可选用垄宽30～50cm、垄距60～80cm的规格进行（陈宝书，2001）。

耕翻深度因土质和耕翻时间不同而异。一般来说，沙壤土地或砂盖壤土地宜深耕；黏土地或壤盖砂地不宜深耕，否则会造成土壤黏重或漏水漏肥。“秋耕宜深，春耕宜浅”的群众经验值得推广，因为秋深耕可以起到消灭杂草，接纳雨雪和熟化土壤的作用；而春浅耕又有提高地温和减少水分蒸发的作用。在冬季雪少风大和早春少雨干旱地区，进行严冬碾压和早春顶凌耙磨，是抗旱保全苗的重要措施之一。无论是春耕还是秋耕，都应当随耕随耙，做到地平、土细、地暄、上实下虚、起到保墒的作用（韩黎明，2010）。

4. 选种　精选优良种薯，标准是薯块完整，不携带病虫害，没有冻伤，芽眼深浅适中，表皮光嫩、形状整齐，品种特征鲜明。从经济高效的思路出发，生产上常用中等大小的块茎用作种薯。要严格淘汰烂薯瘤薯，纺锤形的、芽眼凸起的、表皮粗糙老化的和龟裂、畸形的薯块，这类块茎常属感染了病毒或退化的薯块。

5. 播种

（1）播前准备　种薯应在播前40～45d出窖催芽处理。把种薯与潮湿的沙土或锯末分层堆放在温床或火炕上，堆放厚度为50cm，温度要保持在15～18℃，经10～15d当芽长至0.2cm时，把种薯移到避风向阳的屋前，放入铺垫着麦秸的沟内进行催芽。沟中的最高温度以18℃左右为宜，夜间和白天温度低于0℃时，要加覆盖物防寒。经过25～28d芽长0.5cm时即可切块栽植。种薯量较大时可采用露地浅沟催芽。先挖10～15cm深的浅沟，一般宽为2～3m，长随种薯量而定。先在沟底铺一层草然后放进种薯，夜间盖好，白天揭去覆盖物。经20d左右就能发芽，进一步催芽后即可切块栽种（陈宝书，2001）。

催芽的作用是促使薯块打破休眠，淘汰感病种薯，延长马铃薯的生长时间。种薯切块是把块茎按芽眼分割成若干小块，以节约种薯降低成本的方法。种薯的切块既不可因过小而影响产量，也不能因过大而增加成本，切块重量为25～50g时最适宜，每个切块上要带1～2个芽眼以便于控制密度，切块时要尽量多带薯肉。为预防病毒污染必须经常对切刀进行消毒。切块应安排在播前2～3d内进行，随切随播效果最好。利用30～50g重的小块茎直接播种，可降低发病率，节省劳力，提高幼苗的抗逆性，方便机械播种（陈宝书，2001）。

（2）播种技术　我国马铃薯的播种时间可分为春、秋、冬3个时期。南方各省主要是秋、冬播种，北方地区多实行春播。春季适时早播，以土壤表层10cm范围内温度为7～8℃时作为马铃薯开始播种的标志。东北和内蒙古地区马铃薯春播时间在4月中旬至5月中旬，西北地区在4月上旬到5月下旬，华北地区常在3月上旬左右进行（陈宝书，2001）。

马铃薯的播种量因切块和播种密度不同而有较大差异。如春播密度以9万株/hm^2计，播种量为1500～2900kg/hm^2；如每千克种薯切块70个时，播种量则为1200～1500kg/hm^2。秋播马铃薯当密度增加到12万株/hm^2时，播种量需要1900～2300kg/hm^2（陈宝书，2001）。

马铃薯播种方法可分为平作和垄作。在降雨量少、气温高、缺少灌溉条件的地区，为实现抗旱和丰产的目标，多采用平作。内蒙古、河北北部、山西雁北、青海的浅山区、甘肃的山旱地都属马铃薯平作栽培区。在平作栽培区耕作措施与其他作物一致。播种采用畜力牵引木犁，按一定行距先犁开一条深10～15cm的沟，在沟中按25～40cm的株距把薯块芽眼朝上播入沟中，再在薯块上盖一层厩肥后在沟边开犁覆土10～12cm，通常只为第一沟覆土不点种，第三沟按上述方法类比进行，也称隔沟播种。当一块播完后要进行纵横向交叉耱地，使地表平整细碎，上虚下实防旱保墒（陈宝书，2001）。

高寒阴雨、土壤黏重、地势低洼、排水不利和暴雨集中的地区，多采用马铃薯垄作种植方式。垄作可提高土温、抗旱、抗涝，便于中耕培土、灌水等田间管理，有促进马铃薯早熟的作用。在东北、宁夏南部、青海脑山和川水、新疆北部等地区，马铃薯采用垄作栽培。马铃薯垄作有播垄上和播垄下两种类型。种薯播在地平面以上或与地面齐平的方式称播垄上。种薯播在地平面以下，称播垄下。在低洼易涝地区块茎要播在垄上，岗地及春旱较重地区和早熟栽培种应播垄下。上垄播种是指在原垄上开沟点种薯块，施肥后，再把土合成原垄并适当镇压。下垄播种是指在原垄沟里点种薯块，施肥后，再犁开原垄向垄沟覆土并镇压。

马铃薯的田间播种深度，在干旱地区或沙质松散的土壤中种薯块可播得深一些，深度为10～12cm，在涝洼地区或黏重潮湿的土壤上薯块可播得适当浅些，一般为6～8cm（陈宝书，2001）。

6. 施肥和灌溉 施肥方法分基肥、种肥和追肥。在前茬收获后，先要施足基肥，一般应施厩肥3万kg/hm^2左右，均匀地撒布在土地表面，通过深翻等耕作措施达到土肥相融的状态。部分厩肥还可在播种时作顶肥（种肥）施用。种肥还应包括一定数量的速效化学肥料，一般按尿素38～75kg/hm^2或磷酸二铵30～60kg/hm^2用量施用种肥（陈宝书，2001）。

在马铃薯的生育期内还要分别在块茎形成期和块茎增长期前后，结合中耕和灌水等措施进行2～4次追肥（陈宝书，2001）。第一次追肥在马铃薯齐苗后结合头次中耕进行，以施氮为主，磷、钾为辅。第二次追肥应安排在现蕾期结合中耕培土和灌水进行，以磷、钾为主，施氮为辅。此后在马铃薯进入盛花期，也应根据需要结合中耕培土和灌水措施追施肥料。马铃薯在开花期，叶面喷施硫酸铜和硼酸溶液，不仅有显著的增产效果还可防病治病。

马铃薯需水量因气候、土壤、栽培季节和耕作措施等的不同，存在着较大差异。据测定，每形成1kg马铃薯干物质需消耗水分300～500kg。马铃薯生育期内不同阶段的需水特点是从播种到出苗主要依靠母薯中的水分，但土壤要保持湿润；当苗高于15cm后，需水量逐渐增多，到现蕾和开花期后需水量达到高峰，此时土壤出现干旱必须适时灌水，否则将造成块茎严重减产。马铃薯苗期土壤含水量应保持在田间最大持水量的65%左右，而块茎形成期相应指标应为75%～80%，块茎增长期为65%～70%，而淀粉积累期应为60%左右。土壤实际含水量低于上述指标就应及时灌溉。从生产上推算每1kg鲜块茎需耗水100～150kg，若以产块茎30t/hm^2计，需水量为3000～4500t（陈宝书，2001）。

7. 田间管理 马铃薯的田间管理内容较多，其主要任务是：为幼苗、植株、根系和块茎等创造优越的生长发育和保护条件。管理的重点应当随当年情况的不同而有所不同。田间管理具体要抓好：早拖耢、早中耕培土、早追肥、早浇水、早防治病虫害、早摘花摘蕾（徐洪海等，2011）。

（1）苗期管理 马铃薯播种后直到出苗要保持土壤疏松透气，如果田间杂草过多或地表板结时应及时中耕除草。出苗后要及时查田，发现缺苗后要及时从临近穴里取下多余的茎芽进行扦插补苗，掰茎时要尽量带上小块母薯，这样成活率高，扦插应在傍晚或阴天进行，要多带土，土壤干燥时要浇水。管理的原则是促进地下部生长，重点应放在疏松土壤，提高地温促进根系发育上。主要措施是中耕深松垄沟、除草和追施氮肥，按50～100kg/hm^2尿素或磷酸二铵的标准施用。中耕深度5～10cm，进行首次培土（陈宝书，2001）。

（2）中期管理 马铃薯进入块茎形成期后，管理的重点是结合追肥和灌水措施安排2～3次中耕培土作业（陈宝书，2001），植株封垄前要培厚土，同时要抓中耕除草，保持土壤疏松，提高地温，加速有机肥分解。开花后要适当进行摘花去蕾以调节植株的营养分配。马铃薯封垄前的中耕和培土要充分增宽培深，防止薯块露出地表以利于结薯。

（3）后期管理 马铃薯从块茎增长期到淀粉积累期的管理措施有行间中耕培土，防病治虫，花期喷施0.01%～0.1%的矮壮素以防倒伏，追施适量磷、钾肥，根外喷施铜、镁、硼肥溶液，防止叶片早衰等（陈宝书，2001）。

8. 收获 当马铃薯植株停止生长、茎叶逐渐枯黄、匍匐茎干缩易与块茎脱离，块茎表皮形成了较厚的木栓层，增重停止时，就标志着马铃薯的块茎已进入了收获期。马铃薯的具体收获期可根据用途、气候和土壤条件灵活掌握和安排。如作为饲料时可根据家畜需要提前安排，分期、分批地收获，直接或加工后饲喂各类家畜。作为蔬菜时要力争早收获早上市，以提高售价、增加收益。北方马铃薯种植区收获期多在 9～10 月（陈宝书，2001）。

马铃薯晚熟品种在收获前地面茎叶仍不枯萎时，可先用石磙在田间将植株压倒，造成人为的创伤，促使茎叶中的营养物质向块茎加速转移，达到催熟和增产的目的。对较青绿的马铃薯茎叶也可提前收割调制青贮，以便于机械进地作业。

马铃薯块茎的主要收获方法有人工采挖、木犁犁翻和机械收获等。无论何种方法收获，块茎翻出地面后都要及时拣拾，稍待晾干后就应集中堆放，以免见光时间长后块茎变绿。对播种行要复翻复拣，尽量收获干净。

人工用铁锹等农具沿播行翻垄起收块茎，收获率高，损伤少，但费工费时、作业效率低，不适合大面积马铃薯生产。

畜力牵引木犁或马铃薯收获机在田间作业，将薯垄翻起把块茎起出地面或一侧后，仍由人工拣拾归堆，适合于各种不同地形中、小面积马铃薯块茎收获。

悬挂抛送式收薯机和马铃薯挖掘机都采用轮式拖拉机牵引或液压悬挂后配套作业，效率高，收薯率 90%～98%，损伤率 1%～2%（陈宝书，2001）。

习题

1. 概述饲用甜菜的生物学特征。
2. 饲用甜菜的苗期保护措施主要有哪些?
3. 胡萝卜的生长发育对外界的要求有哪些?
4. 胡萝卜种子播前处理有哪些?
5. 芜菁的高产要点是什么?
6. 简述芜菁的灌水原则。
7. 芜菁收获时应该注意哪些问题?
8. 我国南北方对芜菁的贮藏有什么差异?
9. 菊芋块茎发生的要素是什么?
10. 菊芋收获时期的决定因素有哪些?
11. 马铃薯作为饲料饲喂家畜时要注意哪些问题?
12. 马铃薯选种的标准是什么?

第四篇 牧　　草

第九章　主要豆科牧草

第一节　苜蓿属

苜蓿属（*Medicago* L.）全世界约有 65 种，分布于欧洲、亚洲与北非，多为一年生或多年生野生草本植物，其中可栽培利用的不过 10 余种，均为优良牧草。我国有 9 种，分布较广，主要为紫花苜蓿、黄花苜蓿、金花菜、天蓝苜蓿、小苜蓿、南苜蓿、褐斑苜蓿和矩镰荚苜蓿。在这几种苜蓿中，我国栽培面积最大、经济价值最高的是紫花苜蓿。除紫花苜蓿外，南苜蓿、天蓝苜蓿和小苜蓿等为栽培利用极普遍和适应南方气候条件的品种，为优良豆科牧草和绿肥作物（陈宝书，2001）。

一、紫花苜蓿

学名：*Medicago sativa* L.

英文名：Alfalfa，Lucerne

别名：紫苜蓿、苜蓿

紫花苜蓿是世界上分布最广、栽培最早的牧草，原产小亚细亚、伊朗、外高加索和土库曼高地。目前，在全球南纬 40°至北纬 60°的广大地区均有栽培，有“牧草之王”的美称。我国栽培已有 2000 多年历史，广泛分布于西北、华北和东北地区，江淮流域也有种植。

（一）经济价值

紫花苜蓿适应性广、产量高、品质好，一年种植多年收获，是最好最经济的牧草。同时，紫花苜蓿也是很好的绿肥作物和水土保持植物，能改良土壤、提高土壤肥力、减少水土流失。而且，它也是一种良好的蜜源植物。此外，苜蓿芽菜和早春幼嫩苜蓿枝芽也可作为绿色食品供人们食用。到目前为止，世界上还没有一种豆科牧草（其中也包括苜蓿属中的其他栽培种）在各个方面能胜过紫花苜蓿。

紫花苜蓿质地柔软、味道清香，是各类家畜的上等饲草，不论青饲、放牧或是调制干草、青贮，适口性均好，各类家畜都很爱吃。其营养成分如表 9-1 所示。紫花苜蓿的蛋白质含量高，一般为干物质的 17%～23%，折合成每亩产量约在 150kg 以上；其蛋白质消化率高，约为 80%（内蒙古农牧学院，1990）。蛋白质中氨基酸比较齐全，动物必需氨基酸的含量丰富。紫花苜蓿中赖氨酸的含量是玉米籽粒的 3～4 倍，色氨酸和蛋氨酸的含量都显著高于玉米。

表 9-1　紫花苜蓿的营养成分　　（单位：%）

类　别	水　分	粗蛋白质	粗脂肪	粗纤维	无氮浸出物	粗灰分
青草	74.7	4.5	1.0	7.0	10.4	2.4
干草	8.6	14.9	2.3	28.3	37.3	8.6
青贮	46.6	10.0	2.5	14.6	22.0	4.3
干叶	6.6	22.5	3.4	12.7	41.2	13.6
茎秆	5.6	6.3	0.9	54.4	27.9	4.9

资料来源：陈默君等，2002

紫花苜蓿富含糖类。开花期紫花苜蓿，干物质中总能约为 17.7MJ/kg，消化能（猪）为 10.58MJ/kg，代谢能（鸡）为 6.61MJ/kg。畜禽饲料中添加适当的苜蓿草粉，能保持碳氮平衡，有利于增膘长肉和安全越冬。在科学饲养管理和合理搭配其他饲料的前提下，每添加 5kg 优质紫花苜蓿草粉，约能生产 2.0kg 猪肉或 1.5kg 鸡蛋。

紫花苜蓿维生素含量丰富。每千克等品质紫花苜蓿干草中，各种维生素的含量约：胡萝卜素 123.0mg、硫胺素 3.5mg、核黄素 12.3mg、烟酸 45.7mg、泛酸 29.9mg、胆碱 15.5mg、叶酸 2.0mg、维生素 E 128.0mg（肖文一等，1991）。不仅高于一般牧草，也高于玉米籽粒。其中胡萝卜素的含量为玉米籽粒的 30 倍，核黄素的含量为玉米籽粒的 8～10 倍。幼嫩苜蓿是猪、禽、兔和草食性鱼类的蛋白质和维生素补充饲料。紫花苜蓿含有各种矿物质，钙、磷、铜、钼、锰、锌、钴、铁、硒等都很充足，是一种高矿物质饲料。

在猪、鸡的饲料中添加一定量的苜蓿草粉，能促进畜禽健康，降低生产成本。蛋鸡和肉鸡饲喂紫花苜蓿，可提高卵黄、肉体肤色色素和商品价值，备受市场欢迎。在奶牛生产中饲喂苜蓿可以增加牛奶产量、牛奶含脂率和蛋白质含量，减少牛奶中体细胞数，提高经济效益。

图 9-1　紫花苜蓿（董宽虎等，2003）
1. 根颈；2. 枝及花序；3. 旗瓣；4. 翼瓣；5. 龙骨瓣；6. 荚果；7. 种子

（二）植物学特征

紫花苜蓿为多年生草本植物（图 9-1），平均寿命 5～7 年，长者可达 25 年。主根发达，入土深度 2～6m，侧根长 30～60cm，多数品种侧根不发达，60%～70%的根系分布于 0～30cm 的土层。根部共生根瘤菌，常结有较多的根瘤。由根颈处生长新芽和分枝，一般有 25～40 个分枝，多者达 100 个以上。

株高为 60～150cm，茎直立或斜生，光滑，菱形，较柔软，粗 2～4mm。三出羽状复叶，小叶长圆形、卵圆形或椭圆形，长 7～30mm，宽 3.5～15mm，叶缘上部 1/3 处有锯齿。顶端的一片小叶稍大，先端钝，具小尖刺。

蝶形花，各花在主茎或分枝上集生为短总状花序，有小花 5～30 朵，花紫色或蓝紫色，异花授粉，虫媒为主。荚果螺旋形，通常卷曲 1～3 圈，成熟时黑褐色，不开裂，内含种子 2～9 粒，种子为肾形，黄色或黄绿色，千粒重 1.5～2.0g。种子有硬实现象，经处理后才能发芽（陈默君等，2002）。

细胞染色体：$2n=16，32，64$。

（三）生物学特性

1. 对环境条件的要求　喜温暖半干旱气候，日平均温度 15～20℃最适生长，高温、高湿生长不利。抗寒性强，其耐寒品种可耐－30℃，有雪覆盖时可耐－40℃的低温。紫花苜蓿种子在 5～6℃的温度下就能发芽，但发芽速度很慢，最适发芽温度为 25～30℃，当温度超过 37℃时发芽停止。植株生长最适日平均温度为 15～21℃，35～40℃的酷热条件下生长受到抑制，苜蓿干物质积累的最适温度范围为白天 15～25℃，夜间 10～20℃。

紫花苜蓿主根粗壮、入土深，能充分吸收土壤深层的水分，故抗旱能力很强，在年降雨量 400～800mm 的地方，一般都能种植。年降雨量超过 1000mm 的地方，一般不宜种植。生长期间最忌积水，连续水淹 1～2d 即大量死亡。因此，要求排水良好，地下水位低于 1m 以下。

紫花苜蓿为喜光植物。充足的光照使其茎多叶密，颜色浓绿，产量高，品质好。北方高纬度长日照地区，光照条件好，适合苜蓿生长要求。苜蓿属于低光合效率作物，其刚开展的叶子同化 CO_2 的最大量为 70mg/dm^2。当光照强度不足 3000lx 时，会限制叶子吸收 CO_2。对光照长短不敏感，所以南北引种都能正常开花结实。在密集生长和遮阴条件下，分枝减少，徒长向上，宜与高大作物间种。在疏林和灌丛中种植，也能获得较高的产量。

对土壤要求不严格，沙土、黏土均可生长，但在土层深厚、富含钙质、含盐量在 0.1%以下、pH7～8 的土壤为最适宜。紫花苜蓿不耐酸，略耐盐碱，成株能耐 0.3%以下的盐分，在 NaCl 含量为 0.2%以下生长良好。

苜蓿是长日照植物。晚春及夏季长日照利于其生长发育，秋冬短日照下休眠，不同苜蓿品种对地理位置和短日照的反应有所差异。与苜蓿生产力相关的生长性状是苜蓿的秋眠性。苜蓿秋眠性是指在秋季北纬地区由于光照减少和气温下降，引起的生理休眠，导致苜蓿形态类型和生产能力发生变化，植株由向上生长转向匍匐生长，导致总产量减少的一种生长特性。这种变化在苜蓿秋季刈割之后的再生过程中差异明显。美国南方类型品种和北方类型品种之间这种差异表现十分明显。美国已经把苜蓿的秋眠性作为苜蓿品种鉴定的一个必测指标。美国苜蓿种子审定委员会（CASC）每年颁布一次美国苜蓿审定种子名录，其中，秋眠等级是特性描述的第一指标。

目前国际上通用的秋眠级数（Fall Dormancy）系统，是 20 世纪 70 年代由美国科学家 Barn 等提出的，他根据不同品种生长期的长短和抗寒能力，将苜蓿的秋眠性划分为九级标准，并提出 9 个标准对照品种，分别代表不同秋眠等级的苜蓿。1998 年，Larry Teuber 将 9 级秋眠体系扩充到 11 级，即增加了秋眠等级为 10 和 11 的标准对照品种。在紫花苜蓿的 11 个秋眠等级中，1、2、3 级属秋眠型，4、5、6 级属半秋眠型，而 7、8、9 级属非秋眠型，10、11 属于极非秋眠型。具体地说：秋眠级为 1 的品种休眠性最强，表示其抗寒能力最强，其标准对照品种是 Norseman；而秋眠级为 9 的品种，无休眠性，冬季生长活跃，但抗寒能力也最差，其标准对照品种是 CUF101。秋眠级越低的品种，因其春季返青晚，刈割后的再生速度慢，生产潜能也越低；而秋眠级高的品种，春季返青早，刈割后再生速度快，生产潜能明显高于秋眠级低的品种。因此苜蓿的秋眠性与生产能力和越冬性存在着极为密切的关系（洪绂曾等，2007）。

我国的苜蓿地方品种大多属于秋眠型。秋眠型苜蓿抗寒性强，但产量相对较低，再生较慢；非秋眠型品种抗热、抗病能力突出，产量高，再生快但耐寒性差；半秋眠型品种位于两者之间，所以秋眠级别是选择国外苜蓿品种时需首先考虑的因素。在我国北方寒冷地区一般选择秋眠级数为 1、2、3 级的品种，而在温暖的南方则选择秋眠级数较高的紫花苜蓿品种。

2. 生长发育　紫花苜蓿的生长发育状况因气候、品种和播种时期而不同。紫花苜蓿在陕西关中春播时，5～6d 即可出苗，15d 齐苗。幼苗根生长较早较快，茎生长较迟较慢。播后 40d，茎高仅 2～3cm，根长已 10cm 以上。其后，茎叶的生长渐快，播后 60d，茎高 16cm，80d 开始开花，茎高达 30～40cm。其后，茎叶生长又趋缓慢。种子成熟约需 110d。

紫花苜蓿在内蒙古呼和浩特的生育状况是，春播 5～6d 开始出苗，13d 齐苗，30d 后进入分枝期，53d进入现蕾期，70d开始开花，110d种子成熟。生活的第二年，4月初返青，返青到分枝期约24d，分枝到现蕾约23d，现蕾到开花约21d，开花到种子成熟约42d。其生育期为110d（内蒙古农牧学院，1990）。

紫花苜蓿的开花时间极不一致，一般开花时间可延续40～60d。开花顺序与花序形成顺序是一致的，即自下而上，自内而外。一朵花能开2～5d，晴天时间短，阴天时间长；晴天开花数多，阴天开花数少，甚至完全不开花。在一日之内，每天以9～12时开花最多，下午13时以后显著减少。开花最适宜的温度为22～27℃，相对湿度为53%～75%。

紫花苜蓿是很严格的异花授粉植物，须借助昆虫进行授粉。自交授粉率一般不超过2.6%。在一般情况下，花粉管进入子房的时间约8～9h，但在弹粉后大概24～27h才能受精（内蒙古农牧学院，1990）。

3. 生产力　紫花苜蓿为多年生豆科牧草，它的寿命很长，一般20～30年，寿命最长的可达100年。紫花苜蓿的产草量随栽培年限的增加而有所不同。一般在无保护作物的情况下，它的最高产量是在第二年和第三年；第四年到第五年以后产量逐渐下降。在有保护作物时，它的最高产量在第三年。

我国西北地区，如果生长季节雨水充足或有良好的灌溉条件时，一般年份可收获青草3～4次，每亩产鲜草量3000～4000kg，高者可达5000kg。在宁夏银川灌区，亩产青草5000kg以上，在新疆、甘肃及青海灌区达4000～6000kg（内蒙古农牧学院，1990）。

紫花苜蓿最适刈割期是初花期，即第一批花开了1/10时，也就是花稀少而根颈上长出许多嫩枝或芽时刈割。如果按一年刈割4次计，青草产量以第一次刈割为最高，约占全年产草量的50%左右，第二次占20%～25%，第三次和第四次各占15%左右。在正常情况下，紫花苜蓿种子产量一般为400～1400kg/hm^2。

我国紫花苜蓿的栽培历史悠久，长期以来形成了许多适应当地气候、土壤条件的优良地方品种。比较优良的地方品种或类型有：西北地区的关中型、陇东型、陇中型、河西型、映北型、新疆大叶型和小叶型；华北地区的晋南苜蓿、蔚县苜蓿；东北地区的公农一号；淮河流域的涟水苜蓿。在甘肃河西走廊灌区，许多优良地方品种表现很好，尤其新疆大叶苜蓿表现得更为突出，值得大力推广。新中国成立以来，我国科研工作者成功培育出了35个苜蓿新品种，其中种植面积较大的育成苜蓿品种有：中苜1号，甘农1号、2号、3号，公农1号、2号，草原1号、2号，新牧1号、2号、3号，新牧1号、2号、3号，图牧1号、2号，肇东苜蓿，龙牧801、803等。引进品种如三得利、猎人河、德宝苜蓿等可在华中部分地区种植。

（四）栽培技术

1. 轮作　紫花苜蓿是我国农作物中一种非常重要的作物。长期以来，我国农民就把它作为轮作倒茬的重要组成部分。在我国西北以及其他一些地区，农民用它与粮食作物套种轮作，既培肥了地力、增加了产量，又为牲畜提供了大量的优质饲料，所以农民一般都乐意种植。据吉林省农业科学院畜牧科学分院草地研究所测定，播种当年的苜蓿地，可产鲜根8.79t/hm^2，以后鲜根产量逐年增加，到了生长的第五年，可产鲜根40.8t/hm^2。翻耕后它不仅给土壤留下大量有机质，而且大大丰富了土壤氮素。

2. 品种选择　建立苜蓿草场能否成功的第一个因素，就是在苜蓿品种的选择上，首先要满足适宜在当地气候、土壤条件下生存且表现良好的要求。①适应栽培地土壤的酸碱度：一般苜蓿品种在土壤pH6～8时均能生存，最佳适应范围应为pH6.5～7.5。如果土壤酸碱度过大，应进行土壤改良。②抗病害：苜蓿病害较多，至今已发现有十多种病害可严重影响其生长。发病多见于生长的第二、三年以后，特别是一些在同一地区多年采用的单一品种，感病率较高。因此，在选择播种品种时，一定要选择无病害或抗病品种。引种时一定要进行检疫，防止外来病菌侵入。常见病害有炭疽病、凋萎病、褐斑病、根腐病、叶斑病、霜霉病、锈病等。③耐寒（热）性强：北方种植时，一些品种当年种植生长良好，第一个越冬期过后，出现部分植株死亡的现象，以后逐年减少，甚至全部死亡。因此，在选择种植品种时，越冬率是优先考虑的指标之一。要求越冬率第一年应在90%以上，第二年在80%以上，第三年在75%以上，以后维持在70%以上，就能保证草场建植。若越冬率在60%以下就会影响生产，不宜采用。南方种植时，应注意选择秋眠型和越夏率较高的品种。④高产、优质：苜蓿在满足水肥的条件下，年收割次数应在2次以上，干草产量应在15 000kg/hm^2以上，干草蛋白质含量应为17%～21%。低于以上指标则不宜采用。

3. 播期　一年四季均可播种，在春季墒情好、风沙危害少、气候比较寒冷、生长季节较短的地区，适宜早春播种。东北、西北等地区通常在早春顶凌播种，争取尽早出苗，以免受春旱、烈日及杂草的危害。在比较温暖的华北地区以及长江流域，以秋播为宜，最适播种时间分别为8月和9月，秋播墒情好，杂草危害较轻；也可在初冬土壤封冻前播种，寄籽越冬，利用早春土壤化冻时的水分出苗。春季干旱、晚霜较迟的地区可在雨季末播种。

4. 整地　紫花苜蓿种子细小，苗期生长特别缓慢，容易受杂草危害，播前要求精细整地，要做到深耕细耙，上松下实，以利出苗。有灌溉条件的地方，播前应先灌水以保证出苗整齐。无灌溉条件地区，整地后应行镇压以利保墒。在贫瘠土壤上需施入适量厩肥或磷肥做底肥。

5. 种子处理　播种前应精选新鲜、饱满、光亮、发芽率高的纯净种子。并进行处理，如破皮、晒种（2～3d）、短期高温（50～60℃温水浸泡15～30min）处理，以提高发芽率。播种前应进行根瘤菌接种，选择与苜蓿相应的根瘤菌种，用凉水调匀与种子拌和后再播到土里。紫花苜蓿苗期易受金针虫、金龟子、地老虎、蝼蛄等地下害虫危害，可用呋喃丹等农药拌种。

6. 播种方法　一般多采用条播，行距为10～30cm，播深为1～2cm，每公顷播种量为15.0～22.5kg。有时播种苜蓿行距可宽至1m左右。在寒冷地区，为了使紫花苜蓿能够安全越冬，可以采用沟播法。其方法是春播或夏播开深约10～15cm的沟，撒籽后稍覆土，秋后将垄背耱平。紫花苜蓿除了单播外，还可与禾本科牧草进行混播。

7. 中耕除草　苜蓿苗期生长缓慢，易受杂草危害，从出苗到分枝期，要中耕除草2～3次，分别在出苗后、2～3片真叶时（苗高7～8cm）和7～8片真叶（苗高15～20cm）时进行。越冬前应结合锄草进行培土越冬。

8. 施肥　为了保证紫花苜蓿高产稳产，施肥是一项非常关键的措施。紫花苜蓿以施基肥为主，适当搭配化肥。各种厩肥、堆肥、灰土粪肥等都可施用。有机肥施量为每亩2000～3000kg。为了促进紫花苜蓿初期生育旺盛，获得高产，可每亩施过磷酸钙15～20kg，硫酸铵5～15kg。与有机肥料混拌后，翻地前施入。每亩收获1500kg干草时，紫花苜蓿大约要摄取37kg氮素，3.7kg磷素，37kg钾素，26kg钙素，4.5kg镁，3.7kg硫。此外，硼肥也可使苜蓿产量明显提高，并能使饲草品质改进。土壤中硼含量的临界水平对苜蓿来说是0.3mg/kg。酸性土壤要提前一个月或两个月施用石灰，施多少应根据pH高低而定。参考施用量为：pH6～7，每亩施5～10kg；pH5～6，每亩施10～20kg；pH5，每亩施20～40kg；

pH4.5 时，每亩施 40～80kg。施石灰不仅有利于根瘤菌存活下去，而且有利于根瘤形成和使根系发达充分吸收养分。返青前或刈割以后必须追肥。

9. 灌溉排水　紫花苜蓿是一种宜于进行灌溉的牧草。在潮湿地区，当旱季来临、降水量少的时候进行灌溉，能保持高产，提高饲草品质，提高越夏率。在半干旱地区，降水量不能满足高产的需要，因此需要根据情况补充水分才能获得高产。在干旱地区，如不进行灌溉几乎没有什么产量。干旱或寒冷地区，冬灌能提高地温有利于苜蓿越冬。地下水位高的地方，排水可使通气状况改善、微生物活动增加、土壤温度提高、冻害减少。在陕西关中和晋南地区，灌区苜蓿产量比旱地苜蓿成倍增长。有研究指出，紫花苜蓿各个生育期的适宜需水量为：从子叶出土到茎秆形成要求田间持水量的 80%；从茎秆形成到初花期为 70%～80%；从开花到种子成熟为 50%左右；越冬期间为 40%。紫花苜蓿对水分的需要还因品种而异。当水分供应适量时，紫花苜蓿的叶色呈现淡绿，如果叶色变深说明缺水情况开始出现，这时就应进行灌溉。

10. 刈割　从每年刈割两次、三次的产量效应看，刈割三次时虽然产草量最高，但刈割三次后植株发育较差，株数减少。从花蕾期、初花期、盛花期、结籽期刈割时产量的效应看，在盛花期刈割时产草量最高，植株寿命最长。在盛花期刈割时能够使紫花苜蓿根内贮存大量糖类和保持植株旺盛的生活力。但是刈割适期的确定不仅要考虑产草量而且还要考虑质量。初花期单位面积营养物质产量最高，但从初花期到盛花期产草量仍在增加，主要增加了纤维素成分。加上其他一些原因，所以一般认为在初花期刈割比较合适。

北方应特别注意秋季刈割时间的掌握，一般认为在早霜来临前 30d 左右应该停止刈割。如果在这个时期以后刈割，就会降低根和根颈中糖类的贮藏量，不利于越冬和翌年春季生长。刈割高度对产量和植株存活情况也很重要。只要正确掌握刈割时期，留茬高度低的比留茬高度高的要好一些，原因是刈割高度低时产草量和营养物质产量都高。刈割高度一般为 4～5cm，越冬前最后一次刈割高度应高一些，一般为 7～8cm。这样能保持根部营养和有利于积雪，对苜蓿越冬很有好处。

11. 放牧　紫花苜蓿的产量高质量好，是各类家畜的优等牧草。它的蛋白质含量高，用作反刍家畜、单胃家畜和家禽，如马、猪、鸡的放牧饲草特别好。紫花苜蓿的钙、镁、磷和维生素 A、维生素 D 的含量很丰富，在同等消化率条件下，它的摄食量要比禾本科牧草多。在用作放牧时，管理很重要，为了保持紫花苜蓿在草层中的组成相对稳定和生长旺盛，应进行划区轮牧。如果进行自由放牧，则会毁掉苜蓿草层。一般来说，紫花苜蓿在放牧时大概需要35～42d 的时间才能恢复生长，对它的危害不大。每亩苜蓿草地，可牧牛 2～3 只，或羊 5～6 只，每天放牧 4～5h。

紫花苜蓿在放牧中一个值得注意的问题是，反刍家畜如果在单播苜蓿地上放牧时，容易得膨胀病。发生膨胀病的主要原因是由于紫花苜蓿青草中含有大量的可溶性蛋白质和皂素，它们是引起反刍家畜发生膨胀病的主要泡沫剂，能在反刍家畜瘤胃中形成大量的持久性泡沫。这种泡沫产生后能妨碍瘤胃中 CO_2、CH_4 等气体的排出，从而发生膨胀。单宁能够沉淀可溶性蛋白质，但由于紫花苜蓿本身不含单宁或含量很少，因而容易发生膨胀病。防止家畜得膨胀病的方法很多，主要有：不要在未成熟的草层中放牧，在紫花苜蓿-禾本科混播草地中放牧，禾本科最少要占 50%，一般采用苇状羊茅、无芒雀麦与苜蓿混播；避免让处于饥饿状态的家畜去采食苜蓿，放牧前最好喂给苏丹草或燕麦干草。

12. 收种　紫花苜蓿一年中第一茬花最多，故头茬收种。南方也可用头茬收草，二茬收种。收种时间通常是在大部分荚果已由绿色变成黄色或褐色，即有1/2到3/4的豆荚成熟时即可收获。收种紫花苜蓿的栽培技术条件要比收草的高，如整地要精细，最适播量每亩0.4kg，苗要稀，行距要宽，最低为30cm以上，施肥要足，特别是磷、钾肥，现蕾后喷施硼肥（750～1000g/hm^2，分2～4次，浓度0.02%）。花期放蜂或人工授粉，在苜蓿开花期每日上午8～12时用扫帚在苜蓿顶部轻轻扫动，或用长绳两人各执一端在苜蓿梢部拉过，每日往返1～2次，连续3～5d，均可达到授粉目的（内蒙古农牧学院，1990）。

（五）饲草加工

1. 地面自然干燥　自然干燥即阳光晒制，要严防遭雨霉烂。故无论是南方还是北方，都要在旱季刈割调制。在东北和华北地区，6月中、下旬至7月上旬为少雨季节，阳光充足，秋高气爽，是调制干草的适宜时期。割下后就地摊成薄层晾晒，每天翻倒1～2次，使其快速干好。下雨时堆成小垛，雨后继续晾晒，待纯干后运回贮存。

2. 架干晾晒　可采用木架或铁丝架晾晒。这虽然提高成本，但能防止雨淋，获得品质优良的苜蓿干草。干燥效果最好的是铁丝架干燥，选两天内无雨的天气刈割，割下晾晒1～2d，经预干后再挂晒。利用太阳热和风，在晴天经10d左右即可获得水分含量为12%～14%的优质干草。干好后要趁早晚吸潮发软时运回贮存，严防遭雨发霉和鼠虫损害。据报道，用铁丝架调制的干草，比地面自然干燥的损失减少17%，品质评分高10分，消化率提高2%。由于色绿、味香、适口性好，日采食率比自然干燥的干草多0.6kg。

绿色的紫花苜蓿干草，可用高速粉碎机制成不同粒径的草粉。粒径为1～2cm的苜蓿草粉可喂牛、羊，占日粮比率的40%～70%；粒径为1～2mm的草粉可喂猪、鸡，前者占日粮比率的30%～50%，后者占日粮比率的3%～5%，是配合日粮的组成部分（肖文一等，1991）。

二、黄花苜蓿

学名：*Medicago falcata* L.

英文名：Sickle Alfalfa，Yellow Sickle Medick

别名：苜蓿草、野苜蓿、黄苜蓿、花苜蓿、镰荚苜蓿

黄花苜蓿广泛分布于欧洲、亚洲，尤以西伯利亚和中亚细亚等地为多。我国新疆、内蒙古分布甚广，东北、华北和西北都有野生（陈宝书，2001）。

（一）经济价值

黄花苜蓿为优良饲用牧草，可供放牧或刈割干草，青鲜状态的黄花苜蓿各种家畜如羊、牛、马均喜食。它能增加产奶量，有促进幼畜发育的功效，且有催肥作用。种子成熟后，其植株仍被家畜所喜食。冬季虽叶多脱落，但残株保存尚好，适口性尚佳，制成的干草也为家畜所喜食。利用时间较长，产量也较高，每公顷产鲜草7500～9000kg。

黄花苜蓿具有优良的营养价值，纤维素含量低于紫花苜蓿，粗蛋白质含量和紫花苜蓿不相上下。但结实后粗蛋白质含量下降较明显。其营养成分见表9-2（陈宝书，2001）。

表9-2　黄花苜蓿的营养成分　（单位:%）

生育期	水　分	粗蛋白质	粗脂肪	粗纤维	无氮浸出物	粗灰分	钠	磷
现蕾期	6.90	26.1	4.80	14.8	38.5	8.9	—	—
盛花期	14.0	17.3	1.40	40.2	19.3	7.8	0.51	0.15

资料来源：陈默君等，2002

图 9-2　黄花苜蓿
（陈宝书，2001）

（二）植物学特征

黄花苜蓿为多年生轴根草本植物。主根发达粗壮。茎斜升或平卧，长 30～100cm，分枝多，每一株丛可自根颈处萌生 20～50 个，有时达 100 个以上。三出复叶，小叶倒披针形、倒卵形或长圆状倒卵形，上部叶缘有锯齿。总状花序密集成头状，腋生，有小花 10～20 朵。黄花苜蓿与紫花苜蓿的主要区别为花冠黄色，荚果稍扁，镰刀形，长 1～1.5mm，被伏毛，含种子 2～10粒（图 9-2），千粒重 1.20～1.51g，平均 1.36g（陈宝书，2001）。

细胞染色体：$2n=16$，32。

（三）生物学特性

黄花苜蓿耐寒、耐风沙与干旱，其抗寒性和耐旱性比紫花苜蓿强，在一般紫花苜蓿不能越冬的地方，它皆可越冬生长。在有积雪条件下，能忍受－60℃低温，属耐寒的旱中生植物。适于年积温 1700～2000℃及降水量 350～450mm 的地区生长。多见于平原、河滩、沟谷、丘陵间低地等低湿生境的草甸中，很少出现在森林边缘（陈宝书，2001）。

黄花苜蓿喜肥沃的沙壤土。在黑钙土、栗钙土上生长良好。在干燥疏松的土壤上，主根发达，可伸入土中 2～3m，亦有根茎向四周扩展。在盐碱地上亦可生长，但根多入土不深，发育不良（陈宝书，2001）。

黄花苜蓿一般多呈开展的株丛，茎多斜升或平卧，不便于刈割，少有直立。再生能力尚强，但远不及紫苜蓿，每年可刈割 1～2 次。耐牧性强，是一种放牧型牧草，异花授粉植物。在我国东北及内蒙古东部地区，黄花苜蓿 5 月中旬萌发，7 月初至中旬现蕾，7 月至 8 月中旬开花，8 月至 9 月中旬果实渐熟。甘肃武威种植，生活当年株高 70～80cm，次年 4 月初返青，8 月上旬种子成熟。

许多国家引入黄花苜蓿栽培并选育出不少优良品种，并用它与紫花苜蓿杂交，如我国培育了适应我国北方寒冷地区种植的杂种苜蓿，有草原 1 号苜蓿、甘农 1 号杂花苜蓿，抗寒、抗旱性强，每公顷干草产量达 9000～12 000kg（陈宝书，2001）。

（四）栽培技术

黄花苜蓿的栽培技术与紫花苜蓿相同。新种子硬实率较高，最高可达 20%以上，所以播前应进行种子硬实处理，以提高出苗率。播后当年生长比紫花苜蓿慢。刈割或放牧后再生缓慢，种子产量低，易落粒，是生产中值得注意的问题。

第二节　草木樨属

草木樨属（*Melilotus Mill.*）植物系一年生或二年生草本植物。原产欧洲温带地区，美洲、非洲、大洋洲早已引种栽培。全世界草木樨属植物约有 20 余种，其中大面积栽培的有二年生白花草木樨和黄花草木樨。我国现有草木樨属植物 9 种，主要是白花草木樨、黄花草木樨、香甜草木樨、细齿草木樨、印度草木樨、意大利草木樨、伏尔加草木樨和雅致草木樨。我国东北、华北、西北均有栽培，以甘肃、陕西、山西栽培最多。我国北方栽培的以白花草木樨为主。细齿草木樨因香豆素含量较低也日益引起重视。

一、白花草木樨

学名：*Melilotus alba Medic. ex albus* Desr.

英文名：White Sweetclover

别名：白甜车轴草、白香草木樨、金花草

白花草木樨原产亚洲西部，现广泛分布于欧洲、亚洲、美洲、大洋洲。我国于 1922 年引进种植，主要在东北、华北、西北等地栽培（陈宝书，2001）。

（一）经济价值

白花草木樨是我国著名的优良饲料作物，也是重要的水土保持植物、绿源和蜜源植物，有些地区还可用作燃料。在我国北方常用做改良盐碱地和瘠薄地的先锋植物，在退耕还草和改良天然草地时也是首选草种之一。因此，俗称“宝贝草”。

白花草木樨产草量高，春播当年青草 900kg/hm^2 以上，第二年 30 000～52 500kg/hm^2，西北地区高产者可达 67 500kg/hm^2。种子产量也很高，750～1500kg/hm^2，种子含粗蛋白质 26.35%，炒熟，喂时应先将种子粗磨一遍，筛去皮壳、泥土、杂质，经过蒸煮或焙炒，磨碎或用开水浸泡 1～2d 即可饲喂，亦可掺在精料内混喂（陈宝书，2001）。

白花草木樨是家畜重要的优质牧草之一，可作为青饲、调制干草、放牧、青贮等用，具有较丰富的营养价值（表 9-3）。在干物质中，其粗蛋白质含量仅次于紫花苜蓿，还含有丰富的糖类、矿物质和维生素。白花草木樨种子也是很好的精饲料，粗蛋白质含量 23.35%，高于高粱和玉米，矿物质含量也非常丰富。但是，白花草木樨含有香豆素（Cumarin），其含量为 1.05%～1.40%，具有苦味，释放香子兰气味，初喂时家畜不太习惯采食。有些地区，经常与谷草或苜蓿等混合饲喂，使之逐渐习惯。草木樨调制成干草后，香豆素会大量散失，所以其干草的适口性较好。

表 9-3　白花草木樨的营养成分　（单位：%）

样　品	水　分	粗蛋白质	粗脂肪	粗纤维	无氮浸出物	粗灰分
叶	11.8	28.5	4.4	9.8	36.5	9.0
茎	3.7	8.8	2.2	48.8	31.0	5.5
全株	7.37	17.51	3.17	30.35	34.55	7.05

资料来源：陈宝书 2004

白花草木樨茎枝较粗并稍有苦味，早霜后，苦味减轻，各种家畜均喜食，特别是马、牛、羊、猪等吃后增膘快，效果好。白花草木樨草地上放牧反刍家畜时不会引起膨胀病，但不宜多食，特别是腐烂的草木樨不能喂家畜，因为香豆素在霉菌的作用下，可转变为双香豆素，抑制家畜肝中凝血原的合成，破坏维生素 K，延长凝血时间，致使出血过多而死亡。可用浸泡的方法去除香豆素和双香豆素，清水浸泡 24h 去除率达 42.30%和 42.11%；用 1%的石灰水浸泡去除率为 55.98%和 42.35%。

草木樨作为优良的绿肥作物产量高、固氮能力强、易分解、肥田效果好，其含氮量比大豆还高（表9-4）。种过两年白花草木樨的土地，含氮量增加13%～18%，含磷量增加20%，有机质增加36%～40%，水稳性团粒增加30%～40%，同时土壤疏松，土壤孔隙度增加，大大改善了耕层。一般可使后作增产20%～30%，甚至1倍以上。因此，国内外广泛利用它作绿肥，翻压后种植小麦、玉米、甜菜等。为了提高其经济效益，往往第一年收一茬饲草后，于第二、三茬翻压作绿肥。

表9-4　白花草木樨和其他绿肥作物营养成分比较　（单位：%）

种　类	氮	磷	钾	钙	注
白花草木樨	0.66	0.24	0.67	2.34	开花后
大豆	0.58	0.08	0.73	0.33	开花后
红三叶	0.48	0.13	0.44	0.48	开花后
胡枝子	0.59	0.14	0.25	0.66	开花后

资料来源：陈默君等，2002

白花草木樨也是优良的水土保持植物。由于它生长迅速、根群发达、茎叶茂盛、密覆地面，不仅减少了95%的径流，防止水土流失，而且还增加了土壤的渗透作用。

白花草木樨也是改良盐碱地的先锋植物，适宜pH7～9，其耐碱性是豆科牧草中最强的一种，甚至超过禾本科牧草。在含氯0.2%～0.3%或含盐0.56%的盐碱土上也能生长，且具有抑制返盐和脱盐的作用。生长第二年的白花草木樨收获后，0～10cm的土层内的含盐量可减少9.32%，10～20cm土层的含盐量可减少21.60%，20～30cm土层的含盐量可减少49.57%，因此，可用白花草木樨改良盐碱土壤。

白花草木樨是一种优良的蜜源植物，它的花期长达50～60d，具有大量小花（据测定，每亩地可形成一千万朵小花）。蜜质优良，色白质佳，平均每亩产蜂蜜10kg左右，有的可达13kg以上。

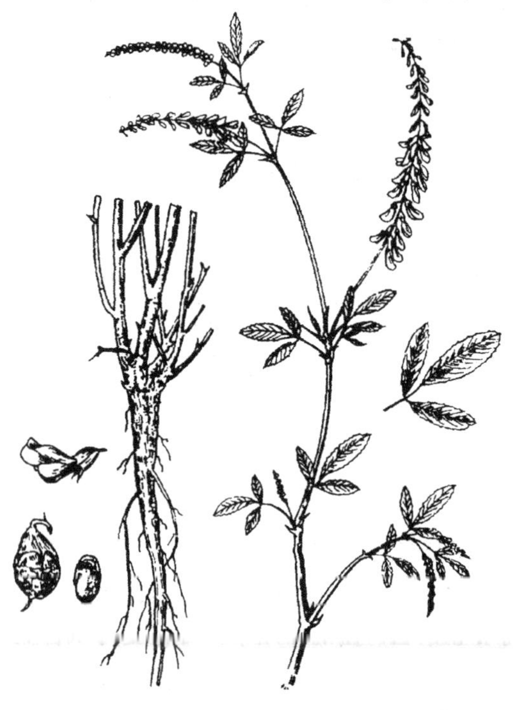

图9-3　白花草木樨
（陈宝书，2001）

（二）植物学特征

白花草木樨为豆科草木樨属二年生草本植物。直根系，主根粗壮，侧根发达，主根可长达2m以上，侧根水水分布幅度20～100cm。根上有很多根瘤，浅层土壤中的根瘤最多，根瘤略似短棒状或呈短指状、扇状等。茎高1～4m，多分枝，直立，无毛或少有毛，圆柱形，中空。叶互生，羽状三出复叶，中间的一片小叶具短柄；小叶细长，椭圆形、矩圆形、倒卵圆形等，边缘有锯齿；托叶很小，锥形或条状披针形。花白色，总状花序，腋生，旗瓣较翼瓣稍长，翼瓣比龙骨瓣稍长或等长。荚果无毛，具1～2粒种子，有坚硬的种皮，黄色至褐色，千粒重2.0～2.5g（图9-3）。全株均具有香草气味（内蒙古农牧学院，1990）。

细胞染色体：$2n=16$。

（三）生物学特性

1. 生境　白花草木樨适应性很强，耐旱、耐瘠薄、耐寒、耐盐碱，抗逆性优于紫花苜蓿。

白花草木樨为长日照植物，在连续光照下，生活当年就能开花结实，否则不能开花。种子发芽的最低温度为6～8℃，最适温度为18～20℃。一般在日平均地温稳定在3.1～6.5℃即开始萌动，第一片真叶期可耐－4℃的短期低温，到－8℃时才受冻害死亡。它的成株有时可耐－30℃以下的低温。白花草木樨抗寒的程度主要取决于根颈入土深度和根颈粗细。冻害并不完全在冬季，往往发生在早春返青后，一般越冬率50%～99%。白花草木樨需水量低于紫花苜蓿，在温度为18～25℃的条件下，蒸腾系数平均为550～770，而苜蓿为615～844，在年降水量100～500mm的地方生长良好。白花草木樨对土壤要求不严，除低洼积水地生长不良外，自黏土以至沙土、砂砾土都可生长，耐瘠薄，但不适宜酸性土壤，特别喜富于石灰质中性或微碱性的壤土（内蒙古农牧学院，1990）。

2. 生长发育　白花草木樨播种后5～7d可以发芽，个别情况下延续15～20d。播种当年地上部生长缓慢，地下生长迅速，积累大量糖类等营养物质，一般第一年不开花，或有少量开花，到11月后根部和地上部均呈休眠状态，秋后根颈开始膨大成小萝卜状，并在根颈上形成越冬芽呈休眠状态越冬。翌年早春，这些越冬芽迅速萌发形成许多分枝，生长成繁茂的株丛，5～7月开花结实。

根据白花草木樨生育期的长短，可以分为4个类型：早熟型，80～95d；中熟型，95～110d；中晚熟型，110～120d；晚熟型，120～135d。生育期的长短与植株的高矮、开花时期和产量有关。一般来讲，凡植株高大的属晚熟型，它们的高度达3.0～3.5m，晚熟型开花期较长，长达2个月，往往在同一植株上有的种子已经成熟时，但尚有大量果枝处于孕蕾和开花期，所以晚熟型产量高；早熟型较低矮，一般高度为1.5～2.0m；中熟型介于早、晚型之间。

白花草木樨是自花授粉植物，其雄蕊较雌蕊长或等长，能保证花粉自由地落在柱头上。同时柱头和花粉常在同一时期成熟，保证了它们的自花授粉过程。白花草木樨从孕蕾到开花需3～7d，而每朵花的延续时间为2～6d。在一天当中，开花时间从上午到下午14～15时开的最多。整个花序开花延续时间为8～14d。开花延续时间受农业技术、气候因素的影响，当温度和水分充足时，开花延续时间较长。白花草木樨为无限花序，首先是花序的下部花开放，而后是上部花开放。通常当上部花尚在开放时而下部花已形成果荚（陈宝书，2001）。

3. 再生性　白花草木樨再生性良好。它具有较短节间，刈割后保持的芽较多，再生良好。据内蒙古农牧学院在呼和浩特市栽培试验结果，白花草木樨在生活当年生长缓慢，仅能刈割一次，第二年再生迅速，能刈割三次，一般由返青到第一次刈割约40d，第二次刈割仅需33d，第三次需38d。

4. 香豆素　草木樨植物各部位均含香豆素，使其带有强烈的苦味，从而降低其适口性。据中国农业科学院畜牧研究所分析，草木樨种类不同，香豆素含量差异很大（表9-5），细齿草木樨仅含0.033%～0.396%的香豆素。草木樨不同生育期各部位香豆素含量不同

(表 9-6)，花中含量最高，其次为叶片，种子、茎、根部最少。香豆素含量：叶片中孕蕾期最低，青荚期最高；茎中成熟期最低，孕蕾期最高。叶片中香豆素含量高于茎秆。草木樨生长第二年香豆素含量高于第一年，二茬草的香豆素含量高于第一茬。

表 9-5 三种草木樨香豆素含量

种 类	株高/cm	香豆素含量/%		取样时间
		茎	叶	
细齿草木樨	97～115	0.13	0.035～0.043	分枝期
黄花草木樨	80～90	0.60～0.67	1.52	分枝期
白花草木樨	85～110	0.57～0.61	1.75～1.82	分枝期

资料来源：陈宝书，2004

表 9-6 两种草木樨不同生育期香豆素含量 (单位:%)

部 位	种 类	孕蕾期	始花期	1/4 开花	青荚期	成熟期
叶片	白花草木樨	0.57	1.01	1.09	1.13	0.29
	黄花草木樨	0.48	0.65	0.84	1.03	1.13
茎秆	白花草木樨	0.38	0.36	0.33	0.25	0.12
	黄花草木樨	0.45	0.39	0.33	0.27	0.13

资料来源：陈宝书，2004

外界环境对草木樨香豆素含量有一定的影响。种在少雨干燥地区草木樨香豆素含量较高，种在灌溉条件好或多雨潮湿地区含量较低。温度对香豆素含量变化的影响很大。烘干或风干草木樨植株可使香豆素大量的逸失。早晨日出前香豆素的含量最少，以后逐渐增加，中午含量最高，以后又开始下降。掌握了草木樨的香豆素变化规律，除在育种上会选育低香豆素含量的品种，还要注意创造良好的栽培条件和适时刈割减少香豆素含量。

(四) 栽培技术

1. 整地施基肥 白花草木樨种子细小，而且种皮较厚，为了保证出苗，需要精细整地，深翻施肥，清除杂草，及时耙耱。密播作物和植株高大的作物都是草木樨的良好前作。连年耕翻施肥的地更为理想。未经耕翻的地，播前根据土层厚度和土质状况进行耕翻。在北方要求秋翻秋耙，以防失水跑墒，翻地深度以 18～22cm 为宜。盐碱地退化草地，翻地时不要翻出暗碱，以防表土碱化。土层较薄的地，适当进行深松或浅耕轻耙。茬地复种时也可除茬耙地播种，或原垄播种。

施肥对提高产量有良好的影响。磷、钾肥同时施用时，对白花草木樨增产有显著作用。它可以借助根瘤菌从空气中固定大量氮素，因而施氮肥的增产作用不显著。磷肥主要作种肥或基肥用，每亩施过磷酸钙 10～15kg 或磷矿粉 25～40kg，磷肥可掺在堆肥或厩肥中施用。

2. 种子处理 种子硬实率较高，新鲜种子高达 40%～60%。因此，需要进行种子处理，否则水分不易通过硬实的角质层渗到里面去。为此，播种前须局部破坏种皮，在生产实践中往往用碾子或碾米机擦伤，也可用冷冻低温法处理，使种皮发生裂痕，也可用 10%稀硫酸浸泡 30～60min，使种皮腐蚀，处理后用清水冲洗到无酸性反应为止，然后阴干即可播种。有些盐碱地区往往用盐类溶液处理种子，可用 1%～2% NaCl 溶液浸种 2h，提高出苗率 17%～30%，并减少 25%～47%幼苗死亡率，效果良好。草木樨用钼肥浸种增产效果显著。用5g钼酸铵溶于0.5kg水中，拌1.0kg种子，浸泡10h。可使草木樨鲜草产量提高40%～60%。此外，播种前需要根瘤菌拌种，拌种后一般可提高产量30%～50%。拌种时要避免阳光直射，拌种后及时播种，最好不迟于接种后2～5h。

3. 播期　草木樨春、夏、秋季均可播种。在北方以早春解冻后趁墒下种最为理想，以使根系充分发育，保证安全越冬和提高产量。若秋季雨水多，可在11月初，立冬后冻前寄籽播种，来春出苗。在春旱多风区，以6月上、中旬降雨量多时播种为宜。

4. 播种量　播种量应根据不同地区、栽培目的和播种日期来决定。通常干旱寒冷地区由于保苗比较困难，播种量往往大一些，根据各地经验，在土壤水分良好情况下，条播用种量每亩带荚种子1kg。播种方法条播、撒播和穴播均可，应以条播为主，条播一般比撒播增产30%，行距是15～30cm。采种用草地往往宽行播种，行距为30～60cm，覆土深度2～3cm，湿润地区1～2cm，干旱地区2～4cm，播种后要进行镇压以免跑墒。

5. 保护播种　目前，在生产中经常采用大麦、小麦、燕麦、黍以及苏丹草等保护播种，一方面能抑制杂草，同时可以增加第一年的经济效益。保护作物可以在春季或秋季与白花草木樨同时播种，但在水热条件好的地区，往往白花草木樨生长迅速造成收获的困难。因此，可以先播种作物，当它们出苗后，长出2～4片叶子时再播种草木樨。

6. 轮作　建立人工的长期草地时，白花草木樨也可以和多年生牧草，如苜蓿、无芒雀麦、冰草、鹅观草等混播。内蒙古水土保持研究所用白花草木樨与苏丹草混播，增产75%以上。在轮作中，一般用草木樨和小麦等间种或套种，可以提高后作产量20%～70%。吉林省农业科学院土肥研究所，用麦茬地复种白花草木樨，于第二年翻压作绿肥，然后播种早熟作物，如早熟谷子、大豆、糜子、小豆等，实现二年三收：粮—草—粮。

7. 田间管理　单播白花草木樨时，当年地上部生长缓慢，特别是在幼苗期，主要生长地下部分。在此时田间管理的关键是防除杂草，一般苗高10～20cm时除草。在分枝时期，秋后刈割后以及第二年再生草刈割后要追施磷、钾肥，并及时灌溉、松土等。追施磷肥可显著增加产草量和种子产量，在河北坝上地区施用P_2O_5 270kg/hm^{2}和360kg/hm^{2}时，可分别使产草量和种子产量达到最大值。严寒地区可采取积雪措施，使其安全越冬。返青时须耙地，挂耙时要使耙齿倾斜向前行走，这样挂时耙齿入土不深，并不会打伤青苗。打顶可刺激侧枝的生长，得到柔软的有营养的干草，而且使其收割期提早。种子田要注意在现蕾期至盛花期保证水分充足，而在后期要控制水分。常见病害有白粉病、锈病、根腐病，防治方法是早期刈割或用粉锈宁、百菌清、甲基托布津等药物防治。常见虫害有黑绒金龟子、象鼻虫、蚜虫等，可用甲虫金龟净、马拉硫磷等药物驱杀。

8. 刈割　青刈草木樨的刈割时期，由饲养需要和生长情况来决定。白花草木樨最适宜的收草时期应在开花之前，不迟于现蕾期。此时刈割不仅有利于再生，且饲草品质好。过早刈割产草量低，越冬芽萌发多，消耗大量养分，越冬死亡率高。过迟刈割茎秆迅速木质化，香豆素含量增加，饲用价值与适口性降低。刈割后，新枝由茎叶腋处的芽萌发，因此刈割时应注意留茬高度，一般应保持2～3个茎节，刈割高度10～15cm为宜。若为采种，播种当年最好不刈割，否则会影响第二年的种子产量。

在东北，春播的草木樨当年可刈割两次。第一次在株高60cm左右进行，留茬10cm。隔30～40d，再生株高60～70cm进行第二次刈割，留茬10cm以上，使之迅速恢复生长。如果第一次刈割太迟，则会引起下部叶枯死脱落，木质化程度增加，品质不良。通常以一次刈割，一次放牧为好。最后一次刈割或放牧，要在经过40d左右的生长，越冬芽已经长成，根中营养物质储备充足，于霜降前后已停止生长时进行。安全越冬的草木樨，解冻不久就返青，生长迅速，在4～5月即可提供青饲料。4月下旬或5月上、中旬，当株高50～60cm时，进行第一次刈割，留茬高度10～15cm，经过20～30d的生长进行第二次刈割，不留茬。两次刈割的产量，第一次约占60%，第二次占40%。在草木樨刈割时，要注意外界环境对植株香豆素含量的影响，早晨日出前香豆素的含量最少，以后逐渐增加，中午含量最高，以后又开始下降，应注意适时刈割减少香豆素含量。

9. 收种　为保证结种，要用蜜蜂传粉，每公顷需3～4群蜂。靠自然传粉，产籽量是56～112kg/hm^2，如采用蜜蜂传粉，产籽量可达565～785kg/hm^2。白花草木樨的花是陆续开放的，结果参差不齐，成熟极不一致。通常当下部荚果65%～70%由深黄色变成黑褐色时即可收种，并在阴天或早晨有露水时进行（陈宝书，2001）。

（五）饲草加工

绿色的草木樨是优良的青贮原料，现蕾前后的老草更好。用嫩草青贮，割后要晒制1～2d，消失部分水分后再贮。与部分青玉米、麦类及其他禾本科类混合青贮更为适宜。要切碎，踩紧，密封，严防漏雨和发霉变质。

早春和晚秋刈割的草木樨，可调制优良的绿色干草。草木樨干草香豆素含量较少，也可粉碎喂猪。草木樨调制干草要选晴天刈割，就地晾晒，不断翻倒，有5～6d即能干好。晒制中不要遭雨露淋湿。晒到生长点幼嫩部分干枯变成黑褐色即可。在贮藏保管中禁防发霉腐烂，以防家畜中毒。干草贮存的含水量以不超过15%为宜。

二、黄花草木樨

学名：*Melilotus officinalis*（L.）Desr.

英文名：Yellow Sweetclover，Common Field Melilot

别名：香马料、黄甜车轴草、香草木樨

黄花草木樨原产欧洲，在土耳其、伊朗和西伯利亚等地均有分布，在欧洲各国被认为是重要牧草，亚洲栽培较少。我国东北、华北、西南等地和长江流域的南部栽培历史悠久，有野生种分布。

（一）经济价值

黄花草木樨茎叶茂盛，营养丰富，为优良牧草，营养价值与白花草木樨相同。亦可作绿肥和水土保持植物；产草量比白花草木樨要低，但抗逆性比白花草木樨要强，在白花草木樨不能很好生长的地区，可以种植黄花草木樨；在东北地区栽培产干草46 275～75 000kg/hm^2，但调制干草时，落叶性强，生长后期茎秆易木质化。其营养成分如表9-7所示（陈宝书，2001）。

表9-7　黄花草木樨的营养成分　（单位：%）

样品	水分	粗蛋白质	粗纤维	粗脂肪	无氮浸出物	粗灰分
叶	13.2	29.1	11.3	3.7	34.1	8.6
茎	9.6	8.8	42.5	1.7	33.7	3.7
全株	7.3	17.8	31.4	2.6	33.9	7.0

资料来源：陈默君等，2002

（二）植物学特征

二年生黄花草木樨为草本植物（图 9-4）。主根入土稍深，长达 60cm 或以上，侧根较发达。主根和根颈发育旺盛，生有较多根瘤。茎中空，株高 1～2m。三出羽状复叶，小叶椭圆形，叶缘有锯齿。花小，为长穗状总状花序，具 30～40 朵小花，黄色；旗瓣和翼瓣等长。荚果椭圆形，稍有毛。种子黄色或褐色，千粒重 2.0～2.5g。全株都有较浓的香豆素（陈宝书，2001）。

细胞染色体：$2n=16$。

图 9-4　黄花草木樨（陈默君等，2002）

（三）生物学特性

黄花草木樨适宜在温湿或半干旱的气候条件下生长。对土壤要求不严，在侵蚀坡地、盐碱地、沙土地、泛滥地及瘠薄土壤上比紫花苜蓿生长旺盛，在含氯盐 0.2%～0.3%的土壤上正常生长发育。抗旱、抗寒、抗逆性优于白花草木樨，在白花草木樨不能很好生长的地方，可以种植黄花草木樨。

播后条件适宜时，5～7d 即可发芽，出苗后 15～20d 根系生长快，地上部分生长缓慢，后期逐渐加快，播种当年不开花，第二年 4 月中旬根颈部越冬芽长出枝条形成株丛，6 月底现蕾，8 月种子成熟，属长日照植物，延长日照可加速其开花结实。属异花授粉植物（陈宝书，2001）。

（四）栽培技术

栽培技术与白花草木樨相同。

第三节　黄芪属

黄芪属（*Astragalus* L.）植物约有 1600 余种，除大洋洲外，全世界亚热带和温带地区均有分布，我国有 130 余种。该属利用价值较大，可作饲用的有沙打旺、紫云英、草木樨状黄芪、达乌里黄芪、鹰嘴紫云英等，其中沙打旺是近年来在我国北方大面积种植的饲用牧草和水土保持植物，紫云英是我国南方的传统绿肥牧草（陈宝书，2001）。

一、沙打旺

学名：*Astragalus adsurgens* Pall.

英文名：Erect Milkvetch

别名：直立黄芪、麻豆秧、地丁、薄地犟

沙打旺是我国特有牧草，原是黄河流域生长的野生种，经多年栽培驯化而成，主要分布在北纬 38°～43°，在河南、河北、山东作为饲草和绿肥栽培已有数百年的历史。在东北、华北、西北以及内蒙古地区广泛栽培。生于山坡、沟边和草原上，在海拔3000m的山地也有分布。目前，沙打旺已成为我国北方改造荒山荒坡进行飞播的主要草种（陈宝书，2001）。

（一）经济价值

沙打旺营养丰富，氨基酸齐全，与紫花苜蓿相似，可用于放牧、青饲、制干草，各种牲畜都喜食，可打浆喂猪，也可制成草粉加入猪、鸡混合料中，可替代部分蛋白质饲料。沙打旺也可以与青刈玉米或禾本科牧草混合青贮。据中国农科院畜牧所分析，其营养成分如表9-8所示。

表9-8　沙打旺的营养成分　（单位：%）

样　品	水分	粗蛋白质	粗脂肪	粗纤维	无氮浸出物	粗灰分	钙	磷
孕蕾期	8.31	22.33	1.99	21.36	36.09	9.92	1.99	0.23
开花期	7.45	13.27	1.54	37.91	32.73	7.1	1.78	0.66
结荚期	7.51	10.91	1.48	39.59	33.98	6.53	1.76	0.20

资料来源：董宽虎等，2003

沙打旺具有较好的适口性，但它的适口性不如紫花苜蓿、红豆草等豆科牧草。因它含有三硝基丙酸，在家畜体内可代谢为β-硝基丙酸和β-硝基丙醇等有机物质，反刍动物的瘤胃微生物可以将其分解，所以饲喂比较安全，但最好与其他饲料混合饲喂。对单胃动物和禽类，沙打旺属低毒牧草，但仍可在日粮中占有一定比例。据试验，在鸡日粮中，不宜超过6%；兔日粮中，草粉比例占40%时，发育也较正常。沙打旺经青贮后，有毒成分减少，饲喂更安全（董宽虎等，2003）。

沙打旺生长快，覆盖度大，是非常卓越的水土保持植物，在黄土高原，是治理水土流失的最好植物之一。它的根系发达、枝叶茂盛、覆盖度大，在水土流失的荒坡、沟沿或林间种植，有蓄水、保土、减缓径流的作用，还可作为改良沙荒的先锋草种（陈宝书，2001）。

沙打旺根系发达、根瘤多、固氮能力强，株体含氮磷钾丰富，可以改良土壤结构，提高土壤肥力效果显著，是良好的绿肥和土壤改良植物。种过沙打旺的地，残留的肥效可持续3～5年，使下茬作物增产20%以上。

图9-5　沙打旺（陈宝书，2001）

沙打旺花期甚长，花冠色浓美丽，也是干旱地区环境美化及蜜源植物。二年以上的沙打旺，茎秆粗壮，除叶子做饲用外，也可用作薪材燃料。根还有一定的药用价值（陈宝书，2001）。

（二）植物学特征

沙打旺属豆科黄芪属多年生草本植物（图9-5）。主根粗壮，入土深达1～2m，侧根发达，主要分布在15～30cm土层中。根上着生大量根瘤，根瘤呈椭圆形、圆柱形，聚集成珊瑚状或鸡冠状。全株被丁字毛。株高1.0～3.0m，主茎不明显或斜上，具10～30个分枝，中空，直立，幼时脆嫩，老时木质化。叶为奇数羽状复叶，小叶7～25枚，对生，长卵形或狭长卵状披针形。小叶上面有疏毛，下面毛密。总状花序，多数腋生，少数顶生，总花梗5～10cm，每个花序有蝶形小花17～79朵。花冠蓝紫色、紫红色。荚果竖立，矩形或长椭圆形，顶端具下弯的喙。子房二室，内含黑褐色种子10余粒。种子小圆形或肾形，千粒重为1.5～2.4g（陈宝书，2001）。

细胞染色体：$2n=16$。

（三）生物学特性

1. 生境　沙打旺喜温暖气候，但抗逆性很强，适应性很广，具有耐寒、耐瘠、耐盐、抗旱和抗风沙的能力（陈宝书，2001）。

沙打旺种子萌发的最低温度为3～5℃，最适生长温度为20～31℃，在我国基本不存在越冬问题，种子在10～12℃经8～10d，15～20℃经5～6d发芽出苗，出苗后10d左右进入抽茎期。从发芽出苗到开花成熟，0℃以上积温高于3600℃才能正常开花结籽，为此采种基地须建立在年均温8～15℃、无霜期150d以上的地区（陈宝书，2001）。

沙打旺的抗寒能力很强，在冬季严寒的黑龙江省北部、内蒙古自治区的东北和西北部（冬季极端最低温度达－40～－30℃），那里紫花苜蓿和白花草木樨都难以越冬，而沙打旺却能在不加任何人为措施情况下安全越冬。沙打旺的越冬芽至少可耐－30℃低温，茎、叶可耐－10.6～－6.1℃的低温，花蕾可忍受5.6～6.6℃，花朵和幼果可忍受1.1～2.5℃，在－6℃以上时，半成熟的果实可发育至完熟，不影响来年发芽（内蒙古农牧学院，1990）。

沙打旺喜光性强，光照充足，植株高大，多枝，颜色浓绿，结实植株增多；光照不足则植株虽徒长，但茎细枝少，颜色淡黄，结实植株减少。苗期不耐阴，在疏林中间种常因光照不足而发生死苗现象，但抽茎后耐阴性增强（肖文一等，1991）。

沙打旺的耐瘠薄能力较强，在豆科牧草中它也是因耐瘠性强而著称的。它在肥力很低的沙丘、河滩沙地，在土层很薄的山地砂砾土上，在紫花苜蓿和草木樨产量很低甚至生长困难时，种植沙打旺则能获得成功（内蒙古农牧学院，1990）。

沙打旺对土壤要求不严，最适宜在富含钙质、pH6～8、渗透性能好的壤土或沙壤土上生长。在低洼地、黏土、酸性土壤上往往生长不良。在土壤pH9.5～10.0、全盐含量为0.3%～0.4%的盐碱土上，沙打旺能正常生长。在0～5cm、5～15cm土层全盐量分别为0.68%和0.55%时，沙打旺的出苗率达85%，当两个土层全盐量上升到1.18%和0.7%时，沙打旺的死苗率仅10%。它不仅耐盐碱，而且还有改良盐碱土的作用。种过沙打旺的盐碱土在20cm土层内，土壤有机质比未种过沙打旺的高1倍，全盐含量降低了1/3（内蒙古农牧学院，1990）。

沙打旺属于中旱生植物，具有极强的抗旱性，可与油蒿和籽蒿等沙地植物相比。在年降水量不足150mm的贫瘠干燥、退化草地上，紫花苜蓿和草木樨都不能正常生长的情况下，沙打旺仍能良好生长。幼苗阶段，它的抗旱能力比白三叶、黑麦草和紫花苜蓿都强。沙打旺不耐湿、不抗涝，内涝和水淹都引起烂根死亡。以年降水量300～400mm的地区种植沙打旺为宜（陈宝书，2001）。

沙打旺具有较强的抗风沙能力。具有4片真叶的幼苗可抗御10级大风的吹袭。在幼苗期两次埋沙6cm时，埋沙的沙打旺株高比不埋沙的高16.6%。被沙淹埋了3～5cm的沙打旺，在风停后茎叶仍能正常生长（内蒙古农牧学院，1990）。

2. 生长发育　沙打旺在播种当年生长缓慢，平均每日增长0.1～0.2cm，最高仅0.5cm。沙打旺根系发达，入土深，叶片较小，全株被毛，具有明显旱生结构。在整个生育过程中，根的生长量一直大于地上部分，能从深层土壤中吸收养分和水分。生长的第三至四年生长最为旺盛，平均每日增长都在1cm左右，最高达2.2cm。到了第四年以后生长逐渐衰退，要耕翻后重种。在一年之中，春季返青后，生长缓慢，生长高峰在7月上旬，其后生长又减缓，至9月中、下旬停止生长。沙打旺在能结实的地区，种子自然落粒，在沙地上往往自落自生（董宽虎等，2003）。

沙打旺在形成花序时需要较高的温度，当温度在18℃以上形成的花序比较粗壮，长9～12cm，均能开花结实。当温度在18℃以下形成的花序比较细短，长2～3.5cm。在秋季温度逐渐下降的情况下，这些短花序能部分开花，但不能形成种子。沙打旺在东北、内蒙古、西北等地的多数地区开花少，种子不易成熟。其原因主要是这些地区生育期短、积温不够，满足不了它开花结实对这些条件的要求（内蒙古农牧学院，1990）。

3. 生产力 沙打旺为高产牧草，种植2～4年，每亩可产鲜草2000～4000kg，折合干草600～800kg。即使风沙干旱地区，每亩也可获得干草200～300kg。一次种植可利用5～6年（肖文一等，1991）。

（四）栽培技术

1. 整地 沙打旺宜在各种退化草地和退耕牧地种植，是农牧区建造人工草地的理想草种。除低洼内涝地外，荒地和耕地都可利用。沙打旺为深根性牧草，一次种植可利用几年，深耕地、多施肥，是促进沙打旺旺盛生长，提高产量，延长利用年限的有效措施。要做到秋深耕、秋施肥。每亩施优质堆肥或厩肥3000～4000kg，翻地前施入，可维持肥效3～4年。

2. 种子处理 沙打旺硬实种子多，播前需擦伤种皮，清选之后再播种。在沙打旺的新种植区，播前要用特制的沙打旺根瘤菌剂拌种。为防止地下害虫，还要用防治地下害虫的农药拌种。

3. 播种 沙打旺种子小，干旱地区种植时要翻耕土地并要平整、镇压保墒，施农家肥或磷肥作基肥，一年四季均可播种。在春旱较为严重的地区，应在早春顶凌播种。春季风大、土壤干燥的地区，也可在春、夏降雨之后播种，或在初冬地面开始结冻时进行寄籽播种，争取翌春出苗。

平整地块宜条播，行距30～40cm，种子田50～60cm，播后要及时镇压，播种量，收草用时3.75～7.50kg/hm^2，收种者1.5～2.25kg/hm^2。播种深度为1～2cm，过深则出苗困难，易造成缺苗。不便于条播的地块可撒播，大面积草山草坡播种或地形复杂的地区，不便于地面播种的，可飞机播种，播种量2.25～3.00kg/hm^2，有条件的可采用包衣方法，有利出苗。飞机播种落籽均匀，出苗好，效率高。但必须做好地面处理，播后耙、压1～2次，以防露种造成缺苗。

4. 田间管理 沙打旺苗期生长慢，注意防除杂草。苗全后应及时中耕除草，二年生以后的沙打旺地，在返青和每次刈割后除草一次。水肥对沙打旺高产很重要，有条件地方在返青期和每次刈割利用后应及时施肥灌水。苗期积水过多易造成死亡，要及时排水防涝。沙打旺大面积人工草地（包括飞播），难以中耕除草，又无理想的化学除草剂时，可在生育后期，彻底割去蒿属植物等高大杂草。沙打旺草地如有寄生性杂草如菟丝子缠绕蔓生严重，要早期发现，及时连同寄主彻底割除。也可用生物农药制剂喷洒。沙打旺病害主要有炭疽病、白粉病、根腐病、锈病、黄萎病等，虫害主要有蒙古灰象甲、大灰象甲等。发生病害时，可及时拔除病株或刈割，或用甲基托布津、粉锈宁、百菌清、多菌灵等药物防除。发生虫害时，要及时用高效低毒农药甲虫净等防治。

5. 刈割　沙打旺老化后茎秆粗硬，品质低劣，适口性下降，播种当年可刈割 1～2 次，其后可年刈割 2～3 次。北方无霜期短，第一次刈割必须保证有 30～40d 的再生期；第二次在霜冻枯死前刈割。在东北中部和北部及内蒙古北部各地，一年只能刈割一次，茬地放牧一次。

青饲在株高 50～60cm 时刈割，青贮在现蕾期刈割，青贮时加入玉米或其他禾草效果更好。调制干草则在现蕾至开花初期刈割为宜。刈割时留茬 4～6cm，过低影响生长。沙打旺生长旺盛时期，鲜草产量 60 000～75 000kg/hm^2。

6. 放牧　在放牧利用时，以苗高 40～50cm 开始，不能过牧，间隔 30～40d 为宜。每次每亩放牧牛 2～3 头，羊 5～6 只，至吃去上半部为止。沙打旺越冬芽距地面较近，冬季要严禁放牧，否则会损伤越冬芽，影响返青。

7. 收种　熟期不一致，种子成熟时易裂荚落粒，在全田有 2/3 荚果变黄干枯、茎下部呈深褐色时即可收获，晒干脱粒，种子产量 375～750kg/hm^2。收种后的秸秆，粉碎后仍可做饲料用（肖文一等，1991）。

（五）饲草加工

刈割的沙打旺青草，可调制干草。要根据当地的天气预报，选择持续一周以上的晴天刈割。割下后就地摊成薄层晾晒。晒制中每天翻倒 1～2 次，晒到茎叶全干，趁早晚吸潮发软时运回贮藏。晒制中遇雨要堆码成圆垛，待雨后摊开继续晾晒。沙打旺极易掉叶，所以要快速晒干，以防损失。有条件时，也可用木架或铁丝架晾晒，以避免受雨损失，且干草品质也好。

颜色鲜绿的沙打旺干草，可调制优质的草粉。粗制的草粉可饲喂马和牛；精制的草粉可饲喂猪和鸡，也可用作配合饲料。一般多采用高速粉碎机粉碎。草粉要注意防虫、防潮和发霉。

沙打旺是青贮的好原料，能制得品质优良的青贮料，与禾本科牧草混合青贮品质更好，青贮要切碎，紧密贮装和严格密封，以促进良好的乳酸发酵。沙打旺经青贮后，有毒成分减少，饲喂更安全（肖文一等，1991）。

二、紫云英

学名：*Astragalus sinicus* L.

英文名：Chinese Milkvetch

别名：红花草、红花草子、莲花草、翘摇、米布袋

紫云英原产中国，现主要分布于北纬 24°～35°的亚洲中、西部。紫云英在我国栽培历史悠久，长江中下游地区、黄淮流域有大面积种植，近年来推广到陕西、河南、江苏和安徽北部，是水稻产区的主要冬季绿肥作物，也是猪的优质饲料。

（一）经济价值

紫云英鲜嫩多汁，粗蛋白质和粗脂肪含量丰富，纤维素、半纤维素和木质素含量较低，营养价值很高，是一种优质的青绿饲草（表 9-9）。由表可见，紫云英从现蕾期至初花期营养价值均很高，盛花期后营养价值降低。现蕾期干物质中蛋白质含量很高，达 31.76%，粗纤维只有 11.82%。但现蕾期的产量仅为盛花期的 53%，就总营养物质产量而言，以盛花期刈割为最好（董宽虎等，2003）。

表 9-9 紫云英不同收获期营养成分的含量 (单位:%)

收获期（日/月）	生长阶段	水分	粗蛋白质	粗脂肪	粗纤维	无氮浸出物	粗灰分
7/4	现蕾期	93.23	31.76	4.14	11.82	44.46	7.82
13/4	初花期	90.19	28.44	5.20	13.05	45.06	8.34
20/4	盛花期	90.09	25.28	5.43	22.16	38.27	8.86
30/4	结荚期	88.95	21.36	5.52	26.61	37.83	8.68

资料来源：王栋，1989

紫云英也可以青贮或调制干草，是家畜的优质青绿饲料和蛋白质补充饲料，适口性好，为各类家畜所喜食。据华东农业科学研究所试验，4 月中下旬刈割干草，干物质消化率 46.8%，蛋白质消化率 63.9%；在搭配精料时，紫云英干物质消化率为 60.7%，蛋白质消化率为 78.9%；用紫云英干草粉喂猪，平均每 1.9kg 干草粉可使猪增重 0.5kg，猪增重快，瘦肉率高。牛、羊、禽、兔也喜食，是长江以南冬春重要的青饲料之一（董宽虎等，2003）。

紫云英主要用作绿肥作物，在盛花期当年一般每亩产鲜草 1500～2500kg，高的可达 3500～4000kg。每亩固氮量为 5.4～7.2kg，当亩产鲜草 5000kg 时，每亩可固氮 18kg 以上。由于它的氮素利用效率高，分解时对土壤氮素的激发量也大，因而在等氮量条件下，它对后作的增产效果一般要比苕子、蚕豆等绿肥大。此外，紫云英茎叶生长快，覆盖度大，也是优良的水土保持植物（内蒙古农牧学院，1990）。

紫云英也可绿肥牧草兼用，利用上部 2/3 作饲料喂猪，下部 1/3 及根部作绿肥，$1hm^2$ 紫云英绿肥可肥田 $3hm^2$，连续 3 年可增加土壤有机质 16%，施用紫云英地块土壤中全氮和有机质含量均较冬闲地块的高。在生产中，多直接利用紫云英作绿肥，从经济效果上看，不如先用紫云英喂猪，既可促进养猪业的发展，也可保持水稻高产（陈宝书，2001）。

紫云英是我国主要蜜源植物之一，在紫云英花期每群蜂可采蜜 20～30kg，最高可达 50kg。蜜呈浅琥珀色，不易结晶（陈宝书，2001）。

图 9-6 紫云英（陈默君等，2002）

（二）植物学特征

紫云英为豆科黄芪属的一年生或越年生草本植物（图 9-6）。主根肥大，侧根发达，主要分布在 15cm 以上的土层中。主根、侧根上都着生着根瘤，侧根上最多。根瘤形状有球形、短棒状、指状等，深红色或褐色。茎直立或匍匐，株高 50～100cm，每株分枝 3～5 个。叶为奇数羽状复叶，具长叶柄。小叶 7～13 枚，叶小，全缘，倒卵形或椭圆形，顶部稍有缺刻，具托叶。叶表面有光泽，疏生短茸毛。花为伞形花序，腋生，总花梗长 5～15cm，含小花 5～10 朵。花淡红色或紫红色。荚果细长，带状矩圆，稍弯，顶端喙状。成熟时荚果呈黑色，每荚有种子 5～10 粒。种子肾形，黄绿色至红褐色，有光泽，千粒重为 3.0～

3.5g（董宽虎等，2003）。

（三）生物学特性

1. 生境　紫云英喜温暖湿润气候。种子发芽最适温度为20～30℃，在5～12℃时发芽缓慢；在30℃以上时，发芽速度与最适温度接近，但极不整齐。幼苗在－7～－5℃时发生冻害或部分死亡。抗寒性弱，越冬时最低温度不能低于－15℃。生长期间最适温度为15～20℃，气温过高，生长不良。开花结实的最适温度一般为13～20℃（内蒙古农牧学院，1990）。

紫云英不耐旱，不耐涝，耐湿性中等。出苗至开花前，如田间积水，则生长不良，甚至死亡。开花结荚期如果积水，则会降低种子产量和品质。久旱会使紫云英提早开花，种子产量下降。

紫云英适宜生长在湿润而排水良好的沙质壤土或黏壤土上，亦适应无石灰性冲积土。土壤pH 5.5～7.5为宜。不耐盐碱性土壤，稍耐酸性土壤。在土壤含盐量超过0.2%时易死亡。耐瘠性差，在黏土和排水不良的低湿田，或保水保肥性差的沙性土壤上生长不良。

紫云英具有较强的耐阴能力，可以与高秆作物混种或间种，但有一定的限度。在水稻田套种时，如果进光量少于6000～7000lx时，则会使紫云英茎秆孱弱；如果少于1000lx，则生长会严重受抑，收稻前幼苗大量死亡。紫云英在开花结实期间也要求充足的光照，缩短光照时间，会推迟紫云英的开花时间，同时结荚数也较少。故在稻田套种紫云英时应注意控制共生期（内蒙古农牧学院，1990）。

2. 生长发育　在南方，紫云英秋播一周后即可出苗。出苗后一个月形成6～7片真叶，开始分枝。开春前以分枝为主，开春后停止分枝，茎枝开始生长。3～4月开花，初花期前后生长最快，终花期生长停止，通常花期为30～40d。在南方一般在4月上中旬开花，5月上中旬种子成熟。

紫云英开花结荚期的长短，因品种、营养条件和播种期而不同。紫云英栽培历史悠久，品种类型很多，依据开花期迟早及花期长短可分为四种类型：特早熟花型、早熟花型、中熟花型和迟熟花型。一般来说，早熟品种开花早、花期长，播种至盛花期约需170d，整个生育期220d；晚熟品种开花迟、花期短，播种至盛花期约193d，整个生育期225d。早熟种叶小、茎短、鲜草产量低，种子产量较高；晚熟种则相反（陈宝书，2001）。

紫云英的开花顺序是，主茎和基部第一对大分枝上的花先开，以后按分枝出现的次序依次开放。每个花序上小花的开放顺序是外围的花先开放，然后渐至中央。花的开放均在白天，晴天时上午8时左右开始，下午14～15时达最高峰，到傍晚18时左右闭合。紫云英杂交率高，可达65%～81%，应属常异花授粉植物（内蒙古农牧学院，1990）。

3. 生产力　紫云英单种，每年可刈割2～3次，产鲜草为75～120t/hm^2。做饲草利用多在初花期。种子成熟不一致，待80%的荚果变黑时即可收获，种子产量为750kg/hm^{2}左右（内蒙古农牧学院，1990）。

（四）栽培技术

1. 种植模式　紫云英用作绿肥时一般采用三种播种方式，即套复种、套种和间种。主要种植方式是套复种，是在晚稻、秋玉米、棉花、秋大豆、高粱等作物生育后期把紫云英套进去。这样既延长了生育时间，又增加了产草量和产籽量。套种是指在园林中的套种和与冬作物套种。与冬作物套种时，一般在大麦、小麦、油菜、蚕豆等作物最后一次中耕除草时把紫云英播进去。间种一般采用紫云英与大麦、小麦、油菜或蚕豆等作物进行间种。这种播种方式比套种的产量高，但对麦类等作物产量有影响。

2. 种子处理　紫云英硬实较多，播前应进行种子处理，如用温汤浸种，或用人粪尿浸种12～14h，再用草木灰拌种等，均可提高发芽率。在未接种根瘤菌的地方种植时，应该进行人工接种。

3. 播种　紫云英一般进行秋播，南方各地适时播种的具体时间是，最早在8月下旬，最迟可到11月中旬，通常以9月上旬到10月中旬为宜。播种量为30～60kg/hm²，可条播，也可点播或撒播，通常多采用撒播。与一年生黑麦草等禾本科牧草混播或与麦类作物间种时播量可减至15kg/hm²。可直接在茬地上硬茬播种，也可耕翻土壤后软茬播种。紫云英的留种田应选择排水良好、肥力中等、非连作的沙质土壤，播种量为22.5kg/hm²（内蒙古农牧学院，1990）。

4. 田间管理　紫云英对磷肥非常敏感，播种时同时用人粪尿拌草木灰和磷矿粉，或增施过磷酸钙150kg/hm²、草木灰225～450kg/hm²作种肥，有利于紫云英种子萌发和幼苗生长，显著提高紫云英产量。不施基肥，苗期至开春，施用灰肥、厩肥，可促进幼苗健壮，增强抗寒力。开春至拔节前施厩肥和人粪尿，可促进茎叶生长。施用磷肥能提高紫云英固氮能力和植株抗病力，施用时间以抽茎前配合速效氮肥施用效果最好。在多湿地区注意适度排水。

紫云英易感病，菌核病可用1%～2%的盐水浸种灭菌，白粉病可用1∶5硫磺石灰粉喷粉消毒，蚜虫、甲虫、潜叶蝇等虫害可用乐果或敌百虫防治（董宽虎等，2003）。

5. 收获　紫云英花期长，种子成熟不一致，易落粒，荚果80%变黑时即可收获，一般产量可达600～750kg/hm²。以总营养物质产量而言，盛花期刈割青饲为最好，当年一般亩产鲜草1500～4000kg。可用上部2/3作饲料喂猪，下部1/3及根部作绿肥，促进养猪业的发展和水稻田高产（陈宝书，2001）。

（五）饲草加工

由于紫云英能在冬春缺草季节提供青饲料，对家畜饲养具有特别重要的意义。不仅能满足蛋白质和糖的需要，而且也能为牲畜提供多种维生素。

紫云英入春后生长更为迅速，若能用其中的1/3或1/2作饲草，则产量也很集中，往往供之有余，可作青贮利用。在调制青贮料时，先将割下的鲜草稍微晒干，减少原料中的含水量，使水分达60%～70%，再与禾本科牧草或加上30%糠料混贮。这种紫云英混合青贮料，质量良好，牲畜爱吃。紫云英也可调制干草，由于含有较高的蛋白质，制成的干草粉，可用作配合饲料中的蛋白质补充料（肖文一等，1991）。

第四节　红豆草属

红豆草属（*Onobrychis* L.）植物共有140余种，大多是野生种，分布在欧洲、亚洲和北非等地区。在前苏联境内生长的有62种，主要分布在高加索和中亚细亚。我国新疆也有一些野生红豆草的分布。本属植物在栽培利用中主要有三种，即普通红豆草、外高加索红豆草和沙地红豆草。它们不同于苜蓿、三叶草等的最大特点之一是该草含单宁，反刍家畜放牧或青饲时不引起膨胀病。

红豆草是生长在平原、山川和山地草原带群聚的一种草原植物，但在山坡多石、石质地段也有生长，同时其根顺着山岩缝隙向下伸入。它的有些种还可分布到很高的山区，一直到高山和亚高山地带，杂入其他植被中，形成植丛。通常红豆草生长在草原和森林草原地带的南向坡地上，喜温暖、增热快的沙地和碳酸盐的土壤。

我国最早从英国引进红豆草，新中国成立后又先后从前苏联、匈牙利、加拿大、美国引入红豆草试种，我国草业工作者培育的甘肃红豆草、蒙古红豆草在全国大面积推广，在我国北方干旱、半干旱地区表现很好，是有栽培前途的优良豆科牧草。我国新疆野生的顿河红豆草已在甘肃、新疆等地试种栽培，表现良好。红豆草可分为两大类：一类是小叶型（普通型），寿命一般为 7～8 年；另一类是大叶型，寿命为 2～3 年。在北美栽培最多的品种有 Merlrose 和 Eski（陈宝书，2001）。

一、普通红豆草

学名：*Onobrychis viciaefolia* Scop.

英文名：Common Sainfoin，Sainfoin，Holyclover，Esparcet

别名：驴豆、驴喜豆、驴食豆、牧草皇后、车轴草

普通红豆草原产于欧洲和俄罗斯，主要分布在欧洲、非洲北部、亚洲西部和南部。在我国甘肃、宁夏、青海、陕西、山西、内蒙古都有栽培。它是干旱地区一种很有前途的牧草。农民认为红豆草是“手中的粮，身上的衣，槽头的料，地上的肥，致富的宝”，此外，红豆草也是一种很好的水土保持植物。

（一）经济价值

普通红豆草富含蛋白质、矿物质和维生素，据甘肃农业大学草原系的测定，营养成分见表 9-10，由表可知，红豆草在营养生长阶段具有较高的粗蛋白质和粗脂肪含量，随着红豆草进入生殖生长阶段，茎叶中营养成分减少，粗纤维含量增加，品质下降。普通红豆草单位面积粗蛋白质产量虽略低于苜蓿，但却比白三叶和红三叶高，其含钙量约为白三叶、红三叶和苜蓿的一半。红豆草种子产量高，种子中粗蛋白质含量近 40%，为与大豆相似的优良精饲料。

表 9-10　红豆草各生育期的营养成分　（单位：%）

发育期	初水分	吸附水	粗蛋白质	粗脂肪	粗纤维	粗灰分	无氮浸出物	钙	磷
营养期	81.00	8.49	24.75	2.58	16.10	10.56	46.01	1.87	0.25
孕蕾期	80.04	5.40	14.45	1.60	30.28	9.95	43.73	2.36	0.25
开花期	79.06	6.02	15.12	1.98	31.50	8.43	42.97	2.08	0.24
结荚期	76.72	6.95	18.31	1.45	33.48	7.58	39.18	1.63	0.16
成熟期	63.01	8.03	13.58	2.15	35.75	7.63	40.90	1.80	0.12

资料来源：陈宝书，2004

普通红豆草适口性好，不论是青草还是干草，都是家畜的优质饲草，各类牲畜都很喜食。收种后的秸秆也是马、牛、羊的良好粗饲料。红豆草在各个生育期均含有很高的浓缩单宁，草食家畜食后不得膨胀病。

从干物质的消化率来看，普通红豆草高于紫苜蓿，低于白三叶和红三叶。一般而言，红

豆草干物质的消化率在开花至结荚期一直保持在75％以上，进入成熟期之后消化率才降至65％以下。它的再生草的干物质消化率在生长7周之后下降到65％，这种下降趋势比紫苜蓿还要快些。红豆草喂牛，可消化能为10.71MJ/kg，代谢能为8.79MJ/kg，可消化总养分58.1％；喂绵羊可消化能为11.17MJ/kg，代谢能为9.16MJ/kg，可消化总养分60.5％。从家畜的采食情况来说，在干草消化率基本相同的情况下，成龄绵羊采食普通红豆草的数量要比苜蓿或红三叶多（内蒙古农牧学院，1990）。

普通红豆草根系粗壮，入土深达3m以上，耐瘠、耐旱，是很好的水土保持植物。根上长有很多根瘤，固氮能力强。根系发育强大，据测定，生长一年的根系分布在25cm的耕作层内，留在土壤中的鲜根12.5t/hm^2，生长两年的根量倍增，产鲜根40.5t/hm^2，为第一年的3倍多，如果加上底土中的残留根量，总重超过了地上部分产量。因此，种植红豆草的土壤中含有丰富的有机质，是粮食作物和经济作物的良好前作。试验表明，在有机质含量为0.43％的生荒地上种植3年红豆草后，土壤有机质增至0.84％，7年后增至1.27％。

普通红豆草开花早、花色鲜艳、花期集中，是很好的观赏植物和蜜源植物。它比紫花苜蓿开花早15～20d，开花期长，每年开花2～3次，许多昆虫都喜欢在红豆草上采蜜，一朵花一昼夜可提供0.2～0.48mg蜂蜜，每公顷红豆草能产蜜液202.5kg。蜂蜜气味芳香，质地浓稠，淡棕色，透明，不易凝成糖粒（陈宝书，2001）。

（二）植物学特征

红豆草为豆科红豆草属多年生草本植物（图9-7）。根系强大，主根入土深达3～4m，有大量的侧根和支根，根颈大而粗壮，埋生地下，其上着生25～30个向外开张的分枝。根瘤着生在主根、侧根和支根上，有栅栏状、棒状、球状、长椭圆状等，以表层土壤为最多，30cm以下渐少，1m以下极少。株高70～150cm。奇数羽状复叶，花期有35～40个复叶，小叶6～14对；小叶卵形、长圆形到椭圆形，15～35mm长，5～7mm宽。总状花序，基部扩大，开花期4～9cm长，开花后延长。花冠为鲜艳的紫红至粉红色，比较大，长12～13mm。旗瓣长于龙骨瓣。荚果长6～8mm，半卵形，黄褐色，表面具有凸起网状脉纹，被短毛，鸡冠状突起上具短齿，短齿长1mm。荚果成熟时不开裂，壳重占荚果重的25％～35％，每荚含种子1粒。种子肾形，绿褐色，光滑，长2.5～4.5mm，宽2.0～3.5mm，厚1.5～2.0mm，约比紫花苜蓿种子重6～8倍。种子千粒重为13～16g，带壳种子重18～21g。硬实率为4％～20％（陈宝书，2001）。

图9-7　红豆草（陈默君等，2002）

细胞染色体：2n=14，28。

（三）生物学特性

1. 生境　普通红豆草适宜在年均温12～13℃、年降水量350～500mm的温暖稍干燥气候条件下生活，完成生育期所需0℃以上积温2100～3300℃。我国南北各地的温度，一般都能满足红豆草的要求。抗旱性强，抗旱能力超过紫花苜蓿，但抗寒能力不及紫花苜蓿，冬季最低气温在－20℃以下无积雪覆盖地区不易安全越冬。

红豆草为长日照植物，长的白昼和短的黑夜，有利于开花结实，但对光照长短不甚敏感。从低纬度地区向高纬度地区引种，提早开花结实的现象不明显。喜光性强，充足的光照生长健壮，产量高而品质好。光照不足则纤细黄淡，产量低，品质劣。

红豆草对水分条件有良好的适应性。因种子粒大，又多为带壳播种，种子发芽时要吸收种子自身重量120%的水分，土壤含水量在50%以上时，才能顺利吸水发芽。红豆草最忌水淹，水淹后5d会全部死亡。

它对土壤要求不甚严格，最适宜生长在富含石灰质土壤上；能在干燥瘠薄的砂砾土、沙土、白垩土等土壤上良好生长，但不宜栽培在酸性土、黏土、碱土和地下水位高的地区；在重黏土上生长不如红三叶和紫花苜蓿好，且容易生病。适宜的pH为6.0～7.5，有一定的抗酸碱性和耐贫瘠性（肖文一等，1991）。

2. 生长发育 普通红豆草播种后如果条件适宜，3～4d即可发芽，6～7d即可出苗。各种红豆草种子发芽区别于其他双子叶植物的一个特点是，发芽时胚根从豆荚壳的一个大网眼中穿出，并把豆荚壳阻留在土壤中，使它不同子叶一起伸出土表。子叶刚出土时，色黄而小，见光后生长加快。出土后5～10d长出第一片真叶（具一个小叶），以后每隔3～5d，有时更长一些，出现第二片、第三片等真叶，第二片真叶后为奇数羽状复叶（陈宝书，2001）。

普通红豆草是冬性发育类型的植物，春季无保护播种时，当年只能形成一些短的营养枝条，不能产生生殖枝和开花结实。越冬后第二年春季，短营养枝和越冬芽发育成茎，并进一步发育成生殖枝，开花结实。越冬后的短枝和越冬芽，从返青到开花结籽历经50～60d。春季返青时间通常比紫花苜蓿约早一周，比红三叶约早两周。春季萌发和刈割后枝条萌发的部位有两处，一处是从茎下部叶腋处萌发，一处是从根颈上萌发。枝条大多数是从叶腋处萌发的，根颈上形成的枝条只占少数（陈宝书，2001）。

普通红豆草播种后从生活的第二年起开花，花期可延续1个月。它的开花顺序与花序形成的顺序是一致的，最先从茎生枝下部的花开放，自下而上。当茎生枝花序开放一半时，侧生枝上的花开始开放，顺序也是自下而上。这就是种子成熟不一致的原因。从整个植株的开花情况看，开花后的第6d开花最盛，延续20d左右，至第28d后开花基本结束，且都是侧枝上的花序。一个花序开花持续时间一般为10d左右，最长可达13d，开花后的3～7d开放最盛。一天之中从清晨到傍晚花一直在开放着，但以9～10时和15～17时开花为最多。一朵花的开花时间，通常由清晨开始到晚间结束。开花后2～3d花瓣同雄蕊一起脱落，子房开始发育成豆荚。

普通红豆草属于严格的异花授粉植物，自交率不超过4%。即使在人为条件下控制自花授粉结籽，其后代生活力也会显著减退。和一般异交植物一样，它自花不能授粉的原因，一是柱头长，常超过花药；二是雄蕊和雌蕊成熟时期不一样，属于雄性先成熟。花药成熟比雌蕊早，当柱头成熟开花时，花药常已枯萎变干，失去了授粉能力。因此，普通红豆草的授粉率在很大程度上取决于昆虫传粉，否则将会降低种子产量。当然它的授粉率的高低并不完全是由于它的生殖方式的特殊，在某些情况下，也和当时当地的具体环境条件有关，比如花期的高温、高湿以及光照等因素对授粉亦有很大影响。晴朗天气授粉率可占开放小花的80%左右，结实率就高。但过于干旱或连日阴雨，授粉率就低，种子产量减少。天气阴冷昆虫活动较少，而气候酷旱花粉的生活力低，都影响授粉，降低结实率。

为了提高种子田的授粉和结实率，当草地植株开花时，要把蜂箱运往草地四周，一直保留到开花结束。如果种子田面积太大，在配置蜂箱时，蜂箱距离草地一定不要超过 1.5～2.0km。这是因为随着草地远离蜂箱，蜜蜂在草地上采蜜的次数明显减少。试验表明，草地距离蜂箱 2km 时，蜜蜂在草地采蜜次数减少 50%（内蒙古农牧学院，1990）。

3. 生产力　普通红豆草产量较高，青饲宜在现蕾到始花期刈割，每年可刈割 2～3 次，产干草 12～15t/hm²。在北京地区生长 2～4 年的红豆草，产草量 12～15t/hm²；在甘肃河西走廊中部，普通红豆草的产草量以第三或第四年最高，55～66t/hm²，若以第一年为 100%，则其产草量第二年为 175.4%，第三年 224.5%，第四年 241.5%，第五年 191.8%，第六年 165.3%，故以利用 3～5 年为宜（陈宝书，2001）。

红豆草为春播型牧草，播种当年即可开花结实，但是第一年产种子仅 75～187.5kg/hm²，第二至五年产子量最高，产种子可达 900～1050kg/hm²。

（四）栽培技术

1. 整地　红豆草选地不严，除重盐碱地、低洼内涝地外均可种植。最好是地势平坦、土层深厚、多有机质的土壤。红豆草根系发达，入土很深，要创造疏松的耕作层。播种田间要求无杂草，灌溉地区要灌溉冬水，干旱地区要在土壤中积蓄较大量的水分。在播种前一年，前作物收获后及时深耕，翻耕深度为 20～25cm。实行秋耕或早春耕，草荒地则可伏耕，以便消灭杂草和蓄积更多的水分。北方各地春旱较重，不管何时耕翻，翻后都要及时耙地和镇压，以免跑墒，并借以接受更多的降水。北方垄作区，翻后要随即起垄，以备播种。

2. 种子处理　普通红豆草种子大，出苗容易，播种时不需去荚，去荚会伤及其胚。播前用 0.05%钼酸铵处理种子，播种当天用红豆草根瘤菌制剂接种。在无商品根瘤菌制剂的情况下，可应用播种过红豆草田间的土壤按照 1∶1 拌种。

3. 播种　播种时间春秋皆可，冬季寒冷地区宜春播；冬季较温暖地区宜秋播。不论春播或秋播，均宜早不宜迟。春播当年可开花结果，但产量较低。秋播宜在 8 月底之前，以利幼苗越冬。干旱地区春旱不易出苗时，也可在 5 月雨后抢墒播种。

一般多采用条播，单播的播种量，湿润和灌溉地区每亩为 5～6kg，半湿润地区 4～5kg，干旱地区 3～4kg。播种行距，湿润和灌溉地区为 20～30cm，半湿润和干旱地区为 30～40cm。如果用于收种，播种量应该减少，行距要加宽。要强调指出的是，播种时不应当减少播种量，因为种子中含有硬实 20%～24%，在大田条件下播种当年不发芽。大田发芽率决定于土壤湿度、温度，一般不超过 50%～60%。

种子的播种深度，在黏土和湿润土壤上为 2～3cm，中、轻壤土和干旱地区为 3～4cm，最深不能超过 5cm。干旱地区播种后，要立即镇压，和不镇压保墒的相比，前者能提前 2～3d 出苗，并出苗均匀整齐。

普通红豆草种子虽然较大，种苗的破土能力较强，但也要注意出苗时期土壤板结的问题。在灌溉地区播后未出苗前不能浇水，如遇雨天土壤板结，须及时进行耙耱，否则会发生严重缺苗。

4. 田间管理　对营养元素的要求取决于土壤类型，在含有大量氮、磷、钾肥沃土壤上施肥并不增产。和其他豆科牧草相比，普通红豆草对施基肥反应不敏感，是由于其根对矿物质，尤其是对磷有很高的溶解能力；相反，而对施入钼、硼和锰的效果显著。在瘠薄的田地上，为了使普通红豆草在生长初期有较好的生长和发育，可根据土壤中氮、磷、钾元素的含量，每公顷施入氮 60kg、磷 90kg、钾 60kg。一半在播种时施入，另一半在草地生活的第二年追施（陈宝书，2001）。

灌溉对提高青草量、种子产量和越冬率有明显效果。在年降水量 350mm 以下地区，有条件者最好进行灌溉，可结合浇水施肥进行，这样对草层生长发育好。在生长初期或每次刈割、放牧后，要追施化肥和石灰，与灌溉结合进行，以促进生长和再生。

播后当年，特别是生长初期，发育缓慢，易受高大杂草危害，应注意除草、灭草工作。在植株已形成莲座丛叶时，要中耕除草。第二年和以后各年的田间管理在于早春耙地、疏松土表以促进土壤中保持较多的水分和使氧气进入到植株根部。

收种的草地，如果要防治病虫害，用药剂喷撒时务必在开花前进行，否则将会毒死大量的授粉昆虫，使种子产量严重下降。另外，还可在草地开花时期进行根外追肥，方法是用 1：20 的过磷酸钙溶液，于开花期喷撒植株（每亩用溶液 30～40L）1～3 次，或者用 150～200mg/kg 的锰、硼、铁根外追肥，不仅可以提高单位面积的种子产量，还能加速成熟过程，并减少落粒。

为了提高种子田的授粉和结实率，在红豆草开花期，把蜂箱运往草地四周，不仅能提高红豆草的种子产量和品质，也可采到优质蜂蜜。在配置蜂箱时，蜂箱距草地一定不要超过 1.5～2.0km，以确保蜜蜂在红豆草地上采蜜的次数（陈宝书，2001）。

5. 放牧　草地在生活当年，秋季绝不允许在草地上放牧牲畜，因放牧会给草层带来很大损失，首先是越冬不良，其次促使翌年草层植株稀疏，产草量和种子产量下降。

6. 刈割　刈割干草宜在盛花期，这时刈割单位面积的蛋白质产量最高。通常盛花期刈割后，很少产生再生草。刈割时留茬的高度须特别注意，一般要留 5～7cm 的高度。这是因为普通红豆草在刈割之后，从留茬叶腋处形成的嫩枝约占 82.8%，而从根颈和根上产生的幼嫩枝条仅占 17.2%。刈割之后，在灌溉地区要把浇水和追施肥料结合进行。开花前刈割，在水肥条件好时，可以刈割 2 或 3 次，头茬草产量最高，以后则渐次降低（内蒙古农牧学院，1990）。

7. 收种　收种用草地，由于普通红豆草种子落粒严重，同时遇雨时成熟的荚果在植株上发芽。因此，收种要及时，不宜过迟，一般在花序中下部荚果变褐时即可采收，这时采收的种子产量 900～1050kg/hm^2，产量高，质量好。

（五）饲草加工

红豆草从现蕾期到结荚期的鲜草，可调制成优质青饲料。早期刈割的要晾晒半天到一天，晚期刈割的直接青贮。窖贮、青贮、地面覆盖薄膜青贮都行。地下水位高或土壤含沙量过大的可行塑料袋装青贮或覆盖青贮。与禾本科草混贮，可调制成具深厚酸甜水果香味的青贮料。

红豆草茎秆较粗、叶片肥厚、含水较多，经精心晒制，可调制成优质干草。根据当地天气情况，选持续晴朗天气刈割，就地摊成薄层晾晒，翻倒几次，使之快速失水干枯，经 3～4d 就能调制成掉叶很少的绿色干草。晒到含水量在 15%以下时，趁早晚吸潮发软时运回贮存。

红豆草质脆易碎，可调制成供配合饲料用的绿色草粉。在秋冬或早春，空气较干燥，红豆草干草含水量最少的时期，用高速粉碎机粉碎。牛、羊用粒径为 2～3mm；鸡、鸭、鹅、鱼用粒径在 1mm 以下，猪用则可介于二者之间。粉碎后妥为保管，以备饲用（肖文一等，1991）。

二、外高加索红豆草

学名：*Onobrychis transcausica* Grossh

别名：前亚红豆草、南高加索红豆草

（一）经济价值

外高加索红豆草不论是青草还是干草，各类家畜均喜食，亦能用作放牧，其营养成分见表 9-11。干草产量通常比普通红豆草高，产干草 4500～6000kg/hm^2。也有试验表明，在旱作地区产干草 7500～9000kg/hm^2，产种子 450～900kg/hm^2。在丘陵和山前地带，外高加索红豆草比苜蓿早熟 15～20d，干草和种子产量稳定，它的不足之处是从孕蕾到开花，下部叶片容易脱落（陈宝书，2001）。

表 9-11　外高加索红豆草的营养成分　（单位：%）

粗蛋白质	蛋白质	粗脂肪	粗纤维素	无氮浸出物	粗灰分	资料来源
22.64	18.40	2.67	26.67	40.77	7.25	斯塔夫拉堡畜牧站

资料来源：陈宝书，2004

（二）植物学特征

根系发育强大，入土深，第一年是 1.2m，以后可达 1.5m 以上，细小侧根直径为 2～3mm。根上部颜色呈橙黄色。每株 25～30 个枝条，中空，稍被绒毛，尤其是幼茎尖端密生银白色的茸毛，叶片丰富。株高 80～150cm，直立，具 7～9 个长节间。叶具 6～12 对小叶，小叶卵形，小叶背部被短茸毛，小叶数目在早期生长的叶上比晚期生长的叶上要少。总状花序，圆柱状，较松散，尖端钝圆。开花时长 4～6cm，成熟时长 10～15cm。花冠是鲜艳的粉红色或粉红-紫红色，有时呈淡粉红色。旗瓣比龙骨瓣短或等长。豆荚半圆形，长 6～8mm，浓密集短茸毛，圆盘边缘有小刺，具狭窄的鸡冠状突起物，其上有 1～2mm 长的基部稍微宽的齿 3～8 个。千粒重 14～24g（陈宝书，2001）。

细胞染色体：$2n=16$，32。

（三）生物学特性

1. 生境　外高加索红豆草主要分布在高加索半山地带（阿塞拜疆、格鲁吉亚和亚美尼亚等地），山区草甸和草原群落的山地黑钙土、栗钙土和碎石土壤上。其在阿塞拜疆顺着南坡从下向上一直到亚高山和高山草地都有生长。外高加索红豆草在亚美尼亚熟荒地上有时占草层的 70%～80%。每年可以刈割 2 次，雨量充沛的年份可以刈割 3 次，说明其再生性好。其引种栽培已有 1000 多年的历史。

外高加索红豆草种子的休眠期和后熟期较长，生长第一年植株上获得的种子的硬实率高，从第二至四年植株上采收的种子，其发芽率高。因此，比较合理地利用外高加索红豆草的种子，不是在它生活的当年，而是以后各年（陈宝书，2001）。

外高加索红豆草有两个主要栽培起源地：一是伊朗—阿塞拜疆起源地，包括纳希契凡自治共和国的多山地区，亚美尼亚共和国的东南部，阿塞拜疆共和国的分祖凡茨和列考兰地区，二是亚美尼亚—阿那道里起源地，包括格鲁吉亚共和国的草原多山地区阿哈尔卡拉基、阿哈尔齐赫和其他地区。第一起源地，存在着明显的气候差异，冬季比较温暖。在此灌溉条件下栽培的红豆草，形成了生长快，能多次刈割，抗寒性差，但抗旱性强或中等的一个农业生态型。第二个起源地，冬季极其严寒，年降水量约 500mm，主要是在非灌溉地区，是旱作栽培红豆草，形成了比较耐寒，刈割后生长和再生性差，往往只能刈割 1 次的所谓的亚美尼亚—阿那道里农业生态型。

外高加索红豆草的栽培类型主要是上述这两个农业生态型的一些地方品种。它们经常以生物—经济学特性相互区别，如在某一地区的抗寒、耐旱、生长和发育强度，产量的差异程度。经过对它们的比较研究表明，它们在形态结构特征上较近似，有很多共性，并明显区别于其他栽培和野生的红豆草草种。因此，就把在外高加索栽培中遇到的一些多种多样的红豆草类型合并成一个外高加索红豆草。

2. 生长发育　外高加索红豆草为春—冬性发育类，春播当年就能开花结实，并有仅刈割 1 次的晚熟类型。抗寒抗旱性强，也耐践踏，原因是它具有在根颈形成芽和枝条的能力。对土壤要求极不严格，但不能经受过度的湿润。是对各种家畜都有价值的优良牧草（陈宝书，2001）。

（四）栽培技术

据试验，在立陶宛的生草灰化土壤上，外高加索红豆草生产 100kg 种子消耗 2.1kg 氮肥、0.9kg 磷肥、1.1kg 钾肥和 0.15kg 浓缩微量元素肥料（陈宝书，2001）。

第五节　三叶草属

三叶草属（*Trifolium* L.）也称车轴草属，全球约 250 余种，原产亚洲南部和欧洲东南部，野生种分布于温带及亚热带地区，而东亚和澳洲没有。为世界上栽培历史较悠久的牧草之一，现已遍布世界各国，栽培面积最大的是西欧、北美、大洋洲和前苏联地区。该属在农业上有经济价值的植物为 25 种，其中最重要的约 10 种。我国常见的野生种有白三叶、红三叶、草莓三叶和野火球 4 种，引自国外的有杂三叶、绛三叶、地三叶和埃及三叶草，其营养成分见表 9-12（陈宝书，2001）。

表 9-12　4 种三叶草的营养成分比较　（单位:%）

种　类	干物质	消化蛋白质	总消化养分	粗蛋白质	粗脂肪	粗纤维	可溶性糖类	矿物质	钙	磷
红三叶	27.5	3.0	19.1	14.9	4.0	29.8	44.0	7.3	1.7	0.3
白三叶	17.8	3.8	12.3	28.7	3.4	15.7	40.4	11.8	0.9	0.3
杂三叶	22.2	2.7	14.5	17.1	2.7	26.1	43.7	10.4	1.3	0.3
绛三叶	17.4	2.3	11.3	17.2	3.5	27.0	42.5	9.8	1.4	0.3

资料来源：王栋，1989

一、红三叶

学名：*Trifolium pratense* L.

英文名：Red Clover，Purple Clover，Shamrock

别名：红车轴草、红荷兰翘摇、红三叶草

红三叶原产于小亚细亚和南欧。是全世界栽培最多的重要牧草之一。用于发展畜牧业早于紫花苜蓿，在美国、加拿大、荷兰、新西兰、法国、瑞典、德国等欧美国家大量栽培，是人工草地的骨干草种。我国早在 20 世纪 20 年代引进，目前在江苏、浙江、湖南、湖北、贵州、云南、江西、安徽、四川、青海、新疆等地均能良好生长，是南方许多地区和北方一些地区较有前途的草种。

（一）经济价值

红三叶是一种营养价值很高的高产豆科牧草见表 9-12。茎叶柔软，蛋白质含量高，富含丰富的氨基酸，其中赖氨酸为 0.18%～0.27%，色氨酸为 0.04%～0.07%，蛋氨酸为 0.06%～0.10%，与紫花苜蓿相近或略高。适口性好，各类家畜都喜食。

红三叶 3 月返青，从 4 月开始一直利用到 10 月底，利用期达 6～7 个月。在现蕾开花期以前，叶多茎少，现蕾期茎叶比例接近 1∶1，始花期为 0.65∶1，盛花期为 0.46∶1。在长江流域中上游，一年可刈割 5～6 次，每亩产鲜草 3500～4000kg；在华北中、南部，一年可刈割 3～4 次，每亩产鲜草 2500～3000kg。

红三叶可以青刈饲喂，也可以晒制干草，各类家畜均喜食。打浆喂猪，可节省精料，效果很好。红三叶也是很好的放牧型牧草，放牧反刍家畜时，发生膨胀病的可能性要比紫花苜蓿少，但也应注意。红三叶与多年生黑麦草、鸭茅、狐茅等组成的混播草地可为家畜提供近乎全价的营养。红三叶的采食量比所有的禾本科牧草都高，在豆科牧草中，它的采食量介于红豆草和紫花苜蓿之间。

红三叶花期长，蜜腺发达，是优良的蜜源植物。红三叶花色鲜艳美观，又是优良的草坪绿化植物。红三叶也是很好的水土保持植物。

（二）植物学特征

红三叶为豆科三叶草属的短寿多年生下繁草本植物（图 9-8），平均寿命 2～4 年。主根入土深 60～90cm，多数分布在耕层以内。茎自根颈抽出，中空圆形，直立或斜生，丛生分枝 10～15 个，高 60～100cm。植株地上部有疏毛。叶互生，掌状三出复叶，小叶长圆形或卵形，叶表面有倒“V”形斑纹。花序为头形总状花序，着生于茎顶端或自叶腋处长出。每个花序有小花 50～100 朵。花淡紫红色。荚果很小，横裂，包在钟形花萼内，每荚含种子 1 粒，种子肾形或近似三角形，呈黄褐色或黄紫色，较白三叶种子大。二倍体千粒重为 1.5～2.2g，四倍体千粒重为 3～3.5g（陈宝书，2001）。

图 9-8　红三叶（南京农学院，1980）
1. 植株；2. 叶片；3. 花序；
4. 花；5. 荚果；6. 种子

细胞染色体：$2n$=16，32。

（三）生物学特性

1. 生境　红三叶喜温暖湿润气候，夏不过热，冬不过寒地区最为适宜。红三叶最适生长温度为 15～25℃。不耐热，在 7～38℃可正常生长，高于 38℃生长减弱，当温度达 40～45℃，且昼夜温差小，往往会造成植株死亡。在南方热带平原、低山丘陵、高温多雨地区（如南京、武汉等地）难以越夏。能耐－8℃低温，低于－15℃时则难以过冬（陈宝书，

2001)。

红三叶为喜光植物，适于生长在向阳的开阔地上。光照不足，茎秆细弱，叶小而稀，在高秆植物荫蔽下向日徒长，开花结实植株减少。对日照长短反应不敏感，南北引种都能正常开花结实。

红三叶在年降雨量 700mm 以上，或有灌溉条件和排水良好的肥沃土壤上生长茂盛，产量高。耐阴湿性强，在年降水量高达 2000mm 的高山地区，亦能良好生长（内蒙古农牧学院，1991）。

红三叶忌连作，不耐水淹。在同一块土地上最少要经过 4～6 年后才能再种，易积水地块要开沟，以利随时排水。喜在土层深厚、肥沃、中性或微酸性土地上生长，适宜 pH 为 5.5～7.5，以排水通畅，土质肥沃并富含钙质的壤土或沙壤土为最适宜。

2. 生长发育 栽培红三叶可分两种类型：一为大型红三叶，又叫晚花型或一次刈割型红三叶，冬性强，在北京春播当年不能开花结实，抗寒性强，生长发育缓慢，植株粗壮，产量较高，生长年限较长；二为中型红三叶，又叫早花型或二次刈割型红三叶，春性强，在北京春播当年可以开花结实，耐寒性较弱，生长发育较快，植株较矮、分枝较少，再生迅速。产自湖北恩施地区的巴东红三叶，春性强，在北京地区春播，到秋季可开花结实，生长整齐，发育快，茎部叶较多，是经长期风土驯化而适应鄂西山区栽培的地方良种，可行大面积推广种植(陈默君等，2002)。

红三叶为短期多年生牧草，利用年限一般不超过 3 年，放牧利用可适当延长。一般返青很早，土壤解冻不久即返青，并可迅速进入开花结实期。如在南京地区，4 月下旬现蕾开花，5 月中旬开花最盛；在哈尔滨地区，6 月中下旬现蕾开花，7 月上旬开花最盛，荚果成熟期持续 60～70d。荚果包藏在宿存花被中，较不易脱落，种子多为硬实，须经过处理后才可发芽。

红三叶是严格的异花授粉植物，每一花序每天开花 2～3 层，花期长达 30～50d（陈宝书，2001）。

3. 生产力 红三叶青草产量高，岷山红三叶在岷县播种当年刈割一次，亩产鲜草可达 1500～2500kg，生活第二年刈割二次，亩产鲜草 2000～3500kg，亩产种子 15～20kg；在天水播种当年亩产鲜草 900～1000kg，第二年刈割二次，亩总产草量 900～1500kg，亩产种子 40～55kg。

（四）栽培技术

1. 整地 红三叶根浅种子小，幼苗出土力差，播种地要进行深翻细整，使耕层疏松，土块细碎，以利出苗。最好于上年前作收获后及时翻耕和耙地，灭茬除草，蓄水保墒，促进土壤熟化，翌年播种。灌区要灌足冬水，结合深耕整地施足底肥，基肥施用厩肥 15.0～22.5t/hm^2，钙镁磷混合肥 375kg/hm^2。种子田在播种时再适当加施速效氮肥。若为酸性土壤施入石灰用于调节 pH，效果更好（陈宝书，2001）。

2. 种子处理 播前采取硬实处理和根瘤菌接种，可显著提高出苗效果。云南省种畜场试验，播种前用 40%的阿拉伯胶液加钙、镁、磷肥与微量元素钼酸铵和根瘤菌剂作成丸衣。种子出苗后第一片真叶结瘤率达 94%，比对照者高 144.3%，播后 60d 调查，单株干草重比对照者提高 48.7%，可见丸衣根瘤菌剂接种效果明显。

3. 播种 红三叶的播种，在保证 60～70d 的生育期范围内，越早越好。在温暖湿润地区，以秋播为好，在海拔较高的地区以春、夏季播种为佳，秋播的要使幼苗在冬前有 1 个月以上的生长期。

播种方法可条播，也可以撒播、混播和单播。种子田要单播、条播，行距 30～40cm；收草或放牧地，可撒播和条播，行距 20～30cm。种子田每亩播种量 0.4～0.5kg，用草地 0.6～0.75kg。播种深度 1～2cm。原则是土壤墒情差，整地质量低，播种量要大，覆土要深，反之则小、浅，播种过深，会使贮存于种子中的营养物质消耗殆尽而难以出苗。红三叶与禾本科牧草混播时，在较高寒而湿润地区，宜与猫尾草配合效果较好；在温暖湿润地区，宜与多年生黑麦草混播，在温暖而稍干旱地区，则与鸡脚草混播较好。混播比例，一般为 1∶1。播种后要耱地镇压。

4. 保护播种　红三叶早期生长慢，耐寒性差，可与麦类、油菜等间种或套种，利用这些作物保苗越冬，同时可收一季作物。伴生作物播种量为正常播种量的 25%～50%。在保护作物下播种时，应及早收获保护作物，尽量减少对它的抑制作用。保护作物的刈割高度，不应低于 15cm，以利冬季积雪，保护越冬（董宽虎等，2003）。

5. 田间管理　红三叶需要大量磷、钾、钙和其他营养元素。除基肥外，在生育过程中还应追施钾肥 225kg/hm^2（或草木灰 450kg/hm^2）。用 4%氮、磷、钾盐溶液于盛花期进行根外追肥时，可提高种子产量（内蒙古农牧学院，1990）。

东北、华北和西北，红三叶幼苗生长缓慢，易被杂草危害，苗期要及时松土锄草，以利幼苗生长，出苗前如遇水造成土壤板结，要用钉齿耙或带齿圆形镇压器等及时破除板结层，以利出苗。生长 2 年以上的草地，在早春返青前和每次刈割或放牧后要耙地松土，改善土壤通透性，深度 2～3cm。

灌区要在每次刈割放牧利用后灌溉，全年 2～4 次。红三叶不耐旱，不抗热，在干旱灌溉地区，应及时灌溉。

红三叶病虫害少，常见病害有菌核病，早春雨后易发生，主要侵染根颈及根系。施用石灰，喷洒多菌灵可以防治。

6. 刈割　单播收草的红三叶，作青饲应在孕蕾至初花期刈割，晒制青干草的应在初花至盛花期刈割；放牧利用时宜在株丛高度达到 15～20cm 开始。每次放牧或刈割利用留茬高度不得低于 3～4cm，播种当年不宜放牧，初次刈割要在初花期后进行，再生草在土壤封冻后再作放牧利用。

7. 收获　红三叶花期较长，种子成熟很不一致，采种一般不刈割，在 70%～80%的花序枯干变褐，种子变硬，花梗干枯、种子棕黄色时收获。割下枝梢或摘下种球，晒干脱粒后再晒 1～2d，贮存于冷凉、干燥、通风的库内，防潮，防鼠。一般每亩可产种子 15～20kg，最高可达 30kg（陈宝书，2001）。

8. 更新　不论收草还是收种，红三叶一般利用 3～4 年。更新草地时，要在头茬草孕蕾至开花期根瘤固氮活性最高时刈割利用后，及时翻耕灌水，待根茬充分腐烂后，再安排改种一年生或多年生禾本科饲料牧草等作物，加以充分利用。

（五）饲草加工

红三叶适口性好，马、牛、羊、猪都喜食，可从现蕾至开花期分区放牧，但不宜过牧。每次放牧 2～3d，反刍动物放牧不可过饱，以防患膨胀病。青刈饲用就在开花前刈割，青贮和干草用时则在开花盛期刈割。红三叶富含蛋白质，与禾本科草混贮可调制成优质青贮料。如果含水量大，可晒 1～2d，或与米糠、草粉等混贮。切碎或整贮均可。

调制干草是红三叶的主要利用方式。如果适期刈割，精心调晒，可制得品质优良的干草。选持续晴朗天气刈割，就地摊成薄层晾晒，晒至纯干入库贮存（肖文一等，1991）。

二、白三叶

学名：*Trifolium repens* L.

英文名：White Clover，Dutch Clover，Shamrock

别名：白车轴草、白三叶草、荷兰翘摇

白三叶是世界上分布最广，栽培最多的牧草之一。白三叶原产于欧洲和小亚细亚。目前它已在世界温带、亚热带地区广为种植。在我国湖南、江苏、广西、云南、贵州等地生长情况良好，是南方广为栽种的当家豆科草种。

（一）经济价值

白三叶是一种放牧型牧草，耐践踏，再生性好，并能以种子自行繁殖。茎匍匐，叶柄长，草层低矮，故在放牧时多采食的是叶和嫩茎。白三叶茎叶柔软，营养丰富见表 9-12 和表 9-13，饲用价值高，适口性好，营养成分及消化率均高于紫花苜蓿、红三叶，为所有豆科牧草之冠，其干物质的消化率一般都在 80%左右，是各类家畜的优质青绿多汁饲草。白三叶属刈牧兼用型牧草，但由于低矮，适于放牧羊、猪、鸡、鹅等小家畜。因白三叶含有一些特殊化学成分，量大时影响牛羊健康，应注意控制采食量。

表 9-13　白三叶不同生育阶段的营养成分　（单位：%）

生育期	状　态	粗蛋白质	粗脂肪	粗纤维	无氮浸出物	粗灰分	钙	磷
初花	干样	24.7	2.7	12.5	47.1	13.0	1.72	0.34
开花	干样	24.5	2.5	12.5	47.5	13.0	1.70	0.35

资料来源：张子仪，2000

我国南方近些年来种植的经验表明，白三叶是改良我国南方草山的最重要的豆科牧草。高产奶牛可以从白三叶草地上获得所需营养的 65%以上，肉牛在白三叶草地上放牧时不需补饲精料。白三叶作为绿肥可改良农田土壤肥力，特点是腐烂分解快、增肥效果好。此外，白三叶枝叶茂盛、固土能力强，是风蚀地和水蚀地理想的水土保持植物。白三叶草姿优美，叶绿细密，绿色期长，被作为草坪地被植物，广泛用于城乡绿化及庭院装饰中（陈宝书，2001）。

（二）植物学特征

白三叶为豆科三叶草属多年生草本植物（图 9-9）。主根入土不深，最深 1m，侧根发达，主要分布在 40～50cm 的土层中，故为浅根系。根上着生着许多根瘤。茎细而长，光滑无毛，茎长 30～60cm，匍匐地面，每节能生出不定根。匍匐茎开始生长后，主茎生长停止或受抑制。叶从根颈或匍匐茎节长出，叶柄细长。叶为掌状三出复叶，小叶卵形或倒心脏形，基部楔形，边缘有细齿，中央有灰绿色“V”形斑纹。头状总状花序，自叶腋处生出，花梗多长于叶柄。每个花序有小花 20～80 朵。小花白

图 9-9　白三叶（南京农学院，1980）

1. 植株；2. 叶片；3. 花序；4. 花；5. 荚果；6. 种子

色，略带粉红色。其特点是花授粉后，小花逐渐下垂。异花授粉，荚果小而细长，每荚含种子 3～4 粒。种子心脏形或卵形，黄色或棕黄色。种子细小，千粒重为 0.5～0.7g（内蒙古农牧学院，1990）。

细胞染色体：$2n$＝32，48。

（三）生物学特性

1. 生境　白三叶性喜温暖湿润气候，最适生长温度为 15～25℃，适于在降水量 500～800mm 的地方种植。白三叶耐寒、耐热性均较红三叶强。白三叶能耐－15℃甚至－20℃以下的低温，在康定河谷年霜日平均 82d 的情况下能安全越冬。耐热性也很强，在夏季持续高温，甚至出现 40℃的武汉、南京，越夏并未出现困难（陈宝书，2001）。

白三叶是一种喜光植物，在强光条件下，它的生长繁茂，竞争力强。在荫蔽条件下，叶小而少，开花不多，产草量及种子产量均低。白三叶具明显的向光性运动，即叶片能随天气和每天时间的变化以及光源入射的角度、位置而运动，早晨三小叶偏向东方，正对阳光；中午三小叶偏向上平展，阳光以 30°的角度射到叶面；下午三小叶偏于西方，至傍晚，三小叶向上闭合，夜间叶柄微弯，使合拢的三小叶横举或下垂。这种向光性运动，有利于加强光合作用和营养物质的合成。

白三叶喜湿润，耐一定的水淹，但不耐干旱，干旱会影响生长，甚至死亡。白三叶的适宜土壤类型是沙土、沙壤土和壤土，在中性冲积土、紫色土、草甸土、黄棕壤土上也能生长。适宜的土壤 pH 为 5.6～7.0，低至 4.5 亦能生长。不耐盐碱（内蒙古农牧学院，1990）。

白三叶草适应性较强，能在不同的生长条件下生长，在亚热带的湿润地段，可形成单一群落，在群落中占总重量的 81.6%，种子产量也较高。在野生草地，常与狗牙根、牛鞭草、白茅等禾本科牧草混生。在栽培条件下，与多年生黑麦草、猫尾草、羊茅、雀稗等禾本科牧草混播良好，但与鸭茅之间拮抗较大。

白三叶的生长状况与人类活动也有一定的关系。在人畜活动较多的地方，它的生长旺盛，竞争力强，在人畜活动较少的地方，则生长较差，竞争力弱。

2. 生长发育　白三叶须根多而密，主要分布在 10～20cm 土层中，故为豆科牧草中少见的浅根系。茎分匍匐茎和花茎两种，匍匐茎由根颈伸出，有明显的节和节间，长 20～40cm，最长达 80cm，有二、三级分枝，生节能生出不定根；花茎单一，高 20～30cm，叶大的品种可达 40cm（陈宝书，2001）。

苗期生长十分缓慢。在南京，9 月播种，次年 4 月现蕾开花，5 月中旬盛花，花期草层高 15～20cm，是刈割利用的适期。刈割后再生能力强，迅速形成二茬草层覆盖草地。高温季节，白三叶草停止生长（南京农学院，1980）。

白三叶花期长，4～7 月，甚至高温期间，均有花序不断生长。

3. 生产力　白三叶寿命较长，一般 10 年以上，也有 40～50 年，甚至可达百年，并具有萌发早、衰退迟、供草季节长的特点，在南方，供草季节为 4～11 月。全年产草量出现春高一夏低一秋高的马鞍形。白三叶在中国种植，第一年可产鲜草 11～22t/hm²，第二年可产鲜草 15～60t/hm²，在四川凉山海拔 1100～3300m 的地带及湖南一些地区产草量可达 75t/hm² 以上。白三叶每年可刈割鲜草 4～5 次，产量 4000～5000kg/hm²，有时达 6000kg/hm² 以上，由于具有匍匐茎，尽管由于高温影响越夏，造成点片枯死，但很容易恢复，因此在利用上较红三叶有利。白三叶也是近年来养鱼业中，解决 4～6 月青饵料的主要草种，其饵料系数为22，也是最主要的蛋白质饲料之一。

（四）栽培技术

1. 整地　白三叶种子细小，幼苗顶土能力差，因而播种前务必将地耙平耙细，以利于出苗，在翻耕时施入厩肥和适量磷肥，在酸性土壤上宜施用石灰。

2. 播种　白三叶可春播或秋播，在南方以秋播为宜。秋播不宜迟于10月中旬，过晚则越冬易受冻害。单播时，每亩播量为0.25～0.5kg。种子田的播量可适当减少，每亩为0.35kg。白三叶单播时，多采用条播；混播时，则条播、撒播均可。条播时行距为30cm，播深1.0～1.5cm。撒播时，一般将种子撒在土表略加覆土即可。在新开垦地或近几年未种过白三叶的地上种植白三叶时，播前应进行根瘤菌接种。采用白三叶根瘤菌拌种，提高固氮能力，能大大提高草地的产量。

白三叶最适宜与多年生黑麦草、鸭茅、猫尾草、狐茅等禾本科牧草混播，其播量每亩为0.1～0.3kg，在混播草地上，应保持白三叶与禾本科牧草的适当比例。当禾草生长过于旺盛时，可采用刈割或放牧的办法促其生长。一般认为，禾本科牧草与白三叶的产草量2∶1较好，如果混播成员中还有其他三叶草，则其播量还要减少，每亩约0.1kg。这样既可以防止膨胀病的发生，又可以保持单位面积干物质和蛋白质产量最高（内蒙古农牧学院，1990）。

白三叶除用种子繁殖外，还可以用匍匐茎进行扦插繁殖。由于苗期生长缓慢，草地易被杂草侵害，因而在春季或秋季可采用分株方法移栽进行繁殖。$1hm^2$根可繁殖$10～20hm^2$。

3. 田间管理　白三叶播种当年生长缓慢，应注意中耕除草。草地在没有形成草层以前，及时中耕锄草保苗，形成草层覆盖后，两到三年间要及时除去大杂草。由于夏季高温炎热，并伴随着高温干旱，极易形成点或面的缺苗处，可在秋季适当补播，恢复草地生产力。干旱严重时，应进行灌溉。

白三叶为多年生草本植物，加上种子落地后能自行繁殖，所以它的草层能长期利用，经久不衰。为了使白三叶在草层中不减产，宜在刈割后、入冬前和早春施用钙、镁、磷肥，或追施过磷酸钙加石灰。在白三叶明显占优势的新建混播草地上，如果禾本科牧草表现缺氮，则应酌量施用硝酸铵或硝酸钙等（内蒙古农牧学院，1990）。

4. 放牧　在白三叶草地上放牧时，应进行轮牧且应注意控制采食量。一是因为白三叶含有雌性激素香豆雌醇，能使牛羊产生生殖困难等问题；二是白三叶含有植物胶质和胶质甲基醇，被牛羊采食倒嚼时，发生泡沫性瘤胃胀气（即膨胀病），严重时可使牛羊死亡。另外，为保证其越冬有利，每次放牧后，也应停牧或轻牧，留茬高度5～15cm。

5. 刈割　白三叶刈割适期为开花期。此时刈割产量高，品质好，再生力也强。贴地刈割时不要伤害白三叶的匍匐茎，一般经30～40d，充分生长后再行下次刈割。

6. 收种　如果用作收种，则应考虑选择适宜的土壤（粉沙壤或清壤土），充足的光照（15h以上日照）和传播花粉的昆虫，并且先进行轻度放牧，然后封闭草地不放牧，等候收种。收种时间一般在80%～90%的花序变成棕色时进行。白三叶花期长达两个月，根据成熟情况，可分期分批采收。一般在6月分批采种，可收150～225kg/hm^2种子，高的可达300kg以上。

（五）饲草加工

白三叶刈割适期为开花期。此时刈割产量高，品质好，再生力也强。白三叶以青刈青饲为好，喂多少，刈割多少，要控制喂量，以防胀气。与禾草搭配饲喂为好。白三叶与禾草以 1∶1 混合，可调制成优质青贮饲料，饲喂家畜可节省精饲料。与禾草搭配调制成的优质干草，是家畜冬春重要的贮备饲料（肖文一等，1991）。

第六节　野豌豆属

野豌豆属（*Vicia* L.）又名草藤属、蚕豆属和巢菜属，一年生或多年生草本，全世界有 200 多种，广布于温带地区。我国约有 25 种，南北各地均有分布。目前我国作为牧草栽培的主要有箭筈豌豆和毛苕子两种，在草原地区广为分布且有引种价值的尚有山野豌豆和广布野豌豆正在试种推广，表现良好。我国通过引种选育，目前大概有 100 多个品种，根据种子颜色可分为 10 余个类型，即粉红型、背灰型、纯墨型、绛红型、灰麻型、灰棕型、淡紫型、青底黑斑型、淡绿型和棕绿麻型等。主要栽培品种有 60～65 种箭筈豌豆。澳大利亚箭筈豌豆、大荚箭筈豌豆、西牧 880、西牧 324 等。我国选育出的毛苕子优良品种有徐苕 1 号、徐苕 2 号、徐苕 3 号和 391 毛苕子，均为中熟类型（陈宝书，2001）。

一、箭筈豌豆

学名：*Vicia sativa* L.

英文名：Common Vetch，Fodder Vetch，Tare，Spring Vetch

别名：春箭筈豌豆、普通野豌豆、救荒野豌豆、大巢菜

箭筈豌豆原产于欧洲南部和亚洲西部。我国甘肃、陕西、青海、四川、云南、江西、江苏和台湾等地的草原和山地均有野生分布。20 世纪 50 年代从前苏联、罗马尼亚、澳大利亚、日本等国引进了一些品种。箭筈豌豆适应性强，产量高，是一种优良的草料兼用作物。1962 年开始推广，现在许多地区都有种植。

（一）经济价值

箭筈豌豆营养丰富（表 9-14），茎叶柔软，叶量多，适口性强，马、羊、猪、兔等牲畜均喜食，鲜草中粗蛋白质含量较紫苜蓿高，氨基酸含量丰富，粗纤维含量少，可青饲、调制干草和用作放牧。籽实中粗蛋白质含量高达 30%，是优质的精饲料，也能加工成面粉、粉条等（陈宝书，2001）。

表 9-14　箭筈豌豆的营养成分　（单位：%）

样　品	水　分	粗蛋白质	粗纤维	无氮浸出物	粗脂肪	钙	磷
鲜草	84.5	2.10	0.6	6.5	4.5	0.24	0.06
干草	—	16.14	25.17	42.29	2.32	2.00	0.25
种子	—	30.35	4.96	60.65	1.35	0.01	0.33
青贮料	69.9	3.50	9.8	13.4	1.0	—	—

资料来源：陈默君等，2002

箭筈豌豆适于作绿肥，利用麦收后短期休闲地复种箭筈豌豆，初花期翻耕，在 0～20cm 土层中速效氮含量比休闲地增加 66.2%～133.4%，比复种前增加 66.7%～249.9%。

箭筈豌豆籽实中含有两种有毒物质：一是生物碱；二是氰苷。生物碱含量为 0.1%～

0.55%，略低于毛苕子。氰苷经水解酶分解后放出氰氢酸，含量依品种不同，每千克为7.6～77.3mg，高于卫生部规定的关于粮食作物中有毒物质最高残留允许量，即氰氢酸含量每千克不得超过5mg。需作去毒处理，如氰氢酸遇热挥发，遇水溶解即可降低，即将其籽实炒、浸泡、蒸煮、淘洗、磨碎等加工后，氰氢酸含量下降到规定的标准以下。在饲喂中注意不要单一化和喂量太多，可保证安全。此外，也可选用含氰氢酸含量低的品种或避开氰氢酸含量高的青荚期饲用，可防止家畜中毒（陈宝书，2001）。

图 9-10　箭筈豌豆（陈默君等，2002）

（二）植物学特征

箭筈豌豆为野豌豆属一年生草本植物（图 9-10），主根肥大，入土不深。根瘤多，呈粉红色。茎细软有条棱，多分枝，斜升或攀缘，长60～200cm。偶数羽状复叶，具小叶8～16枚，顶端具卷须。小叶倒披针形、倒卵形、椭圆形，长8～20mm，宽3～7mm，先端截形凹入并有小尖头，基部楔形，全缘，两面疏被短柔毛；托叶半箭头形，一边全缘，一边有1～3个锯齿，基部有明显腺点。花1～3朵生子叶腋，花梗短。花萼筒状，萼齿5，披针形；花冠蝶形，紫色或红色，个别白色。花柱背面顶端有一簇黄色冉毛，子房略具短冉毛。荚果条形，稍扁，长4～6cm，成熟荚果褐色，内含种子5～12粒，易裂。种子球形或扁圆形，色泽因品种而异，有乳白、黑色、灰色和灰褐色，具有大理石花纸。千粒重50～60g（陈宝书，2001）。

细胞染色体：$2n=12$。

（三）生物学特性

1. 生境　箭筈豌豆性喜凉爽，抗寒性较强，适应性较广，对温度要求不高，收草时要求积温1000℃。收种时为1700～2000℃。各生育期对温度要求不同，种子在1～2℃时即可萌发，但发芽的最适温度为26～28℃。从播种到出苗需5～22d，随土壤温度的提高出苗时间缩短。在形成营养器官时要求最低温度为5～10℃，适宜温度为14～18℃，种子成熟阶段的适宜温度为16～22℃。当苗期温度为－8℃，开花期为－3℃，成熟期为－4℃时，大多数植株会受害死亡。如箭筈豌豆在甘肃河西走廊麦田套种时，麦收后零度以上积温达到1500℃，即可满足做绿肥的需要。

箭筈豌豆属长日照植物，缩短日照时数，植株低矮，分枝多，不开花。

箭筈豌豆亦较抗旱，但对水分比较敏感，喜欢生长在潮湿地区，每遇干旱则生长不良，但仍可保持较长时间的生机，获水后又能抽出新枝，继续生长，但产量显著下降。在年降水量低于150mm的地区种植，必须进行灌溉。在生长季如降水过多，则会引起果实减产。蒸腾系数为300～500。

箭筈豌豆对土壤要求不严，除盐碱地外，一般土壤均可种植，耐瘠薄，在生荒地上也能正常生长，但以排水良好的壤土和肥沃沙质壤土为最好。能在微酸性土壤上生长，在强酸性土壤或盐渍土上生长不良，适宜的土壤pH为5.0～6.8。在酸性土壤上，根的生长受到抑制，根瘤菌的活性减弱，甚至不能形成根瘤（陈宝书，2001）。

2. 生长发育　箭筈豌豆在条件适宜时，播后 1 周即可出苗。出苗后 3～4 周开始分枝。新茎从叶腋长出，营养阶段生长缓慢，进入开花期生长速度陡增，鼓荚期前后，有的品种继续生长，有的品种则停止生长。箭筈豌豆的生育期 84～230d，生育期长短取决于品种和自然条件。根据其生育期长短可分为早熟、中熟和晚熟三个类型。同一品种在不同播种年份因气候条件的变化，生育期相差可达 3～47d。

箭筈豌豆的固氮能力，随生长的加速而固氮活性不断提高。一般在 2～3 片真叶形成根瘤，苗期发育的根瘤多为单瘤，营养期的固氮量为总固氮量的 95%；现蕾后根瘤活性明显下降；进入花斯后，多数根瘤死亡，固氮活性消失。

箭筈豌豆开花习性是：下部叶腋间小花先开，如果为两花，则一先一后开，也有同时开的。花开放的时间通常在上午 10 时以后直到当天晚上，夜间闭合，第二天花即萎缩，开始结果。为自花授粉植物，在特殊情况下，亦能异花授粉。

箭筈豌豆刈割后从根颈中再生的占 65%，从未被刈割的茎芽中再生的占 35%。其再生性受植株密度、水肥条件、留茬高度、刈割时期及刈后灌溉等因素影响很大。当头茬在开花前刈割时，再生草产量高，开花后刈割时再生草产量低。在始花期刈割后，再生草为头茬草产量的 34.5%；盛花期刈割占 15.5%；结荚期刈割仅占 5.2%（陈宝书，2001）。

3. 生产力　箭筈豌豆的青草和籽粒产量均较豌豆高而稳定。在甘肃一般产青草 15～37.5t/hm²，高者可达 60t/hm²，籽实产量为 1500～3750kg/hm²，高者可达 4500～5250kg/hm²；在河北，产青草 2.25～4.50t/hm²，籽实产量为 1125～5850kg/hm²；在江苏产青草 33.75～45.00t/hm²，籽实产量为 1875～2625kg/hm²。

（四）栽培技术

1. 轮作　种植箭筈豌豆后能在土壤中残留大量根系和氮素。根系含氮量比豌豆高。据青海农科院土肥所调查，在 0～25cm 的土层中，箭筈豌豆根量多，根瘤数目比豌豆多 1/3，对后作增产大于豌豆。种在箭筈豌豆茬地上的小麦产量要比豌豆茬地上的小麦增产 5%～8%。它是各种谷类作物的良好前作。但它对前作要求不严，可安排在冬作物、中耕作物及春谷类作物之后（陈宝书，2001）。

2. 整地施基肥　箭筈豌豆播前整地应精细，并施入厩肥，一般施厩肥 15 000～22 500kg/hm²。同时还应施入少量磷肥和钾肥。经试验，施过磷酸钙 375kg/hm²，鲜草产量较对照增产 60%，籽实增产 57%，根量增加 61.2%。

3. 种子处理　箭筈豌豆种子进行春化处理能提早成熟和增加种子产量，这对生长期短的地区尤为重要。春化处理方法为每 50kg 种子加水 38kg，15h 内分 4 次加入。拌湿的种子放在谷壳内加温，并保持 10～15℃温度，种子萌芽后移到 0～2℃室内 35d 即可播种。

4. 播种　箭筈豌豆春、夏、秋均可播种。北方一般只能春播，较暖的地方可以夏播，南方一年四季均可播种。用作收种，秋季不迟于 10 月。播种越早越好，特别是温度较低的地区，早播是高产的关键。用作饲草或绿肥时可单播，播量 60～75kg/hm²，收种子时 45～00kg/hm²。为充分利用地力，提高单产，[illegible]熟地区水肥条件充足时，可在麦茬地套种或复种箭筈豌豆。目前这种种植方式在甘肃河西灌区、青海黄河、徨水灌区比较普遍，产鲜草可达 11 250～18 750kg/hm²。复种压青，依地区不同，用种 120～225kg/hm²，行距 20～30cm。子叶不出土，播深 3～4cm，如土壤墒情差，可播深一些。

箭筈豌豆单播时容易倒伏，影响产量和饲用品质。通常和燕麦、大麦、黑麦、草高粱、苏丹草、谷子等混播。混播比例中箭筈豌豆与谷类作物的比例应为2∶1或3∶1，这一比例的蛋白质收获总量最高。甘肃省草原工作队在皇城区试验，箭筈豌豆与燕麦混播比例为4∶6，平均产鲜草32 685kg/hm^2，较单播箭筈豌豆提高21%，较单播燕麦提高36.7%（陈宝书，2001）。

5. 田间管理　在基施磷肥的基础上，苗期追施碳酸氢铵75kg，鲜草产量比对照增加80%，根量增加120.7%。箭筈豌豆在苗期应进行中耕除草。在灌溉区要重视分枝盛期和结荚期的灌水，对籽实产量影响极大。南方雨季应注意排水。受蚜虫危害时可用40%乐果乳剂1000倍稀释液喷杀。每次刈割后不要立即灌水，应等到侧芽长出后再灌水，否则水分从茬口进入茎中，使植株死亡，影响产量。

6. 刈割　刈割时间因利用目的而不同。如刈割调制干草，应在盛花期和结荚初期刈割；如草料兼收，可采用夏播一次收。如利用再生草，注意留茬高度，在盛花期刈割时留茬5～6cm为好；结荚期刈割时，留茬高度应在13cm左右。如用作绿肥时，应在初花期翻压或刈割。但无论如何，一定要在后作播前20～30d翻入土中，以便充分腐烂，供后作吸收利用。

7. 收种　箭筈豌豆成熟后易炸荚，当70%的豆荚变成黄褐色时清晨收获（陈宝书，2001）。

（五）饲草加工

箭筈豌豆茎秆可作青饲料、调制干草，作干草粉混于混合饲料喂猪，效果较好。

二、毛苕子

学名：*Vicia villosa* Roth.

英文名：Hairy Vetch

别名：毛野豌豆、长柔毛野豌豆、冬苕、冬巢菜

毛苕子原产于欧洲北部，广布于东西两个半球的温带，主要是北半球温带地区。在前苏联、法国、匈牙利栽培较广。北美在北纬33°～37°为主要栽培区，欧洲北纬40°以北尚可栽培。毛苕子在我国栽培历史悠久，分布广泛，以安徽、河南、四川、陕西、甘肃等省栽培较多，东北、华北也有种植（董宽虎等，2003）。

（一）经济价值

毛苕子草质柔软细嫩，叶多茎少，蛋白质、矿物质含量高，纤维素含量低，适口性好，各种家畜喜食，特别是猪、奶牛和鸡的夏秋季高蛋白质、多汁青绿饲料和冬春季的优质青干草或草粉来源之一。可青饲、放牧或刈割调制干草。毛苕子一般亩产种子20～50kg，是畜禽高蛋白质精饲料。毛苕子与箭筈豌豆营养成分见表9-15。

表9-15　毛苕子与箭筈豌豆茎叶的营养成分　（单位：%）

名称	水分	占干物质重				
		粗蛋白质	粗脂肪	粗纤维	无氮浸出物	粗灰分
毛苕子	18.2	23.1	2.8	27.5	34.6	12.0
箭筈豌豆	20.4	18.6	2.5	26.9	41.7	10.3

资料来源：陈宝书，2004

饲用毛苕子青草产量高，一般亩产鲜草1000～2500kg。在定西旱作川区，土地肥力较好，雨水较多时，最高亩产鲜草可达2670kg，最低也在500kg以上，在有灌溉条件的天祝打柴沟亩产鲜草达2200～3300kg，在武威黄羊镇灌区为1000～2250kg。

毛苕子可用于放牧，但在放牧牛、羊等反刍家畜时不能单一过量采食，防止发生膨胀病。在毛苕子与燕麦、高粱、玉米、谷子等混播草地上放牧奶牛，可显著提高产奶量。据广东农业科学院报道，200kg毛苕子喂猪可长肉15.45kg。

毛苕子也是很好的绿肥植物，其根系和根瘤能给土壤遗留大量的有机质和氮素肥料，同时还增加了真菌、细菌、放线菌等土壤有益微生物，改良土壤、培肥地力、增产效果明显。鲜草中含氮0.67%，磷0.07%，钾0.41%，钙0.23%。如每亩绿肥2500kg计，对土壤可增加氮16.75kg、磷1.75kg、钾10.25kg及钙5.75kg，等于施用8.25kg硫酸铵、25kg过磷酸钙、50kg氯化钾和12.5kg生石灰。

毛苕子是很好的蜜源植物，花期长达30～45d，一亩种子田可酿造25kg蜂蜜。毛苕子根群发达，枝叶茂密，叶深绿，花蓝紫而艳丽，可绿化美化环境和保持水土。

（二）植物学特征

毛苕子为豆科毛苕子属一年生或二年生草本植物（图9-11）。根系发达，自然株高约40cm，深入土中。茎四棱。匍匐蔓生，分枝多，一株20～30个分枝，长达1～2m。全株密生银灰色茸毛，叶为羽状复叶。狭长小叶5～10对，顶端具卷须。总状花序腋生，花梗长，有10～30朵排列于序轴一侧，花蓝紫色。荚果矩圆状菱形，色淡黄，光滑，含种子2～8粒，种子圆形，黑色，千粒重25～30g（内蒙古农牧学院，1989）。

图9-11 毛苕子（陈默君等，2002）

细胞染色体：$2n=14$。

（三）生物学特性

1. 生境 毛苕子为一年生或越年生草本，属春性和冬性的过渡类型，但偏向冬性。与春箭筈豌豆比，它的生育期较长，开花期及成熟期约推迟半月。性喜温凉气候，抗寒能力强，生长发育需0℃以上积温1700～2000℃，用作饲草，在甘肃省海拔3000m以下的农牧区都可种植。幼苗能耐－6℃的冷冻。若在冬前气温5℃的条件下播种，只有部分出苗，在此气温下成株茎叶生长也基本停止，但仍嫩绿伸展，当气温稍有回升时，仍能继续生长。毛苕子不耐炎热，气温在20℃左右时，生长发育最快，气温超过30℃时，植株生长缓慢且细弱。

毛苕子耐阴性较强，在果树林下或高秆作物行间均能正常生长。毛苕子耐干旱但对水分很敏感，每遇干旱则生长不良，但仍能保持较长时间的生机，遇水后又继续生长，但产量显著下降。以土壤含水量为20%～30%时生长最好。在10%以下时出苗困难，达20%时出苗迅速。大于40%时出现渍害。不耐水淹，受水淹2d后有20%的植株死亡。

毛苕子对土壤要求不严，适宜在pH6.0～6.8并排水良好的肥沃土壤和沙壤土上种植。

毛苕子耐酸、耐盐、耐瘠薄性较强，可以在 pH4.5～9.0 范围内种植，在土壤含盐量 0.2%～0.3%时能正常生长，而在氯盐含量超过 0.2%时难以立苗。在其他豆科牧草难以生长的盐碱地、贫瘠地上都能种植，并能获得较高的产量。毛苕子抗冰雹能力强，冰雹可使小麦、玉米、高粱等作物枝离叶碎，而毛苕子叶小茎柔韧，在同等条件下受灾较轻，对产量影响较小。

2. 生长发育　毛苕子从播种到成熟 100～140d，播种时温度高，出苗快。温度为 10～11℃时，播种后12～15d 出苗；在 4℃左右时，20～25d 出苗，但在高温干燥时出苗较慢。苗期生长较慢，花期开始迅速生长，花期前的生长快慢随温度高低而不同，花期以后则依品种不同而异。再生性强，但与刈割时期和留茬高度有关，花期前刈割，留茬高度 20cm 以上时，再生草产量高。

毛苕子固氮能力强而早，毛苕子出苗后 10～15d 根部形成根瘤，开始固氮。根瘤生长量固氮作用强的时期为孕蕾期，单株有效根瘤数平均为 70 个，单株每分钟固氮 376～544ng。对磷肥反应敏感，施用磷肥有明显的增产效果。

毛苕子白天从早到晚都开花，以每天 14～18 时开花数最多，夜间闭合。开花适宜温度为 15～20℃。开花顺序自下而上，先一次分枝，后二、三次分枝。一个花序的开花时间需 3～5d，一个分枝从第一花序到最末一个花序开花，约需 25d。开花虽多，但结荚率不高，结荚数占小花数的 18%～25%，幼荚脱落占结荚数的 42%～45%，成荚数占开花数的 10%～14%。

（四）栽培技术

1. 轮作　江淮地区可于 8 月中下旬至 9 月中下旬单播或套种在水稻或棉花地内，西北各省可春播或与冬作物、中耕作物及春种谷类作物进行间、套、复种，于冬前刈割作青饲料。

2. 土壤耕作与施肥　整地应在播种前一年完成浅耕、灭茬灭草、蓄水保墒。翌年播种前施底肥、深耕、耙耱、整平地面。整地工作很重要，种子田应在上年前作收获后及时进行伏耕秋耕，在灌区进行冬季泡地，做好灭茬除草蓄水保墒工作，来年早春及时播种。复种时要边收前作，边整地播种。在翻耕、整地的同时施足有机肥，亩施有机肥 1500～2000kg，过磷酸钙 20kg 为底肥，播种时施磷酸二氨等复合肥为种肥，促进幼苗生长。对牧草和种子生产均有良好效果，磷肥还能促进根瘤固氮作用。

3. 种子处理　南方温暖地区，复种指数高，多选种生长期短的蓝花苕子和光苕子。北方寒冷少雨地区，宜种生育期长、抗逆性强的毛苕子。播种前检验种子品质，查明种子纯净度、发芽率，计算种子用价，然后决定播种量。种子田播种要用国家或省牧草种子质量分级标准的Ⅰ级种子，饲料生产及绿肥地用Ⅲ级以上的各级种子均可。

毛苕子种子的硬实率高，出苗率仅有 40%～60%，特别是新收种子硬实率更高，播种前应进行硬实处理，方法是用机械方法擦破种皮，或用温水浸泡 24h 后再种。

4. 播种　在江淮流域及冬麦区 9 月中下旬播种；西北、华北、内蒙古等地为春播，3 月中旬至 5 月初为宜。种子田，以早春或上年入冬时寄子播种；冬小麦种植区，也可于上年秋季播种，留苗过冬。收草或用作绿肥的，可早春、晚春、初夏或夏作收获后复种均可。

收草地播种量为 45～60kg/hm^2，种子田为 30～37.5kg/hm^2。与禾本科牧草混播株数比例为 1∶1 或 1∶2（禾本科牧草为 2），如毛苕子与黑麦草混播时，毛苕子 30～45kg/hm^2，黑麦草 15kg/hm^2；与麦类混播时毛苕子 30kg/hm^2，燕麦 30～60kg/hm^2。种子田应单播、条播或穴播，条播行距 40～50cm；收草地可撒播或条播，行距为 20～30cm；与禾本科牧草混播时，混播方式以间行密集条播为好。播种后进行镇压。播种深度一般 2～3cm，土壤湿润黏重宜浅，土壤干燥疏松宜深。

5. 田间管理 毛苕子幼苗生长缓慢，易受杂草危害，应及时中耕除草，加强护青管理工作。种子田切忌牲畜为害，中耕深度 3～6cm，进行 2～3 次。当植株生长封垅后，毛苕子可抑制杂草生长。

毛苕子虽然抗旱耐瘠薄，但在干旱区适时灌水和追肥，对丰产还是重要的。在甘肃河西，早春播种的，于 5 月底 6 月初灌头水，并适量追施氮肥，每亩施硝酸铵 2.5～5kg，如生长繁茂，可不必追肥；6 月下旬灌二水，7 月中旬灌三水，一般全生育期灌 3 次即可。

与小麦套种的，宜高茬收割小麦，留茬高度 15～30cm，麦收后立即灌水泡茬，并追肥硝酸铵 37.5kg/hm^2，促进快速生长。在夏作收割后复种时，要抓紧时间抢收，边收割，边拉运，边整地下种；亦可在夏作收割后，立即撒种子，再用圆盘耙耙两遍，达到覆土、松土目的；播后及时灌水；待出苗后土壤适宜耕作时耙松表土。

除播种前多施基肥和磷肥外，返青后可追施草木灰或磷肥 1～2 次。春季多雨地区要挖沟排水。受蚜虫为害时期可用 40%乐果乳剂 1000 倍稀释液喷杀。

据蜂农经验，每亩可放蜂 4 箱，每季可生产蜂蜜 40～50kg。不仅增加经济收入，还可使种子田增加产量。

6. 刈割 毛苕子在分枝期，其鲜草多汁细嫩，营养价值高，但产量低；达结荚期时虽产量高，但纤维素含量增加，营养价值降低。用作青饲的可从分枝期到结荚期以前陆续分期连片刈割利用，但以初花期最佳。用于猪的青饲，在分枝期到开花前刈割。用于牛、马的青饲，在开花期到结荚期刈割。用于调制干草或草粉时，宜在盛花期刈割。如要利用再生草，须在分枝到孕蕾期刈割，留茬高度 10cm。若齐地面刈割或刈割过迟，则不能再生。如要刈牧兼用，可先行放牧后任其生长，再刈割或留种；或于花前刈割，利用再生草放牧，最后刈割或放牧第二次再生草。不论放牧或刈割青饲，在饲喂反刍家畜时要谨防得膨胀病，不能单一采食过量，最好与其他禾本科牧草掺和饲喂。

用于绿肥的鲜草翻压量，一般水浇地不超过 22.5～30.0t/hm^2，旱作地 15～22.5t/hm^2。高产田可将上半部刈割用作饲料，下半部翻压作肥料，或分开翻压利用。旱田要随翻随耱，不使晾垡跑墒，灌区翻后要灌水沤制。翻压后需要在短期内播种后作的，也需经过 10～15d 的沤制发酵，否则会因发酵使土壤缺氧和聚积有毒物质，影响后作正常生长。

7. 收获 毛苕子是无限花序，种子成熟很不一致，过于成熟易爆荚落粒，要掌握时机适时收割。当 50%以上种荚成熟时即应收种，可收种子 450～900kg/hm^2。收割时间宜在早晨露水未干时进行，随割随运，晒干脱粒。

用毛苕子籽实做精饲料时，因其含有生物碱或氢氰酸，也不宜长期单一饲喂。饲喂时需经去毒处理，或与其他饲料搭配饲喂。去毒方法是将籽粒磨碎、浸泡、蒸煮、淘洗等都有效，最好选用氢氰酸含量低的品种栽培，作为饲料利用。

（五）饲草加工

毛苕子茎秆可作青饲料、调制干草，作干草粉混于混合饲料喂猪，效果较好。

第七节　紫穗槐

学名：*Amorpha fruticosa* L.

英文名：Shrubby Flasc Indigo

别名：椒条、棉槐、穗花槐

紫穗槐原产美国东北部和东南部，广布于中国东北、华北、华东、中南、西南，是黄河和长江流域很好的水土保持植物。俄罗斯和朝鲜也有分布。现我国东北、华北、西北及山东、安徽、江苏、河南、湖北、广西、四川等地均有栽培。

一、经济价值

紫穗槐是多种经营、多种用途的理想植物，具有很大的饲用价值、经济价值与生态价值。紫穗槐营养丰富（表 9-16），含大量粗蛋白质、维生素等，叶量大，干叶中必需氨基酸的含量是：赖氨酸 1.68%、蛋氨酸 0.09%、苏氨酸 1.03%、异亮氨酸 1.11%、组氨酸 0.55%、亮氨酸 1.25%，苯丙氨酸 1.35%。叶粉中含胡萝卜素 270mg/kg。

表 9-16　紫穗槐的化学成分　（单位：%）

采样地点	水　分	粗蛋白质	粗脂肪	粗纤维	粗灰分	无氮浸出物	钙	磷
东北	12	22.8	12.8	13.8	5.9	44.7	0.31	0.28
辽宁北票	12	15.0	15.0	11.4	9.4	49.2	—	—
四川雅安	12	25.7	15.7	11.8	4.7	42.1	1.06	0.15
云南会泽	12	24.3	14.6	10.0	5.3	45.8	0.76	—

资料来源：陈默君等，2002

紫穗槐年产鲜叶 15 000kg/hm^2。新鲜饲料虽有涩味，但牛羊的适口性很好，鲜喂或干喂，牛、羊、兔均喜食。目前各地主要用作猪的饲料，常以鲜叶发酵煮熟饲喂。粗加工后既可成为猪、羊、牛、兔、家禽的高效饲料。种子经煮脱苦味后，可做家禽、家畜的饲料。

紫穗槐根部多有根瘤菌，茎叶含有丰富的有机质，可以迅速改良土壤，促成土壤团粒结构，并可直接供给植物营养。其青枝叶含氮量 1.32%，每 300kg 的枝叶，约等于 50kg 豆饼的肥效，每 1000kg 含磷 3kg，钾 7.9kg。施用紫穗槐绿肥 3 年后，土壤水分、有机质及含氮量都有增加，含氮量增加 3.3 倍，有机质增加 64%，水分增加 36%，而含盐量则有降低。紫穗槐具有耐盐碱性和耐旱性，在含盐量 0.39%的情况下，植物生长正常。

紫穗槐植株丛生，叶部丰茂，占 60%，可以防风防沙，是很好的防风、固沙和水土保持植物。常用于公路、铁路两侧防风保土。紫穗槐为很好的蜜源植物和园林绿化植物，树形美观，其枝叶对烟尘、二氧化硫有较强的抗性，常用于边坡、铁道、公路边等绿化。

紫穗槐枝叶繁密，叶含紫穗槐苷（是黄酮苷，水解后产生芹菜素），根与茎含紫穗槐苷、糖类，果实含芳香油，种子含油 10%～15%，可作为甘油及润滑油。枝条软而直，可编制筐、篮等，是副业的主要原料（陈默君等，2002）。

二、植物学特征

紫穗槐是豆科紫穗槐属的多年生落叶灌木（图 9-12）。根系发达，主要分布在 0～45cm 土层中，高 3～4m，丛生、枝叶繁密，直伸，皮暗灰色，平滑，小枝灰褐色，有凸起锈色皮

图 9-12　紫穗槐（陈默君等，2002）

孔，幼时密被柔毛；侧芽很小，常两个叠生。叶互生，奇数羽状复叶，小叶 11～25 枚，卵形，狭椭圆形，先端圆形，全缘，叶内有透明油腺点。总状花序密集顶生或在枝端腋生，花轴密生短柔毛，萼钟形，常具油腺点，旗瓣蓝紫色，翼瓣，龙骨瓣均退化。荚果弯曲短，长 7～9mm、棕褐色，密被瘤状腺点，不开裂，内含 1～2 粒种子，种子具光泽，千粒重 10.5g（陈默君等，2002）。

细胞染色体：$2n=40$。

三、生物学特性

紫穗槐耐寒、耐旱、耐湿、抗风沙，是抗逆性强、应用价值广的一种优良灌木。低温－30℃，冻土达 1.2m，枝条被冻枯后仍能从根萌发新株。在宁夏腾格里沙漠，地面温度高达 70℃时也能生长。喜光又耐一定的荫蔽，在郁闭度 0.85 的白皮松林或郁闭度 0.7 的毛白杨林下仍能生长茂盛。在沙层含水量 2.7%，干沙层达 30cm 或被水淹 45d 后均可生长。耐盐碱，在土壤含盐量 0.3%～0.5%条件下能正常生长。在荒山坡、道路旁、河岸、盐碱地均可生长。在降雨量 500mm 的地方生长较好。

紫穗槐可用种子繁殖及进行根萌芽无性繁殖，萌芽性强，根系发达，每丛可达 20～50 根萌条，平茬后一年生萌条高达 1～2m，2 年开花结果，种子发芽率 70%～80%。花果期 5～10月。在甘肃庆阳黄土高原花期 6～7 月，果期 8～9 月。

四、栽培技术

紫穗槐有播种、扦插及分株三种繁殖方法。

1. 种子处理　因荚果皮含有油脂，可影响种子膨胀速度及发芽率，播种前需进行种子处理。将种子放在容器中，边倒 60～70℃热水边搅拌，坚持搅拌 5min，再加冷水浸泡 1 昼夜后，掏出放入箩内，上垫稻草，每天淋水，几天后待大部分种子露白即播种。实践证明，浸泡的比不浸泡的种子提早 10d 左右。另一种方法是用 6%的尿水和草木灰浸泡种子 6～8h 去掉种子油脂，春播带皮的种子可提早出土 9d 左右（孙耀清等，2011）。

2. 选地与播种　育苗地选择地势平坦、土质肥沃、土壤深厚、灌水方便的中性壤土为好。若以沙性较大或黏性较重的土壤作育苗地，应增施有机肥，改良土壤，增加肥力。育苗地应进行冬耕，施足基肥，然后培垄作床。

播种期视各地情况而异。干旱地区适宜雨季播种，雨水多或墒情好的地区春季播种为宜，播前下过透雨时最好，等 2～3d 播种。播种时间，根据气候条件决定：北方以土壤解冻后进行为宜，南方宜在 月中下旬播种。播种方法采用条播，沟深 3 3cm，播幅宽 10cm，行距 20cm。播种量每亩 15kg 左右，产苗量达每亩 10 万株。播种覆土 1～1.5cm，播后 8～10d 出苗。经 10～15d 苗木出齐后开始疏苗，一次疏苗间株到合理密度（孙耀清等，2011）。

3. 田间管理　为使紫穗槐培育壮苗，在苗期除草 3～4 次，结合配方施肥。在苗木生长高峰，每半年进行根外喷肥，如尿素、磷酸二氢钾，配水均匀喷洒于叶面。选择喷肥时间是阴天傍晚最佳。同时进行病虫害防治，以防为主。

4. 扦插与压根繁殖　紫穗槐除了种子播种外，在春季还可以应用插条繁殖与压根繁殖。紫穗槐插条含有大量养分，扦插成活率很高，但插条要注意保护芽苞不受伤，苗床最好用沙或一半沙一半土，畦呈龟背形，四周开沟，以利排水，穗条应选择强壮为佳，老枝条或嫩枝条成活率低。应剪取15cm长，插入土中7～8cm，株距8～10cm，行距20～25cm，每天要浇水，保持土壤湿润，并要搭好遮阴的棚，约一周后即有新根生长，芽苞萌动，插条成活。紫穗槐根发芽力强，遇土疏松湿润，富有腐殖质，便可生新根长新芽。因此，只要稍培土促其生根萌芽，压根即为苗木新株。

习题

1. 名词解释：
   秋眠性
2. 简述紫花苜蓿被称为“牧草之王”的原因。
3. 概括紫花苜蓿秋眠级数与抗寒能力之间的关系。
4. 在我国北方秋季刈割紫花苜蓿时应特别注意什么，原因是什么？
5. 简述外界环境对草木樨香豆素含量的影响。
6. 从生境方面简要概括沙打旺的生物学特性。
7. 沙打旺田间管理时应注意什么？
8. 试述紫云英的栽培模式。
9. 简要说明普通红豆草对光照和水分的要求。
10. 概括普通红豆草不能自花授粉的原因，解决这一问题的措施有哪些？
11. 概括白三叶的播种方式及繁殖方式。
12. 箭筈豌豆籽实有毒物质是什么，要如何处理？
13. 概括毛苕子田间管理的要点。
14. 简述紫穗槐的扦插与压根繁殖技术。

第十章　主要禾本科牧草

第一节　赖草属

赖草属（*Leymus* Hochst.）植物有30余种，分布于北纬寒温地带，多数种产于中亚。我国有9种，主要分布于东北、华北和西北，多生长在干草原和草甸草原地带。该属多为野生种，引入栽培的主要是羊草，赖草也有希望引入栽培（陈宝书，2001）。

一、羊草

学名：*Leymus chinensis*（Trin.）Tzvel.＝*Aneurolepidium chinensis*（Trin.）Kitag.

英文名：Leymus Chinese

别名：碱草

羊草分布于北纬36°～62°，东经120°～132°的广大区域内，是我国北方草原分布很广的一种牧草。20世纪50年代末至60年代初在东北大面积试种成功，继而传入河北、陕西、山西、新疆、甘肃等省（自治区）。现已成为我国北方地区建立永久性人工草地的主要草种。俄罗斯、朝鲜、蒙古等国也有分布。

羊草草原是草原植被中经济价值最高的一类，是东北及内蒙古地区最主要的天然草地，面积辽阔、地势起伏也不大，适于机械化作业。以羊草为主构成的草原牧草，富有良好的营养价值，适口性好。因此，羊草被称为牲畜的“细粮”。我国著名的三河牛、三河马和乌珠穆沁羊等优良家畜品种，就是长期放饲在羊草草原上而育成的。

（一）经济价值

羊草营养丰富（表10-1）、茎叶繁茂、草质优良、产量高、适口性良好，营养生长期长，种子成熟后茎叶仍保持绿色，可放牧、割草。羊草寿命长，利用期达10年之久。作为头等饲草，春季可使牲畜恢复体力，夏、秋季可抓膘催肥，冬季青干羊草有补料作用，对于幼畜的发育、成畜的育肥、种畜繁殖效果较好。抽穗期刈割调制干草颜色浓绿、气味芳香，是各种牲畜的上等优良饲草，也是我国出口的主要牧草产品之一。

表10-1　羊草不同生育期的营养成分　　（单位：%）

生育期	水分	粗蛋白质	粗脂肪	粗纤维	无氮浸出物	粗灰分	磷	钙	胡萝卜素/($mg \cdot kg^{-1}$)
分蘖期	8.96	18.53	3.68	32.43	30.00	6.40	0.39	1.02	59.00
拔节期	10.12	16.17	2.76	42.25	22.64	6.06	0.40	0.38	85.87
抽穗期	[illegible]	[illegible]	[illegible]	[illegible]	[illegible]	[illegible]	[illegible]	[illegible]	[illegible]
结实期	14.53	4.25	2.53	28.68	44.49	5.52	0.53	0.14	49.30

资料来源：陈宝书，2001

羊草的根茎发达，形成根网，既耐干旱又耐践踏，防风固沙效果也较好。羊草根系具有固氮螺菌，不形成根瘤而有强的寄主专一性，活力强，固氮效率几乎与豆科根瘤菌的固氮效率相等。

（二）植物学特征

羊草为禾本科赖草属多年生根茎性禾草（图10-1），具有发达的地下横走根茎，节间长8～10cm，最短的2cm，其上有棕褐色、纤维状的叶鞘，根茎节上可以生出不定根。茎秆单生或呈疏丛状，直立，无毛，株高30～90cm，具3～7节。叶片较厚硬，灰绿或灰蓝绿色，具白粉；叶片长7～19cm，有叶耳；叶鞘光滑；叶舌截平，纸质。穗状花序直立，长12～18cm，穗轴扁形，两侧边缘具纤毛；小穗10～20mm，通常孪生，含小花5～10朵；颖锥形，偏斜着生；外稃披针形，基部裸露，顶部渐尖；形成芒状小尖头。颖果长椭圆形，深褐色，长5～7mm。种子细小，千粒重2g左右（南京农学院，1980）。

细胞染色体：$2n=28$。

图10-1　羊草（南京农学院，1980）

（三）生物学特性

1. 生境　羊草属于广域性旱中生植物，野生羊草生态幅度很广，因此，栽培羊草表现出对环境条件很强的适应性，具有抗寒、耐干旱、耐瘠薄、耐风沙及耐一定的盐碱等特性。在我国主要分布于东北平原及内蒙古高原的草甸草原及干草原外围，为温带半湿润到半干旱地区，分布生境多样，从平原到低山丘陵，从地带性生境到河滩、盐渍化低地均有分布。

羊草由于根茎发达，且根茎多分布在土层10cm处，因此表现出抗寒性很强的特性，据中国农业科学院草原研究所在内蒙古锡林郭勒盟东乌旗试验，在冬季最低气温－40.5℃条件下，大面积种植的羊草能安全越冬，黑龙江、青海等高寒牧区栽培羊草也未发现冻死现象。羊草在年降水300mm的草原地区能良好生长，但不耐水淹，长期积水地方常常引起羊草大量死亡。

羊草对土壤条件要求不甚严格，对于瘠薄的土壤具有较好的适应性，但它喜欢生长在排水良好、通气、疏松的壤土及肥沃、湿润的黑钙土、暗栗钙土中，对土壤的酸碱度适应性强，在土壤pH9.4时仍能生长良好。羊草的根茎发达，形成根网，其他植物不易侵入。羊草为中旱非盐生植物中耐盐碱性最高的植物种之一，能在总含盐量达0.1%～0.3%的土壤中生长，也能在排水不良的轻度盐化草甸土或苏打盐土上良好生长。

2. 生长发育　羊草播种当年地上部枝条生长十分缓慢，极个别枝条抽穗、开花，绝大多数以营养枝条状态越冬。到第2年春季返青后，生长逐渐加快，到羊草孕穗期、抽穗期生长速率达到最高峰，之后又逐渐缓慢下来。根据原吉林师范大学生物系草原研究室1974年在内蒙古哲里木盟高林屯种畜场观察，羊草早春4月7日返青出土，6月2日抽穗，6月15日始花，7月10日种子乳熟，7月20日蜡熟，7月25日完熟，由返青至种子成熟109d。羊草的有性繁殖能力较差，开花授粉后15～20d种子达乳熟期，25～30d达蜡熟期，30～35d达完熟期。根据内蒙古自治区牧草区域试验9个点的资料，栽培羊草由返青到种子成熟所需的活动积温为1200～1400℃。

羊草是根茎十分发达的禾草，据观察，羊草种子在适宜的条件下，播后10～15d即可出苗，出土后的第1片真叶针形，纤细，第5片真叶后（大约30d左右），开始出现分蘖和向外伸展的根茎。出苗后50d根茎呈黄白色，每株平均有2～3条，每条长20～30cm，平均每条有8个节间，播种当年羊草根茎主要分布在土层5～10cm处；生活第2年的羊草，根茎呈黄褐色，每株平均4～10条（最多达15条），每条根茎平均长度0.7m（最长达2m），每株平均100个节间，纵横交错成网状，随着栽培年限的增加根茎越来越多，因此，羊草播种当年$1m^2$内虽然只有几株苗，但第2、3年以后，根茎上的节形成地上枝条，草群变得十分繁茂（内蒙古农牧学院，1990）。

羊草的根茎一般可生活3年，顶端发育伸展，下部逐渐枯死。根茎的生长在很大程度上取决于土壤性状，在土壤疏松、土层深厚条件下，根茎节间长、数目多、叶肥大、植株高、抽穗少、分蘖多；在环境条件不良、土壤瘠薄、板结条件下，根茎节部只生须根，不形成地上植株。随着栽培年限的增加，逐渐形成稠密的草皮，从而通气性变坏，使草群产量下降，因此，划破草皮，切断根茎进行无性繁殖，是恢复羊草草群生产力的有效措施。由于根茎难以根除，栽培羊草时千万注意不能将羊草纳入大田轮作，羊草只能在建立永久性人工草地中应用。

3. 开花与授粉　羊草抽穗、开花十分不齐，据黑龙江省畜牧研究所草原饲料室观察，在黑龙江5月中旬开始抽穗，6月上旬达盛期，至7月下旬仍有少数抽穗，抽穗期长达20d；羊草始花期6月中旬，盛花期6月下旬，8月上旬仍有个别开花，开花期长达50～60d。

羊草开花最适宜的温度为20～30℃，最适宜的相对湿度为50%～60%，低温、阴雨天不开放。通常一个花序开放7～10d，遇到阴雨时，开花延迟15～20d。一日内以下午3～5时开花最盛，上午很少开花。羊草开花前，整个穗状花序松弛，小穗膨胀，开花时内、外稃开张，花药伸出、下垂，随后柱头从颈部向两侧伸出，呈二裂羽毛状，经2h左右花药逐渐枯萎，由橘黄色变成枯黄色，内、外稃闭合，开花结束（内蒙古农牧学院，1990）。

4. 生产力　羊草为长期多年生禾草，寿命可长达几十年，但是，可利用年限不宜过长，否则其根茎生长稠密，致使土壤耕作层板结，透气性不良，产量下降。羊草年际间产量动态表明，利用年限不超过6～7年，因为，羊草播种1～2年发育较慢，其他杂草侵入，产量较低，3～4年产量最高，5年以后产量逐年下降，如果以生活第4年产草量100%的话，那么，其他各年产草量大体如下：第1年为20%，第2年为60%，第3年为90%，第5年为85%，第6年为80%，第7年为60%。由此可见，第7年以后羊草产量显著下降。羊草产草量因栽培地区自然条件及管理水平不同而有差异，一般大面积栽培羊草，其干草亩产150～300kg（鲜草是300～1000kg），如在小区试验，具备灌溉、施肥条件下，干草亩产可达400～500kg（鲜草可达1200～2000kg）。羊草具有一定的再生性，其再生草产量的高低，取决于自然条件及栽培管理水平，在条件好的地区，每年可以刈割两次（除播种当年）。

羊草的种子产量很低，一般每亩平均只有10kg左右（内蒙古自治区牧草区域试验平均4.2～26kg）。造成羊草种子产量低的原因主要有两方面，一是羊草生殖枝条少，尤其是人工栽培水、肥条件较好情况下，生殖枝仅占总枝条数的20%左右；二是羊草的结实率低，一般只有12%～42%（内蒙古农牧学院，1990）。

（四）栽培技术

1. 整地　羊草种子细小，必须精细整地，一般深翻20cm。准备播种羊草田块，必须头一年秋翻、耙耱，第2年播前还要反复耙耱，使土壤细碎，墒情适宜，有灌水条件的地区，最好播前灌水一次。夏播羊草，可在播前一个月再行耕翻、耙耱、消灭杂草，待雨季来临时及时播种。

2. 播种　羊草种子往往具有空壳、秕粒和各种杂质，使种子发芽率低，直接影响出苗率，故播前要清选种子，以提高种子质量。羊草宜单播，不宜与其他豆科牧草混播。通常每亩播种2～3kg为宜。行距30cm，播种深度2～4cm，北方地区播后镇压1～2次。羊草可春播或夏播，杂草较少，整地质量良好的地可行春播，春旱区在3月下旬或4月上旬抢墒播种；非春旱区在4月中、下旬播种。羊草种子发芽时要求较高的温度和充足的水分，因此，在我国北方高寒、干旱牧区，播种羊草前经过播前除草于夏季播种为好，一般不超过8月上旬，过迟则因幼苗太小，对越冬不利。

羊草可用种子繁殖，也可用根茎进行无性繁殖。人工种植时，将羊草根茎分成长5～10cm的小段，每段有2～3个节，按一定的株距、行距埋入整好的土中，栽后灌水，成活率高。

3. 田间管理　羊草苗期生长十分缓慢，易被杂草抑制，要及时消灭田间杂草，可以采用人工除草及化学除草方法，以播前灭草效果最好。羊草利用年限长、产量高，需肥多，必须施足基肥和及时追肥。基肥每亩可施入腐熟的厩肥2500～3000kg，翻地前均匀撒入。羊草施足基肥，可维持肥效3年以上，每隔3～4年追肥一次，可获持续增产的效果。追肥是提高羊草产量和品质，防止草地退化的重要措施。新建羊草草地，如果管理利用不当，5～6年以后就有退化现象。

多年利用的羊草草地通过浅耕翻，或用缺口重耙切断根茎增加透气性，及时追肥和灌水，可使羊草草地保持高产量、改善品质、防止退化。一般每亩施氮肥1kg，约可多收干草11kg。也可追施腐熟良好的有机肥料，每亩施1500kg左右，在返青后到快速生长时追肥，追肥后随即灌水一次。羊草结实率低，增施硼肥是提高结实率的有效措施。

单播的羊草草地可用2,4-D类除草剂除草，在杂草苗高8～12cm时，喷洒0.5%的2,4-D钠盐，可全部杀死菊科、藜科、蓼科等各种阔叶杂草。羊草易遭受草地螟、黏虫、蝗虫等为害，造成严重减产，以至引起退化。要早期发现，及时用敌杀死、辛硫磷、敌敌畏等药物防治。

4. 刈割　割草时间的早晚，不仅影响干草的产量和品质，也影响群落组成的变化。一般从8月中旬以后开始刈割到9月上旬结束较为适宜。最后一次刈割应有30～40d的再生期，以保证能形成良好的越冬芽和积累更多的营养物质。

5. 放牧　羊草是优良牧草，可供放牧用。在4月下旬至6月上旬，羊草拔节至孕穗期的40d左右为放牧适期。此时，羊草生长快、草质嫩、适口性好、牲畜急需补青。长势良好的羊草草地，每次每亩放牛不超过3头，放羊不超过7头，放牧1～2d，隔10d左右再放牧一次。羊草到抽穗时草质老化，适口性降低，即应停牧。

6. 采种　羊草种子收获量低，究其原因，一是羊草株丛中生殖枝条少，仅占总枝条数的20%左右；二是结实率低，只有12%～42%；三是由于花期长达50～60d，种子成熟不一致，再加上种子落粒性很强，造成采种困难。为此，采种应及时，可在穗头变黄，籽实变硬时分期分批采收，也可在50%～60%穗变黄时集中采收。

（五）饲草加工

羊草主要供刈割干草或放牧用。羊草一般每亩产干草150～300kg，高者达500kg。刈割下的羊草可就地摊成薄层晾晒，每日翻倒1～2次，晒干上垛贮存。

二、赖草

学名：*Leymus secalinus* (Georgi) Tzvel.＝*Aneurolepidium dasystachys* (Trin.) Nevski

英文名：Common Aneurolepidium，Common Leymus

别名：宾草、阔穗碱草、老披碱草等

赖草分布于我国北方和青藏高原半干旱、干旱地区，分布较广，但面积不大。俄罗斯、朝鲜、蒙古、日本也有分布。常出现在轻度盐渍化低地上，是盐化草甸的建群种。在低山丘陵和山地草原中，有时作为群落的主要伴生种出现。

（一）经济价值

赖草是赖草属中中等品质的刈牧兼用饲用牧草（表10-2），叶量少且草质粗糙，幼嫩时山羊、绵羊喜食，夏季适口性差，秋季又见提高，因此，春秋季为家畜的抓膘牧草，终年牛、骆驼喜食。除作饲草外，根可入药，具有清热、止血、利尿作用。而且可用作治理盐碱地、防风固沙或水土保持草种，但在农田中出现时，因其发达根茎却成为难以除尽的杂草，固有“赖草”之称（陈宝书，2001）。

表10-2　赖草不同生育期的营养成分　　（单位：%）

生育期	水分	粗蛋白质	粗脂肪	粗纤维	无氮浸出物	粗灰分	钙	磷	采样地点
枯黄期	8.70	2.31	5.87	35.45	42.16	5.51	0.69	0.59	内蒙古
营养期	5.93	20.97	2.78	25.64	34.28	10.40	0.65	0.39	内蒙古
抽穗期	—	13.01	2.30	34.01	44.71	5.97	0.26	0.12	宁夏
开花期	7.36	10.33	2.49	36.14	36.89	6.79	0.42	0.13	甘肃
结实期	9.34	10.23	3.46	28.44	41.22	7.31	1.67	0.12	甘肃

资料来源：陈默君等，2002

注：—代表未测

图10-2　赖草（陈默君等，2002）

（二）植物学特征

赖草为多年生禾本科赖草属草本植物（图10-2），具发达的下伸长根茎，茎秆直立粗硬，单生或呈疏丛状，生殖枝高45～100cm，营养枝高20～35cm，茎基部叶鞘残留呈纤维状。叶片细长，长8～30cm，宽4～7mm，深绿色，平展或内卷。穗状花序直立，长10～15cm，宽0.8～1mm。小穗排列紧密，下部小穗呈间断状。与羊草区别是，赖草的小穗常2～4枚着生于穗轴的每节，颖短于小穗（董宽虎等，2003）。

细胞染色体：$2n=28$。

（三）生物学特性

1. 生境　赖草属中旱生植物，适应幅度相当广泛，从暖温带、中温带的森林草原到干草原、荒漠化草原、草原化荒漠，以至4500m以上的高寒地带都有分布。耐旱抗寒，也具有较强的耐盐性，对土壤适应范围极广，比羊草有更广泛的生态适应区域。

2. 生长发育　赖草春季萌发早，一般3月下旬至4月上旬返青，5月下旬抽穗，6～7月开花，7～8月种子成熟。其生长形态随生境条件的变化而有较大变化，在干旱或盐渍化较重的地方，生长低矮，有时仅有3～4片基生叶；在水肥条件好时，株丛生长繁茂，根茎迅速繁衍，能形成独立的优势群落，叶层高达30～40cm，能正常抽穗、开花，但结实率差，许多小花不孕，故采种较困难。

3. 生产力　赖草通过引种驯化，可培育为干旱地区轻度盐渍化土壤刈牧兼用的栽培草种。例如，在宁夏贺兰山东麓荒漠草原区，用赖草根茎移栽建立人工草地的试验表明，栽后9d出苗，23d分蘖，35d拔节，65d抽穗，70d开花，100d成熟；平均每株分蘖数88个，茎叶比1∶1.97；当年刈割3茬（6月7日、8月11日、9月15日），鲜草产量近41t/hm^2（折算干草11t/hm^2），各茬分别为总产量的38.8%、50.1%、11.1%，至秋季种子产量622.5kg/hm^2（董宽虎等，2003）。

（四）栽培技术

与羊草类似。

第二节　冰草属

冰草属（*Agropyron* Gaertn.）为禾本科小麦族的多年生旱生植物，广泛分布在温带草原和荒漠草原地区。全世界约有15种，多分布于欧亚大陆，在美洲的加拿大和美国均有分布且大面积种植，是美洲西部最有利用价值的牧草之一。

冰草属牧草茎叶柔嫩、营养丰富、适口性好，抗旱性、抗寒性强，耐瘠薄，喜沙质土壤，对土壤的适应性较强，是草原地区较优良的放牧型饲用植物，其干草和种子产量以及饲用价值在草原和荒漠草原地区的禾草中居重要地位；也是我国北方干旱地区建立人工草地、天然草地补播和退化草地建植的优良草种。冰草属多为疏丛型中寿命禾草，其中只有米氏冰草为根茎型禾草，分蘖能力和再生性强。

我国冰草有三种，即扁穗冰草、沙生冰草和西伯利亚冰草。新中国成立后不少科研单位和大专院校开始引种驯化野生冰草，近年来也从美国、加拿大等地引种试种，为我国干旱地区建立人工草地及天然草地补播提供了种源（陈宝书，2001）。

一、冰草

学名：*Agropyron cristatum*（L.）Gaertn.

英文名：Wheatgrass，Crested Wheatgrass

别名：扁穗冰草、野麦子、羽状小麦草

冰草起源于欧亚大陆，遍布于欧洲、俄罗斯及其周边地区南部，并向南延伸到土耳其、高加索山脉和伊朗寒冷、干旱草原上。在我国主要分布于黑龙江、吉林、辽宁、河北、山西、陕西、甘肃、青海、新疆和内蒙古等干旱草原地带，是改良我国干旱、半干旱草原的重要牧草。

国际上已培育出许多冰草品种，主要利用的有Fairway、Parkway、Ruff、Ephraim、Kirk和Douglus等。其中Fairway是二倍体品种，在加拿大西部和美国北部草地改良中起到重要作用。Parkway品种具有生长旺盛、植株高大、叶量大、种子及牧草产量高等特点。Ruff品种多叶、矮小、抗旱性强，是绿化及运动场草坪建植的重要草种之一。Ephraim是四倍体短根茎型品种，适于水土保持及生态治理。Kirk也是四倍体品种，种子活力高，芒较短，利于播种。Douglus是六倍体品种，植株生长旺盛、产量高、抗逆性强。目前我国尚未有育成品种，主要以野生种的方式加以利用。

（一）经济价值

冰草茎叶繁茂、草质柔软、营养丰富（表10-3）、适口性好，是草食家畜的优质饲草，可青饲、刈割晒制干草，也可直接放牧。在幼嫩时马和羊最喜食，牛和骆驼喜食，冰草对于反刍家畜的消化率和可消化成分含量较高，在干旱草原区把它作为催肥的牧草（陈宝书，2001）。

表10-3 冰草不同生育期的营养成分含量 （单位：%）

生育期	水分	粗蛋白质	粗脂肪	粗纤维	无氮浸出物	粗灰分	钙	磷
营养期	9.71	20.23	4.79	23.35	34.15	7.77	0.59	0.44
抽穗期	11.50	16.93	3.64	27.65	33.84	6.44	0.44	0.37
开花期	9.65	9.65	4.31	32.71	37.58	6.10	0.41	0.44
干枯期	10.31	3.74	2.16	—	—	6.35	0.87	0.87

资料来源：陈宝书，2001
注：—代表未测

冰草春季返青早，秋季枯黄迟，利用期长，能较早为放牧畜群提供放牧场或延迟放牧，冬季枝叶不易枯落，仍可放牧，但由于叶量较少，相对降低了饲用价值。

华北地区一年可刈割2～3茬，产鲜草15 000～22 500kg/hm^2，可晒制优质干草3000～4500kg。由于冰草的根系须状、密生、具沙套，并且入土较深，因此，它还是一种良好的水土保持植物和固沙植物（董宽虎等，2003）。

图10-3 冰草（陈默君等，2000）

（二）植物学特征

冰草为多年生冰草属草本植物（图10-3），须根系、密生、外具沙套，疏丛型，茎秆直立，高30～50cm，具2～3节，基部的节微呈膝曲状。叶片披针形，长5～10cm，宽2～5mm，边缘内卷；穗状花序直立，长2.5～5.5cm，宽8～15mm，小穗紧密平行排列成篦齿状，每小穗含小花4～7朵；颖舟形，被短刺毛，外稃长6～7mm，顶端具长2～4mm芒；内稃与外稃等长。种子黄褐色，千粒重2g（陈默君等，2002）。

细胞染色体：$2n=14，28，42$。

（三）生物学特性

1. 生境 冰草为旱生植物，抗寒和耐旱性很强，适应干燥、冷凉气候，是高寒、干旱、半干旱地区的优良牧草。冰草当年植株可在－40℃低温下安全越冬，在青海高原、西藏雪域均无冻死现象。冰草根外具沙套，叶片窄小且内卷，干旱时气孔闭合，生长停滞，但供水即可恢复生长。在年降雨量250～500mm、积温为2500～3500℃的地方生长良好（陈宝书，2001）。

冰草不耐夏季高温，夏季干热时停止生长，进入休眠。秋凉又开始生长，春秋雨季为其生长季节。

冰草适应性较广，在轻壤土、重壤土，甚至半沙漠地区、中轻度盐碱地上都能生长。但不耐盐碱，也不耐涝，不能忍受7～10d的水淹，不宜在酸性和沼泽土地上种植。冰草往往是草原群落的主要伴生种。常分布在平地、丘陵和山坡排水较良好及干燥的地区（董宽虎等，2003）。

2. 生长发育 冰草是一种长寿的多年生禾本科牧草，其寿命长短取决于自然条件和管理水平，一般可生活10～15年或更长，生产中一般利用年限为6～8年。

冰草种子在2～3℃的低温下便能发芽，发芽最适温度为15～25℃。早春播种1个月齐苗，夏播时8～10d即可齐苗。

在北京地区种植，播种当年很少结实，第2年以后开始正常生长发育。一般3月中旬返青，4月初分蘖盛期，4月下旬拔节，5月下旬抽穗，7月中旬种子成熟。生育期120d左右，12月下旬枯萎，全年青草期270d左右（内蒙古农牧学院，1990）。

冰草分蘖力很强，播种当年单株分蘖可达25～55个，并很快形成丛状，种子自然落地，可以自生。分蘖节位于土表以下2cm处。从分蘖节产生的嫩枝呈锐角穿出地表发育成茎，从新茎下部的分蘖节上又可长出分蘖成为新茎，故为疏丛型。新生的嫩枝当年不能发育成生殖枝，处于叶鞘内叶片下，在优良的环境条件下便可成为稠密的株丛。

冰草开花顺序首先由花序的上1/3处小穗开始开放，然后向下、向上开放，花序上最下部小穗最后开放。就1个小穗而言，小穗茎基部的小花首先开放，然后依次向上，顶端的小花最后开放。其小花开放比较迅速，0.5h至2～3h结束，在温暖无风的天气开花最旺盛。一个花序开放3～4d，在温度不足或阴雨时开花延长10～20d，一日内以15～18时开花最盛。冰草开花时适宜的温度为20～30℃，相对湿度过高停止开花，雨天、阴天均不开花。

冰草是异花授粉植物，靠风力传粉，自花授粉大部分不孕。冰草授粉后8～10d达乳熟期，20～25d达蜡熟期，27～30d达完熟期。在炎热、干燥的天气，种子成熟较快，凉爽、多雨时种子成熟延迟（陈宝书，2001）。

3. 生产力 冰草播种当年叶量占总产量的70%左右，茎占30%左右，两年以后叶量减少，包括花序在内占45%，茎占55%。其干草产量第1年1100kg/hm^2，第2年4772kg/hm^2，第3年2430kg/hm^2。种子产量第2年最高，达1620kg/hm^2（陈默君等，2002）。

（四）栽培技术

1. 整地 冰草种子较大，纯净度高，发芽较好，出苗整齐，但整地仍要精细。以农家肥做底肥，耕翻整地，反复耙耱，充分粉碎土块，平整土地，防止播种机开沟入土深浅不一致造成缺苗断垄现象。对新垦荒地播前要耙碎草皮，地面整平。新垦荒地最好种过1～2年作物，待土壤熟化后，再播种冰草则易成功。

2. 播种 在寒冷地区可春播或夏播，华北地区以秋播为宜。播种量15.0～22.5kg/hm^2，多采用条播，行距20～30cm，播种深度2～3cm，可用氮、磷、钾复合肥作为种肥，播种后适当镇压，以利出苗。还可与苜蓿、沙打旺等豆科牧草混播，建立禾本科与豆科的混播草地。

3. 田间管理 由于幼苗生长缓慢，应加强苗期田间管理，及时清除杂草。除草可用人工除草或化学除草剂 2，4-D 丁酯，用量 750～1125g/hm²，兑水 525kg，晴天无风时用喷雾器均匀喷洒，可除灰绿藜、马行蒿、委陵菜、紫菜、野萝卜等杂草。在生长期放牧或刈割利用后，如能适当灌溉及追施氮肥，可显著提高产量，改善品质。利用 3 年以上的冰草草地，于早春或秋季进行松耙，可促进分蘖和更新（陈宝书，2001）。

4. 刈割 每年可刈割 2～3 次，一般产鲜草 15 000～22 500kg/hm²，可晒制干草 3000～4500kg/hm²。刈割利用适宜期为抽穗期，延迟刈割，茎叶变粗硬，饲用价值降低（董宽虎等，2003）。

5. 放牧 初霜前 1 个月至土壤封冻期间，避免放牧，以防影响再生草的生长和越冬。

6. 采种 种子成熟后易脱落，应及时采收。

（五）饲草加工

在半干旱和干旱地区，植株偏低，株高仅 40～60cm，叶量少，占地上部质量的 30%。用以调制干草不经济，所以国外多以放牧为主，调制干草为辅或勉强利用头茬草作干草或青饲，利用其再生草放牧。调制干草应在抽穗至开花期刈割，延迟刈割，则适口性和营养价值均降低（陈宝书，2001）。

二、沙生冰草

学名：*Agropyron desertorum*（Fisch.）Schult.

英文名：Desert Wheatgrass

别名：荒漠冰草

沙生冰草分布于欧亚大陆的温带草原区。美国 1906 年从中亚引进，加拿大 1911 年从西伯利亚引进，现已成为美国西部大草原及加拿大萨斯卡彻温省等中部干旱地区的重要栽培牧草。我国吉林、辽宁西部、内蒙古、山西、甘肃、新疆等地也有分布。目前我国生产上推广应用的沙生冰草优良品种有 Nordan 和 Summit，它们的种子品质好、个体大，幼苗健壮、长势旺，茎秆高大，产草量高。

（一）经济价值

沙生冰草鲜草草质柔软，为各种家畜喜食，尤以马、牛更喜食。其营养成分见表 10-4。据测定，沙生冰草在反刍动物中，有机物质消化率可高达 59.92%。

表 10-4 沙生冰草不同生育期的营养成分

生育期	水分	粗蛋白质	粗脂肪	粗纤维	无氮浸出物	粗灰分
开花期	11.63	9.66	2.83	43.36	26.88	5.65
结实期	11.13	23.00	4.56	33.82	22.97	4.52

资料来源：贾慎修，1987

(二) 植物学特征

图 10-4　沙生冰草
（陈默君等，2002）

沙生冰草为冰草属多年生草本（图 10-4）。具横走或下伸的根状茎，须根外具沙套。秆直立，高 30～50cm，成疏丛型，光滑或在花序下被柔毛。叶鞘短于节间，紧密裹茎，叶舌短小；叶片长 5～10cm，宽 1～1.5mm，多内卷成锥状。穗状花序直立，圆柱形，长 2～9cm，宽 5～9mm；小穗长 4～9mm，含 4～6 小花；颖舟形，第 1 颖长2～3mm，第 2 颖长 3～4mm，芒长达 2mm；外稃舟形，长 5～6mm，基盘钝圆，芒长1～1.5mm；内稃等长或微长于外稃。颖果与稃片粘合，长约 3mm，红褐色，顶端有毛。千粒重 2.5g（陈默君等，2002）。

细胞染色体：$2n=14$，28。

(三) 生物学特性

1. 生境　沙生冰草根系较发达，主要分布于 0～15cm 的土层中。耐旱和抗寒性强，但对自然年降水量要求为 150～400mm，是一种比较典型的草原性旱生植物。

对土壤不苛求，但通常喜生于沙质土壤、沙地、沙质坡地及沙丘间低地。在沙地植被中主要作为伴生种出现，有时在局部覆沙地或沙质土壤上可成优势种，形成沙生冰草草原。但耐碱性差，不能忍受长期水淹，对补播荒地和退化草场有重要价值（陈默君等，2002）。

2. 生长发育　沙生冰草返青早，在北京地区栽培，3 月中旬返青，在内蒙古呼和浩特地区 4 月中旬返青。早春生长快、分蘖多、长势好。在北京地区 5 月上旬开始抽穗，5 月中旬达生长盛期，5 月底始花，6 月上旬达盛花期，6 月底种子成熟。在内蒙古西部地区 6 月初至 6 月中旬抽穗，7 月下旬至 8 月初种子成熟，生长期 110d 左右。在北京地区 12 月中旬枯萎，在内蒙古西部地区到 10 月底还保持绿色（陈默君等，2002）。

3. 生产力　沙生冰草植株繁茂，产草量高，又因叶片多、叶量大，是春季早期提供青草的有价值牧草。一般每年刈割 1～2 次，产干草 3750～6000kg/hm^2。其寿命长，合理放牧条件下，草地可持续利用 30 年以上（陈宝书，2001）。

(四) 栽培技术

沙生冰草栽培技术与冰草基本相同。种子比较大、发芽率较高、出苗整齐。但幼苗期生长缓慢，应加强除草，以免杂草欺苗。一般播种当年不能利用。利用沙生冰草改良的草场，应注意载畜量，过高则使沙生冰草退化，同时，始牧期也不易过早。沙生冰草再生性强，而且到冬季地上部分茎叶能较好的残留下来，渐干枯的叶子也能牢固地残留在茎上，非常适宜放牧利用。

第三节 雀麦属

雀麦属（*Bromus* L.）植物在全世界约有100多种，主要分布在温带地区。我国有14个种及1个变种，分布于东北、西北及西南各省区，是饲用价值较高的一类牧草。目前生产上用的优良品种有18个，其中广泛分布的无芒雀麦是世界著名、最有栽培前途的优良牧草之一（陈宝书，2001）。

一、无芒雀麦

学名：*Bromus inermis* Leyss.

英文名：Smooth Bromegrass

别名：无芒草、禾萱草、光雀麦

无芒雀麦原产欧洲，适应性广，生活力强，多分布于山坡、道旁、河岸草地。在草坪中可以成为建群种和优势种。目前已成为欧洲、亚洲和美洲干旱、寒冷地区的重要栽培牧草。我国东北1923年开始引种栽培，新中国成立后各地普遍种植，效果良好，以东北、华北、西北、内蒙古、青海、新疆等地最多，是草地补播和建立人工草地的理想草种。在南方一些地区试种后，也取得了较好效果，有一定的栽培价值。

（一）经济价值

无芒雀麦叶片宽厚、质地柔软、品质优良、适口性好、营养丰富（表10-5），为各种家畜所喜食。除用作放牧外，还可以调制成干草和青贮。无芒雀麦属中旱生植物，寿命很长，可达25～50年。在生产实践中，可产干草4500～6000kg/hm^{2}以上，一般连续利用6～7年，在精细管理下可维持10年左右的稳定高产。由于抗寒性强、返青早、枯萎迟，是北方寒地的优良早春晚秋绿饵。和其他多年生禾本科牧草相比，无芒雀麦的营养价值相当高。

表10-5 无芒雀麦不同生育期的营养成分 （单位：%）

生育期	水分	粗蛋白质	粗脂肪	粗纤维	无氮浸出物	粗灰分
营养期	75.0	20.4	4.0	23.2	42.80	9.6
抽穗期	70.0	16.0	6.3	26.0	44.70	7.0
成熟期	47.0	5.3	2.3	36.4	49.20	6.8

资料来源：贾慎修，1987

无芒雀麦具短的地下茎，容易结成草皮，放牧时耐践踏，再生性强，所以是很好的放牧型牧草。同时，由于植株高大、寿命长，也适用于长期的刈草场。此外，无芒雀麦返青早、枯萎迟，青草期长达210d，覆盖良好，固土力强，是优良的草坪地被植物和水土保持植物。

（二）植物学特征

无芒雀麦为禾本科雀麦属多年生根茎型上繁草（图10-5）。须根系，根系发达，具较短的地下茎，蔓延很快，多分布在距离地面10cm的土层中。茎直立、圆形、粗壮光滑，株高90～140cm。叶片带状，长15～20cm，叶片薄而宽，色泽淡绿，表面光滑，叶缘具短刺毛；叶鞘圆筒形，闭合、光滑，但幼小时密被茸毛，无叶耳，叶舌膜质，短而钝。圆锥花序，长

15～20cm，每花序约有30个小穗，穗枝梗一般很少超过3～5cm，每枝梗上着生1～6个小穗，开花时穗枝梗张开，种子成熟时收缩；小穗披针形，有花4～8朵，外稃无芒或有短芒，如有短芒，芒从外稃顶端二齿间伸出。种子披针形、扁平、暗褐色，千粒重2.44～3.74g（陈宝书，2001）。

细胞染色体：$2n$=28，42，56，70。

图10-5　无芒雀麦（南京农学院，1980）

（三）生物学特性

1. 生境　无芒雀麦适宜冷凉、干燥的气候，为喜光植物，通常在长日照条件下开花结实，但对光照长短不太敏感。

无芒雀麦抗寒、耐旱、耐水淹（可长达50d）但不耐强碱、强酸，对水肥敏感，喜土层较厚的壤土或黏壤土，不适于高温、高湿地区种植。种子发芽最低温度为7～8℃，最高温度为35℃，最适温度为20～25℃；土温20～26℃为根系和地上部分生长最适温度。一般在年均温3～10℃，年降水量为400～500mm的地区，生长较为合适。无芒雀麦是一种相当耐寒的牧草，在东北黑龙江最低温度达－48℃（有雪覆盖）的条件下，越冬率达83%。在内蒙古自治区，除个别高寒、冬季无积雪的地方不能安全越冬外，绝大多数地区越冬良好。

无芒雀麦耐旱性良好，其水分平均在一天内或一个生长周期内与其他牧草相比很少波动，叶片中含有大量水分。无芒雀麦细胞液的高浓度是其抗旱强的特点之一。其细胞渗透压随土壤含水量的减少而增大，也随土壤中可溶性盐的增加而增大。细胞蓄积大量渗透作用物质是旱生植物不可缺少的特点。

2. 生长发育　无芒雀麦在适宜的环境条件下，播后10～12d即可出苗，35～40d开始分蘖。播种当年一般仅有个别枝条抽茎开花，绝大部分枝条呈营养枝状态。第2年大量开花结实，春季返青早、秋季枯萎迟，青草期长。无芒雀麦全生育期需要气温≥0℃，年积温2700～4000℃。

无芒雀麦地下部分生长较快，在播种当年分蘖期时，其根系入土深度已达120cm，入冬前可达200cm。生活的第2年，其根产量可达1200～1350kg/hm²，两倍于地上部分。无芒雀麦具发达的地下根茎，这对其耐牧性、无性更新的能力、保持高产都有很重要的作用。无芒雀麦发达的地下根茎形成网状，叶子主要分布在下部，叶量较多，再生性良好，一般每年可刈割2～3次，再生草产量为总产量的30%～50%。

3. 开花与授粉　无芒雀麦返青后50～60d即可开始抽穗开花，花期延续15～20d。无芒雀麦开花顺序首先从圆锥花序的上部小穗开始开放，逐渐延及下部。在每个小穗内则是小穗基部的小花最先开放，顶部的小花最后开放。以开始开放的前3.6d开花最多，随后逐渐下降。无芒雀麦在天气晴朗无风时开花比较集中，一日内以16～19时开花最多，19时以后很少开花，夜间和上午不开花。小花开放比较迅速，在晴朗无风天气，开裂后3～5min即开放，花药下垂，柱头露出稃外。开放时间延续60～80min，之后开始闭合，外稃向内稃靠近，半小时之内完全关闭。

无芒雀麦开花受环境条件的影响很大，一般在气温较高、相对湿度较低时开花最盛。当气温低于20℃或高于30℃时，对开花授粉极为不利，影响花粉成熟和散出。高温、高湿往往造成无芒雀麦结籽不良。无芒雀麦授粉后11～18d，种子即具有发芽能力。但刚收下的种子发芽率低，贮藏至第2年的种子，其发芽率最高。贮藏5年以后，种子的发芽率下降到40%，6～7年以后完全丧失发芽能力。

4. 生产力　在我国，由于各地区自然条件及管理水平的不同，无芒雀麦产草量的变化颇大。在南京，生活第2年亩产青草2500～3000kg；在黑龙江及呼和浩特，亩产青草1000kg；在青海的灌溉条件下，亩产青草3000kg。总之，无芒雀麦在我国各地生长发育良好、产草量高，是禾本科牧草中产量较高的一种。根据青海铁卜加草原改良试验站测定，在7种禾本科牧草中，5年平均产量以无芒雀麦为最高，每亩产1081kg，其次是冰草、披碱草和老芒麦，每亩分别为741kg、562kg和511kg；产量最低的为早熟禾、鹅观草和草地早熟禾，都在500kg以下。

无芒雀麦的再生性良好。在我国中原地区，一般每年可刈割3次。华北、东北地区，可以刈割两次。在黑龙江和内蒙古由于生长期短，一般每年刈割1次，个别地区可以刈割2次。无芒雀麦再生草的产量通常为总产量的30%～50%，它的再生能力比冰草、鹅观草、披碱草和猫尾草都强，但不如黑麦草和鸭茅（陈宝书，2001）。

（四）栽培技术

1. 整地　精细整地是保苗和提高产量的重要措施。特别是在气候干旱且又缺少灌溉条件的地区，加深耕作层，翻地深度应在20cm以上。秋翻结合施肥对无芒雀麦的生长发育有良好的效果。一般在收获大秋作物之后，进行浅耕灭茬，施厩肥，再行深翻和耙耱即可。在春季风天，不宜再行春翻的地区，播前耙耱1～2次即可播种。如要夏播，须在播前浅翻，然后耙耱几次再行播种。在酸性土壤上要注意施入石灰。有灌溉条件的地方，翻后尚应灌足底墒水，以保证出芽发苗良好（肖文一等，1991）。

2. 播种　无芒雀麦播量的大小，与种子贮藏年限关系极大，一般要用新鲜种子或贮藏年限短的种子；贮藏4～5年的种子最好不要用于播种，因为这个时候它的发芽率大大下降。为了充分利用地力，提高产量，增加当年收益，应当进行保护播种。进行保护播种时必须注意选择适宜的保护作物，一般以早熟品种为好。

春播、夏播或早秋播均可。东北宜夏播，以7月下旬至8月中旬为佳。陕西武功宜在早秋8月播种，如到9月，则其生长发育较差。在华东、华中等地区以9月上、中旬播种为宜，武昌以9月中旬播种生长最好。西北较寒冷地区一般多行春播，也可以夏播。内蒙古春季干旱，风沙大，气温低，墒情差，春播容易造成出苗慢和缺苗，所以一般以夏播为宜，通常是在7月中旬或下旬播种。

无芒雀麦可单播，在轮作中可与紫花苜蓿、红豆草、红三叶和草木樨等牧草混播，也可同其他禾本科牧草如猫尾草等混播，这样可以防止无芒雀麦单播造成的草皮絮结和早期衰退的不良现象。与豆科牧草混播更可借助其固氮作用，促进无芒雀麦生长。无芒雀麦竞争力强，混播时很快压倒豆科牧草，所以要适当增加豆科牧草的播种量。无芒雀麦根茎发达，耕翻后如果清除不干净，就会成为后作的杂草。因此在轮作中一般都把它放到饲料轮作中。如果需要放到大田轮作中去，其利用年限不宜太长，以2～3年为宜。

无芒雀麦一般采用条播，行距15～30cm，种子田应适当加宽行距，一般以45cm为宜。

播量在单播时为22.5～30.0kg/hm²，种子田可减少到15.0～22.5kg/hm²，如与紫花苜蓿等多年生豆科牧草混播，宜播无芒雀麦15.0～22.5kg，紫花苜蓿7.5kg/hm²左右。无芒雀麦播种不宜过深，一般在较黏性土壤上为2～3cm，沙性土壤上为3～4cm。在春季干旱多风的地区由于土壤水分蒸发较快，覆土深度可增至4～5cm。在保护播种情况下，要及时收获保护作物，这样有利于无芒雀麦的生长发育（陈宝书，2001）。

3. 田间管理　无芒雀麦需氮较多，厩肥除了播前施用外，还可于每年冬季或早春施入。无芒雀麦需氮较多，须注意施量要充分，尤其在单播时应多施。播种时施种肥（硫酸铵）75kg/hm²，无芒雀麦对磷肥反应明显，拔节、孕穗或刈割后追施速效氮肥、磷钾肥，可增加产量，提高经济效益。如结合灌水则显著提高产量和种子产量。

无芒雀麦是长寿牧草，播种当年生长缓慢，苗期易受杂草为害。因此，播种当年中耕除草极为重要。无芒雀麦具有发达的地下根茎，随着生活年限的增加，根茎往往蔓延，到了第4～5年，往往草皮絮结，使土壤表面紧实，透水通气受阻，营养物质分解迟缓，产量下降。在此情况下，耙地松土复壮草层是无芒雀麦草地管理措施中一项非常重要的措施。耙地复壮不仅可以提高青草产量，也能够增加种子产量。保蓄土壤水分，减少田间杂草，使无芒雀麦根系更好地发育，是获得高额产量的前提（内蒙古农牧学院，1990）。

4. 刈割　一般在抽穗扬花时刈草。无芒雀麦干草的适宜收获时间为开花期，收获过迟不但影响干草品质，而且影响再生，减少第2次产量。进行春播时，当年能够收1次干草。用于放牧，宜在2～3年以后进行，因为这时草皮已经形成，耐牧性强。第1次放牧的适宜时间在孕穗期，以后各次应在草层高12～15cm时。

5. 采种　无芒雀麦在播种当年种子质量差、产量低，一般不宜采种；第2～3年生长发育最旺盛，种子产量高，适于采种。采种的适宜时间是在50%～60%小穗变黄、种子完熟时，一般可收种子225～675kg/hm²（董宽虎等，2003）。

（五）饲草加工

无芒雀麦为富有糖类的青贮原料，可调制成优质青贮饲料。在孕穗至结实期刈割，青贮后可调制成酸甜适口的半干青贮饲料。窖贮或袋贮均可，与豆科牧草混贮品质更好。

调制干草可在抽穗至开花期，选持续晴朗天气，贴地刈割。割下就地摊成薄层晾晒，3～4d就能晾干。也可用木架或铁丝架等搭架晾晒。一般每50kg鲜草，可晒得28～30kg干草。干后叶片不内卷、颜色深暗，但草质柔软、不易散碎，是家畜的优良贮备饲草（肖文一等，1991）。

二、扁穗雀麦

学名：*Bromus catharticus* Vahl

英文名：Rescuegrass，Rescue Brome

别名：野麦子、澳大利亚雀麦

扁穗雀麦原产南美洲的阿根廷，19世纪60年代传入美国，目前已在澳大利亚和新西兰广为栽培。我国最早于20世纪40年代末在南京种植，后传入内蒙古、新疆、甘肃、青海、北京栽种，表现为一年生；传入云南、四川、贵州、广西等省（自治区）栽培表现为短期多年生。凡引种的地区，常可见逸生种（陈宝书，2001）。

（一）经济价值

扁穗雀麦的再生性和分蘖能力较强，产草量较高，抗冻性较强，是解决我国南方冬春饲料的优良牧草。适口性次于黑麦草、燕麦等，各种家畜都喜食。可刈割晒制干草，亦可青贮，再生草可供放牧。种子成熟后，茎叶均为绿色，可保持较高的营养价值。扁穗雀麦抽穗期的营养成分含量见表 10-6（陈宝书，2001）。

表 10-6　扁穗雀麦抽穗期的营养成分　　（单位：%）

粗蛋白质	粗脂肪	粗纤维	粗灰分	无氮浸出物
18.4	2.7	29.8	11.6	37.5

资料来源：陈宝书，2001

图 10-6　扁穗雀麦（陈默君等，2002）

（二）植物学特征

扁穗雀麦为禾本科雀麦属一年生或短期多年生草本植物（图 10-6）。须根细弱、较稠密、入土深达 40cm，茎粗大扁平、直立，株高 80～100cm，茎部叶鞘被白色茸毛，叶长 40～50cm，宽 4～8mm，幼嫩时生软毛，成熟时毛少。叶色淡绿，粗糙，背面有细刺。圆锥花序，长 15cm，顶端着生 2～5 个小穗，小穗扁平，宽大，含 6～12 朵小花，小花彼此紧密重叠，颖边缘膜质，上端略呈细锯齿状，龙骨扁而粗糙，有 9 条脉，外稃龙骨亦压扁，顶端有短芒，芒由二齿间伸出。颖果贴于稃内，顶端具茸毛，长约 20cm，千粒重 10～13g（陈宝书，2001）。

细胞染色体：$2n=28$，42。

（三）生物学特性

1. 生境　扁穗雀麦适应性广，抗寒性强，属短期多年生，在长江流域以北表现为一年生或越年生。在长江以南栽种可生长四年以上。喜温暖湿润气候，最适生长气温为 10～25℃，夏季气温超过 35℃即不甚适宜。北京、内蒙古、甘肃不能越冬。南方栽培越冬性较强，在贵阳地区 1984 年春，绝对最低温度下降到－9.7℃，扁穗雀麦仍保持绿色。有一定的耐旱能力，但不能积水。扁穗雀麦对土壤肥力要求较高，喜黏重的土壤，也能在盐碱土壤和酸性土壤中良好生长。

2. 生长发育　在亚热带当其逸生于野外能同一些疏丛型草类及杂草混生。生于灌丛中的扁穗雀麦分蘖显著减少，但可与灌丛植物竞相生长，株高达 2m 以上，穗轴长 41.5cm。在北京 4 月上旬播种，6 月下旬抽穗，8 月上旬种子成熟，生育期约 122d。在甘肃武威川水灌区，扁穗雀麦春播表现为一年生，当年种子成熟后即死亡。据贵州农学院试种，10 月 1～

2 日播种，28 日出苗，12 月 28 日分蘖，翌年 4 月 26 日开花，5 月 20 日蜡熟，生育期 220d。扁穗雀麦开花时雌蕊和雄蕊不露出颖外，为闭花授粉植物（陈宝书，2001）。

3. 生产力　扁穗雀麦春播每年可刈割 2 次，据中国农业科学院畜牧研究所在内蒙古锡林浩特试验，播种当年产干草 6000kg/hm^2，比无芒雀麦的产量高 2～3 倍。扁穗雀麦在青海生长也很好，在铁卜加产干草 10 500kg/hm^2。在南京一年可刈 3～4 次，第 1 年产青草 22 500kg/hm^2，第 2 年 37 500kg/hm^2。秋播时次年可收两次种子，第 1 次收 22 500kg/hm^2，第 2 次收 300～375kg/hm^2。扁穗雀麦在甘肃兰州产干草 19 500～22 500kg/hm^2，收种子 1500～2250kg/hm^2，是多年生禾本科牧草中产子量较高者（内蒙古农牧学院，1990）。

（四）栽培技术

1. 整地播种　扁穗雀麦种子大，较易建植，播前将土地耕耙平整，土粒细碎，确保墒情适宜。在北方多为春播，利用 1～2 年，产鲜草 30 000kg/hm^2，种子产量 750kg/hm^2 左右。长江流域以南冬季湿润地区可以秋播，播种一次可利用 2～3 年。秋播播种量 22.5～30.0kg/hm^2，条播行距 15～20cm，播种深度 3～4cm。若与豆科牧草混播，侵占性差，需注意补播。

2. 田间管理　扁穗雀麦生长早期抵抗杂草能力较差，生长期容易缺株，应特别注意中耕除草，适当施肥灌水，尤其追施氮肥可大量提高产草量和改善品质。

3. 刈割采种　春播每年可刈割 2 次，秋播可刈割 3～4 次。扁穗雀麦种子落粒性较强，应注意适时采收（陈宝书，2001）。

第四节　披碱草属

披碱草属（*Elymus* L.）植物约有 20 余种，多分布于北半球的温带和寒带。我国有 10 余种，广泛分布在草原及高山草原地带，很多种具有饲用价值。该属是牧草中最具有栽培价值的一属牧草，其特点是适应性强、易栽培管理、产量高和饲用价值中等。目前栽培较多的有老芒麦、披碱草、肥披碱草、垂穗披碱草等。

一、披碱草

学名：*Elymus dahuricus* Turcz.

英文名：Dahuria Wildryegrass

别名：碱草、直穗大麦草、青穗大麦草

披碱草为中生多年生牧草，广泛分布于北半球寒温带地区，常作为伴生种分布于草甸草原、典型草原和高山草原地带。野生种主要分布于北半球寒温带，在俄罗斯欧洲部分的中心地带、西伯利亚、中亚、帕米尔、蒙古的森林草原地带，日本北海道，印度，土耳其，朝鲜等地都有分布。披碱草栽培历史不到百年，我国自 1958 年，先后在河北、新疆、青海和内蒙古等地，对披碱草进行驯化栽培。现在我国东北、华北、西北等地区广泛分布，东北各省、内蒙古、河北、甘肃、宁夏、青海等省（自治区）广泛栽培；此外，云南昆明附近也有发现。

（一）经济价值

披碱草具有中等饲料品质，营养较为丰富（表 10-7）。披碱草的草质不如老芒麦，叶量少，仅为地上部总重量的1/4左右，且茎秆粗硬，尤以开花后更差，故在抽穗期至开花期刈割为宜。据测定，茎占草总重量的50%～70%，叶占16%～39%，花序占9.5%～19.0%。茎秆所占比例大，质地较硬是影响饲料品质的主要原因。分蘖期及孕穗期各种家畜均喜采食，抽穗期至开花期刈割所调制的青干草，家畜亦喜采食，迟于盛花期刈割调制的干草，茎秆粗硬且叶量少，可食性下降、利用率降低。披碱草刈割后再生草产量较低，为一次刈割型牧草。

表 10-7　披碱草不同生育期的营养成分　　(单位:%)

生育期	粗蛋白质	粗脂肪	粗纤维	无氮浸出物	粗灰分
抽穗期	14.94	2.67	29.67	41.30	11.42
开花期	10.70	2.48	33.61	43.27	9.94
成熟期	10.08	2.77	35.81	40.44	10.90

资料来源：陈宝书，2001

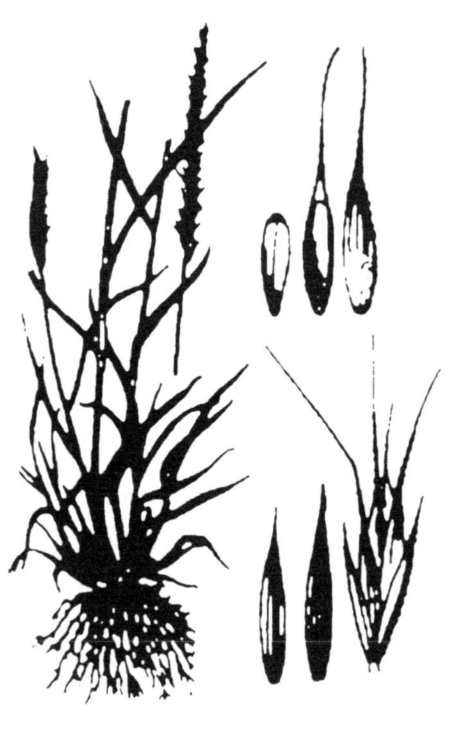

图 10-7　披碱草（南京农学院，1980）

披碱草生长发育良好，是一种优良牧草。目前，在东北、西北和内蒙古等地的干旱草原地区有较大面积栽培，在草地建设、生态环境改善和防风固沙方面发挥着作用。

（二）植物学特征

披碱草为禾本科披碱草属多年生草本（图10-7），具有强大的须根，根深可达100cm，但根群多集中在15～20cm的土层中。茎直立，疏丛，株高80～150cm，具3～6节，基部节略膝曲。叶片披针形，长10～30cm，宽0.8～1.2cm，扁平或内卷，上面粗糙，呈粉绿色，下面光滑，叶缘具疏纤毛；叶鞘光滑包茎，大部分超过节间，下部闭合，上部开裂；叶舌截平。穗状花序直立，较紧密，长14～20cm，每穗节含3～4枚小花，通常为2枚孪生，顶端和基部各具1枚小穗，上部小穗排列紧密，下部较疏松；小穗含3～6朵小花；颖披针形，具短芒；外稃背部被短毛，芒粗糙，成熟时向外展开；内稃与外稃几乎等长。颖果长椭圆形，深褐色，千粒重2.78～4.00g（内蒙古农牧学院，1990）。

细胞染色体：$2n=6x=42$。

（三）生物学特性

1. 生境　披碱草对水、热条件要求不严，适应环境能力强，是我国披碱草属中分布最广、最为常见的种类。披碱草适应性较强，具有抗寒、耐旱、耐碱、耐瘠薄、抗风沙等特点。

披碱草具有较强的抗寒能力，无论是我国最北部的黑龙江，还是海拔最高的青藏高原，披碱草均能安全越冬。在内蒙古锡林浩特地区，1月平均气温为－28℃，绝对最低气温为

－37℃的条件下，其越冬率可达98%～99.5%，显著地高于同期播种的羊草及无芒雀麦。即使播种期较晚，只要幼苗已达2～3片叶，就能顺利越冬。

披碱草本是中生植物，具有一定的耐旱能力，要求一定的水分条件，由于其根系发达，可以充分吸收土壤深层的水分，同时叶片在干旱时能卷成筒状，分蘖节距地表较深，同时很好地被枯枝残叶所保护，可以大大减少水分的散失，在年降水量250～300mm的地区生长尚好。据中国农业科学院草原研究所在内蒙古锡盟镶黄旗测定，当土层5～25cm含水量仅有5.1%时，披碱草仍能生存，说明它是比较耐干旱的牧草。

披碱草对土壤要求不严，可在贫瘠、含碱较高的土壤上正常生长。在黑钙土、暗粟钙土和黑土上，或在pH7.6～8.7的范围内可生长良好。根据1974～1975年内蒙古正镶白旗额里图牧场栽培结果，在旱作条件下，当土壤瘠薄时，两年平均亩产量为188kg（干草），在较肥沃的土壤上则产量可达500kg/亩左右（干草）（陈默君等，2002）。

2. 生长发育　披碱草播种后，在适宜的土壤水分和温度条件下，8～9d就可以出苗。当长出第2片真叶时开始分蘖，长出第3片真叶时已普遍分蘖而进入快速生长期，分蘖一般可达30～50个，如果水分充足，土壤疏松，分蘖数可以超过100个。苗期发育比较缓慢，播种当年只有少量分枝条抽穗、开花，到第2年才能充分发育。内蒙古锡林郭勒盟南部牧区，播种当年株高可达100～120cm，分蘖可达46个。生活第2年，5月上旬返青，7月下旬抽穗，8月上旬开花，9月初种子成熟，由返青至种子成熟需120d。一般种子成熟需要活动积温1500～1900℃，要求有效积温700～900℃（内蒙古农牧学院，1990）。

3. 开花与授粉　披碱草属穗状花序，开花的顺序同一般穗状花序禾草，即穗状花序中上部的小穗首先开放，然后向花序上下小穗延及，在一个小穗中，下部小花首先开放，并逐步向上延及，顶端小花不开放，或虽开放但常多不结实。在一日中，披碱草上午不开花，开花时间多在13～16时，有的年份可延至18时，但大量开花的时间多在14～16时，例如1980年，14～16时开花数占一个月内开花数的97.5%；1981年占77.3%；1982年占95.9%。一日内大量开花时的适宜气温为27～35℃，相对湿度为45%～55%。雨天及气温较低或湿度过大的天气，披碱草的花也不开放。

每一小花开放时，内稃首先开裂，两者之间的夹角约在20°左右时，雄蕊出现，40°～60°时，柱头露出稃外，花药散放花粉并下垂，共需10min左右的时间，开放15min后开始闭合，一个小花从开始开放至完全闭合，历时30～45min。披碱草并非严格的异花授粉植物，其自花授粉时的结实率较高，据1980～1982年的观察，在自花授粉条件下，调查的25 342个小花中，结实的种子粒数有15 530个，其结实率为61.3%，套袋隔离授粉条件下，调查16 102个小花中，结实的有9323个，结实率为57.8%。但是在强迫自花授粉时，所获得的种子与自由授粉的比较，品质较差，自由授粉时种子的千粒重为5.62g，而在强迫自花授粉时，种子的千粒重为4.82g。

4. 生产力　披碱草为短期多年生禾草，寿命5～8年，具有较高的产草量。根据内蒙古不同地区引种试验结果，在灌溉条件下，亩产干草可达375～650kg；在旱地栽培条件下可达180～250kg。常作为干草原和荒漠化草原短期刈牧兼用草地或改良盐渍化草地用。

披碱草产量的年际间动态：根据内蒙古农牧学院牧草组在锡林浩特测定，以生活第2年产量最高（100%），生活第3年为84.6%，生活第4年为76.4%，生活第5年为26.5%，由此可见，披碱草适宜的利用年限为2～3年，以后产量急剧下降。披碱草的种子产量亦较高，根据内蒙古各地引种试验，在水地条件下，其亩产种子量为63～132kg，旱地条件下为

20～57.4kg（内蒙古农牧学院，1990）。

（四）栽培技术

1. 整地 披碱草种子发芽较慢，顶土力弱，因此必须很好地整地。播前整地，耕翻18～22cm。披碱草喜肥，整地时要施足基肥，每亩施厩肥1000～1200kg，以获高产。北方地区开垦地上播种披碱草需在前一年的夏天翻地或秋季耕翻耙平镇压，以保持水土，防止大风吹走表土。

2. 播种 披碱草种子具长芒，不经处理则种子易成团，不易分开，播种不均匀，所以播种前要去芒。披碱草适应性较强，对播种期要求不严，春播、夏播、秋播均可。有灌溉条件或春墒好的地方可春播，以使播种当年就得到较高的产量。在北方地区旱作栽培条件下，雨季播种（7～8月）是抓全苗的关键措施，由于播期较晚，播前配合两次锄地或耙地，对于消灭田间杂草有重要意义。单播行距30cm，播种深度2～4cm，旱作播种后要镇压，以利保墒出壮苗。每亩播种量为2～3kg。种子田可适当少播，以防过密影响种子产量（董宽虎等，2003）。

3. 田间管理 披碱草苗期生长缓慢，要及时中耕除草，以消灭杂草和疏松土壤，促进生长发育。可在分蘖前后各除草一次，也可用化学除草剂消灭杂草。第2年杂草发生和出现土壤板结情况，应进行中耕除草，出现断苗缺垄应及时补种。

披碱草虽较抗旱，但在条件许可情况下，灌溉及施肥是提高产量、改进饲料品质的重要措施。在拔节期和刈割后要及时灌溉追施速效氮肥，翌年可在雨季每亩追施尿素或硫酸铵10～20kg。

披碱草抽穗开花期正是幼鼠长牙之时，常咬断茎秆，造成缺苗，所以要及时灭鼠（肖文一等，1991）。

4. 刈割 披碱草在刈割后具有再生能力，但再生草的产量较低，通常为一次刈割型牧草。据报道，在生长的第2～4年内，抽穗期刈割第1次时，再生草产量占两次刈割时总产量的14.7%～24.3%；开花期进行第一次刈割时，则再生草产量相应占8.5%～19.1%；成熟期刈割则不能形成再生草。高产条件下，披碱草每年割草1～2次，在干旱、土壤瘠薄的情况下，一年只能刈割1次，在湿润、管理水平较高的情况下，一年可刈割2次。刈割1次的应在抽穗至开花期进行；刈割两次的第1次应在抽穗期进行，第2次在冻前30～40d进行，留茬8～10cm，有利于越冬和再生。一般刈割1次可产干草2750～4500kg/hm^2。

5. 采种 披碱草结实性良好，籽实产量高。种子落粒性强，当田间一半左右的穗头变黄，即有50%种子成熟时，即应采收。大面积草场采用人工或马拉机具刈割采种时，以种子蜡熟期刈割收种为宜。一般产种量约90kg/hm^2。脱下种子要清洗，晾干入库保存（董宽虎等，2003）。

（五）饲草加工

调制干草的适宜刈割期以抽穗期至始花期较好。刈割后的草应在草趟、草垄上快速干燥后上垛。注意防止遭雨、霉烂。

调制好的披碱草干草，颜色鲜绿，气味芳香，适口性好，马、牛、羊均喜食。绿色的披碱草干草制成的草粉亦可喂猪。青刈披碱草可直接饲喂家畜或调制成青贮饲料饲喂。

二、老芒麦

学名：*Elymus* sibericus L.

英文名：Siberian Wildryegrass

别名：西伯利亚披碱草、垂穗大麦草

老芒麦栽培始于俄、英，达百余年，蒙古、朝鲜和日本等国也有分布。我国最早于20世纪50年代在吉林开始驯化，至20世纪60年代才陆续在生产上推广应用。目前，老芒麦在世界上栽培面积不大，但已成为我国北方地区一种重要的栽培牧草，已选育出来的品种有农牧老芒麦、山丹老芒麦、吉林老芒麦、黑龙江老芒麦、多叶老芒麦、公主岭老芒麦及北高加索老芒麦等。野生种主要分布于东北、华北、西北及青海、四川等地，是草甸草原和草甸群落中的主要成员之一，有时能形成亚优势种或建群种。

（一）经济价值

老芒麦在披碱草属中属于饲用价值最大的一种牧草（表10-8），这与其叶量丰富有关。鲜草产量中有40%～50%为叶子，再生草中达60%～80%以上。始花前刈割草质柔软，叶片分布均匀，各类家畜均喜食，尤以马和牦牛更喜食。适时刈割可调制成上等干草，也适于青饲和放牧。

表10-8　老芒麦不同生育期的营养成分　（单位：%）

生育期	水分	粗蛋白质	粗脂肪	粗纤维	无氮浸出物	粗灰分
孕穗期	6.52	11.19	2.76	25.81	45.86	7.80
抽穗期	9.07	13.90	2.12	26.95	38.84	9.12
开花期	9.44	10.63	1.86	28.47	42.81	6.99
成熟期	6.06	9.06	1.68	31.84	44.22	6.60

资料来源：贾慎修，1987

牧草返青早，枯黄迟，青草期较一般牧草长30d左右，从而延长了青草期，对各类牲畜的饲养都有一定的经济效果。老芒麦一般寿命10年左右，在栽培条件下可维持4年高产，第2、3、4年产草量相当于春播当年的5.0、6.5、3.0倍，年产干草3000～6000kg/hm^2，种子750～2250kg/hm^2（陈宝书，2001）。

（二）植物学特征

老芒麦为疏丛型多年生禾草（图10-8），须根密集、发达、入土较深。株高70～150cm，具3～6节，叶片粗糙扁平，狭长条形，长10～20cm，宽5～10mm，无叶耳，叶舌短而膜质，上部叶鞘短于节间，下部叶鞘长于节间。穗状花序，疏松而弯曲下垂，长15～25cm，具34～38穗节，每节2枚小穗，每穗4～5朵小花。颖狭披针形，粗糙，外稃顶端具长芒，稍展开或向外反曲。内稃与外稃几乎等长。颖果长扁平圆形，千粒重3.5～4.9g（陈宝书，2001）。

细胞染色体：$2n=4x=28$。

（三）生物学特性

1. 生境　老芒麦为旱中生植物，在年降水量400～600mm的地区可旱作栽培，但在干旱地区种植则要有灌溉条件。抗寒性很强，能耐－40℃低温，可在青海、内蒙古、黑龙江

图 10-8　老芒麦（陈宝书，2001）

等地安全越冬。从返青至种子成熟，需气温≥10℃，年积温 700～800℃。对土壤要求不严，在瘠薄、弱酸、微碱或富含腐殖质的土壤上均可良好生长，也能在一般盐渍化土壤或下湿盐碱滩上生长。在 pH7～8、微盐渍化土壤中亦能生长。具有广泛的可塑性，能适应较为复杂的地理、地形、气候条件。可以建立单一的人工割草地和放牧地，与其他禾草都可混播，建立优质、高产的人工草地。

2. 生长发育　在水分和温度适宜时，老芒麦播后 7～10d 即可出苗，春播当年可抽穗、开花，甚至结实。翌年返青较早，从返青至种子成熟需 120～140d。老芒麦分蘖能力强，春播当年可达 5～11 个，分蘖节位于表土层 3～4cm 处。播种当年营养枝占优势，几乎达总枝条数的 3/4；第 2 年后以生殖枝占绝对优势，达 2/3 以上。老芒麦再生性稍差，水肥条件好时可每年刈割 2 次，再生草产量占总产量的 20%（陈宝书，2001）。

3. 生产力　老芒麦结实性好，种子产量可达 $50kg/hm^2$。草产量也较高，在青海非灌溉条件下，栽培播种当年，每公顷产干草 1927.5kg，第 2～4 年，平均株高 139～147cm，每公顷产干草 10 550.25～14 950.5kg（陈默君等，2002）。

（四）栽培技术

1. 整地播种　种植老芒麦的地块，秋季深耕，施足基肥，可施 $22.5t/hm^2$ 厩肥和 $225kg/hm^2$ 碳酸氢铵。播前须耙耱和镇压。

老芒麦为短期多年生牧草，适于在粮草轮作和短期饲料轮作中应用，利用年限 2～3 年；也可在长期草地轮作中应用，利用年限可达 4 年或更长。在轮作中属中等茬口，单播后最好种植豆科牧草或一年生豆类作物。可与山野豌豆、沙打旺、紫花苜蓿等豆科牧草混播。

老芒麦种子具有长芒，播前应去芒。有灌溉条件或春墒较好的地方，可春播；无灌溉条件的干旱地方，以夏秋季播种为宜；在生长季短的地方，可采用秋末冬初寄籽播种。条播行距 20～30cm，若单播，收草者播量为 $22.5～30.0kg/hm^2$，收种者播量为 $15.0～22.5kg/hm^2$，播种深度 2～3cm（陈宝书，2001）。

2. 田间管理　老芒麦对水肥反应敏感，有灌溉条件时，应在拔节期、孕穗期和每次刈割后浇水施肥，分蘖期施过磷酸钙 $187.5kg/hm^2$，当年鲜草可增产 43.6%。长期老芒麦草地在生活第 5 年后，应根据退化状况采取松耙、追肥和灌溉等措施，以更新复壮草群（陈默君，贾慎修，2002）。

3. 刈割　老芒麦属上繁草，适于刈割利用，宜在抽穗期至始花期进行，可青饲或调制成干草。在良好的水肥条件下，老芒麦每年可刈割 2 次。但在北方大部分地区，每年仅刈割 1 次，再生草常用来放牧（董宽虎等，2003）。

4. 采种　老芒麦种子成熟后极易脱落，要及时采种。采种应在穗状花序下部种子成熟时进行（内蒙古农牧学院，1990）。

（五）饲草加工

始花前刈割草质柔软，叶片分布均匀，可调制成上等干草。

第五节　狗牙根

学名：*Cynodon dactylon*（L.）Pers.

英文名：Bermuda grass

别名：铁线草、绊根草、爬地草

狗牙根广泛分布于全球温暖地区，美国南部、非洲、欧洲、亚洲的南部各国均有分布，在中国多分布于黄河以南各省区，新疆南北疆也有分布。常见的国外品种有岸杂 1 号狗牙根、Tiffine、Tifgreen、Tifway、Tifwarf、Midiawn。其中岸杂 1 号狗牙根为牧草型品种，其他为草坪型品种。

我国审定登记的品种主要有兰引 1 号狗牙根，喀什狗牙根、南京狗牙根，育成品种有新农 1 号狗牙根、新农 2 号狗牙根、新农 3 号狗牙根，多以草坪型品种为主，其中新农 3 号狗牙根为草坪牧草兼用品种，干草产量可达 12 873.67kg/hm^2，分蘖拔节期粗蛋白质 30.33%、孕穗期 19.11%。

岸杂 1 号狗牙根系美国用 Tilt 狗牙根与南非引进种杂交第 2 代培育而成，它适应于普通狗牙根分布的大多数地带。我国于 1976 年引进，现在广东、广西等南方省区已推广，表现良好。为我国运用最广泛的牧草型狗牙根，本节主要介绍岸杂 1 号狗牙根的基本情况。

一、经济价值

岸杂 1 号狗牙根草质柔软，味淡，其茎微甜，叶量丰富，黄牛、水牛、马、山羊及兔等牲畜均喜采食，幼嫩时亦为猪及家禽所采食，可用于调制干草或制作青贮料。岸杂 1 号狗牙根的粗蛋白质、无氮浸出物及粗灰分等的含量较高（表 10-9），特别是幼嫩时期，其粗蛋白质含量占干物质的 17.58%。在美国用岸杂 1 号狗牙根喂去势小公牛的 3 年试验中，平均日增重 0.71kg。狗牙根生长较快，每年可刈割 3～4 次，一般可收干草 2250～3000kg/hm^2，在肥沃的土壤上，可刈制干草 0.75 万～1.13 万 kg/hm^2。由于岸杂 1 号狗牙根较耐践踏，一般宜放牧利用。在长江中下游地区，可以和白三叶混播建立放牧草地，岸杂 1 号狗牙根根系很发达，根量多，据测，其地下部干重达 2 万 kg/hm^2，比地上部高得多，常种植在鱼池、水库、江河湖泊堤岸上，不仅是养鱼的上好饲草，还是一种良好的水土保持植物。岸杂 1 号狗牙根营养繁殖能力强，具有很强的竞争能力和强大的生命力，所以它也是铺设停机坪、各种运动场、公园、庭院、绿化城市、美化环境的良好草坪草。

表 10-9　岸杂 1 号狗牙根的营养成分及可消化养分　　(单位:%)

样　品	生育期	水分	粗蛋白质	粗脂肪	粗纤维	无氮浸出物	粗灰分	钙	磷	可消化蛋白质	总消化养分
干草	—	9.40	7.95	1.99	28.59	53.74	7.73	0.37	0.19	3.70	44.21
鲜草	—	65.00	10.29	2.00	28.00	49.71	10.00	0.14	0.07	1.90	20.80
鲜草	营养期	69.30	17.58	1.95	43.64	22.54	14.29	—	—	—	—
干草	开花期	0.00	8.80	1.60	27.40	47.90	14.30	—	—	7.10	—

资料来源：陈默君等，2002
注：—代表未测

二、植物学特征

岸杂 1 号狗牙根为多年生草本（图 10-9），具根状茎及匍匐茎，节间长短不等。茎秆匍匐地面，长可达 2m，叶舌短，具小纤毛，叶片条形，长 2～10cm，宽 1～3mm。穗状花序，3～6 枚，呈枝状排列于茎顶。小穗排列于穗轴的一侧，长 2.0～2.5mm，含 1 小花，颖片等长，短于外稃；外稃具 3 脉，脊上有毛，内稃与外稃等长，具 2 脊，千粒重 0.25g（陈默君等，2002）。

细胞染色体：$4n=36$，40。

图 10-9　岸杂 1 号狗牙根
（陈默君等，2002）

三、生物学特性

1. 生境　岸杂 1 号狗牙根喜温暖湿润气候，不耐干旱和寒冷，易遭霜害，日均温在 24℃以上生长最好，温度下降至 6～9℃时生长缓慢。据美国资料，在 −14.4℃时，地上部分绝大多数凋萎，但地下部分仍可存活，至翌春转暖时，则很快萌发生长。在广州地区能安全越冬，但当气温下降到 1～5℃，地上部分稀疏变黄，生长受到严重抑制。15℃以上可陆续萌发，表现青绿，25～35℃，长势旺盛，35℃以上，加上干旱条件下，生长势明显减弱（内蒙古农牧学院，1990）。

匍匐茎接触地面后，虽然每节都能生根，有增强抗旱能力，但由于根系入土浅，不耐久旱，故栽培在灌溉方便或湿润地，尤其是在沿海地区，更为适宜。它可以忍受长期的洪水，但在受涝的土地上长势很差。

岸杂 1 号狗牙根对土壤要求不严，pH6～8 为宜，黏土、沙土、酸性土和石灰过多的土壤均能生长。耐瘠薄，但在肥沃土壤上生长旺盛，特别在土层深厚、肥沃、潮湿的堤岸和房前屋后生长更好。对氮肥敏感，尤其对硝态氮反应为佳。在温暖多雨的 4～8 月中，肥料充足的情况下，密丛向高处生长，草层厚度常达 60～80cm。

2. 生长发育　有种子和营养体两种繁殖方式。一般情况下，靠匍匐茎和根茎扩展蔓延，形成致密的草皮，为春性禾草，当日均温为 −3～2℃时，地上茎叶枯死，以其根茎和匍匐茎越冬，第 2 年根茎和匍匐茎上的休眠芽萌发生长。狗牙根有强大的营养繁殖力，能形成以狗牙根为优势的单优群落。在广东、广西等省（自治区），狗牙根从 10 月到翌年 1～2 月陆续开花，花期长达 140d（陈宝书，2001）。

3. 生产力　岸杂 1 号狗牙根生长较快，每年可刈割 3～4 次，一般每公顷可收干草 2250～3000kg，在肥沃的土壤上，每公顷可刈割干草 7.5～11.25t（陈默君等，2002）。

四、栽培技术

1. 播种　岸杂 1 号狗牙根种子小，土地需细致平整。种子以日均温 18℃时发芽最好，播种量 3.75～11.25kg/hm^2，播种时可用泥沙拌种，混合撒播，使种子和土壤良好接触，有利于种子萌发（陈默君等，2002）。

岸杂 1 号狗牙根也可与豆科牧草，如白三叶、红三叶等混种，可延长放牧季节、提高产量、改善牧草品质。

2. 无性繁殖　岸杂 1 号狗牙根无性繁殖可有以下 4 种方法：①分株移栽法。挖取岸杂 1 号狗牙根的草皮和分株，在整好的土地中挖穴栽植（注意使植株和芽向上）。②切茎撒压法。早春将岸杂 1 号狗牙根的匍匐茎和根茎挖起，切成 6～10cm 的小段，混土撒于整好的土地里，然后用石磙镇压，使其与土壤接触，便可成活，发芽生长。③块植法。把挖起的草皮切成小块，在要栽植的地方挖比草皮宽大的穴，把草皮块放入穴内，用土填实即可。④条植法。按行距 0.6～1.0m 挖沟，将切碎的根茎放入沟中，枝梢露出土面，盖土踩实即可（董宽虎等，2003）。

3. 田间管理　岸杂 1 号狗牙根结种困难，不能进行有性繁殖，故一般采取田间插植，插植后要连续浇水 3～5d，每天 1 次。一般在插植 5～7d 后，开始生根。所以，这段时间内保持土壤湿润，是提高成活率的重要一环。同时，在插后的 20～30d 内，生长较慢，必须注意除草和灌溉，做好活苗、保苗和壮苗等工作。

岸杂 1 号狗牙根施肥与否，其产量差异甚大，据报道，施肥的产量比未施肥的高出 1 倍多，所以岸杂 1 号狗牙根的栽培和管理要注意合理施肥。在种植前可施有机肥作底肥，在利用之后宜追施氮肥。当春暖开始萌发时，可用氮素肥料 75～110kg/hm^2，兑水后多次泼施，以促生根。每收割 2～3 次以后，可再追施过磷酸钙 150～225kg/hm^2。据美国资料，氮、磷、钾的比例为4∶1∶2 为佳（董宽虎等，2003）。

4. 刈割　每年约在 10～12 月，停止刈割或放牧，使在寒冬到来之前，地上部分长有一定草量，以利抗寒越冬。冬去春来天气转暖时，刈割高度 2～3cm，并施肥料。

五、饲草加工

始花前刈割草质柔软，可调制干草或制作青贮料。

第六节　黑麦草属

黑麦草属（*Lolium* L.）系一年生或多年生草本植物，丛生，叶长而狭，叶面平展，叶脉明显，叶背有光泽，穗状花序。小穗含数朵小花，小穗无柄，两侧压扁以其背面对向穗轴。小穗轴脱节于颖之上及各花之间，第 1 颖（内颖）除顶端小穗外均退化，第 2 颖向外伸出。小花外稃背部圆形，无芒或有芒，内稃与外稃等长或稍短。颖果腹部凹陷，与内稃黏合不易脱离。

黑麦草属植物约10种，主要分布于欧亚大陆温带湿润地区，其中多年生黑麦草和一年生黑麦草是世界性栽培牧草，在我国也有广泛的种植，具有极其重要的饲用价值（董宽虎等，2003）。

一、多年生黑麦草

学名：*Lolium perenne* L.

英文名：Perennial Ryegrass

别名：黑麦草、宿根黑麦草、牧场黑麦草、英格兰黑麦草

黑麦草是世界温带地区最重要的禾本科牧草之一，1677年首先在英国作为饲草栽培，现主要分布在新西兰、英国、澳大利亚、美国及西欧温暖地带，广泛用作乳牛、肉牛和羊的干草及牧草。我国在新中国成立前就有引种，但大面积栽培却是在20世纪70年代以后，如今已是南方、西南和华北地区重要的栽培牧草，尤其是作为草坪草种，已广泛应用于大江南北（陈宝书，2001）。

（一）经济价值

多年生黑麦草营养丰富（表10-10），经济价值高。多年生黑麦草营养生长期长，草丛茂盛，尤其是早期收获的饲草叶多茎少、质地柔嫩，适于青饲、晒制干草、青贮及放牧，是饲养马、牛、羊、猪、禽、兔和草食性鱼类的优良饲草。在美国冬季温和的西南地区常用来单播，或于9月与红三叶等混种，专供冬季放牧利用。放牧时间可达140～200d。如将黑麦草干草粉制成颗粒饲料，与精料配合作为牛肥育饲料，效果更好。

表10-10 黑麦草属主要栽培牧草抽穗期的营养成分 （单位：%）

草种	水分	粗蛋白质	粗脂肪	粗纤维	无氮浸出物	粗灰分	钙	磷
多年生黑麦草	7.52	10.98	2.20	36.51	40.20	10.11	0.31	0.24
一年生黑麦草	7.10	7.36	2.97	36.80	42.97	9.90	0.74	0.19

资料来源：中国农业科学院草原研究所，1990

多年生黑麦草，草色绿、草姿美、青草期长、耐踏抗压，是庭院绿化和运动场草坪中非常重要的草坪草种，已有数十个品种引入我国（陈宝书，2001）。

（二）植物学特征

黑麦草为禾本科黑麦草属多年生草本植物（图10-10）。须根发达，在15～20cm的土层中呈网状。株高40～50cm，分蘖多达40～70个，呈丛生的疏丛状。茎秆细，中空直立。叶鞘长于节间，叶片披针形，柔软而下垂，叶舌膜质。穗状花序，有小穗15～23个，小穗无柄，互生，长10～14cm，每小穗具5～11朵小花，第1颖退化，第2颖坚硬，有脉纹3～5条；外稃质薄，先端钝，无芒，内稃与外稃等长，顶端尖锐，透明，边缘有细毛。颖果梭形，种子无芒，扁平，千粒重1.5～1.8g（陈宝书，2001）。

细胞染色体：$2n=14$。

（三）生物学特性

图 10-10　多年生黑麦草
（南京农学院，1980）

1. 生境　多年生黑麦草适合温暖、潮湿的温带气候，不耐高温、严寒，适宜在夏季凉爽、冬无严寒、年降雨量 500～1500mm 的地区生长。生长的最适温度为 20～25℃；在 10℃时亦能较好生长；遇 35℃以上的高温生长受阻，甚至枯死；遇－15℃以下低温越冬不稳，或不能越冬。在我国南方夏季高温地区不能越夏，但在凉爽的山区，夏季仍可生长。抗寒性较差，在我国东北和西北以及内蒙古地区不能稳定越冬。遮荫对生长不利，光照强、日照短、温度较低，对分蘖的发生有利，温度过高则分蘖不再发育或中途死亡（陈宝书，2001）。

对土壤要求较严格，在肥沃、湿润、排水良好的壤土和黏土上生长良好，也可在微酸性土壤上生长，但不宜在沙土或湿地上种植。适宜土壤 pH 为 6～7（董宽虎等，2003）。

2. 生长发育　多年生黑麦草生长快，成熟早。一般利用年限 3～4 年，第 2 年生长旺盛，生长条件适宜的地区可以延长利用。多年生黑麦草是短寿上繁牧草，但条件适宜时，也可多年不衰。生长发育迅速，生育期 100～110d，全年生长天数 250d 左右。再生性好，根茎分蘖力强，据测定分蘖平均 44 个，是同条件的无芒雀麦、弯穗鹅冠草的 5 倍。耐刈割，一年可割草 2～3 次。刈割后的再生枝条超过刈割前的分蘖总数。

在武汉、南京地区，9 月中下旬秋播，冬前株高达 20cm 以上，翌年 4 月中旬草层高达 50cm 左右，4 月下旬至 5 月初抽穗开花，6 月上旬种子成熟，植株结实后大部分死亡。在湖南省城步县南山牧场，海拔 1500～1800m，黑麦草从 3～11 月都能生长，冬季不枯黄。4 月中旬春播，夏季生长良好，当年即可刈割 3 次，冬季草场保持鲜绿，次年 5 月抽穗开花，6 月种子成熟。

3. 生产力　播种第 1 年生长快、产量高，适宜作为 3～4 年短期草地利用。鲜草产量一般为 450～600t/hm^2，多者可达 750～900t/hm^2，种子产量一般为 750～1200kg/hm^2（陈默君等，2002）。

（四）栽培技术

1. 整地施肥　多年生黑麦草种子小、幼苗纤细、顶土力弱，种植地要深翻松耙，耕深应在 20cm 左右，并细致耙压，粉碎土块，整平地面，蓄水保墒，使土壤上虚下实，为种子出苗创造良好的土壤条件。结合深翻施肥，一般每亩施有机肥料 1000～1500kg、过磷酸钙 10～15kg 或复合化肥 25～30kg 作基肥（肖文一等，1991）。

2. 播种　种子田播种国家规定标准Ⅰ级种子，收草田播种国家规定标准Ⅰ～Ⅲ级种子均可。无论是自产或是购入的种子都需在播前检测品质，确定级别，算出实际播种量。春、夏、秋季均可播种，可根据当地具体条件来确定，一般收种可在秋季（9～10 月）播种，便于翌年收种后翻种其他作物。种子田用单播，收草可单播，可混播。条播行距，种子田宜宽，35～40cm；收草田宜窄，20～30cm，播种深度为1～2cm。收种每亩播0.75～1.00kg，收草每亩播1.00～1.25kg。若混播最适宜与白三叶或红三叶一起，建植优质高产的人工草地，其播种量为多年生黑麦草10.5～15.0kg/hm^2，白三叶3.00～5.25kg/hm^{2}或红三叶5.35～7.50kg/hm^2。

3. 田间管理 播种后出苗前遇雨，土壤表层形成板结层，要注意及时破除板结层，以利出苗，保全苗。多年生黑麦草苗期与杂草的竞争能力较弱，需要中耕除草1～2次，并注意防治虫害。

在适宜条件下，多年生黑麦草1周出齐苗，分蘖能力强，生长快，不久即可茂密成丛，苗期中耕除草远较一般牧草次数少。收割前3周施硫酸铵128kg/hm^{2}时，穗及茎叶中胡萝卜素含量较不施氮肥者多1/3～1/2。生育期和每次刈割后应追施氮肥75～150kg/hm^2，并结合灌水，以促进再生。若为酸性土壤，可增施磷肥为150～225kg/hm^2，显著增加生长速度，分蘖多，茎叶繁茂，可抑制杂草生长，延长草地的利用年限。

4. 刈割与放牧 多年生黑麦草因品种特性不同可用做放牧或调制干草。宜牧品种分蘖力强，叶多茎少，成丛慢，开花晚，青草期长，放牧应在草丛高15～20cm时为宜。刈草放牧兼用品种植株较高，茎直立，叶量和分蘖力稍差于宜牧品种，但刈割后再生草质好，调制干草以分蘖盛期至拔节期为好，延迟刈割，养分及适口性变差。无论是放牧或割草，留茬高度不得低于7cm，过高形成牧草浪费，过低影响牧草再生。当混播草地出现多年生黑麦草生长过快，抑制豆科牧草生长时，可通过刈割或放牧加以抑制，以保护豆科牧草的正常生长。

5. 采种 采种以刈割2～3次的植株为宜，由于多年生黑麦草抽穗不整齐，种子成熟先后不一致，自行脱粒性高，应在全田70%的种穗变黄白，种子进入蜡熟期时收获。采种宜在阴天或早上进行。收获的种子要及时晒干扬净贮存。

（五）饲草加工

多年生黑麦草青饲在抽穗前或抽穗期刈割，每年可刈割3次，留茬5～10cm，草场保持鲜绿，刈割后若不直接饲喂，可就地摊成薄层晾晒，晒到含水量为14%～15%时，即可运回，贮藏备用。

二、多花黑麦草

学名：*Lolium multiflorum* Lam.

英文名：Italian Ryegrass

别名：一年生黑麦草、意大利黑麦草

多花黑麦草原产于地中海沿岸，13世纪已在意大利北部草地生长，故又名意大利黑麦草。现广布于欧洲南部、非洲北部及小亚细亚广大地区，后传播到英国、美国、丹麦、新西兰、澳大利亚、日本等温带降雨量多的国家。目前，世界各温带和亚热带地区广泛栽培。多花黑麦草在我国长江流域以南地区，江西、湖南、江苏、浙江等省均有人工栽培。在北方较温暖多雨地区，如东北及内蒙古自治区等也引种春播。

（一）经济价值

多花黑麦草营养物质丰富（表10-11），虽然茎多叶少，但茎质并不十分粗糙，质量较一般禾本科牧草为优，适口性好，适宜青饲、调制干草、青贮和放牧，是饲养马、牛、羊、猪、禽、兔和草食性鱼类的优质饲草。据报道，草鱼每增重 0.5kg，需多花黑麦草 11kg，而苏丹草则需 10～15kg。多花黑麦草耐牧，在重牧之后仍能迅速恢复生长。长江以南地区利用稻田冬闲时间播种多花黑麦草，为秋春提供青饲，效果良好（董宽虎等，2003）。

表 10-11　多花黑麦草鲜草主要营养成分　（单位：%）

样　品	水　分	粗蛋白质	粗脂肪	粗纤维	无氮浸出物	粗灰分	钙	磷
鲜草	83.7	2.1	0.8	4.0	7.7	1.7	0.10	0.07

资料来源：陈默君等，2002

（二）植物学特征

多花黑麦草为禾本科一年生或短寿多年生草本植物（图 10-11）。须根系，须根多分布在地表 20cm 的土层中。分蘖力强，茎直立、光滑，高为 100～120cm。叶片长 10～30cm，宽 3～5cm，叶鞘疏松，叶片柔软。穗状花序，穗长 17～30cm，每个小穗上着生 11～22 朵小花，显著高于其他禾本科牧草，多花黑麦草之名由此而来。种子为颖果，第 1 外稃长 6mm，有 6～8mm 的芒，内稃与外稃等长。发芽种子的幼根在紫外灯下可发荧光。种子千粒重 2.2g（陈宝书，2001）。

细胞染色体：$2n=14$。

图 10-11　多花黑麦草（陈宝书，2001）

（三）生物学特性

1. 生境　对环境条件要求与多年生黑麦草相似，耐旱和抗寒性较差。适于生长在温和、湿润的地区，亦能在亚热带地区生长，耐寒不耐热，昼夜温度分别为 27℃和 12℃时生长最快。喜壤土或沙壤土，亦适于黏壤土，在肥沃、湿润且土层深厚的地方生长极为茂盛，鲜草产量很高，耐湿和耐盐碱能力较强，最适土壤 pH 为 6.0～7.0。最适宜在年降水量 1000～1500mm 的地区生长，但不耐长期积水（陈宝书，2001）。

2. 生长发育　多花黑麦草寿命短，通常为 1～2 年生，在南方，一般播种后第 2 年夏季即死亡，但如条件适宜，经营得当，可生长 3 年。在北京地区秋播，第 2 年 3 月下旬返青，5 月下旬抽穗，6 月下旬成熟，生育期 90～100d。在温带牧草中，多花黑麦草为生长最为迅速的禾本科牧草，冬季如气候温和亦能生长，在初冬或早春即可供应鲜草。

多花黑麦草与多年生黑麦草的杂交种，类似多花黑麦草，产量略低，但持久性较好。

3. 生产力　多花黑麦草的主要特点是生长快、分蘖力强、再生性好、产量高。一个生长季内能刈割多次，南方一般刈割 3～4 次，北方 2～3 次。其产草量比多年生黑麦草高，武汉地区亩产青草 2200kg，可以刈割 2～3 次。青海春播亩产青草 3600kg，可以刈割 1～2

次。在甘肃河西走廊，水、肥供应充足时亦可亩产青草 2000kg，可刈割 2 次。南京春播可刈割 1～2 次，亩产青草 1500～2000kg，秋播时次年盛夏前刈割 2～3 次，亩产青草 4000～5000kg。多花黑麦草与红三叶、白三叶混播，可提高人工草地当年的产草量，产鲜草 45～75t/hm^2。结实后植株死亡，种子易脱落，落粒种子自繁能力很强。当大部分种子成熟后应及时收获，种子产量 750～1500kg/hm^2（内蒙古农牧学院，1990）。

（四）栽培技术

多花黑麦草其栽培技术与多年生黑麦草基本相同，较适宜单播。春秋播种都可以，冬季温和的地区适于秋播。播前耕翻整地，施基肥。条播行距 15～30cm，播深 1～2cm，播种量 15.0～22.5kg/hm^2，也可撒播，播种量为 22.5kg/hm^2。多花黑麦草可与水稻、玉米、高粱等轮作，也可同紫云英、多年生黑麦草、红三叶、白三叶混播，以提高产量和质量，为冬春提供优质饲草。喜氮肥，生育期或每次刈割后宜追施速效氮肥，灌溉以促进氮肥的吸收（陈宝书，2001）。

（五）饲草加工

多花黑麦草青贮，可解决盛产期雨季不宜调制干草的困难，并获得较青刈玉米品质更为优良的青贮料。多花黑麦草在孕穗期或抽穗期适合刈割后青贮，割下后因水分含量高，青贮难度大。但适当凋萎（将割下的草切碎后摊放在场地上晾晒至青草含水量 70%以下）后则可达到满意的青贮效果。盛花期刈割用于调制干草，晒至水分在 14%以下时运回堆垛，可供冬春缺草时喂牛、羊，或制成草粉喂猪、鸡和鱼。有条件的地方，可将多花黑麦草制成草块、草饼等，供冬春喂饲或作商品饲料出售。

第七节 狼尾草属

狼尾草属（*Pennisetum* Rich.）为禾本科，约 130 种，分布于热带和亚热带地区，我国约 8 种（包括引种），多为优良牧草，又供造纸、编织等用，其中狼尾草 P. *alopecuroides* (L.) Spreng 1 种，几乎广布于全国。一年或多年生草本；叶片扁平，线形；圆锥状花序；小穗具短柄或无柄，单生或 2～3 个簇生，每簇下围有总苞状刚毛，与小穗一起脱落，有 2 小花；第 1 颖短于小穗，有时微小或缺；第 2 颖通常短于小穗；第 2 外稃纸质，边缘薄，平坦。

一、象草

学名：*Pennisetum purpureum* Schumach.

英文名：Napiergrass

别名：紫狼尾草

象草原产于热带非洲，在世界热带和亚热带地区广泛栽培。20 世纪 30 年代从印度、缅甸引入我国四川、广东等地试种，现已遍及广东、广西、海南、福建、云南、贵州、江西、湖南、四川等省（自治区），成为主要的栽培牧草，是我国南方养牛业青饲料的重要来源。

（一）经济价值

象草产量高、品质优良、营养价值较高（表 10-12）、适口性好，每年可刈割次数多，使用年限长，用途广泛，具有很高的经济价值，是热带、亚热带地区良好的多年生饲用植物之一。象草柔软多汁，适口性很好；适时刈割，利用率高，是牛、马、兔、鹅的好饲草。幼嫩时期可饲喂猪、禽，也可作养鱼饲料。象草除四季供家畜青饲外，还可调制干草或青贮备用。青贮的品质相当于青贮玉米（董宽虎等，2003）。

表 10-12　象草的营养成分　（单位：%）

样　品	水分	粗蛋白质	粗脂肪	粗纤维	无氮浸出物	粗灰分
鲜草	87.81	1.29	0.24	4.04	5.45	1.17
绝干物质	0	10.58	1.97	33.14	44.70	9.61

资料来源：陈宝书，2001

象草根系发达，种在塘边、堤岸，可起到护堤保土作用。另外栽培象草可给土壤遗留大量有机质和氮素，有改良土壤结构的作用。

（二）植物学特征

象草为多年生草本植物（图 10-12），须根系强大，多分布于 40cm 左右的土层中，最深者可达 4m。植物高达 2～4m，最高可达 5m 以上，茎秆直立、丛生、直径 1～2cm，分 4～6 节，节上芽沟明显而直达全节间，被白色蜡粉，中下部的茎节可长出气生根。分蘖性强，多达 50～100 个。叶面有茸毛，叶互生。圆锥花序圆柱状，黄褐色，每穗有小穗 250 个，颖果圆形，结实率低，种子易脱落（陈默君等，2002）。

细胞染色体：$2n=28$，56。

（三）生物学特性

1. 生境　象草适应性强，喜温暖湿润气候，适于年平均温度 18～24℃、年降雨量 1000mm 以上地区栽培，在广西海拔 1200m 以下地区均能良好生长。在广州、南宁能保持青绿过冬，但如遇严寒，仍可被冻死。气温 12～14℃时开始生长，25～35℃生长迅速，10℃以下生长受阻，5℃以下生长停止。耐高温，也能耐短期轻霜，少霜地区可自然越冬。

图 10-12　象草（陈默君等，2000）

具强大根系，故耐旱性较强，经 30～40d 的干旱，仍能生长；特别干旱、高温季节，叶片卷缩，叶尖端有枯死现象，生长缓慢，但水分充足时，很快恢复生长。对土壤要求不严，沙土、黏土和贫瘠的微酸性土壤都可种植，但以土层深厚、肥沃疏松的土壤最为适宜。

2. 生长发育　象草在水分、温度适宜的条件下，一般种植 7～10d 后即可出苗，15～20d 开始分蘖。其分蘖能力强，但与刈割次数、割茬高低、土壤肥力、雨水多少和季节等均有密切关系。肥地分蘖多，瘠薄地分蘖少；雨季分蘖多，旱季分蘖少。因此只有水肥充足，才能获得高产。象草再生能力强，生长迅速，故对肥料要求较高，需施用大量有机肥和氮肥。抽穗开花因品种不同而异，小茎种一般在9～10月抽穗；大茎种在11月至次年3月抽穗开花，一般结实率低，种子成熟不一致，容易散落。种子的发芽率也很低，实生苗生长慢，性状不稳定，因此在生产上多采用无性繁殖（陈默君等，2002）。

3. 生产力 象草头三年长势旺盛，产量也高，以后逐年减退。每年可以刈割6～8次，一般每年产鲜草75～150t/hm^2，高者可达225～300t/hm^2，不仅产量高，而且利用年限长，一般为3～5年，如栽培管理利用得当，可延长到5～6年，甚至10年以上。蛋白质含量和消化率均高，如果按每年产鲜草75～450t/hm^{2}计算，每公顷则可年产粗蛋白质967.5～5805kg，这是其他热带禾本科牧草所不能及的（陈默君等，2002）。

（四）栽培技术

1. 整地 一般应选择排灌方便、土层深厚、疏松肥沃的土地建植象草，土地深耕翻20cm，并进行平整。按宽1m左右作畦，畦间开沟排水。同时施入充足的有机肥作基肥，一般施入22.5～37.5t/hm^2。若利用山坡地种植，宜开成水平条田。新垦地应提前1～2个月翻耕除草，使土壤熟化后种植（陈宝书，2001）。

2. 播种 由于象草结实率低，种子发芽率低及实生苗生长缓慢等，故生产上常采用无性繁殖。象草对种植时间要求不严，在平均气温13～14℃时，即可用种茎繁殖。栽植期以春季为好，两广地区为2月，两湖地区为3月。选择生长100d以上的粗壮、无病虫害的茎秆中下部做种茎，每2～3个节切成一段，每畦2行，株距50～60cm，行距50～70cm，斜播或平埋，覆土6～10cm，也可挖穴种植，穴深15～20cm，种茎斜插，每穴为1～2株，用种茎1500～5000kg/hm^2，栽植后灌水。10～15d即可出苗。

3. 田间管理 象草生长期长，收割次数多，产量高，需氮、磷、钾均较一般禾草为高，水肥充足是象草高产的关键。生长期间注意中耕除草，出苗高20cm时即可追施氮肥，适量灌水，以保证苗全苗壮，加速分蘖和生长。每次刈割后也应及时松土、灌水、追肥，以利再生。

4. 刈割 一般株高为100～120cm即可收割，留茬距地面10cm。在高温多雨的生长季节，20～30d可收割一次，产鲜草150～225t/hm^2。一般间隔40～60d，高为100～150cm时收割。适时刈割，柔软多汁、适口性好、利用率高，过迟茎秆易老化。

5. 留种 象草多采用无性繁殖，在冬季温暖地区选择生长健壮的植株作种茎，在留种田自然过冬；温度较低的地区需采取适当保护才可越冬。在霜前选择干燥高地挖坑，割去茎梢，平放入坑内，覆土50cm，地膜覆盖，增温保种越冬。或采用沟贮、窖贮或温室贮等办法越冬。

（五）饲草加工

象草一般多用作青饲，稍萎蔫后切碎或整株饲喂畜禽，可提高适口性。也可调制干草或作青贮。象草割倒后，就地摊晒[illegible]d，晒成半干，拢成草垄，使其进一步风干，待象草的含水量降至15%左右时运回保存，严防叶片脱落。在南方地区由于雨水多，露天贮存易蓄水霉变，所以用草棚进行贮存。要因地制宜，在草棚的中间堆成圆锥形或方形、长方形草垛，这样既可以防水，又可以通风，堆积方位损失也少。

二、狼尾草

学名：*Pennisetum alopecuroides*（L.）Spreng.

英文名：Chinese Pennisetum

别名：霸王草、紫芒狼尾草、狗仔尾、老鼠狼

广泛分布于我国各地，亚洲温带地区和大洋洲也有。

（一）经济价值

狼尾草质地柔软、生长快、叶量多、营养较丰富（表 10-13）。据中国农业科学院草原研究所测定，茎占 27.28%，叶占 63.63%，穗占 9.09%。株高 100cm 左右，上繁草，耐践踏，再生性能好，产鲜草 30～45t/hm^2。幼嫩时，各种家畜均喜食，开花后，粗纤维增加，适口性降低，可放牧或刈制干草或青贮，是天然草场上较好的牧草之一。狼尾草根茎粗硬，长势强，有较好的固土能力，可做护堤、固沙的水土保持植物。

表 10-13　狼尾草不同生育期的营养成分　（单位:%）

生育期	水分	粗蛋白质	粗脂肪	粗纤维	无氮浸出物	粗灰分	钙	磷
营养期	7.37	12.62	2.34	31.94	41.12	11.98	0.59	0.19
拔节期	8.04	8.85	2.00	36.37	43.54	9.24	0.22	0.28
孕穗期	7.64	8.98	1.51	36.04	44.03	9.44	0.27	0.19
开花期	8.21	6.35	1.62	38.45	46.14	7.44	0.30	0.11
成熟期	5.90	6.42	1.57	37.65	44.78	9.58	0.37	0.23

资料来源：贾慎修，1987

（二）植物学特征

狼尾草为多年生草本（图 10-13）。须根较粗且硬，茎秆丛生、直立，高 30～125cm。叶鞘压扁具脊，除鞘口有毛外，其余均光滑无毛；叶舌长不及 0.5mm；叶片条形，长 15～50cm，宽 2～6mm，通常干后内卷。穗状圆锥花序，长 5～20cm；主轴硬，密生柔毛；直立或弯曲；刚毛长 1～2.5cm，成熟后通常呈黑紫色；小穗披针形，常单生。种子千粒重 7.9～9.2g（陈默君等，2002）。

细胞染色体：$2n=18$。

图 10-13　狼尾草（陈默君等，2002）

（三）生物学特性

1. 生境　性喜温暖湿润的气候。生于田边、路旁及阳光充足的坡地。分布区的土壤 pH4.5～5.5，在碱性土壤也能适应。在降水 250～1700mm 地区均可生长，以 500～800mm 的地区最佳。常与羊草、野古草伴生，并形成优势。较耐旱，在坡地及沙性强的土壤或旱季，

耐旱性优于黄背草。抗热性也好，在气温 30～35℃时，能正常生长。

2. 生长发育　在安徽合肥地区，狼尾草 4 月上旬返青，6 月中旬分蘖，8 月中旬拔节，9 月中旬开花，10 月果熟，生育期 190d 左右。分蘖力强，单株分蘖 20～40 株，生殖枝较多，占 75%～80%。根系发达，多分布在 10cm 以内土层。

3. 生产力　狼尾草叶量多，可占到 63.63%，年产鲜草 $25t/hm^2$ 左右。

（四）栽培技术

狼尾草春、秋均可播种，南方 3 月或 9 月。精细整地，浅覆土，播种量为 $22.5～30kg/hm^2$，行距 30～50cm。苗期生长慢，易受杂草为害。也可与紫云英、白三叶、南苜蓿混种，以改善草地质量。也可分株移栽，移苗时在阴雨天成活率高。第 2 年放牧或刈割均可，利用后要注意施肥，以提高牧草的产量和品质。每年刈割 2～3 次，产鲜草 $25t/hm^2$ 左右（陈默君等，2002）。

（五）饲草加工

狼尾草一般在开花前调制干草或青贮。

三、王草

学名：*Pennisetum purpureum* K. Scbumacb×*P. typhoideum* Rich.

英文名：Chinese sugarcane，Japanese came，King grass，uva cane

别名：皇草

王草在我国海南、广东、广西广泛栽培，江苏、福建、云南、湖南等地少量引种试种；国外主要分布于中、南美洲。

（一）经济价值

植株高大，茎嫩多汁、略具甜味，牛、羊、鹿、鱼极喜食，兔、猪、鸡、火鸡、鸭、鹅喜食，适宜刈割青饲或调制青贮饲料。其营养成分见表 10-14。

表 10-14　王草拔节期的营养成分　（单位：%）

生育期	水　分	粗蛋白质	粗脂肪	粗纤维	无氮浸出物	粗灰分	钙	磷
拔节期	81.32	8.00	2.94	36.97	46.50	5.59	0.27	0.12

资料来源：贾慎修，1987

（二）植物学特征

王草为多年生丛生型高秆禾草（图 10-14）。形似甘蔗，高 1.5～4.5m，每株具节 15～35 个，节间长 4.5～15.5cm；茎幼嫩时被白色蜡粉，老时被一层黑色覆盖物；基部各节生有气根，每节产生气根 15～20 条，少数秆中部至中上部还会产生气根。叶长条形，长 55～115cm，宽 3.2～6.1cm；叶鞘长于节间，包茎，长12.5～20.5cm，幼嫩时叶片及叶鞘密被白色刚毛，老化后渐脱落；叶脉明显，呈白色。圆锥花序，密生，呈穗状，长 25～35cm，初呈浅绿色，成熟时呈黄褐色，小穗披针形，每3～4个簇生成束，颖片退化成芒状，尖端略为紫红色；每个小穗具小花 2 朵，内含 3 个雄蕊，开花时花药伸出稃外，花药浅绿色，柱头外露，浅黄色。颖果纺锤形，浅黄色，具光泽。种子千粒重 0.54～0.67g（陈默君等，2002）。

细胞染色体：$2n=3x=21$。

（三）生物学特性

图 10-14 王草（陈默君等，2002）

王草原产于热带地区，喜温暖湿润气候，不抗严寒。具有明显的杂种优势，抗寒性优于其亲本，能在亚热带地区良好生长。根系发达，耐干旱，但在长期盐渍水及高温干旱条件下生长不良。对土壤的适应性广泛，在酸性红壤或轻度盐碱土上生长良好，尤其在土层深厚、有机质丰富的壤土至黏土上生长最盛。耐火烧，老化后烧草，植株存活率为 100%，并能明显促进植株的再生。

栽种 7～10d 出苗，20～30d 开始分蘖。在海南 5～10 月为生长旺季；11 月以后，气温降低、雨量减少，生长缓慢；在土壤瘠薄或不施肥时，于 12 月至翌年 2 月有部分抽穗，并能正常结实，但在刈割及施肥条件下，则无抽穗现象。

王草为 C_4 植物，光合效能高，年产鲜草 75～180t/hm²。拔节前茎、叶比为 1∶1.62，拔节后茎、叶比为 1∶1.30（陈默君等，2002）。

（四）栽培技术

主要用种茎插条繁殖。种茎宜选用生长 6～7 个月的植株，取秆中下部用锋利的刀切断，每段 2 节。可开沟或挖穴种植，植前施有机肥 7.5～15t/hm²、磷肥 150～200kg/hm² 作基肥，株行距 80cm×50cm，种茎与地面成 45°角斜插，顶端稍高（陈默君等，2002）。

（五）饲草加工

王草一般在开花前适宜刈割青饲或青贮。

四、御谷

学名：*Pennisetum americanum*（L.）Leeke

英文名：Pearl Millet，Cattail Millet

别名：珍珠粟、蜡烛稗、非洲粟

御谷原产于非洲，广泛栽培于非洲和亚洲各地，适应性很强，我国由海南至内蒙古都可种植，我国南方各省已大面积栽培利用，长江以北的河北、北京等地也在试种。

（一）经济价值

御谷茎叶繁茂、再生能力极强、茎粗叶宽、木质素多而汁液少且缺少糖分，质地不及高粱但优于象草，是一种高产优质的牧草。孕穗期可刈割青饲，刈割后再生草日增高度可达 3.60cm，这是一般禾本科植物所不能及的。抽穗前青刈草质地柔嫩、品质优良，是牛、羊、兔的理想饲料，打浆可用于池塘养鱼。秸草可调制干草，又可青贮喂牛羊，尤其喂奶牛效果更好。籽实是畜禽理想的精料，又可食用，出米率为80%，味道好，曾为贡米。鲜草营养成分见表10-15。

表10-15 御谷的营养成分 （单位:%）

样品	水分	粗蛋白质	粗脂肪	粗纤维	无氮浸出物	粗灰分	钙	磷
鲜草	80.6	2.6	0.6	5.8	8.5	1.9	0.29	0.06

资料来源：陈宝书，2001

（二）植物学特征

御谷为禾本科狼尾草属一年生草本植物（图10-15）。根系发达，须根，茎基部可生不定根。茎直立，圆柱形，直径1～2cm，株高1.25～3m。基部分枝，每株可分蘖5～20个，多者达30个，丛状。叶鞘平滑，叶舌不明显，叶平展、线形，长80cm，宽2～3cm，每株有叶片10～15个。穗状花序，密生，圆筒状，长20～35cm，直径2.0～2.5cm，主轴硬直，密被柔毛，小穗长3.5～4.5cm，倒卵形，通常双生成簇，第2小花两性。种子长0.30～0.35mm，成熟时自内外颖突出而易脱落，千粒重4.5～5.1g（陈宝书，2001）。

图10-15 御谷（陈默君等，2002）

细胞染色体：$2n=14$。

（三）生物学特性

1. 生境 御谷是喜温植物，但对温热条件适应幅度大，在原产地年均温达23～26℃，在温度生态类型上属于高温植物。引入我国后，在年均温6～8℃，气温≥10℃积温3000～3200℃的温带半湿润、半干旱地区均能生长。种子发芽最适温度为20～25℃，生长最适温度为30～35℃，在温热多雨的地区生长快、株丛繁茂、产量高。

御谷耐旱性较强，一般在降水400mm地区可以生长。干旱地区和瘠薄土壤上种植必须灌溉，否则，生长不良、矮小、分蘖数少、产量低。抗寒性较差，在早春霜冻严重地区，不宜早春播种。耐瘠薄，对土壤要求不严，可适应酸性土壤，亦能在碱性土壤上定居。喜水、喜肥、特别对氮肥敏感。

2. 生长发育 御谷为短日照植物，开花节律受日照长短变化的影响，我国从南往北推移，生育期延长，抽穗开花延迟。如南昌地区4月中下旬播种，这时气温尚低，种子萌发缓慢，幼苗矮小发黄，苗期长达40d；待气温上升到30～35℃，植株陡长，7月初抽穗开花，8月初结实，生育期仅122d。而北方地区御谷生育期在130～140d以上（陈宝书，2001）。

3. 生产力 御谷植株高大、茎秆强壮、分蘖力极强，既收草又产粮，平均亩产青刈鲜草5000kg以上，半干枯草3000kg，籽实350kg以上。

（四）栽培技术

1. 整地播种 御谷播前深耕，施有机肥22 500～37 500kg/hm^{2}作基肥；红壤地施

450～750kg/hm^2 磷肥作基肥。御谷种子小，苗期长，易受杂草抑制，播前应精细整地。种子田播种宜稀，可穴播，行距 50～60cm，株距 30～40cm；青饲用的条播，行距 30～45cm，播量 15.0～22.5kg/hm^2，种子田应适当施用磷钾肥，以利成熟和饱满。在旱寒的北方应注意霜害的侵袭。

2. 栽培管理 御谷栽培管理与高粱或玉米相似。

3. 刈割收种 青饲和干草应在抽穗初期刈割，这时叶量多、粗纤维少、营养价值较高。刈割过晚则粗纤维增加、秸秆变硬、养分含量降低、适口性变差。青贮时刈割稍晚些，但是最迟不要超过开花期。年可刈割 3～4 次，产干草 45 000～52 000kg/hm^2。种子成熟后易脱落和遭鸟害，应注意保护和及时采收（陈宝书，2001）。

（五）饲草加工

御谷抽穗前青刈质地柔嫩，品质优良，可调制干草，又可青贮。

第八节 鸭茅

学名：*Dactylis glomerata* L.

英文名：Common Orchardgrass

别名：鸡脚草、果园草

鸭茅原产于欧洲、北非及亚洲温带地区，现在全世界温带地区均有分布。该草是世界上著名的优良牧草之一，栽培历史较长，在美国、英国、芬兰、德国亦占有重要地位。鸭茅野生种在我国分布于新疆天山山脉的森林边缘地带，四川的峨眉山、二郎山、邛崃山脉、凉山及岷山山脉海拔1600～3100m的森林边缘、灌丛及山坡草地，并散见于大兴安岭东南坡地。栽培鸭茅除驯化当地野生种外，多引自丹麦、美国、澳大利亚等国。目前青海、甘肃、陕西、山西、河南、吉林、江苏、湖北、四川及新疆等省（自治区）均有栽培。

一、经济价值

鸭茅草质柔嫩、叶量多（叶占 60%）、营养丰富（表 10-16）、适口性好，是牛、马、羊、兔等草食畜禽和草食性鱼类的优质饲草。幼嫩时，也可以喂猪。春季返青早，秋季持绿性长，放牧利用季节较长，也适宜青饲、调制干草或青贮。鸭茅在我国南方各地试种情况良好，既适于大田轮作，又适于饲料轮作，是退耕还草中一种比较有栽培意义的牧草。由于鸭茅耐阴，与果树结合，建立果园草地，是有发展前途的。

表 10-16 鸭茅不同生育期的营养成分 （单位:%）

样 品	生育期	粗蛋白质	粗脂肪	粗纤维	无氮浸出物	粗灰分	钙	磷
鲜草	营养期	18.4	5.0	23.4	41.8	11.4	—	—
鲜草	分蘖期	17.1	4.8	24.2	42.2	11.7	0.47	0.31
鲜草	抽穗期	12.7	4.7	29.5	45.1	8.0	—	—
鲜草	开花期	8.53	3.28	35.08	45.24	7.87	0.17	0.06
干草	营养期	9.66	3.63	27.01	51.18	8.52	0.19	0.17

资料来源：陈默君等，2002

图 10-16　鸭茅（南京农学院，1980）
1. 植株；2. 花序；3. 小穗；4. 小花；5. 种子

二、植物学特征

鸭茅为多年生草本植物（图 10-16）。根系发达。疏丛型，须根系，密布于 10～30cm 的土层内。茎直立或基部膝曲，高 70～120cm，栽培种可达 150cm 以上，叶片蓝绿色，幼叶呈折叠状，横切面成“v”形，基部叶片密集，上部叶较小，无叶耳，叶舌明显，膜质，叶鞘封闭，压扁成龙骨状。圆锥花序，展开。小穗着生在穗轴一侧，密集成球状，形似鸡足，故又名“鸡脚草”；含 2～5 朵小花，颖披针形，种子为颖果，长卵圆形，呈蓝褐色，千粒重 0.97～1.34g（陈默君等，2002）。

细胞染色体：$2n=14$，28，42。

三、生物学特性

1. 生境　鸭茅适宜温暖湿润的气候条件，其抗寒性不如猫尾草和无芒雀麦，它不仅能分布到上述两种草生长的地方，还能忍耐较高的温度，可比上述两种草分布到更南的地方。最适宜生长温度为 10～28℃，高于 28℃生长显著受阻，30℃以上发芽率低、生长缓慢。昼夜温差不宜过大，昼温为 22℃，夜温为 12℃最好。鸭茅的抗寒能力及越冬性差，对低温反应敏感，6℃时即停止生长，冬季无雪覆盖的寒冷地区不易安全越冬。鸭茅耐热性和抗寒性优于多年生黑麦草，抗寒性、耐旱力高于猫尾草，低于无芒雀麦（陈默君等，2002）。

鸭茅系耐阴低光效植物，提高光照强度，并不能显著提高光合效率，为提高光能利用，在果树林下或高秆作物下种植，能获得较好的效果。

鸭茅对土壤的适应范围较广泛。在肥沃的壤土和黏土上生长最好，但在稍瘠薄的土壤上，也能得到好的收成。

鸭茅虽喜湿、喜肥，但不耐长期浸淹，也不耐盐渍化，耐酸，可在 pH4.5～5.5 的酸性土壤上生长，不耐盐碱。对氮肥反应敏感。

2. 生长发育　鸭茅在播种当年发育较弱，通常不能开花结实，春季萌发早，发育极快，放牧或刈割以后，恢复很迅速。生活第 2 年及以后年份，4 月底返青，春季生长迅速，从返青至种子成熟 70～75d，一般 6 月中旬开花，7 月上旬种子即可成熟，其生育期比相同条件下的猫尾草约早一个月。

鸭茅可分为早熟和晚熟 2 类，两者生育期一般相差 5～10d。早期刈割，其再生新枝的 65.8%是从残茬长出，34.2%从分蘖节及茎基部节上的腋芽长出。其干草和第 1 茬青草产量较无芒雀麦或猫尾草稍低，但在盛夏时，高于上述两种草，其再生草产量占总产量的 33%～66%（董宽虎等，2003）。

鸭茅是长寿命多年生草，以第 2、3 年产草量最高，第 4 年开始下降，但在良好条件下，混播草丛中可保存 8～9 年，多者达 15 年，可作为建立较长期利用草地的成员。

3. 生产力　播种当年刈割 1 次，亩产鲜草 1000kg，而第 2、3 年可刈割 2～3 次，亩产鲜草 3000kg 以上。生长在肥沃土壤条件下，鲜草可达 5000kg/亩左右，可收种子 20～30kg/亩。此外，鸭茅较为耐阴，可与果树结合，建立果园草地。

四、栽培技术

1. 轮作　鸭茅既适于大田轮作，又适于饲料轮作，与高光效牧草或作物间作套种，可充分利用光照增加单位面积产量。由于耐阴，在果树或高秆作物下种植能获得较好的效果。在我国果品产区有发展前途。鸭茅能积累大量根系残余物，对改良土壤结构、防止杂草滋生、提高土壤肥力有良好作用。

2. 整地播种　鸭茅种子细小、顶土力弱、幼苗生长缓慢、分蘖迟、植株细弱、与杂草竞争力弱、早期中耕除草又容易伤苗，因此，播种前应精细整地、彻底锄草，施 22.5t/hm^2 农家肥，300kg/hm^2 磷肥用做基肥。在秋耕、耙地的基础上，第 2 年播种前还须耙地，必须保证土细、肥均、土壤墒情良好，这样才能保证抓全苗。适时播种，最适宜秋播，产量高，也可春播。单播以条播为好，行距为 15～30cm，播深为 1～2cm，播种量 15.0～22.5kg/hm^2。也可撒播。播种宜浅，稍加覆盖。鸭茅多与红三叶、白三叶、黑麦草、苇状羊茅等以 2 或 3 种同时混播，以充分利用时间、空间、地力，建立高产优质的人工草地；混播时，禾豆比按 2∶1计算，鸭茅用种量为 11.25～15.00kg/hm^2。种子空粒多，应以实际播种量计算，幼苗生长缓慢、生活力弱，苗期一定要中耕除草。

3. 栽培管理　幼苗期加强管理，适当中耕除草、施肥浇灌。在生长季节和每次刈割后都要适当追施速效氮肥，但氮肥不宜施用过多。鸭茅是需肥最多的牧草之一，在一定限度内牧草产量与施肥量成正比关系。据国外资料报道，每公顷施氮肥 562.5kg 时产草量最高，产干物质达 18t；但施肥若超过 562.5kg，则植株数量减少，产量下降。

鸭茅一般害虫较少。常见病害有锈病、叶斑病、条纹病和纹枯病等，均可参照防治真菌性病害的方法进行处理。引进品种夏季病害较为严重，一定要注意及时预防。提早刈割可防止病害蔓延。

4. 刈割　鸭茅一年可刈割 3～4 次，青饲宜在抽穗前或抽穗期进行，刈割过迟，纤维增多，品质下降，还会影响再生。刈割后再生能力很强，再生新枝的萌发由生长点枝条或刈割茎下部分蘖节和腋芽萌发而成。

5. 放牧　鸭茅形成大量的茎生叶和基生叶，耐践踏能力较差，放牧不宜频繁，宜划区放牧。叶量丰富的放牧用草种，冬季保持青绿，在冬季气候温和的地方还能提供部分青料。在连续重牧条件下，不能较好地长久保持生长，但是，如果放牧不充分，形成大的株丛，就会变得粗糙而降低适口性，故适于轮牧。放牧可在草层高 25～30cm 时进行，留茬高度 5～10cm，不能过低。

6. 采种　为提高种子的产量和品质，以利用头茬草采种为好。鸭茅种子落粒性强，6 月中旬成熟后，当花梗变黄（种子蜡熟期）应及时采收，可收种子 300～450kg/hm^2。

五、饲草加工

鸭茅抽穗前草质柔嫩、叶量多、营养丰富，适宜青饲、调制干草或青贮。

第九节　羊茅属

羊茅属（*Festuca* L.）也称狐茅属，全球百余种，广布于寒温带。我国有23种，大多可饲用。栽培的羊茅属牧草可分为细叶和宽叶两种类型，宽叶型有苇状羊茅和草地羊茅，细叶型有紫羊茅和羊茅（陈宝书，2001）。

一、苇状羊茅

学名：*Festuca arundinacea* Schreb.

英文名：Tall Fescue

别名：苇状狐茅、高羊茅

苇状羊茅原产于欧洲西部，天然分布于乌克兰、伏尔加河流域、北高加索、西伯利亚等地。在欧洲、美洲为重要栽培牧草之一。我国新疆有野生种分布，北方暖温带及南方亚热带都有栽培，为建立人工草地和补播天然草场的重要草种，尤其作为草坪草种在全球显示出巨大的作用。

（一）经济价值

苇状羊茅饲草较粗糙、品质中等，营养成分见表10-17，适宜刈割青贮、调制干草。春季、晚秋及采种后的再生草可用来放牧，但要适度，一方面重牧或频牧会影响苇状羊茅再生；另一方面苇状羊茅植株体内的吡咯碱食量过多会使牛退皮、毛干糙和腹泻，尤以春末夏初容易发生，此为羊茅中毒症。在北京地区中等肥力的土壤条件下一年可刈割4次，产草37.5～60.0t/hm²，刈割宜在抽穗期进行，可保持适口性和营养价值。一年中可食性以秋季最好，春季居中，夏季最低，但调制的干草各种家畜均喜食。

表10-17　羊茅属不同草本植物茎叶中营养成分比较　（单位：%）

草　种	粗蛋白质	粗脂肪	粗纤维	无氮浸出物	粗灰分	钙	磷
苇状羊茅	15.3	2	26.7	44.0	12.0	0.67	0.23
紫羊茅	21.10	3.10	24.60	37.60	13.60	0.17	0.05

资料来源：陈宝书，2001

苇状羊茅对我国北方暖温带和南方亚热带具有广泛的适应性，是建立人工草场及改良天然草场的重要草种之一。另外，苇状羊茅也是冷季型草坪草中应用较为广泛的草种之一，可与草地早熟禾、多年生黑麦草等混播建植运动场及绿化草坪。苇状羊茅与白三叶、红三叶、紫花苜蓿、沙打旺混播，可建立高产优质的人工草地。

（二）植物学特征

苇状羊茅为禾本科羊茅属多年生草本植物（图10-17）。须根系发达、致密、入土较深，分布于10～15cm的土层中。茎直立，分4～5节，疏丛型，株高80～140cm。叶片扁平，硬而厚，长30～50cm，宽0.6～1cm，叶背光滑，叶表粗糙。基生叶密集丛生、叶量丰富。圆锥花序，松散多枝。花药条形，长约4mm，颖果棕褐色，种子千粒重2.5g（徐柱，

2004)。

细胞染色体：$2n=28$，42，70。

（三）生物学特性

图 10-17　苇状羊茅
（南京农学院，1980）

苇状羊茅适应性极广，能够在多种气候条件和生态环境中生长，抗寒、耐热、耐干旱、耐潮湿。冬季－15℃条件下可安全越冬，夏季可耐 38℃的高温，在湖北、江西、江苏省可越夏。苇状羊茅可在多种类型的土壤上生长，耐酸碱性土壤，在 pH 4.7～9.5 可正常生长，并有一定的耐盐能力。适宜在年降雨量 450mm 以上和海拔 1500m 以下的温暖湿润地区生长，在肥沃、潮湿黏壤土上生长最为繁茂，株高可达 2m。苇状羊茅长势旺盛，每年生长期 270d 左右，寿命较长，繁茂期多在栽培后 3～4 年。一般种子产量 375～525kg/hm^2（陈默君等，2002）。

（四）栽培技术

1. 整地播种　苇状羊茅易建植，春秋两季播种，华北大部分地区以秋播为宜，但不能过迟。苇状羊茅为根深高产牧草，要求土层深厚，基肥充足，应播前精细整地。苇状羊茅某些品种易感染产生毒素的病菌，栽培时宜选用未感染病菌的种子播种。对于特别贫瘠的土壤，最好施入 1500～2000kg/亩的有机厩肥作为基肥。播前须耙耱 1～2 次。播种量 15～30kg/hm^2，条播行距 30cm，播深 1～3cm，播种后用细土覆盖。播后适当镇压。还可与白三叶、红三叶、苜蓿、百脉根和沙打旺等豆科牧草以及鸭茅等禾本科牧草混播，建立人工草地。与豆科牧草混播时，苇状羊茅的播种量为 0.5～1.0kg/亩，豆科牧草为 0.1～0.25kg/亩（陈宝书，2001）。

2. 田间管理　苗期生长缓慢，不耐杂草，中耕除草是关键，除播前和苗期加强灭除杂草外，每次刈割后也应进行中耕除草。追肥灌溉可大幅度提高产量，生长期、返青和刈割后适时浇水，追施速效氮肥（尿素 5kg/亩或硫酸铵 10kg/亩），越冬前追施磷肥，可有效提高产量和改善品质。

3. 刈割　青饲以分蘖盛期刈割为宜，调制干草宜在抽穗期进行，可保持适口性和营养价值。

4. 采种　种子成熟时易脱落，种子落粒损失量可达 35%～40%，采种多在蜡熟期进行，当 60%种子变成褐色时就可收获，产种量 375～525 kg/hm^2（董宽虎等，2003）。

（五）饲草加工

苇状羊茅抽穗前草质柔嫩、叶量多、营养丰富，适宜刈割调制干草或青贮。

二、紫羊茅

学名：*Festuca rubra* L.

英文名：Red Fescue

别名：红狐茅、红牛尾草

紫羊茅原产欧洲、亚洲和北非，广布于北半球寒温带地区。我国东北、华北、西北、华中、西南等地区都有野生种分布，多生长在山区草坡，在稍湿润地方可形成稠密的草甸。紫羊茅栽培种除正种作为牧草之外，还有两个在草坪绿化中广泛应用的亚种，一个是具短根茎的匍匐型紫羊茅，学名 *Festuca rubra* L. subsp. rubra，英名 Creeping Red Fescue，别名匍茎紫羊茅；另一个是无根茎的、呈密丛状的细羊茅，学名 *Festuca rubra* L. subsp. commutata Gaud.，英名 Fine Fescue 或 Chewings Fescue，别名易变紫羊茅。

（一）经济价值

紫羊茅为典型放牧型牧草，春季返青早，秋季枯黄迟，利用期长达 240d。再生性良好，各次再生草产量均衡，有很强的耐牧性。紫羊茅属下繁草，抽穗前草丛中几乎全是叶子，因而营养价值很高（表 10-17）、适口性好，各种家畜均喜食，尤以牛嗜食。此外，紫羊茅由于低矮、稠密、细而柔美的特性，被广泛用来建植庭院、市区街道、运动场等绿化草坪，现已成为北方寒冷地区主要草坪草种。在公路护坡及水土流失严重的地方，也是一种优良的保持水土的植物（陈宝书，2001）。

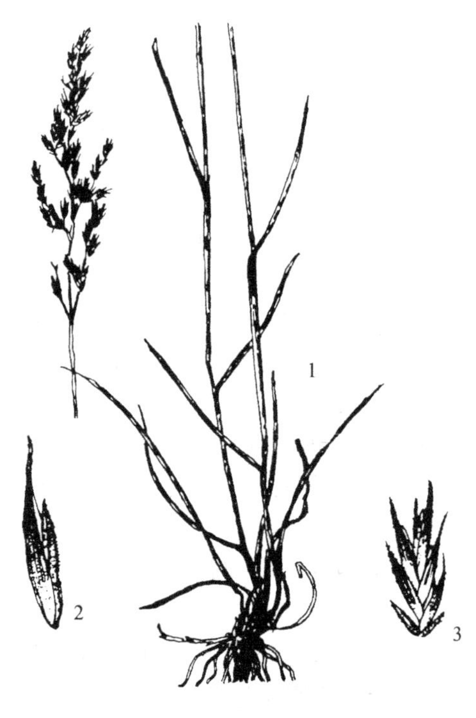

图 10-18　紫羊茅（陈默君等，2002）
1. 植株；2. 小穗；3. 小花

（二）植物学特征

紫羊茅为根茎疏丛型长寿命多年生下繁禾草（图 10-18）。须根纤细密集，根系发达，入土深度可达 100～130cm，但主要集中在 10～20cm 土层中。有时具短根茎。茎秆直立或基部稍膝曲，高 30～70cm，具 2～3 节，顶节位于秆下部 1/3 处。叶线形、细长、对折或内卷、光滑油绿色，叶鞘基部呈紫红色，根出叶较多。圆锥花序窄长稍下垂，开花时散开，小穗含 3～6 朵小花，外稃披针形，具细弱短芒，小穗淡绿色或先端紫色。颖果细小，长菱形，不易脱落，遇雨潮湿常在果柄上发芽，花期 6～7 月。千粒重 0.7～1.4g（陈宝书，2001）。

细胞染色体：$2n=14$，$2n=4x=28$，$2n=6x=42$，$2n=8x=56$，$2n=10x=70$。

（三）生物学特性

1. 生境　紫羊茅为长日照中生禾本科牧草，抗寒耐旱，性喜凉爽湿润气候，在北方一般都能越冬。但不耐热，当气温达 30℃时出现轻度萎蔫，上升到 38～40℃时死亡，在北京地区越夏死亡率可达 30%左右。耐阴性较强，可在一定遮荫条件下良好生长，是林间草地的优良草种。对土壤要求不严，适应范围宽广，尤其耐瘠薄和耐酸性，并能耐一定时间的水淹，但以肥沃、壤质偏沙、湿润的微酸性（pH6.0～6.5）土壤上生长最好。

2. 生长发育 由种子萌发的植株，播种后出苗较快，7～10d 齐苗，初期发育缓慢，当年不能形成生殖枝，在呼和浩特地区第 2 年 3 月中旬返青，4 月下旬分蘖，6 月初抽穗开花，7 月中旬种子成熟，至 11 月上中旬枯黄。紫羊茅分蘖力极强，条播后无需几年即可形成稠密草地。再生性强，放牧或刈割 30～40d 后即可恢复再用。紫羊茅的植株性状生长不稳定，很大程度依靠遗传性能，应根据生产需要的性状提纯复壮，以防止退化。根据水肥需要和管理措施提高产量，可有较大潜力。抗病、抗虫性较强，较少受病虫害侵袭。

3. 生产力 利用年限长，一般可利用 7～8 年，管理条件好时可利用 10 年以上。每公顷产鲜草约 15 000kg，折合干草 3750kg，产种子 300～700kg。

（四）栽培技术

1. 整地播种 紫羊茅种子细小、顶土力弱，覆土不超过 2cm 为宜。因此，苗床要细碎平整紧实，必要时播前可镇压，并保持良好的墒情。北方宜春播和夏播，南方可秋播或春播。条播行距 30cm，播量 7.5～15.0kg。与红三叶、白三叶、多年生黑麦草等混播，增产效果和改良土地效果更好。用于绿化建植草坪，可直接撒播，播量 15～25g/m^2，覆土 0.5～1.0cm，播后镇压并最好加麦秸等覆盖物；或者先大播量育苗，待草丛高 5～10cm 时再实施移栽。

2. 田间管理 苗期应注意除草，尤其春播除草更为重要。每次放牧或刈割后，应及时追肥灌水，追施硫酸铵 225～375kg/hm^2；酸性土壤苗期应追施过磷酸钙 300～375kg/hm^2（陈宝书，2001）。

3. 刈割收种 采种田春季不要放牧或刈割，因颖果不落粒，待穗部完全变黄后才可收获。穗长 15～20cm，可以采收穗部，然后刈割秸秆，不及时采种，遇雨可能在果柄上萌发生长（陈默君等，2002）。

（五）饲草加工

紫羊茅主要用于放牧，亦可用于调制干草。叶片纵卷闭合，除抽穗开花时，外观似茎的部分几乎全部是由叶片和叶鞘组成的“叶类茎”。从茎叶比看，叶片所占的比重非常高，除生殖期外，几乎全部由叶组成，而且质地柔软、利用率很高。

三、羊茅

学名：*Festuca ovina* L.

英文名：Sheep Fescue

别名：酥油草、狐茅

羊茅分布于欧洲、亚洲及美洲的温带区域，在我国西南、西北、东北及内蒙古地区都有分布。

（一）经济价值

羊茅春季萌发，为早期利用的夏牧草。羊茅虽矮小，但分蘖力强、营养枝发达、茎生叶量大、茎秆细软、蛋白质含量高、营养较丰富（表 10-17），而且在生长的各个阶段养分变化幅度比其他牧草小、适口性良好，抽穗前牛、马、羊均喜食，尤以绵羊嗜食，耐牧性很强。被牧民誉为上膘草、酥油草或硬草。羊茅绿色期长，且冬季不全枯黄，故可用于绿化美化。

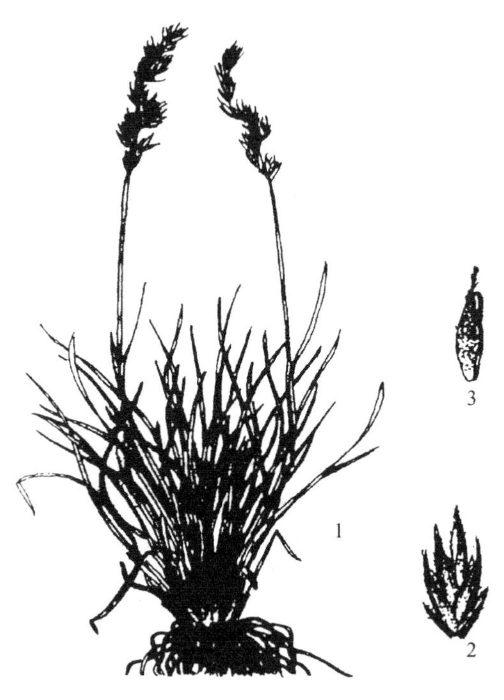

图 10-19　羊茅（南京农学院，1980）
1. 植株；2. 小穗；3. 小花

（二）植物学特征

羊茅为密丛型短期多年生下繁禾草（图10-19），茎矮而细，具条棱，植株直立，高 30～60cm。叶细长内卷成针状，簇生于茎基部，质较软，长 2～6cm，分蘖叶片长，可达 20cm。圆锥花序，紧缩，顶花雌雄同花或只生雄蕊，含 3～6 朵小花。穗梗短而稀，长2.5～5cm，分枝常偏向一侧，小穗绿色或带紫色，长 4～6mm。颖披针形，外稃顶端有短芒。颖果细小，千粒重 0.25g（陈默君等，2002）。

细胞染色体：$2n=14$，28，42，56，70。

（三）生物学特性

羊茅为中旱生植物，适于沼泽土以外的中等湿润或稍干旱的土壤上生长。抗寒性较强，为高山、亚高山草甸和高山草原习见草种。耐瘠薄，对土壤要求不严，pH5～7 的土壤均能生长。喜光不耐阴，不耐盐碱，土壤含盐量超过 0.4%及 pH 超过 8 时，生长不良或死亡。耐热性差。耐践踏，由于无根茎或匍匐茎，易于丛生，很少能形成外观整齐的草坪。

春季萌发早，分蘖力强，基生叶发达，营养枝叶片比生殖枝叶片长 2 倍多，形成较紧密的株丛。由于分蘖芽受到叶丛的保护，不易受霜冻为害。春夏气温高，生长迅速，再生性好。在中国华北地区 3 月中旬至 4 月上旬返青，6～7 月抽穗开花，11 月中旬枯黄，生长期 240～250d。播后 2～3 年生长旺盛，4～5 年后生长衰退，应及时耕翻。在四川省阿坝地区鲜草产量 13 500kg/hm^2（陈默君等，2002）。

（四）栽培技术

羊茅有很多栽培种，欧洲约 70 多种，应根据需要选择引用。因产量低不值得在栽培条件好的地方种植，适于在瘠薄干旱地建植放牧草场，可与小糠草、草地早熟禾、白三叶等牧草混播。单播量 37.5～45.0kg/hm^2，混播量 10.5～12.0kg/hm^2（陈宝书，2001）。

（五）饲草加工

羊茅抽穗前刈割可保持良好适口性，而且还可形成再生草放牧。枯黄迟，冬季能以绿色体在雪下越冬，利用期长，春秋及冬季为最佳放牧利用时期。

第十节　草地早熟禾

学名：*Poa pratensis* L.
英文名：Kentucky Bluegrass
别名：六月禾、蓝草、草原莓系、长叶草

草地早熟禾是北温带广泛利用的牧草和优质冷季型草坪草。原产于欧洲、亚洲北部及非洲北部。欧洲各国都有栽培，后引进北美洲，在加拿大和美国都有大面积栽培，现已遍及全球温带地区。我国东北以及河北、山东、山西、内蒙古、甘肃、新疆、青海、西藏、四川、江西等省（自治区）广泛栽培，华北、西北、东北地区都有野生种分布。

一、经济价值

草地早熟禾茎叶柔软、营养丰富（表10-18）、适口性好，是牲畜重要的优良牧草。马、牛、羊、驴、骡、兔都喜采食，尤其马最喜食，禽类和猪也喜食。夏、秋是牦牛、藏羊、山羊的抓膘草，冬季为马的长膘草。

表10-18 草地早熟禾的营养成分（单位：%）

生育期	占干物质							
	水分	粗蛋白质	粗脂肪	粗纤维	无氮浸出物	粗灰分	钙	磷
开花期	7.8	10.8	4.3	25.1	45.6	6.4	0.44	0.20

资料来源：王贤，2006

草地早熟禾在暖温带和中温带都可安全越冬，分蘖力强，耐牲畜践踏，故耐牧性强，从春到秋都可放牧利用，不断的割草和放牧能促进根茎和新芽的发生，在仲夏和干燥炎热时期应轻牧或限制放牧。茎叶生长茂盛时，也用以调制干草，干草为牲畜优良的补饲草。

草地早熟禾也是温带地区广泛利用的优质冷地型草坪草，是理想的草坪绿化草种。根茎发达、分蘖多、覆盖度好、绿期长。草地早熟禾主要用于建植运动场、高尔夫球场、公园、绿地草坪（陈默君等，2002）。

图10-20 草地早熟禾
（陈默君等，2002）

二、植物学特征

草地早熟禾是禾本科多年生草本植物（图10-20），须根系，具匍匐型细根状茎，茎直立或斜生，疏丛状，高40～60cm，2～3节。叶片光滑，条形扁平，前端叶尖稍翘起，幼叶在叶鞘中的排列为折叠式，基生叶密集；有地下根茎。圆锥花序，卵圆形或塔形，开展，小穗卵圆形，含2～4朵小花。种子为颖果，纺锤形，具三棱，细小，千粒重0.29～0.37g（肖文一等，1991）。

细胞染色体：$2n=28, 56, 70$。

三、生物学特性

1. 生境 草地早熟禾是一种长寿多年生禾草，喜冷凉湿润气候，草地早熟禾大致在5℃时可以开始生长，在15～32℃时生长充分。抗寒性极强，在海拔3300～3500m的高寒地区栽培，越冬率达100%；可经受东北雪覆盖下−40～−22℃低温；幼苗和成株能忍受早春持续的−6～−5℃的寒冷。草地早熟禾根系多集中于15～20cm的土层中，部分根系可达30～40cm的土层中，故耐旱性不强，特别不能抵抗高温干燥，但根系能充分利用地表水而旺盛生长；在有灌溉条件的冷凉半干旱和干旱地区，也可以生长良好。水分缺乏和火热的夏季新枝及走茎的生长受到限制，干燥气候结束后，生长可以恢复。水分充足，生长繁茂，但持续高温亦生长不良，被水淹埋会引起死亡。

有一定耐阴性，全日照情况下生长良好，如土壤湿度和营养充分，高温条件下适当遮荫有利于生长。对土壤适应的范围比较广泛，适于中性到微酸性的土壤，也能耐pH7.0～8.7的盐碱土，在含石灰质的土壤上生长更为旺盛，最适宜pH为6.0～7.0。最适于土层较厚、肥沃、排水良好的壤土或黏壤土，也能耐瘠薄，对土壤中钙质有明显反应。

2. 生长发育　草地早熟禾发芽要求较高的水分，土壤含水量占田间持水量的60%以上顺利出苗，因土壤含水量低而未出苗的种子，在适宜的温度下得到充足的水分时很快出苗。幼苗借助于细长的种子根从深层土壤中吸收水分，所以一旦出苗就很少出现干苗现象。在早春和早秋生长良好，晚期出土的细弱苗即使被杂草强烈抑制，第2年也能正常返青。幼苗的发生具有两种芽，一种发育为根茎，另一种产生分蘖。分蘖芽有些发育产生茎秆，将来抽出花序，另一些只能发育为叶芽，抽出叶枝，保持营养枝状态。新的分蘖和根茎是从已发育茎秆的基部节上发生。新的走茎也从老的根茎的节部产生。在环境和营养条件适宜时，根茎节上产生新芽穿出地面，形成新株。根茎芽的发生，主要在夏季和秋季；伸出地面的芽在秋季和春季适宜的生境中产生。根茎在适宜的环境中，可以产生草皮。发育的根茎，具有一定的耐旱性和较强的抗寒能力，在−38℃的低温下可以安全越冬，越冬率可达95%～98%。

新枝和根茎除极冷的温度和干热气候外，其他季节可以生长。在4～6月生长最盛，其次9～10月初，3月和11月受寒冷的限制，7月和8月受干热的限制，生长停顿。在高寒地区受寒冷的影响，一般在4月中旬植物返青，6～7月抽穗开花，9月种子成熟。全部生育期为104～110d，生长期200d左右。

3. 生产力　天然草地的产草量一般不高，产干草2100～2625kg/hm^2，人工草地和人工混播草地产量为4500～6000kg/hm^2。产量随栽培年限不同，约在第3年后，产量开始下降（陈默君等，2002）。

四、栽培技术

1. 整地播种　草地早熟禾可以用种子繁殖，也可以用根茎、分蘖进行无性繁殖。种子微小，培植人工草地应在播种前一年夏、秋进行耕翻，精细整地，播种前后都要镇压，播种时保持土壤湿度。建立人工草地，条播行距30cm，播量7.5～15.0kg/hm^2，播深1.2cm。播种用的种子，应注意选择适宜当地的品种和生态型，以期获得草场的高产和防止杂草发生。无性繁殖春、夏、秋季均可进行，把挖下的草皮分成小块，按株行距20cm×20cm移栽后及时浇水即可成活。华北地区最宜秋播，春季播种要早，避免高温干旱和杂草竞争。寒冷地区春播宜在4～5月间，秋播可在7月。一般采用单播，也可和白三叶或百脉根进行混播，混播可提高产量和改进质量（陈默君等，2002）。

2. 田间管理　无论建立草场或培植绿色草坪，都必须精细管理。出苗期注意喷水，保持土壤湿润，在早秋和早春生长旺盛季节要注意灌溉和施肥。增施氮肥能促进生长，充分的磷肥和钾肥，对于混播豆科牧草有提高产量的作用。它不耐杂草，苗齐后要清除。易遭黏虫、草地螟等为害，可喷洒锌硫磷、速灭杀丁等防治。增施氮肥和磷、钾肥料可以促进新枝和走茎的发生，提高产量（陈宝书，2001）。

3. 采种　草地早熟禾种子成熟后易脱落，采种应在80%植株成熟时进行。

4. 放牧　草地早熟禾是重要的放牧型草。从早春到深秋都能放牧，但最好采用分期轮牧，在仲夏和干燥炎热时期应轻牧或限制放牧（内蒙古农牧学院，1990）。

五、饲草加工

草地早熟禾茎叶生长茂盛，叶片不易脱落，可在抽穗期调制干草。干草为牲畜优良的补饲草。

第十一节　墨西哥类玉米

学名：*Euchlaena mexicana* Schrad.

英文名：Teosinte，Makchari Mexican Teosinte

别名：墨西哥假蜀黍、大刍草、墨西哥饲用玉米

墨西哥类玉米原产于中美洲的墨西哥和加勒比群岛以及阿根廷一带。近年来，日本、印度、美国都有种植，成为高产饲料的一个新种。我国从日本引入，在广东种植表现良好，又在福建省、浙江省、广西壮族自治区及长江流域各省种植，都表现产量高、品质好、适应性强等特点，是我国长江以南很有前途的饲料作物。墨西哥类玉米也可在华北、西北种植，营养生长较好，但不结实。

一、经济价值

墨西哥类玉米营养价值高于普通食用玉米，主要用于青饲或青贮。该饲草茎叶柔嫩、清香可口、营养全面（表10-19），直接或切碎给牛、猪、鱼食用效果很好；也可与玉米一样做成青贮饲料，是奶牛的优质饲草。

表10-19　墨西哥类玉米的营养成分　（单位：%）

分析部位	生育期	水分	粗蛋白质	粗脂肪	粗纤维	无氮浸出物	粗灰分	钙	磷
茎叶	分蘖期	14.8	9.83	1.89	27.09	37.20	9.19	0.36	0.47

资料来源：陈默君等，2002

墨西哥类玉米生长快，适应性强，也是玉米育种的优良种质资源，用它进行远缘杂交，已培育出优良的玉米品种‘草优12’。墨西哥类玉米亩鲜草可饲喂羊40～60只，鹅500只等，经济效益极为可观，是我国第1个亩产量突破3万kg、综合效益超过2万元的牧草品种。可以预见，未来几年内，墨西哥类玉米“草优12”肯定会发展成为牧草业中的一个当家品种，将在我国以草养畜业中发挥重要作用。

二、植物学特征

墨西哥类玉米为假蜀黍属一年生草本（图10-21），植株形似玉米，分蘖多，须根发达，茎秆粗壮、直立，高为2.5～4.0m，粗为1.5～2.0cm，叶片剑状，中肋明显，叶色淡绿，叶面光滑。花单性，雌雄同株异花，雄花顶生、圆锥花序；雌花生于叶腋中，由苞叶包被，

图 10-21 墨西哥类玉米
（陈默君等，2002）

穗轴扁平，有 4～8 节，每节生一小穗，互生，呈穗状花序，柱头丝状，延伸至苞叶外。每小穗长 1 小花，花丝青红色，受粉后发育颖果，4～8 个颖果呈串珠状排列。种子椭圆形，成熟时呈褐色，颖壳坚硬，千粒重 75～80g（陈明，2001）。

细胞染色体：$2n=20$。

三、生物学特性

墨西哥类玉米适宜生长在海拔 500m 左右的平地，适应性极强，耐热、耐旱、耐盐碱贫瘠，生长旺盛，全生育期 200～260d，喜高温、高湿、高肥环境。抗炎热，能耐受 40℃高温；不耐霜冻，气温降至 10℃以下时，停止生长。最适发芽温度为 15℃，最适生长温度为 25～35℃。在年降雨量 800mm 地区生长好，无霜期 180～210d 地区可以结实。需水量大，要经常保持湿润，不耐水淹。对土壤要求不严，pH5.5～8.0 的地区均可生长。分蘖期占全生长期的 60%。苗期生长慢，到 5 片叶后开始分蘖，生长速度加快，日生长量 2.1～3.7cm。0℃时，植株开始变黄死亡。墨西哥类玉米株高 3m，茎叶繁茂。播后 30d 进入快速生长期，每株可分蘖 20 株以上，多者可达 60～70 株。如管理得当，每亩可产青饲草 3 万 kg 以上，种子 50kg 左右（陈明，2001）。

四、栽培技术

1. 整地播种 各地可根据其生育期及当地气候情况选择适当的播种时间，南方地区可四季播种。播前应平整土地，做成 1.5m 宽的畦，并施足基肥，筑好排水沟。广西、广东省 3 月下旬播种，播种量为 4.5～7.5kg/hm^2，播前种子用 30℃的温水浸泡 24h。按株行距 40cm×60cm，采用穴播或育苗移栽方式进行，播种时只需略覆细土。播后应保持畦面湿润，5d 可出苗。也可育苗移栽，要早育苗，加强苗床管理。苗高为 30cm 左右时，移入大田，每穴 1 苗。植后浇水，产量比直播的高。种子由于外面有硬壳保护，影响种子吸水，因此播种时要求土壤水分较好。墨西哥类玉米专做青贮而种植时，可与豆科的大翼豆、山蚂蟥蔓生植物混种，以提高青贮质量。

2. 田间管理 播种后 30～50d，幼苗生长慢，苗高为 40～60cm 时，要进行中耕培土，并保持土壤湿润。以后分蘖多，生长快，很快封垄，抑制杂草能力加强。追施氮肥，干旱时则浇水。每收割一次，可在当天或第 2 天结合灌水及除草松土，每亩施尿素 5kg 或人粪尿按 1∶3 比例兑水稀释后泼施。在生长期间如遇蚜虫或红蜘蛛侵袭，可用 40% 乐果乳剂 1000 倍液喷施杀灭。抽穗开花后，要进行人工授粉。

3. 刈割 播后 45d 株高 50cm 以上时开始刈割，应留茬 5cm，以利速生。此后每隔 20d 可再割，全生育期可割 8～10 次。

青饲用，可在苗高 1m 左右刈割，每次刈割后均追施氮肥；青贮用，可先刈割 1～2 次青饲后，当再生草长到 2m 左右，孕穗时再刈割；种子用，也可刈割 2～3 次后，待其植株结实后收获。

4. 采种 雌穗花丝枯萎变黑、苞叶变黄、种子变褐色即可收获，过晚易落粒，造成损失。可收获种子 450～750kg/hm²。制作青贮饲料，在开花后刈割，可收鲜茎叶 150～225t/hm²（陈明，2001）。

五、饲草加工

当株高为 1.0～1.5m 时刈割，可将鲜茎叶切碎或打浆饲喂畜禽及鱼类，如用不完，可将鲜草青贮或晒干粉碎供冬季备用。

第十二节 牛鞭草属

牛鞭草属（*Hemarthria* R. Br.）为禾本科牧草，在全世界近 20 个种，主要生长在热带、亚热带、北半球的温带湿润地区。我国牛鞭草有 3 个种及 1 个变种：①扁穗牛鞭草，分布于广东、广西、云南、四川、福建等地；②高牛鞭草，分布于华东、华中、华北、东北；③小牛鞭草，分布于广东；④变种簇穗牛鞭草，分布于江苏、云南及华中至华南、西南甚至东北，均可作饲草。其中，扁穗牛鞭草和高牛鞭草是非常优良的牧草资源，具有适应性广、优质高产、耐刈割、适口性好、高抗及竞争性强等众多优点，特别是扁穗牛鞭草已成为当前四川、重庆、广西、云南等省（自治区）退耕还草的重要草种之一（董宽虎等，2003）。

一、扁穗牛鞭草

学名：*Hemarthria compressa*（L. f.）R. Br.

英文名：Compressed Hemarthria

别名：牛鞭草、牛子草、铁马鞭

扁穗牛鞭草为禾本科牛鞭草属多年生草本植物。原产暖热的亚热带、热带低湿地。分布于印度、印度尼西亚以及东南亚等国。我国南方各省（自治区）及河北、山东、陕西等地亦有野生或栽培利用。扁穗牛鞭草高产、优质、适应性广，是我国南方重要的禾本科牧草之一。我国南方草山、草坡面积约 6700 万hm²，占南方十三省土地面积的 26%。这些草山、草坡所处地理位置优越，气、光、水、热条件好，非常适合于扁穗牛鞭草的生长，生产潜力巨大，同时又有建立人工草场得天独厚的条件，开发前景广阔。在南方地区大力推广种植扁穗牛鞭草，不仅是南方生态环境建设的迫切要求，更是促进畜牧业可持续发展的重要措施。

（一）经济价值

扁穗牛鞭草作为饲用植物，其营养成分丰富。据四川农业大学分析，“广益”扁穗牛鞭草的营养成分见表 10-20。“广益”扁穗牛鞭草随着生长日数的增加，发育趋向成熟，干物质中粗蛋白质、粗脂肪、灰分的含量呈下降趋势。相反，木质素的含量在不断增加。

表 10-20 “广益”扁穗牛鞭草不同生育期的营养成分 （单位：%）

生育期	水分	粗蛋白质	粗脂肪	粗纤维	无氮浸出物	粗灰分	钙	磷
拔节期	86.6	17.28	3.78	31.64	35.58	11.72	0.53	0.26
结实期	63.4	6.65	1.68	34.67	50.29	6.71	0.23	0.11

扁穗牛鞭草含糖分较多，味香甜、无异味，马、牛、羊、兔等均喜食。拔节期刈割，其茎叶较嫩，也是猪、禽、鱼等的良好饲草。优质青贮牛鞭草的气味芳香、适口性好，特别适合饲喂奶牛，可以提高产奶量。

（二）植物学特征

扁穗牛鞭草为多年生草本，高 70～100cm，有根茎（图 10-22）。茎秆直立，稀有匍匐茎，下部暗紫色，中部多分枝，淡绿色。茎上多节，节处折弯。叶片较多，叶线形或广线形，长 10～25cm，直立或斜上，先端渐尖，两面粗糙；叶鞘长至节间中部，鞘口有疏毛，无叶耳，叶舌小，钝三角状，高 1mm。总状花序，单生或成束抽出，花序轴坚韧，长 5～10cm，节间短粗，宽 4～6mm。节上有成对小穗，1 个有柄，1 个无柄，外形相似，披针形，长 5～7mm。有柄小穗扁平，与肥厚的穗轴并连，有 1 朵两性花，发育良好；无柄小穗长圆状披针形，长 5～7mm，嵌入坚韧穗轴的凹外，内含 2 朵花，1 朵为完全花，1 朵为不育花，不育花有外稃，外稃薄膜质，透明。颖果蜡黄色（董宽虎等，2003）。

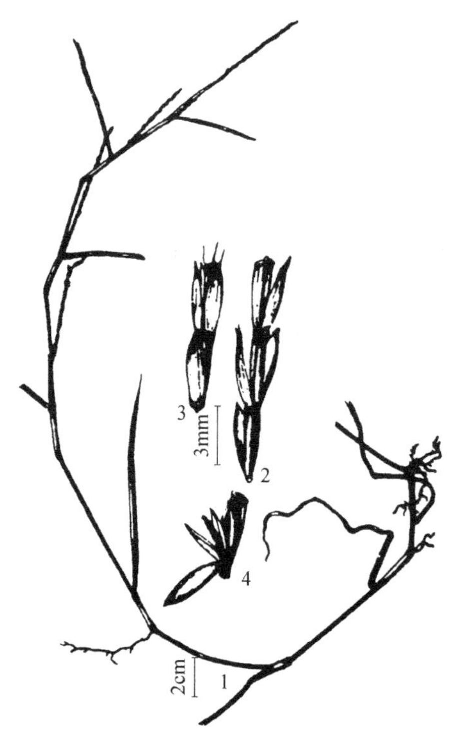

图 10-22　扁穗牛鞭草（耿以礼，1959）
1. 植株；2. 总状花序一部分（腹面）；3. 总状花序一部分（背面）；4. 无柄小穗

细胞染色体：$2n=36$，54。

（三）生物学特性

1. 生境　扁穗牛鞭草喜温暖湿润气候，在亚热带冬季也能保持青绿。既耐热又耐低温，极端温度 39.8℃生长良好，－3℃枝叶仍能保持青绿。在海拔 2132.4m 的高山地带，能在有雪覆盖下越冬。该草适宜在年平均气温在 16.5℃地区生长，气温低影响产量。在地形低湿处生长旺盛，为稻田、沟底、河岸、湿地、湖泊边缘常见的野生禾草。扁穗牛鞭草对土壤要求不严，在各类土壤上均能生长，但以酸性黄壤产量更佳（董宽虎等，2003）。

扁穗牛鞭草根系分泌酚类化合物，抑制豆科牧草的生长，与三叶草、山蚂蟥混播时，豆科牧草均生长不良。

2. 生长发育　在四川，扁穗牛鞭草 7 月中下旬抽穗，8 月上中旬开花，9 月初结实，9～10 月种子成熟，结实率较低，种子小，不易收获。生产上广泛采用无性繁殖（陈默君等，2002）。

3. 生产力　据四川农业大学以“广益”扁穗牛鞭草品种试验，在洪雅县种植年可刈割 5～6 次，再生力强，年产鲜草 149t/hm²，合干物质约 29.2t/hm²。据测定，扁穗牛鞭草粗蛋白质含量高，为优良牧草，以 6～7 月第 3 次刈割时为最高，到开花结实期降到最低水平（董宽虎等，2003）。

（四）栽培技术

1. 整地　由于生长期内需水量大，且耐短暂渍水，多安排在排灌方便的土壤上种植。其对整地要求不严，耐粗放。

2. 播种　栽培的牛鞭草大都是20世纪60～70年代以后从野生种驯化培育而成。目前四川农业大学育成的三个品种，即“广益”、“重高”和“雅安”扁穗牛鞭草，现已在福建、四川、云南、广西、江苏、浙江等省（自治区）广泛栽种（董宽虎等，2003）。

牛鞭草与多种豆科牧草混播效果良好。据美国研究资料报道，在牛鞭草草地秋季套播，以红三叶的产量较高，但其根分泌物对于牛鞭草的生长有一定抑制作用。在夏威夷，海拔914m的地方，用牛鞭草“别伽尔”品种和白三叶混播也获成功。

冬季可以在扁穗牛鞭草人工草地上补播多花黑麦草，能解决扁穗牛鞭草秋冬季处于休眠或半休眠状态，牧草产量不能满足家畜生产需要的问题。研究表明在南方秋季补播多花黑麦草的最佳播种量为22kg/hm^2，最佳补播时间为10月10日左右。

3. 扦插繁殖　扁穗牛鞭草的结实率低，一般为1%～2%，现均用生长健壮的茎段（带2～3个节）作种苗，进行扦插繁殖。全年均可种植，春季成活率为82%，夏季86.6%，秋季96.7%，冬季61%，以5～9月扦插为宜。越冬的草地如作种用，1年可刈种茎2～3次。据四川农业大学以“广益”扁穗牛鞭草品种试验，在6月第1次扦插的植株，生长60d，即到8月，又可刈茎再繁殖1次，不过产草量较老草地要低。繁殖1hm^{2}草地，以栽75万株（穴距10cm×15cm）计，约需种茎2.0t（董宽虎等，2003）。

栽植前，要将地耕翻耙平，按行距开沟，深8cm左右，顺序排好种茎，然后覆土，使种茎有1～2节入土，1节露出土面即可，抢在雨前扦插或栽后灌水，成活率很高。气温15～20℃时，7d长根，10d露出新芽，移栽成活率极高。

4. 田间管理　在美国，刈割种茎前2～3周时，对草地追施氮肥，刈下后稍有凋萎即打捆运至繁殖地，将种茎均匀撒在地表，随即用圆盘耙进行作业，使种茎部分覆土，再稍加碾压，如土表没有足够的湿度，则需灌溉，尤以夏季重要。成活后和每次刈割后应适当追施氮肥，以提高产草量。

5. 刈割　开花后，茎叶生长量小、质地变硬。因此，宜在孕穗期和花期前利用，一般在拔节期至孕穗期刈割，此时产量、营养品质均较理想。刈割高度视其饲喂对象和利用而定，青饲禽类、猪20～30cm，牛40～70cm，羊35～60cm，青贮80～100cm（董宽虎等，2003）。

（五）饲草加工

植株高大、叶量丰富、适口性好，是牛、羊、兔的优质饲料。一般青饲为好，青饲有清香甜味，各种家畜都喜食。调制干草不易掉叶，但脱水慢、晾晒时间长，遇雨易霉烂。青贮效果好，利用率高。调制干草以拔节期至抽穗期为好，青贮则以抽穗期至结实期为宜。

二、高牛鞭草

学名：*Hemarthria altissima*（Poir.）Stapf et C. E. Hubb.

英文名：Tall Hemarthria，Baksha

别名：脱节草、肉霸根草、牛崽草

高牛鞭草在中国分布于山东、河北、河南、陕西、湖北、湖南、江苏、安徽、江西、浙江、广西、四川等省（自治区）；地中海沿岸至亚洲温带地区也有分布。

（一）经济价值

高牛鞭草茎叶细嫩，是畜禽的好饲草，马、牛、羊、兔、鹅均喜食，也是养鱼的好青草。可刈割青饲、晒制青干草和制成草粉。

高牛鞭草具有发达的长根茎，固土保水性能良好，可用作护堤、护坡、护岸的保土植物（陈默君等，2002）。

图 10-23　高牛鞭草
（陈默君等，2002）

（二）植物学特征

高牛鞭草为多年生草本（图 10-23）。长根状茎，在土表下 10cm 的土壤中呈水平状延伸，密集、粗壮，不定根较少，深可达 25cm。秆高 130～140cm，直立或仰卧，圆柱形，具明显沟槽，节膨大，中部节间最长，向下向上逐渐变短。叶鞘无毛，叶片条形，宽 4～6cm。总状花序，生于顶端和叶腋，长达 10cm；小穗成对生于各节，有柄的不孕，无柄的结实；无柄小穗轴节间与小穗柄愈合而成凹穴，卵状距圆型，长 6～8mm；有柄小穗长，渐尖；第 1 颖在顶端以下略紧缩。花果期 6～8 月（陈默君等，2002）。

细胞染色体：$2n=20$。

（三）生物学特性

1. 生境　高牛鞭草喜温热湿润的气候，适应的平均温度 12～18℃；降水 500～1500mm；土壤 pH4～7.5。在沙质土、黏土上均能生长。喜生于低山丘陵和平原地区的湿润地段、田埂、河岸、溪沟旁、路边和草地，在安徽海拔 1000m 处有分布。

高牛鞭草一般喜潮湿的环境并耐水渍，在栽培小区，当土壤水分达 86%，经 6d 而无受害迹象。对 35℃以上的持续高温，具有很强的适应性。如 1988 年在安徽省发生近 20d 的持续 35℃以上的高温，气温最高时达 41.5℃，在土壤水分充足的条件下，高牛鞭草仍能顺利通过。但土壤干旱对高牛鞭草威胁很大。栽种在旱地上的植株，当土壤含水量下降至 10% 以下时，即停止生长，基部叶逐渐黄化干枯（陈默君等，2002）。

2. 生长发育　在人工栽培下，高牛鞭草于每年的 3 月上中旬返青（亚热带地区为 3 月上旬），6 月中下旬抽穗，7 月上中旬开花，7 月下旬至 8 月上旬结实，9 月底、10 月初地上部分枯死，生育期约 214d。

在野生情况下，主要靠根茎辐射繁殖，人工栽培主要采用扦插繁殖。据湖南省畜牧兽医研究所试验，种茎采回 7d 后，叶片已干枯，但茎秆还新鲜，经扦插后，仅 4～5d 即萌发新苗；据安徽省生物研究所试验，茎秆在室内放置 8d，叶枯茎萎，经水泡 12h 后扦插，成活率仍达 98%；将秋季采收的茎秆存于地窖，翌年取出扦插，成活率高达 92%（陈默君等，

2002)。

3. 生产力　再生力很强。全年刈割5～6次亦不引起退化。

(四) 栽培技术

栽种方法简便。耕地前，每公顷施土杂肥25～37.5t，翻耕、耙均，备好扦插苗，苗长25～30cm，含2～3个节，按30cm×30cm的行株距，依序将扦插苗的1～2节斜插入土中，深约8～10cm，地面留1节。边插边压紧，浇水1次，使紧密接触土壤，以利成活。4～8月均可割苗扦插。以后，每刈割1次，追施氮肥1次，每次每公顷施尿素或硫酸铵25～112.5kg。

大片人工或天然草场轮牧、刈割青饲或制成青干草均可（陈默君等，2002)。

(五) 饲草加工

同扁穗牛鞭草。

习题

1. 概述羊草作为优质饲料的原因。
2. 分析羊草抗寒性强的原因。
3. 试述赖草名称的由来。
4. 简要叙述冰草的生物学特征。
5. 影响无芒雀麦开花授粉的因素有哪些?
6. 无芒雀麦播种时应注意哪些问题?
7. 披碱草属有何特征，目前栽培的主要有哪些牧草?
8. 简要概括老芒麦的生物学特性。
9. 概述狗牙根的繁殖方式。
10. 简述多年生黑麦草的经济价值。
11. 比较多年生黑麦草和多花黑麦草在生物学特性方面的差异。
12. 概述象草和王草的经济价值和生物学特性。
13. 鸭茅的营养成分与其生长发育有何关联?
14. 简述适度放牧对苇状羊茅的重要性。
15. 概括紫羊茅的经济价值和生物学特性。
16. 简述草地早熟禾的经济价值。
17. 试述墨西哥类玉米的经济价值。
18. 试述牛鞭草的扦插繁殖技术。

第十一章　其他牧草

一、串叶松香草

学名：*Silphium perfoliatum* L.

英文名：Perfoliate Rosinweed，Cup Plant

别名：菊花草、法国香槟草、杯草

串味松香草原产于北美中部高原地带，主要分布在美国东部、中西部和南部山区，尤以俄亥俄州最多。18 世纪引入欧洲，到 20 世纪中期只是植物园中的观赏品。20 世纪 50 年代，经研究后，欧美及苏联等国家开始作为饲草利用。我国于 1979 年从朝鲜引进，该草适应地区极广，我国除台湾地区外，均已试种，现除北方盐碱、干旱地区外的绝大部分地区均可种植利用。

（一）经济价值

串叶松香草是一种高产优质的牧草（表 11-1），富含维生素，因含有较多的苷类物质而具有苦味和特异的松香味，畜禽经过短期驯饲后，适口性良好。鲜草可直接饲喂牛、羊、兔、鸡、鸭、鹅等，要将鲜草切碎，拌料喂给，也可与燕麦、苏丹草、青饲玉米等混合青贮，其青贮饲料喂奶牛可提高产奶量。发酵 12～24h 后喂猪，猪喜食，无呕吐、拉稀、便秘等不良现象，增重效果好。串叶松香草茎叶可以风干或晒干，加工成草粉。草粉中蛋白质含量高，特别是赖氨酸含量高，各种维生素含量也较丰富。根据畜禽的营养需要，串叶松香草草粉可配饲料，一般添加量为日粮的 5%～10%。但串叶松香草不宜调制干草，因为其茎较粗，待茎晒干后，叶片早已散碎脱落。此外，串叶松香草也是一种很好的水土保持植物、观赏植物和蜜源植物（陈宝书，2001）。

表 11-1　串叶松香草不同时期的营养成分　　（单位：%）

生育期	样品	粗脂肪	粗纤维	粗蛋白质	粗灰分	无氮浸出物	钙	磷
营养期	全干	1.90	23.88	13.05	15.33	45.84	1.65	0.12
开花期	全干	1.96	29.67	6.69	9.80	52.48	1.83	0.09
结实期	全干	2.40	35.69	3.13	9.94	48.84	1.80	0.02

资料来源：陈宝书，2001

（二）植物学特征

串叶松香草为菊科多年生草本植物（图 11-1），根系发达，粗壮，支根多，根茎上着生被鳞片包被的芽，每个芽均可发育成新枝。茎直立，具四棱，绿色至紫色，嫩时有白毛，长大则光滑无毛。株高为 2～3m。叶分基生叶和茎生叶两种，一年生植株为莲座叶，有叶柄；茎生叶无叶柄，叶对生，基部连接。叶片大，长椭圆形，长 40cm，宽 30cm 左右，叶面有皱褶，叶缘有疏锯齿，叶面有刚毛。头状花序，顶生或腋生，边缘为舌状花，中间为管状花，花冠黄色。果实为瘦果，心形，扁平，呈褐色，边缘带翅，千粒重 20～30g（陈默君等，2002）。

细胞染色体：$2n-14$。

图 11-1 串叶松香草（陈默君等，2002）

（三）生物学特性

1. 生境 串叶松香草为长寿的多年生牧草，栽培管理优良时可连续收割 10～12 年，甚至 15 年，适应性广，喜温暖湿润气候，抗高温，生长最适温度为 20～28℃，在日均温 32.4℃下可安全生长，长江流域能够越夏，在福建气温达 47.5℃仍可生长良好、安全越夏。有一定耐寒性，低于－20℃无积雪覆盖易受冻害。能忍受－38℃下的低温，在我国北方可以安全越冬。

喜肥沃、土层较厚、排水良好的沙壤土，不耐盐、碱及贫瘠土壤，适于 pH 为 6.5～7.5 的土壤栽种。耐旱性差，在土壤贫瘠，无灌溉条件的地区植株低矮，产量锐减，适宜在年降水 450～1000mm 的地区种植。耐水淹，地表积水 4 个月，植株仍可缓慢生长（陈宝书，2001）。

2. 生长发育 在北京地区，4 月上旬返青，6 月中旬开花，7 月中、下旬种子成熟，生育期 110d 左右，每朵花从开放到种子成熟需 35d 左右，11 月下旬干枯，生长天数 230d 左右。串叶松香草播种后当土温为 6～8℃时才能发芽，春播后平均温度为 13～17℃，需 15～20d 出苗，所需积温 240℃左右。一般生长年限越长，分枝发生越多，但抽薹开花的有效性只有 50%左右。串叶松香草为异花授粉，虫媒花，整个花序的开花是自下而上、由内向外呈无限式开张型，在同一分枝相对位置上的花序，往往同时开花。平均每一花序生产种子 7.6 粒，成熟的种子在花柄上呈水平方向展开后即随风掉落（陈默君等，2002）。

3. 生产力 串叶松香草适应性强，产量高，蛋白质含量丰富，当年亩产鲜草 3000kg，第 2、3 年亩产高的为 1.0 万～1.5 万 kg（肖文一等，1991）。

（四）栽培技术

1. 整地 串叶松香草可用种子繁殖，也可以分株繁殖。串叶松香草子叶肥大，出土困难，因而要土地疏松，忌板结。宜选择通风向阳、肥沃土壤作苗床，床土要细碎，畦面要平整。

2. 播种 串叶松香草要求高水肥条件，因此播种前应施 45～60t/hm^2 腐熟厩肥用作底肥。播种期为春、夏两季，密播行株距为 60cm×60cm 或 60cm×30cm，播深为 2～3cm。

串叶松香草也可育苗移栽，即选择平整有灌水条件的地块做苗床，移栽前每亩施厩肥 2500kg、磷肥 50kg、尿素 10kg 为基肥。播种量 7.5kg/hm^2，每亩 3000 株为宜，播前要晒种 2～3h，以促进发芽。1hm^2 幼苗可移栽 5～6hm^2 大田。3～4 月春播，8～10 月秋播，播前用稀薄人粪尿打底，浇透水肥后播种，播种深度 1.5cm。撒播待幼苗长到 3～4 片真叶时，按 60cm×60cm 或 60cm×30cm 行株距进行栽植，栽后浇水，成活率极高，此种方法在种子量较少的条件下最为适用。

串叶松香草还可发墩移栽，即将健壮的种根挖出，顺势分成若干带有 2～3 个芽的小块根茎进行移栽很易成活。留苗 3 万～4.5 万株/hm^2 即可。播种当年不抽茎，只产生大量莲座叶，故产草量不高，一般为 30～45t/hm^2。第二年抽薹后植株达 2m 以上，产量成倍增长。

3. 田间管理　串叶松香草苗期生长缓慢，及时中耕除草利于发苗。育苗阶段，要及时除草，适当施肥。移栽后要注意中耕除草。由于它植株高大，根系发达，消耗水肥较高，每次刈割后应及时灌水施肥，并以氮肥为主。留种地应在施足基肥的情况下，于现蕾前后施尿素 75～150kg/hm^2 和适量的磷钾肥，干旱季节还应及时灌水抗旱。

4. 刈割　串叶松香草刈割适期为抽薹到初花期，以后每隔 40～50d 刈割一次，每年可刈割 3～4 次。

5. 采种　花期长，种子成熟不一致，而且落粒性强，应分批采收，可收种子 450～750kg/hm^2（陈明，2001）。

（五）饲草加工

串叶松香草可以风干或晒干，加工成草粉。但不宜调制干草，因为其茎较粗，待茎晒干后，叶片早已散碎脱落。

二、菊苣

学名：*Cichorium intybus* L.

英文名：Common Chicory

别名：欧洲菊苣、咖啡草、咖啡萝卜

菊苣广泛分布于亚洲、欧洲、美洲及大洋洲。我国主要分布于西北、华北、东北等暖温带地区，常见于山区、田边及荒地。1988 年由山西省农业科学院畜牧兽医研究所从新西兰引入的普那（puna）菊苣，现已在山西、陕西、浙江、江苏、河南等地推广种植。

（一）经济价值

菊苣不仅产草量高，草质优良，而且富含各种营养物质（表 11-2），尤以抽薹前营养价值最高。全年收获的鲜菊苣粗蛋白质含量平均为 17%，且粗蛋白质中氨基酸成分齐全，在莲座期收获的菊苣，有 9 种氨基酸，含量高于紫花苜蓿草粉中氨基酸的含量。菊苣茎叶柔嫩，适口性良好，因而被家畜、家禽以及草鱼所喜食。在饲喂中发现，由于叶片中含有咖啡酸等生物碱，饲喂菊苣对幼龄畜禽以及下痢畜禽具有显著的防痢止痢作用（陈默君等，2002）。

表 11-2　菊苣的营养成分　（单位：%）

生长年限	采样日期	生育期	水分	粗脂肪	粗纤维	粗蛋白质	粗灰分	无氮浸出物	钙	磷
第一年	8月2日	莲座叶丛期	14.15	4.46	12.90	22.87	15.28	30.34	1.50	0.42
第二年	6月24日	初花期	13.44	2.10	36.80	14.73	8.01	24.92	1.18	0.24

资料来源：高洪汶等，1991

国外资料报道，菊苣根系中含有丰富的菊糖和芳香族物质，可从中提取丰富的菊糖、香料和代用咖啡。根系中提取的苦味物质可用于提高消化器官的活动能力。在欧美等地菊苣广泛作为蔬菜利用，其肉质根颈在避光条件下栽培，可生产良好的球状蔬菜作为生菜食用。莲座叶丛期幼嫩植株，叶片鲜嫩，略带苦味，可炒可凉拌既是高营养蔬菜，也是生产食用菌的优质基料。

菊苣利用期长。由于春季返青早、冬季休眠晚，作为饲料其利用期比一般青饲料长，以中原地区为例，若在8月底播种，入冬前便可刈割一次，此后每年的4～11月均可刈割，其利用期长达8个月之久，可解决养殖业春秋两头和伏天青饲料紧缺的矛盾，且一次播种可连续利用10年。菊苣6月份开花，花期长达3个月，花呈紫蓝色，景色秀丽，是良好的蜜源和绿化与改善生态环境的优良植物。

图11-2 菊苣（南京农学院，1980）

（二）植物学特征

菊苣为菊科多年生草本植物（图11-2），主根明显，长而粗壮，肉质，侧根发达，水平或斜向分布。莲座叶丛期，主茎直立，分枝偏斜，茎具条棱，中空，疏被绢毛，株高为170～200cm，部分植株可达2m以上。基生叶片大，羽状分裂或不分裂。茎生叶较小，披针形。头状花序，单生于茎和分枝的顶端，或2～3个簇生于中上部叶腋。总苞圆柱状、花舌状，浅蓝色，边开花边结籽。瘦果，楔形，具短冠毛。千粒重0.96g（陈明，2001）。

根据菊苣的叶片和根系生长形态，菊苣可分为大叶直立型、小叶匍匐型和中间型3个品种，而用作饲草栽培的一般为大叶直立型菊苣品种。该品种每株有叶30～50片，最多达100片左右。叶片肥厚，呈长椭圆形，一般长30～40cm，宽8～12cm，叶片的边缘有波浪状微缺，叶背有稀疏的茸毛，叶质脆嫩，折断和刈割后有白色乳汁流出。

细胞染色体：$2n=18$

（三）生物学特性

1. 生境 菊苣适应性强，在荒地、大草原、大田、坡地均能生长，全国各地都适合种植。喜温暖湿润气候，抗旱、耐热性和耐寒性较强，在炎热的南方生长旺盛，在寒冷的北方气温－8℃时仍青枝绿叶。菊苣具有粗壮而深扎的主根和发达的侧根系统，不但对水分反应明显，而且抗旱性能也较好，旱地、水浇地均可种植。对土壤要求不严格，较耐盐碱，喜肥喜水，对氮肥敏感，在太原地区，土壤pH8.2、含盐量0.168%的土壤上仍生长良好（陈默君等，2002）。

菊苣抗病力特别强，抗病、无虫。它在低洼易涝地区易发生烂根，但只要及时排除积水也易于预防，除此之外尚未发现存在其他病害。特别是它的抗虫害性能有独到之处，试种十多年来从未发现过有任何虫害。

2. 生长发育　菊苣在生活当年基本不抽薹，第二年开始抽薹，并开花结实，生长两年以上的植株，根颈上不断产生新的萌芽，并不断取代老株。在太原种植，3 月中旬返青，5 月上旬抽薹，5 月下旬现蕾，6 月中旬开花，8 月初种子成熟，10 月底停止生长，全生长期 230d 左右。每天开花时间由早 7 时至下午 2～3 时，开花从 6 月中、下旬一直延续到 9 月，花期长达 3 个月之久。成熟的种子较易脱落（董宽虎等，2003）。

菊苣生长速度快，特别从抽薹到盛花期，高度迅速增加，日均增高达 2cm，菊苣再生能力强，在太原地区生长第二年的植株从 6 月下旬第 1 次刈割，到 8 月上旬第 2 次刈割的再生阶段，产鲜草 1110kg/hm^2，日均增高 1.5cm 左右。生长第一年即可刈割利用 2 次，从生长第二年开始，可以每年刈割利用 3～4 次。

3. 生产力　菊苣一次播种可连续利用 10 年以上，年产鲜草 150t/hm^2 左右。第一年为 105t/hm^2，第二年为 165t/hm^2。种子产量为 225～300kg/hm^2（陈默君等，2002）。

（四）栽培技术

1. 整地　春播、秋播均可。菊苣种子小，肉质直根系入土深度可达 1m，因此，播种前要求深耕细耙，施腐熟的有机肥 37.5～45.0t/hm^2，用作底肥。菊苣的肉质根在整个生育期需水较多，但又不耐积水，因此低洼地、水稻田一般不宜种植，且栽培地块四周都应有排水沟，防止积水。如果在新开垦的土地上种植，应首先去除杂草（用除草剂喷施 1 周后深翻土地），然后进行整地施肥。

2. 播种　生产上可以直播，也可以育苗移栽。菊苣的繁殖方法有两种，即无性繁殖和有性繁殖。无性繁殖是用菊苣的种根（直径 1cm、长 2cm 根段）进行育苗，在气温 15℃以上时，将长有 3～4 片小叶的菊苣连根挖起移栽，行距 15cm，株距 20cm，每亩栽 3500 株。有性繁殖是用种子繁殖，条播行距为 30～40cm，播深为 2～3cm，播种量为 4.5kg/hm^2。待苗高 10cm 左右，有 3～5 片叶时可进行移栽。菊苣大田直播可在春秋季播种，以早秋播种效果最好（杂草少）。播种时将细小的种子按播种量用细沙土拌匀进行撒播或条播。小面积采取条播法，行距为 25～30cm，播种量为 0.75～1.00kg/亩。播种应选择阴雨天进行，这样有利于种子发芽。若久旱不雨需浇水，以促使种子在短时间内发芽。一般连续 5d 保持土壤一定湿度，可以出齐苗。

3. 田间管理　菊苣出苗或移栽后应及时除去杂草，同时浇水，以氮肥为主追施速效肥。根系肉质肥壮，施用未腐熟的有机肥作基肥，易导致其根系病虫害及腐烂，叶片肥嫩，特别是莲座叶丛期，植株不及时利用则逐渐衰老腐烂，并容易引发病虫害，应适时刈割或放牧利用。刈割的第 2 天喷施 1%～2%的多菌灵，防止真菌感染伤口诱发根腐病，尤其梅雨季节需注意，否则会导致菊苣大面积烂根死苗，并结合浇水追施速效复合肥 225～300kg/hm^2，返青时也应注意施肥。积水后要及时排水，以防烂根死亡。

菊苣喜温暖湿润气候，日均气温在 15～30℃时生长迅速，气温降至－5℃以后进入休眠，若冬季采用塑料大棚，可使其在冬季生长，延长利用期，提高产量。

4. 刈割　当植株长到 50cm 高度时，即可刈割利用。在我国长江流域及其以南地区，菊苣从 3 月中下旬至 11 月中下旬，甚至 12 月上旬均可刈割，每次刈割间隔时间 30d 左右。只要及时浇水施肥，其生长高度可为 50～60cm，一般年利用期为 7～8 个月。每次刈割的留茬高度为 5cm，不能过高也不能太低，这是获得高产稳产的关键措施之一。刈割的时间应在傍晚前后进行，不能中午时刈割，以防太阳灼烧伤口。夏季气温偏高雨水偏多，刈割间隔时间可适当延长，以使菊苣安全度夏。菊苣在春秋季生长迅速，应充分发挥其潜力，加强这两个季节的田间管理可获得稳产高产。

5. 采种 如需留种，可从5月起停止刈割，待种子收获后继续刈割利用。种子成熟不一致，而且落粒性强，小面积种植最好随熟随收。大面积种植应在8月初大部分种子成熟时一次收获，产种子225～300kg/hm^2（童宽虎等，2003）。

（五）饲草加工

菊苣在抽薹前刈割最适宜饲喂猪、兔、鹅等畜禽；现蕾至开花期刈割最适宜饲喂牛、羊、鸵鸟等畜禽；在盛花期刈割后晾晒脱水至半凋萎状态，单独或与其他牧草混合青贮，是冬季和早春饲喂牛羊的良好青贮饲料。菊苣也可与无芒雀麦、紫花苜蓿等混合青贮，以备冬、春饲喂奶牛。

三、聚合草

学名：*Symphytum officinale* L.

英文名：Common Comfrey

别名：紫草、爱国草、友谊草、肥羊草

聚合草是新兴高产饲料作物。原产前苏联北高加索和西伯利亚等地，后来引到美洲、非洲、大洋洲及亚洲。我国在20世纪50年代初开始引入，现已遍及全国各地，主要在四川、湖南、湖北、江苏、安徽、河北、辽宁、北京等省、直辖市种植。

（一）经济价值

聚合草是高能量、高蛋白质、富含维生素和矿物质的饲料作物（表11-3），按亩产粗蛋白质几乎超过紫花苜蓿和沙打旺。特别是富含各种必需氨基酸，其中赖氨酸的含量比大豆还高。胡萝卜素、烟酸、维生素B_1、维生素B_2、维生素B_5、维生素B_{12}等含量都很丰富。聚合草不仅营养丰富，而且消化率也高，如蛋白质消化率为61.20%，粗纤维消化率为60.44%。用聚合草喂蛋禽和肉禽，产蛋多，长肉快，并因核黄素的含量比黄玉米高数倍，饲禽肉体的皮肤均呈橘红色，提高了商品品质。聚合草可切碎直接喂猪、鸡、兔、鱼、牛、羊等，还可单独制成青贮料，若与玉米秸秆、甜菜叶、胡萝卜缨等混合青贮，品质更好。但据试验，聚合草含有生物碱——聚合草素（紫草素），它对动物体的致毒作用大致与DDT的毒性相似，并在动物体中有积累作用，因此，在饲喂时应配合少量精料和其他饲料（肖文一等，1991）。

表11-3 聚合草干样的营养成分 （单位：%）

水分	粗蛋白质	粗脂肪	粗纤维	无氮浸出物	粗灰分	分析来源
6.88	22.55	5.45	9.14	36.50	19.48	吉林省农业科学院
7.29	21.68	4.49	13.68	36.45	16.31	北京市农业科学院

资料来源：陈宝书，2001

聚合草生命力强，一次种植可利用十几年，一年能割几次，是畜禽重要的青饲料资源。聚合草可药用以治疗溃疡、骨折，止泻，促进伤口愈合，消肿去毒和降压，可作咖啡代用品。聚合草花期长，是很好的蜜源植物，还可作为庭院观赏植物（陈宝书，2001）。

（二）植物学特征

聚合草为紫草科聚合草属多年生草本植物（图 11-3），分枝多，为丛生型草类，全草密被白色短刚毛。根为直根系，主根和侧根不明显；幼时白色，老时红褐色至黑色，越老颜色越深；根肉白色或黄白色，多透明胶质物。主根斜生或垂直向下，入土深达 1.5m，但根群集中在 10～50cm 的土壤中。茎为近乎棱柱形，中间略空，每株中部和上部有分枝 4～8 个，最多可达 10 个以上。叶可分为根生叶和茎生叶。抽薹前叶丛生，呈莲座状，一般每丛有叶 50～70 片，多者可达 150～200 片，叶片长为 40～90cm，宽为 10～25cm。叶卵形、长椭圆形或披针形。抽薹后株高可为 80～150cm。蝎尾状聚伞花序，生于茎及分枝的顶端，花冠筒状，上部膨大似钟形，淡紫色或黄白色，极少结籽。果实为小坚果，黑褐色，有光泽，成熟时易脱落（陈明，2001）。

图 11-3　聚合草（陈默君等，2002）

细胞染色体：$2n=40$

（三）生物学特性

1. 生境　聚合草生活力强，繁殖系数大，喜温暖湿润气候，较耐寒，气温下降到 4.1℃时基本停止生长，能在－20℃时安全越冬，－25℃时根易受冻害，应采取一定防护措施，故冬季极寒地区不宜种植。聚合草在 7～10℃时就萌发、返青，23～25℃时生长最快，但耐热性较差，夏季气温持续超过 35℃时生长停滞，叶尖干枯（陈明，2001）。

聚合草根系发达，入土深，能有效利用深层土壤水分，抗旱力较强，较适宜在年降水量 600～800mm 的地区生长，低于 500mm 或高于 1000mm 生长较差。聚合草较耐湿，在排水良好的低湿地、稻田和鱼塘周围种植，都能良好生长。但不耐淹，长期被水淹可全部死亡（肖文一等，2001）。

聚合草对土壤要求不严，除低洼地、重盐碱地外，一般土壤都能生长，土壤含盐量不超过 0.3%，pH 不超过 8.0 即可种植。聚合草抗病性强，在中国北方发生病虫害较少，目前仅在衰老期发现有褐斑病和个别有根腐感染病，如遇多湿时则易感染青枯病，导致越夏烂根死亡（陈宝书，2001）。

2. 生长发育　聚合草为长日照多叶性矮生植物，光合效率高，比高大植物需要更多的光照。聚合草再生性极强，具有强大的无性繁殖能力，根、茎、叶等离体培养，都能长成新植株。聚合草花多而密集，开花集中。在 14～18h 的长光照条件下，可顺利抽薹开花，一般从 6 月中、下旬至 7 月上旬，自下而上开放。一日间以上午 6～10 时开花为多，同一花序的花持续开放 5～7d，而全株丛的花持续开放 8～10d。花色鲜艳，蜜腺发达，盛花期昆虫来往频繁，为典型的虫媒植物。全年生长期 230～270d。

3. 生产力　聚合草株大叶密，生长迅速，割草次数多，在水肥管理适当时，茎叶及根产量非常高。据吉林省多年繁殖观察，栽植当年，可收割新草 1～2 次，以后每年可收割 2～3 次，产青草 75t/hm^2 左右，在江苏地区一年可收割 5～6 次，采青草 112.5t/hm^2 以上。在四川省年刈青草可达 5 次，产青草 75t/hm^2（陈默君等，2002）。

（四）栽培技术

1. 整地 聚合草根系粗大，入土较深，再生力强，翻耕后残留在土壤中的根段极易再生，容易给后茬作物造成草荒，一般不宜在大田轮作中大量种植，最好选择畜舍旁隙地和果园地种植为宜。在地势平坦、土壤深厚、有机质多、排水良好并有灌溉条件的地方最为适宜。栽植前应将土地深耕 25cm 以上，施有机肥 45t/hm^2，用作底肥。

2. 播种 聚合草由于不结实或结实少，主要靠无性繁殖，方法有分株、切根和茎秆扦插等几种，其中切根繁殖简单易行。具体方法是：先做好苗床，然后选一年生健壮无病的肉质根，切成 4～7cm 的小段，苗床开沟后，将根段放入沟中，覆土为 3～4cm，注意喷水，保持湿润，大约 20 多天可出苗。当苗高为 15～20cm 时即可移入大田栽植，栽后浇水很易成活。

分株繁殖是将健壮的植株连根挖出，按根颈上幼芽多少纵向切开，使每块根颈上都带有芽和根，直接栽植大田，1 周左右即可长出新叶。这种方法繁殖成活快，生长迅速，当年产量也较高，但繁殖系数低，在种根供应充足的条件下可以采用。

茎秆扦插比较简单，即选取开花期粗壮的茎，切成带有 1～3 个节的茎段，插于苗床，插后浇水，注意保持苗床湿润。此种方法优点是茎秆量多，随时可以取用，但成活率不及前两种。

3. 田间管理 聚合草苗期生长缓慢，要注意中耕除草，定株成活后即应进行第一次中耕除草，在封行前进行第 2 次中耕除草，同时在每次刈割后要结合浇水追施速效氮肥。每次施入腐熟人粪尿 11.25～15.00t/hm^2 或硫酸铵 150～225kg/hm^2。为防止生长不良或烂根死亡，在灌水后要及时排除积水。聚合草耐阴，所以它可以与玉米、白萝卜、白菜和油菜等进行间作套作，以提高单位面积上的粗蛋白质含量和草产量。我国北方冬季严寒无雪覆盖地区，聚合草越冬容易受冻害死亡，必须加以保护，其方法有冻前覆土、覆盖防寒等。

聚合草在高温高湿的情况下，易发生褐斑病和立枯病而烂根死亡，如发现病株要及早挖出，深埋或烧毁，同时用多菌灵 500 倍液或波尔多液 200 倍液，或代森锌 500 倍液等杀菌剂喷洒植株或泼浇土壤，以抑制病情发展。聚合草虫害较少，但在苗期有地下害虫，如地老虎、蛴螬等为害，发现时用敌百虫 1000～1500 倍液浇灌根际，即可消灭。

4. 刈割 刈割一般在现蕾到开花期，以后每隔 35～40d 刈割 1 次，北方每年可刈割 4～5 次，产鲜草 90～120t/hm^2。南方可刈割 6～8 次，产鲜草 165～225t/hm^2。留茬高度以 5～10cm 为宜。最后一次刈割时间应在停止生长前的 25～30d，以便留有足够的再生期，保证越冬芽形成良好，安全越冬（陈明，2001）。

（五）饲草加工

聚合草茎叶富含糖类，柔软多汁，适口性好，是优良的饲料。聚合草以清鲜状态饲喂最好，可切碎或打浆成菜泥拌入糠麸即可喂猪，每头母猪每天可喂 10.0～12.5kg，喂牛可用整株饲喂，可占日粮 50%以上。若调制成青贮料，在现蕾开花时最好，与甜菜叶、胡萝卜叶、甘蓝外叶等混贮，能提高其营养价值。用作牛的青贮料可整贮，也可与青玉米秸秆等粉碎混贮。单贮亦应加20%禾本科干草粉。聚合草与禾草混合调制成青贮料，具备酸、甜、香等优点，是难得的冬春贮备饲料（陈宝书，2001）。

四、鲁梅克斯K-1杂交酸模

学名：*Rumex patientia* × *R. thianshanicus* cv. *rumex* K-1

英文名：Rumex K-1

别名：饲料菠菜、高秆菠菜、饲料酸模

鲁梅克斯K-1杂交酸模是1974～1982年前苏联以巴天酸模为母本，天山酸模为父本远缘杂交，再经长期选育而得到的一个稳定杂交品种。主要分布在乌克兰、哈萨克斯坦和白俄罗斯。1995年，我国开始引进，并在新疆、江苏、黑龙江等地试种，现在南方、北方许多省都有种植；1997年经全国牧草品种审定委员会审定，注册为国家引进新品种（陈默君等，2002）。

（一）经济价值

鲁梅克斯K-1杂交酸模营养丰富（表11-4），粗蛋白质、胡萝卜素、维生素C含量较高，含有18种氨基酸和多种微量元素（有机硒、有机铁等）。种植鲁梅克斯K-1杂交酸模经济效益好，利用年限长，产鲜草150t/hm^{2}以上（干草16.5t/hm^2）。鲁梅克斯K-1杂交酸模是一种高蛋白质的饲料和蔬菜，蛋白质含量是牧草家族中的冠军，可与大豆媲美。从主要营养蛋白质含量而言，种1hm^{2}鲁梅克斯K-1杂交酸模与种14hm^{2}玉米或9hm^{2}大豆蛋白质总量相等。在我国有限的土地资源中种植高营养牧草，补充并代替传统饲用粮食作物如玉米和大豆，实现以草代粮，降低饲料成本，提高养殖效益，是当今饲料发展的趋势（陈明，2001）。

表11-4　鲁梅克斯K-1杂交酸模不同时期的营养成分

生育期	粗蛋白质/%	无氮浸出物/%	糖/%	粗脂肪/%	粗灰分/%	维生素C/(mg·kg^{-1})	胡萝卜素/(mg·kg^{-1})
叶簇期	38.94	33.67	13.54	6.07	11.08	792.05	55.48
抽薹期	39.81	30.74	9.87	5.04	10.53	760.49	57.69
花蕾期	29.94	34.50	15.39	4.54	9.13	311.86	58.61
开花期	27.81	42.98	5.23	3.17	8.52	149.77	37.28

资料来源：陈宝书，2001

鲁梅克斯K-1杂交酸模青饲效果好，鲜嫩茎叶各种畜、禽、草鱼都喜食；也可与苏丹草、玉米、燕麦等混合青贮，而鲁梅克斯K-1杂交酸模与小麦秸秆、玉米秸秆分层混合青贮，可以有效地利用多余的水分以及叶片中的可溶性蛋白质和其他营养物质，改善小麦、玉米秸秆的质地、味道和适口性，提高秸秆的饲用价值；也可加工制成草粉，其鲜嫩适口，营养丰富，猪、牛、羊、兔与家禽、草鱼均喜食。同时鲁梅克斯K-1杂交酸模也可以作为比较理想的蔬菜新品种，适合凉拌、泡菜、做馅等加工。由于其鲜草叶含水量大（85%～92%），不宜晒制干草。

（二）植物学特征

鲁梅克斯K-1杂交酸模为蓼科酸模属多年生草本植物（图11-4），一次栽培可利用20～

25年。直根系，肉质，主根极发达，粗壮，根体直径3～10cm，长15～25cm，下面有几条较粗的支根，入土深1.5～2.0m。播种第一年只长叶片和芽，形成茂密的叶簇；第二年抽薹，开花结实。茎直立，直径1.5～2.5cm，中下部具槽棱，开花期株高为1.5～3.0m。基生叶卵披针形，全缘光滑，叶长45～100cm，宽10～20cm。茎生叶6～10片，小而狭，近无柄。由多数轮生花束组成总状花序，再构成大型圆锥花序。花两性，雌雄同株。瘦果，具三锐棱，褐色有光泽，落粒性强，千粒重3g（陈默君等，2002）。

图11-4 鲁梅克斯K-1杂交酸模

（三）生物学特性

1. 生境 鲁梅克斯K-1杂交酸模喜温暖湿润气候，抗寒性强，耐热，喜水喜肥，抗干旱，耐盐碱，可生长在0～30cm土壤，总含盐量小于0.3%（NaCl为主）的土壤上，但产量相对较低，对水肥的转化利用率高，在水肥充足的条件下，能够表现出高产的特点。

1）抗严寒。由于本品种是在北纬45°以上的寒带地区培育而成，对寒冷具有“先天”的适应性，在−40℃条件下可安全越冬，我国各地均适合种植。

2）耐盐碱。多数作物在超过含盐量0.3%的土壤中便无法存活，但鲁梅克斯K-1杂交酸模却可在含盐量0.6%，pH为7～10的土壤中正常发育生长，这主要是因为它的根细胞能合成一种特殊的低分子糖类以调节细胞内外渗透压的平衡。

3）御干旱。根系深达2m，即使在年降水量仅130mm的干旱地区，因为它能充分利用深层土壤中的水分，可有效地抵御干旱热风等恶劣天气，所以最适合在那些“靠天吃饭”的干旱地区种植（陈明，2001）。

2. 生长发育 土地温度在10℃以上时，播种一周左右出苗，第6片真叶时开始分枝，但不抽薹，处于叶丛期。丛高60～80cm可刈割、采叶利用。以后每隔一个月刈割一次，至深秋重霜前全割饲用。越冬后第二年3月中旬返青；4月中下旬可收获第一茬草。从返青至种子成熟需85～90d。种子收获后再生草可再次产生种子，在科学栽培下，可获10～15年的生物量和种子高产期。

3. 生产力 种子无后熟期，落粒性强，成熟后须及时收获。喜光不耐阴，阳光充足时，生长健壮，茎粗叶厚，病虫害少，产量高。荫蔽生长时瘦弱，易受病虫危害，产草量低。刈割苗茬高度5cm，每年可刈割4～5次，产鲜草150t/hm^{2}以上，种子产量1200～1800kg/hm^2（陈默君等，2002）。

（四）栽培技术

1. 整地 选择通风向阳、土壤肥沃的土地作苗床，翻土、碎土平整畦面，畦宽1.5～2.0m，沟宽0.5m，整理苗床时，每公顷应施37.5～45.0t腐熟的有机肥用作底肥。

2. 播种 3～10月均可播种，春播以3～5月为好，秋播以8月下旬至9月下旬为宜。发芽温度为10～15℃，适宜生长温度为15～20℃。

可在露天地温达10℃以上前1个月至2个月育苗，采用小拱棚和大棚育苗。在做好的畦内，浇足底水，将种子先在30℃左右温水中浸种6～8h，捞出沥干，在25～28℃条件下保湿催芽30h，待种子1/3露白时播种。应精细整好苗床里的土壤，播种量750～1500g/hm²，可按5cm左右间隔撒播种子，然后盖上1.0～1.5cm的细土，用稻草遮盖，并经常喷水，保持苗床湿润。苗齐后揭开覆盖物，常浇水肥，以保壮苗。如秋播过迟，苗小嫩弱者，要以塑料薄膜遮盖，以利翌年生长。

3. 田间管理 当幼苗长出3～4片叶时移栽为宜，移栽前5～7d，施一次壮苗肥，可提高成活率。苗床干旱时应先浇水润土，留种用的大田，株行距50cm×60cm，每亩2500株左右。收鲜草的株行距宜小，30cm×40cm，每亩8000～10 000株，如密度过大，光线不足，影响产量时可抽行或株，扩大行株距，进行无性繁殖，扩大种植面积，移栽后要施足水肥，以利幼苗成活生长。

除底肥外，催芽肥用腐熟人畜粪肥50～70kg，每刈割一次，用氮肥10kg，入冬前施一次畜粪、鸡粪肥，即可防冻，又可促进翌年发芽生长。

育苗期要及时除草。留种田植株高，为防止风刮倒，应进行培土，一般垄高10～20cm。干旱时，为提高产草量和产种量，应经常灌水，保持土壤湿润。生长期间注意防治蚜虫、白粉病和根腐病。鲁梅克斯K-1杂交酸模容易遭到蓝叶甲、褐背小萤叶甲、夜蛾科害虫以及地下害虫（蝼蛄、蛴螬、地老虎等）的危害，宜采用综合防治措施。①农业防治。加强水肥管理，提高植株的生长速度和再生能力，降低虫害的损失；适时或适当提前收割，破坏害虫栖身和采食环境；收割后喷药，以提高施药效果；结合中耕，消灭地下害虫。②人工方法。摘除叶片上的卵块；利用害虫的昼伏夜出和假死性等特征进行人工捕捉。③物理方法。大面积种植区在田间安放“安全高效灭蛾器”。④生物方法。使用“bt”等生物农药和“百草一号”等植物（提取物）性农药；保护天敌。⑤化学方法。化学农药的应用以及使用方法与其他农作物尤其是叶菜类蔬菜大同小异，可在当地植保人员的指导下，参考其他作物的用药方式。

专门危害鲁梅克斯K-1杂交酸模的蓝叶甲和褐背小萤叶甲，用菊酯类农药防治效果显著。甜菜夜蛾的抗药性比其他害虫强，用单一的化学农药防治效果往往不理想，宜采用混配方式。

白粉病和根腐病是危害鲁梅克斯K-1杂交酸模的两种主要病害。其防治方法主要有农业方法和药剂防治。农业方法主要是培育健壮植株，提高抗病能力，适时收割，防止积水尤其是防止积污水。药剂防治主要是用25%三唑酮（粉锈宁）或75%百菌清防治白粉病；用20%甲基立枯灵乳油或40%五氯硝基苯防治叶基腐病。

4. 刈割 鲁梅克斯K-1杂交酸模牧草播种当年可收割1～2次，刈割以现蕾期为宜，以后每隔30～40d刈割1次，霜前15～26d停止刈割以利于牧草根部安全越冬，每次收割后要留茬5～7cm，每次刈割后要及时浇水，并追施氮、磷、钾复合肥料。

5. 采种 需产种子的牧草不要收割，该牧草一般在第二年5月份开花结籽，6月份籽粒成熟后可立即收获种子，每亩产种70～100kg，收种子后，每亩可收获干草2300kg。气候干旱时，种子收获后再长出的牧草一般不要再刈割利用，若土地水肥充足，还可再刈割1～2次（陈明，2001）。

（五）饲草加工

鲁梅克斯 K-1 杂交酸模青饲效果好；也可与苏丹草、玉米、燕麦等混合青贮，而与小麦秸秆、玉米秸秆分层混合青贮，可以有效地利用多余的水分以及叶片中的可溶性蛋白质和其他营养物质，改善小麦、玉米秸秆的质地、味道和适口性，提高秸秆的饲用价值；也可加工制成草粉。由于其鲜草叶含水量大（85%～92%），不宜晒制干草。

五、籽粒苋

学名：*Amaranthus hypochondriacus* L. cv. ‘R104’

英文名：Prince's-feather

别名：千穗谷、蛋白草、苋菜、天星苋

籽粒苋原产于中美洲和东南亚热带及亚热带地区，为粮食、饲料、蔬菜兼用植物，在中、南美洲为印第安人的主要粮食之一。籽粒苋已有 7000 多年的栽培历史，世界大部分地区都有栽培。我国栽培历史悠久，全国各地均能种植。1982 年我国引入美国宾夕法尼亚州 Rodal 研究中心培育的美国籽粒苋，目前国内已研制出含有籽粒苋成分的保健品数十种（董宽虎等，2003）。

籽粒苋的分布十分广泛。在美洲从阿根廷到安第斯山，从危地马拉到墨西哥，以至美国西南部；在亚洲从伊朗、斯里兰卡到印度，经过尼泊尔、喜马拉雅山脉到中国、蒙古；在非洲的尼日利亚、赞比亚、津巴布韦、埃塞俄比亚等国都有种植。

中国是籽粒苋的原产地之一，全国各地都有种植。甲骨文中就有“苋”字。古人称苋为蕢。史书上的名称是“千穗谷”。在我国东北地区及河北、四川、云南、江苏、西藏等地有种植习惯，形成了大量的地方品种，从起源上分为野生型和栽培型。我国籽粒苋一般种植在门前屋后的空地上，近年来各地开始重视发展籽粒苋生产，其面积才形成一定规模。据统计，20 世纪 90 年代全国播种面积约在 2.7×10^4 hm²，在旱作条件下籽粒苋的产量依次为四川凉山（海拔2000m）5340kg/hm²，河北平原4125kg/hm²，山西盆地和东北平原2250～4500kg/hm²。

（一）经济价值

籽粒苋植株高大，枝叶繁茂，生长快，再生力强，产草量高，茎叶柔嫩，清香可口，营养丰富（表 11-5），必需氨基酸含量高，特别是赖氨酸含量极为丰富，是牛、羊、马、兔、猪、禽、鱼的好饲料，其籽实可作为优质精饲料利用，茎叶的营养价值与苜蓿和玉米籽实相近，属于优质的蛋白质补充饲料。因此籽粒苋是一种新型粮食、饲草兼用作物，蔬菜和观赏兼用植物，也可作为面包、饼干、糕点、饴糖等食品工业的原料。

表 11-5 籽粒苋不同时期植株蛋白质、赖氨酸的含量（占干物质/%）

生育期	蛋白质				赖氨酸			
	茎	叶	穗轴	地上部	茎	叶	穗轴	地上部
苗期	10.8	21.8	—	18.3	0.30	0.74	—	0.60
现蕾期	5.6	20.4	—	11.2	0.20	0.79	—	0.51
成熟期	5.3	18.8	14.6	9.9	0.09	0.57	0.39	0.22

资料来源：陈宝书，2001

注：一代表未测定

籽粒苋鲜茎叶切碎后喂猪可节省粗料，生喂熟喂均可，拌和少量精料猪更喜食，也可用打浆机打成菜泥后生喂或发酵后喂猪，也可在幼嫩期饲喂鸡、兔和牛。亩产鲜草量可供100只成年兔食用7个月，可育成200只肉鹅，或5头肥猪，鲜喂、青贮或调制优质草粒均可。籽粒苋无论青饲还是调制青贮、干草和干草粉均为各种畜禽所喜食。奶牛日喂25kg籽粒苋青饲料，比喂玉米青贮料产奶量提高5.19%。仔猪日喂0.5kg鲜茎叶，增重比对照组提高10%～15%（董宽虎等，2003）。

籽粒苋株体内含有较多的硝酸盐，刈割后堆放1～2d会转化为亚硝酸盐，喂后易造成亚硝酸盐中毒，因此青饲时应根据饲喂量确定刈割数量，刈割后要当天喂完。

营养学家认为，籽粒苋对人们的饮食达到营养平衡有十分重要的价值。美国有机园艺和农业研究中心鉴定了籽粒苋的蛋白质品质，认为它具有可代替现有禾谷类作物的潜力。按照FAO/WHO（世界卫生组织）推荐适于人体营养需要的标准来看，若把籽粒苋与其他谷物配合，就能接近于满足平衡营养的需要。此外，把籽粒苋的种子作为一种食品营养添加剂来开发利用是具有广阔市场前景的。研究表明，籽粒苋蛋白质含量超过大豆，接近牛奶，同时还含有丰富的矿物质和维生素。如钙的含量超过禾谷类作物的10倍以上，比大豆高50%；磷的含量也很高，与大豆相近，为禾谷类作物的2倍。因此，籽粒苋是可以满足人体营养需要的优等粮食，也是老弱、孕妇和婴幼儿的好食品。

（二）植物学特征

籽粒苋是苋科苋属一年生草本植物（图11-5），直根系，主根入土深1.5～3.0m，侧根主要分布在20～30cm的土层中。茎直立，光滑，高2～4m，最粗直径为3～5cm，绿或紫红色，多分枝。叶互生，全缘，卵圆形，具长柄，长20～25cm，宽8～12cm，绿或紫红色。穗状圆锥花序，顶生或腋生，直立，分枝多。花小，单性，雌雄同株。胞果卵圆形，顶端有短芒。种子细小，近球形，紫黑、棕黄、淡黄色等，有光泽，千粒重0.5～1.0g（董宽虎等，2003）。

图11-5　籽粒苋（陈默君等，2002）

我国野生苋常见种有3种以上，其抗逆性、生命力极强，初期生长速度快，但性状较差；而栽培苋品种优良。美国引进的K112、R104、3号等已被广泛推广。

细胞染色体：$2n=32$。

（三）生物学特性

1. 生境　籽粒苋属C_4植物，喜阳光，为短日照植物，对光照敏感，阳光充足条件下，生长繁茂健壮，庇荫条件下，植株生长纤弱。籽粒苋起源于热带地区，生长期为4个多月，但在温带、寒温带气候条件下，生长也好，可塑性较大，最适宜半干旱半湿润地区。生长的最适温度为24～26℃，

40.5℃仍能正常生长发育。不耐寒，日平均温度10℃以下停止生长，幼苗遇0℃低温即受冻害，成株遇霜冻很快死亡。

籽粒苋根系发达，入土深，耐干旱，能忍受0～10cm土层含水量4%～6%的极度干旱。生长期内的需水量仅为小麦的41.8%～46.8%，玉米的51.4%～61.7%。若水分条件好，则可促进生长，提高产量。不耐涝，积水地易烂根死亡。

籽粒苋对土壤要求不严，耐瘠薄，抗盐碱。旱薄沙荒地、黏土地、次生盐渍土壤、果林行间均可种植。在含盐量0.23%的盐碱地上能正常生长，在pH8.5～9.3的草甸碱化土地上也能正常生长，可作垦荒地的先锋植物。最适土壤：pH5.8～7.5，排水良好，疏松肥沃的壤土或沙壤土（董宽虎等，2003）。

2. 生长发育　籽粒苋在整个生育期内，幼苗期生长缓慢，易受其他宿根性杂草抑制。生长速度以现蕾至盛花期达到最高，干物质日平均积累量可达到3898.5mg。在出苗后20d生长速度明显增加，日增高3～6cm；出苗后50d，株高日增长可达9cm以上。在四川，3月播种，7月上旬进入分枝期，7月下旬现蕾并开花，8月底结实，9月底收获，直至初霜期前茎叶不枯，生育期110～130d（陈默君等，2002）。

3. 生产力　籽粒苋同化率高，生长速度快，适宜多次刈割，在北方1年可刈割2～3次，南方5～7次，亩产鲜草5000～10 000kg，最高可达14 000kg（李智国等，2001）。采种田每亩收种子100～200kg。

（四）栽培技术

1. 整地　籽粒苋忌连作，应与麦类、豆类作物轮作、间种。籽粒苋种子小而顶土能力弱，幼苗细弱，生长缓慢，不耐杂草，所以对前作要求较严，更要求精细整地，深耕多耙，耕作层疏松。籽粒苋属高产作物，需肥量大，在整地时要结合翻耕施有机肥22.5～30.0t/hm^2，以保证高产。

2. 播种　籽粒苋一般在春季16℃以上时即可播种，低于15℃出苗不良。北方于4月中旬至5月中旬播种，南方3月下旬至6月播种，播种期越迟，生长期越短，产量也就越低。条播、撒播或穴播均可。条播时，收草用的行距25～30cm，株距15～20cm；采种的行距60cm，株距15～20cm，播种量750～1500g/hm^2。为播种均匀，可按1∶4的比例掺入沙土或粪土播种。播后覆土1～2cm，播后及时镇压。也可育苗移栽，特别是北方高寒地区采用育苗移栽的方法，可延长生长期，比直播增产15%～25%，移栽一般在苗高15～20cm时进行。

3. 田间管理　籽粒苋耐涝性差，生长中后期注意排水，应及时除草和间苗。除中耕外，间苗、定苗很重要，要掌握早间苗、多次间苗和晚定苗的原则。籽粒苋在2叶期时要进行间苗，4叶期时定苗，在4叶期之前生长缓慢，结合间苗和定苗进行中耕除草，以消除杂草危害。8～10叶期时生长加快，宜追肥灌水1～2次。现蕾至盛花期生长速度最快，对养分需求最大，亦应及时追肥。每次刈割后，结合中耕除草，进行追肥和灌水。追肥以氮肥为主，施尿素300kg/hm^2。留种田在现蕾开花期喷施或追施磷、钾肥，可提高种子产量和品质。

籽粒苋常被蓟马、象鼻虫、金龟子、地老虎等危害，可用马拉硫磷、乐斯本等药物防治。为防治苗期发生的蝼蛄和地老虎等地下害虫，播前可用呋喃丹进行土壤处理或拌种。播后可用敌百虫等制成毒饵进行捕杀，可收到良好效果。

生育中期如出现烂根现象，可用多菌灵加五氯硝基苯，按 1∶1 的比例制成 0.2%（1000kg 加 2kg 药）的药土，结合中耕培土撒于根际，培土要埋过病斑。药土用量 300～450kg/hm² 为宜。对于青枯病，要及时采用 800 倍甲基托布津喷洒防治。生育后期如发现食叶害虫，可喷敌敌畏加氧化乐果或敌杀死除治，还要注意红蜘蛛的防治。

4. 收割 籽粒苋叶中含有较多的蛋白质和较少的纤维素，而茎中则相反，随生长阶段的延续，叶茎比下降，品质亦随之下降，因此刈割要适时。一般青饲喂猪、禽、鱼时在株高 45～60cm 刈割，喂大家畜时于现蕾期收割，调制干草和青贮饲料时分别在盛花期和结实期刈割。头茬刈割留茬 15～20cm，并逐茬提高，以便从新茬的茎节上长出新枝，但最后 1 次刈割不留茬。北方 1 年可刈割 2～3 次，南方 5～7 次，每公顷产鲜草 75～150t。

5. 采种 籽粒苋落粒性强，宜在穗头发黄，花序中部种子成熟变硬时及时采收。割下全株，晒干后即可脱粒（董宽虎等，2003）。

（五）饲草加工

籽粒苋鲜茎叶鲜喂、青贮或调制优质草粒均可。

六、苦荬菜

学名：*Ixeris polycephala* Cass.

英文名：Indian Lettuce

别名：苦苣菜、凉麻、山莴苣、八月老、鹅菜、氨基酸草

苦荬菜原为我国野生植物，分布几遍全国。朝鲜、日本、印度等国也有分布，经过多年驯化选育苦荬菜已成为深受欢迎的高产优质饲料作物，在南方和华北、东北地区有大面积种植。目前栽培最多的是高大型饲用苦荬菜。

（一）经济价值

苦荬菜脆嫩多汁，味稍苦，性甘凉，全期不老，不仅适口性好，而且营养丰富（表 11-6），是优质青绿饲料。鲜草中干物质含量为 10.6%～20.0%，干物质中总能为 16.57～19.39MJ/kg，消化能（猪）为 12.01～12.89MJ/kg，代谢能（鸡）为 7.82～9.92MJ/kg，粗蛋白质为 20%左右，其中可消化粗蛋白质（猪）150g/kg。矿物质含量也很丰富，在蛋白质的组成中，氨基酸种类齐全，赖氨酸 0.49%、色氨酸 0.25%、蛋氨酸 0.16%，可与紫花苜蓿媲美。猪、牛、鸡、鹅、兔等均喜食，也是喂鱼的好饲料。试验表明，畜、禽饲用苦荬菜饲料不仅增重快，饲料利用率高，而且苦荬菜具有开胃和降血压的作用，能减少疫病，增进健康（董宽虎等，2003）。

表 11-6 苦荬菜的营养成分 （单位：%）

样品	水分	粗蛋白质	粗脂肪	粗纤维	无氮浸出物	粗灰分
鲜草	8.9	2.6	1.7	1.6	3.2	1.9
干草	0.0	23.6	15.5	14.5	29.1	17.3

资料来源：顾洪如，2002

20 世纪 90 年代初，人们还将苦荬菜进行了深加工，制成了速冻食品和饮料。

（二）植物学特征

图 11-6 苦荬菜（董宽虎等，2003）

苦荬菜为菊科莴苣属一年生或越年生草本植物（图 11-6）。主根粗大，呈纺锤形，其上着生大量侧根和支根。主根入土深 1.5m，侧根斜伸半径也在 1.5m 以上。茎直立，圆形，壁厚，质地柔软，幼时脆嫩，光滑或有白色蜡状物，绿色或带紫褐色。株高为 1.5～3.0m，茎上多分枝，全株含白色或黄白色乳汁，味苦。基生叶丛生，无叶柄。叶片长圆状倒卵形，全缘或羽状深裂，其中缺刻深者多为生育期较长的高产型大叶种；缺刻浅或全缘者多为生育期较短的低产型小叶种。头状花序顶生，排列成大型圆锥状，通常每枝有头状花 150～450 个，舌状花白色、淡黄色或微带紫色。中心管状花柱头羽毛状 2 歧。果实为瘦果，长卵形，长约 6mm，微扁，成熟时紫褐色或黑褐色，千粒重 1.0～1.5g（董宽虎等，2003）。

细胞染色体：$2n=10$

（三）生物学特性

1. 生境 苦荬菜抗寒性强，幼苗能耐 2～3℃低温，成株可忍受－5～－4℃的霜冻。亦耐炎热，能忍受 36℃高温，仅在空气干燥并伴有热风时才停止生长。苦荬菜为喜光短日照植物，光合效率高，要求有充足的光照。持续短日照提早开花结实（陈明，2001）。

苦荬菜为需水较多的作物，一般适宜在年降水量 600～800mm 的地区生长，低于 500mm 时生长较差。7～8 月高温多雨，9～10 月低温干燥的气候条件，对苦荬菜的生长较为有利。苦荬菜根部发达，抗旱能力较强，但不耐涝，对土壤要求不严格，各类土壤都能种植，属于中生植物，喜生于土壤湿润的路旁、沟丛、山麓灌丛、林缘的草甸群落中，多散生，局部可成为群落的优势种。适宜的 pH 为 5.0～8.0。

2. 生长发育 无霜期，150d，大于 10℃的积温在 2800℃以上地区都能正常开花结实。在温带地区，一般 4～5 月出苗或返青，8～9 月为结实期，生育期 180d 左右；在亚热带地区，一般 2 月底 3 月初出苗或返青，9～11 月为花果期，秋季生出的苗能以绿色叶丛越冬，生育期 240d 左右。

3. 生产力 再生力比较强，北方每年可刈割或放牧 3～4 次，南方每年可以刈割 5～8 次，年产草量一般在 75～105t/hm^2，高的可达 150t/hm^2，种子为 375～750kg/hm^2（董宽虎等，2003）。

（四）栽培技术

1. 整地 苦荬菜种子小而轻，出土力弱，播前要求精细耕地（20cm 以上）并施足底肥，腐熟的有机肥料 52～75t/hm^2，尿素 150～225kg/hm^2，过磷酸钙 225～300kg/hm^2。土壤水分不足时应浇水后再播。无论南方还是北方，种苦荬菜都要秋翻、秋耙、秋打垄。夏播复种来不及翻地的，可用重耙耙地，达到地平土碎再播种。苦荬菜不宜连作，应选豆类、麦类和豆科牧草茬地种植。苦荬菜耐杂草，茬子软，是多种作物的良好前作。苦荬菜茬种大豆、小麦、玉米、薯类等，都可获得较高的产量（董宽虎等，2003）。

2. 播种　苦荬菜种子中秕粒和杂质多，其中黄色至黄褐色的种子均为未熟种子，没有发芽力；深褐色的种子发芽率不超过60%；紫黑色和黑色的种子发芽率最高。播种前要通过风选或水选，清除杂质和秕粒，播种前晒种一天，可提高发芽率。播种期在生育期允许的范围内越早越好，北方一般为3～6月份，南方为2月下旬到3月下旬。播种时，应选择第二年的种子用于播种，其发芽率高，可保证全苗。可条播或撒播，条播行距为30cm，播深为1～2cm，播种量为4.5～7.5kg/hm^2。若育苗移栽，在幼苗长到4～5片真叶时，按株行距20cm×40cm，栽后浇水即可成活，为12万株/hm^2（陈明，2001）。

3. 田间管理　苦荬菜宜于密植，通常不间苗，一般2～3株为好。苗期不耐杂草，出苗后以及封垄前要及时中耕除草。生长期间需水量大，因此，在每次刈割后浇水并追施速效氮肥，增产效果显著。苦荬菜蚜虫发生较多。发生时密集在生长点的幼嫩部位，造成生长停滞，叶片卷缩，严重减产。若早期发现，应及时喷洒乐果、敌杀死、速来杀丁等进行防治。喷药后的20～30d，药力消失后才能刈割饲喂。

4. 刈割　苦荬菜生长迅速，需及时刈割，以保持其处于生育的幼龄阶段，抽薹期刈割，伤口愈合快，再生力强，刈割后能很快抽出新叶，既增加刈割次数，又提高产量和品质；刈割过晚，则抽薹老化，再生力减弱，产量和品质下降。大面积栽培时，在株高为40～50cm时即可第一次刈割，留茬高度为15～20cm，之后每隔30～40d刈割1次，每年可刈割3～5次，南方可10d左右割1次，最后1次齐地割完。为调节利用时期可分期播种，分期刈割。种植面积较小时，可采用剥叶利用的方法，不断剥取外部大叶，留下内部小叶继续生长，青草产量为75～105t/hm^2（董宽虎等，2003）。

5. 采种　留种一般在收割1～2次青草之后适时停止刈割。苦荬菜花期不一致，种子陆续成熟，应分批采收，采收最适时期为大部分果实的白色冠毛露出时为宜。种子落粒性强。如采收不及时，易被风吹落。

（五）饲草加工

苦荬菜青饲时要生喂，每次刈割的数量应根据畜禽的需要量来确定，不要过多，以免堆积存放，发热变质。不要长期单一饲喂，以防引起偏食，最好和其他饲料混喂。苦荬菜水分大，糖类含量高，可调制成优质青贮料。与禾草混贮品质更佳。青贮在现蕾至开花期刈割，或用最后1次刈割，带有老茎的鲜草青贮。如果刈割较早，含水太多时，要晒半天到一天再贮。也可搭配青玉米秸或苏丹草等混贮。粉碎后入窖，经30～40d就完成乳酸发酵过程，获得味美优质的青贮料。

习题

1. 概述串叶松香草的生物学特征。
2. 串叶松香草田间管理应注意哪些问题?

3. 简述菊苣的经济价值和繁殖方式。
4. 聚合草的高经济价值主要体现在哪些方面？
5. 简要叙述聚合草的生物学特征和繁殖方式。
6. 鲁梅克斯 K-1 杂交酸模获得高产的条件有哪些？
7. 试述籽粒苋的经济价值。
8. 简述苦荬菜的生物学特征和刈割要点。

主要参考文献

北京农业大学. 1979. 肥料手册. 北京：农业出版社.

北京农业大学. 1981. 耕作学. 北京：农业出版社.

毕云霞. 2003. 饲料作物种植及加工调制技术. 北京：中国农业出版社.

蔡典雄，武雪萍. 2010. 中国北方节水高效农作制度. 北京：科学出版社.

常缨，马凤鸣，李彩凤. 2001. 温光诱导甜菜当年抽薹的数学模型建立及应用分析. 东北农业大学学报，32（4）：313-319.

陈宝书. 2001. 牧草饲料作物栽培学. 北京：中国农业出版社.

陈明. 2001. 优质牧草高产栽培与利用. 北京：中国农业出版社.

陈默君，贾慎修. 2002. 中国饲用植物. 北京：中国农业出版社.

陈默君，张文淑，周禾. 1999. 牧草与粗饲料. 北京：中国农业大学出版社.

陈喜斌. 2003. 饲料学. 北京：科学出版社.

陈珏，黄丹枫. 2006. 出口芜菁的生产与加工研究进展. 上海蔬菜，4：18-19.

大久保隆弘. 1982. 作物轮作技术与理论. 巴恒修，张清沔译. 北京：农业出版社.

董宽虎，沈益新. 2003. 饲草生产学. 北京：中国农业出版社.

非常规饲料资源的开发与利用研究组. 1996. 非常规饲料资源的开发与利用. 北京：中国农业出版社.

高洪文，马明荣. 1991. 菊苣引种栽培试验研究初报. 中国草地，5（3）：59-61.

耿以礼. 1959. 中国主要植物图说·禾本科. 北京：科学出版社.

顾洪如. 2002. 优质牧草生产大全. 南京：江苏科学技术出版社.

郭庆法，王庆成，汪黎明. 2004. 中国玉米栽培学. 上海：上海科学技术出版社.

哈尔阿力. 1994. 贮藏高水分谷物饲料的有效方法. 草食家畜，2：32-33.

韩建国. 2000. 牧草种子学. 北京：中国农业大学出版社.

韩黎明. 2010. 组织培养技术及其在脱毒马铃薯生产中的应用. 信阳农业高等专科学校学报，20（1）：118-119.

韩卫明. 2004. 籽实饲料的加工及利用效果. 饲草饲料，6：20.

何涛，吴学明，贾敬芬. 2007. 青藏高原高山植物的形态和解剖结构及其对环境的适应性研究进展. 生态学报，27(6)：2574-2583.

洪绂曾，程渡，崔鲜，等. 2007. 根蘖性苜蓿的根蘖性状及持久性能研究（Ⅱ）. 内蒙古草业，19（4）：29-32.

侯向阳. 2005. 中国草地生态环境建设战略研究. 北京：中国农业出版社.

胡立勇，丁艳锋. 2008. 作物栽培学. 北京：高等教育出版社.

贾慎修. 1987. 中国饲用植物志（第一卷）. 北京：农业出版社.

靖德兵，李培军，寇振武，等. 2003. 木本饲用植物资源的开发及生产应用研究. 草业学报，12（2）：7-13.

李合生. 2006. 现代植物生理学. 北京：高等教育出版社.

李问盈. 2005. 小杂根免耕播种机研究. 中国农业大学硕士学位论文.

李向林，万里强. 2005. 苜蓿青贮技术研究进展. 草业学报，14（2）：9-15.

李智国，李书田，张鹏增，等. 2001. 籽粒苋的应用及栽培技术. 内蒙古农业科技，S2：19-20.

李忠喜，张江涛，王新建，等. 2007. 浅谈我国木本饲料的开发与利用. 世界林业研究，20（4）：49-53.

辽宁省农业科学院. 1988. 中国高粱栽培学. 北京：农业出版社.
刘大林. 2004. 优质牧草高效生产技术手册. 上海：上海科学技术出版社.
刘巽浩. 1994. 耕作学. 北京：中国农业出版社.
陆东林. 2004. 全混日粮（TMR）技术在奶牛业中的应用. 新疆畜牧业，5:50-53.
吕薇，崔琳，王学东. 2009. 大豆花芽分化和发育的扫描电子显微镜观察. 电子显微学报，28（6）：585-591.
毛志善，高东，张竞文，等. 2003. 甘薯优质高产栽培与加工. 北京：中国农业出版社.
孟林，张英俊. 2010. 草地评价. 北京：中国农业科学技术出版社.
南京农学院. 1980. 饲料生产学. 北京：农业出版社.
内蒙古农牧学院. 1981. 牧草及饲料作物栽培学. 北京：农业出版社.
内蒙古农牧学院. 1990. 牧草及饲料作物栽培学. 2版. 北京：农业出版社.
任继周. 2004. 草地农业生态系统通论. 合肥：安徽教育出版社.
上海光明荷斯坦牧业有限公司. 2004. 奶牛全混合日粮（TMR）技术. 中国乳业，27（3）：25-27.
山西省农业科学院. 1987. 中国谷子栽培学. 北京：农业出版社.
苏大学. 1991. 1∶1000000中国草地资源图编制规范. 北京：中国地图出版社.
孙耀清，李大明. 2011. 紫穗槐的繁殖栽培利用技术. 胡兆林业科技，2：65-66.
唐永康，郭双生，林杉，等. 2011. 低压环境中植物的生长特性及适应机理研究进展. 植物生态学报，35（8）：872-881.
王德利，杨利民. 2004. 草地生态与管理利用. 北京：化学工业出版社.
王立祥. 2001. 耕作学. 重庆：重庆出版社.
王贤. 2006. 牧草栽培学. 北京：中国环境科学出版社.
魏湜，曹广才，高洁. 2010. 玉米生态基础. 北京：中国农业出版社.
西北农业大学. 1986. 耕作学（北方本）. 银川：宁夏人民出版社.
肖文一，陈德新. 1991. 饲用植物栽培与利用. 北京：农业出版社.
解新明. 2009. 草资源学. 广州：华南理工大学出版社.
徐洪海，赵玉华，胡常军，等. 2011. 高产抗病马铃薯新品种科薯6号无公害栽培技术规程. 现代农业科技，17：133-136.
徐柱. 2004. 中国牧草手册. 北京：化学工业出版社.
杨凤. 2006. 动物营养学. 2版. 北京：中国农业出版社.
杨青川，王堃. 2002. 牧草的生产与利用. 北京：化学工业出版社.
杨诗兴，何振东，汤振玉，等. 1981. 生长肥育猪对消化能的需要及其回归式. 中国畜牧杂志，(3)：1-4.
杨文钰，屠乃美. 2003. 作物栽培学个论（南方本）. 北京：中国农业出版社.
玉柱，贾玉山. 2010. 饲草饲料加工与贮藏. 北京：中国农业大学出版社.
玉柱，贾玉山，张秀芬. 2004. 饲草加工贮藏与利用. 北京：化学工业出版社.
云南省草地学会. 2001. 南方牧草及饲料作物栽培学. 昆明：云南科技出版社.
张宏文，吴杰，赵永满. 2008. TMR饲料计量搅拌机在新疆奶牛饲养中的应用. 农机化研究，6：72-73.
张秀芬. 1992. 饲草饲料加工与贮藏. 北京：中国农业出版社.
浙江农业大学. 1984. 耕作学. 上海：上海科学技术出版社.
中国农业科学院草原研究所. 1990. 中国饲用植物化学成分及营养价值表. 北京：农业出版社.
中国农业科学院甜菜研究所. 1984. 中国甜菜栽培学. 北京：农业出版社.
农业部农产品质量安全监管局，农业部科技发展中心. 2008. 农业行业标准概要（2007). 北京：中国农业出版社.
中华人民共和国农业部畜牧兽医司，全国畜牧兽医总站. 1996. 中国草地资源. 北京：中国科学技术出版社.

周乐，董宽虎，孙洪仁．2004．农区种草与草田轮作技术．北京：化学工业出版社．
周寿荣．2004．饲料生产手册．成都：四川科学技术出版社．
朱东兴，曹峰丽，郁达，等．2006．叶菜采后生理与贮藏保鲜研究与应用．保鲜与加工，1：3-6.
Harlan J R．1985．利用遗传资源进行牧草品种改良//中国草原学会．第十四届国际草地会议论文集．

附录　牧草拉汉名称对照表

Agropyron cristatum （L.） Gaertn. 冰草

Agropyron desertorum （Fisch.） Schult. 沙生冰草

Agropyron Gaertn. 冰草属

Alternanthera philoxeroides （Mart.） Griseb. 喜旱莲子草

Amaranthaceae 苋科

Amaranthus hypochondriacus L. cv. 'R104' 籽粒苋

Amaranthus L. 苋属

Amorpha fruticosa L. 紫穗槐

Astragalus L. 黄芪属

Astragalus adsurgens Pall. 沙打旺

Astragalus sinicus L. 紫云英

Avena chinensis （Fisch. ex Roem. et Schult.） Metzg. 莜麦

Avena fatua L. 野燕麦

Avena L. 燕麦属

Avena sativa L. 燕麦

Azolla imbricata （Roxb.） Nakai 绿萍

Beta L. 甜菜属

Beta vulgaris L. 甜菜

Beta vulgaris L. var. *cicla* L. 叶用甜菜

Beta vulgaris L. var. *lutea* DC. 饲用甜菜

Brassica L. 芸苔属

Brassica rapa L. 芜菁

Bromus L. 雀麦属

Bromus catharticus Vahl 扁穗雀麦

Bromus inermis Leyss. 无芒雀麦

Cicer arietinum L. 鹰嘴豆

Cichorium intybus L. 菊苣

Cynodon dactylon （L.） Pers. 狗牙根

Cynodon Rich. 狗牙根属

Dactylis glomerata L. 鸭茅

Dactylis L. 鸭茅属

Daucus carota L. （var. *sativa* Hoffm.） 胡萝卜

Elymus L. 披碱草属

Elymus dahuricus Turcz. 披碱草

Elymus sibiricus L. 老芒麦

Euchlaena mexicana Schrad. 墨西哥类玉米

Festuca arundinacea Schreb. 苇状羊茅

Festuca L. 羊茅属

Festuca ovina L. 羊茅

Festuca pratensis Huds. 草地羊茅，草地狐茅

Festuca rubra L. 紫羊茅

Glycine max （L.） Merr. 秣食豆

Glycine Willd. 大豆属

Gramineae 禾本科

Helianthus annuus L. 向日葵

Helianthus tuberosus L. 菊芋

Hemarthria altissima （Poir.） Stapf et C. E. Hubb. 高牛鞭草

Hemarthria compressa （L. f.） R. Br. 扁穗牛鞭草

Hemarthria R. Br. 牛鞭草属

Hordeum brevisubulatum （Trin.） Link 野大麦

Hordeum L. 大麦属

Hordeum vulgare L. 大麦

Hordeum vulgare L. var. *nudum* Hook. f. 裸大麦，青稞

Ixeris polycephala Cass. 苦荬菜

Leguminosae 豆科

Leymus chinensis （Trin.） Tzvel. =*Aneurolepidium chinensis* （Trin.） Kitag. 羊草

Leymus Hochst. 赖草属

Leymus secalinus （Georgi） Tzvel. =*Aneurolepidium dasystachys* （Trin.） Nevski 赖草

Lolium L. 黑麦草属
Lolium multiflorum Lam. 多花黑麦草
Lolium perenne L. 多年生黑麦草
Medicago falcata L. 黄花苜蓿
Medicago L. 苜蓿属
Medicago lupulina L. 天蓝苜蓿
Medicago sativa L. 紫花苜蓿
Melilotus alba Medic. ex albus Desr. 白花草木樨
Melilotus dentatus （Wald. et Kit.） Pers. 细齿草木樨
Melilotus Mill. 草木樨属
Melilotus officinalis （L.） Desr. 黄花草木樨
Onobrychis L. 红豆草属
Onobrychis transcausica Grossh 外高加索红豆草
Onobrychis viciaefolia Scop. 普通红豆草
Pennisetum alopecuroides （L.） Spreng. 狼尾草
Pennisetum americanum （L.） Leeke 御谷
Pennisetum purpureum Schumach. 象草
Pennisetum purpureum K. Scbumacb×
P. typhoideum Rich. 王草
Pennisetum Rich. 狼尾草属
Pisum arvense L. 紫花豌豆
Pisum L. 豌豆属
Pisum sativum L. 白花豌豆
Pistia stratiotes L. 大漂
Poa compressa L. 加拿大早熟禾
Poa L. 早熟禾属
Poa pratensis L. 草地早熟禾
Poa trivialis L. 普通早熟禾
Rumex patientia × *R. thianshanicus* cv. *rumex* K-1 鲁梅克斯 K-1 杂交酸模
Secale cereale L. 黑麦
Secale L. 黑麦属
Setaria italica （L.） Beauv. 粟
Setaria viridis （L.） Beauv. 狗尾草
Silphium perfoliatum L. 串叶松香草
Sorghum Moench 高粱属
Sorghum sudanense （Piper） Stapf 苏丹草
Solanum tuberosum L. 马铃薯
Sorghum bicolor （L.） Moench 高粱
Symphytum officinale L. 聚合草
Trifolium L. 三叶草属
Trifolium pratense L. 红三叶
Trifolium repens L. 白三叶
Vicia faba L. 蚕豆
Vicia L. 野豌豆属
Vicia sativa L. 箭筈豌豆
Vicia villosa Roth. 毛苕子
Zea Linn. 玉蜀黍属
Zea mays L. 玉米